中国山区
农村生态工程建设

◎ 严 斧 编著

中国农业科学技术出版社

图书在版编目（CIP）数据

中国山区农村生态工程建设／严斧编著．—北京：中国农业科学技术出版社，2016.5

ISBN 978－7－5116－2576－2

Ⅰ.①中…　Ⅱ.①严…　Ⅲ.①山区－农村生态－生态工程－中国
Ⅳ.①S181

中国版本图书馆CIP数据核字（2016）第071382号

责任编辑　崔改泵　邵世磊
责任校对　李向荣　贾海霞

出 版 者　中国农业科学技术出版社
北京市中关村南大街12号　邮编:100081
电　　话　(010)82109194(编辑室)　(010)82109702(发行部)
(010)82109709(读者服务部)
传　　真　(010) 82106650
网　　址　http://www.castp.cn
经 销 者　各地新华书店
印 刷 者　北京华正印刷有限公司
开　　本　889 mm×1 230 mm　1/16
印　　张　23.25
字　　数　656千字
版　　次　2016年5月第1版　2016年5月第1次印刷
定　　价　80.00元

版权所有·翻印必究

序

我国是一个多山的国家，全国约有1/3的人口、2/5的耕地分布在山区，1/3的粮食产于山区，有68.7%的山区县。多样的自然生态本底、周期性的光合资源生产、分散式的循环经济、封闭型的村社关系是传统山区农村的基本特征。山区物华天宝，景观多样，生态资产雄厚，边缘效应强，发展潜力大，但交通闭塞、环境脆弱，经济基础薄弱，基础设施差，社会发展滞后，人口文化素质相对低下。2011年，国家确定的14个集中连片特困区涵盖的679个贫困县全部在山区，一些山村环境问题积重难返，“四化”（工业化、城市化、信息化、生态化）任务和生态文明建设任重道远。山区经济与社会的持续发展和生态环境保育，不仅可为平原地区城市工矿提供生态服务和自然资源保障，而且对全国经济、社会的可持续发展也有举足轻重的影响。

《中国山区农村生态工程建设》一书，以产业生态学理论和生态工程方法为基础，分别从全国、县域、小流域及工程技术集成4个层次，紧密结合我国山区农村生态文明建设的实际，探讨山区农村发展生态产业、推进生态工程、培育生态文明、建设社会主义新农村的发展方略和技术途径，是该领域一部既有学术分量又有普适技术的理论与实证结合的科技论著。

作者严斧教授40多年来一直从事农业生态学的理论、方法和技术的系统研究，有扎实的农学、生态学、系统科学、生态工程学的专业功底。他长期在湘西武陵山区从事农业、农村、农田、农民的生态学研究和教学工作，积累了丰富的山区农业生产和生态建设的实际经验，对山区生态文明建设的认识入木三分。本书就是作者近半个世纪野外和实验室辛勤工作和技术集成的结晶。书中系统解读了有关领域生态学的基础知识，介绍了16个有区域代表性的山区生态农业县建设经验、38个小流域治理的典型案例、10类适合在山区推广的主要农村生态工程的原理、结构设计、基本模式、效益与典型，以及9个方面的相关生态集成技术。全书内容充实，案例丰富，既具有扎实的理论基础，又有较强的应用价值。书中不乏有关山区生态建设的真知灼见与技术创新，例如，有关中国山区生态屏障体系由10个部分组成的见解；有关高原和山区的林草植被是生态屏障区的主体和第一要素，但不是全部，高原和山区的雪山、冰川、湿地、草原、湖泊、溪河、水库等也是生态屏障区的重要组成部分，与林草植被共同发挥生态屏障功能的见解；有关中国式现代生态农业应该具备的基本特征的见解；有关西南和南方岩溶山区小流域分类的探讨；有关种—养—沼配套发展生态工程3个层次循环平衡机制的分析；有关山区农村生态旅游和生态休闲工程建设的见解；有关农业食物链和产业链的内涵及其相互关系的新见解等。

我国山区经济社会的发展经历了复杂曲折的历程，既有成功的经验，也有失败的教训，这些经验与教训，无一不与本书的3个关键词：生态文明、生态农业和生态工程相关。

山区农村究竟什么最落后？主要是观念、体制、人才、技术的落后，是包括认知文明、体制文明、物态文明和心态文明在内的生态文明品质的落后。生态服务的补偿机制匮乏、农工商产业耦合机制匮乏、农民技能培训手段疲软、区域生态监管体制缺位、农村生态基础设施建设滞后，是当今山区生态文明建设的几大软肋。

村是一类行政管理单元、景观生态单元、经济依托单元、社会文化单元。社会主义新山村建设需要从观念更新、体制革新、技术创新和文化维新入手，改革小农经济的生产关系，改变传统农村的生活方式，完善农村生态基础设施，保育农民身心德智健康，保障区域和城乡生态安全。新山村的新是新观念、新体制、新技术、新面貌。新是相对于旧而言的，是对旧风俗、旧体制、旧生产关系、旧生活方式的革新和进步。山村生态文明建设要以城市带农村、平原带山区、三产带一产、公司带农户，以社会发展带动山村生态建设。

山区农村的产出不仅体现在其最终生物质产品的市场价值，还体现在为城市及区域发展提供了生态服务保障和环境本底的保育，以隐型和效益外部化的形式为区域社会经济发展贡献了生态公益，包括自然生态服务和社会生态服务，而本身却得不到或很少得到回报。

我国生态农业还一直在低技术、低效益、低规模、低循环的传统生态农业层次上徘徊。生态农业在一些沿海富裕地区正在萎缩。山区农村特别适宜发展将生物链、矿物链、服务链、静脉链和智慧链“五链一体”的生态产业链。只有从农业小循环走向农、工、商、科结合的产业大循环，从小农经济走向城乡结合、脑体结合的网络和智慧经济，从“小桥、流水、人家”的田园社会走向规模化、知识化、现代化的生态文明社会，中国山村才能实现可持续发展。

生态产业是一类具有纵向循环再生、横向协同共生、区域适应自生、市场开拓竞生的自我调节机制，具有生物质全生命周期代谢或虽是矿物质代谢但能自我修复或缓冲其生态影响，动静脉完整的生态循环产业。农业转型的关键是产业化，“无工不富、无商不发”在一定程度上反映了当前的社会现实，也是社会主义新山村经济转型的切入点。如果把“工”理解为第一产业向第二、第三产业的深化和拓展，“商”理解为基于本地资源的流通和广义服务业，并将传统产业的产品生产和服务功能扩展为包括物质和精神产品、社会和自然生态服务以及智育和文化在内的生态产业，则其市场前景是无限的。

未来的生态产业有三大产出：一是供需平衡的物质产品或硬件；二是自然生态服务和社会生态服务或软件；三是自然智慧和人文智慧的产出或心件。中国山村的未来，要弱化其物质产品的硬件输出功能，强化其水—土—气—生—矿的自然生态服务和人文休闲养生的社会生态服务软件功能，以及人才、智慧、技术、文化等心件功能。

从传统农村向新农村的转型，除了工业化、城市化、信息化外，一个重要的途径是生态化，其实施手段就是巧夺天工，借助自然的力量和人为努力实施生态工程。生态工程是一门着眼于生态系统持续发展能力的整合工程技术，根据开拓、适应、反馈、整合的生态控制论原理去系统设计、规划和调控人工生态系统的结构要素、工艺流程、信息反馈关系及控制机构，在生态系统范围内获取高的经济和生态效益，强调资源的综合利用、技术的系统组合、学科的边缘交叉和产业的横向结合，是中国传统生态文明与西方现代工程技术有机结合的产物。

西方生态工程理论强调“人类轻微干预的生态系统的自组织设计”，强调“环境效益和自然调控”。中国生态工程则强调“人应用生态系统中物种共生、物质循环再生以及结构与功能协调原则，结合系统工程的最优化方法设计的分层多级利用物质的生产工艺系统”，追求经济效益和生态效益的统一和人的主动改造与建设，被认为是发展中国家可持续发展的方法论基础。

我和严斧教授都是文革结束恢复研究生招考后的第一届研究生。他的研究方向是农业生态。我们第一次相识是在 1986 年，当时我主持中国科学院系统生态开放实验室工作，在著名生态学泰斗马世骏院士的指导下，我们在全国布局了一批城乡社会—经济—自然复合生态系统工程典型案例研究课题，聘请他为客座研究员，由他牵头组织了当地和中国科学院的一批研究人员与博士研究生组成的“洞庭湖滨湖平原农村生态工程研究”课题组，并任组长。他工作兢兢业业，指挥科学、系统。课题研究前后进行了 3 年，取得了丰硕的成果。他领导的课题组是当时系统生态开放实验室 10 个客座课题中完成得最好的一个。我们与客座研究人员的合作，不仅收获了一批学术成果和实证研究案例，也结交了一些像严斧这样德才兼备、可以信赖的朋友。以后几年，我们过从甚密，他多次参加我们组织的一系列国内和国际生态学学术活动，成为我国农业生态工程研究与教学领域的学科带头人之一。

严斧教授编著的这本书，是在他退休11年后完成的，是对他教学、研究和工作生涯的学术总结。一个76岁的退休老人，本该含饴弄孙，安享晚年，但他像我们这一代的许多知识分子一样，仍常怀感恩报国之心，笔耕不辍，努力为国为民发挥余热。

老骥伏枥、志在千里。严斧兄的本意是希望以本书为引子，激励有志于山区发展的学子和科技人员，推进山区生态文明培育、生态产业发展和生态工程建设，把老一代的未竟事业发扬光大，世代相传，实现山区农田生态化、农业产业化、农民知识化和农村现代化的中国梦。

2014年5月20日

前　言

从20世纪80年代初以来，党和政府一再强调要保护国土，特别是保护西部和山区的生态环境，要大力发展生态农业。30多年来，我国的生态农业建设取得了显著成就，积累了许多宝贵经验，农村和农业正在走上可持续发展的道路。党的“十八大”进一步将生态文明建设列为中国特色社会主义建设五大任务之一。建设适合中国国情的现代生态农业，已成为我国农村生态文明建设的基本目标。我作为一名生态农业的科研与推广人员，深感肩上责任的重大和迫切。

本书是从生态学的角度探讨我国山区农村与农业发展的。第1部分简要介绍了中国山区农村生态环境基本特点与生态建设面临的主要问题以及生态文明建设的主要任务。第2部分至第6部分，分别从全国层次、区域层次（以典型县为代表）、不同区域的小流域层次以及具体的生态工程和生态技术层次共4个层次，对我国山区农村生态工程建设进行了阐述和讨论。第2部分介绍和讨论了我国山区生态屏障体系及其保护与建设。第3部分主要是从我国两批国家级生态农业建设试点县中选出16个有区域代表性的山区县，分别介绍了他们的做法和经验。第4部分选出38个有区域代表性的小流域治理典型，分别介绍了他们的做法和经验。第5部分和第6部分分别选择了若干个适合山区农村的重要的生态工程，介绍了这些农村生态工程的原理、结构设计、基本模式、效益，推荐了相应的生态农业技术。

本书力求密切联系我国山区农村生态建设的实际，力求反映最新研究成果和典型经验，将实用性放在第一位，兼顾对生态工程与生态技术的当前多样化需求和长远需求，同时兼顾必要的知识性和学术性。因此，在第5部分选取10项在山区农村当前和今后有较大推广价值的生态工程；在第6部分选取9类在山区农村当前和今后有较大应用价值的生态技术，写得比较详细具体；在第2、第3、第4、第5部分介绍了有关的自然地理知识和生态学知识；在第2部分介绍了一些不同的学术观点，例如对三门峡工程、三峡工程、“三北”工程的不同学术观点。

我邀请谢坚博士参与了本书第3、第4、第6部分的编写。

本书引用和参阅了大量文献，并在本书正文后列出了其中的500多条文献供读者查阅。在本书面世之际，编者衷心地向这些文献的作者致谢。感谢王如松院士和骆世明教授推荐本书参加国家出版基金项目的评审；感谢王如松院士抱病为本书作序。

我国是一个国土辽阔的多山的国家，各地山区的自然环境差异很大，同一山区内的自然环境和农业生产也远比平原地区复杂。本书力图正确反映我国各大区域山区农村自然环境和农业生产的复杂性与特点，反映近30多年来各地山区农村进行生态保护与建设的宝贵经验，但囿于作者的工作条件和学识水平，难免错漏，但愿本书的出版发行能起到抛砖引玉的作用，望能得到广大读者特别是从事生态农业研究与推广的同仁们的指教。

严　斧

于湘西张家界天门山下

2015年7月19日

目　录

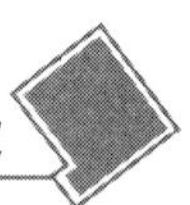

1 中国山区农村生态环境特点与生态文明建设

1.1 中国山区概况

我国是一个多山的国家，各类山地（山地、丘陵、山间盆地、高原、山原、台原、台地、黄土塬）占全国土地总面积的66.1%，全国有68.7%即1 670个县（2004年）是山区县。全国约有1/3的人口、2/5的耕地分布在山区；有1/3的粮食产于山区；天然林、经济林也主要集中在山区。

我国山区的经济、社会和文化的发展以及生态环境的保护与恢复长期处于滞后状态。1986年，国家首次划出273个国家级贫困县，基本上为山区县；1994年，在国家实施“八七扶贫攻坚计划”时，全国592个贫困县中，有496个县在山区，占83.8%；2011年，国家确定的14个集中连片特困区涵盖的679个贫困县全部在山区。

据中国科学院地理研究所中国自然资源管理数据库1991年统计，在中国国土总面积中，有丘陵130万km^2，占13.7%；有山地401.5万km^2，占42.2%，全国山地和丘陵合计占55.9%。分省统计山地丘陵占地面积最多的是贵州（95.6%），其次多山省、区有云南（92.2%）、四川（91.9%）、陕西（83.2%）、福建（78.6%）、广西壮族自治区（全书简称广西）（72.9%）、浙江（68.2%）、江西（68.2%）、湖南（61.2%）、湖北（61.0%）、广东（61.0%）。

我国海拔500 m以上的国土占国土总面积的84%，500 m以下的仅占16%，而500 m以下还分布着大面积低山和丘陵，平原不到1/10。海拔 > 1 000 m的山地占56.4%，其中，海拔 > 3 000 m的高原、山地占25.9%。我国的山地和高原主要分布在西半部；丘陵主要分布在东半部，特别是江南和华南。

我国的巨大山系多达15条。山脉大体呈东—西走向的主要有天山、阴山、燕山、昆仑山、唐古拉山、秦岭、大巴山、伏牛山、桐柏山、大别山、苗岭和南岭；山脉大体呈南—北走向的主要有贺兰山、六盘山、横断山脉和湘赣边境山脉（幕阜山、罗霄山等）等；山脉大体呈北东—西南走向的山地主要有大兴安岭，太行山，吕梁山，黔东、鄂西、湘西山地（武陵山、雪峰山），乌蒙山，大娄山，桂南山地，吉辽东部山地（长白山、千山），山东山地及浙、闽、粤沿海山地（武夷山等）；山脉大体呈北西—东南走向的山地主要有阿尔泰山、祁连山、小兴安岭等；弧形山脉主要有喜马拉雅山脉和台湾山地（图1－1）。

一般将海拔1 000 ~3 500 m的山地称为中山，低山的海拔在1 000 m以下且相对高度500 m左右，丘陵的海拔一般在100 ~500 m。我国西半部山区农牧区多属中山区、高山区，东半部山区农牧区多属丘陵区和低山区。高原主要有内蒙古高原（一般农牧区海拔1 000 ~1 500 m）、西北黄土高原（一般农牧区海拔1 000 ~2 000 m）、西南云贵高原（一般农牧区海拔1 000 ~2 500 m）和青藏高原（一般农牧区海拔3 500 ~4 500 m）。在云贵高原的边缘，向江南丘陵的过渡地带有较大面积的山地丘陵区。丘陵区，特别是华中、华南和华东丘陵区是我国最重要的也是最发达的农业区和经济林区。

我国的山区大致可分为8个类型，不同的山区，由于自然、经济、文化和社会条件的差异，有不同的开发策略与措施。

（1）内蒙古自治区（全书简称内蒙古）西北部和新疆维吾尔自治区（全书简称新疆）北部温

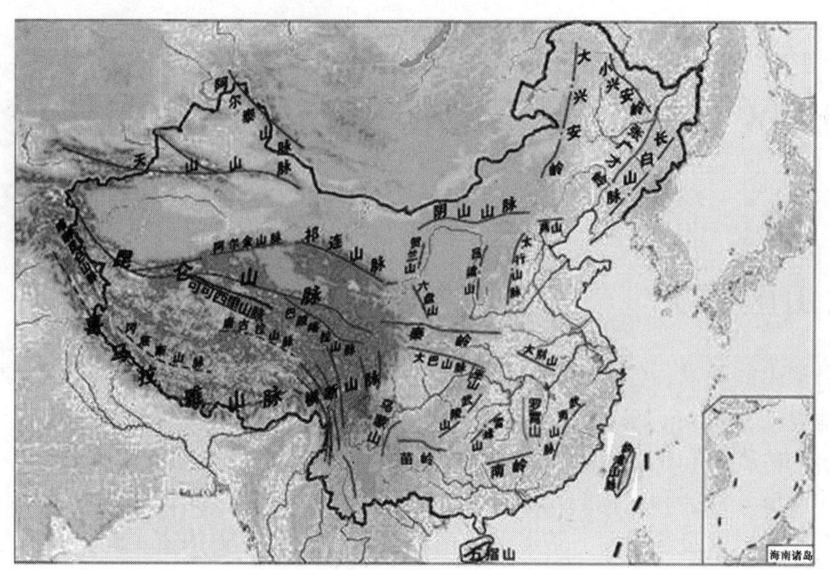

图 1－1　中国山区分布概貌示意图

带干旱区的高山区。如天山、昆仑山、阿尔泰山等山区。具有明显的垂直景观带谱，从上至下一般可分为：冰川和永久积雪带、石骨地和岩屑堆积带、高山草地带、针叶林带、山坡草地带。高山草地带是放牧的夏牧场，山坡草地带是冬、春牧场。主要为纯牧区，或以牧业为主，辅以农业。

（2）黄土高原温带半干旱区的山地丘陵和黄土塬区。本区主要是禾草草原，大多已辟为耕地，地面侵蚀严重。以农业为主，牧业为辅，农牧结合。

（3）东北温带半湿润区的中山和低山区。如大兴安岭、小兴安岭、张广才岭、长白山等山区。植被覆盖较好，高处是针叶林带，低处是针阔叶混交林带，是我国最主要的用材林基地。以农业为主，林业、牧业为辅，农林牧结合。

（4）华北暖温带半湿润区的中山和低山区。如太行山、五台山、燕山、泰山。高处为石山，山腰有针阔叶林和草地，山下缓坡多已垦为耕地。以农业为主，牧业为辅，农牧结合。

（5）华中（江淮之间）北亚热带湿润区的中山和低山区。如秦岭、大巴山、巫山、桐柏山、大别山等山区。有较大面积的针阔叶混交林，缓坡多已垦为水田为主的耕地，以农为主，农林牧一体。

（6）江南与西南中亚热带湿润区的中山、低山和丘陵区。分布很广，如乌蒙山、大娄山、武陵山、罗霄山、南岭、武夷山、括苍山等山区。较高处是以杉木为主的针叶林，是我国南方主要用材林基地。山腰以下多阔叶林、竹林和经济林，缓坡和谷地大多辟为水田和旱地。以农为主，农林牧一体。

（7）华南和滇南热带与亚热带湿润区的低山丘陵区。低山丘陵地以阔叶林、经济林为主，缓坡和谷地大多辟为水田和旱地。以农为主，农林牧一体。

（8）青藏高原区的高山区。如喜马拉雅山、冈底斯山、念青唐古拉山、唐古拉山、横断山脉等山区。具有明显的垂直景观带谱，高处为冰川和永久积雪带，其下依次为石山和岩屑堆积带、高山草地带、针叶林带、阔叶林带、山坡草地带。以牧业为主，辅以作物种植业。地广人稀，生产粗放。高山草地是放牧的夏牧场，低坡草地是冬、春牧场。藏东山地森林茂密，尚待开发。藏北高原是高寒荒漠草原，利用价值较小（中国科学院地理研究所经济地理研究室，1980）。

我国山区有复杂多样的自然条件和丰富多彩的自然资源。全国山区森林面积达 1.07 亿 hm^2，约占全国森林总面积的 90%，木材蓄积量 80 多亿 m^3，占全国木材总蓄积量的 84%，主要集中分布在

东北、西南和南方山区，国家基本建设和民生用材主要靠这些地区的林区供给。山区草场面积达2.73亿hm^2，占全国草场总面积的77%，主要分布在西部山区。山区是水资源的补给、形成区和河流的发源地，河川径流总量达$2.40\times10^{12}m^3$，占全国河川径流总量的93%。我国各地区的山地林草植被资源，不仅对于山区水土保持、涵养水源、净化空气和调节当地气候有十分重要的作用，同时也是全国生态环境的自然生态调节器。此外，山区还有大量的矿产（包括矿泉水）、林副产品、土特产品、野生动植物等资源以及魅力无穷的旅游资源。

山地不但是多种生态系统类型的复合体，而且是集自然过程和人文过程为一体，对周边环境产生深刻影响的自然—经济—社会复合生态系统。巨大的山体常常是大江、大河的发源地，因此，与河川生态系统有着千丝万缕的联系。山地还常常发育着大面积的湿地（如四川松潘地区）和众多的湖泊（如青藏高原）。这种山与水的连接，将山地与下游地区紧紧地联系在一起，对下游地区的生态环境产生着深刻的影响，甚至制约着下游的经济发展（方精云等，2004）。

全球变暖和淡水资源短缺是当今世界面临的两个重大环境问题，因而山地碳汇功能和山地“水塔”功能的发挥日益为人们所重视。目前，中国山地森林蓄积量年均增长达$8\times10^7m^3$，因而中国山地森林生态系统是一个巨大的碳库，碳汇作用在减缓全球变暖中起着重要的作用。同时，中国的大江大河和众多中、小河流都发源于山地，山地在维系中国江河水源稳定、水资源补给和洪水调节等方面发挥着重要的“水塔”功能。例如，黄河水量的49%来自青藏高原的“三江源”地区；燕山—太行山系是海河的水源地，海河中、下游的北京、天津、保定等地人口和工业集聚区水资源短缺问题十分突出，因此，海河源头区山地生态安全屏障的保护与建设至关重要（钟祥浩，2008）。

我国山区经济与社会的持续发展和生态环境的保护，不仅是山区本身的基本需求，同时，对全国经济、社会与生态的可持续发展也有着十分重要的意义。

1.2 中国山区农村生态环境基本特点

我国山区农村生态环境有一系列不同于平原地区的特点，虽然全国各地山区各具特点（详见本书第2、3、4部分有关内容），但也有下列共同特点。

1.2.1 山区农村绝大部分土地是坡地，小流域是坡地组合的基本形式

地形是形成山地结构和功能、导致山地各种生态现象和过程发生变化的最根本因素。山地是具有高度和坡度的土地自然综合体。山区地形的最显著特点是绝大部分土地是坡地。坡地环境的梯度变化过程决定了山地物流、能流具有输出为主的特点，由此形成山地生态系统的脆弱性，表现为对外力作用的敏感性和山地特有灾害的易发性。

以多种形态、不同生产水平的坡地农林牧业占绝对优势，是山区农林牧业最基本的特征。在山地丘陵区，坡地（包括自然坡地、已开垦但未改梯的坡地和梯田、梯土）的比重可占到土地总面积的70%～90%。可以说，山区的农林牧业是坡地农林牧业。

据中国科学院地理科学与资源研究所自然资源数据库1984—1995年资料，在全国的耕地中，坡度>6°的占28.4%，坡度>25°的占4.56%。分省统计，>6°的坡耕地面积比例，以贵州最高（81.0%），其次为重庆（79.5%）、云南（75.3%）、四川（67.6%）、湖北（36.8%）、湖南（32.7%）、江西（26.8%）、浙江（26.5%）。陡坡耕地（坡度>25°）面积最大的也是贵州（19.5%），其次为重庆（16.1%）、云南（13.0%）、四川（9.7%）等。

贵州省毕节地区>15°的坡耕地占耕地总面积的50%，其中，>25°的占21.8%；四川盆地丘陵区173.3万hm^2旱地中，坡度在5°以内的占25.6%，5°～10°的占11.4%，10°～25°的占25%，>25°的坡

耕地占38%左右；重庆市奉节、忠县和涪陵三县（市），坡度>25°的旱地占旱地总面积的30%，巫溪县达40%，巫山、云阳和开县达50%左右，其中，云阳和开县坡度>45°的陡坡地分别占该县旱地面积的16%和20%（柴宗新，1988）；位于武陵山区的湘西土家族苗族自治州（以下简称湘西自治州）和恩施土家族苗族自治州（以下简称恩施州）的坡耕地状况如表1－1，部分已建成梯田，但有相当大一部分仍是斜坡耕地，近年来许多斜坡耕地已退耕还林成为林坡地。

表1－1　武陵山区湘西自治州和恩施自治州山坡坡度概况

湘西自治州	恩施州	
	非耕地	耕地
<5°，占5.5%	15°～25°，占21.3%	>25°，占18.8%
5°～15°，占10.9%	>26°，占63.7%	>40°，占4.8%
15°～25°，占23.8%	>40°，占15.0%	
>25°，占59.8%		

坡耕地往往小块分散，耕作不便，特别是地表径流强度比平地大，易发生水土流失。许多山区的斜坡耕地至今仍采用顺坡耕作，更加剧了水土流失。土壤侵蚀量是随耕地坡度的增大而增大的（表1－2）。

表1－2　土壤侵蚀量与坡度的关系（四川省遂宁水土保持试验观测站，1985）

耕地坡度（°）	土壤侵蚀模数［t/（km^2·年）］	年侵蚀深度（mm）
5	3 701	3.70
10	5 115	3.90
15	8 744	6.48
20	11 619	8.60
25	15 900	11.78

影响坡地生态环境特性的因素，除坡度外，还有坡地海拔、坡面水文连贯性、坡面大小、坡向、坡位、坡面植被覆盖状况，以及当地成土母岩和气候，特别是降水特点等因素。丘岗地区的坡地，坡面较小且多已垦为耕地，坡面连贯性不强；低山区坡地，坡面较大，坡面植被覆盖一般较差；在山地丘陵区，低山坡面与中山、高山坡面往往有较强的水文连贯性；中山山原上的坡地，类似于丘岗、低山区的坡地，但山原坡面与山原下丘岗、低山区坡面水文连贯性较强；中山山原上的坡地土壤湿度较大，干旱威胁较小；中山以上的大山区雨季山坡径流连贯叠加，在暴雨季节造成山洪；从坡向看，在我国华中、华南山区，中山以上大山的西北坡的年降水量一般比东南坡少200～400 mm，光照也较差。

若干个坡面组成集水区并形成小流域，小流域是山区坡地组合的基本形式，也是山区基本的自然地理单元和社会经济系统单元。全国各地山区都有各自特殊类型的小流域。山区生态环境的综合治理和经济开发与社会发展，应以小流域为单位，根据小流域的基本特性和现状采取相应措施（详见本书第4部分）。

1.2.2　生态环境和农、林、牧生产的多样性及立体性

由于我国各地山区的地质、地形、地貌、气候和土壤变化很大，生产又比较分散，因而形成了

多种类型的农业生态小区。在不同农业生态小区内，农、林、牧物种结构各异，农业生产结构、生产方式和经济发展水平各异，从而使农林牧生产呈现显著的小区分异和多样性。这种多样性，在山地丘陵区最为显著。

例如，在云贵高原向江南丘陵过渡的武陵山区，主要有低山丘陵农业生态区（低山海拔500 m以下）、中山丘陵农业生态区（中山海拔1 000 m以上）、台原丘陵农业生态区（台原海拔500～1 200 m）与河谷平坝农业生态区（海拔100～500 m），各农业生态区的气候、土壤、生物等生态条件和农林牧生产特点有明显差异，发展方向也不尽相同（严斧，1987）。

又如，陕西秦巴山地自南而北跨越了北亚热带和暖温带两个气候带，从而奠定了南北山地垂直地带分异的异质性基础。秦岭北坡处在暖温带半湿润区，土地类型垂直带分异明显，在基带暖温带针阔叶林—山地棕壤与山地褐土地带向上，依次是落叶阔叶林与森林草原—褐土低山带、针阔叶混交林—山地灰化棕壤中山带、针叶林—山地暗棕壤亚高山带、灌丛草甸和岩漠—高山草甸土与原始土带；南坡处于北亚热带湿润区，基带为北亚热带落叶阔叶与常绿阔叶混交林—黄褐土与黄棕壤地带，在基带之上，随着海拔的变化，又分异出5个垂直自然带，依次为河川沟谷地、丘陵台地、低山地、中山地和亚高山地，以及不同垂直带层内多种土地类型群聚体的特殊分异，形成各具特色的土地生态类型格局。具体可包括土地空间格局、土地数量格局和土地质量格局3种基本形式。各带层内又包含多种土地类型。其中，在丘陵台地区因农业垦殖，在中低山地区因毁林和农林杂合经营，导致土地类型多样且结构复杂。由于南北坡各带层的气候和土地类型及结构形式不同，不同尺度农业资源的空间利用模式也相异（表1－3）（刘彦随，2000）。

表1－3　秦巴山地南坡农业资源利用空间模式

垂直带格局	宏观模式（全局尺度）	中观模式（带层尺度）	微观模式（单元尺度）
亚高山地 （3 250～3 767 m）	产业—利用型土地生态系统	以林业为主，发展木材生产与加工业，辅以中草药和高山牧草利用	冷杉、落叶松，药材，高山灌丛草甸
中山地 （2 500～3 250 m）	防护—开发型土地生态系统	以林业为主，林特产专业化开发，加工与发展涵养水源林相协调	油松、华山松、桦木，板栗，食用菌
低山地 （1 600～2 500 m）	产业—防护型土地生态系统	重视水土保持育林，经果业和薯杂旱作种植以生态环境防护为前提	栎类，马尾松，猕猴桃，核桃，薯类
丘陵台地 （1 000～1 600 m）	防护—产业型土地生态系统	以陡坡生态防护林牧业为重点，在缓坡台地适当发展农作物种植业	侧柏林、竹林，玉米//麦、油//玉米
河川沟谷地 （600～1 000 m）	防护—开发型土地生态系统	河川地以集约农业为主，沟谷地适度发展畜牧业与经济林果业	稻＋麦、稻＋油、麦＋玉米，沟坡草灌，苹果、板栗、柿子、柑橘

再如，川西滇北横断山区从海拔1 000 m左右的金沙江谷地上升至4 500 m的川西高原，由低到高，气候上可分为从亚热带到寒带7个地带，各地带的气候条件和农业利用特点差异很大（表1－4）。

山区气温与水温的垂直变化对农林牧生产的影响很大。在一定海拔高程范围内，海拔每升高100 m，年平均气温降低0.37～0.61℃（表1－5），不同地区、不同季节递变率存在差异。庐山递降率最小，与它靠近鄱阳湖巨大水体有关。山上大股泉水出水口水温的垂直递降率是0.5～0.6℃/100 m。各地年平均气温与其大股地下水出水口水温相近。随着海拔升高，气温与水温递降，导致各种农业生物（包括各种作物、林木及其病虫害、畜禽、鱼类等）的发育速度递减，生育期递延，导致农事季节逐渐推迟和作物布局、树种配置、耕作制度与栽培技术等发生相应的垂直变化，自然植被和生物种群结构也呈现垂直地带性变化，农林牧生产和景观生态呈现鲜明的立体性。

表 1－4　川西、滇北横断山区气候与农业垂直分带

垂直气候带	≥10℃积温（℃）	生长期≥5℃日数（d）	最热月平均气温（℃）	作物种植	熟制	畜牧业
高山寒带	—		<10	无作物、树木		纯牧业带，以牦牛、绵羊为主
高山亚寒带	约 300	<130	10～11	谷物不能成熟，局部可种蔬菜、亚麻、甜菜	一熟	牧业为主，开始有黄牛、犏牛、山羊及猪
山地寒温带	900～1 800	170～210	12～15	春麦	一熟	农牧并重，牲畜多样
山地凉温带	2 300～3 000	220～270	16～17	春麦为主，早中熟玉米	一熟为主	次要牧业
山地暖温带	3 200～4 000	280～310	18～20	冬麦，中晚熟玉米	两熟	牦牛、犏牛绝迹，有水牛
河谷亚热带（上）	4 200～6 000	300～365	21～23	水稻，中晚熟玉米	两熟，部分三熟	水牛普遍
河谷亚热带（下）	6 600～7 700	365	24～25	剑麻，香蕉，甘蔗，咖啡，双季稻，棉花	三熟	水牛普遍

引自：中国科学院地理科学与资源研究所经济地理研究室．中国农业地理总论．北京：科学出版社，1980

表 1－5　我国部分名山的气温垂直递降

		黄山	华山	五台山	峨眉山	庐山	泰山	衡山
海拔（m）	山顶	1 841	2 065	2 896	3 047	1 543	1 534	1 266
	山脚	147（屯溪）	397（西安）	837（原平）	447（峨眉）	32（九江）	129（泰安）	101（衡阳）
年均温（℃）	山顶	7.7	5.9	－4.2	3.1	11.4	5.3	11.4
	山脚	16.3	13.3	8.3	17.2	17.0	12.8	18.1
递降率（℃/100 m）		0.51	0.44	0.61	0.54	0.37	0.53	0.58

在我国南方的夏季，在一定海拔（2 500 m左右）范围内，降水量、土壤含水量和年平均雾日则随海拔升高而增加（表 1－6）；超过这一高度后，随海拔升高，空气变得越来越寒冷、干燥，氧分压和大气压力也越来越低。最大降水高度的高低主要与气候干湿有关：一般是气候越湿润的地区，最大降水高度就越低；相反，越干旱的地区，最大降水高度就越高。例如，在我国的天山，降水较多的西部河谷（年降水量在 800 mm 左右），最大降水高度为 1 900 m；在天山北坡中部，年降水量 540 mm，最大降水高度 2 200 m（林之光，1995）。随海拔升高，水分蒸散量呈线性减少趋势；每年雾日数增加；气压渐降；紫外线辐射量则渐增。这些变化都影响各种农业生

物的生长发育。

表1－6　武夷山不同海拔的年降水量

地名	海拔（m）	年降水量（mm）
黄岗山	2 250	3 010.9
七仙山	1 414	2 317.0
武夷山	514	2 190.0
崇安	208	1 914.0

由于盛行风向受到山坡的影响，常造成不同坡向降水量的差异，一般在迎风坡的较高处出现最大降雨带，而在背风坡面则形成“雨影”区。就水分状况而言，一般说来，迎风坡水分条件较优越，并且在一定海拔范围内，呈现随海拔升高降水量逐渐增加的趋势；背风坡下部增温变干，不仅导致降水减少，而且干热气流在上升过程中沿途吸收植物体内的水分而导致植株失水，形成干热的植被景观，即形成“焚风效应”（林之光，1995）。由于阳坡光照充足、气温较高，因而植物生长较好。同一高度的山坡，阳坡多为草坡，阴坡多为森林。

坡位的生态效应主要是通过影响土壤属性和土壤发育过程而产生的。由于重力作用，坡顶遭受侵蚀，土壤相对瘠薄；坡谷则以堆积为主，尤其在地表径流经过的谷地，频繁的流水侵蚀过程常常导致形成含沙量高、甚至是基岩局部裸露的谷底。在我国亚热带山地，山坡上部常常分布着常绿阔叶林，而阳生性的落叶树，甚至是珍稀植物却往往能侵入沟谷地段（沈泽昊等，2002；宋永昌，2001）。

在我国南方山区冬季低温季节，在山体的一定高度范围内，经常出现气温随山体海拔位置升高而升高的山地逆温层现象，这是由于较冷空气随山坡下沉，同时将较热空气顶托抬升而造成的。冬季逆温强度最大可达0.84℃/100 m，逆温层内最多可增温7.6℃。逆温层厚度可达150～600 m，山体越高，厚度越大。由于逆温层影响而形成的山体暖带，是山地的一种可资利用的有利气候条件，可用于农、林、果冬季避冻保暖（车光裕，1993）。

1.2.3　土壤种类繁多且呈垂直地带分布

除黄土高原大部分的土壤母质是单一的黄土外，我国其他山区土壤母质的地质背景往往复杂多变，造成土壤种类繁多，既有地带性土壤，又有非地带性土壤，且表现出一定的土壤垂直地带分布特征。例如，在江南丘陵区、华南地区和西南地区以地带性红壤与黄壤为主体的地区，除红壤、砖红壤、赤红壤、燥红壤、山地黄壤外，还错综分布着紫色土、多种石灰土、棕色森林土和在多种母质上发育的水稻土等；以岩溶地貌为主的贵州高原，各地碳酸盐类成土母岩占50%～80%，土壤以黄壤为主，约占全部土壤面积的45%，其次为石灰土（黑色石灰土和黄色石灰土），占24.5%。又如，地处武陵山区的湘西自治州，农林牧用地的成土母岩以沉积岩占绝对优势，占土地总面积的95.3%，其中，碳酸盐岩占47.7%，页岩占24.3%，紫色砂页岩占12.5%，砂岩占10.8%。在不同成土母岩上发育的土壤，物理化学性质和肥力水平各异。岩溶石土坡地土壤的保水蓄水力差，而且地形破碎又多裂隙溶洞，不宜修建上规模的水利工程，容易受旱，因而岩溶山区坡地盛行雨养农作；土地质量也较差，据1986年普查，湘西自治州的中、低产稻田占88.7%，中、低产旱地占98.6%，中、下等林牧用地占70.7%。

南北各地的山地，都有较明显的土壤垂直地带分布，例如，海南岛五指山（热带湿润地区）从下至上土壤垂直带谱是：砖红壤→山地砖红壤→山地黄壤→山地灰化黄壤→山地矮林草甸土；福建武夷山西北坡（中亚热带）的土壤垂直带谱是：红壤→山地黄壤→山地黄棕壤→山地矮林灌丛草甸土；武陵山（中亚热带）主峰梵净山土壤与植被的垂直带谱是：常绿阔叶林山地黄壤带（1 400 m以下）→常绿阔叶与落叶阔叶混交林黄棕壤带（1 400 ~ 2 100 m）→亚高山针叶林山地暗色森林土带（2 100 ~ 2 350 m）→亚高山矮林灌丛草甸土带（2 350 m以上的山顶或山脊地带）；陕西秦岭太白山（暖温带）北坡土壤垂直带谱是：褐土→山地褐土→山地淋溶褐土→山地棕壤→山地灰化土→山地草甸土；长白山的白头山（温带）土壤垂直带谱是：白浆土→山地暗棕色森林土→山地棕色针叶林土→山地冰沼土。

由于上述山区的非地带性土壤镶嵌于地带性土壤之内，构成山区复杂多样的土壤组合类型。

1.2.4 富有生物资源和生物多样性

全国各地的山区，由于生态环境复杂多变，能够容纳多种不同生态习性的生物物种和品种，因而都是各地区生物资源和生物多样性最丰富的地方，都是各地区的物种基因库，农、林、牧物种多样性也各具特点。山地上的许多物种，例如，多种药材、野生花卉、野生牧草、珍稀乡土树种和珍稀野生动物等，都具有或大或小的经济开发价值。

我国有 17 个具有全国或全球意义的生物多样性关键地区，应予优先保护，其中，山区占 11 个，包括横断山脉南段，岷山—横断山脉北段，新疆维吾尔自治区、青海省、西藏自治区（全书简称西藏）交界处的高原山地，滇南西双版纳地区，湘、黔、渝、鄂边境山地，海南岛中南部山地，桂西南石灰岩山区，浙、闽、赣交界处的山地，秦岭山地，伊犁—西段天山山地，长白山山地等。

我国植物多样性的分布是很不均匀的。从与生态环境关系最密切的植被类型来看，西北地区地形复杂，气候多变，高原、深谷、高山、盆地、平原交错，孕育了多样的植被类型和复杂的生态系统，从北亚热带的常绿落叶阔叶林、暖温带的落叶阔叶林、温带的针阔混交林、亚高山针叶林到多种类型的灌丛、草原、荒漠、草甸，包括了中国植被的大多数类型，但以灌丛、草原、荒漠、草甸植被型为主（张文辉等，2000）。

长江、黄河水源地区地处青藏高原，共有种子植物 62 科、321 属、1 377 种，其中，中国特有种 794 种，占全区总种数的 57. 66%，以西藏—四川—甘肃亚型最为丰富，有 177 种，占特有种的 22. 29%。由于地质年代轻，生态环境恶劣，因而植物种类较贫乏，几乎不存在热带和亚热带的成分，而北温带成分占 96. 81%，居绝对优势。种类组成上缺乏古老的、原始的类型，表明本区系是一个年青的、衍生的区系。这里所分布的植物的高山特化和寒旱化适应现象特别突出，大多数种类属于高原、高山分布的寒旱生和湿冷生类型。本区系具有明显的高原高山植物区系的特色，多为多年生草木而缺乏木本种类（吴玉虎，1995，2000）。

我国东南半壁的广大地区受季风的影响，气候湿热，地形多变，分布有全国种子植物种类的 90%。种子植物物种丰富度及其特有性程度，大体上由北往南递增。种子植物物种最丰富和特有性程度最高的地区主要集中于 20°N ~ 35°N 的亚热带常绿阔叶林区域。在该范围内，有 3 个植物多样性热点地区，即横断山脉地区、华中地区和岭南地区。

横断山脉地区不论是植物物种丰富程度还是特有性程度都是全国最高的，其次是岭南地区和华中地区。这 3 个地区的自然条件和植物区系背景具有明显的差异。横断山脉地区具有较高的生境多样性，具备热带、亚热带至高山寒带等植被类型，垂直分带明显。种子植物区系基本上是温带性质，但同时也有不少热带、亚热带成分。横断山脉地区也是世界上高山植物区系最丰富的区域。

华中山区地貌具有山高、坡陡、谷深等特点，加之渝东、鄂西等地区第四纪冰川期“避难所”广泛存在，因此，这里保存的第三纪植物孑遗物种最具丰富性和完整性，也是世界上落叶乔、灌木植物最多的地区，这里不仅植物种类十分丰富，约有 6 390种，而且其中中国特有种在总种数中所

占比例高达63.1%，因此，华中地区是中国植物区系的最典型和最集中的代表。

岭南地区内北回归线横贯东西，为热带—亚热带的过渡地区。本区西部岩溶地形广泛发育，是我国面积最大、发育最完备、地貌类型最复杂的岩溶地区，在这里发育着独特的石灰岩植物区系。岭南地区以热带分布的科、属占优势。在植物区系物种丰富程度上远较华中地区丰富，约有7 568种，中国特有种在总种数中所占比例高达59.9%（应俊生，2001）。

山地森林是最富有生物多样性的生态系统。我国森林类型众多，拥有各类针叶林、针阔叶混交林、落叶阔叶林、常绿阔叶林和热带林，此外，还有许多人工用材林、防护林、经济林和农林复合生态系统类型。我国有2 000多种乔木和6 000多种灌木，有1 800多种野生动物栖息在森林中或林缘。内蒙古高原、黄土高原的森林草原和草原地带以及青藏高原，也富有生物多样性，并有许多特有种。青藏高原有维管植物1 500属、12 000种以上，种数占中国维管植物总数的40%；陆栖脊椎动物共有343属、1 047种，占全国总数的43.7%（陈昌笃，1998）。

各地山区的植被和野生动物（包括土壤动物）的分布，既有纬向地带性特点，也有垂直地带性特点。中国拥有世界上最完整的温带山地植被垂直带谱和亚热带山地植被垂直带谱。

山区生存着许多农作物的野生亲缘种，例如，华南和云南等山区的野生稻，西藏、黑龙江、贵州山区的野生大豆，云南山区的大叶野生茶等，为今后农、林植物育种保存了宝贵的遗传资源。同时，山区的农民群众在近万年的农、林、牧生产活动中，在复杂多变的自然条件下，选择和培育了许多农、林、牧物种和品种，使山区的农、林、牧业也富有生物多样性。例如，云南省收集保存了5 128份水、陆稻地方品种（蒋志农等，1998），贵州征集到4 000多份水稻地方品种。

一个地区的生物资源量与生物多样性程度，与该地区的植被覆盖率、水土保持状况、水源状况、空气质量等环境状况以及生物产业的发展现状和发展潜力，有十分密切的关系。近百年来，由于人口迅速增长带来的巨大压力以及战争和政策失误等多方面的原因，我国各地山区的生物资源都曾遭受过不同程度的破坏和掠夺式利用，生物多样性都曾遭受过不同程度的破坏，以致威胁到山区人民的生存和社会、经济的可持续发展。各地山区农村当前生态建设的基本目标之一就是努力恢复植被、增加生物资源量和恢复各地山区特有的丰富的生物多样性。

1.2.5　富有可再生清洁能源和新能源

我国山区除富有煤炭、石油、天然气（特别是页岩气）、铀矿等石化和核电等不可再生能源外，也富有水电、太阳能、风能、生物质能、地热能等可再生清洁能源。

可再生能源是我国重要的能源资源，我国具备丰富的发展可再生能源的资源条件。自20世纪80年代起，风电、太阳能、生物质能等新兴可再生能源产业在我国政府的支持下稳步发展。近年来，我国可再生能源产业处于快速发展阶段，水电、太阳能光伏发电和热发电、太阳能热水器、风电等一些可再生能源现代技术和产业的发展已经走在世界的前列。页岩气的开采将使我国能源格局发生重大变化。我国已具备大力发展可再生能源和页岩气等新能源的一定的产业基础，这对于我国能源产业开发的转型与实现可持续发展，进而实现全国经济、社会与生态环境的可持续发展，具有十分重要的意义。

（1）水电能。水电能资源是循环不息、取之不尽、用之不竭的可再生能源，是我国山区农村最广泛使用、用量最大的生产和生活能源。全国水力资源6.8×10^{8}kW几乎全部蕴藏于山区。其中，西南山区理论水能资源蕴藏量占全国的61.38%，居全国第一；大西北山区占全国的12.45%，居全国第二位。2009年，我国水电装机容量已达1.97亿kW，居世界第一。

我国山区小水电资源十分丰富，是山区农村的优势资源之一，小水电在西部大开发中具有突出的区位优势和比较优势。开发利用好山区小水电资源，是解决农村特别是贫困边远山区新农村建设能源需求的有效途径。小水电资源点多面广，总量很大，占水电资源总量的23%，在电力结构调整和农村能源结构调整中具有重要的地位。小水电规模适中、投资省、工期短、见效快，有利于调动多方面的积极性，适合国家、地方、集体、企业、个人共同开发。同时，小水电资源区大多是天然林保护区、退耕还林还草区、重要的生态屏障区和主要的水土流失区。在这些地区开发小水电，实施小水电代柴工程，还能保育山林、调控山洪从而改善山区生态系统功能，有利于山区人口、资源、环境的协调发展。

据普查，我国山区小水电资源可开发量为11 993万 kW，居世界第一位，分布在全国1 600 多个山区县，主要集中在长江上中游、黄河中上游等西部地区。西部地区小水电可开发量占全国的67%。南方山区的小水电能源也遍布各地，有的已经开发，但多数山区尚待开发，潜力很大。截至2006 年年底，全国山区已建成小水电站46 989座，总装机4 493万 kW，约占可开发容量的37.4%，约占全国水电总装机的34.9%。全国山区还有7 500万 kW 的小水电资源可以开发。

偏远山区土地辽阔，人烟稀少，负荷分散，大电网难以覆盖，也不适宜大电网长距离输送供电。2005 年全国尚有0.4 亿多无电人口，其中一半以上分布在小水电资源比较丰富的山区。小水电具有可分散开发、可就地成网、可就地供电、发供电成本低的特点，是大电网的有益补充，具有不可替代的优势，也可以与大电网并网配合使用。箱式整装小水电站可以用于孤立电网，供几户居民或一个村庄使用。箱式整装小水电站，是用标准的大金属箱把所有模块化的发电设备在工厂里全部组装完成，包括水轮发电机组、辅助设备、电气一次设备、电气控制测量保护设备，使之便于运输和在现场快速安装。机组安装之前仅仅需要简单的准备，主要有为安置这一大金属箱的混凝土基础、引水管路、尾水管和必要的输电设备。箱式整装小水电站具有建设成本低、施工期短、运行维护方便、可实现无人值班等特点，非常适合偏远山区小水电建设（程回洲，2001）。

（2）生物质能。我国山区多数地区的生物质能资源丰富，开发潜力都很大（详见本书5.8 部分、6.7 部分）。

目前，正在应用或研究中的生物质能源主要有沼气、生物质燃气（秸秆气化）、生物发酵制取氢气等气体燃料；燃料乙醇、生物柴油、生物质裂解液化等液体燃料；炭棒、木炭砖、颗粒燃料等固体燃料。沼气开发应用最受关注，主要用作生活能源，正在全国各地推广普及之中。一个10 m^3 的沼气池，年产沼气约450 m^3，可节省薪柴或秸秆约1 500 kg。1 m^3 沼气的热值约相当于1 kg 原煤。我国的猪粪中温厌氧发酵USR 装置的沼气产气率可以达到2.2 m^3/（m^3·d）。沼气燃烧后产生CO_2和H_2O，不产生污染环境的气体。使用生物质能后产生的有害物质（硫和灰分等）的含量，仅为使用煤炭的1/10 左右。建设质量达标的沼气池，可使用15 年以上。少数大、中型沼气工程，用沼气取代部分燃油驱动内燃机用作加工动力，或带动发电机发电。

（3）太阳能。太阳能也是取之不尽、用之不竭的可再生能源，太阳能不但能通过绿色植物的光合作用转化为生化能，从而驱动着地球上庞大的生物系统的生命活动，而且也可以间接转化为风能、水能、石化能，更可以直接转化为用于生产和生活的热能、电能、机械能等。西藏、青海、新疆、甘肃、宁夏回族自治区（全书简称宁夏）及内蒙古等6 省（区），远距海洋，不易受到海洋湿润气候的影响，因此，气候常年干燥，太阳辐射强，太阳能资源特别丰富，是我国，也是全世界太阳能资源最丰富的地区之一。年太阳总辐射量，西藏高原有1 005 ~ 1 088 kJ/cm^2，居全国第一位；大西北山区有为419 ~ 753 kJ/cm^2，居全国第2 位，太阳能的开发利用有广阔前景。

太阳能发电主要分为太阳能光伏发电和太阳能热能发电两种。太阳能光伏发电是利用太阳能电池将太阳光能直接转化为电能；太阳热能发电是利用集热器将太阳辐射能转换为热能，并通过热力循环过程进行发电。从我国可开发的可再生能源蕴含量来看，比较公认的数据是：生物质能1 亿kW，水电3.78 亿kW，风电2.53 亿kW，而太阳能是2.1 万亿kW，只需开发1% 即达到210 亿

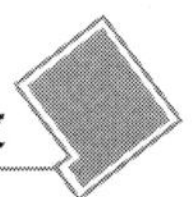

kW；从其比例看，生物质能仅占0.46%，风电占1.74%，水电占1.16%，而光电占96.64%，可见利用太阳能发电的技术前景广阔［参阅本书5.8.1（6）节］。

农村目前利用太阳能最常见的方式有：太阳能热水器，一个采光面积1～2 m^2 的太阳能热水器，容水量100～200 kg，使用寿命5～10年；利用太阳能热水器加热沼气池，晴天增温效果明显，而且增温平稳，太阳能加热池比未加热池沼气产量成倍增加，并且产气稳定；北方地区冬季太阳能塑膜暖棚饲养畜、禽，冬、春太阳能塑料大棚栽培蔬菜，一幢150 m^2 的太阳能暖房每年可节省1.2 t标煤，冬季最低室温可维持在约12℃；春季塑料大棚集中育水稻机插秧；日光温室栽培花卉和反季节水果、蔬菜等；南北各地春播地膜（玉米、棉花等）、薄膜（水稻、甘薯等）覆盖育苗等。

（4）风能。风能是太阳能的一种转化形态，也是一种可再生能源。沿海岛屿、沿海地区（包括沿海山区）及内蒙古高原、河西走廊和青藏高原是我国风能资源最丰富的地区，集中在内蒙古、新疆和甘肃3省（区），风力资源量分别为 61.78×10^6 kW、34.33×10^6 kW 和 11.43×10^6 kW。近几年我国风能资源丰富的山区农村风力发电迅速发展。2009年，全国风电装机容量已达2 730万kW，居世界第三，当年新增1 000多万kW，增速居世界第一。

（5）天然气。天然气是一种清洁、优质、不可再生的化石能源，开发天然气特别是页岩气，对大幅提高我国能源自给率、改善能源结构、减少温室气体排放、推动实现低碳经济发展具有十分重要的作用，天然气是实现从传统化石能源向可再生清洁能源过渡的重要桥梁。我国常规天然气可采资源量为22万亿 m^3；同时，致密砂岩气、煤层气、页岩气、天然气水合物等非常规天然气资源也十分丰富，据初步勘探，仅致密砂岩气、煤层气和页岩气资源总量合计就有35万亿～48万亿 m^3，是常规天然气可采资源总量的1.5～2.2倍。我国已掌握页岩天然气的水力压裂开采技术（将掺有化学药剂的水用高压泵注入地下页岩层，从而将那里的天然气甚至石油挤压出来）。2010年我国天然气产气量已达968亿 m^3。目前，全国的省、自治区、直辖市都已使用了天然气，全国200多座大中城市已建设了天然气供应网。我国还从国外进口大量管道和液化天然气。天然气在能源消费结构中的比重2009年达到4.1%。页岩气也将成为山区农村和城镇的重要能源（邱中建等，2011）。

（6）地热能。最常见的地热资源是温泉，散见于全国各地，以闽、粤沿海分布最多，西藏和滇西也分布较多，且多高温温泉（有多处水温高于150℃）。我国可开采的地热能源相当于每年3 284 t标准煤的发电量。温泉可用于建造地热温室，进行地热种植、地热水产养殖、地热孵化与育雏、生活供暖及医疗等，也可利用地热发电（如西藏的羊八井）。

1.2.6 自然灾害频繁

山区是多种自然灾害频繁发生的地区。洪涝、干旱、泥石流已成为长江上游地区三大自然灾害，其发生概率由20世纪50年代的每年0.58次，增加到20世纪90年代的每年1次。其中，以旱灾最为普遍和严重。我国西北干旱高原与山区干燥度大于2.0，严重缺水，农业生产必须依赖人工灌溉；东部山区则普遍存在规律性季节性干旱，常发生不同程度的旱灾；华北平原周边山区、黄土高原中部和北部，春季（3—5月）十年九旱，威胁小麦返青、灌浆和春播作物成苗，有些年份还发生春、夏连旱；鄂北、四川盆地、云南高原等地春旱也很普遍，须辅以人工灌溉；四川盆地东北山区、长江中下游丘陵山区等地，7—8月常发生夏旱（伏旱），严重影响夏收作物和秋播作物，有些年份还发生夏、秋连旱。

1998年长江洪灾是长江流域开发过程中种种生态经济矛盾积累的集中反映，给国家和人民带来巨大损失，死亡1 300人，直接经济损失达2 000多亿元，灾后重建家园及综合治理用去数千亿元。

在暴雨季节，山区常暴发山洪、泥石流、滑坡、崩岗等自然灾害。泥石流、滑坡是山区特别是西南大山区的两种强烈的水土流失方式。例如，在长江上游的陇南山地、龙门山、夹金山、大相岭、大凉山和金沙江下游一带分布很广。因为这一地带正是四川盆地与青藏高原的过渡地带，断裂发育，地层破碎，新构造运动活跃，地震频繁；地势高差较大，河流下切强烈，谷坡陡峭；加之降水量大而集中，所以，沟谷侵蚀、重力侵蚀在水土流失中占有重要地位。四川盆地周围的大巴山、巫山、大娄山也有广泛分布。其中，金沙江各支流和白龙江的泥石流发育已有数百年的历史。上述泥石流、滑坡分布区，向河流输送了大量的泥沙，因而河流的输沙量也是相当大的，悬移质输沙模数可达 2 000t/（km^2·年）以上，成为长江上游的强产沙区，面积共 8.08 万 km^2，虽只占长江上游总面积的 8%，但年输沙量却占宜昌站总输沙量的 42.6%。

甘南藏族自治州舟曲县，由于曾经盛行乱砍滥伐和毁林开荒之风，使周围的山体几乎全变成了光秃秃的荒山，水土流失极为严重。2010 年 8 月 7 日突降强降雨，导致县城北面形成的泥石流下泄，由北向南冲向县城，造成沿河房屋被冲毁，泥石流阻断白龙江形成堰塞湖，县内 2/3 区域被水淹没。受灾户数达 4 496户、受灾人数达 20 227人，水毁农田 94.5 hm^2，水毁房屋 307 户、5 508间，在这次特大泥石流灾害中遇难 1 463人，失踪 302 人。

山林易发生火灾和病虫灾（如松毛虫、松材线虫）。冰冻灾害对山林的破坏性也很大。山区农作物还易发生一些特殊的虫灾（如南方山地稻区的一字纹稻苞虫、稻秆潜蝇）和兽害（如鼠害）。

1.3 中国山区农村生态环境当前存在的主要问题

从 20 世纪 70 年代末开始，在改革大潮的推动下，我国农村生态环境改变了 20 世纪 50 年代末以来严重恶化的困局，正在逐步好转，有不少地区已步入良性发展的轨道，出现了可喜的局面，但对当前仍然存在的以下问题，不可掉以轻心。

1.3.1 水土流失依然严重

水土资源是山区人民生产和生活最基本最重要的资源。我国是世界上水土流失最严重的国家之一，流失的面积大、强度大、泥沙总量大，主要发生在高原和山区。据 2000 年水利部全国第二次土壤侵蚀遥感普查的结果，轻度以上水土流失面积有 356 万 km^2，占国土总面积的 37.1%；强度以上水土流失面积 112.7 万 km^2，占国土总面积的 11.7%，年平均土壤侵蚀模数达 10 000 t/（km^2·年），局部严重地区达到 30 000～50 000 t/（km^2·年）；全国每年流失的土壤总量达 50 亿 t，每年入海泥沙量约 20 亿 t。

我国土壤侵蚀类型有水力侵蚀、风力侵蚀、冻融侵蚀及滑坡、泥石流重力侵蚀等，特点各异，相互交错，成因复杂。除了部分地区特殊的自然地理、气候条件外，过伐、过垦、过牧、开发建设时忽视水土保持等人为因素，是诱发和加剧水力、重力、风力等外力作用，造成水土流失的主要原因。其中，水力侵蚀最为普遍，总面积达 165 万 km^2，主要发生在南北各地的高原、山地与丘陵区，包括东部 10 省（直辖市）9 万 km^2，中部 10 省 49 万 km^2，西部 12 省（自治区、直辖市）107 万 km^2。在水蚀面积中，轻度 83 万 km^2，中度 55 万 km^2，强度 18 万 km^2，极强 6 万 km^2，剧烈 3 万 km^2。西北黄土高原区、东北黑土漫岗区、南方红壤丘陵区、北方土石山区、南方石质山区以水力侵蚀为主，伴随有大量的重力侵蚀。西北干旱地区、风沙区和草原区风蚀非常严重，风力侵蚀面积 191 万 km^2。西北半干旱农牧交错带则是水蚀、风蚀交错区，面积 26 万 km^2。土壤侵蚀以西部地区最严重，分布面积最大，中部次之，东部相对较轻。冻融侵蚀面积 125 万 km^2。

长江流域 20 世纪 50 年代水土流失面积占流域总面积的 20%，到 90 年代已增加到占流域总面积的 32.1%，长江流域每年流失的土壤总量达 24 亿 t，其中，上、中游占 15.6 亿 t。全流域每年因泥沙淤积而损失的水库库容达 12 亿 m^3。从 20 世纪 50 年代至 80 年代末，流域内的湖泊面积由 2.2

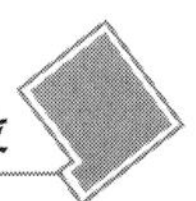

万 km^2 减少到 1.2 万 km^2，丧失调洪蓄水能力约 100 亿 m^3。据宜昌水文站观测，长江上游来沙量由 20 世纪 50 年代初期的 4.04 亿 t 增加到 80 年代后期的 5.33 亿 t。

据黄河水利委员会发布的 2010 年《黄河流域水土保持公报》显示，黄河流域水土流失面积 46.5 万 km^2，占流域总面积的 62%，其中，强烈、极强烈、剧烈水力侵蚀面积分别占全国相应等级水力侵蚀面积的 39%，64% 和 89%，是我国乃至全世界水土流失最严重的地区。黄河流域黄土高原地区，每年有 16 亿 t 泥沙流入黄河，其中，黄河中游地区水土流失面积占土地总面积的 78%，多年输入黄河的泥沙量占整个黄河输沙量的 90%，黄河河水多年平均含沙量为 35 kg/m^3，居世界各大江河之首。

严重的水土流失造成一系列严重的生态问题：

(1) 土壤退化甚至沙化、石漠化、母质化，降低甚至丧失土地的农、林、牧利用价值。在 1950—1990 年的 40 年内，我国因水土流失毁掉的耕地达 266.7 万 hm^2，平均每年约 6.7 万 hm^2。因水土流失造成退化、沙化、碱化草地占我国草原总面积的 50%。进入 20 世纪 90 年代，沙化土地每年仍扩展 2 460 km^2。

(2) 失去植被保护土壤的保水能力下降，地表径流加大加速，往往在水源区造成山洪暴发；并在旱季因水源枯竭和土壤抗旱能力降低而加重旱情。

(3) 由于大量泥沙下泄，淤积在江、河、湖、库中，降低了水利设施调蓄功能和天然河道泄洪能力，加剧了下游的洪涝灾害。黄河年均约有 4 亿 t 泥沙淤积在下游河床，使河床每年抬高，形成"地上悬河"，增加了防洪的难度。1998 年长江发生全流域特大洪水的主要原因之一，就是中、上游高原和山区植被受到严重破坏，水土流失严重，并加速了暴雨径流的汇集过程。为了减轻泥沙淤积造成的库容损失，部分黄河干支流水库不得不采用蓄清排浑的方式运行，使大量的泥沙随水下泄，黄河下游每年需用大量的水冲沙入海，以防止河床抬高，因而大量宝贵的水资源被浪费。

严重的水土流失直接损害和威胁着我国特别是高原和山区经济与社会的可持续发展，尤其是农、林、牧业的可持续发展，是我国西部和整个山区经济与社会发展滞后的根本原因之一。

我国在近 60 多年中，前 30 年由于山地植被数度遭受严重破坏，水土流失日益加剧；近 30 多年来，才逐步得到缓解和恢复。据研究，经过 1982—1999 年共 18 年的恢复和建设，全国植被较好地区的面积增加了 3.5%，植被稀少地区的面积减少了 18.1%，全国单位面积年植被指数（NDVI）增加了 7.4%。植被指数变化的地区性差异较大，东部沿海地区呈下降趋势或变化不明显，农业产区增加显著，西部地区大都呈增加趋势。生长季节的延长和生长加速是我国植被指数增加的主要自然原因；而气候变化，尤其是温度上升和夏季降水量的增加可能是植被指数增加的主要驱动因子之一。我国森林正处于持续增长的阶段，目前是全世界森林增长最快的国家，虽然幼林占很大比重，但近年内生长潜力很大（方精云，2003，2006）。

目前，水土保持工程已成为我国高原和山区农村生态建设的主体工程，成为西部开发的基础工程。1950 年至 2006 年年底，全国已治理水土流失面积 96 万 km^2，其中，小流域综合治理 36 万 km^2。通过治理，每年可减少侵蚀量 15 亿 t，增加蓄水能力 250 亿 m^3，其中，黄土高原多年平均每年减少入黄泥沙 3 亿 t。长江上游小流域每年增加蓄水能力 20 多亿 m^3，减少土壤侵蚀 1.5 亿 t。重点治理区的 160 多万 hm^2 陡坡地实现了退耕还林。

据 2005 年初步统计，全国有 894 个县（市、区、旗）实施了封山禁牧，封禁面积 52 万 km^2，涉及 25 个省（区、市）的 161 个地（市、州）。其中，北京、河北、陕西、青海、宁夏 5 省（区、市）人民政府发布了实施封山禁牧的决定，涉及 25 个地（市、州）197 个县（市、区、旗）的 17 万 km^2。另外，所有国家水保重点工程区全面实现了封育保护，有效提高了重点工程建设成效。国家在实施的京津风沙源治理工程、21 世纪首都水资源规划水土保持工程、长江和黄河上中游水土保持重点防治工程、国家水土保持重点建设工程、东北黑土区以及珠江上游南盘江和北盘江石灰岩地区水土保持综合防治工程等所有水土保持重点工程建设范围内，全部实行了封育保护，封育保护面积12.6万km^2。水利部在青海省“三江源”地区实施了预防保护工程，封育保护面积达30万km^2。1989—2010年，我国长江流域等防护林建设取得显著成效，长江、珠江、太行山、沿海、平原等流域或地区森林覆盖率增加8.5%～14.47%，各大流域生态环境状况明显改善。

据黄河水利委员会发布的2010年《黄河流域水土保持公报》显示，新中国成立以来，黄河流域已累计初步治理水土流失面积22.56万km^2，年均减少入黄泥沙3.5亿～4.5亿t。其中，兴修基本农田555万hm^2，营造水土保持林1 192万hm^2，人工种草367万hm^2，封禁治理142万hm^2，建设淤地坝9.1万座，兴建各类小型水土保持工程184万处。累计增产粮食670多亿kg，解决了约1 000万人的基本口粮和饮水需求。

通过全国范围的大规模治理和经济开发，基本上解决了4 000多万人的温饱问题。由于以水土保持为基础的高原和山区农村生态建设逐步发展，这些地区农村社会与经济发展正在逐步转向科学、可持续发展轨道。

我国的水土保持虽已取得了很大成绩，农村生态环境状况已有明显改善，但各地发展不平衡。水利部发布的《2004中国水土保持公报》显示，2004年全国土壤侵蚀量仍有16.22亿t，其中，长江为9.32亿t，黄河为4.91亿t，相当于从12.5万km^2土地上流失掉1 cm表土，以长江上游、黄河中游、东北黑土区和珠江流域石漠化地区最严重。黄土高原、云贵高原、青藏高原和西部一些山地植被覆盖还相当差，植被恢复还需要时间。近年来的人工造林中，幼林和纯林较多，林分结构尚不合理，森林的生态、经济和社会效益还未能充分显示。山区农村的水土保持和经济开发的任务仍然很艰巨，还有许多新问题需要研究解决。

今后我国水土流失治理的重点区域，第一是黄土高原。黄土高原总面积64万km^2，曾有45万km^2土地发生程度不同的水土流失，已初步治理21万km^2，今后重点放在对晋、陕、蒙7.86万km^2多沙、粗沙区的治理，治理的方式仍然是山、水、田、林、路综合治理，工程措施突出打坝淤地。第二是长江上、中游。目前，水土流失仍然严重，为确保长江流域生态安全，今后应继续进行大规模整治，2007年已启动丹江口与库区上游水土保持重点工程。第三是东北松花江流域和辽河流域共17万km^2的黑土区。该区域是我国最重要的商品粮油生产基地，近几十年来由于不合理的耕作，每年流失表土1.5亿t，经过近年来的治理，已初步得到遏制，今后应继续加大治理力度。第四是西南的岩溶地区。由于水土流失，目前已形成12.96万km^2的岩漠土地，并且仍然呈逐年增加的趋势，仅贵州一省每年就流失表土1.95亿t，减少耕地2万hm^2，至少有1 000万人存在饮水困难；广西的岩溶区在1975—2000年耕地减少了10%，国家已启动了对珠江上游南盘江和北盘江岩溶石漠化地区的综合治理。第五是东南部花岗岩地区的崩岗。闽、赣、粤、湘、鄂、桂、皖等省区已发生大小崩岗共22万多处，对城镇、农村、水利、交通等的危害和威胁都很大，今后应继续彻底整治。

1.3.2 山区特有的环境与资源优势有待进一步开发利用

我国山区的土地、生物、可再生能源与新能源、气候、旅游等自然资源丰富多样，具有发展农、林、牧、副、旅游、电、矿等众多产业优越的环境与资源条件。但长期以来，由于山区市场经济发展滞后，交通不便，信息闭塞，工业化、城镇化水平低和教育与科技水平低下等原因，农业产业结构普遍比较单一，农业社会化、产业化、市场化程度也不高。各地山区的自然环境与资源优势，有待今后在加强保育的基础上进一步深度开发和规模利用，以满足社会日益增长的需求，同时促进农业生产的全面发展，提高社会化、产业化与市场化程度，促进山区走上致富和可持续发展之路。

以下列举若干有待进一步开发利用的山区特有的环境与资源优势项目。

(1) 南方山区草山草坡的草食畜牧业开发。我国南方14省、自治区、直辖市有6 573万 hm^2 多种类型的草山草坡可以发展草食畜牧业。这些草山草坡具有以下独特的环境与资源优势。

①天然草地每公顷年平均可产草7 500 ~ 12 000 kg，相当于北方草原产草量的3倍；

②气候温暖，无霜期长，牧草生长期比北方长，饲草供应的季节矛盾比北方小；

③水热条件好，土壤肥沃，有利于引进优良栽培牧草种植；

④南方家畜品种资源丰富，利用草山草坡发展畜牧业，不仅可行，而且前景广阔（屠敏仪等，1993）。

近30多年来，各地出现了一些利用草山草坡发展畜牧业的好典型，例如，湖南省城步县南山牧场（参阅5.9.2节）。但目前南方多数草山草坡尚未得到有效改造和开发利用。例如，武陵山区有成片万亩以上的各类山地草场（山地草丛草地、山地灌丛草地、山地疏林草地、农隙草地等）181片共约100多万 hm^2，有天然牧草300多种，但目前只有少数开发利用较好，大多开发利用水平还不高。

(2) 木本粮食、油料、药材和多种野生经济动植物开发。我国山区有多种优质木本粮食和油料树种，但管理粗放，单产很低。据初步调查，能提取大量淀粉的植物有200种，能提取油料的树种有150多种。这些木本粮油植物中，有的适应性较强，如板栗、核桃、枣等，遍布全国；但多数都受气候与土壤生态适应性局限，有其最适集中产区，例如，沙枣集中于西北，榛子、文冠果集中于东北和内蒙古东部，核桃、枣、柿集中于华北和黄土高原，油茶、油桐、乌桕集中于江南丘陵山区，木薯、木豆、油棕、油瓜则产于华南亚热带地区。南方有油茶成林240万 hm^2，每667 m^2 产茶油仅2 ~ 3kg，而管理较好的，每667 m^2 产20 ~ 25kg。此外，全国各地山区特别是林区的野生药材采集和多种药材培植，多种蜜源植物的保护与培植，以及养蜂、野生动物养殖（野猪、蛇、大鲵等）、编织（竹、藤、秸秆等）、林副产品经营（生漆、栓皮、烤胶、松香、野生纤维、野生食用菌和药用菌、野果、山野菜等）等，都很有发展前途。例如，目前武陵山片区共种植药材金银花（以灰毡毛忍冬品种为主）2.7万 hm^2 左右，其中，湖南省隆回县山银花年产量超过1万t（干花），约占全国山银花总产量的70%，从业人员近20万人，已成为隆回县重要的扶贫开发产业。又如，具有活血化瘀、消肿止痛、防治心脑血管疾病等功效的常用名贵中草药云南三七（又名田七，属五加科多年生草本植物），云南省文山壮族苗族自治州（全书简称文山州）大部分地区，位于云贵高原东南部，由于同时能满足三七对低纬度（23.5°N左右）、高海拔（1 800 m左右）以及光照、湿度、温度、土壤酸碱度等一系列对生长环境条件的苛刻要求，从而成为世界上最适合种植三七的地方，现在全世界约90%的三七产自文山州，文山州被国家确认为“中国三七之乡”，文山州三七的生产、加工与销售已实现产业化，成为文山州特别是平坝的支柱产业。

(3) 南方高海拔山原区优质农产品开发。在我国东北、华北和西北，不论是高原、山地或平原地区，由于地处温带，在作物生长季节内（春、夏、秋季）阳光充足、日照长、昼夜温差比南方大、夜温比南方低；云贵高原虽处于亚热带，但耕地海拔高，昼夜温差比较大，夜温也比较低，因而这些地区的农作物光合作用旺盛而呼吸消耗较少，不但能获高产，而且品质较优。而地处亚热带的四川盆地、长江中下游平原和丘陵区以及华南平原和丘陵区，由于昼夜温差较小且夜温较高，因而呼吸消耗较多，作物虽能获高产，但品质较差。但在南方这些地区内海拔500 ~ 700 m以上的耕地，仍具有昼夜温差较大而夜温较低的生产优质农产品的气候条件，可以建立优质农产品生产和加工基地。例如，在武陵山区海拔为600 ~ 800 m以上的稻田，具备生产杂交水稻优质米的气候条件，这里生产的稻米米粒透明度和整粒精米率明显提高，蛋白质含量和直链淀粉含量呈下降趋势，胶稠度与糊化温度呈上升趋势，米质和食味比海拔100 ~ 200 m的同土质稻田生产的稻米明显提高。近年来，这些海拔较高的地区已建立了不少优质米生产和加工基地，如湘西自治州的永顺松柏、龙山茅坪、花垣吉卫、凤凰腊尔山等地（严斧等，1994）。

（4）南方高海拔山原区反季节蔬菜栽培。我国地处亚热带的四川盆地、长江中下游平原和丘陵区以及华南平原和丘陵区，夏季炎热，7月、8月月平均温度常在28℃以上，最高气温常达35℃以上，而大多数果菜类、叶菜类、根菜类蔬菜生长发育的适宜温度为22～25℃，这些喜温而不耐热的蔬菜和喜冷凉的秋、冬菜，在7、8月高温下均不能正常生长，致使7—9月出现城镇蔬菜市场供应不足；而在这些地区内，海拔500～800 m以上高海拔山原的气温比平原与丘陵地区低3～5℃，季节比平原、丘陵地区推迟15～30 d，而且光照充足、阳光中的紫外线较多、夜温低、土壤湿度较大、雨量也较多。利用气候与蔬菜生长季节和上市季节的差异以及洁净的环境条件，建立高山反季节绿色蔬菜生产基地，选择市场对路、耐贮运的优良蔬菜品种，合理安排茬口，使采收上市期安排在7—9月，既可改善平原地区城镇高温季节蔬菜的淡季供应，又有利于高山区农民增收致富，获得较高的社会及经济效益。近年来，南方高海拔山原的反季节蔬菜生产发展很快，例如，位于鄂西南武陵山区的恩施土家族苗族自治州，60%以上土地海拔800 m以上，这些山原区夏季气候凉爽，雨量充沛，日照充足，适宜发展反季节蔬菜，2008年，全州高海拔山原区蔬菜种植面积有3.33万hm^2，产品远销重庆、武汉等城市。

（5）天然饮用矿泉水开发。天然饮用矿泉水是从地下深处自然涌出的或经人工开发的未受污染的地下矿泉水，其中含有一定量的矿物盐、微量元素和二氧化碳气体。至2005年，全国已勘查评价并经国家和地方主管部门认可的饮用矿泉水资源地有3 000余处，大多数分布在全国各地山区。高端矿泉水纯净、无糖、低热、有益元素含量丰富，是水中珍品，是适合长期饮用的天然健康饮品，如黑龙江五大连池泉山矿泉水、西藏冰川矿泉水、昆仑山矿泉水、长白山矿泉水、鼎湖山矿泉水等。其中，昆仑山矿泉水水源来自海拔6 178 m的昆仑山玉珠雪峰，是世界级的优质饮用天然矿泉水，已进入国际市场。目前，我国开发矿泉水的企业虽已数以千计，但仍是世界人均矿泉水消费量最低的国家之一，城镇居民人年均消费量还不到10 L，可见，我国矿泉水的市场消费潜力是很大的。山区饮用天然矿泉水资源的开发，不仅能为社会提供大量的天然健康饮水，而且将给山区带来巨大财富。2010年，我国饮用天然矿泉水消费总量达到1 100万t，其中，吉林省的矿泉水企业已经近70家，矿泉水年产量近100万t，每年创造价值达到十几亿元。高端饮用天然矿泉水的消费量也正在快速增长，预测2015年中国高端水市场销量将达到66.7万t。

（6）生态旅游业发展。我国的自然景区和少数民族人文景区等旅游资源，主要分布在南北各地山区农村，山区生态旅游业发展前景十分广阔。例如，山东山区（如泰山）、皖南山区（如黄山、九华山）、赣东北山区（如婺源、龙虎山）、闽西北山区（如武夷山）、湘西北山区（如武陵源）、桂北山区（如桂林）、四川与重庆山区（如九寨沟、黄龙、青城山、峨眉山、三峡）、鄂西山区（如武当山、神农架）及东北山区（如五大连池、长白山）、云贵高原（如丽江、三江并流、西双版纳、赤水）等许多山区，都分布着许多国内外知名的旅游景区，其中许多已列入世界遗产名录。在旅游业快速发展期，山区生态旅游业（森林、养生、山水、科考、民族风情等类旅游）发展也已进入快车道，在有待于保育资源的前提下，走向可持续发展（参阅本书5.11节）。

1.3.3 耕地用养失调，土壤肥力下降

20世纪90年代以来，主要由于种植业特别是粮食作物种植业经济效益太低，同时我国城镇化、工业化处于高速发展期，因而大多数农村青壮年劳动力已外出打工挣钱，农村劳动力日渐减少；同时农民非农收入逐步增加，购买力提高，过去种绿肥、施人畜粪尿、积施土杂肥等增施有机肥的优良传统逐渐失去，而代之以商品化肥当家。耕地种植指数也大幅下降，冬种面积锐减，南方稻区出

现大面积板田过冬，许多地方还出现了耕地抛荒。用地与养地相结合的优良传统也逐渐丢失。沼气的普及率一般还不高，沼肥的施用量还很有限。过量施用化肥，特别是氮素化肥，不仅增加生产成本，还造成土壤碳、氮养分失调，导致土壤有机质含量下降，进而造成土壤保肥、供肥性能普遍下降。

1.3.4 面源污染未能根治，农畜产品安全性有待提高

近几十年来，山区农作物和果木的化肥施用量大幅增加；同时，由于山区的病虫害比较多，主要依靠施用农药进行防治，以致化肥、农药的面源污染长期得不到根治；商品饲料中的激素等添加剂也较多。山区是溪河、水库、湖泊等水体的水源地，山区的面源污染长期祸及山区下游地区，不仅污染了水源和土壤，伤害了生物多样性，同时也污染了粮食、油料、水果、蔬菜以及畜、禽、鱼等农畜产品，对农畜产品的安全性构成威胁，也降低了农畜产品的商品价值和国内外市场的竞争力（参阅本书6.9节）。

1.3.5 农村生活与生产能源结构有待进一步改善

农村能源状况直接关系到农村居民的日常生产与生活，也关系到农村生态环境的保护，关系到农业的现代化。目前，我国山区大多数农村能源消费水平不高，能源消费结构不合理，工业用能比重不大，农民生活用能一般有40%～60%来自煤炭和秸秆、薪柴等生物质能直接燃烧。柴草燃烧过多，既不利于农业生产，又对农村生态环境构成威胁。在边远山区农村，新能源和可再生能源技术开发严重滞后。

例如，据云南省调查统计，2005年全省农村能源消费总量为2 662.40万t标煤，人均占有0.73 t标煤。其中，农村生活用能占63.93%；生产用能占36.07%。在农村生活用能中，秸秆占13.99%，薪柴占34.04%，煤炭占36.91%，电力占3.79%，成品油占2.55%，沼气占2.96%，太阳能（热水器）占5.75%。农村地区共有249.47万户使用优质能源（沼气、液化石油气、煤气、太阳能等）共计合158.68万t标煤，仅占农村能源消费总量的6.16%，其中，煤气占0.18%，液化石油气占6.37%，沼气占31.78%，利用太阳能（热水器）占61.66%。从以上数据可以看出，云南省农村能源消费水平较低；农村能源结构中，以生活用能为主，生产用能只占1/3左右；生活用能以生物质能（薪柴、秸秆、沼气等）为主，其中，薪柴和秸秆燃烧占48.03%，但沼气能仅占2.96%；优质商品能源所占比重较低；生产用能以煤炭为主。因此，调整农村能源结构，减少薪柴和秸秆直接燃烧，大力发展小水电和沼气等可再生能源，提高热转化率，仍是该省农村能源建设面临的迫切任务。

近年来，我国广泛实施农村能源结构调整和生活节能工程，取得了显著成绩。农村小水电代燃料工程建设已于2003年全面启动，至2008年已经累计解决了3亿多无电人口的用电问题。我国农村水电地区的户通电率从1980年的不足40%提高到2008年的99.6%，供电质量和可靠性也大大提高。国家正在全面实施2009—2015年全国小水电代燃料工程，拟建小水电站装机共170万kW，可解决170万户、677万农村居民的生活燃料问题，优先解决生态环境脆弱地区和生态屏障地区农村居民的生活燃料问题。计划到2020年，基本解决退耕还林区、天然林保护区、自然保护区和水土保持重点治理地区1 000万户农民的生活燃料问题。通过政府扶持、企业运作、农民参与、低价供电，探索农村小水电资源开发与生态建设有效结合的新途径。

截至2006年年底，全国已累计有1.89亿户建成省柴节煤灶，秸秆和薪柴的能量利用率从10%左右提高到20%～25%；全国农村已有2 200万农户用上了沼气，年产沼气85亿m^3。沼气替代的薪柴相当于511.3万hm^2的林地年木材积蓄量。同时，还积极推广太阳能、风能、秸秆气化、利用

能源作物的生物质能等可再生能源技术，农村能源正在逐步走向多元化和结构优化，但要解决农村发展过程中的能源供给、能源结构调整和提高能效等问题，依然任重道远（参阅本书5.8节）。

1.4 中国山区农村的生态文明建设

1.4.1 内涵

文明是人类文化发展的体现，是人类在自身不断发展过程中取得的物质与精神成果的综合展现，是人类社会不断进步的标志。生态文明是指人类遵循人、自然、经济、社会和谐发展这一客观规律创造的人与自然、人与人、人与社会和谐共生、良性循环、全面发展、持续繁荣为基本宗旨的文化形态的综合体现。人类社会的发展，经历了原始文明、农业文明和工业文明时代，现在世界各国已先后不同程度地进入信息和生态文明时代。我国正处于农业文明、工业文明和信息与生态文明重叠并迅速向信息与生态文明发展的历史时期。

2012年11月，党的十八大做出了经济建设、政治建设、文化建设、社会建设和生态文明建设五位一体建设中国特色社会主义的战略决策。这五大建设是相互依存、相互促进的有机整体，其中，经济建设是根本，政治建设是保障，文化建设是灵魂，社会建设是条件，生态文明建设是基础和前提。五位一体的新布局更加强调“以人为本”和“可持续发展”，强调五大建设融为一体、均衡发展、协调推进，不能顾此失彼。例如，我国从改革开放以来，经济建设创造了“中国奇迹”，但是，如果生态文明建设跟不上，就会造成短板效应，制约国家整体的发展；而经济建设取得的巨大成就，也是反哺和推进生态文明建设的巨大动力。党的“十八大”报告明确指出：“建设生态文明，实质上就是要建设以资源环境承载力为基础、以自然规律为准则、以可持续发展为目标的资源节约型、环境友好型社会。”

面对前述我国山区农村生态系统退化的严峻形势，为了扭转山区生态环境恶化的现状，必须树立尊重自然、认识自然、顺应自然、保护自然的生态文明理念，把生态文明建设放在突出地位，确立在山区建设过程中“生态保护优先、自然恢复为主”的方针，并将生态文明建设融入山区农村的经济建设、政治建设、文化建设、社会建设各个方面及其全过程。

当前山区生态文明建设的主要任务有：加快实施建设山区生态屏障功能体系战略，构建国家和地域的多层次的生态安全格局；实施国家和地区重大生态修复工程，以恢复植被为主，大力治理水土流失和土地荒漠化、石漠化，因地制宜，大力推广多种生态工程和生态技术（包括新型农业机械化技术），发展循环经济，在显著提高农业系统生产力和生产效率的同时，实现生态环境自净，根治农村面源污染；以开发可再生能源和新能源为主，建立适合各地山区农村的多能互补能源体系；加强水利等基础设施建设，增强抗灾，特别是抗旱能力；全面培育和开发山区自然和人文资源，因地制宜调整农村产业结构，将山区传统的自给自足农业经济逐步引向市场经济，逐步提高山区农村的农业社会化、产业化和市场化水平；大幅增加山区农民收入，大力改善民生，建设美丽山村；加强生态文明建设的宣传教育和培训，增强山区农民的环保意识、生态意识，提高生态文明建设的能力；加强生态文明法制建设，完善并切实执行环保法律法规，要使各级生态建设规划具有法定权威；构建和改善生态文明建设的社会支撑系统。目标是实现山区农村经济、政治、社会、文化和生态的全面、协调和可持续发展。由于全国各地山区的自然、经济、社会、文化、民族等特点与现状不同，生态文明建设的方式和步骤也应各具特色。

1.4.2 案例

近年来，全国各地山区农村的生态文明建设方兴未艾。

（1）青海省委、省政府2014年6月印发了《青海省生态文明制度建设总体方案》（以下简称《总体方案》），《总体方案》提出，争取用5～7年时间，在重点领域改革取得突破性进展，基本建立起覆盖生态文明决策、评价、管理和考核等方面的比较系统完备、具有青海特色、可供复制推广的生态文明制度体系。

近年来，青海省大力实施三江源生态保护等重大生态工程，建立了三江源国家生态保护综合试验区，生态文明建设取得了积极成效。但与建设生态文明的目标要求相比，青海省生态保护和建设的任务依然繁重而艰巨。为从根本上解决青海省生态环境保护中的突出问题，有必要在继续实施一批重大生态环保工程的同时，加快生态建设领域的改革和制度创新的步伐，为生态文明建设注入强大活力，通过争创生态文明制度建设新优势，使青海成为坚固而丰沛的“中华水塔”。《总体方案》指出：青海省生态文明制度建设的重点领域和主要任务是：结合青海省实际，全面落实主体功能区制度，优化国土空间开发格局；健全自然资源资产产权制度，实现管理和监管体制创新；强化生态补偿制度，激发生态保护的内生动力；完善资源有偿使用制度，依靠市场主体保护生态环境；探索国家公园制度，统筹生态保护和人的全面发展；建立生态文明评价和考核制度，实行最严格的生态保护和责任追究（引自 http：//image. baidu. com）。

（2）2012年，山东省筹集资金近30亿元，大力支持实施造林绿化、生态能源、资源修复、面源治污和乡村文明五大工程，积极推进农村生态文明建设，取得了显著成绩。

①造林绿化工程。在荒山区、风沙区和平原区积极开展造林绿化，全省新增造林面积13.3万 hm^2 以上；对136.4万 hm^2 国家级和省级公益林进行生态效益补偿；实施林木良种补贴和林业有害生物防治；在10万 hm^2 林地开展森林抚育补贴试点，努力提高林木资源质量。

②生态能源工程。大力推进农村沼气建设，全省新增农村沼气用户1.31万户；在25个县开展生态农业与农村新能源示范县建设，区域化推动农作物秸秆、太阳能、沼气等清洁能源综合开发利用，支持建设生态循环农业示范基地，着力打造农业生态和农村能源建设的新样板。

③资源修复工程。将国家水土保持重点建设工程实施范围由6个县扩大到13个沂蒙山革命老区、县，支持省级重点风沙区水土保持项目实施，治理水土流失面积568.5 km^2；启动小清河调水补源工程；大力实施渔业资源修复行动计划；稳步推进湿地公园和国家级、省级自然保护区建设，逐步从源头上扭转生态环境恶化的趋势。

④面源治污工程。继续在所有农业县实施测土配方施肥补贴，扩大土壤有机质提升补贴范围，指导农民科学用肥，降低施肥不当造成的环境破坏；全面实施养殖环节病死生猪无害化处理补助，减少动物疫病传播和面源污染；支持开展农产品标准化生产基地建设，大力实施农产品质量安全提升工程，加强农业投入品和农产品质量监测，减少农业违禁品使用和废弃物随意排放，促进实现农业可持续发展。

⑤乡村文明工程。积极实施农村饮水安全工程，找水打井，全省新增解决460万农村居民和40万农村学校师生的饮水安全问题；采取“以奖代补、以奖促建”方式，扎实开展生态文明乡村建设，鼓励各地依托资源，因地制宜，整体规划，科学实施，努力把广大农村建设成为产业生态高效、环境优美宜居、生活文明健康的美好家园（中国财经报，2013）。

（3）山西省是全国重要的能源基地，生态环境较为脆弱，十年九旱，缺林少绿，目前水土流失严重，生态问题已成为制约山西经济社会发展的重要障碍，生态产品已成为全省人民群众的最高渴望。山西之长在于煤，山西之短在于水，山西之基在于林，已成为全省上下的共识。近几年，山西省委、省政府高度重视林业工作，把林业生态建设作为山西转型、跨越发展的基础和前提，把“绿化山西”放在建设绿化山西、气化山西、净化山西、健康山西等“四个山西”的首位，摆在突出位置，将生态建设上升到法律层面加以推进，取得了显著成效。2005—2010年，全省每年营造林近

33.3万 hm^2，5年累计完成造林158.5万 hm^2，森林覆盖率由2005年的14.12%提高到2010年的18.03%，成为全国森林资源增幅较大的省份之一。为了筹集造林绿化资金，山西省采取了政府投资、企业筹资、社会集资等多元化的融资手段，全省每年筹资用于造林绿化的资金高达近百亿元。其中，煤炭企业生态环境治理保证金的20%～30%直接用于造林绿化。全省积极引导企业投入造林，全面推广“一矿一企治理一山一沟”“挖一吨煤栽一棵树”等资源型企业反哺林业的经验。

山西省按照“山上治本、身边增绿、产业富民、林业增效”的思路，全方位推进造林绿化工作。山上治本：高标准实施了天保工程、退耕还林工程、三北工程等一批国家林业重点工程，努力增加森林植被，仅“十一五”期间，全省即完成荒山造林109.9万 hm^2；身边增绿：实施了通道绿化、交通沿线荒山绿化、环城绿化等工程，已建成森林公园111个，湿地公园36个，城市建成区绿地覆盖率达37.7%，绿化村庄1万多个，完成通道绿化2.65万km，绿化交通沿线荒山12万 hm^2，构成了四通八达的路网绿化带，使城乡面貌大为改观；山西省大力实施太行山、吕梁山“两山”造林工程，水网、路网“两网”绿化工程，干果经济林、速生丰产林“两林”富民工程，城市郊区、矿区“两区”增绿工程，新造乔木林6.67万 hm^2、改造灌木林6.67万 hm^2“双百”（两个100万亩）示范工程，天然林保护和森林资源综合保护“双保”管护工程等“六大林业工程”，已高标准完成造林30.67万 hm^2。

山西省以综合改革试验区建设为契机，打造3个林业标杆项目。一是吕梁山生态脆弱区植被恢复标杆项目，涉及全省3市23个县，规划造林49.1万 hm^2，到2020年项目全面竣工，总体改变吕梁山区生态脆弱、水土流失状况，为生态脆弱区环境改善提供示范。二是重点矿区生态恢复标杆项目，以大同矿区、太原西山等18个重点矿区为实施范围，对区域内的采煤沉陷区、采空区、水土流失区、煤矸石山，实施生态环境修复，2013年完成造林1.73万 hm^2，今后8年完成造林14万 hm^2，使矿区生态环境明显改善。三是通道绿化标杆项目。山西高速公路快速发展，2014年年底将突破5 000 km，2015年将达到6 300 km，公路绿化任务十分艰巨，今后3年还需开展通道绿化3 265 km。2013年着力推进太阳（太原至阳泉）、临吉（临汾至吉县）、汾平（汾阳至平遥）等高速公路绿化，将全省高速公路建成“绿色走廊”，形成林路相依、车在林中行、人在景中游的靓丽风景。

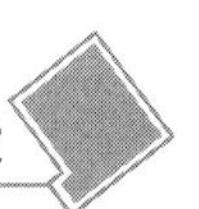

2 中国山区生态屏障体系的保护与建设

2.1 相关的主要生态学概念

在讨论我国山区生态屏障体系的保护与建设之前，有必要简介以下相关的主要生态学概念。

2.1.1 社会—经济—自然复合生态系统

人类生活在其中的生态系统，不是单一的自然生态系统，还包含着社会系统和经济系统。这3个系统的性质虽然不同，并都具有相对独立性，但三者在同一系统中彼此密切相关、相互制约、互为因果，形成复杂的社会—经济—自然复合生态系统。要解决人类生态环境、经济建设和社会发展的各种重大问题，都必须立足于社会—经济—自然复合生态系统的高度，采用多种方法，才能得到正确、全面的解答。本书涉及的生态屏障区、生态农业县、小流域和生态工程，都是或大或小的社会—经济—自然复合生态系统。

马世骏等（1981，1984，2013）共同创立的社会—经济—自然复合生态系统（Social-Economic-Natural Complex Ecosystems，SENCE）理论认为，人类社会是以人类行为为主导，自然生态系统为依托，经济活动为命脉，能量、资金、权力和精神所驱动的社会—经济—自然复合生态系统，它是由社会子系统、经济子系统和自然子系统三者有机结合而成、具有整体性的复合生态系统。自然支撑、经济代谢和社会调控这3个子系统内部以及各子系统之间在时间、空间、数量、结构、序理方面的相生相克、相反相成关系，就组成了社会—经济—自然复合生态系统，复合生态研究的核心内容就是这些关系。复合生态系统方法的核心是生态整合，生态整合的目标是达到中正平和的生态关系。生态整合的要旨是生物和非生物环境的相互适应。生态整合机制有自然生态整合和社会生态整合两种，理、制、脉、气、数、形、神是生态整合的核心内容和精髓。理，指生态整合的哲学和科学基础，包括道理、事理、情理；制，指生态整合的制度和组织保障，包括体制、机制、法制；脉，指生态系统代谢完整性和过程畅通性的自然、经济和社会通道，包括水脉、路脉、文脉；气，指推动和平衡生态系统功能和谐与结构整合的生命活力，包括天气、地气、人气；数，指物质、能量、信息、资金、人口等生态功能流在时空尺度的平衡规则，包括法则、定数、阈值等；形，指生态系统的元、链、环、网间的耦合关系，包括形态、结构和格局；神，指生态系统的竞争、共生、再生、自生秩序和隐含的关系。马世骏提出生态整合的五大规律是：物质循环再生和动态平衡规律、相互制约和依存的互生规律、相互补偿和协调的共生规律、相互适应和选择的协同进化规律、环境资源的有效极限规律。如何发挥人的主观能动性，在自然生态整合力的约束下推进和加速社会生态的智慧整合，将生态文明融入经济、政治、文化和社会建设的各方面和全过程，全面推进生态文明建设，是人类也是我国面临的重大课题。

社会—经济—自然复合生态系统理论是生态学理论在生态系统理论基础上的重大发展，对我国产业（工业、农业、服务业，特别是融于各产业中的环保产业等）发展、城镇建设、法制建设、社会建设、文化建设和生态文明建设都有重要指导意义。

2.1.2 生态系统服务功能

人类生活在其中的生态系统，有多方面的功能，这些功能是人类自身不能产生和替代的，这些功能对人类的生存及经济与社会的发展起着十分重要的基础性保障作用，生态系统为人类提供的这种生存与发展的保障能力，称为生态系统的服务功能。来自自然生态系统的物流、能流和信息流是自然资本，这些自然资本与人造资本和人力资本相结合，就产生人类的福利。

生态系统服务功能包括直接为人类提供物质产品和完善环境生态功能间接有益于人类两大方面。生态系统直接服务功能主要包括以下几个方面：提供多种多样物质产品，特别是农、林、牧、渔、草、虫、菌等生物质产品；保育生物多样性，作为物种基因库，为经济的可持续发展不断提供生物种质资源的支撑；土壤、大气和水体生态系统为人类及各种生物提供生长发育场所和进化场所；孕育生态文化和提供文化服务（文化传承交流与发展、美学享受、旅游休闲、教育、科研等）等。生态系统间接服务功能主要包括以下几个方面：调节气候；调节大气组成；固碳制氧；调节水循环以及涵养水源和净化水质；形成和保持土壤以及调节养分循环；调节生物种群消长及群落内的种间关系；化解污染物，净化和改善人居环境；减轻洪涝、干旱等自然灾害；抑制水土流失、土地沙漠化、石漠化等。在经济与社会发展过程中，随着生态环境危机的加剧，人们逐步认识到生态系统的服务功能特别是间接服务功能，是人类生存与现代文明的基础，是经济、社会与生态环境可持续发展的保障。

植被特别是森林，是人类和多种生物赖以生存和发展的基础，它具有丰富的生物多样性、复杂的结构和生态过程，是自然界最丰富和稳定的有机碳贮库、基因库、资源库、蓄水库和能源库，对改善生态环境、维持生态平衡、保护人类生存发展的基本环境起着决定性和不可替代的作用。据研究，2000 年我国森林生态系统生态服务功能的总生态经济价值为 14 060. 05亿元/年，其中，直接价值（提供林木产品、林副产品和休闲旅游）和间接价值（气候调节、光合固碳、涵养水源、土壤保持、净化环境、养分循环、防风固沙、文化多样性、释放氧气、维持生物多样性）分别为 2 519. 45 亿元/年和 11 540. 60亿元/年，间接价值是直接价值的 4. 6 倍（赵同谦等，2004）。此外，草地与荒漠生态系统、湿地生态系统，也都有各自特殊的生态服务功能。

中国科学院生态环境研究中心对 1990—2005 年全国生态系统服务功能进行了综合评估，结果表明：

（1）水源涵养功能。除华北地区年蒸散发量有下降趋势外，全国其他 5 个片区的年蒸散发量都有所增加，变化最大的地区依次为中南、西南、华东、东北、华北和西北；除西北地区土壤含水量增加外，全国各个地区土壤含水量都是降低的，其中，东北地区土壤水分降低最大；土壤含水量在 1 月、2 月、12 月较大，5 月土壤含水量最低。

（2）土壤保持功能。水力侵蚀敏感性较高地区主要分布在黄土高原地区，其次是中国西南部和东南部地区，总体呈现下降趋势；风力侵蚀敏感性较高地区主要分布在内蒙古、新疆和甘肃地区，其次是中国青藏高原中部和北部柴达木盆地，总体上土壤风力侵蚀敏感性在增强；中国土壤保持的极重要区域面积约 45 万 km^2，重要区域面积约 92 万 km^2，中等重要区域面积约 202 万 km^2，极重要区主要包括环四川盆地丘陵区、三峡库区、皖南山区、武夷山脉、南岭山脉、云贵高原东南部以及海南中部和台湾东部山区等；中国防风固沙极强区面积为 48. 7 万 km^2，强度区面积为 27. 2 万 km^2，中度风蚀区面积为 65. 3 万 km^2，极强区主要分布在新疆沙漠区域及内蒙古、青海、甘肃、宁夏以及西藏北部地区等。

（3）碳固定功能。从 20 世纪 70 年代初到 90 年代末，中国森林植被碳储量净增加 21. 0%；中国草原植被碳储量占全球草地植被碳储量的 4. 4% ~11. 9%；20 世纪 80 年代以后，中国森林生态系统一直是 CO_2的汇，而且对 CO_2的吸收能力正在逐步增强；1982—2003 年 NEP（净生态系统生产力）年际变化趋势表现为一定的空间分异特性，NEP 增加的区域主要有东北、华北、西南及新疆西北部，NEP 降低的区域分布在华南及农牧交错带地区等。

(4) 生物多样性保育功能。初步筛选出166个国家级自然保护区，划出中国生物多样性保护的关键区域。全国生物多样性保护的极重要区域面积为106.5万 km^2，重要区面积为105.3万 km^2，中等重要区面积131.9万 km^2。极重要区主要包括三江平原湿地、长白山、祁连山南麓、横断山区、青藏高原东部切割山地、青海南部三江源地区、秦岭山区、神农架林区、武陵山区、洞庭湖和鄱阳湖湿地、南岭山地、十万大山、云南西双版纳、海南岛中部山区等（傅伯杰等，2012）。

生态系统直接服务功能大多能进入市场，但其间接服务功能则大多属于公共物品或准公共物品，虽然可以计算其价值，但一般不能进入市场。生态系统的间接生态服务的非商品价值远大于其直接物质服务的商品价值。例如，据Costanza等人（1997）计算，全球森林生态系统每年所产生的生态服务价值平均达33万亿美元，是当时全球国民生产总值（GNP）的1.8倍，其中，陆地生态系统的生态服务价值占38%，主要来源于森林和湿地。又如，据计算，长江流域森林资源直接利用价值为每年0.197万亿元，而生态服务价值高达2.1亿元，二者之比为1∶10.66。

在人类经济和社会发展过程中，特别是经济和社会快速发展期，人们往往片面追求通过开发自然资源带来的商品价值或经济价值，而忽视和损害自然资源的间接生态服务价值，以致造成一系列生态环境问题，阻碍经济和社会的可持续发展。这种状况，在对自然资源和自然生态依赖性特别强的山区农村和山区农业中，表现得特别明显。

山区农村生态系统的生态服务功能主要表现在以下几方面。

①森林、草原、湖泊、农作物等为市场提供农、林、牧、渔、草、虫、菌等生物质产品的功能。

②森林、草原、农作物等的固碳（碳汇）增氧（氧源）生态服务功能。

③林地、草地、耕地（特别是水田、梯田）、湿地、池塘、水库等的涵养水源（水汇），调节地表径流，缓冲洪水、涵水、蓄水、调水，减轻洪灾与旱灾的生态服务功能。

④农作物作为农业生态系统中初级生产者的生态服务功能。

⑤保持水土、改良土壤（有机质还田，特别是豆科作物养地）的生态服务功能。

⑥调节生物多样性提高生态系统生态和生产效率的生态服务功能。

⑦保护和发展山区农村民族与地方农耕生态文化功能，包括生态旅游服务功能。

⑧也有因不合理施用农药、化肥等造成农产品污染和面源污染，以及坡地不合理耕作加剧水土流失等负面生态功能等。

2.1.3 生态安全、生态功能区与生态屏障

(1) 生态安全。生态安全是指自然生态（从基因、个体、种群、群落到生态系统）和人类生态（从个人、社区、地区到国家甚至全球）的稳定性、安全性和可持续发展能力，包括自然环境安全、生物安全、水与食物安全、人体健康、社区安全到全社会经济系统安全，主要是对人类生存和发展的安全性而言的。小至一个山村的建设，大到一个大流域的全面协调发展，直到西部大开发和全国的全面协调发展，都必须以加强生态建设、保证生态安全为前提。

生态安全是建立在自然—经济—社会复合生态系统的基础之上的，与复合系统各组分的结构与功能状态密切相关。例如，一个山村小流域的生态安全，与该村山林植被状况、农林牧渔业生产状况、村民的经济收入水平和生态意识水平等都有密切关系；一个大流域的生态安全，与该流域上、中、下游特别是上游山区的生态、经济、社会状况息息相关；我国西部高原与山区的生态安全与我国东部平原、丘陵区的生态、经济、社会状况息息相关。

(2) 生态功能区与生态屏障。生态功能区是指对一个生态系统的生态服务功能和生态安全起重要作用的地区，例如，长江流域的青藏高原水源区、上中游水源区和水土流失区、三峡库区和洞庭

湖、鄱阳湖地区，都是长江流域重要的生态功能区，都是生态功能和生态安全建设的重点地区。

生态屏障是指在一个或大或小的区域内的某个关键地段（一般多为山地），不但能依靠其自身的自我维持与自我调控能力，对该地段健全的生态系统具有保护功能，而且对维护相关的更大区域乃至国家生态安全与可持续发展具有关键作用，这一地段就是该区域和更大区域乃至国家的生态屏障。一个大的生态屏障往往以多层次生态屏障体系的形式存在，各级生态屏障虽然都有自己的独立性和特点而自成体系，但同时又是上一级生态屏障体系的有机组成部分之一。生态屏障区是主要的生态功能区。山区不论大小，都具有生态屏障功能。

高原和山区的林草植被是生态屏障区的生态功能主体及第一要素，但不是全部，高原和山区的雪山、冰川、湿地、湖泊、溪河、水库等也是生态屏障区的重要组成部分，与林草植被共同发挥生态屏障功能。每一个生态屏障区都是一个复合的自然生态系统，也是一个自然—经济—社会复合生态系统。

例如，青藏高原是我国最大、最重要的生态屏障，它是我国长江、黄河、澜沧江、怒江、雅鲁藏布江等大江大河的发源地，也是新疆与甘肃河西各条内流河的水源地。它的植被状况、气候状况、水源状况、冰川状况、冻土状况、面源污染状况以及社会经济状况等，不但关系到青藏高原自身的生态功能和生态安全，而且直接影响到大半个中国的生态、经济与社会的可持续发展。

又如，大兴安岭作为我国四大林区之一，有林地面积673.8万hm^2，森林覆盖率80.87%，活立木总蓄积5.23亿m^3，生态服务价值每年高达1 163亿元，其生态环境状况不但关系到林区自身的可持续发展，而且也是东北松辽平原生态安全的重要屏障区和寒温带生物基因库，是维护国家粮食安全的重要基地，也是重要的储碳、纳碳基地，在维护国家生态安全、粮食安全和应对气候变化中具有重要地位。

生态屏障的保护功能与作用主要包括以下几方面。

①缓冲器功能。指生态屏障对来自外界或内部的干扰有一定的缓冲能力，以保持系统相对稳定性的功能。例如，成熟的森林中具有合理的乔、灌、草结构，有枯枝落叶层和发育良好的土壤，从而增加了系统表层构造面的粗糙度，增强了土壤蓄水能力，降低了地表径流速度，能起到涵养水源、保持水土和削减洪峰的缓冲器作用。在一般情况下，每公顷森林在一定时限内可涵蓄水量500～2 000 m^3。山区的稻田和水库、山塘，也有调节缓冲山坡径流、减轻山洪的缓冲器的作用。例如，到1982年为止，长江流域山丘区共建有大、中、小水库48 522座，总库容1 210亿m^3，约相当于3个三峡水库的库容；每公顷水田可蓄水2 250～3 000 m^3。水库、山塘、水田对山坡径流和山洪的缓冲作用是十分可观的。

②过滤器功能。指生态屏障对从系统外进入或从系统内流出的物质有一定的过滤功效。这一功能的突出表现是森林生态系统所具有的净化水源、减少污染、提高水与空气质量的作用。

③隔板功能。由于生态系统间存在异质性，使得不同生态系统的邻界面对生物与物质的流动发生隔板作用。例如，在川西北的高寒湿地中，水生生物与其周边的旱地生物之间就存在着这样的作用，川西北的若尔盖湿地就是防止西北旱生生物种向东南入侵的天然隔板；又如，在一个陡坡山体上，山林植被对其上部因重力而下滑的表土也可起到隔板功能；再如，三北防护林对来自西北方的风沙能起到阻挡作用。因此，对于生态治理来说，发掘治理范围内的隔板功能是十分重要的。

④庇护所功能。指生态系统保护物种基因库的功能。例如，森林生态系统为众多动物、植物（尤其是草本和灌木）、微生物的繁衍与生存提供了生境与食源，是最重要的生物物种庇护所，并由此形成森林生态系统的生物多样性。又如，河流两岸的水生植被对河流中的鱼类也起到了一定的庇护所的作用。

⑤精神文明功能。指生态屏障地区具有旅游、休憩、科普、教育、文化和美学等方面的作用。

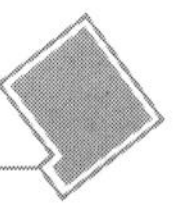

发掘这些功能，是目前生态屏障地区减少对林木的采伐后，走向可持续发展的重要途径。

不同地域的不同生态屏障建设具有不同的人为目的性，或以涵养水源、保持水土为主，或以保育生物多样性为主，或以防风固沙为主，或以净化水源为主等；不同景观尺度的生态屏障的结构、功能与目的也不一样，例如，四川西部高山、亚高山区是长江上游主要水源区之一，其森林的屏障作用主要是涵养水源和减少泥沙入江，但就其中的某一小流域而言，其森林的屏障作用主要是防止山洪暴发的缓冲器作用（潘开文等，2004）。

生态屏障地区内的经济、社会和文化建设，必须有助于而不是有损于其生态环境保护、生态服务功能的发挥和可再生自然资源的增殖。

2.1.4 生态修复

我国山区农村的生态修复与农村生态经济建设，是人们按照我国各地山区特有的自然规律和社会经济规律，对遭到损害的农村自然—经济—社会复合生态系统的结构和功能的动态过程进行修复、调整和优化的活动，主要包括对农村生态环境与农业自然资源的修复保育和对农村经济—社会系统的调整优化两个方面，目的是建设中国式山区现代生态农业，不断提高山区自然—经济—社会复合生态系统的效率并实现可持续发展。山区农村生态建设不仅是山区经济与社会可持续发展的前提，也是山区发挥生态屏障功能的基础。

由于多种自然和人为原因，山区农村自然—经济—社会复合生态系统的结构和功能经常会发生变化，经常会受到不同程度的生态与经济损害。自然生态的原因包括各种自然灾害，如干旱、山洪、地震、滑坡、崩岗、泥石流、林火、冰冻、病虫害等，以及全球气候变化的影响，干旱区土地沙漠化的影响等；人为原因主要是由于人口增长的压力造成的对资源的过度利用，以及由于政策、农业布局与技术措施等方面的失误和市场动荡带来的损害。损害既表现在农村自然生态系统中，也表现在农村经济—社会系统中，所以，生态修复既有对农村自然生态系统的修复和优化，也有对农村经济—社会系统的修复和优化。

表征山区农村自然生态系统状况的因子如植被覆盖率、生物多样性、土壤肥力和光合生产力等，与表征山区农村经济—社会状况的因子如农村产业结构、农产品商品率、人均基本农田、农民人均纯收入、恩格尔系数、农业机械化程度、农村义务教育普及率、水土流失治理度和工副业贡献率等之间具有密切的关系。在生态修复和生态建设过程中，自然生态状况的改善能促进经济与社会的发展；而经济与社会的发展也能推动自然生态环境的恢复和改善。国家的政策、策略和人的生态意识的高低，在自然环境的生态修复和生态建设中往往起着决定性作用。自然生态与社会生态的高度协调是生态修复和生态建设的保证，只有实行环境改善、经济增长和社会进步三者的协调发展，才能实现山区农村与农业的健康持续发展。

生态损害的程度有轻有重，生态修复一般包括生态重建和系统不同程度的生态恢复两大层次。生态损害十分严重，以致造成系统崩溃的，就需要生态重建。例如，对岩漠化和母质化的山区土地、崩岗区与滑坡地，就需要生态重建。对受到不同程度损害、但基底仍然存在、仍残留部分土壤和植被繁殖体的山地，则以不同程度的生态恢复为主。在同一山区，生态重建和生态恢复往往是同时和交错进行的。

山区农村受损生态系统的恢复与重建的基本动力，主要是自然界普遍存在的自然生态修复能力，即生态系统及其生物种群的自动适应、自动组织、自动调节的功能；同时，也要采取一定的人为的生物、生态以及工程的技术与方法，改变和切断生态系统退化的主导因子或过程，调整、配置和优化系统内部及其与外界的物质、能量和信息的流动过程及其时空秩序，使生态系统的结构、功能和多样性尽快恢复到一定的或原有的乃至更高水平的动态过程，但人力干预是辅助性的。生态恢复与重建过程一般是由人工设计和进行的，并且是在生态系统层次上进行的。

无论对什么类型的受损退化生态系统，生态修复的基本目标或基本要求：a. 实现生态系统的地表基底稳定性，因为地表基底（地质、地貌、土壤）是生态系统发育与存在的载体，基底不稳定（如滑坡），就不可能保证生态系统的持续演替与发展；b. 恢复植被和土壤，保证一定的植被覆盖率和土壤肥力；c. 恢复生物群落，增加物种和生物多样性，恢复种间的自然生态关系；d. 提高生态系统的生产力和自我维持能力；e. 减少或控制环境污染；f. 增加视觉和美学享受（章家恩等，1999）。

农业自然资源的保育，主要是农业生物物种的保育，以及水和土壤肥力资源的保育。人工选育的农业生物品种，主要依靠人工措施进行保育。自然界的微生物、植物和动物物种，与农、林、牧业生产有千丝万缕的关系，同时，又是今后农业向深广发展的潜在物种基因库，也应归入农业生物资源范畴内，使它们能在人们对自然生态系统的保育中得到保育。例如，对各种农林害虫、害兽天敌的保育，对野外各种传粉昆虫（如蜜蜂）的保育等。水和土壤肥力资源的保育也是自然生态保育的重要方面，通过人工兴修水利、采用合理耕作制度实现用地与养地相结合等措施进行保育；保育好林地，可以改善耕地的水源；保育好天然牧场，发展了畜牧业，可以为耕地提供大量有机肥。

山区农村退化自然生态系统的恢复与重建，最有效的和最省力的方法是顺应自然生态系统的演替发展规律来进行。天然森林演替是一个动态过程，是一些树种取代另一些树种，一个森林群落取代另一个森林群落的过程。在自然条件下，森林的演替总是遵循着客观规律，从先锋群落经过一系列演替阶段而达到中生性顶极群落，通过不同的途径向着气候顶极和最优化森林生态系统演变。例如，中国南亚热带地区森林植被演替的进展是较迅速的，其演替依次经过先锋针叶林→以针叶树种为主的针阔叶混交林→以阳性阔叶树种为主的针阔叶混交林→以阳生植物为主的常绿阔叶林→以中生植物为主的常绿阔叶林等阶段。人为地进行种类构建，可以加速退化自然生态系统的植被恢复到常绿阔叶林，最终演替为以中生性树种为优势的接近气候顶极的顶极群落（彭少麟等，2003）。

综合各地的实践，人为生态修复的主要做法：a. 将25°以上的陡坡地退耕还林（草），依靠大自然的自我修复能力，恢复和保育植被，加快水土流失综合防治进度。b. 采取封山禁牧、舍饲养畜、围栏封育、休牧轮牧、推广沼气池等综合治理措施。c. 生态修复与调整产业结构和能源结构以及生态移民相结合。d. 分类指导，对轻度水土流失区，通过大面积封育保护，尽快遏制水土流失，加快综合治理开发进度；对地广人稀土地利用率不高，轻度或部分中度水土流失的区域，分批进行灌草补植、封育保护，逐步恢复其地区生态屏障功能；在强度水土流失的地区，暂时无力进行大面积治理的，先采用简单的封育等保护措施，减轻大面积水土流失，再逐步采取治本措施进行生态修复（参阅本书5.2部分）。

生态修复需要的时间，因各地自然条件和生态破坏程度不同而异。例如，地处亚热带高原的贵州省毕节地区，大部分县的坡耕地在退耕还林2~3年后，植被覆盖度即可恢复到60%~80%；地处黄土高原的陕西省吴旗县，在实施退耕还林、封山禁牧3年之后，漫山遍野杂草丛生，特别是野蒿生长茂盛。

对农业生产结构的调整和优化，是在各地一定的资源、环境以及社会经济条件下，主要依据市场对农、林、牧产品不断变化、不断增加的需求来进行。例如，当市场对粮食的需求得到满足后，对肉食、水果、蔬菜等绿色食品的需求必将迅速增长，必然促进山区农村多种经营的发展和特色与绿色产品的生产。

2.1.5 生态补偿

（1）生态补偿的含义。社会与经济的生态补偿是指在大流域生态建设中，根据生态环境资源有

偿使用并兼顾效率与公平的原则，以及生态恢复与重建经济补偿责任共担原则，由建设区和建设区以外的受益区共同承担的、对建设区内由于生态恢复和重建而发生的经济负担与困难给予适当补偿的机制。生态补偿实质上是以保护和可持续利用生态系统服务功能为目的，以经济手段来调节相关者利益关系的制度安排，它将无具体市场价值的环境换成了真实的经济要素，是保护生物多样性、生态系统产品和服务的新途径。生态补偿被引入社会经济领域，更多地被理解为一种资源环境保护的经济刺激手段，一种促进生态建设和环境保护的利益驱动机制、激励机制和协调机制。自然生态补偿则是指自然生态系统具有的一种自我调节功能，是自然生态系统对由于社会、经济活动造成的生态环境破坏所起的缓冲和补偿作用。社会与经济的生态补偿和自然生态补偿共同起作用。

流域是一种整体性极强的区域，其上、中、下游间通过河流在生态保护、经济与社会发展方面存在密切的相互关系。流域生态效益属于公共产品，无需市场机制便能提供给社会和各个消费者。河流的上游地区往往是经济相对贫困、生态相对脆弱的区域，承担着经济发展和生态保护的双重压力。河流上游地区在投入了大量的人力、物力和财力进行生态建设和环境保护的同时，限制了自身相关产业的发展，形成了落后地区支持发达地区发展的不合理局面。流域上、下游地区具有平等的生存权和发展权，根据环境保护“谁受益、谁补偿”的原则，上游地区为保护社会共享的流域水资源付出了代价，做出了重要贡献，理应得到回报；下游地区是受益者，理应承担保护环境的相应的成本。

流域生态补偿有 3 种基本补偿标准，即生态保护成本、发展机会成本和生态服务价值。生态保护成本是受损方为保护生态所进行的直接投入或遭受的直接损失；发展机会成本是受损方为了保护生态所放弃的发展机会的价值；生态服务价值是对受保护区的生态服务进行评估后确定的价值。

流域生态恢复与重建的生态补偿应走“服务于流域、取之于流域、用之于流域”的道路，采取内部补偿、外部补偿和代际补偿相结合的补偿模式。在生态恢复与重建的前期，以外部补偿、代际补偿为主，内部补偿为辅；在上游地区自身经济能力提高后，则以内部补偿为主，外部补偿和代际补偿为辅。内部补偿重点在于挖掘自身的经济潜力；外部补偿的最佳模式是进行造血式经济补偿；代际补偿除给予资金支持外，还表现为创造良好的政策环境。

（2）生态补偿的主体和方式。我国的生态补偿大都以政府为主体，以政府行为的方式进行。目标是逐步建立中央政府为主、地方政府和社会组织为辅的政策补偿、资金补偿、技术补偿三位一体的生态补偿机制。我国生态补偿方式划分为政府方式和市场方式两大类。政府方式包括财政转移支付、专项基金、重大生态建设工程投资；市场方式包括征收生态补偿费、排污费、资源费、环境税以及进行排污权交易、水权交易等。政府的多种农业补贴中也包含生态补偿，有些农业补贴虽然不是直接的生态补偿，但必须是间接有利于生态恢复和生态建设的，因此，也带有生态补偿的作用；不利于生态恢复和生态建设的，例如，会污染溪河和破坏山竹林的小造纸厂，不应给予政府补贴。政府除应稳定对生态恢复与重建的直接投资外，还应做好以下两方面工作：一方面，对破坏生态环境的行为进行重罚；另一方面，运用财政补贴和税收优惠手段，鼓励实施有益于改善生态环境和发展后续产业与产业结构调整的种种项目，对实施这些项目所需资金，政府可以发放长期低息贷款或财政贴息贷款，给予资金支持。政府生态经济补偿机制的关键，应该放在如何调动农民调整产业结构和发展后续产业的积极性上，否则，再长时间的连续补偿也无济于事。对已经大面积退耕的区域，加紧发展后续产业和产业结构调整势在必行。

按生态补偿性质，可分为内部补偿、外部补偿和代际补偿。

①内部补偿。内部补偿是指上游地区利用自身资源优势，结合生态恢复与重建，抓住西部大开发这一历史机遇，挖掘自身潜力，增强自身经济造血功能，提高自身经济补偿能力。可以采取以下措施：a. 优化树种结构。退耕还林时，在不影响生态恢复与重建目标的前提下，选择兼有防护和经

济效益的树种，在保证发挥生态效益的同时，进行一定比例的木材生产和经济林生产，以便同时取得生态、经济的最佳效益。b. 充分利用自身的自然条件和自然资源，发展多种经营，开展林粮、林果、林药、林草间作，以短养长，同时发展一些林果、林药、林草等加工业，并对抚育和更新林木时所伐木材进行加工利用，既可增加就业机会，又可通过加工增值，增加收入，增强经济补偿能力。c. 积极发展生态旅游业，以其收入进行补偿。d. 在有效控制采捕时期和采捕量、保护生态环境的前提下，允许农民进山限量采捕有经济价值的野生植物和动物，但必须征收资源费。e. 增加农业投入，切实保护耕地，改造中低产田，增施有机肥，科学施肥，提高粮食单产，增强粮食自给能力。

②外部补偿。外部补偿是指根据生态恢复和重建经济补偿责任共担原则，由中、下游受益地区给予上游地区一定的经济补偿，以维持上游地区生态环境的生态功能再生产过程的正常运转。这是由于各大江大河在各自流域范围内构成各自的流域生态系统，各个大流域生态系统的上、中、下游通过能流（水的势能逐级转换为水电能）、物流（水流、泥沙流、各种农林牧渔产品物流、物种流、污染物流等）联成系统整体，在生态功能、生态安全等方面息息相关。上、中游山地生态环境保护得好，则中、下游平原地区的生态安全就有保障；当上、中游山地生态环境受到破坏后，中、下游平原地区就会频繁发生洪涝、干旱等自然灾害以及水质面源污染等危害。在上、中游山地进行生态恢复与重建期，由于采取退耕还林还草等措施，退耕区出现林产品收益减少、地方财政萎缩、资金不足、粮食供给不足、林区退耕后富余劳力的就业难以安置等困难时，作为受益者的中、下游平原地区，应该给予上、中游山区一定的生态补偿。在长江、黄河、珠江等大流域内，应建立生态补偿机制，才能实现各大流域内恢复重建区与中、下游受益区生态、经济和社会的共同全面协调发展。湖区为应对全流域洪涝灾害而采取平垸行洪、移民建镇、垦殖区蓄洪等措施时在经济上的付出，也应该得到生态补偿。生态移民也是重要的生态补偿方式之一。

外部补偿可以采取以下措施：a. 向流域内利用上游水能资源进行水力发电的系统或单位收取水资源使用费，如按其年经济纯收益的2% ~5% 收取；b. 向在流域内从事水运的单位和个人收取水资源使用费；c. 向流域内的农、林、渔业部门收取农、林、渔特产税；d. 受益地区直接给予上游地区实物补偿，例如，下游地区可以向上游地区无偿提供粮食，以弥补上游地区由于退耕还林而出现的粮食缺口。

外部补偿的最佳模式是对上游地区进行造血式经济补偿，如提供技术、管理经验、投资开发等，以增强上游地区自身的经济造血功能。

③代际补偿。所谓代际补偿，是依据代际公平的原则，政府在当代代表受益地后代向上游地区给予一定的经济补偿。建立健全代际生态补偿政策是生态保护长效机制的重要支撑。由于生态重建的受益者不仅只是当代人，后代人也是受益者，因此，政府有必要代表后代给予一定的经济补偿，以体现代际公平，有利于生态环境资源的可持续利用。代际补偿可以通过政府减免上游地区的税收、给予资金、信贷等政策支持来实现（宗臻铃等，2001；赖力等，2008）。

目前，我国有关生态补偿的实践尚处于发展初期，主要局限于退耕还林、天然林保护、农村新能源建设等，地方的生态补偿实践尚处于起步阶段，还存在没有系统的生态补偿政策法规体系和有效的生态补偿监督评价体系、投入以国家和地方政府为主比较单一、补偿模式也较单一、补偿标准“一刀切”等问题。

例如，2000 年国家《关于开展 2000 年长江、黄河上中游地区退耕还林还草试点示范工作的通知》出台，在西部 12 个省、市、区的 174 个县正式开始了大规模的退耕还林还草工程。2002 年在全国范围内全面启动，工程范围包括 25 个省、区、市及新疆建设兵团，工程县达 1 800 多个，国家无偿向退耕户提供粮食、现金和种苗补助，粮食的补偿标准为：长江上游地区每年 2 250 kg/hm^2，

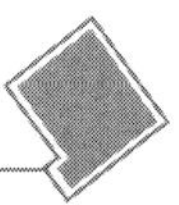

黄河上游每年 1 500 kg/hm²；现金补助标准为：每年 300 元/hm²；经济林补偿年限为 5 年，生态林补偿年限为 8 年。

三江源自然保护区的生态保护和建设工程也是流域生态补偿的一个典型例证。2005 年 8 月，我国启动了总投资 75 亿元的三江源（黄河、长江、澜沧江的源头汇水区）自然保护区生态保护和建设工程，该工程涉及退牧还草、沙漠化土地防治、湿地保护和人工增雨、生态移民等 22 个子项目。以生态移民为例，几万牧民从三江源地区迁出，这些牧民得到的补偿是 5 年内可以享受到国家给予的粮食补助和部分住宅建设补贴。

又如，2003 年九龙江流域成为福建省首个实行流域生态补偿的试点，在省政府的协调下，下游的厦门每年出资 1 000万元用于补助上游的流域环境污染治理；2005 年闽江流域开始实施的生态补偿，下游的福州市每年出资 1 000万元协助上游区域的环境整治；2005 年晋江也开始实施类似的补偿，下游的泉州每年筹集 2 000万元资金用于该流域环境保护项目。

2.1.6 生态移民

生态移民主要是由于原住地生态环境恶化，已不适于人类生存和发展，以及由于生态建设工程的需要而使部分民众改换生存地点的人口流动现象。按照直接目的及地域生态环境特点，生态移民的原因可细分为：保护大江大河源头生态环境（如三江源移民，参阅本书 2. 3. 4 节）；防沙治沙，恢复退化草原，退出石漠化山区（如贵州石漠化地区移民，参阅本书 2. 6. 2 节）；退耕还林和建设防护林；水利水电工程建设（如三峡库区移民，参阅本书 2. 4. 2 节）；边远山区扶贫；保护自然保护区或风景名胜区等。在保护生态环境和脱贫的各项措施中，生态移民是收益较快较大的一种方式。生态移民会减轻人口对原住地土地等资源的压力而增加人口对移入地土地等资源的压力，因而也具有生态补偿的意义。

生态移民工程是一项复杂的生态—经济—社会系统工程，包括移民地点选择与设施建设、移民生产与生活安置、原居地的环境清理与恢复等重要环节，特别是移民对移入新居地的社会与文化适应，需要国家和原住地与移入地政府多部门的协调配合。

移民地点选择，尽可能就近，尽可能减少原住地与迁入地经济、社会与文化环境的差异，并且要得到移民和迁入地双方居民的认可。迁入地应该是生态人口承载能力相对较高的地区，并且移民应以不破坏迁入地的生态环境为前提。

生态移民区安置模式有农业安置、工业安置、手工业安置等，少数地区还出现了通过发展旅游业安置移民的新模式。我国移民模式一般分为 4 种类型：a. “整体搬迁”模式，异地集中安置，建设移民新村，并将移民同小城镇建设相结合；b. “插花移民”模式，即分散移民，通过投亲靠友找到接受地的农户迁入后，得到和居住地农户同等的待遇，有的通过购买迁入地空置房入住；c. “国有农林场安置移民”模式；d. “公司 + 基地 + 农户”模式，国家征用或租用土地后承包给企业，由企业进行开发，建立生产基地，在基地内安置移民。一般国家会对开发企业给予政策和资金上的支持。生态移民区安置不要过分地依赖有土安置的移民方式，把生态移民与城镇化发展结合起来，是减少农民、解决“三农”问题的一条新途径。

移民的外迁不仅仅是简单的人口迁移，移民作为“少数人”进入陌生地区，面临生产与生活方式改变难、风俗习惯融合难、社会交往认同难，以及民族文化、宗教信仰与语言文字差异等社会适应性问题，移民特别是少数民族移民对原有民族文化传统的眷恋是不可避免的，移民融入新的自然、经济与社会环境需要一个较长的过程，需要政府采取一系列措施，包括整合教育培训资源，提升移民素质，提高移民的就业技能和市场竞争力；选择和发展后续产业，推动移民充分就业，加快移民的生产适应和发展；加强原有民族与地域文化的保护，推进原有民族与地域文化的继承与创新，加快移民的文化适应过程；加强民族团结教育，落实民族与宗教政策；搭建交流平台，推进移民区人际关系和睦相处，加快移民社交适应性，确保移民“搬得出、留得住、能致富、可持续发展”目标的实现（王应政等，2014）。

我国自2001年实施易地扶贫搬迁试点工程以来，2001—2010年全国累计对284.7万农村贫困人口实施了搬迁。“十二五”规划提出再对240万农村贫困人口实施易地扶贫搬迁。

2.2 中国山区生态屏障体系

我国山区生态屏障体系的划分，是建立在生态功能区划的基础之上的。生态功能区划是实现可持续发展的重要工作，生态屏障区是最重要的生态功能区。生态功能区划的主要依据是区域生态环境要素、生态与经济的区位条件、区域生态环境敏感性与存在问题及生态服务功能的区域空间分异规律。

中华人民共和国环境保护部和中国科学院于2008年共同编制完成《全国生态功能区划》，将全国划分为216个生态功能区。2010年12月21日国务院印发了全国主体功能区规划，对全国25个重点生态功能区（生态屏障区）的功能进行了定位和分类。国家重点生态功能区的功能定位是：保障国家生态安全的重要区域，人与自然和谐相处的示范区。国家重点生态功能区是指从国家层面看，生态系统十分重要，关系全国或较大范围区域的生态安全，目前，生态系统有所退化，需要在国土空间开发中限制进行大规模高强度工业化、城镇化开发，以保持并提高生态产品供给能力的生态功能区。国家重点生态功能区要以保护和修复生态环境、提供生态产品为首要任务，同时也可以因地制宜地发展不影响主体功能定位的适宜产业，引导超载人口逐步有序转移。中国山区生态屏障体系的建设，实质上就是我国国家层面的区域性大范围的山区生态工程体系建设。

这25个国家重点生态功能区的总面积约386万km^2，占全国陆地国土面积的40.2%；2008年年底总人口约1.1亿人，占全国总人口的8.5%。国家重点生态功能区分为水源涵养型、水土保持型、防风固沙型和生物多样性维护型4种类型，其生态建设的重点任务和主要措施如下。

（1）水源涵养型。推进天然林草保护、退耕还林和围栏封育，治理水土流失，维护或重建湿地、森林、草原等生态系统。严格保护具有水源涵养功能的自然植被，禁止过度放牧、无序采矿、毁林开荒、开垦草原等行为。加强大江大河源头及上游地区的小流域治理和植树造林，减少面源污染。拓宽农民增收渠道，解决农民长远生计，巩固退耕还林、退牧还草成果。

（2）水土保持型。大力推行节水灌溉和雨水集蓄利用，发展旱作节水农业。限制陡坡垦殖和超载过牧。加强小流域综合治理。实行封山禁牧，恢复退化植被。加强对能源和矿产资源开发及建设项目的监管，加大矿山环境整治修复力度，最大限度地减少人为因素造成新的水土流失。拓宽农民增收渠道，解决农民长远生计，巩固水土流失治理、退耕还林、退牧还草成果。

（3）防风固沙型。转变畜牧业生产方式，实行禁牧休牧，推行舍饲圈养，以草定畜，严格控制载畜量。加大退耕还林、退牧还草力度，恢复草原植被。加强对内陆河流的规划和管理，保护沙区湿地，禁止发展高耗水工业。对主要沙尘源区、沙尘暴频发区实行封禁管理。

（4）生物多样性保育型。禁止对野生动植物进行滥捕滥采，保持并恢复野生动植物物种和种群的平衡，实现野生动植物资源的良性循环和永续利用。加强防御外来物种入侵的能力，防止外来有害物种对生态系统的侵害。保护自然生态系统与重要物种栖息地，防止生态建设导致栖息环境的改变。25个国家重点生态功能区的概况如表2-1所示。

表 2-1 25 个国家重点生态功能区的类型、评价和发展方向

区域	类型	面积（万 km^2）	人口（万人）	综合评价	发展方向
大小兴安岭森林生态功能区	水源涵养	34.70	711.7	森林覆盖率高，具有完整的寒温带森林生态系统，是松嫩平原和呼伦贝尔草原的生态屏障。目前，原始森林受到较严重的破坏，出现不同程度的生态退化现象	加强天然林保护和植被恢复，大幅度调减木材产量，对生态公益林禁止商业性采伐，植树造林，涵养水源，保护野生动物
长白山森林生态功能区	水源涵养	11.19	637.3	拥有温带最完整的山地垂直生态系统，是大量珍稀物种资源的生物基因库。目前，森林破坏导致环境改变，威胁多种动植物物种的生存	禁止非保护性采伐，植树造林，涵养水源，防止水土流失，保护生物多样性
阿尔泰山森林草原生态功能区	水源涵养	11.77	60	森林茂密，水资源丰沛，是额尔齐斯河和乌伦古河的发源地，对北疆地区绿洲开发、生态环境保护和经济发展具有较高的生态价值。目前，草原超载过牧，草场植被受到严重破坏	禁止非保护性采伐，合理更新林地。保护天然草原，以草定畜，增加饲草料供给，实施牧民定居
三江源草原草甸湿地生态功能区	水源涵养	35.34	72.3	长江、黄河、澜沧江的发源地，有“中华水塔”之称，是全球大江大河、冰川、雪山及高原生物多样性最集中的地区之一，其径流、冰川、冻土、湖泊等构成的整个生态系统对全球气候变化有巨大的调节作用。目前，草原退化、湖泊萎缩、鼠害严重，生态系统功能受到严重破坏	封育草原，治理退化草原，减少载畜量，涵养水源，恢复湿地，实施生态移民
若尔盖草原湿地生态功能区	水源涵养	2.85	18.2	位于黄河与长江水系的分水地带，湿地泥炭层深厚，对黄河流域的水源涵养、水文调节和生物多样性维护有重要作用。目前，湿地疏干垦殖和过度放牧导致草原退化、沼泽萎缩、水位下降	停止开垦，禁止过度放牧，恢复草原植被，保持湿地面积，保护珍稀动物
甘南黄河重要水源补给生态功能区	水源涵养	3.38	155.5	青藏高原东端面积最大的高原沼泽泥炭湿地，在维系黄河流域水资源和生态安全方面有重要作用。目前，草原退化沙化严重，森林和湿地面积锐减，水土流失加剧，生态环境恶化	加强天然林、湿地和高原野生动植物保护，实施退牧还草、退耕还林还草、牧民定居和生态移民
祁连山冰川与水源涵养生态功能区	水源涵养	18.52	240.7	冰川储量大，对维系甘肃河西走廊和内蒙古西部绿洲的水源具有重要作用。目前，草原退化严重，生态环境恶化，冰川萎缩	围栏封育天然植被，降低载畜量，涵养水源，防止水土流失，重点加强石羊河流域下游民勤地区的生态保护和综合治理
南岭山地森林及生物多样性生态功能区	水源涵养	6.68	1 234	长江流域与珠江流域的分水岭，是湘江、赣江、北江、西江等的重要源头区，有丰富的亚热带植被。目前，原始森林植被破坏严重，滑坡、山洪等灾害时有发生	禁止非保护性采伐，保护和恢复植被，涵养水源，保护珍稀动物

（续表）

区域	类型	面积（万 km^2）	人口（万人）	综合评价	发展方向
黄土高原丘陵沟壑水土保持生态功能区	水土保持	11.21	1 085.6	黄土堆积深厚、范围广大，土地沙漠化敏感程度高，对黄河中下游生态安全具有重要作用。目前，坡面土壤侵蚀和沟道侵蚀严重，侵蚀产沙易淤积河道、水库	控制开发强度，以小流域为单元综合治理水土流失，建设淤地坝
大别山水土保持生态功能区	水土保持	3.12	898.4	淮河中游、长江下游的重要水源补给区，土壤侵蚀敏感程度高。目前，山地生态系统退化，水土流失加剧，加大了中下游洪涝灾害发生率	实施生态移民，降低人口密度，恢复植被
桂黔滇岩溶石漠化防治生态功能区	水土保持	7.63	1 064.6	属于以岩溶环境为主的特殊生态系统，生态脆弱性极高，土壤一旦流失，生态恢复难度极大。目前，生态系统退化问题突出，植被覆盖率低，石漠化面积加大	封山育林育草，种草养畜，实施生态移民，改变耕作方式
三峡库区水土保持生态功能区	水土保持	2.78	520.6	我国最大的水利枢纽工程库区，具有重要的洪水调蓄功能，水环境质量对长江中下游生产生活有重大影响。目前，森林植被破坏严重，水土保持功能减弱，土壤侵蚀量和入库泥沙量增大	巩固移民成果，植树造林，恢复植被，涵养水源，保护生物多样性
塔里木河荒漠化防治生态功能区	防风固沙	45.36	497.1	南疆主要用水源，对流域绿洲开发和人民生活至关重要，沙漠化和盐渍化敏感程度高。目前，水资源过度利用，生态系统退化明显，胡杨木等天然植被退化严重，绿色走廊受到威胁	合理利用地表水和地下水，调整农牧业结构，加强药材开发管理，禁止过度开垦，恢复天然植被，防止沙化面积扩大
阿尔金草原荒漠化防治生态功能区	防风固沙	33.66	9.5	气候极为干旱，地表植被稀少，保存着完整的高原自然生态系统，拥有许多极为珍贵的特有物种，土地沙漠化敏感程度极高。目前，鼠害肆虐，土地荒漠化加速，珍稀动植物的生存受到威胁	控制放牧和旅游区域范围，防范盗猎，减少人类活动干扰
呼伦贝尔草原草甸生态功能区	防风固沙	4.55	7.6	以草原草甸为主，产草量高，但土壤质地粗疏，多大风天气，草原生态系统脆弱。目前，草原过度开发造成草场沙化严重，鼠虫害频发	禁止过度开垦、不适当樵采和超载过牧，退牧还草，防治草场退化沙化
科尔沁草原生态功能区	防风固沙	11.12	385.2	地处温带半湿润与半干旱过渡带，气候干燥，多大风天气，土地沙漠化敏感程度极高。目前，草场退化、盐渍化和土壤贫瘠化严重，为我国北方沙尘暴的主要沙源地，对东北和华北地区生态安全构成威胁	根据沙化程度采取针对性强的治理措施
浑善达克沙漠化防治生态功能区	防风固沙	16.80	288.1	以固定、半固定沙丘为主，干旱频发，多大风天气，是北京乃至华北地区沙尘的主要来源地。目前，土地沙化严重，干旱缺水，对华北地区生态安全构成威胁	采取植物和工程措施，加强综合治理

（续表）

区域	类型	面积（万 km^2）	人口（万人）	综合评价	发展方向
阴山北麓草原生态功能区	防风固沙	9.69	95.8	气候干旱，多大风天气，水资源贫乏，生态环境极为脆弱，风蚀沙化土地比重高。目前，草原退化严重，为沙尘暴的主要沙源地，对华北地区生态安全构成威胁	封育草原，恢复植被，退牧还草，降低人口密度
川滇森林及生物多样性生态功能区	生物多样性保育	30.26	501.2	原始森林和野生珍稀动植物资源丰富，是大熊猫、羚牛、金丝猴等重要物种的栖息地，在生物多样性维护方面具有十分重要的意义。目前，山地生态环境问题突出，草原超载过牧，生物多样性受到威胁	保护森林、草原植被，在已明确的保护区域保护生物多样性和多种珍稀动植物基因库
秦巴生物多样性生态功能区	生物多样性保育	14.00	1 500.4	包括秦岭、大巴山、神农架等亚热带北部和亚热带—暖温带过渡的地带，生物多样性丰富，是许多珍稀动植物的分布区。目前，水土流失和地质灾害问题突出，生物多样性受到威胁	减少林木采伐，恢复山地植被，保护野生物种
藏东南高原边缘森林生态功能区	生物多样性保育	9.78	5.8	主要以分布在海拔 900 ~ 2 500 m 的亚热带常绿阔叶林为主，山高谷深，天然植被仍处于原始状态，对生态系统保育和森林资源保护具有重要意义	保护自然生态系统
藏西北羌塘高原荒漠生态功能区	生物多样性保育	49.44	11	高原荒漠生态系统保存较为完整，拥有藏羚羊、黑颈鹤等珍稀特有物种。目前，土地沙化面积扩大，病虫害和融洞滑塌等灾害增多，生物多样性受到威胁	加强草原草甸保护，严格草畜平衡，防范盗猎，保护野生动物
三江平原湿地生态功能区	生物多样性保育	4.77	142.2	原始湿地面积大，湿地生态系统类型多样，在蓄洪防洪、抗旱、调节局部地区气候、维护生物多样性、控制土壤侵蚀等方面具有重要作用。目前，湿地面积减小和破碎化，面源污染严重，生物多样性受到威胁	扩大保护范围，控制农业开发和城市建设强度，改善湿地环境
武陵山区生物多样性及水土保持生态功能区	生物多样性保育	6.56	1 137.3	属于典型亚热带植物分布区，拥有多种珍稀濒危物种。是清江、澧水和沅水的发源地，对减少长江泥沙具有重要作用。目前，土壤侵蚀较严重，地质灾害较多，生物多样性受到威胁	扩大天然林保护范围，巩固退耕还林成果，恢复森林植被和生物多样性
海南岛中部山区热带雨林生态功能区	生物多样性保育	0.71	74.6	热带雨林、热带季雨林的原生地，是我国小区域范围内生物物种十分丰富的地区之一，也是我国最大的热带植物园和最丰富的物种基因库之一。目前，由于过度开发，雨林面积大幅减少，生物多样性受到威胁	加强热带雨林保护，遏制山地生态环境恶化

由表 2－1 可以看出，我国生态屏障体系建设的重点在西部。我国从 1999 年开始实施以生态建设为前提的西部大开发。中国西部由西南五省、区、市（四川、云南、贵州、西藏、重庆），西北五省区（陕西、甘肃、青海、新疆、宁夏）和内蒙古、广西以及湖南的湘西、湖北的恩施。中国西部地区面积约 685 万 km^2，约占全国土地总面积的 71%，以山地、高原、草原、湿地和荒漠化土地为主；1999 年年末，西部地区总人口约 3.65 亿，约占全国总人口的 29%。西部地区生态环境脆弱并曾遭到严重破坏，水土流失面广、量大，土地荒漠化速度加快，森林生态功能衰退，生物多样性不断减少，水源严重短缺，各种自然灾害频繁，因而自然生态环境对经济与社会发展的承载能力低。例如，黄土高原每年向下游输送泥沙达 16 亿t，其中来自西北的就占 80% 左右；仅西北五省和内蒙古的荒漠化土地面积就达 212.83 万 km^2，占全国的 81%；1997 年黄河断流达 266d，并且出现了罕见的汛期断流；祁连山在 20 世纪 50 年代森林覆盖率为 22.4%，目前已减少到 12.36%；西部地区特别是柴达木盆地、塔里木盆地、河西走廊等缺水 300 亿 m^3 以上；近 50 年内，我国西部地区的草地面积减少了近 1/3。我国西部地区生态环境的现状，不但制约着西部经济与社会的发展，而且由于西部是我国长江、黄河等多条大江大河的水源地和风沙与水土流失的来源地，是东部的生态屏障，因而这种状况也不利于我国东部地区的生态、经济与社会的可持续发展。

全国主体生态功能区规划还规划了 1 443处禁止开发的重点生态功能区（表 2－2），这些区域是指有代表性的自然生态系统、珍稀濒危野生动植物物种的天然集中分布地以及有特殊价值的自然遗迹所在地和文化遗址等，是需要在国土空间开发中禁止进行工业化、城镇化开发的重点生态功能区。国家禁止开发区域的功能定位是：我国保护自然文化资源的重要区域，珍稀动植物基因资源的重要保护地。国家禁止开发区域总面积约 120 万 km^2，占全国陆地国土面积的 12.5%。今后新设立的国家级自然保护区、世界文化与自然遗产地、国家级风景名胜区、国家森林公园、国家地质公园，自动进入国家禁止开发区域名录。

表 2－2　国家禁止开发区域基本情况

类型	个数	面积（万 km^2）	占陆地国土面积比重（%）
国家级自然保护区	319	92.85	9.67
世界文化与自然遗产地	40	3.72	0.39
国家级风景名胜区	208	10.17	1.06
国家森林公园	738	10.07	1.05
国家地质公园	138	8.56	0.89
合计	1 443	120	12.5

注：本表统计结果截至 2010 年 10 月 31 日；总面积中已扣除部分相互重叠的面积

本书编者认为，中国山区生态屏障体系格局，是由全国地形、地貌、气候带、植被带和流域分布格局等自然因素综合作用而形成的。我国大陆地势变化的三级阶梯宏观构架以及气候带和植被带纬向和垂直向分布格局，是我国山区生态屏障体系形成的自然基础。山区生态屏障区的划分则宜以山脉和流域为主要参照。一般而言，在一个流域内，大至长江、黄河流域，小至一个山村小流域，山地都是主要的生态屏障。

本书编者通过系统分析我国各地山区的生态区位重要性及其生态系统服务功能，以及目前存在的主要生态环境问题与生态建设主要任务，认为我国国家层面的生态屏障体系主要由 10 个大的生态屏障区组成：青藏高原生态屏障区，长江流域上、中游高原、山区、库区生态屏障区，黄河流域高原与山区生态屏障区，西南与华南山区生态屏障区，大、小兴安岭与长白山山区生态屏障区，华北山区生态屏障区，秦巴山区与淮河流域山区生态屏障区，东南沿海山区生态屏障区，内流河区域山地生态屏障区，三北人工防护林生态屏障区。

在国家层面的生态屏障体系下，还须按山脉、河流、行政区域等进一步划分若干级生态屏障区，真正形成全国完整的生态屏障体系规划，因地制宜分级提出和实施相应的生态建设措施，才能确保全国和各地的生态安全。目前，部分地方政府的生态安全意识还不强，重经济，轻生态，也缺乏生态屏障建设的规划和措施。

现将本书划分的全国十大生态屏障区的保护与建设分述如后。

2.3 青藏高原生态屏障区的现状及其保护与建设

青藏高原东西长约 2 500 km，南北宽约 1 500 km，平均海拔约 4 000 m，从北向南主要分布着阿尔金—祁连山脉、昆仑山—巴颜喀拉山脉、喀喇昆仑山—唐古拉山脉、冈底斯—念青唐古拉山脉和喜马拉雅山脉共 5 条山脉。包括西藏自治区全部，青海省玉树和果洛 2 个藏族自治州的全部和海北、海南、黄南、海西各州的一部分，四川省甘孜、阿坝 2 个藏族自治州和木里县，甘肃省甘南藏族自治州和天祝、肃南 2 县，云南省迪庆藏族自治州，土地总面积 200.64 万 km^2，占全国土地总面积的 20.9%。青藏高原天然草场约占土地总面积的 67%，是我国仅次于蒙新区的第二大牧区。高原的西部和北部是地广人稀的高寒牧区，中南部、东北部和西南端为农牧交错区，东南部是以农林为主的农林牧交错区。本区是我国藏族主要聚居区，藏族人口占全区总人口的 85%。全区人口平均密度约 1.8 人/km^2，是全国人口最稀少的地区。

青藏高原是我国最大、最重要的生态屏障区，它的保护和建设，不仅是高原本身生态、经济和社会可持续发展的前提，而且与我国长江流域、黄河流域和西北地区生态、经济和社会的可持续发展息息相关。

2.3.1 青藏高原生态环境与生态功能分区

青藏高原幅员辽阔，不同地区之间的地理特征、气候条件和资源环境承载力存在显著差别，大部分地区生态环境脆弱，属《全国主体功能区规划》中的禁止或限制开发区域。对于青藏高原生态环境与生态功能分区研究，已取得不少成果。

（1）环境保护部规划财务司（2011）从生态安全的角度将青藏高原划分为生态安全保育区、城镇环境安全维护区、农牧业环境安全保障区以及资源区和预留区等 4 类地区。

① 生态安全保育区是指构成青藏高原生态安全屏障的核心地区，包括严格保护区域和重点生态功能区，总面积约 151 万 km^2，占规划面积的 60.5%。

② 城镇环境安全维护区是指城市化水平较高、产业和人口集聚度较高的区域（万人以上城镇），包括中心城市、次中心城市和节点城镇，总面积约 1.9 万 km^2，占规划面积的 0.8%。

③ 农牧业环境安全保障区是指农牧业生产条件较好的地区，包括农区、半农半牧区和牧区，总面积约 63.6 万 km^2，占规划面积的 25.6%。

④ 资源区和预留区是指高海拔山区、雪山冰川区和戈壁荒漠区等区域，总面积约 31.3 万 km^2，占规划面积的 12.6%。

（2）王小丹等（2009）以全面生态要素为依据，应用地理信息系统技术和综合评价方法进行 3 级生态功能分区研究，将西藏高原划分为 7 个生态区，17 个生态亚区。

① 藏东南山地热带雨林、季雨林生态区。包括藏东南山地热带雨林、季雨林生态亚区。

② 藏东高山深谷温带半湿润常绿阔叶林—暗针叶林生态区。包括念青唐古拉山南翼常绿阔叶

林、云冷杉林生态亚区，昌都地区北部云杉林生态亚区，昌都地区南部硬叶常绿阔叶林、云南松林、云冷杉林生态亚区。

③ 怒江源高原亚寒带半湿润高寒草甸生态区。包括怒江源区下部灌丛草甸生态亚区，怒江源区上部草甸生态亚区。

④ 藏南山原宽谷温带半干旱灌丛草甸生态区。包括雅鲁藏布江中游谷地灌丛草原生态亚区，中喜马拉雅北翼高寒草原生态亚区，雅鲁藏布江上游高寒草原生态亚区，“四江源”高寒湖泊—草原生态亚区。

⑤ 羌塘高原亚寒带半干旱草原生态区。包括南羌塘高寒草原生态亚区，北羌塘荒漠草原生态亚区。

⑥ 昆仑高原寒带干旱荒漠生态区。包括昆仑东部山原荒漠生态亚区，昆仑西部山原湖盆荒漠生态亚区。

⑦阿里山地温带干旱荒漠生态区。包括郎钦藏布谷地山原半荒漠生态亚区，噶尔—班公错宽谷湖盆荒漠生态亚区。在亚区之下又分为76个生态功能区。

（3）刘雨林（2007）将西藏分为4个主体生态功能区，从西北往东南依次为：

① 以自然生态系统保护为主的藏北高原北部高寒荒漠草原生态屏障带，功能定位为高寒特有生物多样性保护，即禁止开发区。

② 以天然草地保护为主、牧业适度发展的藏北高原南部草原生态屏障带，功能定位为土地沙化控制和高原湖泊—湿地保护，即限制开发区。

③ 以农牧林业重点发展的藏南宽谷—藏东山地灌丛草原—森林生态屏障带，功能定位为水土流失控制、地质灾害预防、水源涵养和农林牧业重点发展，定位为宽谷重点开发区和东部山地区域限制开发区。

④ 以生物多样性保护为主的藏南山原—藏东南山地森林生态屏障带，功能定位为生物多样性保护和水源涵养，即限制开发区。

2.3.2 青藏高原的生态服务功能

自从新第三纪以来，由于地壳强烈隆起抬升，使青藏高原成为全球海拔最高、面积最大、年代最新的高原。青藏高原的隆起对中国和亚洲生态环境的影响极大。

由于青藏高原具有独特的自然地域格局和丰富多样的生态系统，使之具有多方面的、十分重要的生态服务功能，是中国最重要、影响范围最大的生态功能区，对我国及欧亚大陆东部的生态安全具有重要的屏障作用。这些生态服务功能主要表现如下。

（1）对大气环流的宏观调节作用。青藏高原的隆升改变了行星系统的大气环流，使横扫欧亚大陆的西风环流分为南北两支，北支环流与来自极地的寒冷气流相交加强了我国西北地区的干旱化程度；南支环流则在印度洋暖湿气流的作用下逐渐减弱，使中国东部在太平洋暖湿气流的影响下，避免了出现类似于相同纬度的北非、中亚等地区的荒漠景观。

同时，作为我国Ⅰ级阶梯的青藏高原，由于高原面伸入对流层高度达1/3，使高原地表热动力变化对高原季风的形成和中国东部乃至东亚地区气候系统的稳定产生重要的影响。近年来，全球变暖，冰雪加速消融，特别是人为地表植被覆盖破坏带来地面反照率的增加，在一定程度上影响到我国东部气候系统的稳定。

青藏高原作为亚洲乃至北半球气候变化的“感应器”和“敏感区”，是我国与东亚气候系统稳定的重要屏障；尤其是高原冰冻圈以及高寒环境条件下的脆弱生态系统，对全球变化和人类干预响应十分敏感。

(2) 水源“水塔”和水电清洁能源的涵养作用。青藏高原众多的冰川、冻土、湖泊、湿地和大面积的草地与森林生态系统孕育了众多的大江大河，长江、黄河、雅鲁藏布江（下游为布拉马普特拉河）、怒江（下游为萨尔温江）、澜沧江（下游为湄公河）以及狮泉河（中下游为印度河）、恒河等都源于或流经青藏高原，是世界上河流发育最多的区域。青藏高原被誉为“亚洲水塔”，对众多亚洲重要江河的水源涵养和河流水文调节发挥着重要作用。据计算，青藏高原水资源量约为5 688.61亿 m^3，占中国水资源总量的20.23%，其丰沛的水量构成了我国水资源安全重要的战略基地，同时，也对我国未来水资源安全和能源安全起着重要的保障作用。

作为青藏高原主体之一的西藏高原，是世界上山地冰川最发育的地区，冰川面积2.86万 km^2，冰川年融水径流325亿 m^3，约占全国冰川融水径流的53.6%；永久性冻土和季节性冻土面积分别占全国永久性冻土和季节性冻土面积的52.6%和38.5%；西藏高原各类湿地面积共600万 hm^2，居我国之首；西藏湖泊总面积2.5万 km^2，约占全国湖泊面积的30%，是世界上湖泊面积最大、数量最多的高原湖群区；西藏河川、径流总量达4 482亿 m^3，占全国河川径流总量的16.5%，为黄河径流总量的6.3倍，居全国各省（区、市）之首；西藏境内大面积分布的森林、灌丛和草原生态系统在涵养水源和保持水土功能方面发挥着重要作用，其高原森林生态系统水源涵养总量约达355亿 m^3，相当于雅鲁藏布江年径流总量的21%，其草甸、草原、草甸草原和荒漠草原四大类草地生态系统水源涵养量达1 065亿 m^3，约占西藏直接出境水量的13%；西藏水力资源理论蕴藏量为2.01亿kW·h，占全国的38%，居全国各省（区、市）之冠，目前，我国大部分江河都得到了深度的开发利用，而西藏高原的水力资源还处于待开发状态，是我国未来“西电东送”的接续能源基地。

青藏高原腹地的三江（长江、黄河、澜沧江）源区位于青海省南部和东部，行政区域涉及青海省玉树、果洛、海南、黄南4个藏族自治州的16个县和格尔木市的唐古拉乡，总面积36.6万 km^2。卡日曲为黄河的源头，沱沱河为长江的源头，扎曲为澜沧江的源头。地理位置为31°39′~36°12′N，89°45′~102°23′E，以山地地貌为主，山脉绵延、地势高耸、地形复杂，海拔为3 335~6 564 m，年平均气温为 -5.6~3.8℃，年平均降水量262.2~772.8 mm，年日照时数2 300~2 900 h，沙暴日数19 d左右。青海三江源区，是长江、黄河和澜沧江的发源地，影响到长江、黄河中下游20个省（自治区、直辖市）近7亿人的淡水资源，也影响到澜沧江流域东南亚6个国家的淡水资源，具有重要的生态作用，三江源区是我国东部和东南亚的重要生态屏障。其中，湿地生态系统（包括沼泽、湖泊和河流）面积占总面积的12.52%。三江源区每年向下游供水约500亿 m^3，其中，长江总水量的25%、黄河总水量的49%、澜沧江总水量的15%都来自三江源地区。该区的植被以湿地和草甸类型为主，在水源涵养和维持生物多样性方面发挥着不可替代的作用和巨大的生态功能，成为我国影响力最大的生态调节区之一。三江源自然保护区总面积为15.2万 km^2，以高原湿地生态系统、高寒草甸及野生动植物等为主要保护对象，占青海省总面积的21%，占三江源地区总面积的41.6%，其核心区面积31 218 km^2，占自然保护区总面积的20.5%，缓冲区面积39 242 km^2，占自然保护区总面积的25.8%，试验区面积81 882 km^2，占自然保护区总面积的53.7%（图2-1，引自http://image.baidu.com）。

与青藏高原生态状况息息相关的长江流域，横跨中国西南、华中、华东三大经济区，国土面积和人口分别占全国的19.6%和31.4%，是我国重要的工农业生产基地，国内生产总值占全国的40%左右，在我国国民经济中占有十分重要的地位。青藏高原国家生态安全屏障的保护与建设，对我国未来水资源安全和能源安全起着重要的保障作用。历史上长江上游地区森林覆盖率曾达到60%以上，伴随着社会经济的不断发展，流域人口也急剧膨胀，当前长江流域的人口承载量已大大超过亚马逊河、尼罗河和密西西比河的总和，而这3条大河的径流总量却是长江的5倍，流域面积超过长江的7倍。长江流域目前平均人口密度约329人/km^2，流域范围内人均占有耕地不足0.066 hm^2，

图 2-1　三江源自然保护区

仅为全国平均水平的 3/5，是世界人均水平的 1/5。流域过大的人口承载量加上对森林资源不合理的开发利用，使 20 世纪 60 年代初期森林覆盖率下降到 10%。

（3）生物多样性保育作用。青藏高原自东向西横跨多个自然地带，独特的生态环境造就了世界上高海拔地区独特的高寒森林、灌丛、草甸、草原、荒漠等各类生态系统，生物多样性丰富。高原特有的三维地带性分异特点，使高原东南边缘的深切谷地发育了世界上北半球纬度最北的热带雨林、季雨林生态系统以及东部边缘的山地常绿阔叶林、针阔叶混交林及山地暗针叶林等森林生态系统类型；在宽缓的高原腹地形成了广袤的内陆湖泊、河流以及沼泽等水域与湿地生态系统类型；特别是在高亢地势和高寒气候地区孕育了高原特有的高寒草甸、高寒草原与高寒荒漠等生态系统类型。独特的自然环境格局与丰富多样的生境类型，孕育了独特的生物区系，拥有许多保护价值极高的特有物种，是全球高寒生物自然种质资源库。

青藏高原是世界上山地生物物种最主要的分化与形成中心，不仅衍生出众多高原特有种（仅横断山脉地区就分布着特有种子植物 1 487种），同时又为某些古老物种提供了天然庇护场所，是全球生物多样性最为丰富的地区之一。青藏高原分布有高等植物 13 000余种，其中，维管束植物 6 530种，中国特有种 2 700种，西藏特有种 1 200种，珍稀濒危保护植物 348 种；分布有陆栖脊椎动物 1 047种（特有种 281 种，其中，包括藏羚羊、野牦牛等国家一级保护动物 38 种），使之成为全球生物多样性保护的 25 个热点地区之一，尤其是高寒特有生物多样性保护的重要区域。西藏高原生物多样性保护具有全球性意义。

（4）水土保持作用。由于严酷的气候条件和高亢的地势，青藏高原的植被一旦被破坏，极易在水蚀和风蚀的综合作用下产生大量的裸露沙地。不仅会给本区域生态环境以及居民生产、生活带来严重影响与危害，而且地面粉尘上升后，极易远程传输，从而影响到整个东亚—西太平洋地区。因此，青藏高原所拥有的高寒草甸、高寒草原和各类森林是遏止土地沙化和土壤流失的重要保障，对高原本身和周边地区也起到了重要的生态屏障作用。

（5）氧源和碳源碳汇作用。青藏高原生态系统对全球氧、碳循环具有重要作用，它是氧的重要源地，也是光合碳水同化产物的重要源地。1999—2003 年，中国科学院通过对山地森林（贡嘎山）、高寒草甸（海北）、高寒草原（班戈和五道梁）和农田（拉萨达孜）等 5 个生态系统类型定位与半定位站的野外观测与研究发现，青藏高原主要生态系统在碳循环中均表现为碳固定大于碳释

放，整个青藏高原碳积累总量为 193.64 × 10^6t/年，其中，森林生态系统的贡献最大，高寒草甸次之。此外，青藏高原分布着 1.40 × 10^6km^2 的多年永久冻土，封存了大量温室气体。因此，青藏高原作为重要的碳汇，影响着区域和全球气候变化（钟祥浩等，2006；孙鸿烈等，2012）。

2.3.3 青藏高原当前的主要生态环境问题

青藏高原生态环境脆弱，对外力作用反应敏感，微小的环境变化，就可引起生态系统结构与功能的改变。

近年来，该地区由于受到全球气候变化及日趋频繁的人类经济活动的共同影响，不仅使当地生态环境恶化，人口、资源、环境与发展之间的矛盾日益严峻，并对我国三江流域广大地区产生不利影响。

(1) 气候变暖，冰川退缩，冻土和湿地退化，“水塔”功能逐年降低。与全球和北半球相比较，1955—1996 年青藏高原台站的年平均线性增温率为 0.016℃/年；冬季平均为 0.032℃/年，超过北半球及同纬度地区，也明显高于全国平均值 0.011℃/年。据测算，若气温年增温 0.02℃，50 年后多年冻土面积将缩小约 8.8%；如果升温率达 0.052℃/年，则 50 年后多年冻土面积将缩小约 13.5%（郑度等，2006）。

由于气候变暖，近百年来高原冰川普遍处于退缩的总趋势，自 20 世纪 90 年代以来呈全面、加速退缩趋势，但各区冰川消融程度不同，喜马拉雅山脉已成为全球冰川退缩最快的地区之一，近年来冰川正以年均 10 ~ 15 m 的速度退缩，该山脉北侧朋曲流域冰川面积和冰川储量分别减少了 9% 和 8%。藏东南、珠穆朗玛峰北坡、喀喇昆仑山等山地冰川退缩幅度最大。对藏东南帕隆藏布上游 5 条冰川变化的监测显示，冰川末端退缩幅度为 5.5 ~ 65 m/年。其中，阿扎冰川末端 1980—2005 年间以平均 65 m/年的速度退缩；帕隆 390 号冰川末端在 1980—2008 年间以平均 15.1 m/年的速度退缩。珠穆朗玛峰国家自然保护区冰川面积在 1976—2006 年间减少 15.63%，珠穆朗玛峰绒布冰川末端退缩幅度为（9.10 ± 5.87）~（14.64 ± 5.87）m/年。希夏邦马地区抗物热冰川面积 1974—2008 年间减少了 34.2%，体积减少了 48.2%。冰川退缩导致地表裸露面积增加、冰湖增多。冰湖溃决并引起滑坡和泥石流发生概率、强度与范围增加。冰川融化使得一些湖泊水位上升，湖畔牧场被淹。冰川融化不仅直接影响河流、湖泊、湿地等面积变化，而且涉及更广泛的水文、水资源与气候的变化。

气候变暖也引发了青藏高原北部多年冻土面积减少和冻土活动层深度加深，特别是在多年冻土边缘地带的岛状冻土区发生了明显的退化。冻土活动层深度加深和增大了地表基础的不稳定性，给区域的工程建设带来危害。

从降水变化来看，1955—1996 年 40 年间冬春两季降水量呈明显增加趋势，夏季呈减少趋势，秋季变化不明显。20 世纪 70 年代以后该区域开始干旱，90 年代后明显趋于暖干化。暖干化气候变化在导致冰川退缩的同时，还导致湖泊萎缩、河流干涸、地下水位下降、草地退化和湿地退化。湖泊退缩表现为面积缩小、内流化和盐碱化三种形式。

暖干化气候变化对广布于该区的高寒草原和高寒沼泽化草甸植被生长极为不利，气温升高，干燥指数增大，造成了该类型植被因干旱而退化，产草量下降，草群矮化，草畜矛盾加剧，为草地进一步退化演替提供了条件。另外，这种气候变化趋势也影响该区域的冻土分布，导致多年冻土退化，使植物根系层土壤水分减少，表土干燥，沼泽疏干；冻土层的上界下降为鼠虫的越冬、生存提供了温床，加速了鼠虫害的形成与发生，并使土壤结构、养分发生变化，从而使高寒草甸、沼泽化草甸植被退化。

湿地退化现象正在蔓延。例如，甘南湿地是黄河重要水源补给生态功能区，也已出现不同程度的面积萎缩、涵养水源能力下降等退化现象（参阅本书2.5.2节）。

由于冰川退缩和草原湿地的干燥化，高原涵养水源的功能下降，“水塔”功能逐年降低，导致近年来三江源区产水量逐年减少，尤以黄河源更为严峻。水文观测表明，黄河上游连续7年出现枯水期，年平均径流量减少22.7%，其中，源头的鄂陵湖和扎陵湖水位下降了近2 m。但各地水源涵养量变化状况不同，近几十年来青藏高原主要形成了3个水源涵养量持续减少的中心区域和2个水源涵养量增强的区域。其中，水源涵养能力减弱的区域主要分布于雅鲁藏布江源头、青藏高原南部边缘地带和青海省东部与甘肃交界地带；水源涵养能力增强的区域主要分布于雅鲁藏布江中游河谷地带、澜沧江和金沙江中游河谷地带（聂忆黄等，2010）。

三江源区是全球气候变暖的敏感地区，已成为全球热污染的受害区。近46年（1961—2007年）三江源区气温显著升高，增幅明显高于青藏高原平均值（刘光生等，2010），气温升高的速率是全球平均的4倍，气候的暖干化趋势明显，对三江源头地区生态安全产生广泛而深刻的影响，其主要表现是：a. 冰川强烈退缩，“三江源”的冰雪、湖泊及沼泽地均为三江的重要补给水源和水源涵养区。这里的冰川分布有1 687.99 km^2，其中，长江源区约有1 496.04 km^2，占88.63%。近30年来，大多数冰川呈退缩状态，沱沱河源头姜古迪如冰川退缩率达7.4～9.1 m/年，当曲河源头冰川退缩率达8.25～9.9 m/年；b. 源区东部气候变化与草场过牧叠加，使草场鼠害猖獗；c. 源区西部地区土地荒漠化加剧，水土流失与沙化严重；d. 源区湖泊广布，众多内陆封闭湖泊出现面积缩小乃至消亡，内流化，湖水咸化、矿化度不断升高而趋于盐化；有冰川补给的湖泊面积扩张、水质淡化，冰川加速消融导致夏季河水流量增加；e. 源区河流水质含盐量高，水质差，曲麻莱以上河段河水均达不到淡水标准；f. 对水质起重要缓冲、调节作用的沼泽草地，由于载畜量过大，气候暖干，受到强烈干扰，逐渐变得干涸（虞孝感，2002）。

近年来，三江源区地表水径流日益减少，不但造成高原涵养水源的生态功能下降，而且还引起该地区一些居民点人畜用水困难，甚至到了“守着源头没水喝”的尴尬境地。

（2）生物多样性受到威胁。由于青藏高原各地的草地、森林、湖泊和湿地等生态系统受到不同程度的破坏，生境破碎岛屿化，使部分生物种，特别是高原特有物种及其种群数量呈现锐减状态，生物多样性急剧下降，受到威胁的生物物种占总种数的15%～20%，高于世界10%～15%的平均水平，生物多样性在基因、物种和生态系统3个层次上均蒙受巨大损失，生物多样性保育面临严峻形势。

例如，近年来由于大量采挖雨蕨、冬虫夏草和贝母等珍稀植物资源，西藏自治区已有100多种野生植物处于衰竭或濒危状态。青海湖裸鲤资源量1960年为28 000 t，由于过量捕捞，至1999年已减少到2 700 t。2000年后实施了“封湖禁渔”、保护青海湖裸鲤产卵场与洄游通道及人工增殖放流等措施，使青海湖裸鲤资源量到2010年增至16 990.84～18 551.62 t，虽然已恢复到20世纪60年代的60.68%～66.26%，但科学保护和管理仍是近期重要任务。

同时，生物种群结构也发生了变化，例如草地原生植物群落不但物种减少，而且毒、杂草种类增多。20世纪70年代青藏高原草原毒草、害草仅24种，到1996年已达164种。在部分严重退化草地，毒草已成为主要标志型群落，形成了以狼毒草等为主的草地，不能放牧。

（3）草地退化，草原鼠害猖獗，草畜矛盾加剧。草地是青藏高原生态安全屏障的重要组成部分，也是区域牧业经济发展的基础。掠夺性地开发草地资源，超载过牧，滥挖滥采，造成草地退化与沙化加剧的严重后果。由于草地植被群落结构遭到破坏和生物量减少，直接降低了草地生态系统的物质生产能力和利用价值，草场载畜量下降，加大了草畜失衡的矛盾。

据调查，1982—2009年间，青藏高原11.89%的草地分布区植被覆盖度持续降低，主要分布在青海的柴达木盆地、祁连山、共和盆地、江河源地区及川西地区等人类活动强度较大的区域。草场

退化具体表现为沼泽草甸化、草甸草原化和草原荒漠化。

三江源区的草地已呈现全面退化的趋势，其中，中度以上退化草场面积达0.12亿hm^2，占本区可利用草场面积的58%。现在与20世纪50年代相比，单位面积产草量下降30%～50%，优质牧草比例下降20%～30%，有毒有害类杂草增加70%～80%，草地植被盖度减少15%～25%，优势牧草高度下降了30%～50%。三江源区退化草地沦为次生裸地“黑土滩”的面积已达283万hm^2，占可利用草地总面积的15%，沙化面积也已达293万hm^2，每年仍以0.52万hm^2的速度在扩大。大面积的草地退化与沙化导致三江源区原生生态景观破碎化，植被演替呈现原生高寒草地→退化高寒草地→荒漠化地区的逆向演替趋势。严重的草地退化，使可放牧利用的草地资源减少，牧民为了维持生活，只得增加放牧压力，从而进一步引起草地退化，使三江源区的社会经济运行陷入了“贫穷→破坏草地生态环境→更贫穷”的恶性循环之中。

在西藏自治区，2003年全区不同程度的退化草地总面积29.286万km^2，占草地总面积的35.7%，在1990—2005年间，西藏草场退化面积每年以5%～10%的速度扩大。青海省草地退化形势也比较严峻，例如，在长江源头治多县，20世纪70年代末至90年代初草地退化面积0.72万km^2（占该县草地总面积的17.79%），而20世纪90年代初至2004年草地退化面积达1.11万km^2（占该县草地的27.65%），草地退化程度也呈逐渐加剧的趋势。

过度放牧是导致植被退化的主要原因。20世纪60年代以来，随着人口的快速增加，畜牧业发展迅速，高原内各州、县家畜数量急剧增长，在20世纪70年代末80年代初达到最高峰，出现严重超载过牧现象，有些牧场超载4～5倍，冬春草场超载率达41.5%，尤其在离定居点和水源地接近的滩地、山坡中下部以及河道两侧等地的冬、春草场，由于频繁、集中的放牧，严重破坏了原生优良嵩草、禾草的生长发育规律，导致土壤、草群结构变化，给鼠害的泛滥提供了条件，进一步加剧了草地退化。

鼠害是植被初始退化的伴生产物。超载过牧所导致的中轻度退化草地，为害鼠提供了适宜的栖息地和生存环境，为鼠害进一步猖獗创造了条件。绝大部分退化高寒草甸都不同程度与鼠害有关。过牧引起的草地退化，若没有伴生鼠害出现，一般不容易演变为裸土化。例如，三江源区高原鼠兔（*Ochotona curzoniae*）和高原鼢鼠（*Myspalax baileyi*）的数量急剧增多，发生鼠害面积约644.4万hm^2，占三江源区总面积的17%，占可利用草场面积的33%；黄河源区有50%以上的黑土型退化草场是因鼠害所致，如达日县高原鼠兔的平均数量高达374只/hm^2。

（4）土地沙化加速。青藏高原是中国中部和东部地区沙尘天气和沙尘暴多发地区之一，其粉尘极易扬升到西风急流区，成为远程传输中主要的粉尘源地之一。

目前，西藏流动沙丘遍布，2009年全国第4次荒漠化和沙漠化监测结果显示，西藏自治区沙化土地总面积已由1995年的20.47万km^2（占全区国土总面积的17.03%）增加到2009年的21.62万km^2（占17.98%），仅次于内蒙古、新疆，居全国第3位，为沙尘暴的形成提供了充足的沙源；另有荒漠化面积43.35万km^2。沙化和荒漠化面积分别占西藏全区土地面积18.1%和36.13%。沙化土地主要分布于山间盆地、河流谷地、湖滨平原、山麓冲洪积平原及冰水平原等地貌单元。沙化使土层变薄、土壤质地粗化、结构破坏、有机质损失，土地质量下降，草地、耕地及其他可利用土地面积减少，并对交通及水利工程设施产生不良影响。

三江源区有沙漠化土地面积1.95万km^2，有裸岩、石砾地1.21万km^2。源区沙漠化年均扩展速度为2.2%，是我国沙漠化发展较快的地区之一。黄河源区从1986年到2000年的15年间沙漠化土地面积增加了2 045.26 km^2，沙漠化土地呈快速增长趋势，以轻度沙漠化为主。

（5）水土流失加重。青藏高原地理环境复杂而脆弱，加以对土地的不合理开垦利用，导致生态环境恶化，水土流失日趋严重，山洪和泥石流频繁暴发。

2000年调查显示，西藏地区水土流失面积达103.42万km^2，其中，冻融侵蚀面积占水土流失总面积的89.11%，水力和风力侵蚀分别占水土流失总面积的6.00%和4.89%。雅鲁藏布江中游地区水力侵蚀面积达506.7万hm^2，占该区域面积52.9%。

20世纪90年代末，青海省年输入黄河的泥沙量达8 814万t，输入长江的泥沙量达1 232万t。据2005年调查，青海省水土流失面积为38.2万km^2（占青海省总面积的52.89%）；其中，黄河、长江、澜沧江三江源头地区水土流失面积分别占水土流失总面积的39.5%、31.6%和22.5%；目前，仍以每年3 600 km^2的速度在扩大，成为水土流失的重灾区。

三江源地区是青海省最严重的土壤风蚀、水蚀、冻融地区之一，中度以上水土流失面积为9.62万km^2，占该区总面积的26.5%；重度以上侵蚀面积达3.45万km^2，其中，黄河源区1.55万km^2，年均输沙量8 814万t；长江源区1.02万km^2，年均输沙量1 613万t；澜沧江源区0.88万km^2，年均输沙量1 392万t。

（6）自然灾害频发。敏感的高原环境背景，形成了多样的自然灾害类型，且受灾区域范围广大，青藏高原是我国自然灾害类型最多的地区之一。自然灾害的频繁发生严重影响了青藏高原经济与社会的稳定发展。

高原气候变化剧烈，气象灾害频发，据气象站点资料分析，高原东部大暴雪过程平均次数年际变化呈明显的增加趋势，增长率为0.0234次/年，1967—1970年为1.5次/年，1991—1996年增加到2.4次/年，20世纪90年代以后进入雪灾的频发期，气候变暖是主要原因。

近几十年来，由于冰川融化和人类工程活动增强，地质灾害频繁暴发，高原南部喜马拉雅山中段的冰湖溃决和泥石流灾害发生概率明显增加。波密地区近40年的资料研究表明，1993年以后泥石流活动加强。据2000年Landsat ETM影像数据监测显示，青藏高原区域范围内地质灾害点共计3 259个，崩塌、滑坡主要分布在雅鲁藏布江中游、三江流域、横断山区和湟水谷地；泥石流主要集中分布在祁连山、昆仑山、喀喇昆仑山和喜马拉雅山冰雪分布地区。在雅鲁藏布江大拐弯处不到20 km江段范围内，1989—2000年的12年间新增大型和巨型崩塌和滑坡8处（孙鸿烈等，2012）。

2.3.4 青藏高原生态屏障的保护与建设

建设青藏高原生态屏障是我国西部大开发的重要战略目标之一，也是建立全国生态安全体系的重要组成部分，已列入国家和长江、黄河上游各级政府的施政议程和建设计划，并在实施西部大开发战略中得到实施。

（1）青藏高原生态屏障建设规划的主要任务和重点工程。2011年5月，国务院颁布了《青藏高原区域生态建设与环境保护规划（2011—2030年）》（以下简称《规划》），确定了青藏高原生态安全屏障保护与建设的一系列举措。规划期限分为3个阶段，近期2011—2015年，中期2016—2020年，远期2021—2030年。近期的主要目标是着力解决重点地区生态退化和环境污染问题，使生态环境进一步改善，部分地区环境质量明显好转；中期的主要目标是已有治理成果得到巩固，生态治理范围稳步扩大，环境污染防治力度进一步加大，使生态安全屏障建设取得明显成效，经济、社会和生态环境协调发展格局基本形成，区域生态环境总体改善，达到全面建成小康社会的环境要求；远期目标是自然生态系统趋于良性循环，城乡环境清洁优美，人与自然和谐相处。

基于高原生态环境和生态系统的特殊性、脆弱性、敏感性和生态安全的重要性，并依据国家主体生态功能区规划精神，青藏高原国土生态功能总体上应为限制开发区域，其中，生态极脆弱区和自然保护区为禁止开发区，局部山间盆地和谷地为适度发展和重点发展区。

主要任务：《规划》紧紧围绕实现国家确定的建设国家生态安全屏障的目标，提出4项主要任务：一是加强生态保护与建设。以三江源、祁连山等10个生态功能区为重点，强化草地、湿地、

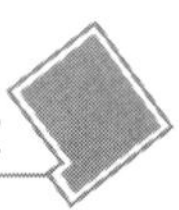

森林和生物多样性保护，推进沙化土地和水土流失治理，加强土地整治和地质灾害防治，提高自然保护区管护水平。二是加大环境污染防治力度。优先实施饮用水水源地保护与治理，全力保障城乡饮水安全。推进重点流域水污染和城镇大气污染防治，强化固体废物安全处置，严格辐射安全和土壤环境管理，完善农牧民聚居区环境基础设施。三是提高生态环境监管和科研能力。建设气候变化和生态环境监测评估预警体系，完善法规标准，加强生态环境管理执法能力建设，严格执法监督，大力开展生态环境保护科学研究和宣传教育。四是发展环境友好型产业。加快传统农牧业生态转型，科学合理有序地开发矿产资源和水能资源，促进生态旅游健康发展，积极稳妥地推进游牧民定居工程，实施传统能源替代。

重点工程：《规划》确定了生态保护与建设、环境污染防治、生态环境监管能力三大类别的重点工程。生态保护与建设工程主要是以解决生态功能下降、生态环境退化为目标的工程；环境污染防治工程主要是以解决城镇化地区和农牧业地区的环境污染问题为目标的工程；生态环境监管能力建设工程主要是以加强气候变化生态环境影响监测评估预警能力、提高适应气候变化管理水平为目标的工程。

（2）西藏高原生态安全屏障的保护与建设。西藏高原是青藏高原的主体，由藏北高原、藏南山原湖盆谷地、藏东高山深谷和喜马拉雅高山四大地貌区组成，涵盖了整个西藏自治区。其面积约占青藏高原面积的一半，平均海拔达 4 727 m，其中，海拔 4 500 m以上土地面积占西藏自治区土地面积的 80%。西藏生态环境脆弱度在中度以上（含中度）的区域面积达 103 万 km^2，占西藏土地总面积的 86.1%，其中，极度脆弱和高度脆弱占中度脆弱以上面积的 65.4%。

在西藏境内由东南往西北呈现出森林→草甸→草原→荒漠等生态系统的水平地带性变化规律；在喜马拉雅山脉中段从南坡往北，依次为森林→灌丛→草原→荒漠的带状更迭。这种水平方向上的生态系统空间带状分布奠定了西藏生态安全屏障的水平空间格局。

从东南往西北和从南往北呈水平地带性分布的每一个自然植被生态带，都代表着一定区域水热条件下的自然基带，每一个自然基带以上都发育了具有该基带属性的多层次生态垂直带谱，如高原东南缘山地具有以热带雨林为基带的多层次生态垂直带谱；在高原内部形成具有高原特色的高原草甸、高原草原和高原荒漠水平地带；在每一个水平地带基础上都相应形成了具有该水平带属性的山地生态垂直带谱。不同水平基带的山地生态垂直带谱结构与功能不一样，同一山地生态垂直带谱中的不同层次生态带的生态系统结构与功能也不一样。显然，西藏生态安全屏障具有从低地到高地和从河谷到高山的多层次带状式结构特点。

以湖泊、沼泽为特色的非地带性湿地生态系统，呈斑块状镶嵌于相应水平地带的植被生态带之中，在维系西藏生态安全方面发挥着重要作用，是西藏高原生态安全屏障的重要组成部分。

西藏高原宜以生态系统地带性规律为依据构建生态安全屏障的宏观格局，可概括为由 4 个屏障带组成，从西北往东南依次为：第一，以自然生态系统保护为主的藏北高原北部高寒荒漠草原生态屏障带，其主要屏障功能为高寒特有生物多样性保育，为禁止开发区域；第二，以天然草地保护为主、牧业适度发展的藏北高原南部草原生态屏障带，其主要屏障功能为控制土地沙化和保护高原湖泊—湿地，为限制性开发区域；第三，以农牧林业重点发展的藏南宽谷—藏东山地灌丛草原—森林生态屏障带，其主要屏障功能为控制水土流失、预防地质灾害、涵养水源和重点发展农林牧业，为重点发展区域；第四，以保育生物多样性为主的藏南山原—藏东南山地森林生态屏障带，其主要屏障功能为保育生物多样性和涵养水源，为限制性开发区域（钟祥浩等，2006，2010）。

（3）三江源区生态安全屏障的保护与建设。在三江源区实施的生态安全屏障工程以保护湿地及其水资源为主要目的。三江源地区的河流、湖泊与沼泽等与周围的草原、草甸、森林生态系统相互联系，三江源湿地功能的发挥和湿地生态系统的维持与发展在很大程度上取决于周边的生态系统，三江源地区的湿地保护必须采取大范围、全流域的保护。通过不同功能区保护与建设对策的实施，使高原“水塔”功能、防止土地沙化功能和土壤保持功能、大气和气体调节功能及生物多样性保育功能得以正常发挥，最终建成三江源生态安全屏障。

2000年8月，我国在青海省正式成立了三江源国家级自然保护区，长江源是其中的重要组成部分。吴豪等（2001）将保护区初步划分为5个核心区（格拉丹东雪山冰川固体水源保护区、当曲源头沼泽保护区、可可西里地区、隆宝滩黑颈鹤自然保护区、东仲林场）、3个缓冲区（楚玛尔河中下游、沱沱河中下游和当曲中下游3个生物多样性保护及水源涵养区）和2个试验区（青藏公路沿线区域、通天河区域）。核心区生物种群的数量最多，生态系统的代表性最强，水源涵养作用最大，生态系统受破坏的程度和人类威胁程度最小；试验区是人类活动比较频繁的地区，土地利用程度较高，自然生态系统受损伤程度较大；缓冲区是介于两者之间的过渡地带。

①恢复三江源区草地植被的综合技术和有效途径。恢复植被是三江源区生态安全屏障保护与建设的基本目标。其植被的恢复，要遵循自然规律和因势利导的原则，根据草地退化的具体原因、退化程度、退化草地气候条件、地势和水源地等具体情况，因地制宜地采取封育、施肥、鼠害防治、人工草地建设等技术集成措施，防治结合、综合治理，才可以节约成本，最大限度地恢复退化植被而不破坏原有植被（赵新全等，2005）。

封育退化草场：封育措施投资少、见效快，已成为当前退化草场恢复与重建的重要措施之一。草原围栏建设作为“四配套”（区内住房、网围栏、人畜饮水、人工种草配套）建设项目之一，已在三江源牧区大面积推广使用，取得了一定的经济效益和社会效益。该措施一般在中、轻度退化草地上实施，效果较明显。研究表明，封育处理对退化矮嵩草草甸的恢复效应明显，优良牧草比例和草场质量明显提高，草场退化趋势得到一定程度的遏止。

防治草地鼠害：在防治中，应根据害鼠危害程度、面积和害鼠种类，制定详细灭治规划，达到防治目标。坚持用生物防治法与药物灭鼠相结合，提高灭效并有效保护害鼠天敌。同时，对草地因地制宜地进行施肥、灌溉、补播和灭杂等改良措施，不给害鼠的大发生提供栖息地环境，促进草地的良性发展，达到综合防治草地鼠害的目的。植被经人工治理后，对草原主要害鼠（高原鼠兔和高原鼢鼠）有明显的抑制作用。

建立稳产、高产的人工草地：开展种草养畜，建立稳产、高产的人工草地，有效减轻天然草地的放牧压力，这种“以地养地”的模式，是解决草畜之间季节不平衡矛盾的重要措施，也是保证冷季放牧家畜营养需要和维持平衡饲养的必要措施。中国科学院西北高原生物研究所在三江源区内玛沁县的大面积黑土滩（海拔4 000 m）上种植垂穗披碱草（*Elymus naulans*）多年人工草地已经取得了成功。筛选出了比较理想的混播组合：披碱草属＋早熟禾＋羊茅属＋碱茅属，同时发现以人工草地收获青干草为主的饲料配方在牦牛和羔羊育肥中可获得较高经济收益。实践表明，在三江源区“黑土滩”建植人工植被是可行的、也是必要的；人工植被建植草种的选择是关键，应选择适应高寒气候、产量高、适口性好的垂穗披碱草、老芒麦、早熟禾等优良牧草种。

因地制宜，防治结合，综合治理草地：三江源区退化草场的恢复和治理是一个长期的过程，要因地制宜，根据各地的放牧制度与强度、气候、土壤和草场退化成因等综合因素采取相应的综合防治策略和技术措施。对于轻度退化草场，应以保护为主，通过减轻放牧压力的措施，即可以防止其进一步退化；对于中度退化草场，应采取补播、施肥等措施，提高土壤肥力，同时消灭鼠害，有效遏制草场继续退化；对于重度和极度退化草场，首先要灭鼠和灭除毒杂草，而后对草场松耙并补播多年生牧草，封育一、二年后待补播牧草完全定植，再补播嵩草、针茅、羊茅、早熟禾等丛生牧草，使草皮层较快形成，建立起刈牧兼用、结构优化的人工、半人工草场，同时进行保护管理，防止再次退化。

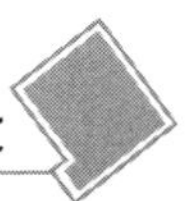

② 三江源区的防护林保护与建设。三江源区气候日趋干冷，生态系统十分脆弱，大部分地区没有森林生长所必需的环境条件，森林资源较少。天然林受气候、海拔、地形等因素制约，仅在水热条件较好的河谷地区呈块状零星分布。主要有班玛县境内的玛可河林区、多可河林区，分布有较大面积的以川西云杉、紫果云杉和岷江冷杉林为优势的寒温性常绿暗针叶林及杜鹃等灌木林；玉树县的东仲林区，分布有小面积的以川西云杉、大果圆柏为主的寒温性常绿暗针叶林，还有大面积的高山灌丛；称多县几乎没有林地，仅分布有小面积的圆柏疏林和较大面积的高寒灌丛。a. 天然林特点：高寒性质突出，各树种已达到它们的极限分布地段，林地土壤土层薄，地温低，有永冻层和季节性冻层，土壤养分分解缓慢，因此林木生长缓慢，林地生产力低；乔木林少，灌木林多且分布范围广，并与高寒草甸复合形成特殊的森林类型——圆柏疏林草甸，其生态和防护作用虽然小于山地森林，但在本地的生态效益却十分突出，远大于灌丛和草甸；逆向演替大于顺向演替，通常由森林演变为灌丛，由灌丛演变为草地，或直接由乔木林变成草地；大部分森林处于原始林状态，很多林分处于顶级群落阶段，大面积的高寒灌丛也具有原生性质。b. 保护发展措施：按不同地区、不同的立地条件，确定不同的经营目的，采取不同的经营方针，实行分类经营，通天河、雅砻江流域为生态公益林类型；大渡河流域为商品用材防护兼用林类型，当前重要的是降低采伐量，给森林以休养生息的机会，充分发挥水土保持和水源涵养等生态屏障作用；把封山育林作为扩大森林植被的主要措施，封山育林必须有别于一般地区，以允许放牧的半封式为主，全封为辅，要求每个封育区是一个完整的小沟谷，四周自然界线清楚，其中80%以上面积作为半封区，只允许放牧，不允许樵采和狩猎，在半封区内划定全封区，禁止一切人畜活动，以恢复森林植被，提高林分质量为主，扩大林地为辅；切实加强现有森林植被的保护（董得红，1997）。

③三江源区草地生态畜牧业可持续发展策略。以草定畜，优化放牧强度。选择最适放牧强度和放牧制度等最优放牧策略，可提高草地初级生产力，维护草地生态平衡，有效防止草地退化。以牧草产量和利用率来衡量高寒草地的放牧强度配置，两季草场均以45%左右的牧草利用率最佳。高寒两季草场轮牧制度下，夏秋草场的不退化最大放牧强度为4.30只藏羊/hm^2，冬春草场为7.75只藏羊/hm^2。高寒草场地区藏系绵羊和牦牛的比例以3∶1，藏系绵羊的适龄母畜比例为50%～60%，牦牛的适龄母畜比例为30%～40%较为合理。对于三江源区东部地区草场过牧的问题，应采取相应措施，改变放牧方式，加强人工草场和饲料、饲草基地的建设，为农牧民寻找新的生产、生活出路。发展生态畜牧业是解决生态移民后续产业的合适的模式，而发展畜牧业关键是解决饲草料的问题。因此，在农牧交错地区（如同德、贵南牧场等地），建立饲草料加工厂，利用大量未充分利用的农副产品，加工颗粒饲料，用于牧区移民畜牧生产，从而实现农牧业生产系统耦合的三大效应：时空互补效应、资源互作效应、信息与资金的激活效应。同时在三江源区内部的适宜耕种农作物的地区，把部分粮田改为饲草料种植基地，种植优良的一年生牧草。另外，三江源区的高寒草场夏场丰富，冬场短缺，所以根据家畜对饲草的需求，在夏季可提高家畜数量，充分利用富余草场，并利用入冬前的短暂时间，对羯羊进行育肥出栏，提高家畜的出栏率和商品率，在保留足够的繁殖母畜的前提下，减少冬场的放牧压力，有效防止草场退化。

④多建有针对性、有重点的自然保护区和生态功能区。三江源区生态安全应采取生态保护重于生产建设的方针。由于该地区生态脆弱，一旦破坏，难以恢复，宜多建有针对性、有重点的自然保护区和生态功能区，如格拉丹东雪山冰川固体水源功能区，当曲源沼泽水源功能区，楚玛尔河上游可可西里珍稀动物保护区，治多、曲麻莱沼泽湿地水质净化功能区等。三江源区海拔高，气候干寒，土壤瘠薄，原则上在海拔4 200 m以上、年降水不足400 mm、年平均气温0℃以下的地区不适宜植树造林（虞孝感，2002）。

⑤ 实施生态移民。三江源地区总人口65.1万人（2004年），其中，藏族人口占90%。三江源

地区 16 个县中有 7 个国家扶贫开发工作重点县，贫困县数量占青海全省贫困县的 56%，贫困人口达 25.4 万人，占当地农牧民总人口的 63%，是青海全省贫困现象最集中、贫困程度最深重、脱贫任务最艰巨的地区。实践表明，退耕还林、退牧还草只有在实施生态移民的基础上才能实现，把生态移民与退耕还林、退牧还草结合起来，才能降低生态保护的成本，提高其效率（盛国滨，2006）。为了更好地保护三江源地区生态环境，近年来实施了生态移民工程。2004— 2010 年，从三江源地区迁移到新社区居住的牧民为 10 773 户，共计 55 773 人，定居在 86 个移民社区。生态移民工程实施以来，取得了一系列成效，逐步实现了“人口集聚—城镇扩张—发展经济”的移民经济发展模式。生态移民的安置采取了多种方式，如非农安置、城郊安置、城市安置等。随着移民城镇规模的快速壮大，该区实施生态移民后续产业发展也取得长足的发展，形成了具有“移民经济”特色的多种产业模式（生态畜牧业、生态旅游业、高原特色加工业等）。生态移民后，草原牧民集中于小城镇及周边地区，这里信息较多、交通运输便利、社会化服务较发达，使农牧民能够接触到更多的市场信息，这为他们进行产业转移增加了机会，也增加了草原牧民享受社会福利的机会。同时，生态移民使三江源生态脆弱地区的生态环境得到明显改善，草地实施禁牧封育后，植被高度提高了 8.72% ~22.19%，植被盖度提高了 17.32% ~23.43%，产草量提高了 9.98% ~24.38%。不同经济类群草群高度、盖度、生物量均有所增加，禾草、莎草在群落中所占的比重在增加，杂类草所占比重在下降，禁牧措施有效地减轻了天然草场的压力，促进了草地生态的恢复（聂学敏等，2013）。

2.4 长江流域上、中游高原、山区、库区生态屏障的现状及其保护与建设

长江发源于青藏高原唐古拉山主峰格拉丹东雪山，干流纵贯青、藏、滇、川、渝、鄂、湘、赣、皖、苏和沪 11 个省（区、市），支流还流经甘、陕、黔、豫、浙、桂、闽、粤 8 个省（自治区）境内，流域面积 180 余万 km^2，流域大部分地区处于亚热带季风湿润气候区，大多数地区是高原、山地或丘陵区。长江多年平均入海水量近 1 亿 m^3，约占全国河川径流总量的 36%，相当于黄河入海水量的 20 倍。

长江干流从江源至宜昌为上游，长约 4 500 km，河道经过高原、山区、峡谷和盆地，主要支流有雅砻江、岷江、嘉陵江和乌江等，长江上游水量约占长江流域径流总量的 46.4%；宜昌至江西湖口为中游，长 938 km，流经江汉平原、洞庭湖平原和鄱阳湖平原及江南丘陵山地，主要支流有清江、洞庭湖四水（湘、资、沅、澧）、汉江、鄱阳湖五水（赣、抚、信、饶、修）等，长江中游水量约占长江流域径流总量的 47.3%，中游洪水主要来源于上游干流、洞庭四水和汉水；湖口以下至长江口为下游，长 835 km，长江下游水量约占长江流域径流总量的 6.3%（图 2 -2）。

长江流域特别是四川盆地和中、下游，是我国重要的经济发达地区。长江流域面积占全国总面积的 18.8%，拥有全国 34% 的人口、24% 的耕地、70% 的稻米产量，有 185 座大、中城市，内河通航总里程占全国的 52.6%，工业产值占全国的 34.5%，国民生产总值占全国的 40% 以上（1992 年）。保护和建设好长江流域以高原和山地为主体的生态屏障，对于长江流域的防洪、抗洪、城乡供水、清洁能源供应、防治水体污染以及航运等，对于长江流域乃至我国经济、社会和生态的可持续发展都具有重大意义。长江上游青藏高原生态屏障的保护与建设已于前述，以下讨论长江流域上、中游其他地区的生态屏障的保护与建设。

2.4.1 长江流域上游生态屏障的现状及其保护与建设

（1）生态环境现状。长江流域上游四川、重庆和贵州生态屏障区由境内雅砻江、岷江、沱江、

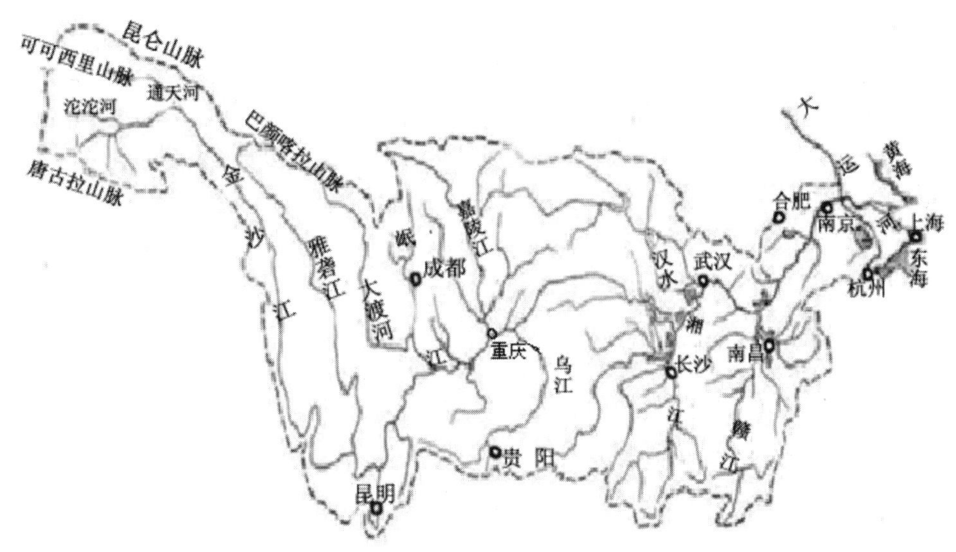

图 2－2 长江流域示意图

嘉陵江和乌江五大长江一级支流流域内位于四川盆地四周的山地、贵州高原大部（北部）和川西高原与湿地构成，主要有东部的大巴山、巫山、南部的大娄山、乌蒙山和武陵山、西部的川西高原（青藏高原主体的一部分）山地（大凉山、邛崃山等）及高原上的大片草原和湿地（松潘草地若尔盖湿地、川西北草地等）、北部的巴颜喀拉山、岷山等。

四川、重庆和贵州位于长江上游，生态区位独特，辖区面积约占长江上游的一半。四川作为“千河之省”，计有大小河流 1 368条，产生的水量相当于长江吴淞口常年入海水量的 1/3；每年土壤侵蚀量有 3 亿 t 左右进入干流，是整个上游段的 57%。由此可见，四川、重庆和贵州生态区位特别重要，是长江流域上游生态屏障的重要组成部分。

区内目前生态环境存在的问题主要有：

①大面积开垦陡坡地造成一系列生态灾害。陡坡耕地的形成，既有历史根源，也有现实原因。山区在历史上生产力落后，有长期的刀耕火种、撂荒轮歇、顺坡耕作、广种薄收的落后传统。从 20 世纪 50 年代后期起，在人口增长过快、人地矛盾尖锐的压力下，各地推行以粮为纲等政策，严重忽视了山区自身的特点，以致几度发生大规模的乱砍滥伐，陡坡毁林开荒种粮，使山区森林植被遭受严重破坏。

长江流域 1949 年流域人口为 1. 90 亿人，至 1997 年达 4. 15 亿人，增长 1. 18 倍，而且上游高原和山地水源区的人口增长率高于中、下游平原和丘陵区。据调查估算，山区每增加 1 人，相应增加坡耕地 0. 13 ~0. 17 hm^2。20 世纪 50—80 年代，长江流域的坡耕地大约增加了 40% ~60%，共有坡耕地约 1 066. 7万 hm^2，占流域耕地总面积的 39. 0%。其中，坡度大于 25°的陡坡耕地约占坡耕地总量的 1/4。这些坡耕地主要分布在流域中、上游的山地丘陵区，包括四川盆地丘陵及盆周山地、大小凉山、乌蒙山区、秦巴山地以及重庆、鄂西、湘西山地。长江上游西部地区的森林覆盖率一度降到 20% 以下，盆地低山丘陵地区降到 3% ~5%，有的县、市甚至不足 1%，同时产生了大量的坡耕地，发生大面积严重的水土流失，长江 60% 的泥沙来自坡耕地。

20 世纪 50 年代初，四川省（当时包括重庆市）森林覆盖率约 20%，西部高山原始森林覆盖率约 30% ~40%。自 1958 年以来，开始大规模砍伐，至 20 世纪 60 年代初，全省森林覆盖率下降到 9%；与此同时，全省（包括重庆市）坡耕地占到总耕地面积的 70%。在川中盆地丘陵区，土地垦殖率达到 50% ~70%，“山上种到山尖尖，山下种到河边边”。一些山丘区土地垦殖率越来越高，耕种坡度越来越陡。由于长期单一的粮食生产，重农轻林，毁林开荒，山区的土地出现了严重的水土流失，全省水土流失面积占整个长江流域水土流失总面积的40.87%。

目前，长江流域各省、市坡耕地的数量，以四川省最多，达280万 hm^2，占流域坡耕地总量的26.3%。其次为贵州省，占19.2%。以下依次为重庆市，占13.9%，云南省占10.2%，湖北省占7.8%，陕西省占6.6%。这6个省、直辖市的坡耕地合计约占长江流域坡耕地总量的84%。在一些山丘区，坡耕地在耕地中往往占很大比例。例如，贵州省毕节地区，土地垦殖率达38.7%，其中，坡耕地占75.9%。三峡库区土地垦殖率达33.6%，其中，坡耕地占74.8%，有的耕地坡度竟达60°左右，形成“山有多高，地有多高，山有多陡，地有多陡”的局面。例如，在重庆市天城区铁峰乡，25°以上的陡坡耕地占耕地面积的68%；位于金沙江畔的四川省金阳县红联乡，坡度大于25°的陡坡耕地占耕地面积的93.3%；陕西省安康地区20世纪50年代有耕地327万 hm^2，到1976年增加到687万 hm^2，平均每年增加13万 hm^2，大多为坡耕地（史立人，1999）。

大面积坡地的毁林开荒、乱砍滥伐破坏了植被，造成一系列严重的生态问题：

• 水土流失严重，石漠化明显加速，滑坡、泥石流、崩塌灾害频繁。陡坡耕地具有重力侵蚀和水力侵蚀双重叠加的水土流失动力，加之顺坡种植、中耕除草等，地表大量裸露，更加剧了水土流失的强度。例如，三峡库区农地面积占总面积的38%，而农地土壤的侵蚀量是库区土壤总侵蚀量的60%，占库区年入库泥沙总量的46%。与此同时，水土流失使山区土地土层变薄、肥力下降；使嘉陵江、岷江、大渡河、雅砻江、金沙江等大河的上游地区及贵州全省岩溶区，石漠化明显加速（参阅本书2.6.1节），泥石流、滑坡、崩塌等自然灾害在近20年来不断加剧，达4 000余处。贵州清镇、赫章等岩溶县，每年石漠化的土地面积均达333~400 hm^2 之多。与此同时，山下良田被水冲沙压，渐遭蚕食。

• 生物多样性受到严重破坏，虫、鼠害猖獗。在长江上游地区，大面积陡坡开垦，导致该区域的针、阔叶林面积锐减，使许多对山区农村生态平衡具有重要维护作用的珍稀动物与林栖有益动物丧失了生存环境而减少或濒危，低山丘陵区陆生脊椎动物从以林栖群落为主演变为以草灌动物群落为主，适应森林生活的种类及数量下降，而适应农田草灌生活的种类尤其是有害鼠类和病虫害增加，原有合理有序的食物链中断，一些对农业生产具有严重破坏性的病虫害、鼠害也因缺乏天敌而日益猖獗，并造成巨大危害。例如，低山丘陵人工林病虫害造成的直接经济损失达6.3亿~7.5亿元/年，因受害而砍伐的森林已达5万 km^2，相当于整个“长防工程”第一期工程的造林面积。

• 江河断流、湖泊萎缩，沙尘风暴、洪涝和干旱等灾害也频繁发生。四川北部、东部等山区旱灾频率已高达95%以上，一遇大旱灾，则坡耕地上的庄稼几乎颗粒无收，该区域平均每年受灾面积超过1 300 km^2，粮食减产20亿kg左右。

② 陡坡耕地粮食收成得不偿失，多种经营发展缓慢。陡坡耕地往往贫瘠，种植1~2年后，产量迅速递减，扣除种子、肥料和农药等费用，收益极少，若算上投劳，则入不敷出。如岷江上游山地坡耕地粮食平均产量仅为1 500~2 250 kg/（hm^2·年），其现实经济价值约为750~1 125元/（hm^2·年）；由于片面强调抓粮食生产，多种经营发展缓慢，农民收入增长也就缓慢。

③ 森林的生态服务功能还不完善。四川和重庆现有林业用地面积2 323万 hm^2，占土地总面积的48%，是这一区域的第一大土地生态系统，是生态屏障的骨架和重要组成部分；但目前森林覆盖分布不均，人均占有量小，还有大面积的宜林荒山和沙质荒漠化山地需要治理，森林生态系统的生态服务功能还不完善。据统计，四川盆地丘陵区84个县，1986年水土流失面积为7.62万 km^2，占总土地面积的62.9%，年平均土壤侵蚀总量达37 251万t，平均土壤侵蚀模数达4 886t/（km^2·年）；据嘉陵江的北碚水文站测量，多年平均含沙量为2.30kg/m^3，每年输出的泥沙达1.62亿t（柴宗新，1988）。贵州高原的水土流失和土地石漠化也很严重。

④ 草原与湿地生态功能有待恢复。四川和重庆有草地面积 1 523 万 hm^2，占土地总面积的 31.1%，主要分布在川西高原的江河源头地区。草原由于过度开垦和牧场超量载畜而受到严重破坏，已有一半退化或沙化，可食性草减少，害草增多，20% 左右遭受鼠虫危害。沼泽湿地大多被排干开垦为农田，成为新的农作区，水源区涵养水源的功能被严重破坏。

⑤ 农村、城镇和水域环境污染日益严重。为了维持贫瘠的陡坡耕地的粮食产量，只好逐年增施化肥；由于病虫害日趋严重，农药施用量也日益增大。例如，四川化学农药用量 1993 年比 1985 年增加了 222.1%，比 1990 年增加了 137.2%，比 1992 年增加了 70.7%，1991—1993 年平均每年增加 33.4%，并呈继续增加的态势。近年来，区内农牧业的农药污染、化肥污染、白色污染和动植物激素等有毒有害物质残留污染的程度不断加深。四川、重庆近年正在加快城市化进程，城镇人口急增，污染加重，城镇绿地面积不足，热岛效应日益明显。现区内有城镇及交通用地 158 万 hm^2，占 3.2%，城市人均拥有绿地不到 5 m^2，远低于国家规定标准 10 m^2。四川和重庆共有水域面积 112.3 万 hm^2，占土地总面积的 2.3%，面临的主要生态问题是水体污染、水土流失和洪灾。2002 年区内工业和城乡废水年均排放总量达 30 亿 t，废气 6 000亿 m^3，固体废弃物 5 700 多万 t，绝大部分未经处理就进入江河和大气。目前，区内 80% 的河流已受到不同程度的污染，其中，嘉陵江总体水质呈轻污染，沱江整体已呈重污染状况。

⑥ 金沙江与川江治理开发任重道远。位于川、藏、滇边界的金沙江区段是长江流域生态安全的首道屏障。长江到此才形成滔滔江水和滚滚泥沙，其利弊均源出于此。该江段落差很大，从直门达至宜宾高差近 3 000 m，两岸为高山峡谷，河床深切，河面宽 100 m 左右，是长江水力资源集中分布区，但由于该江段地质构造复杂，地貌类型多样，山高坡陡，断裂带发育，岩层破碎，雨量充沛，风化和重力作用强烈，加上历史上长期以来毁林开荒、陡坡耕作，水土流失十分严重，金沙江流域土壤年侵蚀量达到 8.29 亿 t，多年平均年输沙量 2.57 亿 t，占上游输沙量的近 50%。本江段占长江水资源总量的 15%，由于人类活动干扰相对较少，水质相对优良。

本江段水力资源占长江水力资源总量的 46%。目前，金沙江上、中、下游均规划了水电站。其中，下游规划了 4 座世界级电站已列入开发计划，总装机规模相当于两个三峡水电站；中游总装机规模也超过三峡工程；上游总装机规模达 1 500 万 kW。加上四川攀枝花段金沙、银江两级电站，金沙江全流域共计划开发 25 级电站，总装机规模相当于 4 座三峡水电站（虞孝感，2002）。对于金沙江水力资源的多梯级开发，环保人士持有异议。

川、滇边界横断山区金沙江区段干热河谷面积约 1 万 km^2，人口约 250 万人。该区具有北热带温度条件和长达半年以上的旱季，年均降水量虽远高于我国地带性半干旱气候带其他地区，但是该区地形焚风效应明显，河谷风大温度高，因而蒸发量很高。以至于不少地区，不仅旱季干旱，雨季也出现严重的水分亏缺，大部分地区一年中大于 2.0 的干燥度持续达 7 个月以上，生态系统具有破坏容易、恢复难的特点。在人为干扰下，以硬叶阔叶栎类为主的原始植被类型已基本消失，而出现大面积以禾草类为主的退化生态系统类型。植被生态系统的退化引起了严重的环境问题，表现为：河谷区干旱化程度加剧，一年中土壤凋萎温度长达 7 ~ 8 个月，使许多植物无法生长；河流泥沙量呈明显增加的趋势，如元谋龙川江中游水文站观测，20 世纪 60—80 年代泥沙量分别为 3.81 kg/m^3、5.32kg/m^3 和 6.65 kg/m^3；冲沟溯源侵蚀速度加快，如元谋地层上发育的冲沟，年均溯源侵蚀速度 50 cm 左右，最大达 200 cm，沟谷密度一般为 3 ~ 5 km/km^2；典型地区裸岩化和石漠化面积达 10% ~15%。由于植被系统退化引起土壤凋萎温度时间延长，成为本区生态系统恢复难的主要原因（钟祥浩，2000）。

川江（宜宾至宜昌长江区段）全长 1 040 km，流域面积 50 余万 km^2，年径流量达 4 510亿 m^3，年输沙量 5.3 亿 t。此区段低山与丘陵、宽谷与峡谷相间，暴雨集中，径流量大，是长江中游暴发洪水和水土流失的主要来源之一。区段内的洪灾表现为江河型和山溪型。江河型泛滥区域广，对沿江两岸人民生命财产威胁大，而且直接危及中、下游地区；山溪型洪灾范围虽小，但常引发具有毁灭性的泥石流，不容忽视。

（2）生态保护与建设。针对长江上游目前生态环境存在的主要问题，生态保护与建设的重点目标和主要措施如下。

①恢复植被。通过封山育林和退耕还林，尽可能恢复各区域、各自然地带原始自然地带性植被，逐步提高森林覆盖率；并且构建起从常绿阔叶林、常绿阔叶与落叶阔叶混交林、阔叶落叶林、针阔叶混交林、针叶林到灌丛、草甸等完整的自然垂直地带性植被谱带；森林应包括多林种与林型，构建乔灌草结合的多层次系统，而不只是单林种的单层林分。

该地区地形气候差异悬殊，造林要因地制宜，干旱河谷、高海拔林草交错带、岩溶区等因温度、湿度、土层等原因难以造林，要短期内全部绿化是不可能的；而在湿润的亚热带中低山丘，只需封山育林，就可恢复植被，不必进行植树造林；生态林建设要与农民的脱贫致富和增加地方财政收入结合起来，要有一定的经济林比重但又不宜过高，同时要有适当的生态林比重（虞孝感，2002）。

通过解决牧区超载放牧和过度开垦湿地问题，使草地、草甸、湿地逐步恢复到地带性要求的水平。

②保护生物多样性。主要通过恢复植被和扩大自然保护区等措施，使森林、草地、草甸、湿地和水域的生物多样性逐步恢复，种群结构趋向合理，濒危珍稀物种得到有效保护，不再发生物种绝灭。自然保护区面积应不低于土地总面积的15%。

③合理利用和调控水资源。通过在长江上游各支流的山区兴建水利工程，减轻洪水对于中、下游的威胁；同时使长江上游大、中城市的防洪安全达到百年一遇标准；干旱河谷区退化植被系统恢复与重建的关键在于土壤水分条件的改善，重度以上退化类型宜采取自然恢复（自然雨养生态型），中度和轻度退化类型分别采取改建（人工雨养生态经济型）和重建（人工雨养灌溉经济型）。

④有效治理水土流失和控制山地灾害。完成陡坡耕地的退耕还林还草任务；恢复天然林草植被；控制人工引发的水土流失，逐年减少入江泥沙，直至达到自然地带天然过程的泥沙流失水平；在人口稠密区，有效控制泥石流、滑坡、山洪等自然灾害，不再发生严重的人为引发的山地灾害。

⑤局部地区实施生态移民。对长江上游高度石漠化，已不具备生存和发展条件的山地的居民，要逐步实行生态移民，使本地区95%以上居民的生态安全保障率达到90%以上。例如，贵州省地处长江、珠江上游，生态环境十分脆弱，水土流失和石漠化特别严重，由于经济社会发展滞后，农村贫困问题突出，是全国农村贫困人口最多、贫困面最广、贫困程度最深、扶贫开发任务最重的省份之一。1986— 2001 年全省共搬迁 17 817户 85 237人。贵州省计划从2012—2020 年，再搬迁安置移民 47. 7 万户 204. 29 万人，其中，武陵山区、乌蒙山区、滇桂黔石漠化区共搬迁 39 万多户 170 万人，分别占搬迁总户数的 82. 76% 和人口的 83. 22%，这对构建长江、珠江上游重要生态屏障和移民的脱贫致富具有重要意义。从 2012 年工程启动实施以来，截至 2013 年 12 月，2 年累计已搬迁安置移民 59 168户 252 383人，占规划搬迁人口的 12. 36%。目前，超过 25 万移民已走出大山，在城镇和工业园区开始了新的生活。2014 年规划的 4. 26 万户 15 万人将离开世代生息的地方，踏入陌生的生活环境（王应政等，2014）。

又如，云南省政府认定需要通过易地搬迁的人口达 100 多万人，包括：a. 现居地已丧失生存条件的人口达 50 多万人，主要集中在滇西北的怒江、迪庆两州，滇东北昭通地区、滇东南的文山州与其他零星分布区的深山区、石山区、高寒山区。怒江峡谷大于 25°的坡地达 80% 以上，海拔 3 200 m以上的村落受冷湿气候的限制而严重阻碍了农业生产发展。据统计，有 80% 的人口属贫困人口，5.4 万人需要易地搬迁扶贫。昭通地区 36% 的人口属贫困人口，30.2 万人现居地已丧失生存条件。b. 受滑坡、泥石流威胁的人口达 14 万人，主要集中在金沙江沿岸、小江和大盈江等流域。碧江区、元阳县、西盟佤族自治县、镇沅彝族哈尼族拉祜族自治县等区、县的城区已搬迁。c. 由于"天保"工程与退耕还林还草工程全部丧失耕地需搬迁的人口达 36 万人，主要集中在大于 25°的坡耕地面积占总耕地面积 50% ~80% 的有 64 个乡镇。d. 水电工程（溪洛渡电站、向家坝电站等）移民，共 18.7 万人（何永彬，2011）。

经过近 30 多年来的保护与治理，长江上游的山地植被已逐步得到恢复。其中，四川省从 1989 年正式启动长防林体系工程建设（包括营造防护林、改造低效林、保护天然林和退耕还林）以来，全省森林覆盖率由 1989 年的 19.21% 上升到 2008 年的 30.79%；森林蓄积量较工程建设前增加 27.79%；长防林森林生态系统的年固碳能力达 515.2 万 t，制氧能力达 1 105.49万 t；长防林森林生态系统年减少土壤侵蚀量 1 399.38万 t，减少土壤有机质和氮、磷、钾流失 157.23 万 t，1989 年以前宜昌站监测长江多年平均输沙量为 5.3 亿 t，到 2000 年，输沙量减少到 3.9 亿 t，2007 年输沙量进一步下降为 0.527 亿 t。由于长防林体系工程建设已开始发挥防治水土流失的功能，加强了三峡水利枢纽工程的生态安全（骆宗诗等，2006）。

2.4.2 对于修建三峡水利枢纽工程不同意见的争议

三峡水利枢纽工程和三峡库区，既受长江上游高原与山地生态屏障的明显影响，同时又是对于长江中、下游广大地区具有多方面重要生态功能的生态屏障，其工程建设和生态环境状况，对长江中、下游防洪抗洪、城乡安全、提供清洁水电能源、航运交通、城镇供水、农田灌溉、防治水体污染以及江湖与湿地的生物多样性保护等都具有十分重大的影响。

1993 年全国人民代表大会批准兴建长江三峡工程（反对票和弃权票占了近 1/3）。1994 年 12 月三峡工程正式开工；1997 年 11 月三峡工程实现大江截流；2003 年 6 月三峡水库开始蓄水；2006 年 5 月 20 日三峡大坝全部完工；2009 年枢纽工程竣工。工程总投资 2 072.76亿元，其中，枢纽工程投资和移民安置投资共 1 728.48亿元，输变电工程投资 344.28 亿元。

对于修建三峡工程，一直存在着不同意见的争议，也经历了 30 多年反复论证和研究以及大坝蓄水以来近 10 年的检验。在论证过程中，发扬了技术民主。

（1）一类意见主要是肯定态度。有如下观点。

①三峡工程是长江中下游防洪抗洪的关键工程，三峡大坝长 2 335 m、坝顶高程 185 m，是世界上最大的干流大坝，按正常蓄水位 175 m 运行，水库总库容约 393 亿 m^3，具有 221.5 亿 m^3 的防洪库容和 165 亿 m^3 的调节库容，当上游发生百年一遇的洪水时，通过三峡水库调蓄洪水，可使中游和长江干堤防洪能力由 10 年一遇提高到 100 年一遇；即使出现千年一遇的特大洪水，也可通过分蓄洪工程，防止荆江河段两岸发生干堤溃决的毁灭性灾害。

三峡工程建成后 10 年（2003—2013 年）来，已多次通过科学调度，及时拦洪，适时泄洪，发挥削峰、错峰作用，有效避免了特大洪峰与中、下游洪水叠加给沿岸人民造成的安全威胁，包括接受了长江有水文记录以来第三大洪峰的全面检验。

②用"蓄清排浑"（每年汛期水库水位降至防洪限制水位进行畅泄排浑水；汛后才蓄清水，满足航运和发电要求）的运作方式，大部分泥沙可以排出，运用 100 年后，水库淤积到一定程度，可达到冲淤基本平衡，防洪库容和调节库容还可保留 86% ~92%，永远可以保持 70% ~80% 以上的库容。三峡工程建成后的 30 ~50 年内，长江上游干支流上必将有一批大型水库建成并投入运用，这些水库将拦蓄泥沙，减少进入三峡水库的泥沙量，改善三峡水库的泥沙淤积状态。

③三峡建库以来，无论是卵砾石对库尾港口的影响，还是悬移质泥沙淤积对有效库容和航道、

港口的影响，实际情况都好于预期。2003—2007 年，由于长江上游植被逐步恢复和建库拦沙等原因，水土流失明显减少，从20 世纪50—70 年代年平均来沙量为5 亿 t 左右，减少至2 亿 t 左右。通过“蓄清排浑”，约有 1. 3 亿 t 淤在库内，仅约为论证阶段预期的 1/3。三峡蓄水以来，重庆主城区河道并没有发生卵砾石的严重淤积。175 m 试验性蓄水以来，由于水库水位抬高，重庆段泥沙淤积问题开始显现，但好于预期。有“学者”提出大坝蓄水到175 m 时，会因库区有 0. 007%“水力坡度”（详后）而使重庆被淹，已被事实否定。

④三峡地区一直就是地质灾害高发区，出现问题并非三峡工程造成的。新建水库蓄水至高水位初期 3 ~5 年，可能会产生一些崩塌、滑坡及涌浪灾害。三峡工程的地质减灾作用明显，经过几次蓄水、泄水，滑坡体都被释放之后，新的库岸肯定会变得更加安全。三峡库区进入正常运行期后，由于水库常年水位变幅达 30 m，加之库区工程建设、航运等扰动因素，地质灾害活动会经历加剧期、强烈期、减弱期和“准稳定态”期，这个过程可能需要数十年时间。

三斗坪坝址条件优良，可能诱发地震的最大级不超 6 级，影响到三斗坪坝址的烈度在Ⅳ度范围内。水库库岸稳定，没有影响工程安全的崩塌和滑坡。干流库段全长 1 300 km的岸坡，稳定条件好和较好的库段占 90%，稳定条件较差的约占 8. 2%，而真正稳定条件差的岸坡，加起来总长只有 16 km，仅占库岸总长的 1. 2%。滑坡滑下后，不会形成天然的滑坡坝，堵塞长江。22 个现在活动和蓄水后可能活动的滑坡分布在 1 300 km的库岸上，总体积只有 3. 8 亿 m^3，只占 145 m 水位以下库容的 2. 2%，对水库的库容及寿命没有大的影响。

⑤三峡工程正常蓄水位 175 m 方案的装机容量为 1 768万 kW，年发电量为 840 亿 kW · h，建成后每年可替代火电厂燃煤 4 000 万 t，减轻煤炭生产和运输的压力，可为华中、华东地区提供大量可再生清洁能源。三峡电站 10 年（2003—2013 年）发电总量已突破 7 000亿 kW · h，相当于替代燃烧 2 亿多 t 标准煤，减少了大量二氧化碳、二氧化硫等的排放，节能和环保效益显著。三峡电站对平抑华中、华东及广东电价也发挥了重要作用。

⑥三峡工程 175 m 水位方案，水库回水可至重庆，航道加宽，水流减缓，万吨船队一年中约有半年可从上海直达重庆；同时，三峡下泄最小流量较天然枯水期流量增加，可增加中游荆江航道的水深，有利于航道维护和船舶运行，有利于东西部地区航运交通，促进我国西南与中部地区、沿海经济发达地区的联系和发展。长江上游地区 80% 以上的冶金、装备制造、电力、汽车等产业均临江布局，其综合交通货物周转量的一半通过长江水运完成，90% 以上的外贸物资也依靠水运周转，三峡工程改善了重庆至宜昌 660 km 河道通航条件，船闸货运总量 10 年间增加了 5 倍超过亿吨，运输成本也降低了约 1/3。

⑦由于三峡水库下泄水流的含沙量降低，使洞庭湖区年均淤积泥沙量降至 0. 1 亿 t，仅为三峡大坝蓄水前多年平均值的 9. 4%，这有利于减缓洞庭湖的淤积萎缩。

⑧有利于中、下游抗旱。例如，2011 年上半年长江干流及主要大支流汛情平稳，当年中、下游部分地区旱灾发生后，三峡水库开启优化调度，持续不断地加大下泄流量，日均补水 3 亿多 m^3，累计补水 210 多亿 m^3，支持中、下游抗旱，在一定程度上缓解了旱灾程度。

⑨库区移民本是一大难题，已基本妥善安置。1993—2000 年实行就地靠后安置，由于三峡库区山高坡陡，环境容量十分有限，很难安置。2001 年起，国务院调整了移民安置规划，增加外迁安置移民数量，鼓励引导更多的农村移民外迁安置，实行多种方式安置农村移民的方针，把本地安置与异地安置、集中安置与分散安置、政府安置与自找门路安置结合起来，并新增投资 79. 5 亿元，经过 17 年搬迁、建设，截至 2011 年6 月，三峡库区累计搬迁移民 127 万人，移民安置任务基本完成。

⑩2008 年，三峡工程即将完工之际，中国工程院受国务院三峡建委委托，组织院士和专家对三峡工程原论证进行阶段性评估，结论为“效益显著”“利多弊少”，也有一些估计不足的问题，集

中在移民安置、生态环境、地质灾害等方面（张光斗，潘家铮，1994；沈国舫，2010；王儒述，2010；张艳飞等，2011）。

（2）另一类对三峡工程的负面意见较多。具体观点如下。

①在长江干流三峡建坝，严重违背长江水流和泥沙运动的自然规律，将会产生严重的生态环境后果。自古以来，洞庭湖和江汉平原湿地是长江的自然滞洪场所。在明朝万历年间，违背长江水流自然规律，建起荆江大堤，北岸穴口被堵塞，“保北舍南”，把原来两湖共同承担的滞洪任务推给了洞庭湖独自承担。洪水一来，直灌洞庭湖，每年约有1亿t泥沙淤积在湖区，泥沙淤积又迫使荆江大堤和湖区大堤不断加高，使防洪抗洪形势愈来愈严峻。近代洞庭湖和江汉平原大规模围湖造田使长江两岸的湖泊、洼地、河滩的面积迅速缩小，在新中国成立初期洞庭湖还有4 350 km^2，到1984年只剩2 691 km^2。1949年后实行的“蓄洪垦殖”方针，再次违反自然规律。从城陵矶至九江间原有一系列通江湖泊，现在几乎已全部筑堤与长江隔开了。用以滞洪的湖泊洼地容量的减少，也促使防洪形势越来越严峻。我们应该记取这些历史教训。若再建长江干流三峡水库高坝，势必将洪水转移到上游重庆和四川，这种“舍上保下”的做法可能铸成比以前更大的错误。黄万里认为：从自然地理观点看，三峡工程蓄水后，由于大坝拦截水沙流，在前30年，淤积至长江口的泥沙最多只有三峡工程前的一半，将阻碍长江口的造陆运动；同时会淤塞重庆以上河槽，阻断航道，壅塞将蔓延到泸州、合川以上，势必毁坏四川肥沃坝田。因此，他认为长江三峡大坝永不可修。

②长江的洪水主要来源于上、中游；三峡工程只能控制上游金沙江、川江、乌江的洪水，对中游湖南四水、汉江、江西五水等众多支流的大量洪水不能控制；三峡大坝蓄洪能力也有限，汛期实际上只有119亿 m^3 的防洪库容。

③据统计，1990年，库区水土流失面积达3.46万 km^2，占库区土地总面积的75.2%，库区年均土壤侵蚀量达2亿t。自2003年三峡水库135 m蓄水以来至2010年9月，金沙江和嘉陵江进入三峡水库的泥沙约为15.7亿t，加上三峡库区入库泥沙约7.2亿t，共计22.9亿t，出库泥沙约为4.1亿t，水库淤积泥沙约18.8亿t，水库排沙率为17.9%。累积淤积泥沙量已经超过黄河三门峡水库。三峡175 m方案淹没耕地23.8万 hm^2 和柑橘地0.5万 hm^2，都是本地区最肥沃的耕地。三峡库区所涉及的19个县，丘陵和山地占96%，平原地只占4%，较平缓的耕地和城镇被淹后，要在丘陵和山地开垦，势必破坏植被，增加水土流失。由于长江的泥沙不同于黄河的泥沙，水土流失进入水库的红土微粒，黏性强，和粗沙、砾卵石掺杂在一起，组成较坚实的沉积层，因而“蓄清排浑”措施不能彻底解决水库的淤积问题。虽然在嘉陵江和金沙江上建造了和正在建造多座大坝，阻挡砾卵石和泥沙集中进入三峡水库，但这不能从根本上解决问题。

④三峡水库蓄水之后，流速大减，悬移质入库，有约80%的泥沙淤积在水库中，而且主要是淤积在水库的尾部，推移卵砾石和底沙将全部沉积于库尾重庆港。三峡水库蓄水后的实践证明，三峡水库的水面不是一个平面，而是有坡度为0.005%的斜面。按照目前水库泥沙砾石淤积发展的情况来看，未来的水力坡度将超过泥沙组预测的0.007%（每100 km有7 m高的水位差）。黄万里根据部分实测资料估算，重庆以上长江卵砾石夹底沙的年输移量约有1亿t。这些推移质沉积物将随洪水堆积在库尾，形成拦门坎，不仅会造成库尾的洪水灾害，而且淤塞航道，给重庆港造成永久性的破坏。2010年7月洪水期间，三峡水库末端的重庆朝天门码头的水位超过海拔188 m，重庆一些市区的水位更是超过海拔190 m，而三峡大坝处的水位则要比重庆低40 m，如果此时坝址处蓄水至175 m，则重庆遭受的可是就是千年不遇的大洪灾了。

⑤要发电不一定非在长江干流三峡建坝不可，长江支流众多，许多都是大河流，可建4 440座水电站，总发电量可达10 659万kW，而且投资较少，见效较快。可以先在支流建坝，以后再考虑是否在长江干流三峡建坝，但近期不宜上马。目前，三峡工程的发电量虽然仅约占全国发电量的

3%，但国家已为三峡水电工程建设付出了沉重的经济代价，已耗资逾2 000亿元。

⑥三峡大坝不利于长江航运的畅通，已成为联接东西部的黄金水道的瓶颈，万吨轮船不能按预期直达重庆；万吨船队只不过是将4艘或者6艘驳船捆绑在一起而已。三峡水库蓄水后，三峡两线五级船闸的通过能力，最多只能保证单向通过能力每年3 000万t左右。目前，长江货运需要用机械翻坝来协助完成；客轮过船闸平均时间约为7h，不利于长江客运和三峡及长江上游旅游事业的发展。

⑦三峡水库蓄水之后，库区地质灾害难以控制，大大超出三峡工程论证的预期范围。三峡地区可测到的地震次数明显增加，有可能发生6级或6.5级地震，但是三峡库区的建筑，特别是三峡工程开工之后新建的民居建筑物都缺乏足够的抗震功能，潜伏着地震灾害的危险。三峡工程建设造成库区大面积岩体裸露，大跨度高边坡出现，破坏或降低了岸坡的稳定度，蓄水后使围岩遭到侵蚀破坏，加剧了一些固有的地质灾害且诱发了一些新的地质灾害。三峡水库蓄水至海拔135 m后，三峡库区的滑坡地带上升到1 500余处，是论证报告的10倍。1985年秭归县新滩镇发生巨型滑坡，新滩镇全镇被摧毁。滑坡体总量为3 000万 m^3，进入长江的土方约200万 m^3，波及上、下游江段约42 km。2003年7月13日，湖北省秭归县千将坪发生水库诱发的2 400万 m^3滑坡，三峡库区二期蓄水导致的水位抬高，浸泡山基，是触发千将坪大滑坡的主要原因；雨季强降水仅是辅助因素。水库建成后，库岸的崩滑体及易发泥石流，体积将达34亿 m^3。其中，有的正在活动中，有的将因水库蓄水水位变动，每年将数以亿吨计的岩体、巨石、块石、泥沙涌入水库，将成为水库中的永久沉积物。在三峡库区650 km狭长地带上，如果某一地段发生大面积的滑坡崩塌或泥石流，可能导致大江断流，危害极大。三峡水库高水位运行以后，必然面临一个较长时间的库岸再造问题。

⑧清水下泄，冲刷河床，造成大坝下游长江干堤发生严重崩岸。例如，2004年冬，荆江段干堤发生多处崩岸；2006年春，岳阳长江干堤发生严重崩岸。

⑨三峡工程蓄水后，长江中、下游年来水量变化虽然不大，但年内分布有所改变。丰水期需要大坝发挥功能抗洪时，大坝考虑安全因素反而要放水；枯水期要放水时，大坝考虑自身发电需要反而要蓄水，其中，蓄水期（10月）下泄流量平均减少8 200 m^3/s；预泄期（5月至6月上旬）下泄流量增加，平均增加3 700 m^3/s。9—10月长江入湖水量是洞庭湖维护湿地生态水量的主要来源，由于三峡水库蓄水后长江来水量大幅减少，洞庭湖水位迅速下降，致使南洞庭湖和东洞庭湖湿地面积缩小，冬季趋向干涸，已有近7 000 hm^2浅滩湿地缺水开裂。

⑩从水体环保的角度看，三峡工程兴建对长江水质有重大的影响。大江截流和建库后，有625个厂矿被淹没，130万城乡人口搬迁，大量污染物沉积库中，估计工业固体废弃物及建筑垃圾将达数亿吨，漂浮垃圾已在库区水面堆成巨大的岛屿；蓄水后流速减缓，水体自净能力减弱，库区各城市江段普遍有污染带形成；大江截流后，水位抬升，耕地受淹，库区农田、农民生活与生产排放的污水进入库区，加速三峡库区水质的富营养化，现在三峡河段的水质已从二类水变为三类水；每年10月份水库下泄流量减少，可能会引起长江口海水倒灌，使该地区工业用水、生活用水受到一定影响，长江三角洲沿海部分耕地会发生盐碱化，枯水年将使长江口盐度较建库前增加16.4%，平、丰水年增加2.6%；长江口崇明岛饮用水源由于海水倒灌，水中氯化物含量上升。

⑪在长江上、中游交接处干流筑坝，对保护长江中、下游水域和湖泊湿地的生物多样性也很不利。例如，中华鲟是我国独有的珍稀洄游性鱼类，它们逆流而上，在金沙江产卵，长大了再洄游到海里。修葛洲坝时由于没留鱼道，中华鲟向上洄游时遇阻拦坝，上面的下不来，下面的上不去，使这一物种的生存面临危机。再如，洞庭湖水域和湿地面积减少，使原有的湿地生物群落演替、时空分布格局被打破，呈现陆地化演替趋势，湿地生物多样性下降，部分湿地物种数量大幅减少；同时，洞庭湖区的杨树栽植速度加快，低位洲滩几乎都在成为杨树基地。一片杨树林有如一台大抽水

机，消耗湿地的大量水分。杨树在湖区大面积泛滥栽种，还造成了天然湿地景观破碎化，改变了天然湿地植被的生态功能和生态过程，破坏了原有生物物种的栖息、繁殖、觅食场所，威胁着鱼类、水生动物和候鸟等鸟类的生存环境，生物多样性明显下降。江西鄱阳湖湿地也出现类似变化。

⑫三峡工程开工以来，三峡库区由于移民问题尚未完全解决，成为当地社会不稳定因素。到2006年年初，已经安置移民113万人，400亿元移民安置费已经全部用完，但是还有数十万居民要搬迁安置。

建库蓄水后，三峡和小三峡的自然美景将受影响，而且库区大量文物古迹分布在海拔180 m以下，历史文物和旅游资源也将受到巨大损失。

随着三峡水库蓄水位的继续升高和时间的持续，三峡工程带来的生态、经济与社会问题会越来越严重（李锐，1985；鲁家果，2008；邵国生等，2011；陆钦侃，2011；中国战略网，2012）。

2.4.3 三峡库区农村的生态建设

三峡库区是指受三峡工程淹没影响的地区，在地理范畴上，由渝东南和鄂西南组成，包括湖北的宜昌、兴山、巴东、秭归和重庆的渝北、巴南、涪陵、江津、长寿、丰都、忠县、开县、武隆、万州、石柱、云阳、奉节、巫山、巫溪共19个县、区、市。位于28°28′N～31°44′N，105°49′E～110°1′E，土地总面积约4.6万km^2。山地和丘陵占库区总面积的95.7%，其中，山地占74%。库区内山多、陡坡多、平地少的地表结构不利于传统的以粮、油种植为主的农耕业的发展。至2003年年末，三峡库区总人口1 964.12万人，其中，农业人口1 439.93万人，占总人口的73.4%，人口密度427人/km^2，人均耕地为0.06 hm^2。

三峡库区属亚热带季风湿润气候区，雨量充沛，多年平均降水量1 185 mm，降水季节分配不均，夏季降水量占全年降水量的78%，雨量集中，暴雨强度大，是水土流失的主要动力。库区内立体小气候明显。库区内土地绝大部分为坡地，坡度>5°的坡地占库区土地总面积的90%，其中，15°～25°的坡地占30.5%，>25°坡地占15.8%。出露地层主要以石灰岩和易风化的紫色砂页岩为主，紫色砂页岩面积占库区土地总面积的45%。在现有耕地资源中紫色土耕地占78.7%，是库区粮食和经济作物的主产耕地，也是库区水土流失的主要源地和入库泥沙的主要来源地。

三峡库区是生态脆弱带，生态环境面临的重大问题之一是水土流失。目前，库区水土流失面积达3.46万km^2，占库区土地总面积的75.2%，其中，强度侵蚀占流失面积的21.0%，中度侵蚀占51.5%。年均土壤侵蚀总量为1.5亿t，每年进入江河的泥沙约有1.4亿t，占长江上游泥沙入库总量的26%，其中，约有88%来自坡耕地。这不仅影响三峡工程的效益和使用寿命，而且威胁到三峡工程及下游的生态安全。移民上山后，在新开垦的土地上将增加土壤流失量400万～700万t，加上采矿、建筑用材、生活用柴、锄草积肥破坏植被后新增加的水土流失面积约10万hm^2，流失量500万t，合计增加土壤流失量近1 000万～1 200万t。由于水土流失等原因，形成大面积低产田土，库区40.0%的耕地单产为3 450～4 050 kg/hm^2。加强三峡库区农村生态建设刻不容缓。

20世纪末以来，三峡库区山地农村生态建设的主要做法和经验如下。

（1）从三峡库区的实际出发，确立三峡库区农村生态建设的基本目标和主导产业。

基本目标：保护、改善和重建以森林植被（含林、果、药、茶、竹等）为主的库区山地生态系统，提高库区生态环境容量和稳定性，为库区农业生态环境与资源（特别是紧缺的耕地资源）的永续利用及水质保护、延长库坝运行寿命和库区生态安全构筑绿色屏障，加快农村经济发展，消除贫困。

主导产业：据统计，三峡库区各县、区、市高效生态农业主导产业出现频率由大到小的顺序依次为粮油产业（78.94%）、柑橘果品产业（73.68%）、榨菜蔬菜产业（68.42%）、生猪草畜产业

（52.63%）、中药材产业（47.37%）、蚕桑产业（47.37%）、优质茶园产业（47.37%）、烤烟产业（42.11%）和板栗银杏产业（36.84%）。说明库区有78.94%的县、区、市把粮油产业作为首位的主导产业，有73.68%的县市把柑橘果品产业作为第二位的主导产业，有68.42%的县市把榨菜蔬菜产业作为第三位的农业主导产业等。这些主导产业是三峡库区未来高效生态农业发展的主攻方向和产业重点（方创琳等，2002）。

根据发展目标和主导产业发展的要求，三峡库区高效生态农业结构调整方向为：在切实保护和稳步提高粮食综合生产能力、全面提高农产品质量的基础上，加速传统的粮—猪型结构向效益较高、协调发展的粮—经—牧—渔复合型结构转变，逐步建立起优质、高产、高效、低耗的农业结构。种植业要逐步压缩坡耕地粮食生产规模，提高名、优、特、精经济作物的比重，大力发展高效优质生态种植业，不求库区粮食自给平衡，但求库区生态平衡；林业突出优化改造经济林，加快建设生态林，大力发展香料林；畜牧业突出种草养畜，稳猪攻羊，积极发展草业和草食型畜牧业；渔业主要以生态渔业为总体发展方向，保护为主，开发为辅，适度发展。通过农业结构的调整，实现规模调大、档次调高、市场调外、区域调专、品种调优、产业调新、机制调活、效益调好的目标。

三峡库区生态农业建设的具体目标是：争取在3～5年内，把库区建成为全国最大的脐橙生产基地，全国一流长江名优柑橘带和果品产业带，全国规模最大的榨菜生产基地，全国重要的兽药生产基地、香料生产基地和有影响力的中药材生产基地，我国西部重要的淡水水产养殖带，重庆市高效生态农业优先推进的重点地区，重庆市草食畜产品加工销售一条龙的产业化基地，优质瘦肉型猪生产基地和水禽生产基地。

（2）建设多功能防护林体系，有效控制水土流失。控制库区水土流失，是三峡库区农村生态建设的前提和基础。根据各地不同的立地条件及经济社会发展的要求，因地制宜、因害设防、立体开发，选择布置不同的防护林树种，乔、灌、草相结合，带、网、片相结合，使三峡库区防护林体系产生更好的生态效益和经济效益。

海拔1 000 m以上中山区，是库区天然林的主要分布区。在环库区周边山地的顶部、坡度25°以上的陡峻山坡以及库区支流的河源一带，以封山育林、自然恢复为主，结合人工营造，培育水源涵养林、防护林和用材林、薪炭林，主要树种有松（马尾松、华山松、巴山松）、杉、槐、栎类、黄栌、化香、火棘等，在侧重生态效益时兼顾经济效益。

在海拔800～1 000 m中低山区，以防护效益和经济效益兼用的多功能防护林为主，加快陡坡耕地退耕还林。主要营林模式有：马尾松—泡桐—牧草、黄山松—梨树—黑麦草—白三叶草、杉木—马尾松—白术（黄连、仙人草）等混交林草。

在海拔800 m以下低山丘陵区，以经济林果为主。在海拔430～600 m山区，主要种植葡萄、梨、李等落叶果树，海拔600 m以上山区，主要种植苹果。

退耕还林还草，因地制宜选择采用生态经济兼用林模式、林农复合模式、林药间作模式、林草间作模式、乔灌草种植模式或坡改梯经济林模式。

（3）逐步实现农村产业发展生态化。根据三峡库区生态农业发展的目标任务要求及其地域特点，在以下几方面逐步实现农村产业发展生态化。

①自给型粮食种植业发展生态化。三峡库区当年人均粮食占有量不足400 kg，2001年还有数十万贫困人口的温饱问题尚未稳定解决，而库区可供利用的耕地资源本来就严重短缺，按规划2005年退耕还林还草10万hm^2，耕地进一步减少，因此，必须按生态合理、资源节约、高效利用的思路，通过保持水土、用养结合等措施培肥土壤并提高粮食单产，通过间作套种、立体种植等措施来提高基本农田的种植指数，发展以节约用地和提高单产为主要内容的自给型粮食种植业。

②优势果蔬业发展生态化。三峡库区的脐橙、锦橙、夏橙、甜橙、柑橘、板栗、猕猴桃、柚、

桃、李及大头菜、莼菜等果蔬的产量大，在全国有较高的知名度，同时库区农户又有种植这些果蔬的丰富经验和较高的积极性。在调整农业产业结构发展生态农业时，宜因势利导，选用最适合库区发展的优质品种，充分利用山地逆温带和水库的水体效应区扩种。对蔬菜则应按标准化、无公害化的要求扩大生产规模。

③经济林业发展生态化。发展以林、茶、桑、药为主的生态经济型林业，是改善三峡库区脆弱生态环境和加快农村经济发展的重要途径，这是由于，一方面通过发展规模性的生态经济型林业，可以大幅度提高所在区域的植被覆盖率，改善植被群落结构，对治理水土流失、恢复和重建退化的库区山地生态系统将起积极作用；另一方面发展生态经济型林业较之传统的种植业能更快地增加农民收入，提高农民生活水平。根据三峡库区的地貌、气候、土壤特征和政府的产业布局要求，生态经济型林业建设主要围绕两个方面展开：一是在土层较厚且坡度在25°以下的退耕地上集约经营果树为主的经济林，如橙类、橘类、猕猴桃、竹（包刚竹、慈竹、楠竹等）、油桐、油茶、桑、漆树、核桃、桃、李等，在兼顾生态效益时侧重经济效益；二是结合经济林的发展，种植黄连、银杏、杜仲、黄柏、天麻、金银花、薯蓣等中草药，把中草药种植及产业化开发作为三峡库区退耕还林和农村新的经济增长点来培植。

④草食畜牧业发展生态化。重庆三峡库区特别是其中的岩溶山区的高海拔地区，拥有大面积的天然草场，有待开发。种草比种树见效快，草的适应性强，容易成功；建草地能更好地保持水土；草场又能为草食畜牧业的发展提供饲料，经济效益高。发展规模型草食畜牧业首先在一些人口密度相对较小，草坡草地面积相对连片集中的退耕区进行，做到以草养畜，以畜养农（畜牧业为种植业提供肥料和资金），实现牧业与种植业的良性互动。

⑤发展增值型绿色产品加工业。要使库区农村尽快实现持续快速发展，必须面向市场，进一步优化大农业产业结构，发展具有地域资源优势、无污染的绿色产品加工业，实现农副产品的加工增值和产业化经营。这样既可为三峡库区农村剩余劳动力的转移提供就业机会，又可获取较高的附加值，增加农民和地方财政收入，为库区生态环境整治特别是水土流失治理提供经济基础。根据三峡库区绿色产品资源的优势现状，可选择以下3个方面作为库区农林牧产品加工业发展的突破口：中药材加工，如黄连、银杏、杜仲、黄柏、天麻等系列产品开发；精瘦猪肉及牛、羊肉系列产品加工；某些有资源优势的果、蔬系列产品加工，如脐橙、柑橘、板栗、猕猴桃、苦荞、莼菜等。

⑥发展农村生态旅游业。主要以库区多种特色生态农业（如特色果品基地、特色蔬菜基地、生态渔村等）和山区农家乐旅游为依托，借助雄伟的三峡水利枢纽工程和三峡优美的风光及深厚的巴楚文化人文资源，发展三峡库区特有的农村生态旅游（苏维词等，2003）。

（4）因地制宜推广多种生态农业工程模式。

①混农林业为主的山地生态农业工程。该模式适用于山区，以林为主，林农共生互惠。主要模式有：柑橘（桃、梨、板栗、银杏）间作花生（黄豆、绿豆、蔬菜、甘薯）；柑橘间作大麦，再接茬绿豆（黄豆、花生）；马尾松间种黄姜；以花椒种植为核心的“花椒—养猪—沼气”等。

②农田粮果绿篱间植立体农业生态工程。在缓坡耕地修筑梯田，作物等高种植，同时，每隔4~8 m沿等高线高密度种植双行绿篱。粮、果、绿篱间植不仅能增加土层厚度，改善土壤物理状况，而且还能提高土壤养分含量。有多种植物可用作绿篱，例如，用皇竹草（*Pennisetum sinese* Roxb.）作绿篱的坡地复合生态果园，与传统果园相比，径流量减少了58.7%~65.7%，侵蚀量减少了70.7%~77.9%；皇竹草也是各类草食牲畜的高产优质牧草，又是造纸工业的新型原料。皇竹草保土作用强，经济效益高，发展皇竹草，对库区荒山退草绿化、农民增收致富有重要意义。用新银合欢（*Leucaena leucocephala*）和黄荆（*Vitex negundo*）作绿篱，也有很好的保持水土、改良土壤作用。绿篱间作的模式还有：旱粮作物间植茶树作为绿篱，柑橘间作农作物，田埂种植茶树绿篱等

(参阅本书6.1.4节)。

③水陆立体养殖生态工程。在养殖水面和山地草场较大的农村，实行渔业与种植业和畜牧业结合，主要模式有："粮—猪—鱼—草"模式，用饲料养猪，猪粪种植饵草，再用饵草饲养草食鱼类，用草食鱼类排出的粪便培养浮游生物，增加杂食鱼类的饵料供应，最后所有生物的残渣形成的塘泥，又是饵草的良好基肥；"猪—沼—鸭—鱼"模式，通过养猪发展沼气，池塘水面养鸭，沼液沼渣喂鱼，鸭粪肥水养鱼。

④庭院生态经济工程。利用庭院空间和时间进行种养加相结合的综合开发，一般采用沼气为纽带的多种经营循环利用方式，主要有"猪—沼—菜—果—菌""猪—沼—果—粮—加""猪—沼—鱼—果""果—菜""果—花""果—菌"等，以及石漠化地区以花椒种植为核心的"花椒—养猪—沼气"等模式（张莉等，2003；周继霞，2007；叶茂，2007）。

2.4.4 长江流域中游生态屏障的现状及其保护与建设

从湖北宜昌的南津关到江西鄱阳湖的湖口是长江中游，其流域面积主要包括湘、鄂、赣三省。

（1）洞庭湖水系及其山区。湖南省东、南、西三面环山，中部丘岗起伏，北面为洞庭湖与滨湖平原，呈"U"字形地貌格局。东部有幕阜山、罗霄山，南部有南岭，西部有武陵山与雪峰山，洞庭湖水系的湘、资、沅、澧四水自南而北或自西向东流贯全省，构成一个完整的自然地理单元，全省基本上由洞庭湖水系及山丘区构成。山地占全省土地总面积的57.61%，丘陵占15.40%，岗地占13.87%，平原占13.12%。东、南、西三面的山区，是湖南的也是长江中游南部的生态屏障区。湖南省将构建以洞庭湖为中心，以湘、资、沅、澧为脉络，以武陵—雪峰、南岭、罗霄—幕阜山脉为自然屏障的"一湖三山四水"生态安全战略格局。

吴会平等（2011）将湖南划分为5个生态功能区和17个生态功能亚区，并分区提出了保护与利用建议。

①湘西北山地生态保育与红色砂岩生态旅游生态功能区（下分东北部生物多样性保育亚区、东部紫红砂岩生态旅游亚区、西部石漠化和矿区治理恢复亚区、南部水源涵养保育亚区）。区内壶瓶山、八大公山等自然保护区划为禁止开发区，重点加强自然保护区保护能力建设；区内山地及溇水、渫水、酉水发源地的林区和盆地丘陵划为限制开发区，推进林业生态工程建设；山间河谷平原、怀化、吉首、张家界、石门等城市划为重点开发区。

②湘北湖泊湿地保护与洪水调蓄及平原农业生态功能区（下分环湖丘岗低山生态功能亚区、北部平原生态功能亚区、中部湖泊湿地生态功能亚区）。本区为我国重要的粮、棉、麻、油、水产等生产基地。在确保基本农田和农业发展的同时，保护好现存湖容及其调洪能力，保护好湖洲湿地及其生物多样性。

③湘东山地水源涵养与生态休闲生态功能区（下分北部山地水源涵养亚区、中部水土保持与生态休闲亚区、生物多样性保护与经济林果林药开发亚区）。本区是湖南省水土流失较轻，生态环境较好的区域之一，珍稀濒危动植物种类繁多，是中亚热带常绿阔叶林森林生态系统的典型地带。但目前森林水源涵养功能降低，濒危保护动植物受到威胁，矿山环境遭到破坏。除城市区及主要平原盆地划为重点开发区之外，森林公园、大型水库、人文景观和风景名胜区以及河流发源地、矿山区等划为限制开发区，自然保护区和饮用水源保护区划为禁止开发区。

④湘中—湘南低山丘陵水土保持与生态文化生态功能区（下分西部山地水源涵养保育亚区、涟—邵盆地丘陵退化矿区植被恢复亚区、长—衡盆地丘陵生态文化亚区、退化生态治理恢复亚区）。本区大、中城市要重点优化产业结构，积极发展低能耗高新产业；湘江干流沿线及本区中部农区划为重点开发区，优先发展生态化的矿产业、冶炼业和建材业，控制环境污染，实施矿区复垦和修

复；湘中紫色土农业区水土流失十分严重，必须加强治理；南部丘陵山地和西部山地实施林业生态工程、坡改梯工程和小流域综合治理，控制水土流失，推广农林复合经营模式，发展生态农业；自然保护区划为禁止开发区，实行封山育林。

⑤湘南—西南山地生态保育与低山石漠化治理生态功能区（下分生物多样性保育生态功能亚区、石漠化治理生态功能亚区、生物多样性保育和受损矿区治理亚区）。本区内森林资源相对丰富，森林覆盖率高，水土流失较轻；生物多样性丰富，水资源丰富，但该区碳酸岩出露面积大，成土时间长，土壤造成流失后难以恢复；矿山区开发力度大，生态受损严重，加上山地垦殖，造成局部地区水土流失、泥石流以及土壤污染；由于地质复杂，加上人为干扰，导致山洪、滑坡、崩岗和塌陷等地质灾害多发；20 世纪 50—70 年代原生林和原始次生林曾遭到破坏性采伐，使得森林结构质量降低，水源涵养功能下降；珍稀濒危动植物生存生活空间缩小，种群数量下降，濒危种类增加。

洞庭湖既受到山丘区生态屏障的保护，同时在历史上也是长江中游的洪峰调节器，对长江中、下游的洪水起着重要的生态屏障调节作用；三峡水库（设计防洪库容为 221.5 亿 m^3）建成并取代了洞庭湖（调洪库容约 174 亿 m^3）常年的调洪作用之后，在特大洪峰年（例如，1860 年、1870 年进入荆江的最大洪峰流量高达 11 万 m^3/s），洞庭湖及其分洪区仍然可以发挥重要的调洪作用。

洞庭湖是长江第一通江大湖，承受着长江洪水和泥沙的巨大压力。多年来汛期入湖水量 2 366 亿 m^3，其中，来自长江的有 1 030亿 m^3，占 43.5%，其余为湘、资、沅、澧四水来水；同时，三峡大坝建成前，每年有 1.29 亿 t 泥沙入湖，其中，长江入湖泥沙占 83.3%，平均每年约有 1 亿 t 泥沙沉积在湖底与河床。20 世纪后半期 40 多年中，湖底河床平均抬高了 1 m。洞庭湖现有的一线防洪大堤，大部分只有抗 5～10 年一遇的防洪能力。洞庭湖区有民垸 228 个，每年都面临洪水的威胁。洞庭湖在 1825 年时，湖面曾达 6 000多km^2。近 50 多年来，由于不合理的开发，洞庭湖水域面积已由 1949 年的 4 350 km^2萎缩到 1984 年的 2 691 km^2；2010 年进一步缩小到 1 600多 km^2；2011 年 5 月 7 日只有 382 km^2 水面，三峡放水后为 577 km^2。洞庭湖已变成洪道型湖泊，调洪能力由 1949 年的 293 亿 m^3 减少到目前的 174 亿 m^3，加之下荆江裁弯、城陵矶至汉口段淤积明显加重，影响泄洪，江湖关系发生明显变化，曾经迫使洞庭湖连年出现高危水位。1998 年，城陵矶水位最高达 35.94 m，超过历史最高水位 0.63 m，湖区溃垸 142 个（其中，700 hm^2 以上 7 个），总面积 4.42 万 hm^2，受灾人口 37.87 万人，同时内渍农田 26.27 万 hm^2。由于三峡水库要在沙市水位超过 44.5 m、城陵矶水位超过 33.95 m 时才开始蓄洪，加上四水来洪，因此，即使三峡水库建成后，洞庭湖仍要承担重要的调蓄洪水的功能。

（2）汉江流域及其山区。湖北省地跨中国地势第二级阶梯和第三级阶梯的过渡地带，地貌类型多样，西、北、东三面环山，分为鄂西山区、鄂东北低山丘陵区、鄂东南低山丘陵区、鄂北岗地丘陵区和江汉平原区等五大地貌单元。

鄂西山地是我国地势第二阶梯东缘的一部分，由武当山、神农架、荆山、大巴山、巫山、武陵山等山脉组成，是长江中游，也是江汉平原的重要的山地生态屏障区。全省分为两大水系，只有桐柏山区的 1 163 km^2属淮河水系，其余均属长江、汉江水系。全省除长江、汉江外，中、小河流（长度 5 km 以上）有 4 228条。湖北曾经号称“千湖之省”，20 世纪 50 年代初有大小湖泊 1 066个，由于盲目围垦，80 年代减少到 309 个，不但造成江汉平原的湖泊与湿地对长江中游调洪生态功能的大幅下降，而且平原内涝加剧。全省植被分为北亚热带常绿、落叶阔叶混交林地带和中亚热带常绿阔叶林地带两个植被地带。

湖北省自然条件较好，自然资源丰富，生态系统丰富多样，但主要由于社会经济发展各种人为活动的影响，仍然出现了一系列生态环境问题，诸如土地资源表现出耕地面积减少和土壤肥力下降的趋势；水资源利用率不高；局部地区水体污染严重；森林面积和覆盖率近年虽然有所增加，但森林生态系统的结构和功能比原生森林减弱，导致其涵养水源、保持水土、防风固沙等生态功能下降；生物多样性降低；以洪涝、干旱为主的自然灾害频繁发生等。生态系统质量下降和生态环境的恶化，已严重制约了湖北省经济与社会的可持续发展，生态建设和保护的任务非常艰巨。

邹长新等（2010）将湖北省生态功能区划分为5个一级区（生态区），11个二级区（生态亚区），25个三级区（生态功能区）。湖北极重要的生态屏障功能区主要分布在鄂西山地、鄂东南山地、沿江湖泊及洼地；重要的生态功能区主要分布在鄂东北山地丘陵、鄂中部分丘陵岗地等地区；较重要的生态功能区主要分布在江汉平原和鄂北岗地等地区。

生态功能区中，以丹江口库区水源涵养与水质保护区、汉江中游水源涵养与水土保持区、神农架生物多样性保护区、三峡库区敏感生态区、清江流域水土保持与生态农业区、长江荆江段洪水调蓄与生物多样性保护区、桐柏山水源涵养与水土保持区、大别山水土保持与林特产品生产区等，分别对汉江中下游、三峡工程、江汉平原、长江中游和南水北调工程等起重要的生态屏障作用。

（3）鄱阳湖水系及其山区。江西省基本上由鄱阳湖水系及其山丘区构成。江西省东、南、西三面环山，东有武夷山脉，南有南岭山脉，西有幕阜山脉和罗霄山脉，这些山地构成江西省和长江下游的生态屏障。中部以丘陵为主，中北部为鄱阳湖平原。整个地势，由外及里，自南而北，渐次向鄱阳湖倾斜，构成一个向北开口的巨大盆地。山地占全省总面积的36%，丘陵占42%，岗地、平原、水面占22%。全省有发源于东、南、西三面山地的以赣、抚、信、饶、修五河为主的大小河流2 400多条，绝大部分河流汇向鄱阳湖，再注入长江。

祝志辉等（2008）将江西省生态功能区划为4个生态区（赣北湖泊平原生态区、赣中东山地丘陵生态区、赣西北山地丘陵生态区、赣中南山地丘陵盆地生态区），13个生态亚区（都市圈发达经济生态亚区、鄱阳湖北部农田与水域湿地生态亚区、鄱阳湖东部湿地与农业环境生态亚区、饶河流域森林与农田生态亚区、信江中上游农田与森林生态亚区、抚河中上游农田水域与森林生态亚区、赣江中下游农田与农业生态亚区）和45个生态功能区。其中，鄱阳湖区和东、南、西三面山区的生态功能区都是重要的生态屏障功能区。

鄱阳湖已取代洞庭湖成为我国第一大淡水湖。鄱阳湖地势略高，在三峡水库蓄水前的一般年份，由于它能拦蓄江西境内赣、抚、信、饶、修五河流域径流，防止五河洪水与长江上、中游洪水顶托，因而能对长江下游防洪起到生态屏障作用，其调蓄能力为260.1亿 m^3（湖口水位21.69 m时），滞洪期可达一个月。长江大水时，有长江水倒灌入湖。如1991年，江淮流域发生大水，顶托长江下游洪水，鄱阳湖为长江分洪滞蓄了110亿 m^3 洪水，最大倒灌流量达1.37万 m^3/s，为长江中、下游的防洪发挥了重要作用。鄱阳湖流域近50年来的汛期降水量虽无增多趋势，但鄱阳湖水位升高和蓄洪能力减弱，这主要是盲目围垦造成的恶果。鄱阳湖根治洪灾和发挥调洪作用，也要从生态建设着手，要制止盲目围垦，适当“退田还渔”和本着“蓄泄兼施，江湖两利”的方针建设分洪区。

三峡工程建成后，对鄱阳湖生态环境产生了一系列或大或小的影响。在防洪影响方面，三峡水库预泄期鄱阳湖水位抬升，而三峡水库蓄水期鄱阳湖水位降低，总体上对鄱阳湖防洪影响有限；在水质影响方面，鄱阳湖区水质浓度与五河来水的流量及其污染物浓度关系密切，而与长江流量的关系并不大；在供水影响方面，三峡工程运行后，对鄱阳湖枯水期供水形势产生较大不利影响；在生态影响方面，三峡工程运行后，对鄱阳湖植被面积变化有一定的影响，影响大小与季节有关，并导致鄱阳湖不同区域湖滩草洲显露日期提前和显露时间有所增加，这对鄱阳湖珍稀候鸟栖息地环境造成不利影响（董增川，2012）。

2.4.5 南水北调工程

南水北调工程是当今全世界最伟大的跨流域长距离调水工程，对我国水资源分配格局和生态、

经济与社会可持续发展有重大影响，像三峡工程一样，为世人所瞩目。这一经过50年研究论证和12年建设的工程，已于2014年年底建成主体工程并开始调水。

（1）调水原由、工程主要目标与总体指导原则。

调水的必要性和局限性：我国水资源自然分布不均，具有南方水多、北方水少的特点，与生产力布局不相适应。长江流域及其以南的河川径流量占全国的83%，耕地面积只占全国的38%，其中，长江流域属丰水区；淮河流域及其以北地区的年径流量占全国的17%，而耕地面积却占全国的62%，其中，黄河、淮河、海河三大流域和胶东地区的河川径流量为1 573亿 m^3，约占全国的6%，耕地面积却占全国的40%左右，属缺水区。尤以海河流域更为突出，年径流量不足全国的1%，而人口和耕地却分别占全国的10%和12%，缺水十分严重。长江流域的人均水量是海河流域的近10倍，单位面积平均水量为17倍。我国北方地区河川径流的年际变化很大，年径流最大与最小的比值，南方为2~4倍，北方为3~8倍，淮河为15倍，海河则高达20倍，且连续丰水年和连续枯水年交替发生。黄河出现过连续11年枯水年（1922—1932年），平均年径流量只有多年平均量的70%。海河出现过连续8年枯水年（1980—1987年），平均年径流量只有多年平均量的57%。淮河也有类似现象。华北地区降雨受季风影响，7月、8月两月的降雨量占全年的50%~60%，且多以暴雨形式出现，调蓄困难，造成汛期常常发生洪涝灾害，非汛期却又严重缺水。华北和西北地区水资源严重不足，已成为制约其社会、经济发展的关键因素。由于水资源长期供不应求，已产生了一系列社会、经济与环境问题，且日趋严重，被迫大量超采地下水。现在北方地区，65%的生活用水、50%的工业用水、30%多的农业用水都来自地下水。居民饮用深层有害地下水，危害健康。实施南水北调势在必行（朱尔明，1996）。

（2）工程概况。

①三条线路。经过数十年研究，到2000年6月，国务院将南水北调工程总体格局定为东、中、西三条线路，分别从长江上、中、下游调水。东线工程从长江下游扬州附近抽引长江水，利用扩建京杭运河逐级提水北送，供水范围为黄淮海平原东部地区，东线一期已于2013年通水；中线工程从汉江丹江口水库引水，跨江、淮、黄、海四大流域，全程自流，主要供水范围为京、津和冀、豫沿线城市；西线工程从长江上游干支流调水入黄河上游，供水范围为青、甘、宁、蒙、陕、晋6省。规划东、中、西三线总调水规模448亿 m^3，供水面积达145万 km^2，受益人口4.38亿人。东、中线一期工程年调水量183亿 m^3，受益人口1.1亿人，数百万人将告别长期饮用地下高氟水、苦咸水的历史。东线一期工程可增加农业供水量13亿 m^3，涉及灌溉面积200多万 hm^2，增加排涝面积17.3万 hm^2。南水北调东线不向北京供水，中线工程40%的水给河南，36%给河北，10.7%给天津，北京13%。

长江多年平均径流量为9 513亿 m^3，调出水量占6%左右，调水的影响不大。东线规划调水总规模为1 000 m^3/s，为长江平均流量的3.3%，多年平均调水量仅为长江水量的2%，比重都较小，对长江下游的水位、河道冲淤变化和拦门沙不会有大的影响；中线工程调水量约占汉江水量的25%，占长江汉口站水量的2%，调水量对长江干流影响较小，但对汉江中、下游有明显影响；西线调水工程金沙江、雅砻江、大渡河3条江河总调水量195亿 m^3，占宜昌站水量的3.9%，西线3条江河位于高原山地待开发区，工农牧业用水量很少，富余水量较多，因此，即使将来在西线调水，也不会给调出区的工农牧业生产和人畜饮水带来明显影响（朱尔明，1996）。

②中线工程。中线工程是南水北调工程最重要的组成部分。其总干渠自丹江口水库的陶岔渠首次进行引水，总线路长达1 432km，工程横跨了长江、淮河、黄河和海河四大流域，并且还穿过了永定河、漳河和沙河等大小705条河流，总干渠与众多江河、沟渠以及铁路、公路等相互交错，都设置了河渠交叉的建筑物、渠渠交叉的建筑物以及路渠交叉的建筑物，其中，具有控制性的建筑物

与其他类型的建筑物等共计 1 796座。一期工程年均调水 95 亿 m^3，相当于 1/6 条黄河。一期工程 2003 年 12 月 30 日开工，2014 年 12 月 12 日通水，工程运行平稳，水质稳定达标，向北京城区日供水量约 220 万 m^3，调水水量占城区用水量的 70%。丹江口水库出水口的地面高程比京、津地区的地面高程高出约 100 m，中线引水工程可以实现全程自流输水，预计将以约 500 m^3/s 的流量，经过输水干线和渡槽，在郑州市附近通过隧洞穿过黄河，向沿线城市提供生活和生产用水，并兼顾沿线生态环境和农业用水，最终汇入北京团城湖。远期年调水 130 亿 m^3，将有效缓解中国北方水资源严重短缺局面。其中，南水北调中线工程分配给河南省水量 37.69 亿 m^3，将有效增强河南沿线缺水地区的抗旱能力，促进其农业可持续发展。据测算，中线工程通过南水与当地水联调，华北地区每年能减少超采地下水 36 亿 m^3。

③丹江口水库。丹江口水库位于湖北省丹江口市和河南省淅川县之间，水域横跨鄂、豫两省，由湖北境内的汉江库区和河南境内的丹江库区两大部分组成，被称为汉江的水位调节器，是亚洲第一大人工淡水湖、国家南水北调中线工程最大蓄水库、国家一级水源保护区、中国重要的湿地保护区、国家级生态文明示范区。丹江口水利枢纽工程由拦江的丹江口大坝、丹江发电厂、升船机和两个灌溉引水渠渠首四部分组成。2012 年丹江口大坝加高后，坝高 176.6 m，总长 2 494 m，水库正常蓄水位 170 m，水库水域面积 1 022.75km^2，库容 290.5 亿 m^3。水库具有南水北调、防洪、发电、灌溉、航运、养殖、旅游等综合效益。丹江口水库年平均入库流量为 388 亿 m^3，水库来水 90% 源于汉江，10% 源于汉江支流——丹江。丹江口水库水质连续 25 年保持优良，稳定在国家Ⅱ类以上标准。丹江口大坝的建成也增强了汉江的防洪能力，其抵御洪水的能力达到了百年一遇的标准，保护着下游 113.3 万 hm^2 耕地和 1 390万人，以及襄阳、武汉等重要城市。1998 年夏季，长江流域发生全流域型洪水，汉江上游 8 月总来水量高达 110.7 亿 m^3，经丹江口水库调蓄，削峰率达 60% ~ 93%，水库超蓄洪水 37 亿 m^3。南水北调工程建成后，这些洪水可以北调，化害为利。水库年灌溉耕地 24 万 hm^2，使昔日“水贵如油”的豫西南南阳盆地和鄂西北变成了远近闻名的商品粮基地。水库电站装机 6 台，单机容量为 15 万 kW。

工程面临的主要问题有以下几方面。

①水质保护。南水北调东线工程成败在水质。东线调水治理水污染的任务十分繁重，通过实施“治理、截污、导流、回用、整治”的一体化综合治污，实现工程治污与生态建设的有机结合，确保了东线输水干线清水廊道的建设。到目前，东线治污规划确定的 426 个项目全部建成，东线全线水质达到Ⅲ级。

中线水源区丹江口水库的水体污染，是关系到北方供水地区生活与生产用水安全的重大问题。鄂、豫、陕 3 省水源库区共有 1 032万农村人口，每年排放污水约 3 亿 t，COD 达到 6.18 万 t，氨氮 15 万 t；到 2013 年上半年，丹江口库区的湖北省十堰市、河南省淅川县和西峡县污水收集率都不足 40%，城市污水直排入河的现象非常严重。据调查，库区的 9 条支流共有 124 个排污口。有来自企业的污染，来自城镇和农村生活废弃物的污染，来自农村肥料、农药、农膜的面源污染，来自养殖业（网箱养鱼、畜禽养殖场等）的污染以及来自航运业、旅游业等的众多污染源，有待进一步治理。

按照先治污后通水的原则，水源区 43 个县已全部被纳入污染治理规划，在“十一五”和“十二五”期间，自 2006 年以来，中线水源区各地已关停规模以上企业超过 500 家，同时还依法取缔小矿山、小冶炼、小造纸、小水泥等小企业千余家。国家在中线水源区安排新建污水处理厂 174 座，新增污水处理能力 152 万 m^3/d，新建垃圾处理场 98 座，新增垃圾处理能力 8 500t/d，这些项目总投资达 78.5 亿元，基本覆盖了水源区所有县级以上城市和重点乡镇，县城以上污水处理厂已全面建成，重点镇污水处理厂全面开工，改变了水源区污水直排和垃圾乱扔乱倒现象，对保护水质起到了关键作用。淅川全县总计有网箱41 729箱，截至目前已经清理37 528箱。淅川县近年来正在探索生态产业发展路径。例如，茶叶、金银花、湖桑、玫瑰、核桃等既能保护生态，经济效益又高的作物，通过“公司＋基地＋农户”和“合作社＋基地＋农户”等方式，得到蓬勃发展。

为了保护水质，南水北调中线全程渠道采用厚混凝土衬砌，且全封闭，不与沿线河、湖通水。每个受益城市都设有分水口门，汉江水从分水口流出，经配套工程进入自来水厂。据环境保护部等6部门考核显示，丹江口水库陶岔取水口水质达Ⅱ类标准，符合调水要求。

从2014年起的3～5年内，水库周边1～3km范围将全部植树造林，建起生态隔离带。中线工程引水渠沿线将形成一条绿色长廊；同时，自汉江发源地秦岭地区直到鄂、豫交界处的丹江口库区，将建成一个面积达9.5万km^2的巨大生态保护区。据统计，中线工程开工前，水土流失面积达3.67万km^2，约占水源区总面积的38.6%。为有效遏制水源区水土流失，国家规划安排投资近60亿元，计划用10年时间完成2万km^2水土流失治理任务（占水源区水土流失总面积的54.5%），年均可减少土壤侵蚀0.6亿t，目前已治理1.7万km^2，占计划治理任务的85%。

②调水量保证。丹江口水库是我国特大型水库，蓄水量充足，来水依赖夏汛、秋汛两个汛期，秋汛一般最迟到10月，几场大水就能填满库容。丹江口大坝加高后，库容增加了100多亿m^3，成为一个多年调节水库，调蓄能力更大。南水北调中线已对连枯情况做了充分预案，即使在最枯年份，在优先保证汉江中、下游用水的基础上，以丰补枯，调水量仍可达62亿m^3。

③引江济汉。中线调水一期工程调水量占汉江流域水资源量的17%，从丹江口水库调水之后，汉江中、下游水量将大幅减少，将对湖北中部汉江沿线广大地区的工农业生产及生态环境带来重大的不利影响，为缓解这种不利影响，将在湖北省的荆州市荆州区和潜江市之间，兴建中国现代最大的人工运河——引江济汉工程，以长江之水补给汉江下游，规划年均输水37亿m^3。引江济汉工程，是南水北调中线汉江中、下游四项治理工程之一。

④移民安置。东、中线一期工程涉及7省市100多个县约38万人需移民安置，50多万人需生产安置。其中，中线一期水源区农村需生产安置人口283 380人，安置区域涉及鄂、豫两省58个区、县；农村搬迁需安置人口317 235人；共迁建16个城（集）镇。按照开发性移民的方针，对农村移民，利用国家移民资金，并给予了许多优惠政策，大力扶持移民发展种养业，发展第二、第三产业，增加经济收入，移民搬迁安置后生产生活条件比搬迁前有较大程度的改善和提高，移民比较稳定（李世荣等，2015）。

⑤水价。调水后，工业、城市、农业、生态用调水的水价是不同的，有的应是国家补贴或无偿的。调水水价肯定远高于目前无偿或低价引用的地表水和地下水。中线调水到北京，每立方米水成本比海水淡化便宜一半以上。为保护南水北调水源地，在水价形成机制中要列入一部分水价作为对水源地的生态补偿。

⑥生态补偿。南水北调中线核心水源区为保护好丹江口水库水质，失去了相关产业发展机会，国家应该设立“南水北调中线工程核心水源区生态补偿基金”，由各受水地按照用水量计入水价中，对核心水源区进行补偿和产业扶持。

⑦管理体制。南水北调是一个涉及多流域、多地区、多环节、多部门的复杂工程。目前，尚未形成有利于水资源统一管理的体制机制。比如，对中线水源和输水渠道两者的统一管理尚未实现；水源地在供水的同时要兼顾发电及下游的生态用水，三者之间也还没有形成统筹协调的管理体制；东线工程已经通水，但东线工程管理机构尚未建立。建立有利于水资源统一管理的体制机制，充分发挥东线、中线管理局在工程及运行管理中的作用，处理好南水北调管理机构与流域、区域管理机构的关系，兼顾调水区和受水区的利益，实现水源地、水厂、污水处理、中水回用管理一体化，才能最大限度地发挥调水的效益。在水资源管理中，还要重视充分发挥市场的作用（张基尧，2015）。

2.4.6 长江流域上、中游防护林体系的保护与建设

为增加长江流域特别是上、中游的森林植被，1989 年，中国政府决定启动建设长江上、中游防护林体系工程。这是构筑长江流域山区和高原生态屏障最基本、最重要的生态工程，是继三北防护林体系建设工程之后，我国启动的又一大型重点林业生态工程，被列为世界八大生态工程之一。长江防护林工程的实施，创建了“上游水源涵养、中游水土保持、下游农田林和黄河、珠江、辽河—松花江—嫩江流域、海河流域等重点林业生态工程，均继承了这种与国际接轨的生态环境治理观念”。现在，全国七大江河流域均已进行流域防护林体系建设。

长江上、中游防护林体系工程涉及沿长江的 13 个省、直辖市、自治区的 645 个县（市、区），总面积 160 万 km^2。长江中、上游地区可划分为 8 个治理区域：鄱阳湖水系、洞庭湖水系、秦巴山地汉水流域、川鄂山地长江干流、四川盆地嘉陵江流域、黔西高原乌江流域、攀西滇北区和西部高山峡谷区。长江中、上游地区森林平均碳密度为 25.75 t/hm^2；碳贮量为 1 394.59 Tg（1 Tg = 10^{12} g），其中，林分（包括经济林）碳贮量为 1 204.30 Tg，灌木林为 134.37 Tg，竹林为 55.92 Tg，三者分别占总碳贮量的 86.36%、9.63% 和 4.01%。整个防护林体系森林植被的固碳潜力为 368.56 Tg/年。位于本区西部的四川盆地嘉陵江流域和西部高山峡谷区，其森林碳密度、碳贮量和固碳潜力较高，而东部地区的川鄂山地、长江干流、鄱阳湖水系以及洞庭湖水系相对较低，因此，长江中、上游森林碳密度、碳贮量和固碳潜力总体上呈现自西向东逐渐降低的趋势（张林等，2009）。长防林体系森林每年实际涵养水源为 4 577.07亿 m^3，相当于 30 个库容为 150 亿 m^3 的水库。长防林体系每年可减少 175 712.90万 t 土壤的流失，从而每年可减少有机质流失 11 863.80万 t，减少全氮流失 486.46 万 t，减少全磷流失 242.81 万 t，减少全钾流失 2 849.22万 t；长江防护林体系每年可生产氧气 5 558.97万 t，同时固定二氮化碳 7 411.96 万 t，可见，长防林体系在保持水土维持大气氧气和二氧化碳平衡方面有极其重要的作用（慕长龙等，2001）。

工程计划在保护好现有森林植被的同时，开展植树造林，增加森林面积 2 000万 hm^2。其中，1989—2001 年为一期工程，规划造林护林 667 万 hm^2，涉及 271 个县，其中，有 22 个县营造林面积在 6.6 万 hm^2 以上。至 2001 年，已完成一期任务，工程区森林覆盖率从 19.9% 提高到 25%，在确保造林速度的同时，造林合格率从 1990 年的 76% 提高到 1994 年的 97%。工程区有 4 省 100 多个县基本消灭了宜林荒山荒地，水土流失面积已减少 42%，已有 100 多个县的水土流失得到了初步控制，年涵养水源 387 亿 m^3。工程区内经济林面积比工程启动前增长近 1 倍。一些地方还结合工程建设，共新建乡村林场 8 000多个。长江上、中游防护林工程还突出建设三峡库区、金沙江中下游和嘉陵江上游等十大重点区域。但在不同省、市之间发展是不平衡的，江西、湖北、湖南、四川、贵州、云南、陕西、甘肃等省分别完成一期规划任务的 169%、101%、93%、38%、115%、84%、79% 和 120%。工程区已有安徽、江西、湖南、湖北等 4 省基本实现灭荒，长防林工程的建设重点转向低产林改造，以提高防护林体系的综合效益，而云南、四川、贵州等省荒山造林、退耕还林任务仍很繁重。不同县、市之间发展也不平衡。不同造林方式之间发展也不平衡，封山育林和飞播造林大大超额完成任务，而完成的人工造林不足规划任务的 2/3。不同林种之间发展也不平衡，据初步统计，一期 10 年来实际完成用材林 126.9 万 hm^2，防护林 349.5 万 hm^2，经济林 115.8 万 hm^2，薪炭林 23.2 万 hm^2，特用林 67 万 hm^2，分别占规划任务的 80.3%、98.2%、124.9%、41.5% 和 1.4%。经济林大大超额完成任务，而防护林等林种均未完成规划任务（李世东等，1999）。2001—2010 年进行并完成了二期工程。2011 年又启动三期工程（2011—2020 年），三期长防林工程分 16 个治理区，重点是洞庭湖、鄱阳湖和丹江口水库，即“两湖一库”防护林、生态脆弱区水土保持林和江河源头的水源涵养林建设。

通过长江防护林工程建设，工程区有林地面积显著增加，由1988年的4 461.01万 hm^2 增加到2008年的7 006.08万 hm^2，有林地面积净增2 545.07万 hm^2，增幅达57.05%，有林地占林业用地的比例由工程建设前的51.20%增长到70.02%。森林蓄积2008年已达399 989.76万 m^3，较工程建设前净增森林蓄积量159 879.5万 m^3，增幅达66.59%。防护林体系森林面积和蓄积量显著增长，使体系的生态服务功能显著提升，体系提供木质及非木制产品的能力也获得明显增长。工程区防护林面积由工程前的1 117.16万 hm^2 增加到3 006.56万 hm^2，防护林净增面积1 889.4万 hm^2，建设规模全面超额完成任务。至2008年年底，工程区森林覆盖率为37.68%，但防护林占辖区面积的比重仅10.97%，总量明显处于偏低水平。因此，防护林建设规模的扩建仍是今后一个时期的重要任务。要通过加大陡坡耕地退耕、荒漠化治理以及提升重点防护区建设标准等途径，提高工程区防护林的总体水平。从整体看，20年工程建设形成的防护林体系，在结构上不断趋于完善。至2008年年底，工程建成的防护林中，包括水源涵养林1 278.71万 hm^2，水土保持林 1 540.94万 hm^2，防风固沙林29.00万 hm^2，农田牧场防护林17.28万 hm^2，道路防护林34.72万 hm^2，江岸防护林83.03万 hm^2，其他防护林（含村镇防护林）22.87万 hm^2，各林种依次占防护林比重的42.5%、51.3%、1.0%、0.6%、1.2%、2.8%和0.8%。但现有防护林的林分质量，总体尚属于偏低水平，主要体现在3个方面：一是单位面积蓄积量低。工程区森林总面积 7 006.08万 hm^2，森林总蓄积量399 989.76万 m^3，单位面积蓄积量57.09 m^3/hm^2。扣除用材林、经济林与竹林后，防护林的单位面积蓄积量为64.91 m^3/hm^2，显著低于全国防护林100.48 m^3/hm^2 的平均水平，与国外发达国家的差距则更大。二是低效林占有较大比重，现有防护林中，低效林面积达746.68万 hm^2，占防护林总面积的24.8%。三是现有防护林分的中、幼龄林比重大。由于大量的防护林营建于近20年，中、幼龄防护林面积达2 060.72万 hm^2，占防护林总面积的68.53%，这对今后森林经营培育提出了艰巨的任务（周立江，2011）。

2.5 黄河流域高原与山区生态屏障的现状及其保护与建设

黄河发源于青藏高原巴颜喀拉山北麓，流经青、川、甘、宁、内蒙古、陕、晋、豫、鲁9省、自治区，流域面积75.2万 km^2（图2－3）。黄河年径流量不到500亿 m^3，只约相当于长江的5%。据现三门峡陕州区记录，黄河最大流量为22 000 m^3/s，最小流量为200 m^3/s，二者相差100多倍。黄河是世界上著名的多沙河流。据1919—1960年资料，在受到大型水库影响前，黄河平均每年有12亿t悬移质泥沙输送入海，占全世界河流每年入海悬移质泥沙总量的19.4%。

黄河从内蒙古托克托县（河口镇）以上为上游，长3 472 km，由河源段（大部为高原，是黄河主要水源地）、峡谷段（龙羊峡至青铜峡共19个峡谷，有洮河、湟水等重要支流汇入）和冲积平原（如银川平原、河套平原，大部在荒漠和半荒漠区）三部分组成。上游是相对清水区，来水量占流域的56%；从河口镇至桃花峪为中游，处于黄土高原区，长1 206 km，在龙门至潼关接纳了汾水、洛河、泾河、渭河等支流，水量大增，是黄河夏秋季暴雨洪水的主要来源之一，此段水量占全河总水量的40%，中游是泥沙来源区，又可分为河口镇至龙门区间的多沙粗沙区和龙门至三门峡区间的多沙细沙区，来沙量占流域的90%，河水多年平均含沙量高达37 kg/m^3；桃花峪至利津（786km）为下游，下游是泥沙沉积区，淤积泥沙占进入下游泥沙的25%，下游干流河床平均高出两岸地面4～5 m，成为了地上河。黄河已经变成一条季节性河流，在1975—1990年间，断流19次。近年则一年就断流数次。

黄河流域高原与山区生态屏障的保护与建设，不但对高原与山区本身经济、社会与生态的可持续发展有根本性的意义，对西北、中原和华东北部经济、社会与生态的可持续发展也有重大意义。

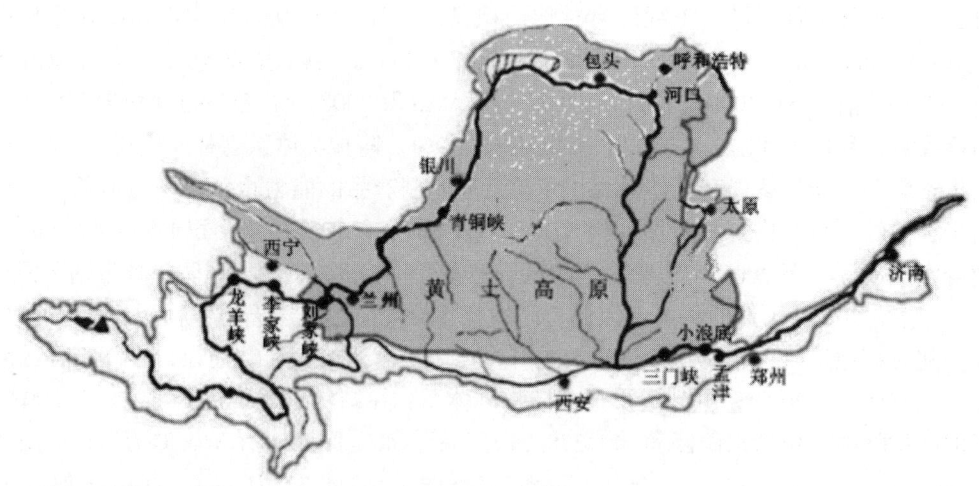

图 2-3 黄河流域与黄土高原示意图

2.5.1 黄河源生态屏障的现状及其保护与建设

黄河源区一般是指多石峡以上的源头区域，其地理坐标介于 95°52′E～99°29′E，33°42′N～35°20′N，流域面积约 3.7 万 km^2（中国科学院地理研究所，1990）。黄河源区面积约占黄河流域全部面积的 15.4%。黄河源区西界为雅拉达泽山，南依巴颜喀拉山，北邻布青山，东接阿尼玛卿山。行政区域包括青海省果洛藏族自治州玛多县的大部分地区和达日县、玛沁县部分地区，以及玉树藏族自治州的曲麻莱县和称多县的一部分。黄河源与长江源相邻，以巴颜喀拉山为分水岭。黄河源区地势西北高而东南低，大部分地区海拔在 4 100～4 600 m，四周为冰山雪峰，中央地势开阔，湖泊、沼泽众多，呈现出低山宽谷和湖泊盆地相间的地貌特征。气候属高寒半干旱气候区，具有典型的内陆高原气候特征。年均气温在 -4℃ 以下，气候寒冷季节长，降水少而集中，多年平均降水量 312 mm。气温和降水由东南向西北递减，并且降水量随海拔升高而增加的趋势也较明显。

处于青藏高原腹地的黄河源区是黄河的主要产流区和青藏高原的主要草原区，也是气候变化的敏感区。黄河源区在 20 世纪 80 年代以前降水相对较多，水系较发达，集水面积在 1 000 km^2以上的支流有 24 条。据黄河水利委员会测算，黄河源区的年平均径流量达 209 亿 m^3，占黄河年径流量的 37.3%。由于该区域具有独特的地理位置及生态环境特点，具有特殊的水源涵养生态功能，因而对整个黄河流域乃至东亚的生态环境产生深刻的影响。

由于黄河源区内地形、地貌与气候的高度异质性，使该地区富有生物多样性。植被类型以高寒草甸、高寒干草原为主，区内无森林，只有多种耐低温、多年旱生的禾本科、莎草科、豆科占优势的草本植物和少量的金露梅等小灌木。黄河源区的湖泊、湿地众多，牧草种类也多。黄河源区的动物种类也很多，许多是仅适宜于高寒环境生长的特有种，例如野驴、藏牦牛、藏羚羊、岩羊、藏原羊、白唇鹿、雪貂等，鱼类也很丰富，许多鸟类也将此作为栖息地。

黄河源区气候寒冷干旱，自然条件恶劣，生态环境脆弱；近几十年来，随着人口的增加和社会经济的发展，黄河源区的各种开发建设项目逐渐增多，对生态环境的负面影响随之逐渐增大。由于多种自然的和人为的因素，黄河源区的生态环境出现了一系列与整个三江源区类似的问题。不断加剧的生态环境问题，使黄河源区整体生态环境呈现退化趋势。其中，土地沙漠化是黄河源区最为严重的生态环境问题，以沙漠化为主的一系列生态环境问题已严重影响到本区经济的持续发展和社会稳定，并对黄河中、下游地区产生了一定的影响。因此，采取有效措施遏制黄河源区的生态恶化态势，成为西部大开发中生态环境建设的首要任务之一。

黄河源区目前的生态环境主要有以下几种问题。

(1) 河流径流量减少。1956—1989 年 34 年间黄河上游的平均流量为 677 m^3/s，到 1990—1996 年 7 年间的平均流量已下降为 527 m^3/s，减少了 22.3%。20 世纪 60—80 年代，年平均径流量有所增加，1956—1960 年为 26.018 亿 m^3，1961—1970 年为 40.708 亿 m^3，1971—1980 年为 43.612 亿 m^3，1981—1990 年为 48.560 亿 m^3；20 世纪 90 年代以后，黄河源区的年平均径流量显著减少，1991—2000 年为 34.083 亿 m^3，2001—2005 年为 30.107 亿 m^3。径流量的大幅度减少，加剧了黄河下游的用水供需矛盾，也严重影响了黄河流域的经济发展。

(2) 草场和沼泽湿地退化严重，土地荒漠化加剧。由于超载放牧等人为因素和气候变化等自然因素的影响，造成黄河源区的草场退化严重。据国土资源部不完全统计，1999 年退化草地面积约 987 万 hm^2，占天然草地面积的 27.14%，占可利用草地面积的 31.23%，占全国草地退化面积的 11.34%，而其中的 300 万 hm^2 草地已退化成没有任何利用价值的“黑土滩”。20 世纪 90 年代以来，草场退化的速度比 20 世纪 70 年代以前加快了很多，伴随着草场的退化，土地荒漠化、沙漠化也在加快。根据专家对黄河源区卫星遥感照片的判读，荒漠化的年平均增长速率由 20 世纪 70—80 年代的 3.9% 剧增至 90 年代的 20%。21 世纪初，通过生态修复工程，虽然使局部环境得到了一定改善，但土地荒漠化整体仍呈现逐年增加的态势。据 2006 年相关统计结果显示，黄河源区沙化土地面积 81.49 万 hm^2，占三江源沙化土地面积的 32.5%，其中，重度占 25.48%，中度占 58.86%，轻度占 15.66%。据 1995 年全国沙漠化普查数据，青藏高原沙漠化土地总面积达 31.33 万 km^2，占高原主要行政区域土地总面积的 13.96%。曾永年等（2007）利用 1986—2000 年 Landsat - TM/ETM + 遥感数据，对这 15 年内黄河源区土地沙漠化过程进行了定量分析与评价。研究结果表明，2000 年黄河源区沙漠化土地面积占黄河源区土地总面积的 9.36%，其中，以轻度沙漠化土地为主，占黄河源区沙漠化土地的 45.82%；中度沙漠化土地次之，占 26.20%；重度沙漠化土地与极重度沙漠化土地面积分别占 13.80% 和 14.18%。沙漠化土地集中分布在鄂陵湖以东玛多宽谷盆地南缘与黑河宽谷盆地北缘之间，沿西北—东南走向的低山丘陵展布，分布于河谷、湖滨、古河道及山麓洪积扇等地形面上，呈斑块状、片状和带状分布。1986—1990 年黄河源区沙漠化土地年增长率为 21.87%，沙漠化土地快速蔓延；1990—2000 年沙漠化土地年扩展率为 2.73%，虽然沙漠化扩展速率降低，但在进一步扩展的同时，沙漠化程度进一步加重。总之，20 世纪 80 年代末期以来，黄河源区沙漠化过程呈现正在发展和强烈发展的态势，但在不同时段上沙漠化发展呈现出不同的特征。20 世纪 80 年代末沙漠化土地增长率高，沙漠化过程表现为沙漠化土地的迅速蔓延；进入 20 世纪 90 年代后，沙漠化土地增长相对减缓，但中度沙漠化土地则保持直线增长的趋势，呈现出以沙漠化程度的加重为主的发展趋势。

川西北若尔盖湿地草原是我国六大草原之一，也是黄河上游重要的水源补充地之一，总面积是 80.8 万 hm^2，蓄水总量近 100 亿 m^3，被中外专家誉为“中国西部高原之肾”。黄河在丰水期流经草原后流量增加 29%，枯水季节增加 45%。近几十年来，由于过度放牧（超载率超过 80%）、鼠虫肆虐（危害面积占可利用草地面积的 46%）、开沟排水向沼泽湿地要草场（14 万 hm^2）以及气候变化等原因，该草原原有的 300 多个湖泊干涸了 200 多个，湿地面积萎缩超过 60%，草原沙化面积已达到 10.53 万 hm^2，占草原总面积的 13%，而且还在以每年 11.65% 的速度递增，受到沙化威胁的草场面积也已达 13.53 万 hm^2。

(3) 冻土退化，湖泊与沼泽湿地加速萎缩干涸，水源涵养能力下降。20 世纪 80 年代以来，黄河源区气候变暖，不利于多年冻土的保存，岛状多年冻土和季节冻土区年均地温升高约 0.3 ~ 0.7℃；大片连续多年冻土区升幅较小，为 0.1 ~ 0.4℃，区域冻土呈退化趋势。多年冻土上限以 2 ~ 10 cm/年的速度加深（杨建平等，2004）。鄂陵湖（湖水面海拔 4 268.7 m，面积 610.7km^2，总容水量107亿 m^3）、扎陵湖（湖水面海拔4 293.2 m，湖水总面积526 km^2，总容水量46.7亿 m^3）是黄河源区的淡水过水湖，不仅是黄河干流良好的调节径流的天然水库，而且还是黄河源区地下水的排泄基准面。自20世纪50年代到1998年，由于4—5月降水少、风大、蒸发强烈，且鄂陵湖出口流量远比上游来水量大，导致黄河及鄂陵湖、扎陵湖水位持续下降。经实地测量，这一期间，湖水水位下降了3.08～3.48 m（尚小刚等，2006）。据相关遥感资料显示，1969—1990年有180个较小的湖泊干涸，面积共38.19 km^2；1990—2000年有188个湖泊干涸，面积共75.25 km^2。同时，沼泽湿地也开始大幅度萎缩，且有加速之势。对黄河源区1990年、2000年、2004年的卫星遥感图片进行对比后，发现黄河源区湿地面积已从38万 km^2 萎缩为2004年的近34万 km^2，平均每年萎缩约2 800 km^2。其中，1990—2000年10年间平均每年萎缩约2 300 km^2，2001—2004年4年平均每年萎缩约4 200 km^2，后4年的萎缩速度是前10年的1.8倍。实地调查表明，2005年以来黄河源区的湿地萎缩速度仍在加快。湖泊、沼泽湿地萎缩干涸后，随着蒸发量的减少，湿度的降低，沙土的昼间吸热和夜间长波辐射加强，使干热化加重，从而使一系列的生态问题更加严峻。

（4）水土流失严重。随着人口的增加和社会经济的发展，黄河源区的修建铁路、公路、水利水电工程、开发矿产资源等开发建设项目逐渐增多，这些人为活动不同程度地破坏了部分优良草场和天然植被，加剧了水土流失。据国土资源部统计，2008年黄河源头区及上游地区的水土流失面积为7.5万 km^2，占青海省全省水土流失面积的22.5%，占整个黄河流域水土流失面积的17.5%。黄河干流在青海省境内的平均含沙量已达1.8 kg/m^3，多年平均输沙量为8.814亿t，年侵蚀4 000 t/km^2，是全省侵蚀程度最严重的地区，加上受风力、水力、冻融等侵蚀的土地面积，目前已达到33.4万 km^2，占青海省土地总面积的46%。

（5）生物多样性减少。由于近年来人为的超载放牧，破坏了植被，使物种的生存条件变得更加恶劣，分布区域缩小，生物的多样性受到严重威胁。由于违法分子对野生动物曾进行过大量捕杀，使许多物种消失，一些特有的动、植物种群数量在不断减少，甚至濒临灭绝，目前，黄河源区已受到威胁的生物物种约占总数的15%～20%；同时，鼠类猖獗成灾，一般鼠害地区每公顷草地上有鼠兔90～225只，鼠洞口2 700个（封建民等，2004；韩凤等，2010）。

黄河源区生态屏障的保护与建设，要针对上述问题，通过立法、行政、经济、科技、思想教育等手段，因地制宜综合进行生态工程建设，促使黄河源区生态环境从退化向良性发展转化。首先要坚决制止滥挖草原、滥猎野生动物、乱开矿产及其他不合理的人为活动，保护好河源区现有的草原植被和野生动物，并采取人工增雨、飞播造林种草、灭虫灭鼠、治理退化土地、防治水土流失等措施，通过增加地面植被覆盖，提高草原水源涵养能力。在此基础上，适当压缩牲畜载畜量，减轻草原承受能力，进一步推行"以草定畜""划区轮牧""四配套"（区内住房、网围栏、人畜饮水、人工种草配套）等草原科学管理办法，恢复草原生机，发展生态草食牧业。还要根据地广人稀的特点，有计划、有步骤地因地制宜适度生态移民。

2.5.2 甘南湿地生态屏障的现状及其保护与建设

甘南位于甘肃省的西南部，青藏高原东缘，辖合作市、夏河、玛曲、碌曲、临潭、卓尼5县1市，土地总面积3.057万 km^2，占甘南藏族自治州土地总面积的67.9%。甘南是黄河流域的重要生态屏障之一，也是重要的牧业经济区，有草地23.61万 hm^2，占土地总面积的77.2%；其中，可利用的草原面积为221.5万 hm^2，占草原面积的93.82%，主要分布在碌曲县、玛曲县、夏河县和卓尼县。卓尼县为半农半牧业县，临潭县为农业县，其余3县1市均为纯牧业县。

甘南是黄河源区降水最充沛的地区，是黄河上游主要的水源补给生态功能区，同时是青藏高原"中华水塔"的重要水源涵养地，其蓄水、补水功能对整个黄河流域的水资源调节以及黄河中、下

游广大人民的生产、生活和生态安全起到重要作用。该区域年降水量为400～700 mm，包括黄河干流、洮河和大夏河三大水系，其中，年径流量大于1.0亿m^3的河流有15条之多，多年平均水资源量为133.1亿m^3，占黄河总流量的11.4%。黄河干流在该区流域面积达10.39万km^2，流程433 km，年均径流量155.5亿m^3。

甘南水源补给生态功能区湿地辽阔，湿地类型主要有沼泽湿地、河流湿地、湖泊湿地等，总面积17.49万hm^2。其中，沼泽湿地面积最大，集中分布于玛曲、碌曲和夏河县，海拔一般为3 200～3 500 m，多数具有泥炭，地面一般积水较浅；河流湿地，主要以黄河干流、洮河、大夏河以及120多条溪河两岸湿地组成，总面积为2.77万hm^2；湖泊较多，因而湖泊湿地也较多，但面积不大，仅为2 324.6 hm^2；其他湿地类，包括泉水、坑塘、水库及滩涂等。这些湿地，当黄河水位高于湿地水位时，河水通过地下径流入渗、河水倒灌等多种形式进入湿地，既削弱了洪峰流量，也减弱了对河岸的侵蚀；当黄河水位低于湿地水位时，湿地蓄水又可缓慢注入黄河，成为黄河及枯水期水量的重要补给来源。因此，湿地对于河流具有很强的调节水量的功能。

甘南湿地已出现不同程度的面积萎缩、涵养水源能力下降等退化现象。20世纪80年代初，该区域的湿地面积达到42.7万hm^2，而目前保持原貌的沼泽湿地仅有13.84万hm^2，其他大都干涸；干旱缺水草场已扩大到44.7万hm^2，占该区可利用草地面积的17.4%。被誉为“黄河蓄水池”的玛曲湿地的干涸面积已高达10.2万hm^2，原有6.6万hm^2沼泽湿地已缩小到不足2万hm^2。玛曲县南部的“乔可曼日玛”湿地，面积曾达10.7万hm^2，与四川若尔盖湿地连成一片，构成了黄河上游水源最主要的补充地。但自1997年以来，沼泽逐渐干涸，湿地面积不断缩小。

区内富有生物多样性，森林木本植物种多达580种、中草药植物643种、食用菌254种、观赏花卉360余种、山野菜几十种、野生小果类果树几十种（包括天然沙棘灌丛4.96万hm^2）等诸多野生经济植物资源，具有高原特色野生经济植物综合开发的潜在资源优势。森林生境下还残存一些具有重要科学研究价值和经济价值的珍稀濒危植物，这些植物的种群或个体数量稀少，或地理分布孤立、生境狭窄，对于环境变化十分敏感，均为易于丧失而不可复得的珍稀种质资源。有野生动物231种，其中，鸟类154种，兽类77种，属于国家一级保护野生动物的有13种。这些野生动植物对维持草地生态系统平衡有重要作用。

按照甘肃省林业调查规划院《甘肃甘南黄河重要水源补给区生态保护与建设规划》，甘南黄河重要水源补给区实施生态保护与建设后，可保护和恢复湿地20.52万hm^2；可实现退牧还草13.1万hm^2，已垦草原退耕还草工程6.05万hm^2，沙化草地治理5.33万hm^2，盐渍化草地治理0.56万hm^2，“黑土滩”草地综合治理12.67万hm^2，人工饲草料基地1.125万hm^2，干旱草场灌溉1.125万hm^2，草原鼠害综合防治85.3万hm^2；可新增森林面积6.41万hm^2（包括人工造林2 100 hm^2，退耕还林4 967 hm^2，封山育林38 129 hm^2），完成森林管护43.8万hm^2，森林覆盖率由现在的14.2%提高到16.3%，年森林涵养水源量18.88亿m^3，可增加水资源补给量10.4亿m^3；治理重要水土流失面积252 km^2，每年可减少泥沙流失113.4万t，每年可防止土壤养分流失284万kg。通过生态建设，可实现草畜平衡，草原植被得以休养生息，区域生态环境得到改善，动物栖息地、生态系统的水平结构、垂直结构和营养结构得到优化，生物多样性也将得到有效保育。从而更好地发挥甘南水源补给生态功能区的涵养水源、保持水土等多种生态功能，并为当地居民提供一个更为良好的生产与生活环境。

甘南黄河水源补给区从2003年开始启动退牧还草工程，到2008年年底，禁牧、休牧和划区轮牧的面积为193万hm^2，占草原总面积的82.8%；5年内草原退化率从83.2%下降为50%，草原环境不断改善，牧区的水资源量不断增多，许多干草滩逐步恢复生机；河流水量也不断增多；水土流失面积和沙化土地面积不断减少；生物多样性逐渐恢复，草原的毒杂草比例不断下降（王文浩，

2011；侯成成等，2012）。

2.5.3 黄土高原生态屏障的现状及其保护与建设

黄河上、中游黄土高原位于100°52′E～114°33′E，33°41′N～41°16′N，西起日月山，东至太行山，南靠秦岭，北抵阴山，涉及青、甘、陕、晋、豫、宁、内蒙古等7省、自治区50余地（市）287个县（市、区），东西长1 200 km，南北宽800 km，总面积62.79万km^2（张厚华等，2001；舒若杰等，2006）。全区有耕地1 900万hm^2，约占土地总面积的30%；其中，无灌溉条件的旱地面积达1 653.7万hm^2，占总耕地面积的87%。黄土高原最广泛的地表覆盖物是黄土，黄土的厚度一般为100～200 m，主要由风力搬运堆积而成，并在流水营力的作用下再发生搬运堆积。黄土高原的黄土堆积，大约始于250万年前。黄土高原是我国黄土堆积最深厚、分布面积最广阔、黄土地貌最典型多样的农牧业地区，是黄河流域的主体，同时又是与我国华北平原和中原地区息息相关的生态屏障区。

黄土高原由山西高原，陕北、陇东高原和陇西高原组成。山西高原主要农牧区海拔1 000 m左右，陕北、陇东高原主要农牧区海拔1 000～1 300 m，陇西高原主要农牧区海拔2 000 m左右。以山西的雁北、陕西的北部、宁夏南部的西—海—固、甘肃的定西为中心的区域是半干旱地区，约占黄土高原总面积的60%。山西高原的石灰岩出露面积多达6万多km^2，是我国北方最大的岩溶区域。

（1）黄土高原农村生态环境基本特点。

① 气候。黄土高原地处内陆，为暖温带大陆性季风气候，是我国东部季风区向西北内陆干旱区的过渡地带，东南部属半湿润气候，北部和西部属半干旱气候。冬季干燥寒冷，夏季湿润炎热，气温年较差和日较差大，光照充足。年平均气温3.6～14.3℃。降水量少，单位耕地面积平均降水量与人均降水量分别为全国平均水平的14%和26.4%；降水量年际变动较大；年内分布也不均匀，大半集中在7—9月3个月，丘陵沟壑区更多，占到全年降水的70%以上；地区间也有差异，西北部多年平均降水量在400 mm以下，其他地区大都在400～600 mm。大部分地区年水面蒸发能力1 500～2 000 mm，为年降水量的2～8倍，水分供需矛盾尖锐，水土关系失调。水资源短缺严重地制约着当地工农业生产的可持续发展，影响着自然环境的生态平衡和生态恢复。

② 土壤。整个黄土高原的黄土的颗粒成分具有高度均一性，以粗粉沙为主；主要化学成分为SiO_2和Al_2O_3。与气候特征相适应，本区土壤分布具有水平地带性，由东南向西北依次为褐土、黑垆土、栗钙土、棕钙土、灰钙土和灰漠土。半湿润落叶阔叶林地上发育的褐土，分布在山西高原和渭河谷地；黑垆土具有深厚的腐殖质层，是森林草原和草原植被上发育的土壤，分布于晋北、陕北和甘东；发育于半干旱草原上比较贫瘠的灰钙土，分布于黄土高原的西部。在同一水平带内，因局部环境和人为耕作的影响，镶嵌着许多非地带性土壤，如银川平原从贺兰山山麓至黄河沿岸，依次分布有风沙土、淤灌土、草甸土、沼泽土和盐碱土；鄂尔多斯高原东部有大面积紫色土、紫色初骨土、黑钙土、风沙土等。

③ 地貌。黄土地貌的基本类型有塬（黄土桌状高地）、梁（长条状的黄土丘陵）、峁（穹状或馒头状黄土丘陵）、沟谷，彼此镶嵌（图2－4，引自http：//image. baidu. com）。坡陡沟深、土质疏松，是导致黄土高原地区水土流失严重的主要原因之一。黄土高原地区沟长大于1.0 km的沟道约30万条，总长超过100万km。黄土高原农业区按地形地貌大体上主要分为黄土丘陵沟壑区和黄土塬区。

黄土丘陵沟壑区地貌以梁峁状丘陵为主，其中93.3%的土地面积发生过不同程度的水土流失，以水蚀为主，面蚀和沟蚀也都很严重，是黄土高原水土流失最严重的地区。沟壑密度为3.4～7.6 km/km^2，局部地区高达12 km/km^2，切割深度100～300 m。土壤侵蚀模数多在10 000 t/（km^2·年）以上，

图 2－4 黄土高原主要地貌（自左至右：塬、梁、峁）

最多可达到 30 000 t/（km^2·年）。

黄土塬区地貌特点是塬面宽广平坦，顶面坡度多为 1°～3°，边缘可达 5°左右，现代侵蚀微弱，是黄土高原的主要农耕地所在。塬面面积一般占总面积的 40%，最多可占到 60%。因受沟谷侵蚀的影响，塬的面积正在缩小。源内沟道宽深，沟壑密度为 2～3 km/km^2。又分为完整塬、靠山塬、台塬、破碎塬、零星塬。土壤侵蚀模数多在 2 000～5 000 t/（km^2·年）。

④ 植被。微域分异与区域宏观分异共同构成黄土高原土壤水分环境的总格局。由于处于由半湿润气候向半干旱、干旱气候的过渡地区，黄土高原大部分处于森林、森林草原和草原自然带。半干旱区的地带性植被为草原和灌丛化草原，主要植被类型有丛生禾草草原、禾草—杂类草草原及温带—暖温带落叶灌丛等，已极度退化。一些学者认为，历史上黄土高原曾有约 53% 的面积为森林所覆盖，但森林主要集中在湿润、半湿润气候的土石山区和河谷滩地等土壤水分较好的地区（史念海，1991；朱志诚，1994）。黄土高原植被具有从东南向西北，由森林和森林草原向草原和荒漠草原过渡的地带性规律。但是由于受一些非地带性环境因素的影响，植被也出现了某些非地带性镶嵌体，如在草原包围的中、高海拔土石山地有森林分布，荒漠草原地区湿地周围也可能生长着乔木。

20 世纪 80 年代末，黄土高原水土流失区森林覆盖率大于 30% 的县（市）不足 10%，森林覆盖率大于 50% 的县只有黄龙和黄陵县，40%～50% 的县只有富县、甘泉和天水，60.4% 的县（市）其森林覆盖率仅 1%～10%。

（2）黄土高原农村生态分区和农业类型。

① 农村生态分区。舒若杰等（2006）将整个黄土高原划分为 7 个一级生态区。

Ⅰ. 南部半湿润气候、森林生态区：本区位于黄土高原南部，下分川道平原、黄土台塬与低山丘陵、中高山区 3 个亚区。本区是黄土高原地区人口最密集、开发历史最为悠久的地区。地貌主要由黄土覆盖的河谷盆地和其间的土石山地构成。水热条件较好，水资源总量约占整个黄土高原的 1/4以上，但主要集中在东南部的土石山区。本区西部水、土、光、热条件较优，农业生产基础较好，适于建立商品性粮、油、果（苹果、梨、枣、葡萄、猕猴桃）、牧（猪、肉牛、肉羊、奶畜、家禽）基地。植被以落叶阔叶林为代表，并含有少量亚热带常绿植物成分；天然林及次生林主要集中在土石山区；黄土坡地上有灌丛草地。区内的山区是黄土高原水资源和生物多样性最为丰富的地区，但经济落后，水土流失严重。水源涵养与山区水土保持是本区生态建设的重点工作。

Ⅱ. 中部半湿润气候、森林—森林草原生态区：本区位于黄土高原中部，北面与草原、干草原接界。本区黄土广泛分布，黄土层深厚，各种黄土地貌发育，形成了以黄土高原和残塬沟壑为主体，包括河流川道、黄土丘陵和土石山地的地貌组合。本区是渭河、汾河等黄河主要支流的发源地。除少量山地林区外，水土流失严重。森林主要发育在地势较高的山地或阴蔽的沟谷、阴坡中。植被分布具有高度和坡度分异规律，中低山多灌丛植被。本区是黄土高原生态环境建设的重点地区，主要生态环境问题为水土流失与工矿区污染。水土流失以沟壑发育危害最重，沟蚀的主要动力来自于坡面径流，因此，水土保持必须以“固沟保塬”为目的，坚持“综合治理，重在治坡”原则，通过农业基本建设，消除坡面产流条件，在控制水土流失的同时，实现“全部降水就地拦蓄”，改善土壤水分条件，提高旱作农业产量。并在此基础上，调整产业结构，发展果、牧业。土石山区应加强水源涵养水土保持林建设，以调节径流、减少泥沙，促进水资源可持续利用。并在此基础上加强水利工程建设，缓解长期困扰该地区的缺水问题。

Ⅲ. 北部半干旱气候、草原—森林草原生态区：本区地形以黄土丘陵沟壑为主，气候干旱，水土流失和土地荒漠化严重，水蚀和风蚀活跃，水土流失强度居黄土高原之首，是典型黄土高原和风沙草原之间的过渡地带，也是黄土高原生态建设和扶贫开发的重点和难点区。本区草原植被占优，适宜发展农、牧（肉羊、绒山羊）业。本区植被建设必须以草（大针茅、早熟禾、紫花苜蓿、红豆草、沙打旺、无芒雀麦、冰草等）、灌（沙棘、枸杞、柠条、酸枣、小叶锦鸡儿等）为主，根据立地条件和土壤水分条件选择恰当的品种。淤地坝工程和坝系农业在本区具有重要地位，是实现植被和生态恢复的保证，是今后水土保持生态工程建设的重点之一。

Ⅳ. 西北部干旱气候、荒漠草原生态区：本区位于黄土高原西部边缘、黄河上游，由黄土梁峁、缓坡丘陵与河谷盆地组成，盆地和河谷阶地地势平坦，可以引水灌溉，是种植业地带，但水低地高，水资源开发程度有限。本区主要的生态环境问题是干旱和土地荒漠化，其次是水土流失。可以发展引黄提灌，通过节水灌溉来发展农业生产和恢复植被。

Ⅴ. 黄河上游山地垂直气候、高原森林—草原生态区：本区是黄土高原和黄河流域重要的水源区，位于黄土高原地区最西端，处于黄土高原向青藏高原的过渡地带，山高谷深，地势起伏，由石质高山、黄土丘陵和河谷平川3种地貌单元组成。本区大部分属温带，气温垂直地带规律明显，降水量由石质高山向河谷平原递减，天然植被自低向高依次出现荒漠草原、草原、森林和高山草甸景观。生态保护的主要目标是水源保护、山区森林保护和农牧区水土保持。

Ⅵ. 鄂尔多斯高原干旱气候、荒漠草原—草原生态区：本区位于典型黄土高原以北，干旱少雨，蒸发量大，属内流区。人口稀少，是以蒙古族为主体的牧区和半农半牧区，植被破坏和土地荒漠化现象非常严重。本区是影响我国北方和整个东亚—北太平洋地区沙尘暴的源头之一。本区生态功能定位应是保护和恢复草原植被，防止荒漠化的发展。

Ⅶ. 河套平原干旱气候、荒漠草原—绿洲生态区：本区是黄土高原最偏西北的一个生态地带，属荒漠、荒漠草原和干草原地区。荒漠植被以超旱生的小灌木和小半灌木占优势。本区是黄土高原地区开发建设的重点区域，也是遏制中亚大沙漠东侵南下的前哨，生态建设的重点应是荒漠化防治和节水工作。

② 农业类型。黄土高原从东南向西北，地形和土壤变化多端，年降水量从800 mm至200 mm递减，年平均气温也从14 ℃至8 ℃递减，同这些自然条件变化相适应的农业地带变化是：从东南历史悠久的旱作农业区到农牧交错区，再到西北半荒漠牧区。中国科学院地理研究所经济地理研究室（1980）将水平农业地带与垂直农业地带结合起来，将黄土高原农业概括为5种农业类型：

Ⅰ. 河谷川地农业类型：海拔1 000 m以下，包括关中平原、汾河中下游谷地和黄河各大支流所形成的川地，是黄土高原乃至全国的重要粮、棉产区。在川地边缘与高原沟壑相接处，分布着许多小流域。

Ⅱ. 塬地农业类型：海拔1 000 m左右，地势平坦，耕地连片，林渠纵横。主要塬地有陇东的董志塬、屯子塬、平泉塬、早胜塬，陇中的白草塬，陕西的渭北高原、洛川塬、白鹿塬和宁南的长城塬，都是重要的农业区。

Ⅲ. 丘陵沟壑农业类型：海拔1 000～1 500 m，包括陕北、晋西、陇东、宁南和青海东部部分地区，沟深坡陡，地形破碎，目前仍以坡耕地占优势，人地矛盾和农林牧之间的矛盾突出，多数地区水土流失严重。

Ⅳ. 土石山地农、林业类型：海拔 1 500 ~ 2 000 m以上，包括太行山、五台山、吕梁山、西秦岭、六盘山、贺兰山等山地区，地势高寒，人烟稀少，耕作粗放，天然次生林面积较大，发展林、牧业的条件较好，农业集中在缓坡和少量坪地、台地。

Ⅴ. 半荒漠牧业类型：分布在长城沿线沙漠边缘，干旱少雨，缺林少草，地广人稀，以牧业为主，农业耕作粗放。

(3) 黄土高原农村生态环境面临的主要问题。

① 水土流失仍然严重，造林种草的效益仍有待提高。由于降水大半集中在7—9 月 3 个月，所以年降水量虽然不多，但暴雨季节地表径流大，对地表冲刷严重。加以过度开垦、过度放牧、乱伐森林、过度樵采以及战乱等原因，天然植被受到了人类活动的严重干扰，森林植被遭破坏，草原退化，土壤退化，水土流失加剧，形成了今天黄土高原生态环境的严峻局面。农民生存和发展的需求，始终是土地利用格局和生态环境变化的主要动力之一。

根据遥感分析，黄土高原地区 2000 年土壤侵蚀面积 41. 9 万 km^2，占土地总面积的 66. 7%，其中，水力侵蚀占总面积的 52. 8%，风力侵蚀占总面积的 14. 1%。7—9 月侵蚀产沙量约占全年的 60% ~90%。侵蚀产沙又往往集中于几场大的暴雨洪水期，许多地方一次暴雨的侵蚀量超过全年总侵蚀量的 60%，陕、蒙接壤区汛期输沙量超过全年的 90%。黄土高原地区多年平均输入黄河的泥沙量为 14 亿 t，占黄河年均输沙量的 87. 5%。

分析表明，近年来，由于加强了水土保持，黄土高原地区土壤侵蚀强度及其面积发生了显著变化，强度侵蚀面积显著减少。目前，黄土高原地区通过实施水土保持措施，平均每年可减少入黄泥沙 3. 5 亿 ~4. 5 亿 t，但水土流失仍然严重。目前，黄土高原造林种草中还存在造林存活率低、保存率低、生长率低和低产林比重大等问题，造林种草的水土保持等效益仍有待改进提高。

黄土高原造林保存率低，只有 25% ~30%，还有相当数量的低产林和低效林，在年降水量低于 550 mm 地区，低产林占到林地总面积的 1/3 左右。原因之一是，黄土高原千沟万壑，地形破碎，形成了多种小生境，但造林中采用的树种非常单一，主要有刺槐、杨树、柠条等，由于没有切实根据立地条件类型的差异来选择树种，以致造林成活率低，树木生长不良，甚至形成小老树。原因之二是大量采用外来种，例如，乔木刺槐是外来种，杨树多采用的是北京杨、合作杨、大关杨等外来品种，灌木柠条属蒙古区系成分。这些树种的自然下种更新不良，一代林分衰败死亡后，林地将可能失去覆盖，需要二次造林；同时，这些外来种抗旱性强，耗水量大，过度消耗土壤中贮水，使土壤含水量降到很低水平。据调查，刺槐林、柠条灌丛及杨树林中，相当多的林地在 2 m 以下土层形成田间持水量小于 30% 的“土壤干层”，个别地块土壤含水量甚至接近或低于凋萎湿度。在黄土高原，“土壤干层”是一种人工林地常见的土壤水分现象，其分布区南界位于陕西黄龙—黄陵一线，向北逐渐加重，约占黄土高原总面积的 2/3，其厚度约在 3 m 以上，即在 2 ~5 m 土层。“土壤干层”形成后再要恢复到造林前水平将需要相当长的时间（侯庆春等，2000）。

②土地沙化和沙尘风暴加剧。土地沙漠化主要发生在黄土高原的北部和西部干旱区。沙漠化防治仍然面临着“局部治理，整体恶化”的严峻态势。例如，通过治沙，北部的榆林、横山、靖边和神木四县的沙漠化土地在 30 年内出现了明显的持续逆转，其中，横山的沙漠化土地由 20 世纪 70 年代中期的 1 596. 5 km^2降至 80 年代中期的 1 292. 4 km^2，2000 年又继续降到 782. 5 km^2。榆林在 20 世纪 80 年代中期以后逆转速度有大幅度的提高，从 70 年代中期到 80 年代中期，该县沙漠化土地的平均逆转速度是 48. 17 km^2/年，20 世纪 80 年代中期到 2000 年则上升为 59. 21 km^2/年。以上四县除了神木在 20 世纪 80 年代中期以后的逆转速度较以前有所减慢外，其余都呈增长趋势。毛乌素沙地其余各县沙漠化土地，在 20 世纪 70 年代中期到 80 年代中期出现逆转，但在 80 年代中期到 2000 年有 3 个县沙漠化土地却出现扩展趋势，其中，定边的增长速度为 37. 68 km^2/年，盐池为 109. 93

km^2/年，乌审旗为 81.2 km^2/年（王涛，2007）。

黄土高原土地沙化面积已达 11.8 万 km^2，占总土地面积的 18.8%，其中，严重沙化面积 3.57 万 km^2，占沙化总面积的 30.32%。沙漠化造成可利用土地面积减少，农作物减产，草场产量下降。特别是沙漠化过程中产生的大量沙尘物质在强劲风力作用下随风而起，发生沙尘暴，对生存环境与生态安全造成的威胁更为严重。

2000—2004 年我国连续出现了 50 多次沙尘暴天气，涉及黄土高原的也有近 40 次。其出现之早，发生频率之高，影响范围之大，为国内少有。从公元前 5 世纪到 1998 年 5 月共发生沙尘暴 111 次。其中，公元 13 世纪后发生频率加快，进入 20 世纪后达 49 次，21 世纪的 2000—2004 年发生的沙尘暴次数与 20 世纪 100 年相当。随着沙尘风暴灾害过程的发生与发展，区内生态环境迅速恶化，人民的生存条件亦急剧退化，大量土壤肥沃、水草丰美的适居之地已成无法居住的荒漠之地。1993 年该地区发生的特大沙尘暴过境时形成蘑菇状烟云，并伴有 8～12 级大风，造成直接经济损失达 5.6 亿元，死亡 85 人，伤 264 人，毁坏房屋 4 412间，损失牲畜 12 万头（只），受灾牲畜 73 万头（只），农作物受害面积 37.33 万 hm^2，积沙埋没水渠 2 000 km，刮断、刮倒电线杆 6 021根，造成各类交通与通讯一度中断。此次沙尘暴袭击成为 1927 年有气象记载以来最强烈的一次，影响范围达 110 万 km^2，占全国土地总面积的 12%（常欣等，2005）。

③干旱缺水，作物产量低而不稳，部分地区人畜饮水困难。整个黄土高原的年降水量仅 400～600 mm。除暴雨季节外，其他季节都干旱少雨，尤其是春旱频繁而严重。黄土高原从公元前 206 年到 1949 年，10 年 9 次旱、4 年 1 次轻旱、10 年 1 次重旱、20 年 1 次极旱、100 年 1 次毁灭性干旱。近半个多世纪以来，干旱面积逐年扩大，灾情越来越重，5～6 年一大旱，3～4 年一中旱，小旱几乎年年有。干旱已成为各种灾害中的元凶。不少地方，在干旱季节，人畜饮水都难以保证。1965 年陕北、晋西大旱，榆林地区大部分农田几乎无收，调粮 1.5 亿 kg 才缓解了灾情。黄土高原耕地流失水量 300～600 m^3/（hm^2·年），流失土壤 5～10 t/（hm^2·年），以致土壤日益瘠薄，田间持水能力不断下降。又因气候干燥，区内大部分地方干旱少雨，在地貌复杂多样和丘陵沟壑区面积高达 70%的黄土高原地区，干旱缺水严重制约着农业的发展（常欣等，2005）。

④农业结构单一，林、牧业薄弱，农、林、牧矛盾突出。农业产值中，种植业特别是粮食种植业占 50%～70%，畜牧业只占 10%左右，林业只占 3%～5%。由于不适当地扩大耕地，挤占了林业和牧业用地。20 世纪 50 年代，森林覆盖率只有 3%，现在也很低，且很分散，大片的宜林地尚未用于林业，森林的生态效益很有限。草场土地资源虽然丰富多样，但大多草被稀疏、鼠害严重、草质退化，载畜量低。大部分地区经营单一，农业产量不高，商品率又低，导致长期贫困落后。

（4）黄土高原植被的保护与建设。在黄土高原，生态屏障的保护与建设的根本措施和当务之急是恢复和重建植被。植被恢复与重建要按照各地立地条件特点，着眼于中、长期气候变化预测，根据自然植被分布及生长发育规律，按照因地制宜，适地、适树、适草，宜乔则乔、宜灌则灌、宜草则草，乔灌草结合的原则，科学模拟自然植被，植被恢复重建目标应是建立与各地立地条件最相适应的多种植被类型。就整个黄土高原而言，从东南向西北，存在由湿润向干旱过渡的地带性特征，在植被布局上，也应逐步加大耐旱的灌木、草本植物的种类与面积，由东南部的以乔、灌为主，向西北部的灌、草为主逐步过渡。在恢复与建设过程中，植被恢复、植被重建和植被保护 3 个方面要相辅相成。

按照影响水分集存与流失的坡度等地貌因子分类，可将黄土高原简单划分为川塬区、梁峁坡区和沟谷区，其中，梁峁坡区以 25°为分界线，又可划分为陡坡区和缓坡区，分区确立植被恢复重建目标。

①川塬区。土地平坦，土壤肥沃，水分较充足，自然条件最好。该区应以农田防护林建设为主

体，结合“四旁”绿化、果园、小片速生丰产林及其他绿化工程，形成网、片、带结合的综合防护林体系，发挥调节气候、防护农田等作用，充分体现生态效益、经济效益和社会效益的完美结合。

②缓坡区。坡度小于25°，土壤较贫瘠，水分较紧缺，自然条件较差。15°以下地段可以建设水平梯田，发展混农生态林业。15°~25°地段应在带状整地的基础上，在条件较好的地段发展果园或其他经济林；在条件较差地段营造以灌木为主、乔木为辅的生态林，保持水土，发展经济。

③陡坡区。坡度大于25°，土壤贫瘠，水分紧缺，自然条件最差。根据林水平衡原则，造林密度不宜太大，以建立稀树灌丛草地为主体。首先应进行水平沟、水平阶等带状整地，林木应沿等高线带状布设，带间距离加大（一般为5 m以上）。半湿润地区可在带间人工布设禾本科、豆科等牧草植物，或依靠自然力恢复为灌草带，截渗径流，保持水土；半干旱、干旱地区应人为铲除稀疏的自然植被，形成集流面，为下部植树带汇集径流，提供生长所需水分，促进带内植被正常生长。

④沟谷区。沟坡坡度大，土壤极为贫瘠；沟底较为平缓，水分条件较好。应围绕淤地坝、谷坊建设，配置以乔、灌、草相结合的生物工程措施体系，抬高侵蚀基础，防冲、截沙、挂淤，保持水土，减少流向下游的泥沙数量，争取全部泥沙就地拦蓄。

⑤森林覆盖率。在黄土高原地区，从森林生态效益的角度，丘陵区主要从保持水土的需要考虑，森林覆盖率应保持在44%左右；对于山区，从涵养水源的要求出发，覆盖率应保持在60%以上；对于川、台、塬地区和风沙区，则主要从农田防护和防风固沙的角度考虑，覆盖率应分别保持在10%~40%。与此同时，还要考虑保证木材、薪炭和林果产品供给所必需的森林面积，黄土高原总体森林覆盖率应为40%左右。但考虑到黄土高原现有林地面积和宜林地面积仅占总土地面积的30%左右，还有10%的森林覆盖率应通过草地解决，而草地的水土保持功能约为林地的1/3，因此，为达到相当于40%的森林覆盖效应，林草覆盖率应保持在60%左右，这是黄土高原林草业发展规模的最低标准（胡建忠等，2005）。

2.5.4 三门峡建坝的反思

三门峡水库是黄河上的第一个大型水利枢纽工程，是治黄工程体系中最重要的组成部分，担负着黄河下游防洪、防凌的重任，目的是建成保护冀、豫、鲁、皖、苏5省25万km^2范围内1.7亿人口的生活和生产安全的生态屏障；同时它的生态功能的发挥，又有赖于黄河上、中游特别是黄土高原生态屏障功能的支撑。

在1957年6月召开的“三门峡水利枢纽讨论会”上，70名专家学者中，有10多人明确表示了不同意在黄河干流三门峡建坝，不同意水位360 m高坝方案。反对意见主要观点是：河道里的泥沙起上游切割、下游造陆的自然作用，建坝拦沙让黄河变清是违反自然规律的，是不现实的，何况清水出库对下游河床也不利，由于黄土高原严重的水土流失现状和黄河的多泥沙性质，在淤积段上是不能建坝的，否则，潼关以上河道会被淤积，并不断向上游发展，届时不但不能发电，而且还要淹掉大片土地，“今日下游的洪水他年必将在上游出现”；回水离西安仅40~50 km，淤积也可能在西安附近发生；低坝水库（水位335 m）、滞洪排沙的方案可行性大，迁移人口可降到15万人以下。

水库于1960年9月正式投入使用，开始拦洪。果然，蓄水仅一年半，15亿t泥沙被拦截在三门峡到潼关的河道中，潼关河床淤高了4.5 m，迫使黄河最大支流渭河水位上升，致使中国西北最富裕的关中平原上大片良田被淹没，潜在的洪水直接威胁中国西北经济文化中心西安的安全；同时地下水位抬升，导致3.3万hm^2耕地迅速盐碱化、沼泽化。库区移民总数达40.38万人。其中，迁往宁夏、甘肃敦煌等偏远地区的共3.99万人，由于水土不服，现大部分又迁回；由关中平原迁往山区旱塬、沟壑区的12.11万人，也因无法生产而迁回原地。建坝前大坝下游的洪灾，建坝后变成了大坝上游的水灾。工程建设中还毁掉了我国文化发祥地许多珍贵的文化古迹。

规划和设计的先天不足，迫使工程在投入运行不久后，就不得不对大坝进行了两次改建，并三次改变运用方式。1964 年 12 月决定在大坝的左岸增加两条泄流排沙隧洞，并将原建的 5 ~8 号 4 条发电钢管改为泄流排沙钢管（两洞四管）；1969 年 6 月又决定打开被堵塞的原 1 ~8 号施工导流底孔（黄万里曾坚决请求保留导流底孔，以备将来排沙用，但未被采纳），1990 年之后，又陆续打开了 9 ~12 号底孔。经过两次改建，三门峡工程泄流排沙能力显著增大。1962 年 3 月，水电部将三门峡水库的运用方式由当初定的“蓄水拦沙”改为“滞洪排沙”，最后改为“蓄清排浑”，到 1969 年，“合理防洪、排沙放淤、径流发电”的方式才得到确认。同时，将改建过的发电引水钢管进口降低 13 m，变成“低水头发电”，选择一个不增加现有渭河淤积的控制水位，规定三门峡水库在该水位以下运行，既可以消除三门峡水库对渭河的不利影响，又可以使现有的三门峡发电设备发挥一定的作用，应该说，这是一种最优的解决方式，但发电量已远小于当初的设计。

花费了巨大的人力、物力、财力，大坝经两次改建后，潼关河床尚未回复到原有高程，仍比建库前高出 3 m 多。1992 年 8 月，渭河、洛河洪水入黄河不畅，漫堤决口，淹没了农田 4 万 hm^2，约有 5 万返库移民受灾。如遇特大洪水，库区还将遭受巨大灾害。改建后，由于这几年水库敞泄，小流量时水库水位很低，库区冲刷后，形成小水带大沙，加重了下游河道的淤积。三门峡工程本身，蓄水不到 5 年，库容损失近一半。预期的水清、发电、灌溉、航运（维持下游水深 1 m）综合效益大都落空。

任何一项工程在立项施工前均须依法进行严格的环境影响评估，但是当时三门峡工程立项前没有经过严格的、实事求是的环境影响评估。郭乔羽等（2005）后来对三门峡水利枢纽工程生态影响评价认为：

（1）三门峡水库库区周边农业生产区的 NPP（植被净初级生产力）值在 100 ~ 150 g/（m^2·年），而温带森林区可达 350 g/（m^2·年）以上。降水是限制区域 NPP 值的瓶颈因素，受水库蓄水后土壤盐碱化、沼泽化影响，汾河、洛河及渭河与黄河干流交汇处是气候生产潜力实现率较低的区域。库区及周边水源区恢复植被和控制水土流失须耗费较长时间。

（2）三门峡水库的建成蓄水对龙门至三门峡段以及三门峡以下黄河干流的水生态环境会产生明显影响，突出表现为径流量的年内分配趋平，其汛期 7—9 月 3 个月的年径流量分别从蓄水前的 2 161 m^3/s、3 097 m^3/s和 2 615 m^3/s，变为 1 474 m^3/s、2 031 m^3/s和 2 140 m^3/s，而非汛期的流量却有所增加。此外，库区泥沙淤积严重，河道形态改变，水库自 1960 年蓄水后，汛期淤积最为严重，其 335 m 以下库容淤积泥沙有 38.72 亿 m^3，占原库容的 40.2%，使潼关河床在一年半内抬高了 4.5 m。

（3）水库建成蓄水后，水体、湿地、滩涂面积显著增加，水流变缓，泥沙沉积，栖息环境的改善，使得陆生鸟类的种类和数量明显增加。例如，蓄水后库区鸭科鸟类由 20 世纪 50 年代的 9 种增至 12 种，藻类、浮游动物等也有显著增加，但洄游性鱼类受大坝阻隔影响基本绝迹，而水生态环境的整体恶化也使得鱼类种类和数量明显下降，已有 13 种鱼类基本绝迹，潼关港口地区 20 世纪 50 年代年产鲜鱼 3 万 kg，至 70 年代年产鱼已不足 1 万 kg，而 80 年代末期以来年产鱼仅 5 000 kg。

（4）三门峡水库枢纽工程的修建对于减轻下游洪涝灾害的威胁起到了一定积极作用，各灾种总频率由水库蓄水前每 10 年 11.38 次，降为每 10 年 9.86 次，主要灾种为洪涝和风雹；同时水库的建成蓄水也没有使区域地震的发生频率上升。

三门峡工程得失的争议在我国持续了半个多世纪。尽管存在意见分歧，但也在多数人中形成了一些共识：“大跃进”时的“极左思潮”是产生这次决策失误的历史根源；被我国中央政府接受的前苏联专家组的三门峡选址、高坝、大库、大量移民的建设方案有严重缺陷；少数专家的不同意见应该得到尊重，有时真理在少数人一边，更不应该将工程技术问题与政治问题混为一谈。一个原本

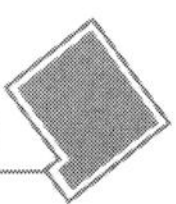

旨在保护生态环境造福人民的宏大生态屏障工程，如果没有民主决策，如果违背了客观规律，就可能产生危及生态安全的祸害。

在反思三门峡工程失误的同时，也应该看到改造后的三门峡工程所创造的社会、生态环境效益。三门峡水利枢纽工程控制了黄河中游北干流与汾水及泾、洛、渭河两个主要洪水来源区，并对三门峡至花园口区间第三个洪水来源区发生的洪水，能起到错峰和补偿调节作用，在小浪底水库投运前，三门峡水利枢纽工程作为黄河下游最后一道屏障，在几十年的防洪、防凌等运用实践中发挥了巨大的作用。改造后的三门峡已经安全运行几十年，对黄河下游地区发挥了一定的防洪、防凌、发电、供水、灌溉等综合社会效益。自 1949 年以来黄河从未决口泛滥，三门峡水坝是功不可没的。1982 年 7 月底，三门峡至花园口区间的干支流 4 万 km^2 的流域面积，普降了暴雨和大暴雨，花园口水文站洪峰流量达 15 300 m^3/s，7 d 洪水量为 50 亿 m^3。面对这场洪水，由于三门峡水利枢纽和其他滞洪工程同时发挥作用，使洪水安全入海。1967—1983 年的 17 年间，黄河下游出现的严重凌情有 6 年，但由于三门峡水利枢纽的成功控制，解除了凌汛危害。如果没有三门峡水利枢纽，则难以保证几十年来黄河下游的安澜。

2001 年年底全部竣工的黄河小浪底水利枢纽工程，已成为黄河下游重要的生态屏障之一。小浪底水利枢纽工程位于河南省洛阳市孟津县小浪底，距三门峡水利枢纽 130 km，是黄河干流三门峡以下唯一具有较大库容的控制性工程，是黄河干流上的一座以防洪、减淤为主，兼顾供水、灌溉和发电，蓄清排浑，除害兴利，综合利用的大型综合性水利工程，是治理开发黄河的关键性工程。坝顶长 1 667 m，坝高 160 m，水库面积达 272.3 km^2，控制流域面积 69.42 万 km^2，占黄河流域面积的 92.3%；总装机容量为 180 万 kW；水库总库容 126.5 亿 m^3，其中，调水调沙库容 10.5 亿 m^3，死库容 75.5 亿 m^3，长期有效库容 51 亿 m^3；每年可增加 40 亿 m^3 的供水量。它的建成可有效地控制黄河洪水，可使黄河下游花园口的防洪标准由 60 年一遇提高到 1 000年一遇，可基本解除黄河下游凌汛的威胁，减缓下游河道的淤积，小浪底水库还可以利用其长期有效库容调节非汛期径流，增加水量用于城市及工业供水、灌溉和发电。它处在黄河流域承上启下控制下游水沙的关键部位，控制黄河输沙量的 100%，可滞拦泥沙 78 亿 t，20 年内下游河床不会淤积抬高。

自 2001 年小浪底工程建成投入运行后，取得了巨大的社会效益、生态效益和经济效益。黄河下游连续 10 年安全度汛。10 年来，工程充分发挥了水库的拦蓄调节作用，化洪水为资源，累计向下游供水 2 079亿 m^3，实现了黄河连续 10 年不断流，改善了小浪底库区和下游河口地区的生态环境。10 次调水调沙，约 6.5 亿多 t 泥沙被冲入大海，使下游主河槽最小平摊流量从不足 1 800 m^3/s 增大到目前的 4 000 m^3/s。截至 2009 年年底，累计发电 424 亿 kW · h，为地方经济发展做出了贡献。

有专家认为，小浪底水库建成后，三门峡水库仍必不可少。若遇到千年一遇的特大洪水，仍然需要三门峡、小浪底、故县、陆浑“四库联调”滞洪。在不放弃原有大坝、不破坏原有电站的前提下，进一步改造完善三门峡水库的泄洪、排沙功能；在逐步恢复潼关河床高程的同时，小浪底等水库投入运用并实行联合调度后，黄河下游“上拦下排、两岸分滞”的防洪工程体系也将日趋完善。

2.6 西南与华南山区生态屏障的现状及其保护与建设

西南与华南山区生态屏障区包括贵州省南部、云南省哀牢山以东地区、珠江流域全部（广西全部及广东省大部）和海南省全部。云贵高原平均海拔 1 000 ~ 2 000 m，大部分地区为山地性高原，滇西为横断山系纵谷山区。元江以东的岩溶高原（滇东高原）是云贵高原的主体。

本区内的怒江（境外为萨尔温江）、澜沧江（境外为湄公河）、元江（境外为红河）等都是流向东南亚的外流河。本区的生态安全，不仅是其本身生存与发展的根本保证，而且是云南南部与东南部、珠江流域全部以及东南亚各国广大地区的重要的生态屏障。本生态屏障区的保护与建设，由滇西山区（横断山及其余脉）生态屏障区、滇南高原生态屏障区、西江源（滇东南的南盘江和黔南的北盘江）岩溶山区生态屏障区、南岭粤北山区生态屏障区及海南黎母岭花岗岩山区生态屏障区6部分组成。本节主要讨论西南岩溶山区生态屏障区和珠江流域山区生态屏障区的保护与建设。

珠江流域跨越我国云南、贵州、广西、广东、湖南、江西6省（区）及越南东北部，还涉及香港、澳门特别行政区，我国境内流域总面积44.21万km^2。2004年，珠江流域有人口9 935万人，耕地443.47万hm^2，国内生产总值占全国国内生产总值的13%，外贸出口总值约占全国的37%，在我国国民经济建设中占有很重要的地位。

2.6.1 西南岩溶山区当前主要生态环境问题

碳酸盐岩经雨水溶蚀后形成的岩溶地貌在我国分布广泛（图2-5，引自http://image.baidu.com）。岩溶区又称为石灰岩区或喀斯特区。在岩溶山区，碳酸盐岩往往与页岩、砂岩交错并存。中国岩溶区总面积344.3万km^2，占国土总面积的35.9%。其中，裸露岩溶石山区约90.7万km^2，浅覆盖岩溶区约115.3万km^2，埋藏岩溶面积约138.3万km^2。我国岩溶区可分为南部、北部、西南部和东南部几大区域，以云贵高原和广西山区岩溶面积最大，主要集中成片分布在以贵州为中心的滇、黔、桂、川、湘西、鄂西南、渝东南等地区，面积约55万km^2，占全国岩溶面积的16%。这里居住着1亿多人口，以农业为主，人口密度大，人地矛盾突出。岩溶县（岩溶面积大于30%的县）贵州有75个，云南60个，广西44个，四川35个，湘西11个，鄂西8个。广西和贵州是我国碳酸盐岩岩溶面积最大的自治区（省），广西占全自治区土地面积的51.8%；贵州占全省土地面积73%。

西南与南方岩溶山区碳酸盐岩岩溶环境大体可划分为以新华夏系一级隆起带为主的裸露型岩溶区、以湘桂沉降带为主的覆盖型岩溶区、以川南重庆沉降带为主的埋藏型岩溶区以及滇东断陷盆地和山地岩溶区。西南与南方岩溶山区环境有6类地区：岩溶峰丛洼地区、岩溶峡谷区、岩溶高原

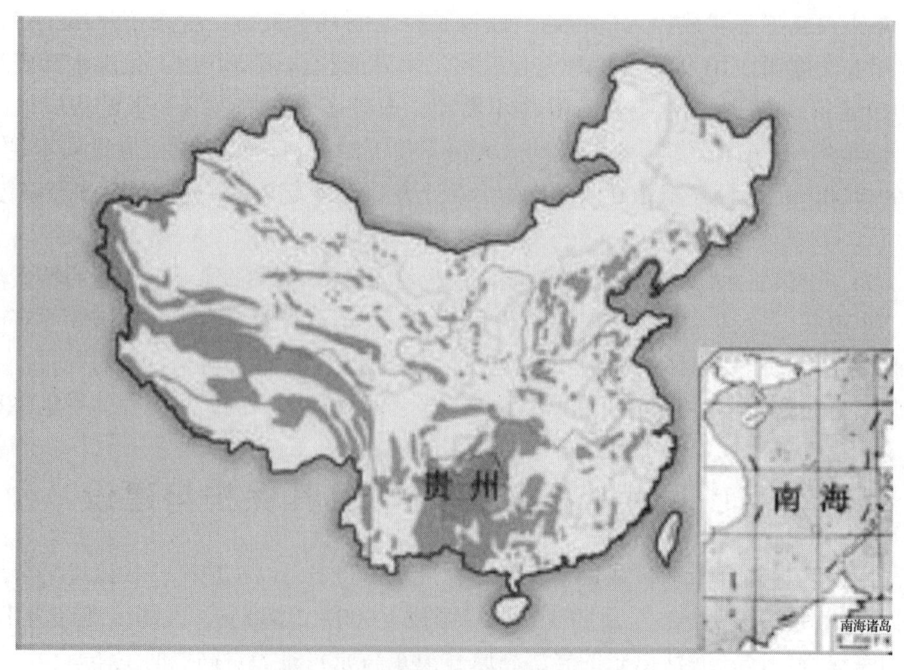

图2-5 中国岩溶地貌分布示意图

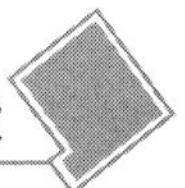

区、岩溶断陷盆地区、岩溶峰林平原区、岩溶槽谷区。

云贵高原和南方岩溶山区农村生态环境脆弱，目前仍存在一系列生态环境问题。

（1）土壤侵蚀和土地石漠化严重。最突出的问题是土壤侵蚀和土地石漠化（图2－6，引自 http：//image. baidu. com）。西南各省（自治区）的岩溶区石漠化面积占土地总面积的6.3%～12.8%（表2－3）。石漠化的成因，除气候和地质构造等自然因素外，人为因素是主要原因。由于岩溶地区人口密度大，人们为了生存和发展，不惜过度开发土地资源，长期进行大面积陡坡毁林开垦、刀耕火种、过度樵采、过度放牧、滥开矿产等自毁家园的活动，以致形成“人增→滥垦→林退→土壤侵蚀→岩石出露→石漠化”的恶性循环。

表2－3　云贵高原与西南岩溶山区岩溶及石漠化分布状况

省（区、市）、地区	黔	桂	滇	川、渝	鄂西	湘西*
岩溶分布面积（万 km²）	13	9.5	11.21	8.2	4.1	5.7
占土地总面积（%）	73	41	29	15	22	27.3
石漠化面积（万 km²）	2.25	1.88	3.48	3.55		1.74
占土地总面积（%）	12.8	8	8.8	6.29		8.3

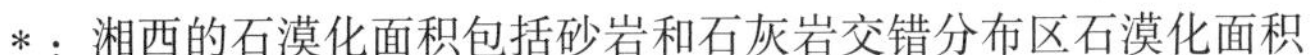
*：湘西的石漠化面积包括砂岩和石灰岩交错分布区石漠化面积

图2－6　岩溶山区土地石漠化

黔、滇、川、渝部分地区的石漠化面积已接近或超过所在地区总面积的10%，如贵州六盘水（27.9%）、安顺（24.6%）、黔西南（23.4%）、毕节（16.1%）、黔南（14.6%）、铜仁（9.4%），广西的百色与河池（＞12%），滇东，川、渝的涪陵（12.8%）、泸州（9.5%）、万州（9%）等。更严重的是西南岩溶山区石漠化目前仍在快速发展。在黔南、桂西1.6万 km² 的范围内，岩石裸露率大于70%的严重石漠化区域的面积，近10年来以每年91.4 km² 的速度增加。大片地区无水、无土，以致失去了人类生存的基本条件。

石漠化的快速扩展不仅直接威胁西南岩溶山区人民的生存与社会经济的可持续发展，而且还因该地区处于长江和珠江两大流域的上游，石漠化的快速发展不利于两江上游生态屏障的建设，并影响两江中、下游沿岸地区的生态安全。因此，这一地区成为长江、珠江防洪体系中生态建设的重点地区之一（苏维词，2002）。

（2）土地生产效率低。由于地表水漏失、深埋，耕地少且瘠薄而分散，石漠化地区的粮食平均单产仅约2 265 kg/hm^2，远低于全国平均水平。树木胸径的年生长速度约4 mm，也远低于非岩溶山区，土地生产效率很低。

（3）自然灾害频繁。岩溶区的耕地主要分布在岩溶平原和盆地，主要自然灾害是旱灾。在降水偏少年份或旱季，耕地无水灌溉，形成大面积旱片低产田。如桂中旱片，耕地面积5.53万hm^2，全部为中低产田。类似的旱片在云南的蒙自、湘中等地也有分布。在降水偏多年份或雨季，岩溶洼地、岩溶盆地又常常因发生洪涝灾害而受淹，少则几天，多则几个月，最长的达一年多，造成减产甚至失收。长江和珠江近年来频繁发生的旱涝灾害，与西南岩溶石漠化区严重的水土流失也有密切关系。

（4）农村产业结构单一。粮食种植业产值一般占农业总产值的80%以上，多种经营和农业产业化经营举步维艰，农民收入水平很低，大批青壮劳动力外出务工挣钱。

由于以上原因，云贵高原和南方岩溶山区贫困形势仍然严峻。在云贵高原和南方岩溶石漠化区的300个县中，共有贫困县153个。全国岩溶区的贫困人口，也主要集中在云贵高原和南方岩溶山区。

当前，在云贵高原和南方岩溶山区内，以贵州山区农村生态环境问题最为突出，主要表现在：

（1）森林覆盖率很低。由于岩溶地貌广布，山坡大多为土石坡，石多土少且土层分布极不均匀，土壤保水性差，而且盛夏在太阳直射下石表温度可高达70℃以上，使得林草生长受到限制；加上人为乱砍滥伐、陡坡垦殖、石山垦殖，导致森林面积大幅减少，因而森林覆盖率很低，连同灌木林地，20世纪末全省平均森林覆盖率仅为20.8%，在南方12个省、自治区中处于末位。新中国成立初期，贵州许多地区的森林覆盖率曾经达到30%左右，但到80年代中期迅速下降到平均12%左右，少数岩溶地区森林覆盖率低于5%。由于森林覆盖率降低，大大削弱了森林植被调节气候、涵养水源、保持水土等生态功能，使水土流失加剧，石漠化面积不断扩大。

（2）水土流失和石漠化趋势依然非常严重，石漠化面积不断扩大。贵州省人口密度从1949年的88人/km^2增加到2001年的216人/km^2，而人均耕地却从0.127 hm^2锐减到0.05 hm^2，且80%属于坡陡贫瘠的低产坡耕地，这种人口密度与人均耕地的剪刀差，是贵州省的水土流失和石漠化越来越严重的根本原因。水土流失面积由20世纪50年代占土地面积的14.2%，60年代的19.9%，80年代的28.4%，发展到21世纪初的43.5%，约7.69万km^2。全省平均每年土壤侵蚀量达28 566万t，平均每年进入河流的泥沙量为6 625万t。据遥感资料，在20世纪末，岩石裸露率大于30%的石漠化地区有10.04万km^2，占全省土地面积的61%；岩石裸露率大于50%的石漠化地区达7.55万km^2，而且每年仍在以933 km^2的速度扩大。

（3）土壤肥力下降。由于水土大量流失，使得土层变薄和石漠化；同时又大量使用化肥，使土壤有机质减少，造成土壤板结，保水保肥能力降低，土壤肥力下降，导致中低产田比例高，农业土地生产力低。

（4）自然灾害频繁发生。省内降雨虽然丰富，但由于大部分地区岩溶地貌发育，降水沿陡坡迅速进入河流或渗入地下，形成特有的几乎每年都要发生的岩溶干旱。而在一些洼地、盆地，由于降水不能迅速排出又造成洪涝灾害。

（5）环境污染严重。工业区和乡镇企业的污染严重，并危及周边农村。例如，贵阳地区已成为

南方主要的酸雨区之一。

云南岩溶山区农村的生态环境问题也相当严重。

云南低纬度、高海拔的自然地理环境，造就了地域分异明显以及立体的、丰富多样的气候类型。云南的地势从西北向东南倾斜，大致分三大阶梯递降，一般以元江谷地和云岭山脉南段谷地为界划分为东西两大地形区。东部云南高原面上的地形起伏表现相对和缓，发育着各种类型的岩溶地貌；西部是以横断山脉为主的纵向岭谷区，该区北段为高山峡谷区，南段地貌逐渐趋于和缓，特别在西南及南部边境地区，河谷开阔，地势相对平缓。

滇西北地区地表植被覆盖虽具有一定优势，但由于海拔高、坡地陡、低温少雨等自然环境条件的制约，综合生态环境质量与滇东北大部分地区一样，处于全省中偏差的水平；滇中广大地区位于地势起伏相对平缓的云南高原面地带上，自然环境条件相对优越，但由于人类活动的长期扰动影响，致使地表植被覆盖水平低，综合生态环境质量与滇东北局部地区同处于全省中等偏上水平；滇东南地区由于特殊的喀斯特地貌及石漠化的影响，生态环境综合质量的分布状况比较复杂、破碎，在一些地表无植被覆盖地区，由于土壤完全流失发生石漠化，致使生态环境状况极为恶劣，基本已经丧失植物生存的必要生态环境条件；滇南地区，与滇西部分地区一样，生态环境质量总体较好（甘淑等，2006）。

岩溶地貌在云南分布也较为广泛，全省岩溶面积达 11.1 万 km^2，在全国各省（区、市）中位居第二，仅次于贵州省，占全省土地总面积的 29%。全省 16 个地、州、市均有岩溶分布，在 128 个县（市、区）中，118 个有岩溶分布，占 92.2%。在岩溶面积达到 30% 以上的 64 个集中分布的岩溶县中，岩溶面积共 94 463.4 km^2，占全省岩溶面积的 85.2%。

云南省山区森林植被受到严重破坏后，水土流失十分严重。根据遥感测定，云南全省水土流失面积 14.6 万 km^2，占其国土面积的 37%。全省每年流失土壤 5 亿 t，超过长江年输沙量的 1/3。其中，岩溶地区水土流失更为严重，并已造成了云南岩溶地区严重的石漠化，石漠化面积已达 34 772.76 km^2，占土地总面积的 8.8%，占岩溶面积的 31.36%，占西南岩溶石山地区石漠化面积的 27%，是西南岩溶石山地区石漠化面积第二大省，其中，尤以文山、红河及曲靖等 3 个地、州、市最为严重。在 64 个岩溶县中，石漠化面积达 34 685.8 km^2，占岩溶面积的 36.73%，占云南省石漠化总面积的 99.75%。其中，轻度石漠化面积占石漠化总面积的 25.72%，中度石漠化面积占 35.20%，重度石漠化面积占 39.08%（张云等，2010）。虽然近年来加大了水土保持的力度，每年治理水土流失面积 2 000 km^2左右，但人为和自然造成的水土流失发展态势仍然严峻。

由于全省岩溶分布广、石漠化程度严重，导致了岩溶地区“山穷、水枯、林衰、土瘦”，生态环境恶化，加之交通不便等原因，多数岩溶地区人民生活仍处于贫困状态。岩溶地区多为少数民族聚居区，有近 200 万少数民族人口，同时又是经济文化欠发达地区，有 8 个国家级贫困县。

云南省湖泊较多，湖泊区是云南重要的生态经济建设区，它们具有特殊的生态经济功能，在蓄水、调节气候、工农业用水、水产养殖、旅游开发等方面都有重要作用；湖区由于拥有优良的地形、水利和土壤等条件，成为云南省粮食作物主产区；湖泊也是云贵高原生态屏障的重要组成部分。云南的湖泊，多集中于高原中部湖盆区，全省有大小湖泊 40 余个，湖泊水域面积约 1 100 km^2，集水面积 9 000多 km^2，占云南省总面积的 2.28%，较大的湖泊有滇池、洱海、抚仙湖等。目前，云南高原湖泊突出的环境问题表现为：水体污染加重，富营养化进程加快；生态环境恶化，生物特别是鱼类多样性减少；由于集水区水土流失严重，湖泊淤积萎缩加快。

云南草地面积也较大，总面积 1 526.67万 hm^2，占全省土地总面积的 38.7%，其中，有效面积 1 186.67万 hm^2。分为高寒草甸、亚高山草甸、山地草甸、山地灌丛草丛等 11 类草地。其中，温带、寒温带草地占全省草地总面积的 12.42%，亚热带草地占 53.71%，热带（包括南亚热带和干热河谷）草地占16.79%，零星草地占16.8%，湖河草地占0.28%。草地是牧业的基地，也是云贵高原生态屏障的重要组成部分。目前，全省草地生态主要存在以下问题：草地面积的83.44%出现不同程度的退化，其中，严重退化草地占15.34%，中度退化的占33.36%，轻度退化的占34.74%；天然草地产量低、质量差，毒害草种类多，危害严重；人工及改良草地建设速度缓慢；由于盲目开垦草地，天然草地逐年减少；在高山草地上滥采虫草、雪莲等药材，对草地生态也造成不同程度的破坏（吴维群，2001）。

2.6.2 西南岩溶山区生态屏障保护与建设的主要措施

（1）控制人口数量，增强环保意识。在有效控制人口数量增长同时，还要加强环境教育，唤起干部与群众保护环境和可持续发展的意识，增强生态建设的紧迫感与责任感。

（2）退耕还林还草，提高林草覆盖率。这对遏止和治理岩溶地区的石漠化，实现生态环境的恢复与重建具有特别重要的意义。按照“退耕还林、林草结合、封山绿化、以粮代赈、个体承包”的要求，对35°以上的坡耕地一次性退耕还林，对25°以上坡耕地逐步还林还草。植树造林以长江、珠江分水岭地带的防护林建设作为重点。对荒山、秃岭、石山、半石山有计划分步骤地植树种草，选用适宜的树种、草种，提高林草覆盖率。在不同自然条件、不同经济条件的地区建立一些退耕还林示范区，在示范区内因地制宜种植经济林草、防护林、薪炭林，争取在取得生态效益的同时也取得一定的经济效益（详见本书5.2节、6.1.2节与6.1.3节）。

（3）保护农业生态环境，发展生态农业。选择推广普及适合不同地区自然与经济条件的农村生态工程，要特别着重建立山区农村可再生能源（以生物质能和小水电为主）体系，实现发展生产、改善民生与保护环境同步（参阅本书3.10节、3.11节、3.13节、3.16节、4.2.2节）。

（4）加强自然保护区建设。在原生性较强的天然林区、江河源头区、饮用水源、珍稀动植物的原生地，根据“严格保护、合理利用、持续发展”的原则，加强自然保护区的建设。对已建立的自然保护区，对该严格保护的要禁止开发；对可适度开发的则要合理开发、永续利用，以增强自然保护区的活力，做到生态效益与经济效益并举。

（5）保护和恢复草地与湖泊的生态功能。保护和恢复草地的主要措施有：对高寒草甸进行封育；对不宜进行全垦建植人工草地的地方，通过打塘及沿等高线补播、施肥等各种人工措施，恢复和提高草地生产力；在滇东北、滇西北实施牧草飞播；在中海拔和低海拔平缓丘陵，相对连片的退化草地、抛荒地、开垦草地、退耕地，重建人工草地植被；分地区建立优质牧草种子良繁基地；在农林牧交错区，利用冬闲田，种植优质豆科牧草、苕子、一年生黑麦草、燕麦草等，实行粮—草轮作，既可以增加季节性临时草地发展畜牧业，缓解牲畜对草地的压力，又可增加有机肥，提高地力，以牧促农。保护和恢复湖泊，主要靠湖区城镇发展循环经济和建设生态城镇，靠发展生态旅游业，控制污染源，同时保护水体的生物多样性，在提高水体生产力的同时，提高水体自净能力。

（6）积极发展低消耗、无污染、少污染的生态工业，发展循环经济，推广清洁生产。对企业生产中有害生态环境的能源结构、生产工序和经营方式等限期进行改造；对高消耗、高污染且不能及时改造的企业要停止生产，减少工业“三废”对城镇周边农村生态环境的污染。

2.6.3 珠江流域山区农村生态环境特点与现状

珠江是我国七大河流之一，流域总面积44.21万km^2，占全国土地总面积的4.5%，主要流经云南、贵州、广西、广东4省区，辖完整县、部分县177个。流域周缘为山地环绕，北有南岭和苗岭，西北有乌蒙山、西有梁王山等与长江流域分界，西南以哀牢山余脉与红河流域分界；南以十万大山、六万大山、云开大山、云雾山脉与桂、粤境内其他河流分界；东以武夷山脉、莲花山脉与韩

江流域分界。砂页岩占流域总面积的35.67%；其次为碳酸盐岩，占31.80%；第三是花岗岩，占11.98%；其余母岩占20.55%。碳酸盐岩不易风化而被缓慢溶蚀，土层浅，秃山裸岩较多，侵蚀后果严重，其土壤侵蚀面积占各类母岩土壤侵蚀总面积的40.50%。分布于广东、广西地区的花岗岩，易风化，风化壳深厚，流失面积虽小，但崩岗侵蚀发育，侵蚀量大。流域内中、低山面积很大，占珠江防护林规划区面积的75.02%，丘陵面积占11.70%，平原面积占10.51%，高山面积仅占1.57%，其他占1.2%。

生态建设规划区内总人口7 508.09万人，其中，农业人口占83.76%；人口密度185.43人/km^2，为全国平均人口密度的1.38倍。少数民族众多，以壮族最多，苗族次之。珠江流域是我国国民经济和工农业生产的重要基地，也是我国西南经济区与珠江三角洲等我国南部沿海对外开放区的连接地带。

珠江流域由西江、北江、东江及珠江三角洲诸小河等4个水系组成。西江是珠江的主干流，全长2 214km，由南盘江、红水河、黔江、浔江及西江等河段所组成，主要支流有北盘江、柳江、郁江（左江、右江）、桂江及贺江等，流域面积353 120 km^2，占珠江流域面积的77.8%；北江河长468 km，流域面积46 710 km^2，占珠江流域面积的10.3%；东江河长520 km，流域面积27 000 km^2，占珠江流域面积的5.96%。珠江具有独特的“三江汇集，八口分流”的水系特征。珠江三角洲占珠江流域总面积的5.91%，是典型的冲积平原与河网地带。珠江年均河川径流总量为3 360亿m^3，其中，西江2 380亿m^3，在全国各大河流之中仅次于长江，西江洪水峰高，量大，涨、落较慢，历时长，历史上西江与北江三角洲河网区较大洪水灾害的成因主要是西江流域暴雨造成的；北江年均河川径流总量为394亿m^3；东江年均河川径流总量为238亿m^3；珠江三角洲地区年均河川径流总量为348亿m^3。径流年内分配极不均匀，汛期4—9月约占年径流总量的80%，6—8月3个月则占年径流总量的50%以上，以致夏、秋季洪水灾害成为珠江流域发生频率最高、危害最大的自然灾害，尤以中、下游和三角洲地区为甚。例如，1998年6月发生的西江大水，造成广东、广西1 500万人和54万hm^2耕地受灾。

珠江流域气候属亚热带季风气候，年平均降水量为1 200 ~ 2 200 mm，降水量由东向西递减。一般山地降水较多，平原河谷降水较少。流域内地带性土壤有赤红壤和红壤；在云贵高原部分地区还有发育于砂页岩、花岗岩上的黄壤和湿润森林植被下发育的黄棕壤分布；同时还分布有大面积的非地带性土壤，主要有石灰岩母质上发育的石灰土及紫色砂页岩上发育的紫色土。林业用地占土地总面积的60.76%，森林覆盖率为44.57%。地带性典型植被有偏湿性的季风常绿阔叶林，其他类型还有常绿针叶林、山地常绿阔叶林等。常见的有壳斗科的青冈属、栲属、石栎属，樟科的樟属、楠木属等。此外，还有杉科、松科、山茶科、柏科、木兰科、竹亚科等100多个科，2 000多种，富有生物多样性。当前森林资源存在的主要问题：林种结构不合理，用材林多，防护林少；龄组结构不合理，中、幼龄林比重过大；资源分布不均，林分质量差，树种单一。

珠江中、上游大多为山地，由于不合理的耕作方式、矿山开发、森林破坏等因素造成了严重的水土流失。珠江全流域水土流失面积达60 968.45 km^2，占流域国内部分总面积的13.8%，土壤侵蚀总量为2.18亿t，年均土壤侵蚀模数510 t/km^2。珠江流域水土流失主要发生在云贵高原、广西盆地等石质山区。珠江中、上游的云南、贵州、广西境内的土壤侵蚀面积分别为23 706 km^2、21 313 km^2和10 451 km^2，分别占整个珠江流域土壤侵蚀面积38.88%、34.96%和17.14%。从危害特点看，石质山区的坡耕地水土流失所引发的石漠化直接威胁当地群众的生存，这种情况在贵州、广西两省（区）最为严重。

贵州苗岭以南山区、滇东南山区、桂西北山区及南岭和粤东北山区是珠江流域的水源地区。滇、黔、桂西江水源区大多为岩溶和砂页岩山区，粤北北江水源区多为花岗岩或岩溶山区，这些山区的生态环境都比较脆弱。不同母岩和地貌类型土壤侵蚀程度具有明显的差异。据统计，中、低山类型土壤侵蚀面积为537.45万hm^2，约占侵蚀总面积的70.03%，其中，又以低山侵蚀最为严重，占37.00%；其次为丘陵岗地，占20.54%。中、低山及丘陵岗地水土流失面积比重大，石漠化严重，与大面积毁林开荒、坡耕地种粮以及山高坡陡有密切关系。

广西喀斯特地形面积占全自治区面积的51.8%，岩溶面积占30%以上的县有48个（其中，占40%以上为30个）。岩溶区面积782万hm^2，占48个县土地总面积的64%；人口为2 066万人（1997年），占全区总人口的45%。广西石漠化较严重的土地面积占全区石山区的1/3。

2.6.4 珠江流域分区生态建设

珠江流域的生态建设，宜依据珠江干流各河段及一级支流集水区范围内的生态环境特点及存在的主要问题分区进行。

（1）南、北盘江流域生态建设区。该区位于珠江流域的西部和西北部，涉及云南、贵州和广西3省（区）的28个县、市、区，土地面积为6.35万km^2，占全流域总面积的15.67%，是我国少数民族聚居区，也是我国扶贫攻坚和实施西部大开发战略的重点区域。本区为云贵高原向华南山地丘陵的过渡地带，地势西北高、东南低，是以中、低山地为主的侵蚀山地，碳酸盐岩类分布面积5.0万km^2，占分区土地总面积的78.7%。气候类型属我国西部高原季风气候。土壤以山地红壤为主，其次有山地黄壤、紫色土及石灰土等。土层较薄，植被一旦遭受破坏，极易发生严重的水土流失和石漠化，且很难恢复。地带性植被为常绿阔叶林，在石灰岩地区具有发达的岩溶植物区系。目前，森林覆盖率24.04%，林分质量较差。

目前，存在的主要生态环境问题：长期以来，由于人地矛盾激化，当地农民对土地进行掠夺式开发利用，大面积陡坡被开垦，形成“越垦越穷，越穷越垦”的恶性循环。全区水土流失日趋严重，目前已达2.67万km^2，占分区总面积的42.01%，年土壤侵蚀模数达1 400.73 t/km^2；2003年，土地石漠化、半石漠化的面积已达1.70万km^2，占分区土地总面积的26.8%，是珠江流域水土流失和石漠化较严重的地区之一。全区饮水困难人口593万人，占农村人口的18.2%；饮水困难牲畜437万头，生态环境的恶化已经威胁到当地群众的生存和经济与社会的发展。

主攻方向：在保护好现有林草植被的基础上，以人工造林和封山育林相结合，加快造林步伐，增加山地森林植被，全面防治石漠化，同时要突出对低效防护林的改造，改善林分质量，增强森林保土蓄水的生态功能。

措施与效益：本区水土保持综合治理试点工程，采取以小流域为单元进行综合治理；以治理坡耕地为重点；退耕还林，促进林草植被建设；加快农村能源建设，促进生态修复；培育替代产业，减少农业人口，降低生态负荷等一系列措施进行生态修复与建设。在工程措施方面，共实施了坡改梯1 146.9 hm^2、营造水保林8 718.6 hm^2、果木林1 153.5 hm^2、种草285.2 hm^2、封育管护林11 605.9 hm^2，修建蓄水池（水窖）1 108个、谷坊4座、人畜饮水工程10处、沟洫工程54.0 km、沼气池4 239个（建设一口沼气池平均每年可减少植被破坏面积约700 m^2），同时大力推广等高耕作、横坡耕作、沟垄种植、间作套种等保土耕作措施，大力开展坡面水系和田间水系建设，兴建拦、排、蓄、灌相结合的小型、微型水利水保工程。按照分段拦蓄、除害兴利的原则，在坡面上布设截水沟、排洪沟、引水渠、沉沙池、蓄水池等设施，形成从坡顶到坡脚的蓄、引、排、灌系统。降雨时层层拦截径流，引入蓄水池存储，多余径流从排洪沟排入溪沟，力求泥沙不下山，坡水不乱流；干旱时则利用不同高程的蓄水池就近浇灌作物，做到高水、高蓄、高用，低水、低蓄、低用，提高了水资源利用率。经过3年（2003—2005年）的努力，共有1 417.9 km^2的水土流失面积得到初步治理，244 km^2的石漠化土地和336 km^2的潜在石漠化土地面积得到整治，土地石漠化趋势得

到有效遏制，抢救了土地资源，改善了生态，保护和改善了耕地，促进了地方经济发展。

（2）左、右江流域生态建设区。本区位于珠江流域西南部，为左、右江水系的自然集水区。涉及广西和云南两省、自治区的27个县、市、区。土地面积为6.83万km^2，占全流域总面积的16.86%。本区为国家扶贫开发地区。地貌类型以中山、低山、丘陵和岩溶石山为主，丘陵、平原、台地和盆地相交错。气候类型为南亚热带湿润季风气候。地带性土壤为砖红壤、赤红壤和红壤；隐域性土壤有石灰土和紫色土。地带性植被类型为季雨林，一般分布在海拔700 m以下；700～1 300 m为常绿阔叶林；海拔1 300 m以上则分布中山常绿、落叶阔叶混交林和中山针叶混交林。目前，森林覆盖率33.67%。

目前存在的主要生态环境问题：本区河流短急，比降大，夏涨冬枯，暴涨暴落，加之大面积石漠化现象严重，极易造成洪涝、干旱、河溪断流和泥石流灾害，严重影响水利、水电设施和人民生命财产安全。

主攻方向：在现有森林资源的基础上针对本区防护林少，用材林、经济林比重较大，森林整体防护效能低的特点，突出结构优化和调整，改造低效防护林，提高森林质量，遏制石漠化进程，同时通过人工造林和封山育林相结合，建设以水源涵养林为主体的防护林体系。

（3）红水河流域生态建设区。本区位于珠江上游红水河段，包括红水河、柳江水系集水区，涉及广西、贵州两省（区）的38个县、市、区，面积为10.35万km^2，占全流域总面积的25.55%。本区是全国扶贫攻坚的重点区域。本区属云贵高原南部边缘山岭的延伸地带，北部为南岭山脉的南缘，南部为广西盆地的主体。地貌主要有岩溶地貌和土山地貌两类。气候属南亚热带山地气候类型，土壤类型以地带性的红壤和岩溶地区的石灰土为主。地带性植被为南亚热带常绿阔叶林和常绿落叶阔叶林，岩溶地区植被为石灰岩常绿落叶阔叶混交林，原生植被已被破坏殆尽。植被破坏后演变为各种亚热带次生林、灌丛和草丛。目前，森林覆盖率39.02%。

目前存在的主要生态环境问题：本区水热条件优越，植被天然更新能力强，但现存林分质量差，保水、保土能力弱。石灰岩地区土壤瘠薄，水土流失及石漠化现象十分严重。本区水力资源丰富，已修建了一些重要的水利水电工程，并且国家计划将在红水河建设10个大型阶梯电站，总装机达1 108万kW，这些工程急需一个比较完备的生态屏障确保库区安全。

主攻方向：本区森林覆盖率较高，但要突出低效防护林的改造力度。荒山造林要以封山育林为主，辅以人工造林。在中山、低山区，尤其是立地条件较差的石质山区、石漠化严重地区，还有大面积的宜林荒山荒地，应在加强封山育林的同时，加大人工造林力度，增加森林植被。

（4）珠江中、下游生态建设区。本区位于珠江流域下游，为浔江、西江、桂江和贺江等水系的自然集水区。涉及广西、广东和湖南3个省（区）的45个县、市，总面积8.49万km^2，占全流域总面积的20.96%。本区大部分地区经济较为发达。本区北部为南岭山脉的西段，南部地势较低，中部为广西盆地的一部分，以平原、台地和丘陵为主。气候类型为南亚热带季风气候，4—7月为雨季，常出现洪涝灾害。地带性土壤主要为赤红壤、红壤，隐域性土壤以石灰岩发育的土壤为主。一般土层深厚，适合多种植物生长。地带性植被为南亚热带常绿阔叶林，但现存植被以较大面积的马尾松林、杉木林和桉树林等人工纯林为主，森林覆盖率为56.64%。

目前存在的主要生态环境问题：本区具有较优越的自然条件，但过去通常采用全垦、炼山、大面积营造纯林等毁林造林的错误造林营林措施，既造成了严重的水土流失，也使林木生产力降低，森林的防护功效偏弱。同时，由于本区地处珠江干流下游，承接南、北盘江流域区，左、右江流域区和红河水流域区的大部分径流量，中、上游的水情恶化，是造成该区洪涝灾害频繁发生的重要原因，而下游为经济发达的珠江三角洲，工商业重镇星罗棋布，一旦发生洪涝灾害，损失惨重。

主攻方向：本区洪涝灾害特别严重，生态建设应以增强林分保水蓄水功能为突破口，营建以水源涵养林、水土保持林为主的防护林；在石灰土和紫色土地区，应加强山林封育措施；在立地条件较好地区，可通过人工造林迅速恢复植被。

（5）东、北江流域生态建设区。本区地处珠江流域的东部，为东江、北江两大水系的自然集水区，涉及广东、江西和湖南3个省的49个县、市、区。总面积8.49万 km^2，占全流域总面积的20.96%。本区以低山、丘陵和水洼地地貌为主。大部分地区属南亚热带季风气候。地带性土壤为赤红壤，海拔450 m以上为山地红壤，海拔700 m以上为山地黄壤，还有部分红色石灰土、黑色石灰土和紫色土。植被以马尾松林分布最为普遍，还有连片分布面积较大的南亚热带常绿阔叶林，森林覆盖率63.38%。

目前存在的主要生态环境问题：长期以来，由于森林植被反复被破坏，造成生态环境日趋恶化。该区珠江三角洲地区是我国经济最发达地区之一。东江负有向珠江三角洲及香港、深圳等地区提供清洁用水的任务。随着该区工业的发展，大气污染、酸雨危害、水污染严重，存在严重的水质性缺水，已经危害到当地及香港、深圳等地经济的发展和居民的生活。

主攻方向：突出低效防护林的改造，并加大封山育林和人工造林的力度，建设高效防护林体系。同时，通过以防护林建设为主的生态建设，有效缓解大气污染、工业酸雨和水污染，改善水质，保证该区及香港等地的安全用水。

措施与效益：韶关、河源、梅州三市地处北江、韩江和东江的中、上游，是广东省重要的生态公益型林业生态圈、重要的生态屏障和饮用水源区，生态区位十分重要，有林业用地面积386.04万 hm^2，占广东省林业用地面积的35.1%。目前，森林覆盖率已达68.7%。

1999年以来，广东省先后启动实施了“四江”（东江、西江、北江、韩江）流域水源涵养林、绿色通道、沿海防护林和林分改造等重点林业生态工程，营造国家级生态公益林27.9万 hm^2，省级生态公益林119万 hm^2；建设自然保护区总数达265个，占地总面积114.3万 hm^2，占全省国土面积的6.4%；营造生物防火林带近8万km，面积近10万 hm^2。截至2010年年底，全省森林覆盖率达57%。经测算，全省自然保护区每年涵养水源835 636万t，保持水土3 381万t，固定二氧化碳299.6万t，释放氧气802.2万t（冯岩等，2002；孙治仁等，2005）。

2.6.5 珠江流域防护林体系的保护与建设

（1）工程概况及效益。珠江防护林体系（以下简称珠防林）建设规划区土地总面积为4 049.17万 hm^2，其中，林业用地2 460.17万 hm^2，占60.76%；其他用地1 589.00万 hm^2（其中，可治理石漠化土地476.60万 hm^2），占39.24%。目前，森林覆盖率为44.57%。

珠江防护林一期工程规模为120万 hm^2。二期工程规划面积为4 049.7万 hm^2，占流域总面积（中国境内）的91.59%，二期建设工程规划区范围涉及滇、黔、桂、粤、湘、赣等6个省（自治区）的187个县（市、区），以广西（占45.46%）、广东（占30.48%）为主。一、二期工程已经完成。三期工程建设（2011—2020年）分为5大治理区，重点是南盘江、北盘江、东江、北江、左江、右江、红水河以及珠江中、下游水源涵养和水土保持林的建设正在进行中。

珠江防护林二期工程实施以来，取得了明显效果。

① 二期工程中，6省（区）累计完成营造林121.16万 hm^2，完成低效林改造105.87万 hm^2，工程区森林覆盖率由2000年的44%提高到2010年的51.5%，森林面积由2 558万 hm^2 增加到2 970万 hm^2。广东省工程区森林覆盖率由2000年62.0%提高到2010年的65.5%；云南省森林覆盖率提高了10.6%；贵州省黔西南州8个珠防工程县森林覆盖率增加了5.82%，黔南州6个珠防工程县森林覆盖率增加了5.22%；广西工程区森林覆盖率增加了5.64%。

② 森林蓄积量持续增长，为珠江流域林业发展奠定了基础。目前，工程区森林总蓄积量已达到

13.1 亿 m^3，比工程实施前增加了 3.25 亿 m^3。云南省珠江防护林工程新增加活立木储备 893.98 万 m^3。

③ 流域内保持水土效果明显。按每公顷森林比无林地平均多蓄水 3.75 m^3 推算，仅云南省珠江防护林二期工程营造林面积 17.5 万 hm^2，即可增加森林蓄水量 65.57 万 m^3，减少土壤流失量 52.46 万 t。减少流失土壤中的养分按氮、磷、钾三种元素含量 1% 计算，相当于每年减少流失三种元素的肥料 5.2 万 t。广西钟山县水土流失面积由 2000 年的 2.52 万 hm^2 下降到 2010 年的 2.28 万 hm^2，土壤侵蚀总量由 2000 年的 56.92 万 t 下降到 2010 年的 51.27 万 t。

④ 促进了工程区域经济发展和农民增收。自二期工程实施以来，各省（区）将工程建设与经济发展统筹安排，以防护林为主，多林种、多树种结合，资源培育和产业发展结合，大力发展林业产业。据初步统计，贵州省工程区林业产值由 2000 年的 52 530万元提高到 2009 年的 88 336万元，增长 68.2%；广西的兴宾区仅林木产值就达 8 850万元。各地以人为本，把工程建设作为提高当地人民群众收入、改善生活水平的重要目标，让广大人民群众从工程建设之中真正得到实惠。贵州省工程区林农的年均纯收入由 2000 年的 1 327 元提高到 2009 年的 2 541 元，增长 94.5%。湖南省仅育苗户就增加收入 1 700多万元，并带动相关产业如养殖业、加工业、商贸业、运输服务业的发展，对促进社会就业、社会稳定、加快农村经济发展起到了积极作用。珠江防护林工程建设已迈上了一条生态环境改善、经济快速发展、林农收入增加的“三赢”路子。

据统计，黔南州南部的珠江防护林涉及 6 县。10 多年来，仅珠江防护林营造林就增加林地面积 8 万 hm^2，平均为珠江防护林 6 县提高森林覆盖率 5.1% 以上。据 2005—2006 年调查，6 个县都实现了森林面积、蓄积量、覆盖率“三个同步”增长，有林地由 1995 年的 40 万 hm^2 增加到 60.44 hm^2，增长 51.21%；灌木林地由 8.16 万 hm^2 增加到 21.60 万 hm^2，增长 18.94%；森林蓄积量由 1 626.75 万 m^3 增加到 2 569.03万 m^3，增长 57.92%；森林覆盖率由 37.39% 增长到 48.83%（若加其他灌木林则为 54.14%），净增 11.44%。各工程县在实施过程中，采取“栽针、保阔、抚灌”的造林方式，通过抚育管理，形成针阔混交林模式，林相与天然林极其相似。如杉 + 竹混交、松 + 竹混交、阔 + 竹混交、松 + 南酸枣混交治理模式等，并不断增加阔叶树种品种和比例，拓宽了治理空间，提高了工程建设生态防护效能。同时，部分县结合工程，在打造产业方面也建立了一些成功模式，营造生态兼经济型树种（如竹、板栗等模式）。注意结合本县特点，把珠防林工程建设与水土治理相结合，与山区经济开发相结合，与产业结构调整相结合，与农民的增收致富相结合，在体现生态优先的前提下，积极发展农林产业。据统计，在 4.18 万 hm^2 的人工造林中，用材林占 41.14%，经济林占 22.76%，防护林占 36.1%。

2002 年，黔西南州启动了珠江上游防护林生态屏障建设工程，以实施林业重点工程为契机，以“两江一湖”（南盘江、北盘江、万峰湖）生态建设为重点，建设 6.67 万 hm^2 竹林基地，6.67 万 hm^2 速生丰产林基地，6.67 万 hm^2 人工半人工草场，2 万 hm^2 金银花基地，加快了治理石漠化、建设珠江上游生态屏障的步伐。在生态建设和石漠化治理上实行“三个统一，五个结合”，即山、水、林（草）、田、路、电、沼（沼气）统一规划；以小流域为重点，统一综合治理；根据立体气候的特点，实行统一开发；石漠化地区的封禁治理与人工植树相结合；恢复天然植被与因地制宜发展特色种植业相结合；工程措施与生物措施相结合；石漠化治理与增加农民收入相结合；石漠化治理与实施生态移民工程相结合。同时，自行启动天然林保护工程，建立了 4 个州级自然保护区和 18 个县级自然保护区，保护面积达 2.77 万 hm^2。全州已累计封育山林 3.31 万 hm^2。先后启动了生态、水保、珠防、退耕还林（草）等林业重点工程，实施重点生态治理工程造林 1.24 万 hm^2，水土保持造林 0.9 万 hm^2，珠江防护林工程造林 1.87 万 hm^2，退耕还林工程 3.98 万 hm^2，荒山造林 6.67 万 hm^2，建草场 2.53 万 hm^2，开展了森林分类经营区划，界定重点公益林 17.53 万 hm^2。全州有林面积（含灌木林地）已达63.84万hm^2，森林覆盖率达38%（邓修宇，2006）。

珠江流域涉及广西11个市、94个县（市、区）及9个自治区直属林场，包括11个国家级自然保护区，土地总面积20.51万km^2，占广西土地总面积的86.32%。广西珠江防护林体系已于1996—2000年、2001—2010年完成一、二期建设，共完成营林造林49.10万hm^2，其中，人工造林23.05万hm^2，封山育林23.11万hm^2，低效林改造2.94万hm^2。按林种分，防护林38.05万hm^2，占77.48%；特用林0.02万hm^2，占0.03%；用材林10.14万hm^2，占20.66%；经济林0.90万hm^2，占1.83%。取得显著的生态、社会、经济效益。据统计，工程建设区森林覆盖率提高了5.6%，森林蓄积量增加了1.2亿m^3，森林资源总量的增加和质量的提高，使森林涵养水源和保育土壤的生态功能得到增强，以江河护岸林、水土保持林、水源涵养林为主，商品林为辅的广西珠江防护林体系已初步形成。工程实施后，建设区70%的石漠化土地得到有效治理，水土流失面积由工程实施前的277.17万hm^2减至254.46万hm^2，工程区的生态环境改善显著。同时，工程直接新增森林面积23.05万hm^2，使广西森林碳汇载量潜力得到进一步提高。经计算，林分每年固碳4.18 t/hm^2，释放氧气11.16 t/hm^2。工程新增的森林每年将吸收353.28万t二氧化碳，释放257.24万t氧气（陈秀庭等，2011）。在造林方式上，采取造、封、飞多种形式。在更新良好或人工造林难度很大的岩溶地区，采用封山育林，在边远地区、宜林荒山荒地集中连片、目前又无力量进行人工造林的地方，采用飞播造林。

（2）主要技术措施。

① 林草种类选择。乔木类：杉木、马尾松、木荷、枫香、火力楠、樟类、桉树、拟赤杨、栲类、栎类、红椎、白椎、云南松、青冈、香椿、臭椿、秃杉、华山松、坡柳、冲天柏、侧柏、砚木等树种；灌木类：胡枝子、紫穗槐、丛生竹、算盘子、柃木、金樱子、杜鹃、余甘子等树种；草本主要有白喜草、野古草、白茅、芒萁、蕨类等草种，珠江防护林区内水热资源丰富，草本一般不需人工栽植，自然恢复能力很强（参阅本书6.1.2节）。

② 人工造林。人工造林的宜林地主要包括火烧迹地、采伐迹地、宜林荒山荒地和部分碳酸岩出露面积30%～70%的半石山地和石漠化地区。一般采取带状或块状整地。对于植被覆盖度低、水土流失严重的地段采用穴状整地，不进行条垦和全垦。造林方式以人工植苗造林为主。桉树等一些树种可采用容器苗造林，胡枝子、紫穗槐等部分灌木可采用小苗移栽或点播造林，白喜草、野古草、白茅等草本植物宜采用植草皮、点草籽、封育、飞播等方法营造。水土流失严重的地区，应坚持容器苗造林，以保证造林成活率。造林时间应在秋末至春初。防护林要求适当密植，采用三角形（“品”字形）配置以充分利用林间空地。一般乔木类树种的初植密度为2 505～4 995株/hm^2，灌木类4 440株/hm^2，草本类4 440株/hm^2。以带状、块状或不规则方式混交，混交林比例应在50%以上。要求乔、灌、草相结合，组成复合林冠结构。在水土流失及石漠化较为严重、地被物破坏殆尽的地方，应先栽灌草，后栽乔木。

③ 封山育林。适宜于封山育林的地类主要包括具有天然更新能力的灌木林地、疏林地、残次林地及碳酸岩出露面积在70%以上的石质山地和大部分碳酸盐岩出露面积30%～70%的半石质山地等可治理的石漠化地区。对有天然更新能力的荒山、疏林、飞播林区、未成林区以及现有不能有效地起到防护作用的防护林，采取补、封结合的措施，实行禁封（全封或半封）5年以上。对生态效益低下林分的补植改造也采取封山育林措施。

④ 飞播造林。适宜于飞播造林的地类包括较大面积的荒滩地、较平坦的宜林荒山荒地等。要求飞播地区地被物较少，种子须经包衣处理，飞播后必须进行封育管理。

⑤ 低效防护林改造。为提高珠防林体系的生态效益，要对各建设区内生态功能差、防护效益低的现有林地、灌木林地、疏林地进行改造。对纯林、次生林、灌木林等低效防护林，在保护好现有

的地表植被的基础上，以补阔、补灌、育草等补植方式改造，造林密度不宜过大（冯岩等，2002）。

2.7 大、小兴安岭与长白山区生态屏障的现状及其保护与建设

东北平原是我国最大的重工业基地、重要的商品粮基地和能源（石油、煤）基地。平原的西部有大兴安岭，东北部有小兴安岭，东部有张广才岭、长白山，东南部有千山丘陵。山地海拔一般600～1 000 m。这些山区，不但是我国最大、最重要的林业基地，而且构成东北平原、三江平原的生态屏障，为平原城镇、农村和湿地的气候调节、水源涵养、提供生产和生态用水并防减洪灾提供保障。东部山地和湿地对保障东北亚候鸟类迁徙通道，具有十分重要的作用。东北林地与湿地的生态服务功能价值远高于其直接经济价值。

东北地区的气候主要属于温带季风气候，冬季漫长，夏季温暖、湿润而短促，大部分地区的年降水量为400～700 mm。土壤类型以寒温带的针叶林土和温带的暗棕壤、黑土和黑钙土分布最广，有机质含量高，土壤肥沃，东北地区是世界三大肥沃黑土区之一。东北山地普遍存在季节性冻土，冻结日期4～6个月，冻结深度1～2 m；连续多年冻土主要分布在大兴安岭西北部。由于多年冻土的存在，地表水不易下渗，使土壤表层经常处于过湿状态，引起森林沼泽化，因而大、小兴安岭沼泽广布，分布面积达土地面积的10%以上。冷湿性针阔叶混交林是东北山地的典型地带性植被，针叶树种以红松、兴安落叶松、冷杉占优势，阔叶树种以枫桦、糠椴、山杨、白桦等为主。

2.7.1 大、小兴安岭与长白山区生态屏障的主要生态服务功能

大、小兴安岭与长白山区生态屏障的生态服务功能主要如下。

(1) 东北地区的天然生态屏障。大兴安岭山脉及森林植被抵御着西伯利亚寒流和蒙古高原旱风的侵袭，使太平洋暖湿气流在此涡旋，为松嫩平原营造了适宜的农业生产环境。由于大兴安岭的森林缓解了冬季西北向的干冷气流，降低了风速，从而减缓了呼伦贝尔草原的沙化进程。大兴安岭对保障东北亚生态安全、维护区域生态协调、保障东北亚候鸟类迁徙通道、提高全球生态环境质量具有极其重要的作用。

(2) 维系黑龙江和嫩江流域水量平衡。大兴安岭是黑龙江、嫩江两大水系的源头，有大小河流500余条，年径流量156.40亿 m^3，源头的森林和湿地维系着两大流域的水量平衡，发挥着重要的涵养水源、净化水质、保持水土、调蓄洪水等生态功能，对调节东北平原乃至华北平原的气候，缓解全球气候变暖，都具有重要作用；并能为哈大齐工业走廊和松嫩平原提供生产及生活用水，也是我国东北重要商品粮和畜牧业生产基地的生态屏障。

(3) 保护我国唯一的寒温带明亮针叶林区和生物基因库。大兴安岭林区保存着天然的、完整的寒温带森林、灌木和湿地等多样性生态系统，现有野生动植物资源1 300余种，包括各类植物92科371属966种，鸟类16目40科250种，兽类6目16科56种，鱼类17科84种，两栖动物2目4科17种，是我国仅存的、最具代表性的寒温带生物基因库，具有保护寒温带生物多样性的重要功能。

(4) 我国北方的最大碳汇、碳源和氧源基地。大兴安岭林区是我国天然林主要分布区之一，也是我国唯一的寒温带明亮针叶林区，总面积8.3万 km^2，有林地面积665.1万 hm^2，有52个林场，森林覆盖率79.83%，活立木总蓄积5.14亿 m^3，每年仅纳碳、储碳和制氧等方面创造的生态效益就高达1 163亿元，是我国极为重要的碳储库和碳纳库（刘畅等，2009）。

小兴安岭原始植被主要有：分布在南坡的阔叶红松林原始林，面积占53.8%，小兴安岭林区，以地带性植被红松阔叶林闻名于世；由大兴安岭南延的兴安落叶松形成兴安落叶松林，云冷杉林（云杉、冷杉、红松林），此外，还有灌丛、草甸、草塘、沼泽等植被。目前，除保护区外，小兴安

岭的植被几乎已无原始林，皆伐或火灾后，天然更新起来的次生林分布面积较广，按优势树种可分为柞木林、杨桦林、阔叶杂木林和软阔叶林等，以及近1/3的人工林。造林树种单一，绝大部分为红松、落叶松、樟子松，近年有少量云杉；林型也单一，绝大部分为清一色的单树种纯林，此外，还有灌丛、草甸、草塘、沼泽等植被。

小兴安岭莽莽森林及其生态功能，是千百万年大自然的杰作，但小兴安岭林区经过60多年的开发，活立木蓄积量和可采成过熟林蓄积量分别下降55%和98%，林相遭到严重破坏，生态功能严重退化。更严重的是，在这广阔的林地上，又插进了1/3面积的人工林。人工林的生态功能远不如天然林，不改造现有大面积的人工林，小兴安岭生态功能是难以恢复的（倪柏春等，2010）。

长白山区是我国天然林主要分布区之一，为松花江、鸭绿江和图们江三大河流的主要发源地。长白山区总面积达1 964.65 km^2。1980年，长白山自然保护区被联合国教科文组织列入“国际生物圈”保护区网。对长白山自然保护区森林生态系统的功能价值进行经济评估的结果表明，保护区总的生态功能价值为165 689万元，其中，涵养水源价值69 741万元；保护土壤减少侵蚀的价值2 307万元；固碳减缓温室效应的价值87 717万元；林分持留N、P、K养分价值4 339万元；降解SO_2和防治病虫害价值1 584.73万元；保护生物基因库对于今后发展生物产业的潜在价值更是难以估量；长白山潜在的森林生态旅游价值为3 130万元（翟英，2005）。

2.7.2 东北林区的生态衰退、生态保护与经济转型

东北林区（大、小兴安岭地区与长白山区）的主导产业长期以木材采伐业为主，经济收入的69.3%来自木材。东北林区由于长期超负荷承担国家木材生产任务和各项上缴指标，长期进行掠夺式的过度择伐和大面积皆伐，因而对生态环境造成很大的冲击和破坏；加之国家对林业建设投入严重不足，导致整个林区从20世纪80年代中后期逐步陷入可采资源危机和经济危困以及生态衰退的境地。

（1）森林结构失衡，可采森林资源濒临枯竭，森林质量不断下降，森林火灾、病虫害加重，林区及其生态保护区的经济与生态发展面临严峻问题。

（2）林区森林的生态功能明显减弱，使齐齐哈尔、大庆、松嫩平原和呼伦贝尔草原、鹤岗丘陵、松花江、黑龙江以及北部大粮仓三江平原受到很大威胁，旱、涝、风沙灾害日趋严重。1998年的松花江特大洪灾和这些年区域内的连续干旱，都与大、小兴安岭的生态功能减弱有关。

（3）目前，长白山区除自然保护区外，处于顶极群落的针阔混交原始林已基本不复存在，大多已退化为天然次生林。据统计，1975—1996年间，长白山区成过熟林面积由225万hm^2减少到79万hm^2，蓄积量由4.20亿m^3下降到1.50亿m^3；中幼龄面积则由3.18万hm^2增加到411万hm^2，蓄积量由2.10亿m^3上升到4.30亿m^3。截至2000年，长白山区处于稳定状态的成过熟林只剩11.3万hm^2，仅占有林地面积的3.67%；同时人工林面积大量增加，且基本上是以落叶松为主的纯林。森林被密布的作业区和林道分割成无数片状或岛屿状，野生动植物的生存、栖息、繁衍生境遭到破坏，加以过度狩猎和掠夺性的采集，造成生物多样性明显下降。例如，长白山区特有的天然红松林由1949年占有林地的9.3%减少到1986年的1.2%，其面积由41.3万hm^2减少到7.60万hm^2，到1996年又锐减到1.80万hm^2；东北虎在长白山区则由20世纪70年代的70只减少到1999年的7～9只。

（4）草地面积由1983年的200万hm^2减少至目前的116万hm^2，约减少50%。草群结构发生变化，优良牧草比重减少，草地退化严重，草场生产力下降，牧业衰退，草地生态功能退化。

（5）天然湿地面积由1983年的284万hm^2减少至目前的139万hm^2，约减少50%，导致局域气候发生变化，湿地对调蓄洪水、涵养水源、降解污染物、维持生物多样性等生态功能不断降低。

(6) 土壤侵蚀加剧，水土流失严重，土地生产能力降低，河道淤塞。例如，东部山区和中部低山丘陵区年土壤流失量高达 2 330 万 t，水蚀面积 15 003 km^2；松花江安全泄洪量由原来的 7 300 m^3/s，减少到 3 500 m^3/s；航道由 1 500 km 缩短到 580 km。

(7) 工矿业和城市的迅速发展带来的环境污染，也不利于林业发展（孟凡胜等，2004；刘畅等，2009）。

2010 年，国家发改委、国务院颁布出台了《大、小兴安岭林区生态保护与经济转型规划》，为大、小兴安岭林区带来了前所未有的机遇和挑战。已明确将森林覆盖率和森林蓄积量确定为约束指标，坚持生态优先的战略定位，将持续增加森林资源，发挥生态功能作为发展的主攻方向。

实现规划的根本关键，是转变林业发展方式，即由木材生产为主向生态保护为主的转变。为此，首先要加大林权制度改革力度，扩大参与林改的森林范围，削弱政府对森林的经营管理权，减少利益驱动下的森林开发；企业生产经营要以生态保护为前提，木材生产转为辅业，企业经营取得的效益要适当反哺林业生态建设；各林场的职能要彻底改变，只负责森林管护、资源林政管理、造林、抚育、防火、病虫害防治等工作，真正实现资源管理与生产经营的彻底分开。具体措施主要如下。

(1) 实行森林资源统一管理，大幅减少林木采伐量，坚持凭证采伐制度，认真落实破坏森林资源责任追究制度和案件报告制度；坚决制止毁林开垦、乱砍滥伐、乱占乱采滥挖等违法犯罪行为；坚决遏制林地资源的非法流失；建设园林局、场、站、区，打造千里绿色通道。根据规划，大、小兴安岭林区 2011 年采伐量将由每年的 720 万 m^3 减少至 295 万 m^3；到 2020 年，将完成人工仿生造林 138 万 hm^2，抚育中幼林 889 万 hm^2；森林覆盖率将由 2009 年的 66% 提高到 2011 年的 70%；森林面积增加到 3 010 万 hm^2，占全国森林面积的 13%，林木蓄积量增加 4 亿 m^3，增加碳汇 7.32 亿 t。

(2) 继续坚持实施“天然林保护工程”，从长远大计考虑，对东北林区真正实行封山育林 20 年或者 30 年甚至更长时间，利用林地原始植被残存的繁殖体，逐步恢复接近原始森林植被种群结构，恢复原有生态功能。

(3) 加快森林资源培育，大力开展植树造林，科学经营森林，以中幼林抚育、封山管护与低质低效人工林改造为主，小兴安岭要扩大地带性植被红松阔叶林保护区，不断提高森林质量与生态效益。

(4) 扩大自然保护区，包括将林区的湿地全部划为保护区，2011 年自然保护区总面积将达到 603 万 hm^2。其中，黑龙江省加大了对大、小兴安岭地区的自然资源保护力度，共新建自然保护区 47 个，总数达 70 个，包括东北虎、白头鹤、梅花鹿、原麝以及东北红豆杉等 21 个省级以上野生动植物自然保护区。

(5) 合并林场（所）、村屯，集中供暖、供气，减少对木材的消耗压力；伊春市、大兴安岭地区撤并保护区内的林场，逐步引导保护区内的人口向小城镇聚集，以保护大、小兴安岭的天然林植被及其生态系统。

(6) 抓好替代产业，突出森林、湿地、草原和冰雪等林区特色生态旅游资源，发展有东北特色的生态文化旅游业；利用东北林区特有的生物资源和生态环境，发展特有的种植业和养殖业，种植人参、五味子、菌类、贝母等中药材以及山野菜和花卉等，养殖畜禽、林蛙、狐狸、鹿等经济动物。

(7) 在林地生态功能区内，实施特别的生态补偿长效机制。

(8) 切实改善林区民生。

2.8 华北山区生态屏障的现状及其保护与建设

华北的山区是华北平原的生态屏障。华北平原是我国的大平原之一，是中华民族主要发祥地之一，我国的政治、经济、文化中心首都北京位于华北平原，华北平原在我国工业、农业、交通及城市发展中占有举足轻重的地位。华北平原和海河流域生态屏障的主体是平原西部的太行山区，此外，还有平原北部的张北高原和燕山山区。同时，华北平原的生态安全，也与黄河上、中游生态屏障的功能状态息息相关。

太行山位于华北大平原西部，河北省与山西省交界地区，跨北京、河北、山西、河南4省、市，山脉北起北京市西山，向南延伸至河南与山西交界地区的王屋山，西接山西高原，东临华北平原，呈东北—西南走向，绵延超过400 km。它是中国地形第二阶梯的东缘，也是黄土高原的东部界线。山区东部陡峭，西部徐缓，平均海拔1 000 ~ 1 500 m，东麓低山区一般海拔300 ~ 700 m，由中山、低山、丘陵过渡到平原。山地总面积1 030 万 hm^2，是我国人口密度最大的山区之一。太行山区约九山一田，“九山”中仅有林地约11%，其余89%为荒山、荒地。山西高原东部河流多切过太行山进入河北平原，汇入海河水系；只有西南部的沁河水系向南汇入黄河。太行山属暖温带半湿润大陆性季风气候，平均年降水量400 ~ 600 mm，其中，7—9 月的降水量占年降水量的70%。年水面蒸发量1 400 ~ 1 500 mm，春、冬季和初夏干旱严重。太行山地带性植被主要为暖温带落叶阔叶林，而在中山以上则为温带针阔叶混交林。天然次生林多分布在中山和亚高山地带。

2.8.1 华北山区农村生态环境现状

在人类活动的强烈干扰下，华北山区农村生态环境受到比较严重的破坏，整个山地已从原来的森林退化成以灌丛、草地为主的荒山秃岭。20 世纪末荒山面积约占土地总面积的70%。山地植被遭到破坏后，山地涵养水源的功能也被破坏，使干旱变得更为严重，本来就比较低的土壤肥力也进一步下降。这不但严重影响山区人民的生产和生活，也对华北平原农村和城市发生重大影响。

海河流域是我国七大流域之一，也是生态环境问题比较严重的流域之一。海河流域水资源匮乏、水旱灾害和水土流失等情况严重，森林生态系统对该流域自然资源保护、社会经济发展具有重要的意义。本区大部分植被属于暖温带落叶阔叶林地带的暖温带北部落叶栎林亚地带；只有南、北一小部分，分别属于暖温带南部落叶栎林亚地带和温带草原地带。海河流域森林类型多种多样，有软阔、硬阔、针叶、经济林和灌木等；树种有油松、侧柏、椴树、华北落叶松等。海河流域森林生态系统总价值2 349.4亿元，其中，直接价值358.7 亿元，间接价值1 990.7亿元。本流域森林生态系统生态服务功能价值以涵养水源、环境净化和固碳释氧的价值为主，分别占总价值的37.63%、19.57%和21.88%。从不同的服务功能类型来看，其价值量大小依次为：涵养水源 > 固碳释氧 > 环境净化 > 提供产品 > 土壤保持 > 营养元素循环。本流域主要森林类型是灌丛、松柏类和栎类，分别占流域森林面积的47.60%、26.00%和15.29%，它们提供的服务功能总价值分别占总服务功能比例为28.65%、38.56%和17.91%。尽管灌木分布面积最大，但其提供的服务功能却不是最大。而松杉类面积比例较小（仅占森林总面积的4.31%），但其单位面积提供的服务功能价值却是最大的，针叶类树种比阔叶类提供的服务功能价值更大（白杨等，2011）。

由于太行山区森林植被历代以来遭受过严重破坏，造成长期剧烈的水土流失。年土壤侵蚀模数为1 000 ~ 1 400 t/km^2，每年平均土壤侵蚀量约9 600万 t，每年从山西流入海河的泥沙约6 000万 t，从河北流入海河的泥沙约6 000万 t，太行山区人均收入仅及全国农村平均水平的1/3。

2.8.2 华北山区的生态恢复与林业生态工程建设

建设太行山防护林体系是华北和中原山区生态屏障建设的基本任务。太行山绿化是我国六大林业生态工程之一。建设过程中，在高山、远山地区，在实施封禁措施充分利用天然植被自然恢复力的同时，辅以人工促进措施加速天然植被恢复进程；在低山丘陵区，因地制宜采用水土保持林模式、生态经济林模式、风景林模式、封山育林模式、公路两旁护路林模式、自然保护区模式、防火林带模式等多种类型的防护林模式。太行山绿化一、二期工程已经完成，取得了良好的生态经济与社会效益。太行山绿化三期工程建设（2011—2020 年）分 7 个大区，建设重点是桑干河、大清河、滹沱河、滏阳河、章河、卫河、沁河等 7 条河流流域的53 个水土流失治理重点县（区）。太行山区的宜林地立地条件越来越差，造林绿化难度越来越大。太行山绿化工程各地在造林时，营造经济林的积极性比较高。1986 年制定规划时，其经济林的比重占全部造林面积的 13%，1993 年工程全面启动，重新调整规划时，经济林的造林比重调至 27.2%。

造林要因地配置树种。太行山区目前主要有 4 个造林树种。油松，在北部亚区，以砂页岩、花岗岩低中山中阳坡小阴坡下部壤质土最适宜；在冀西亚区，以片麻岩低山中阴坡中下部微酸性、中性中厚表土最适宜；在晋东亚区，以砂页岩低中山、中山中阴坡小阳坡中下部微酸性、中性厚层壤土最适宜；在南段亚区，以安山岩低中山中阳坡微酸性、中性中厚土最适宜。侧柏，在冀西亚区，以石灰岩平缓小阳坡微碱性、中性中厚土层壤土最适宜；在山间盆地，以在厚土层微碱性壤土、沙壤土最适宜；在晋东亚区，以石灰岩低山平缓坡上的中厚层微碱性、中性壤土最适宜；在南段亚区，以石灰岩低山中阴坡内的小平缓阳坡中厚层壤土最适宜。刺槐，在冀西亚区，以片麻岩低山小阳坡中下部厚土层并有微酸性中性的厚表土最适宜；在晋东亚区，以花岗岩低山的平缓中下部厚层壤土最适宜；在南段亚区，以黄土丘陵平缓小阳坡厚表土生长最好。华北落叶松，在北部亚区，以安山岩中山中阳向平缓坡厚土层微酸、中性壤土最适宜；在冀西亚区，以花岗岩亚高山中阴向平缓坡厚土上最适宜；在晋东亚区，以花岗岩亚高山平缓小阴坡最适宜（杨继镐等，1997）。

要使防护林起到良好的保持水土作用，就必须按照地形条件、侵蚀程度、地貌类型，因地制宜、因害设防配置防护林。黄土丘陵土石山地，分为梁峁顶部分水岭、山坡、沟谷、河滩、垣地、盆地等地貌类型，应根据各种地貌的侵蚀特点，配置不同类型的防护林。梁峁顶部分水岭的侵蚀主要是片蚀，也有风蚀。这里是径流的起源地，应营造梁峁顶部防护林。梁峁坡（山坡）的侵蚀主要是细沟侵蚀、浅沟侵蚀（一般发生于缓坡或坡式农田中）和切沟侵蚀（多发生在沟缘地带），侵蚀程度随坡长和坡度的增加而变大。在梁峁坡（山坡）面上，阴坡应配置片状护坡林；阳坡除农田外，应营造护坡林或种植林—草复合型护坡林。在临近沟缘地带，营造沟缘防护林，防止径流汇入沟谷。沟坡上承受梁峁（山坡）面径流的冲刷，下受沟床径流的冲淘，既有水蚀的切沟侵蚀，又有重力侵蚀的崩塌、滑坡和泻溜等，所以，是侵蚀很活跃的地形部位，应全面营造用材—防护林或经济（果园）—防护林。沟床主要是切沟侵蚀，应根据其具体情况，全面或分段营造防冲林或设置柳谷坊；在较完整的沟床两侧和沟条地上，可营造速生丰产用材—防护林。河谷是沟头溯源侵蚀最活跃的地方，应结合田间工程设施营造沟头防护林。河川的侵蚀主要是发生在河流两岸的冲刷，应配合水利工程措施，营造护岸林和护滩林。山间盆地主要是片蚀，应以村镇为基点，以道路为骨干，以灌渠为脉络，营造农田防护林、护路林，以分散径流、节节拦蓄；在盆地边缘应营造盆地边缘防护林（宋朝枢等，1992）。

中国科学院石家庄农业现代化研究所在太行山丘陵区研究推广生态恢复与林业生态工程，取得了显著成绩。其生态恢复工程的主要内容有：

（1）保持和富集水土，培肥地力。利用屋面、坡面收集雨水，存于储水池中，供旱季使用，实行雨水资源化。采用大带距（10 m）沿等高线分布的水平沟工程拦截水土，同时采用薄膜、秸秆与片石覆盖等措施保水。主要采取种植豆科牧草压青和实施林草—畜—肥结合的方法培肥坡地地力。山地在种植牧草3年后，土壤有机质含量提高了0.1%左右，全氮增加了0.4%左右。

（2）雨季造林，提高造林成活率。采用营养钵集中育苗，雨季降雨后造林，充分利用降雨后土壤水分充足、空气湿度较大的有利条件，使太行山干旱阳坡的造林成活率从不足30%提高到85%以上。林草植被的逐步恢复，使水土流失逐年减少。

（3）丰富和调整物种结构，建立人工食物链。根据该区各地生态系统遭到不同程度破坏，因而导致物种不同程度缺失的状况，引进了许多适生的、具有生态和经济双重效益的植物和动物品种，如核桃、石榴、文冠果、杏、火炬树、食用菌和多种牧草，并以乡土树种为主，营造混交林，人工建立合理的生物种群结构，通过"加环""解链"，实施益鸟招引、蜜蜂放养、林地养兔、养鸡、养蝎等，构建人工食物链。人工食物链产生了较好的效益，例如，通过人工益鸟招引，使林冠害虫密度降低了76%；林地养鸡的料肉比提高了20.6%～29.4%，同时，使林地害虫密度降低了80%～90%；林地养蜂除明显提高果树产量外，平均每公顷林地还可生产无公害蜂蜜7.5 kg。

（4）合理放牧，减轻坡地载畜压力。太行山部分地区存在坡地超载过牧，对坡地植被破坏较严重。为减轻坡地载畜压力，逐步恢复坡地植被，提倡舍饲圈养，同时提倡改善养殖业结构，发展山地立体养鸡、养兔。

太行山石山区生态恢复的关键是恢复和重建植被。恢复植被有3种方式：

（1）自然恢复。生态恢复过程是一个变群落逆行演替为正向进展演替的过程。在受胁迫生物群落逆行演替的任一阶段，只要环境胁迫未超过生态阈值，一旦停止干扰，群落就从这个阶段开始它的复生过程，且演替速度较原生演替快。天然植被是华北石质山区植被恢复的主体，消除外来干扰，利用植被自然恢复力是最佳的选择，应用较多的方法是封山育林。在太行山石质山区将长有疏林、灌木丛或散生树木的山地丘陵封禁起来，借助林木的天然下种或萌芽更新逐渐培育成森林。在人烟稀少的远山、高山和沙化、石漠化山地，在不影响群众生活的条件下，可采取长期封禁。在人烟稠密的近山、低山丘陵，可采取划片轮流封禁，在种子成熟、种子萌发、雨季等时期封禁，其他季节可不封禁。封山以后在较好的气候和土壤条件下，草本、灌木和乔木逐渐恢复生长，覆盖地面。根据封山育林条件，划定封育区域，界定管护边界，在山口、路口设置标志，对封育区严禁采伐树木，严禁放牧割草和楼树叶，严禁捕猎野生动物和采集林区内野生植物，实行死封。在封育区路口建封山育林墙，沿死封线垒起石墙，阻挡牛羊上山。

（2）人工促进天然更新。采用择伐、保护林下植被、不破土等抚育方法，人工促进天然更新，避免皆伐、炼山、人工更新等营林措施引起的水土流失、地力衰退、树种不适、林分结构简单、稳定性差、生物多样性低下等弊病，保证森林的可持续经营和林业的可持续发展。通常认为，太行山低山丘陵区的片麻岩地段，岩石分化层厚，易采取人工促进植被恢复的措施；而石灰岩地带，土层薄岩石厚，采取人工促进植被恢复的措施难度较大。

（3）建设新的植被。在植被完全被破坏的山地，须遵循适地适树和选用具有生态、经济、社会效益的树种的原则，选择树种营选各类混交林，从新建设植被。

（4）在不同海拔高度有不同的适生树种。a. 海拔1 500 m以上土石山区主栽树种：华北落叶松、日本落叶松（阴坡土厚处）、油松；伴生树种：五角枫、茶条槭、北京花楸（阴坡）、辽东栎、白桦、山杨等乔木及山杏、山桃、沙棘、胡枝子、黄刺玫等。b. 海拔1 500 m以下石山区主栽树种：侧柏、油松、五角枫、刺槐和火炬树等乔木；伴生树种：山桃、山杏、黄栌、连翘、沙棘、荆条、狼牙刺、野皂荚、黄刺玫等灌木。c. 海拔1 500 m以上黄土丘陵区主栽树种：青杨、北京杨、旱柳、油松、小叶杨；伴生树种：山桃、山杏、沙棘、连翘。d. 海拔1 500 m以下黄土丘陵区及川地主栽树种：青杨、

北京杨、小叶杨、旱柳、刺槐、元宝枫、侧柏、油松、火炬树；伴生树种：山杏、山桃、黄栌、连翘、沙棘、锦鸡儿、紫穗槐；经济树种：苹果、杏、桃、梨、葡萄、山楂、柿子、核桃、桑树。e. 海拔 1 200 m以下黄土丘陵区及川地树种：花椒、红枣、山茱萸；行道树种栽培臭椿、国槐、毛白杨、新疆杨、北京杨、苦楝、泡桐、白榆；庭园观赏街道绿化树种：圆柏、龙柏、龙爪槐、水杉、月季、玫瑰、丁香、华北珍珠梅、大叶黄杨、紫叶小檗等（参阅本书6.1.1、6.1.3节）。

应用以上树种因地制宜选择进行混交，包括乔灌混交、针阔混交、灌木混交造林，低山接近人们居住地区，选择较耐干旱瘠薄的经济林树种和品种，营造经济林（杨程，2008）。

2.9 秦巴山区与淮河流域山区生态屏障的现状及其保护与建设

秦（秦岭）巴（大巴山）山区与淮河流域山区（西部的伏牛山，西南部的桐柏山、大别山，东北部的沂蒙山）是与我国中原和淮河流域生态安全息息相关的生态屏障区，秦巴山区同时也是汉水流域重要的生态屏障区。

广义的秦岭，西起昆仑，中经陇南、陕西，东至大别山以及蚌埠附近的张八岭。狭义的秦岭仅限于陕西南部、渭河与汉江之间的山地，东以瀚河与丹江河谷为界，西至嘉陵江。主峰太白山高 3 767 m。秦岭和大别山同属一条造山带，具有相同的成因，是华北板块、扬子板块及其间一系列岛陆在漫长的地质岁月中逐渐挤压碰撞，最终在2亿年前隆升出海面形成的山脉。

秦岭山地是中国南北地理环境的天然分界线。首先，它是南北气候的分界线，其高大的山体成为我国南北之间的屏障，对气候分异有着显著的影响，使得潮湿的海洋气团不易深入到西北，北方的寒潮也不得长驱直下南方，秦岭南坡 1 300 m等高线因而成为我国亚热带和暖温带的分界线，也是我国南方与北方的分界线。秦岭以南为亚热带湿润季风气候，以北属暖温带半湿润—半干旱季风气候。秦岭南坡地区夏季降水丰富，冬季又免受北方干冷空气的影响；而秦岭北坡则相反，呈夏热冬冷的气候特征，降水明显少于南坡。其次，秦岭山地是重要的分水岭，秦岭以北属黄河水系，以南大部分地区属长江水系。第三，秦岭山地是重要的生物地理分界线，秦岭以北广泛分布暖温带落叶阔叶林和古北界动物，而秦岭以南分布的是北亚热带落叶阔叶—常绿阔叶混交林和东洋界的动物。与其他山系相比，上述特征为秦岭山地所特有，故秦岭山地是我国自然环境分异形成的一个重要因素。

秦岭山脉主体在陕西省境内，西起嘉陵江，东与河南省的伏牛山相接，长约600 km，南北宽约 120～180 km，海拔在 1 500～3 700 m。陕西境内秦岭面积约 5.79 万 km^2，占陕西省国土面积的 28%。山区人口约497万人（2007年），占陕西省总人口的13.2%。

东延后的秦岭余脉伏牛山区和桐柏山区，一般高程 200～500 m。伏牛山位于河南西部，东西绵延长约400 km，南北宽约 40～70 km，面积约 1 万 km^2，其生态环境特点和现状与秦岭类似。江苏北自锦屏云台山，南至苏皖边界的宜溧山区，包括南京、镇江之间的宁镇山脉在内的一系列低矮山体都应归属于秦岭—大别山的东延余脉。

与我国秦岭—伏牛山分割黄河水系在北、长江水系在南不同，东部出现了一条特殊的淮河。淮河流域西起桐柏山和伏牛山，东临黄海，南以大别山和皖山余脉与长江分界，北以黄河南堤和沂蒙山为界。淮河流域由淮河与沂—沭—泗两个水系组成，其中，淮河水系为19万 km^2，沂—沭—泗水系为8万 km^2。淮河干流发源于河南省桐柏山，沂—沭—泗水系发源于沂蒙山。淮河流域跨湖北、河南、安徽、江苏和山东5省40个市、181个县（市），面积27万 km^2，人口1.72亿人，耕地 1 272万 hm^2。淮河干流流经河南、安徽，至江苏扬州三江营入长江，全长约 1 252 km，总落差约 1 329 m，是我国的第6条大河。沂—沭—泗水系位于淮河流域东北部，沂—沭—泗水系诸河均发源于山东省沂蒙山区，黄河与废黄河之间。淮河流域南北洪水通过洪泽湖枢纽控制，大部分经入江水道分入长江，一部分经苏北灌溉总干渠入黄海，一部分经淮沭河分淮入沂。淮河流域人口与耕地均占全国的1/8，是我国重要粮、棉基地，粮食产量占全国的1/6，棉花产量占全国的1/4。流域内煤炭资源丰富，是华东地区重要的能源基地。京九、京广、京沪、陇海铁路在流域内纵横交错，是维系国家经济发展的大动脉。目前，秦岭地区16个山区县大部分仍是国家级贫困县。

2.9.1 秦巴山区与淮河流域山区的生态功能

（1）保持土壤和涵养水源。秦岭山地是中国重要的森林分布区之一，林地面积占秦岭山地总面积的75.2%，在土壤保持和水源涵养方面具有极其重要的生态功能。秦岭水资源丰富，多年平均径流量226亿 m^3，占陕西省总地表径流量的53%。秦岭山地河流众多，以秦岭山脊线为分水岭，河流多呈南北走向，分属长江、黄河两大水系。秦岭在陕西地区流入长江的40 km以上的河流有62条，流域面积38 399 km^2，流入黄河的40 km以上的河流24条，流域面积16 043 km^2。秦岭是长江流域面积大于1 000 km^2的重要支流汉江、丹江、嘉陵江的发源地，也是黄河重要支流渭河和伊洛河的发源地。渭河冲积平原（关中平原）就是在长达800 km的渭河河谷中形成的。秦岭及关中平原是华夏文明的主要发源地之一。秦岭南坡的汉江水系面积占秦岭山地总面积的61%左右，是南水北调中线起点丹江口水库的重要水源地；秦岭北坡是黄河一级支流渭河及其南岸众多支流的发源地，渭河水系面积占秦岭山地面积的24%，是关中城市群的主要水源地，秦岭北坡水资源对关中地区社会经济发展至关重要。所以秦岭森林的保护和恢复不仅影响着秦岭地区本身社会、经济的发展和生态环境的改善，而且直接影响着作为陕西省重要经济产业带的关中地区的水生态安全和国家南水北调工程中线水源区的水质和水量。

据研究，2010年秦岭生态功能区（位于陕西省中南部，总面积5.79万 km^2），现有水源涵养功能总价值为317亿元，相当于安康市2010年国内生产总值（GDP），比商洛市2010年国内生产总值高出57亿元。纵向比较，2010年秦岭水源涵养价值比2002年高出88亿元，平均每年增长近10亿元，在水源涵养方面功能改善是显著的（刘晓清等，2012）。

（2）保育生物多样性。秦岭保育着生态系统、物种和基因的丰富的生物多样性。生态系统以森林生态系统为主体，多种生态系统并存；植物种类丰富，区系成分复杂，珍稀濒危、特有植物种丰富，具古老孑遗性，有种子植物3 436种、裸子植物45种、苔藓植物311种、蕨类植物312种。在这些植物中，纤维、淀粉、糖类、油脂、树脂、橡胶、鞣料、药用等可开发性植物就有1 300多种，其中，药用植物620种。动物种类也很丰富，有脊椎动物722种，其中，鱼类162种、两栖动物26种、爬行动物44种、鸟类373种、兽类117种，脊椎动物的目、科、种分别占全国的70.00%、53.04%和22.06%。有国家一级重点保护动物9种，国家二级重点保护动物50种，包括大熊猫、金丝猴、羚牛、朱鹮等，秦岭南坡是我国大熊猫最密集的地区之一，这里分布着200多只野生大熊猫，约占我国大熊猫总数的1/4。主峰太白山有昆虫19目99科1 435种。

秦岭南坡与北坡的生物种分布有明显差异，富有多样性和过渡性。秦岭以北，属暖温带落叶阔叶林带；秦岭以南，则属北亚热带类型，有较多常绿阔叶树种分布。

秦岭森林植被呈现出完整的垂直带谱。以太白山自然保护区为代表的秦岭北坡，自下而上有落叶栎林带、桦木林带、针叶林带和高大灌丛草甸带，构成了典型的暖温带山地森林植被景观。南坡以佛坪自然保护区为代表，森林植被自下而上有常绿、落叶阔叶混交林带、落叶阔叶林带、针阔叶混交林带、亚高山针叶林带，构成了北亚热带明显的森林植被景观。

（3）天然屏障。秦岭山地是阻挡和减少来自西北的寒流与风沙对山南地区侵袭的天然屏障，使秦岭南坡具有北亚热带湿润季风气候特征，气候温暖，夏季降水丰富，免受风沙侵袭危害，冬季又

免受北方干冷空气的影响。

（4）碳汇和氧源。秦岭是中原地区最大的山区，其森林植被是中原地区最大的碳汇和氧源。

2.9.2 秦巴山区与淮河流域山区面临的主要生态环境问题

秦巴山区与淮河流域及其山区目前仍面临着一系列生态环境问题。

（1）洪涝灾害频繁和水体普遍污染。淮河流域历史上曾发生较大洪涝灾害350多次。近80年间，全流域的大旱年有20多年。近30多年来，主要由于城镇和工业的迅猛发展，导致水体污染普遍而严重，约有2/3的河段已失去使用价值，出现了水质性缺水。平原地区的洪涝灾害频繁和水体普遍污染是淮河流域目前最严重的生态环境问题。

淮河流域洪涝灾害频繁的根本原因之一是由于淮河干流中游蚌埠至洪泽湖段的河底是一倒坡，即下游洪泽湖的湖底比上游蚌埠河底高程高，导致淮河干流洪水下泄缓慢，汛期河道水位抬高，沿淮两岸平原水很难自排进入淮河干流，因而往往发生严重的涝灾。如1991年，受灾面积的80%是因涝致灾。淮河流域涝灾主要分布于沿淮湖洼地和淮北平原中部河间平原区。淮河流域洪涝灾害频繁的另一个重要原因是暴雨洪水集中在汛期6—9月，沂、沭河上游山丘区及湖东丘陵、湖西平原均是沂—沭—泗水系暴雨集中的地区；淮河干流上游、淮南山丘区也是暴雨高值区。据1954年7月洪水分析，淮干上游及南岸支流洪水量约占74%，而北支洪汝河、沙颍河总水量只占26%，可见正阳关以上洪水主要来自淮干上游及淮南地区各支流。淮河四周山区水源地森林植被遭受了严重破坏，也是洪涝灾害频繁的重要原因之一。

（2）森林覆盖率下降。由于长期滥伐森林，导致秦巴山区与淮河流域山区树木越来越少，不少地方木材年消耗量都超过了年生长量。半个多世纪以来，秦岭林地面积减少约12万hm^2，森林覆盖率由20世纪50年代的64%降至80年代后期的46.5%，主要的森林类型被次生林所代替，林区的森林资源贮藏量更是下降了70%以上。秦岭山地的林缘较20世纪50年代后退了10～20 km，森林分布的下线上升了300～500 m，秦岭北坡更为突出，目前该区的坡耕地中有一半是毁林开荒形成的。森林的破坏直接导致其水源涵养功能的下降，自20世纪70年代以后，秦岭北坡的河流有80%成为间歇河，又使渭河的水量减少和水体的自净能力下降。作为西安市重要水源地的黑河年径流量明显减少，由于地表水补给不足还造成地面下沉，西安附近因地面下沉诱发产生了总长115 km的地面裂缝11条，造成道路、供水、排水、电缆、电讯与天然气管道的破裂、扭曲等，给国民经济和人民生活带来重大损失。1999年政府实施天然林保护工程以来，秦岭的森林植被有所恢复，至2007年，天然林覆盖率达42%，森林覆盖率达56.3%，林灌覆盖率达57.7%。

（3）生物多样性下降和外来生物种入侵。伴随着滥伐森林和长期过度樵采与非法狩猎，致使秦岭山地一些重要的生物资源和珍稀动物数量急剧下降，生物多样性明显下降。同时，20世纪80年代以来，秦岭地区盲目引进外来树种落叶松，导致树下其他植物难以生存，使大熊猫的主要食物来源——竹子面积不断减少。落叶松品种主要是日本落叶松和华北落叶松。近几年，落叶松的破坏能力已日渐显露，秦岭已出现“绿色沙漠”。

（4）水土流失依然严重。秦巴山地的大部分土地在>25°的山坡上。安康和汉中地区>25°的土地分别占全部土地的71.50%和66.86%。安康地区坡度>25°的土地，在秦岭低山丘陵占61.16%，在巴山山地占81.29%，可耕地也集中在>25°坡面上。随着人口的不断增加，坡耕地由点状而带状、片状，由低山而高山，由缓坡而陡坡，水土流失量逐渐增大。

据2000年统计，淮河流域水土流失总面积5.9万km^2，其中，上游山丘区占1/3，以水蚀为主，桐柏山、大别山中度以上水蚀面积占水土流失总面积的71.8%。淮河流域水土流失敏感区占流域总面积的99.46%，以轻度敏感为主，占92.05%，广泛分布于平原区；中度敏感区占5.90%，散布于伏牛山、桐柏山、大别山、江淮丘陵、苏北低山丘陵以及沂蒙部分山区；高度敏感区占1.47%，集中分布在沂蒙山区，涉及临沂、日照、济宁、枣庄和淄博等市；极敏感区仅占0.04%，分布在大别山区，尤其是安徽六安市。沂蒙山区水土流失脆弱区的天然植被已被破坏殆尽，是淮河流域水土流失最严重的地区。桐柏山、大别山的自然植被保存较好，但由于降水量大且集中在6—9月，水土流失仍相对严重，崩塌、滑坡和泥石流等时有发生，也是淮河流域酸雨最敏感的地区（何方等，2005；陈杰等，2010）。

陕西省近30年新增水土流失面积为1.2万km^2，其中，50%以上分布在秦岭地区。据统计，秦岭山区耕地面积的30%为>25°的陡坡地，水土流失十分严重，目前秦岭地区水土流失面积已占土地总面积的50%左右。一方面，水土流失面积在不断扩大；另一方面，侵蚀强度也呈增高趋势。如商州市平均年侵蚀模数由2 650 t/km^2增加到4 869 t/km^2。由于严重的水土流失，每年损失1万hm^2耕地。在汉中市，毁林开荒面积达20万hm^2，其中，除个别平坝地外，均发生严重的水土流失，目前，水土流失面积占全市总土地面积的50%以上。严重的水土流失导致大量的悬浮物质进入江河。据观测，秦岭北坡灞河流域的年水蚀模数为3 430 t/km^2；嘉陵江流域达2 000 t/km^2，在略阳段最高达7 740 t/km^2；汉江支流丹江流域和金钱河流域平均也在1 000～1 500 t/km^2。由此引发河道淤塞，河床抬升，常造成严重的洪水灾害，并对河流的水质造成不良影响。

分析比较秦岭南侧汉江和秦岭北侧渭河河流径流泥沙含量变化表明，渭河是一条多泥沙河流。1935—1999年65年间，渭河河流年均流量为248.26 m^3/s，汉江河流年均流量为592.94 m^3/s，汉江年均流量是渭河的2.39倍；汉江河流年均含沙量为0.88 kg/m^3，渭河河流年均含沙量为52.03 kg/m^3，为汉江河流的59.1倍。分析20世纪80年代以后汉江、渭河河流径流泥沙含量表明，渭河河流年均流量为195.89 m^3/s，汉江河流年均流量为585.05 m^3/s，比较1935—1980年，分别减少了27.4%和1.9%；汉江河流年均泥沙含量为0.41 kg/m^3，渭河河流年均泥沙含量却为54.58k g/m^3，为汉江河流的133.1倍，比1935—1980年增加了74倍。说明全球变化对秦岭山脉南北地质水文气候环境影响都很大，秦岭南北两区在全球气候变化中表现出明显的区域响应性（查小春等，2002）。

（5）环境污染和自然灾害加剧。随着山区社会经济的发展，来自采矿、道路建设的各种废渣、尾矿、土石随意堆放，侵占大量农田，占据河道，污染河水。例如，在过去26年间，陕西石棉矿累计将1.60万m^3的废渣直接排入河中；商洛—柞水公路建设中，将废弃土石直接排入南清河，导致水库淤积量达1.55万m^3。此外，因秦岭山地的矿产资源大多分布在水源区，不合理的开发和落后的生产技术导致地表水污染加剧。许多流经城镇的河流又进一步受到城镇“三废”的污染。据监测，丹江和嘉陵江水体污染已相当严重。森林减少对地区气候也产生明显影响，例如，陕西安康地区近10年平均降水量比20世纪50年代减少了50 mm；20世纪50年代是5年一小旱，10年一大旱；60年代是3～4年一小旱，6～7年一大旱；70年代以后是年年都有干旱和洪涝灾害。

2.9.3 秦巴山区与淮河流域山区生态屏障的保护与建设

（1）划分生态功能区，保护和恢复森林植被。秦岭山地现已列入国家级特殊生态功能保护区建设试点。为了保护秦岭生态环境，维护秦岭涵养水源、保持水土的功能，保护生物多样性，规范秦岭资源开发利用活动，促进人与自然和谐相处，实现经济与社会可持续发展，2007年陕西省人民代表大会常务委员会通过了《陕西省秦岭生态环境保护条例》，规定海拔2 600 m以上的秦岭中、高山针叶林灌丛草甸生物多样性生态功能区为禁止开发区；海拔1 500～2 600 m的秦岭中山针阔叶混交林水源涵养与生物多样性生态功能区为限制开发区；海拔1 500 m以下的秦岭低山丘陵水源涵养与水土保持功能区为适度开发区。

秦岭生态功能区于2001年开始建设，主要目的是通过保护和恢复森林植被，更大程度上发挥

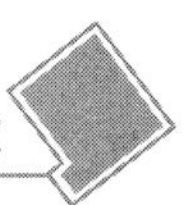

其水源涵养、生物多样性和水土保持等生态服务功能。10 年来实施了多项以退耕还林和天然林保护为主要内容的林区建设和保护工程。根据陕西省林业厅的统计数据，2010 年秦岭共有森林面积 42 087.67 km^2，其中，在 2001—2010 年退耕还林和天然林保护面积为 11 632.27 km^2。秦岭森林覆盖率由 2001 年的 52.6% 提高到 2010 年的 72.7%。秦岭天然林面积增加趋势非常明显，由 2002 年的 1 768.6 km^2增加到 2010 年的 6 916.8 km^2，10 年间增加了近 4 倍。秦岭生态功能保护区建设取得良好效果，对改善生态环境，遏制水土流失起到了重要作用（刘晓清等，2012）。

（2）加强上、中游地区的水利设施建设。治淮以来，骨干河道经过治理，淮河入海通道打开，入江通道更加顺畅，淮河流域洪水威胁明显减轻。但上、中游中、小支流河道未经系统治理，内涝难以排除，加上因洪致涝现象仍比较突出，致使低洼易涝地损失比较严重。应规划建立等级流域治理工程体系，特别是要加强中、上游地区的水利设施建设，形成上、下游水库调控减压，大、中、小水库分蓄截流，进一步提高丰水季对洪水的吸蓄能力，减轻下游的排水压力（戚建庄等，2011）。

（3）建库修堤，调洪防洪。实践证明，在秦岭各支流修建水库，既能有效提高防洪抗灾能力，又能解决周边水资源短缺问题。近 50 多年来，人们已在淮河流域修建水库 5 700余座，总库容 279 亿 m^3，其中，大型水库 38 座。通过统一调度，在拦洪、削峰和灌溉等方面发挥了重大作用；同时，已修固堤防 5.7 万 km。

（4）退耕还林还草，全面封禁，综合治理。秦岭雨量丰沛，动植物资源丰富，自我生态修复功能很强。根据复杂多样的地貌类型，因地制宜，因害设防，按照 >25°以上的坡耕地退耕还林还草和“大封禁，小治理”的建设思路，以小流域为单元，采取封山育林育草等生物工程、治坡治沟等土石工程与合理耕作等措施，山水田林路综合治理，从根本上控制水土流失，同时进行规模开发，发挥最大的治理效益。

（5）健全和完善自然保护区网，保护生物多样性。生物多样性保护是区域生态建设的主要内容之一，截至 2000 年，秦岭山地正式成立了 9 个自然保护区，面积 3.24 万 km^2，占秦岭山地总面积的 6.06%。但这些自然保护区在空间上分布不均，多集中在秦岭西部，而东部很少。到 2012 年为止，陕西秦岭生态功能区已建立 9 个国家级自然保护区、21 个省级自然保护区。保护区总面积达到 60 多万 hm^2，占秦岭生态功能区总面积的 10.05%，覆盖了大多数珍稀濒危野生动植物栖息地和主要类型的生态系统，成为我国乃至东亚地区非常典型的自然保护区群，使秦岭这一特殊的生物基因库的保护得到明显改善。但是目前这些保护区群之间还缺乏有效的连通性（刘晓清等，2012）。

同时，利用杨凌农业高新技术产业开发区的科技优势，重点开发资源动植物的生物药品、健康饮品等高科技含量的产品；在商州建立野生经济动物人工养殖中心；结合退耕还林还草工程，建立重要资源植物的人工种植基地。

（6）调整产业结构，发展生态旅游。秦岭山地具有发展生态旅游得天独厚的条件，目前已建立 10 个风景名胜区和 24 个森林公园，其中，有 2 个国家级风景名胜区和 7 个国家森林公园。秦岭绿色旅游带紧靠关中文化旅游带，共同构成陕西省旅游业的主体。适度发展生态旅游，可促进农村剩余劳动力合理转移，减弱辖区农民对土地和森林资源开发利用的依赖；同时，还要将原有的国家、地方森工企业的生产经营职能转变为生态保护职能。

2.10 东南沿海山区生态屏障的现状及其保护与建设

粤东山区（莲花山）、武夷山区、浙江西部与南部山区，分别构成我国东南沿海的广东（韩江流域）、福建（闽江流域、九龙江流域）和浙江（钱塘江、甬江、瓯江等 8 个水系流域）的生态屏障。我国台湾是多山的岛屿，以台湾东部山脉为主体的山地生态屏障约占全岛土地面积的 2/3，守护着全岛主要是西部由众多河流冲积而成的平原的生态安全。

2.10.1 武夷山区生态屏障的现状及其保护与建设

福建省西部的武夷山，绵亘于闽、赣边境，长 540 km，海拔 1 000 ~ 1 500 m，主峰黄岗山海拔 2 158 m。组成山岭的岩石主要是南园组火山岩和燕山早期的花岗岩，间有红色砂砾岩和紫色砂页岩等母岩。武夷山是江西赣江、抚河、信江与福建多条入海河流的分水岭，也是福建东部低山丘陵和平原（漳州、福州、莆仙、泉州等平原）的天然生态屏障。

福建省的山地占土地总面积的 53.38%，丘陵占 29.01%，山地母岩和土壤具有内生脆弱性，易出现水土流失、荒漠化、泥石流、生物多样性锐减和洪涝灾害等一系列生态退化现象；加之雨量大（年均降水量 1 000 ~ 2 000 mm，约有 4/5 的地区年降水量在 1 500 mm以上）且时空分布不均，又多台风雨、暴雨等强度大的降水和呈格子状、冲刷力强的水系等生态因子的叠加作用，则进一步加剧了福建省生态环境的脆弱性，加大了水土流失的潜在危险；同时，温暖多雨且雨热同季的亚热带季风气候又提供了适宜林木生长且木材生长快、产量高的雨热基础，又为开展水土保持生态修复提供了有力的自然基础保障。

目前，福建省水土流失总面积占全省土地总面积的 10.9%。水土流失的原动力主要是水力，武夷山区的径流是水蚀的主要原初动力之一。沿海地区常受到风力侵蚀。水土流失空间分布上呈现出块状不连续分布，比较集中分布在戴云山脉以东的东南沿海、东北沿海及以长汀、河田为中心的西南内陆 3 个区域。以水土流失为主导因子，可将全省分为闽北、闽中内陆山地丘陵盆谷轻度水蚀自我修复区、闽东北沿海山地丘陵中—强度水蚀人工辅助修复区、闽西南内陆山地丘陵中—强度水蚀自我修复 + 人工辅助修复区、闽东南丘陵台地强度水蚀人工促进修复区和闽东南沿海岛屿平原轻—中度水蚀风蚀自我修复区 5 个水土保持生态修复区。福建省大部分地区适宜于自我修复，部分地区需要采取人工辅助或较强干预措施（林敬兰等，2008）。

武夷山自然保护区是首批国家级自然保护区，地处中亚热带，位于福建省北部，武夷山脉北端，地处武夷山、建阳和光泽三县、市境内，总面积 5 6 527 hm^2，其中，有 2.9 万 hm^2 原生性中亚热带常绿阔叶林，是地球同纬度带保存面积最大、保留最为完整的中亚热带森林生态系统，全区森林覆盖率高达 96.3%。年平均气温 8.5 ~ 18℃，年平均降水量为 1 486 ~ 2 150 mm。区内已定名的高等植物种类有 267 科 1 028属 2 651种、低等植物 840 种、脊椎动物 484 种（其中，哺乳类 71 种、鸟类 260 种、爬行类 73 种、两栖类 35 种、淡水鱼类 45 种，分别占全省的 63%、48%、63%、73% 和 19%），昆虫 4 635种，分属 31 目。在分布最广的亚热带常绿阔叶林中，建群种和优势种既有温带常见的壳斗科，又有亚热带分布最广的樟科、木兰科、山茶科和安息香科；温带最多的菊科紫菀属、香茅属、蒿属植物在保护区中也有分布；武夷山现存的珍稀孑遗植物有银杏、南方铁杉、鹅掌楸、钟萼木、天女花、水松、香榧等；武夷山植被垂直带谱明显，从下而上有常绿阔叶林、针阔混交林、针叶林、山地矮曲林、山地草甸 5 个植被类型；保护区内植物属珍稀濒危、渐危的有银杏、南方铁杉等 28 种，属国家重点保护的有南方红豆杉、水松等 20 种，野生动物属国家重点保护的有黄腹角雉、金斑喙凤蝶等 57 种，属国际候鸟保护网的有 101 种。

武夷山也是集世界文化与自然遗产双重遗产地、国家 5A 级旅游景区、世界生物圈保护区、全球生物多样性保护区于一体的风景名胜区。武夷山风景区以发育于红色砂砾岩上的丹霞地貌闻名于世。武夷山列入“世遗”的区域总面积达 999.75 km^2。在当今武夷山旅游业迅速发展时期，必须妥善处理武夷山生态屏障功能的保育与旅游业健康发展的关系。

武夷山自然保护区内的生态旅游区，按照生态旅游资源区划分为一区二地三线：一区即是三港休闲观光区，除旅游休闲接待服务中心外，主要景点有野生动物救护中心、珍稀植物园、野外戏猴、天

籁吸氧区、自然博物馆等。二地即指大竹岚生态科普旅游地，主要景点有先锋岭瞭望台、断裂带、大竹岚竹海、挂墩瀑布、“生物圣地”挂墩等；桃源峪生态保健旅游地，主要景点有桃源峪2.6 km生态景观步道、负离子吸氧区、亲水区、索桥等。三线指三港—黄岗山生态旅游精华线，皮坑—三港溪瀑民居旅游线，含原始生态漂流，皮坑—中亚热带森林生态系统定位观测站科考旅游线。

在开展生态旅游活动时，必须对生态旅游资源和环境进行严格保护与管理。

(1) 旅游资源保护。现已开发的旅游景区（点、线）的保护，按保护力度可分为弱度利用区（一级保护）、中度利用区（二级保护）、高度利用区（三级保护）。一级保护：三港—黄岗山生态旅游精华线划定为一级保护区域。该区域开放点仅为公路及两侧10 m范围内，游客可在公路上观赏自然景观，不允许游人离开公路进入树林。在这一区域活动的游客必须接受资源保护宣传后方可进入；在防火戒严期，保护区需增派巡护人员管理；在高火险时日，该线路禁止旅游活动；除了原有的交通道路外，这一区域禁止任何其他的建筑开发。二级保护：大竹岚生态科普旅游地、桃源峪生态保健旅游地，皮坑—中亚热带森林生态系统定位观测站科考旅游线划定为二级保护区域。该区域可允许游客进入参观，可有限制地建立简便的森林娱乐休闲点、观光路线、参观信息标志等，但不得破坏原有景观，力求把人为影响降到最低程度。三级保护：三港休闲观光区划定为三级保护区域。该区域要控制区内的建筑及其他设施的高度、形体、色彩等，努力达到与自然环境的和谐统一。按保护对象的性质分，有地质景观保护：保护区内壮观的断裂带、巍峨的群峰、神秘大峡谷等地质地貌所形成的各种不同的景观，也是武夷山保护区的主要景点。水体保护：保护山涧溪水和形态各异的飞瀑溪潭。生物景观资源保护：生物景观资源是保护区开展生态旅游的主体。文化资源保护：主要有红茶文化、自然博物馆、生态定位站等。

(2) 旅游生态环境保护。包括：a. 气候环境保护。保护区内植被多样，远离城镇，空气污染少，多种多样的植物在净化空气、调节小区域气候等方面起到重要作用，空气中负离子含量高，是理想的疗养保健场所。b. 水环境保护。保护区的水质优良，各项指标变化小，水的各项指标都符合国家地面水一级标准，但三港水质中发现大肠杆菌超标现象应引起重视。c. 固体废弃物处理。景区内垃圾箱采用环保型分类箱，垃圾运到保护区外分类处理，还要控制工业固体废弃物。

(3) 生态旅游管理。自然保护区生态旅游资源的保护有赖于严格的管理。生态旅游业是由旅游从业部门、当地社区、游客和其他相关团体构成的综合系统，只有各方面的配合与协作管理，才能实现生态旅游业和景区生态屏障功能的同步可持续发展（方燕鸿，2005）。

2.10.2　东南沿海防护林建设

我国是海岸线很长的国家，大陆海岸线达1 8340 km，另有约11 159 km的岛屿海岸线，涉及11个省（自治区、直辖市）和5个计划单列市。沿海是我国人口密度大、工厂企业密集、城市化水平高、经济社会发达的地区。这里分布有100多个中心城市和630多个港口。2004年，沿海11个省区市的GDP总量高达9.45万亿元，占全国的69.3%。

同时，沿海又是我国自然灾害的多发区域。据记载，历史上曾发生过多次海啸。1934年的农历6月18日夜，发生在广西钦州的台风海啸，浪高6 m多，康熙岭镇团和村房屋全部倒塌，死亡450多人。风暴潮更是频繁发生，从1949—2004年，平均每年有6.9次台风从东南沿海登陆，每隔3～4年就发生一次特大风暴潮。自然灾害的频繁发生，对人民的生命财产造成了极大危害。据统计，1990—1999年的10年间，沿海地区因风暴潮等自然灾害造成的直接经济损失高达2 134亿元，近几年每年所造成的直接经济损失都超过100亿元，并呈现出发生频率越来越高、损失越来越大的趋势。1994年8月，在浙江瑞安市登陆的9417号台风，造成1 216人死亡，10万多间房屋倒塌，直接经济损失达120多亿元。广东省在2000—2004年5年中，由于榴莲、尤特、玉兔等台风登陆，使

141 个县 1 769个乡镇受到极大破坏，受灾人口超过 3 000万人。海南省在 1990—2004 年 15 年中，由于台风登陆，使 2 700多万人（次）受灾、71 万多间民房损毁，农作物受灾面积达 220 多万 hm^2。因此，尽快构建对海啸和风暴潮等自然灾害进行防御的沿海防护林体系，是我国沿海省、市、区经济社会可持续发展的一项重大任务，是构建社会主义和谐社会的重要保证。

全国沿海防护林体系采取多层次的建设结构，从浅海水域向内陆延伸分为 3 个层次：第一层次位于海岸线以下的浅海水域、潮间带、近海滩涂，由红树林、柽柳、芦苇等灌草植被和湿地构成的消浪林带；第二层次位于最高潮位以上、在宜林近海岸陆地，主要由乔木组成具有一定宽度的海岸基干林带；第三层次位于海岸基干林带向内陆延伸的广大区域，由宜林荒山荒地、护路林、农田防护林、村镇绿化等构成的纵深防护林。第一层次和第二层次统称沿海基干林带，是国家重点生态公益林，也是国务院明确批复的国家特殊保护林带。

根据海岸地貌特征、海岸基质类型和防护林体系的主要功能，将全国沿海防护林体系工程区划分为沙质海岸为主的台地丘陵防风固沙、水土保持治理类型区，淤泥质海岸为主的平原风、潮、旱、涝、盐、碱治理类型区，以及基岩海岸为主的山地丘陵水土保持、水源涵养治理类型区三大治理类型区和 12 个自然区。

沿海防护林体系不是一条简单的防护林带。从主体构成上看，它是由防风固沙林、水土保持林、水源涵养林、农田防护林和其他防护林等 5 类防护林组成的“防护林综合体”。从建设内容上看，它是包括海岸基干林带、红树林、农田林网、城乡绿化、荒山绿化加上滨海湿地的“绿色系统工程”。从功能和作用上看，它不仅应该具有防风固沙、保持水土、涵养水源的功能，而且要有抵御海啸和风暴潮危害、护卫滨海国土、美化人居环境的作用。

沿海森林植被特别是红树林为主的消浪林带对降低海啸的破坏力具有至关重要的作用。海啸的能量经过红树林为主的消浪林带和珊瑚礁等的消耗后，进入村庄的海水只是缓缓上涨，随后徐徐退却，这与没有红树林为主的消浪林带保护，瞬间席卷无数村庄的凶猛海啸形成鲜明对比。

海防林体系建设树种选择至关重要，应遵循以下几项原则：以乡土树种为主，外来树种为辅；以乔木为主，灌木草坪为辅；以大苗为主，大树为辅；绿化的类型和树种搭配应多样，发挥不同的功效。沿海重盐碱地的绿化树种必须要耐盐碱性强且抗风能力强，这样才能取得理想的绿化效果。例如，浙江台州沿海地区自 20 世纪 60 年代开展沿海重盐碱地绿化技术研究工作以来，选择木麻黄、桉树等耐碱性强且抗风能力强的优良速生高大常绿乔木树种作为沿海重盐碱地绿化的先锋树种，取得了很好的绿化效果。

柑橘对土壤要求不严，在中度盐渍化土壤也可以生长。浙江的玉环柚、温州蜜柑等柑橘，在营造了防护林的玉环县黄泥坎海塘滩涂重盐渍土（pH 值为 8. 5 ~ 9. 5，含盐量达 6. 0‰ ~ 7. 6‰）上试种均获得成功。由于海涂地土层深厚，水分充足，柑橘生长良好，不但产量高，而且果品质量有明显提高。在沿海盐碱地发展柑橘，必须把握好以下几项关键性技术：一要筑堤围涂，防止海潮倒灌；二要开挖河、渠、沟，做好排咸蓄淡工作；三要做好规划，建设好道路等基础设施；四要抬土做墩，提高种植点高度，有利于淋盐养淡，改良土壤；五要营造好防护林，改善海涂地的自然生态条件；六要选择优良品种，培育优良嫁接苗，建设有特色的柑橘基地；七要合理密植，适时栽植，做好培育管理工作。

我国从 1991 年开始实施沿海防护林体系建设工程。进入 21 世纪后，建设力度进一步加大，并且取得了明显成效。一是沿海防护林体系框架基本形成。据统计，1991—2005 年，沿海地区累计造林 381. 1 万 hm^2，森林覆盖率已由 24. 9% 提高到 35. 5% 。新造或更新海岸基干林带 7 884 km，使海岸基干林带总长达到 17 000 km，基本形成了以村屯和城镇绿化为“点”、以海岸基干林带建设为“线”、以荒山荒滩绿化和农田林网建设为“面”的点线面相结合的沿海防护林体系基本框架。其中，浙江省

海防林体系建设于1991年正式启动，一期工程项目涉及7市、31县（市、区）、工程建设面积为27.7万hm^2，其中，人工造林1.16万hm^2，飞播造林2.1万hm^2，封山育林1.40万hm^2；二期工程自2001年起实施，到2005年6月为止，累计完成建设面积9.2万hm^2，其中，人工造林6.2万hm^2，封山育林2.9万hm^2，低效林改造6.8万hm^2。福建省从1988年以来，组织实施了4期沿海防护林体系工程建设，使沿海地区的生态环境发生了很大变化，沿海31个县（市、区）的森林覆盖率从1949年的8%，提高到2006年的55%。全省已建湿地类型保护39处，保护面积20多万hm^2，在3 324 km的海岸线上基本建成“带、网、片”相结合，生态、经济、社会效益相统一的多功能、多效益的综合森林防御体系，对改善沿海地区的生态环境抗御并减轻自然灾害的损失，保障农业的稳产高产发挥了重大作用。二是加强了湿地和红树林保护。三是生态治理力度加大。自1991—2005年10多年来，沿海地区水土流失面积减少108万hm^2，土壤侵蚀模数下降25%；沙化土地得到有效治理，一些地区的流动、半流动沙丘已经得到基本控制；营造农田防护林2.2万hm^2，新增农田林网控制面积近50万hm^2，控制率达80%以上。四是推进城乡绿化一体化，不少地区基本实现了农田林网化、城市园林化、通道林荫化、庭院花果化，基本建成了人与自然和谐相处的人居生活环境。

目前，我国的沿海防护林体系建设，仍然存在着不少问题：诸如，定位不高，一些地方更是把沿海防护林简化为基干林带的建设，没有真正形成从滩涂红树林、滨海湿地到海岸基干林带、城乡防护林网、荒山绿化这样一个多层次相互衔接的复合型防护林体系，在一定程度上削弱了沿海防护林抵御海啸和风暴潮等自然灾害的功能；总量不足，海岸基干林带建设还没有完全“合龙”；质量不好，我国沿海防护林普遍存在着树种单一、结构简单、退化老化、缺口断带、宽度不够等问题；破坏严重，据统计，我国原有红树林6万hm^2，经过20世纪60年代的围海造田、80年代的围海养殖、90年代的开发建设，到2005年仅剩下2万多hm^2；还有投入不够、支撑滞后等问题。今后，要实现沿海防护林功能从一般性生态防护，向以应对海啸和风暴潮等突发性灾难为重点的综合防护功能扩展，将滨海湿地保护与恢复、沿海区域造林绿化等统筹到沿海防护林体系建设之中，实现从结构相对单一的防护林体系，向以基干林带为主导，滨海湿地、滩涂红树林、城镇乡村防护林网、荒山绿化等有机配合的多层次结构防护林体系扩展（周生贤，2005）。

2.11 内流河区域山地生态屏障的现状及其保护与建设

我国西部与北部有许多水流不进入海洋的内流河，内流河的主要水源是高原、高山（主要有南疆的昆仑山、阿尔金山，新疆中部的天山，以及河西走廊西南边的祁连山等）的冰川和积雪融化的雪水，这些高原和山地构成内流河流域的天然的生态屏障。也有一些暴雨季节才有水流的季节性河流。我国最长的内流河是南疆的塔里木河，全长2 179 km，塔里木河流域是由叶尔羌河、和田河、阿克苏河等河流汇成的庞大内陆河水系，流域总面积102万km^2；南疆昆仑山北坡还发育着多条内陆河。伊犁河是北疆水量最大的内陆河。北疆阿尔泰山西南部的额尔齐斯河虽然是新疆唯一的外流河（流入北冰洋的鄂毕河的上源之一），但也属内陆干旱半干旱气候区和高山雪水灌溉区的内陆河。天山北坡分布着绿洲农业区，东疆的吐鲁番盆地、哈密盆地等干旱地区的农业，也是依靠天山东部（博格达山和喀拉乌成山）雪水通过地下“坎儿井”系统（大多数坎儿井分布在吐鲁番和哈密盆地，据1962年统计，吐鲁番盆地共有坎儿井约1 100多条，全长约5 000 km，总流量达18 m^3/s，灌溉面积3.13万hm^2，占该盆地总耕地面积4.67万hm^2的67%）进行灌溉。甘肃西北部和青海西北部也是内流河区，主要有石羊河、黑河、党河、柴达木河、格尔木河和疏勒河。内流河两岸分布着许多绿洲，是我国西部干旱区的主要农业基地，也是我国西部干旱区生态环境最好、经济与社会发展最好并最具发展潜力的地区。新疆的绿洲约占全区土地总面积的8%。我国西北内流河区都是三北防护林体系建设区的一部分。

2.11.1 塔里木河流域

塔里木河的水源来自青藏高原北部雪山与冰川。分布于以青藏高原为核心的高亚洲地区的冰川总计46 298条，冰川面积59 406 km^2，冰川储量5 590 km^3。这些冰川以喜马拉雅山、念青唐古拉山、昆仑山、喀喇昆仑山和天山等几个山系为中心集中分布。以青藏高原为中心的冰川群是整个高亚洲冰川的核心。这些冰川的融水向北进入干旱荒漠地区，成为中国西北地区的主要水资源。特别是围绕塔里木盆地的巨大冰川区，每年夏季向其下游输送的水量可达137.7亿 m^3。20世纪以来，随着全球气候变暖，高亚洲冰川的退缩逐步加剧，20世纪90年代以来，冰川退缩强于20世纪其他任何一个时期。从青藏高原内部到边缘地区，冰川退缩幅度逐渐加大。冰川面积在过去40年内年平均减少约502 km^2，在青藏高原最边缘的藏东南和喀喇昆仑山地区，冰川退缩幅度最大。甘肃、青海和新疆省区共有冰川24 752条，冰川面积31 351.09 km^2，冰川储量3 107.8 km^3，平均厚度99.1 m。在喀喇昆仑山地区，冰川退缩可达到每年30 m。天山也是冰川强烈退缩地区。塔里木河流域的水源地是中国冰川分布最为集中的地区，共有冰川14 285条，冰川面积23 628.98 km^2，冰川储量2 669.435 km^3，平均冰川厚度113 m。从20世纪90年代以来，冰川的强烈消融和退缩导致冰储量减小，同时使西北地区冰川年径流量增加5.5%以上。在冰川融水补给量大的塔里木河，冰川径流增加量更大，在20世纪90年代，塔里木河年流量从310亿 m^3 增加到350亿 m^3，增加了13%（姚檀栋等，2004）。

塔里木河流域降水稀少，年均降水仅100 mm，中下游地区仅有30～50 mm，而年蒸发量却是降水量的50倍，且渗漏严重。古往今来塔里木河流域的农业就是依靠冰川水的灌溉农业。塔里木盆地的人口现在已达902万人，占新疆全区人口的41%，随着经济的高速发展，生产、生活用水量激增。塔里木河干流、支流上已建起200多座水闸、水坝、水库，虽然有效地控制住了季节性山洪，并为大规模农业开发提供了丰沛的水资源，但同时却造成了下游水量骤减，生态环境恶化。

由于上述自然因素、特别是人为因素的负面影响，致使塔里木河上游季节性洪水加大，尤其是造成下游河道干涸，田野干旱，植被退化，土地沙化。位居内陆河世界第二的塔里木河在20世纪70年代断流1/4，水量缩减到30年前的1/10，从一条大河变成了一条水渠；罗布泊曾经是一个面积5 000 km^2的巨大湖泊，随着孔雀河等河流的干涸断流，1972年，这个巨大的湖泊终于干涸死亡；大片胡杨和荒漠植被枯死，胡杨林分布面积逐年减少，目前仅存8.6万 hm^2，比20世纪50年代减少了84%；随着沙漠植被的枯萎与缩减，塔克拉玛干、库姆塔格两大沙漠卷土重来，塔克拉玛干边缘沙漠化面积也以每年上百平方千米的速度扩张。新疆石河子的大规模屯垦，也造成了玛纳斯河流干涸。新疆已成为沙尘暴天气的污染源与多发地。

塔里木河流域综合治理的根本出路在“节水”。综合治理的指导思想是：“治理‘四源’，节水济塔”，“四源”是指阿克苏河、叶尔羌河、和田河以及塔里木河下游的孔雀河等四大源流；“济塔”，就是采取一切节水措施与手段接济塔里木河下游，确保生态、生产和生活需水量充沛。

阿克苏地区是塔里木河流域综合治理的主战场，阿克苏河每年下泄塔里木河水量342亿 m^3，占塔里木河干流总来水量的74%。阿克苏河流域地方灌区项目由常规节水、地下水开发利用和高新技术节水三大类项目组成，修筑渠道防渗工程全长3 149.44 km；建成12片地下水开发利用水源地，共打井951眼；建设高新节水项目12项共3 133 hm^2，计划节水8.2亿 m^3。自2001年以来，阿克苏地区已完成46条总长992 km干支渠的防渗、水库改造以及大面积棉花膜下滴灌等节水工程治理项目，灌区水资源的利用率不断提高。例如，2007年，温宿县推行棉花膜下滴灌面积达3 533 hm^2，平均单产高达143.29 kg/亩，比常规灌溉棉增产30.96kg/亩，而且节省出1 060万 m^3用水。目前，

全灌区已经形成年节水约12.5亿m^3的节水规模，等于流域一年少引用、少拦蓄12座1亿m^3库容的水，用于下游生态恢复，可使塔里木河干流平均下泄水量达到46.5亿m^3左右，水流经下游320 km曾经干涸的河道，最终注入台特马湖。近年来，塔里木河下游绿色走廊生态系统明显改善，干流上、中游生态用水也有明显增加，塔里木河下游小气候逐渐变得润泽，下游沿河两侧地下水位明显回升，天然植被恢复面积已达1.8万hm^2。

在改善水生态环境的基础上，加强绿洲农田防护林建设具有重大意义。新疆绿洲防护林体系建设，从20世纪50—60年代起步，20世纪末进入大规模高速发展时期。1996年，新疆农田防护林有效保护面积达到270万hm^2，占总耕地面积的85%，2000年实现林网化的团、场最多达到120余个，实现林网化的县达到80余个。防护林的基干林带树种以生长快、寿命长、防护效益高的乔木树种为主；基干林带外围的灌草带以抗风沙、生物量大、沃土效果好的灌木和草本为主，同时以多种果树、豆科灌木、牧草等沃土植物作伴生树、草。许多经济树种，如核桃、巴旦杏和桑树等，逐渐被增补到农田防护林中，使防护林成为生态经济型防护林。防护林配置采取“窄林带、小网格”模式。但是，由于绿洲防护林地表水文已由过去的对地下潜水有大量补给的地面灌，逐渐被微滴灌等措施所替代，因而随着节水灌溉在新疆大面积的推广而导致了水资源渗漏量减少，使地下水补给减少，导致了地下水位持续下降。

2.11.2 河西内陆河流域

甘肃河西地区，包括河西内陆河流域的大部分区域。内陆河流域的降水量，从山区的300～800 mm下降到中游平原区的100～200 mm，下游尾闾地带，一般不足50 mm。内陆河流域的生态环境具有干湿交替带、农牧交错带、森林边缘带及沙漠边缘带等多种生态环境脆弱带。河西内陆河流域包括石羊河、黑河、疏勒河三大流域，地跨青海、甘肃、内蒙古3个省（区），总面积33.9万km^2，其中，石羊河流域面积4.07万km^2，黑河流域面积12.83万km^2，疏勒河流域面积10.19万km^2。河西内陆河流域生态系统由山地—绿洲—荒漠复合生态系统耦合而成。山地生态系统有南部的祁连山山地生态系统和北部的北山山地生态系统；绿洲生态系统主要为分布于沙漠中的18块面积较大的绿洲，绿洲面积1.94万km^2；荒漠生态系统由腾格里、巴丹吉林、库姆塔格三大沙漠的一部分构成。

祁连山脉东西长约800 km，面积7万km^2，位于河西内陆河流域上、中游。其山地生态系统主要由冰川、河流、森林和草原等自然生态系统组成。其山地地形起伏大，降水量较多，有利于山地林牧业的发展，是河西内陆河流域的水源形成区和水源涵养区，对流域山地—绿洲—荒漠生态系统的形成和稳定起着至关重要的作用。

河西绿洲生态系统位于河西三大内陆河流域的中、下游地区，主要分布于山前河流洪积扇前缘、河流两岸阶地、下游的冲积平原和干三角洲以及湖盆洼地的地下水浅埋藏地带，包括武威、张掖、酒泉、金昌、嘉峪关和额济纳的人工绿洲和天然绿洲。绿洲是干旱荒漠区特有的非地带性生态地理景观，绿洲依赖于稳定而可靠的水源供给，在时间和空间规模上具有稳定性，但是生态系统仍表现脆弱性。绿洲是干旱荒漠区最重要的生态、经济和社会发展资源。

（1）目前存在的主要生态环境问题。由于近几十年来人口过快增长，导致人类活动对内陆河流域环境压力加大。2004年河西地区人口已达482.36万人，人口密度高达249人/km^2。社会经济的迅速发展，使河西内陆河流域的水资源供求矛盾日趋尖锐，并由此引发河西内陆河流域农村一系列生态环境问题。

①河流、湖泊、湿地干涸，地下水位降低，农村生产与生活陷入困境：三大流域下游径流量的减少，直接导致河流、湖泊干涸，沼泽湿地消失，大面积天然胡杨林死亡。随着黑河下游的断流干

涸，居延海也随之干涸死亡。地表水的不足引发了对地下水的过度开采。20 世纪 50 年代以来，各地地下水位下降 3 ~5 m，甚至超过 10 m。水生态环境的恶化，直接导致农村生产与生活陷入困境。

② 土地荒漠化，沙尘暴危害加剧：河西地区现有各类荒漠化土地 21. 3 万 km^2，占甘肃全省荒漠化土地面积的 75. 3%，其中，沙漠、戈壁、沙化土地约占 17. 59 万 km^2，水蚀荒漠化（水土流失、中山低山草场退化、耕地盐渍化）占 3. 72 万 km^2；每年荒漠化土地面积正以 0. 38% 的速度增加。随着土地荒漠化面积增加，沙尘暴危害加剧。

③ 森林与草地植被退化，生态服务功能与生物多样性降低：浅山区森林生态系统不可逆转地退化为草原、荒漠或农田，其功能被草原、荒漠或农田取代。从 20 世纪 50 年代初到 70 年代末，祁连山林地面积减少 21. 69 万 hm^2，森林面积减少 16. 5%，森林覆盖率减少 8%。自 20 世纪 90 年代以来虽逐渐有所恢复，但北部天然森林仍持续衰退，天然林加速消亡，仅额济纳和民勤两地就减少林地 34. 31 万 hm^2。草地生态呈现以面积减少、草地荒漠化和载畜能力降低等为特征的持续退化趋势，河西地区总体退化草地面积达 46. 86%。自 20 世纪 80 年代以来，黑河下游三角洲地区植被覆盖度大于 70% 的林灌草地减少了约 78%，覆盖度小于 30% 的荒漠草地、戈壁和沙漠面积却增加了 68%。植被退化使一些建群种和优势种逐渐衰退和消失，生物多样性下降，植物种类大幅度减少，草地植物群落也由原来的湿生、中生草甸草地群落向荒漠草地群落演替。以黑河流域下游为例，草本植物从 20 世纪 50 年代的 200 多种减少到 80 余种，原有 130 多种牧草仅存 20 多种。

由于生态环境存在以上严重问题，河西内陆河流域农村的可持续发展面临困境。

（2）河西内陆河流域生态保护与建设对策。

① 积极发展绿洲节水农业，建设节水型经济与社会是河西绿洲缓解水资源危机的重要途径。

② 河西绿洲普遍存在农业用水比例过大而生态用水严重不足的问题，须建立生态用水制度，逐步调整用水结构，提高生态用水比例，特别要保障绿洲边缘生态用水，确保绿洲生态安全；逐步建立健全生态用水补偿机制和监督机制，提高生态用水效率。

③ 开展退耕还林还草、封山（封滩）育林育草，保护天然植被；加强祁连山水源涵养林的保护和培育，不断提高水源涵养功能。

④ 加强农田林网的更新改造，适度营造防风固沙林、灌木饲料林和薪炭林。

⑤ 充分利用绿洲光热资源优势和农田秸秆生物质能优势，开发绿色能源。

⑥ 积极发展沙产业，延长产业链条，以绿色产业促进农业产业化建设。

⑦ 积极推广舍饲圈养和人工牧草种植技术，减轻牲畜对天然草场的压力，保护畜牧业的发展（杨建红等，2010）。

2. 12　三北人工防护林生态屏障的建设与效益

三北防护林体系工程是指在中国三北（西北、华北和东北）地区建设的大型人工林业生态工程，可称之为“修造绿色万里长城”，是世界四大生物工程之首，是一项利在当代、功在千秋的宏伟工程。工程影响所及，包括我国北方 13 个省、自治区、直辖市的 551 个县、旗、市、区，建设范围东起黑龙江省的宾县，西至新疆维吾尔自治区乌孜别里山口，东西长 4 480 km，南北宽 560 ~1 460 km，总面积 406. 9 万 km^2，占国土面积的 42. 4%。实施三北防护林体系工程，改善三北地区的生态环境，不但对于三北地区本身推进生态文明建设、发展现代农业与林业、增加农民收入、促进区域可持续发展具有重大的战略意义，而且对我国东北平原、华北平原、黄土高原、黄河流域、河西走廊和新疆而言，也起到重要的生态屏障的作用（图 2 -7，引自 http：//image. baidu. com）。

三北地区是中国林业发展的重点、难点地区，沙化土地总面积达 148 万 km^2，占全国沙化土地

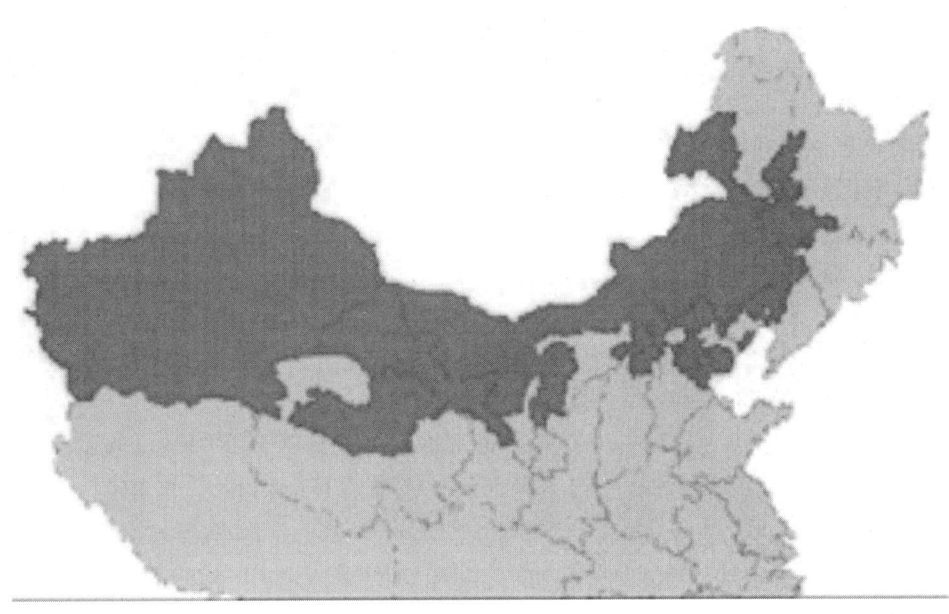

图 2－7　三北防护林分布示意图

的 85%；水土流失面积 240 万 km^2，占全国的 67%。三北地区也是我国林业发展潜力最大的地区，三北地区 13 个省、自治区、直辖市现有宜林地面积 3 936万 hm^2，占全国宜林地面积的 68.7%；全国近 50 万 km^2 可治理的沙化土地，90% 集中在三北地区；黄土高原 45 万 km^2 的水土流失面积，基本上分布在三北地区。我国森林覆盖率 2020 年达到 23% 和 2050 年达到 26% 的战略目标，增值空间重点也在三北地区。

三北地区的生态环境，在历史上比现在要好。历代以来，由于种种人为活动和自然力的作用，使这里的植被遭到破坏，土地沙漠化、水土流失十分严重。区域内分布着八大沙漠、四大沙地，沙漠、戈壁和沙漠化土地总面积达 149 万 km^2，从新疆一直延伸到黑龙江，形成了一条万里风沙线。大部分地区年均降水量在 400 mm 以下，形成了“十年九旱，不旱则涝”的气候特点。风沙危害、水土流失和干旱所带来的生态危害严重制约着三北地区的经济和社会的可持续发展，木料、燃料、肥料、饲料俱缺，农业生产低而不稳，使各族人民长期处于贫困落后的境地，同时也构成对中华民族生存发展的严峻挑战。

2.12.1　三北工程概况

1978 年，我国政府为改善三北地区的生态环境，决定在西北、华北北部、东北西部风沙危害及水土流失严重的地区建设大型防护林工程，即在保护现有森林植被的基础上，采取人工造林、封山封沙育林和飞机播种造林等措施，实行乔、灌、草结合，带、片、网结合，多树种、多林种结合，到 2050 年，完成三北工程规划建设任务，建成一个能锁住风沙、功能完备、结构合理、系统稳定的大型防护林体系和比较发达的林业产业体系与比较繁荣的生态文化体系。使三北地区的森林覆盖率由 5.05% 提高到 14.95%，沙漠化土地得到有效治理，风沙危害和水土流失得到基本控制，生态环境和人民群众的生产生活条件从根本上得到改善。

建设布局和重点是：在沙区，以遏制土地沙化为根本，加大封禁保护力度，推进全面治理，建设乔灌草复合防护林体系；在山区，以水土保持为重点，山、水、田、林、路综合治理，建设生态经济型防护林体系，提高土地生产力；在平原农区，以增强农业生产能力为目标，建设、改造、提高相结合，建设高效农业防护林体系。集中力量抓好科尔沁沙地、毛乌素沙地、呼伦贝尔沙地、新疆绿洲外围和河西走廊的防沙治沙；加大黄河流域、辽河流域、松花江和嫩江流域、石羊河流域、塔里木河流域的水土流失治理力度；强化江河源和风沙源的综合治理措施，依法划定封禁保护区，从源头上控制风沙和水土流失危害。

按照工程建设总体规划，从 1978 年开始到 2050 年结束，分三个阶段，八期工程，建设期限 73 年，共需造林 3 560万 hm^2。工程启动后 30 多年来，始终坚持生态建设的主导目标，同时伴随社会发展变化进行了适当调整：工程建设初期，把农田防护林作为工程建设的首要任务，集中力量建设平原农区的防护林体系；第二期工程，突出建设生态经济型防护林体系，改变单一生态型防护林建设模式，做到农林牧、土水林、带片网、乔灌草、多林种、多树种、林工商 7 个结合，使防护林体系达到结构稳定、功能完善，生态、经济、社会效益有机结合；第三期工程，从三北地区的实际出发，有计划、有步骤地建成了一批区域性防护林体系。

三北防护林工程第一阶段（1978—2000 年）造林保存面积 2 203.7万 hm^2。按造林方式分：人工造林面积 15 38.6万 hm^2，为规划任务的 103.56%；飞播造林面积 88.2 万 hm^2，为规划任务的 192.37%；封山育林面积 576.9 万 hm^2，为规划任务的 213.58%。按林种分：防护林 1 426.4万 hm^2，用材林 307.8 万 hm^2，经济林 369.2 万 hm^2，薪炭林 91.2 万 hm^2，特用林 9.1 万 hm^2。在防护林的二级林种中，防风固沙林 476.1 万 hm^2，水土保持林 552.6 万 hm^2，水源涵养林 110.0 万 hm^2，农田牧场防护林 250.0 万 hm^2，其他防护林 37.7 万 hm^2。按工程进度分：第一期工程 534.7 万 hm^2，为同期规划总任务的 90.12%；第二期工程 1 077.6万 hm^2，为同期规划总任务的 133.32%；第三期工程 591.4 万 hm^2，为同期规划总任务的 147.82%。

2001 年第二阶段第四期工程启动，根据日益严峻的防沙治沙形势，提出了第四期工程以防沙治沙为主攻方向，开展了新农村建设试点、农防林更新改造和重点农区、重点沙区和水土流失防护林建设；第五期工程（2011—2020 年）也已启动，规划未来 10 年，计划造育林 1 000万 hm^2，力争到 2020 年，使三北地区森林覆盖率由现在的 10.51% 提高到 12% 以上，工程区内 30% 的沙化土地得到初步治理，50% 以上的水土流失面积得到有效控制，80% 的农田实现林网化。

2.12.2 三北工程已取得的生态、经济与社会效益

经过 30 多年的建设，三北工程取得了重大阶段性成果，工程区森林覆盖率由 1978 年的 5.05% 提高到 2009 年的 10.51%，治理沙化土地 27.8 万 km^2，控制水土流失面积 38.6 万 km^2，重点治理区的生态环境质量有了较大改善，生态、经济、社会效益明显，有力地促进了农村经济的发展和人民生活水平的提高。

三北工程对三北地区生态环境的作用主要是通过防护林的不同林种来实现的。如防风固沙林、水土保持林、水源涵养林、农田防护林、牧场防护林、护路护岸林等。

从新疆到黑龙江的风沙危害区，采取封育、飞播、人工造林相结合的办法，营造防风固沙林 561 万 hm^2，使 27.8 万 km^2 的沙漠化土地得到有效治理，沙漠化土地扩展速度由 20 世纪 80 年代的每年 2 100 km^2下降到 1 700 km^2。辽宁、吉林、黑龙江、北京、天津、山西、宁夏等 7 个省（自治区、直辖市）结束了沙进人退的历史。重点治理的科尔沁、毛乌素两大沙地森林覆盖率分别达到 20.4% 和 29.1%，不仅实现了土地沙漠化逆转，而且进入综合治理、综合开发的新阶段。榆林沙区森林覆盖率已由 1977 年的 18.1% 上升到 38.9%，沙化土地治理度达 68.4%。新疆完成造林 274 万 hm^2，绿洲面积由工程建设前的 4 万多 km^2 扩大到 7 万多 km^2。

在黄土高原等重点水土流失区，实行生物措施与工程措施相结合，按山系、流域综合治理，建设以水土保持林为主的区域性防护林体系，共造林 723 万 hm^2，治理水土流失面积 38.6 万 km^2。黄土高原已有 40% 的水土流失面积得到不同程度的治理，每年入黄泥沙量减少 3 亿多 t。山西省三北

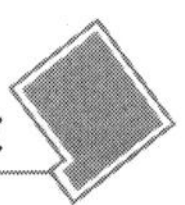

防护林建设走生态经济型防护林体系建设之路，共完成造林 190 万 hm^2，林木绿化率由工程建设前的8.3%提高到27.84%。山西省昕水河流域土壤年侵蚀模数已由 7 175 t/km^2 下降到 3 226 t/km^2。京、津周围地区绿化工程是三北防护林体系的一项重点工程，实施 12 年来，河北省项目区森林覆盖率达到25.22%，已充分显示出“泽被当地，护卫京津”的效果，使风沙紧逼北京城的状况得到一定程度的缓解，张家口市土壤侵蚀模数已由过去的 5 900 t/km^2 下降到 1 540 t/km^2，官厅水库年泥沙入库量由899 t减少到235 t，潘家口和密云两大水库泥沙入库量分别减少20%和60%。辽宁省在辽西低山丘陵区营造水土保持林 30 多万 hm^2，土壤年侵蚀模数已由 4 500～5 000 t/km^2 下降到 1 500～2 191 t/km^2。

在广大农区，共营造农田防护林253 万 hm^2，有2 248.6万 hm^2 农田实现了林网化，占三北地区农田总面积的65%。在林网的保护下，促进了粮食的稳定增产。据测定，农防林的护田增产效益普遍在 10%以上。三北地区的粮食单产由 1977 年的 1 170 kg/hm^2，提高到 2007 年的 4 665 kg/hm^2，总产由 0.6 亿 t 提高到 1.53 亿 t。在东北西部、内蒙古东部以及西北灌溉农业区已建成跨地区、大面积、集中连片的农田防护林体系。吉林省在松辽平原营造了 28 万 hm^2 农田防护林，使 267 万 hm^2 农田得到了有效庇护，农防林年均增产效益达 26.5 亿 kg。黑龙江省三北工程建设区农田林网化水平达到90%，493 万 hm^2 耕地中有 423 万 hm^2 得到有效保护，每年增产粮食 23.8 亿 kg。新疆农田林网化水平达到80%，287 万 hm^2 农田受到保护，粮食总产由 1978 年的 370 万 t 增加到 2007 年的825 万 t。第一阶段营造薪炭能源林 91 万 hm^2，占薪炭林规划总任务量的38%，已解决了 600 万户农民的生活用能问题。

三北防护林体系建设使三北地区的森林资源快速增长，木材及林产品产量不断增加，改变了过去缺林少木的状况。目前，工程区森林蓄积量由1977 年的7.2 亿 m^3，增加到2007 年的13.9 亿 m^3，年产木材655.6 万 m^3。其中，辽宁省的三北工程，到2009 年造林累计完成 177.77 万 hm^2，工程区森林覆盖率达到33.4%，31 年净增22.3%，森林蓄积量达1.78 亿 m^3，增长了5 倍。森林资源的快速增长，不仅使民用材自给有余，而且由于木材产量的增加也带动了木材加工业和乡镇企业、多种经济的发展。“四料”俱缺的状况已有很大改变，特别是已建成了 125 万 hm^2 薪炭林，加上林木抚育修枝，解决了600 万户农民的生活燃料问题。营造的牧场防林保护了大面积草场，营造的500 万 hm^2 灌木林和670 多万 hm^2 杨、柳、榆、槐树的枝叶为畜牧业提供了丰富的饲料资源，三北地区牲畜存栏数和畜牧业产值成倍增长。

林业的发展不仅改善了生态环境，同时也促进了农村经济的发展。三北地区正在将资源优势转变为经济优势，建设生态经济型防护林体系，已发展经济林 400 万 hm^2，建设了一批苹果、红枣、香梨、枸杞、板栗等名、特、优、新果品基地，年产干鲜果品 1 228万 t，2007 年比 1978 年增长了10 倍，总产值达200 多亿元。甘肃省林果业已发展成为全省农村经济的重要支柱之一，1997 年全省农民人均林果业收入达到300 元，占收入的25%，有41 个县的林果特产税收入超过100 万元。河北省张家口市大力发展经济林，林业产值由 9 000万元增加到3 亿元，有 240 个村、15 万户农民靠林果业实现了脱贫致富。三北地区形成了以人造板、家具制造、造纸等为主的木材加工企业5 000家，安排就业人员 70 多万人，产值225 亿元。同时，三北地区以森林观光和绿色产品为主题的各类旅游、休闲产业正蓬勃兴起，2007 年接待游客近 9 000万人次，产值达 192 亿元。

2.12.3 三北防护林工程建设的经验教训

在肯定三北防护林工程取得巨大成就的同时，不少专家也提出了一些质疑，在建设过程中也有不少经验教训。这些专家认为，在年降水量在 400 mm 以下的地区，不适合大规模植树造林，但是我国西北防护林工程很多区域的年降水量在400 mm 以下，甚至是300 mm 以下，并且有些地方属于草原、荒山地区，不宜植树造林。他们认为，虽然三北防护林体系工程被认为是我国北方地区生态安全的屏障，然而三北地区的风沙危害、水土流失等生态环境问题是长期的自然因素和人为因素共同引发的复杂过程，三北防护林建设不是一个万能工程，不要指望三北所有的生态环境问题都通过建设三北防护林来解决。

专家还提出，封山（沙）育林育草是三北防护林体系工程建设中值得大力提倡的三大造林方式之一，这是由于树木消耗的水分远大于草本植物和耐旱的灌木，在沙漠地区，种树不如保树和保草、种草。封山（沙）育林育草见效快、成本低、效益好，适合资金不足的国情和条件严酷的区情。乔木型和乔灌型封育成林一般需要 5 ~ 15 年，而灌木型、灌草型只需 3 ~ 5 年即可封育成林。封育成本仅为同类型人工造林的 1/5 ~ 1/3。据统计，截至 1998 年年底，三北地区完成灌木型、灌草型封育 540 万 hm^2，成林 278 万 hm^2，成林率 58%，约占同期人工造林面积的 30% 左右，为规划适封面积的 40%，效益良好。

这些专家指出，在不适合造林的干旱、半干旱区大面积造林，由于大面积人工林木蒸腾耗水量大过当地降水量，会导致土壤含水量及地下水位降低，不但使树木生长发育因缺水而受阻，而且势必会加剧生态环境的恶化；同时，工程前期很多造林工程没有切实遵循适地适树、混交造林、乡土树种优先的原则，而是普遍单一种植比较耐旱、生长较迅速的杨树、樟子松、油松、沙柳、沙棘等树种，这些树木常常需要很多水分，使周围的土壤变得更加干旱。我国三北防护林体系 1949—1999 年共营造人工林约 1.5 亿 hm^2，可是仅保存了约 3 000 万 hm^2，这是应该汲取的重要经验教训（黄秉维，1982；朱教君，2009；蒋高明，2009）。

3 中国山区生态农业县建设试点典型经验

3.1 中国式现代生态农业

3.1.1 中国式现代生态农业的产生和定义

当前，我国农村与农业的基本特点：一是人口多，人均自然资源少。人均耕地只有世界人均水平的1/3；人均水资源仅为世界人均水平的23.7%；人均森林面积只有世界人均水平的15%；人均草地面积只有世界人均水平的36%；人均常规能源（以煤炭为主）约为世界人均水平的一半，生物质能、水电能、太阳能、风能等可再生清洁能源资源虽丰富，但开发利用率有待提高。二是正处于从农业国向工业化、信息化国家转型的历史时期，农业生产产业化、社会化、机械化程度还不高，农民科技文化水平偏低，大量农村劳动力正在向城镇转移。三是生态环境问题仍然严重，农村生态环境曾遭受过严重破坏，目前尚处于恢复时期，生态修复工程量大面广；洪涝、干旱等自然灾害依然严重；石油、农药、化肥、生长激素、农膜等的使用量日益增长，农村面源污染和农畜产品污染仍然比较严重；由于工业与城镇化的迅速发展，大多数江、河、湖、库水体和地下水受到不同程度的污染，酸雨面积达到国土面积的30%。

近半个多世纪中，我国的农业发生了巨大变化，经历了曲折的历程，既有成功的经验，也有挫折和教训。在20世纪50—70年代，我国农业生产在兴修水利、推广良种、改革耕作制度、增施化肥、开发小水电和沼气等可再生能源、推动农业机械化等方面都取得了显著成就，积累了许多宝贵经验，也为当今生态农业的发展创造了一定的条件。但是，由于当时在农村依靠行政手段实行集体化、公社化，使生产关系的变革超越了生产力的发展，违背了中国农村社会经济发展规律；同时，在全国范围内出现了片面强调粮食生产、毁林开荒，片面强调提高种植指数、良种单一化，过度使用化肥、农药、农膜等，以及草原过牧、酷渔滥捕等违背中国农村生态经济发展规律的错误，致使我国农村出现许多严重的生态问题，这是我们不能忘记的沉痛教训。

自20世纪70年代末以来，我国的学者和农民群众对我国农业现代化的科学发展道路重新进行了大量的、多途径的理论和实践的探索（叶谦吉，1982；骆世明等，1987，2009；李文华，2003）。实践已经证明，在我国大多数地区，照搬西方传统的“石油农业”是不可取的，中国式现代生态农业才是我国农业现代化的发展方向。建设中国式现代生态农业，已成为政府行为和亿万农民的实践行为。

中国式现代生态农业是在中国具体历史条件、生态条件、经济条件和社会条件下形成的，是在合理利用自然资源、保护和改善农业生态环境、确保生态安全的前提下，按照生态规律和市场经济规律，应用系统工程和生态工程方法，在继承和发扬我国传统农业中的生态合理性的同时，积极采用现代农业技术建立和发展起来的，以满足社会对农业不断增长的多样化需求为目的，具有强大的自然循环扩大再生产能力和社会经济循环扩大再生产能力，生态、经济与社会效益同步增长的，可持续发展的社会化的高效农业生产体系，也是环境友好型和资源节约型“两型”农业。

中国式现代生态农业是通过实施一系列农业生态工程和技术，对受损农业生态环境进行修复、对农业自然资源进行保育增殖、对农业食物链结构进行调整优化、对农村产业结构进行调整和优化而逐步实现的。

山区现代生态农业建设的目的，不仅要实现山区农村与农业的全面、协调和可持续发展，而且要为平原地区构建生态屏障，构建涵养水源及氧源和碳汇、保持土壤、防洪抗洪、保护生物多样性的生态功能区，促进平原地区经济与社会的全面、协调和可持续发展，因而山区生态农业建设在我国生态农业建设全局和生态文明建设全局中具有特别重要的意义。

3.1.2 中国式现代生态农业应该具备的基本特征

在研究我国山区生态农业建设的途径与措施之前，先要讨论中国式现代生态农业应该具备的基本特征，本书作者认为应具备以下基本特征。

（1）能实现可再生自然资源的高效循环利用和永续利用，进而实现农业的可持续发展。各种农业生物、水、土壤肥力等可再生自然资源，是农业（包括种植业、林业、养殖业等）得以存在和持续发展的基础。为保护可再生农业生物资源的再生能力，实现农业可再生生物资源的高效循环利用和永续利用，要严格控制林、牧、渔、草的收获率低于增殖率；要保持农业生物种群合理的结构，保持种群合理的年龄级比和性别比；要保护农业食物链的完整性，并通过农业食物链的优化组合，实现物质的循环高效利用和能量的多级高效利用；要遵守农业系统输出与补给平衡的原则，在从系统中取走各类生物产品的同时，使系统得到及时足量的物质、能量、资金的补给。对可再生的农业非生物自然资源，例如土壤肥力、地方水资源等，利用程度应略低于其循环再生速度，同时，还要采取用地与养地相结合、培肥土壤、兴修水利和发展林业、涵养水源、保持水土等保育措施，保护和增强其循环再生能力。对可再生的自然能源，如风能、水能、太阳能、生物质能、地热等，逐步加大开发利用程度，最终使之成为农村生产和生活的最重要能源。对不可再生自然资源，也要节约和高效利用。

（2）具有强大的初级生产力。整个地球生命系统的能量都源自太阳能，绿色植物的光合初级生产是地球生命系统生生不息的基础和保证。在农业生态系统中，植物性初级生产是系统赖以生存和健康发展的基础，是动物性次级生产和微生物还原性生产得以健康发展的前提；同时，林木、牧草、作物、浮游植物等初级生产者的生长繁衍，可对环境产生重大的生态效益。因此，要强调健全的农业生态系统首先必须具有强大的初级生产力。

（3）专业化与多种经营相结合，实现农业全面发展和物质与能量的高效转化利用。农业生产一定程度的地区专业化是农业发展的必然趋势。对一个地区的生态农业发展而言，这种专业化与多种经营要形成在空间上并存、时间上相继的格局，是“一业为主，多种经营，全面发展”的，是农林牧副渔菌虫草等多业协调发展、城乡协调发展的。这种格局更利于全面开发一个地区的自然和社会资源，更有利于农林牧副渔菌虫草等多业相互促进，更有利于提高物质与能量的转化利用效率，更有利于农村环境保护，更有利于农业产业化、市场化。

（4）能形成生产自净体系。在严格控制农药、化肥、激素、农膜等污染源，进行绿色产品清洁生产的同时，主要利用具有净化功能的生物种群实现环境自净。例如，利用沼气池内的微生物净化庭院，利用水生植物净化污水，利用树林净化大气等，净化农村生活与生产环境，在有效控制农村面源污染的同时，向市场提供优质多样的大量的无公害食品、绿色食品和有机食品。

（5）具有鲜明的市场性、地域性、时间性和多样性。中国式现代生态农业的具体模式和技术，以满足区内外、国内外市场不断变化、多种多样的市场需求为目标，要因需、因地、因时、因种制宜，与时俱进，合理布局，是多模式、多产品、多水平、有时限的。一定时期的模式与技术不可能一劳永逸，也不可将特定地区的模式与技术一成不变地到处生搬硬套。

生态农业必须逐步向规模化、产业化、市场化方向发展，逐步将产前、产中和产后等环节联接成比较完整的产业体系，实现种养加、产供销、贸工农的一体化，把农民、企业和市场紧密结合成

一个高效运转、共同发展的实体。当前，在小农社会化的同时，要发展适度的规模经营。

(6) 现代科学技术与我国农业的优良传统相结合。我国生态农业的建设，与农村智力开发、生产技术革新和管理的现代化是同步进行的。不断引进推广现代农业科技成果，例如，新型农业机械化、各类农业生物良种、地膜覆盖、大棚栽培、喷灌滴灌、高效低毒低残留农药、高浓度长效复合化肥、全价配合饲料、网箱养鱼等新技术、新产品，可以为生态农业不断增添活力，同时，中国式生态农业也高度重视继承和发扬中国传统农业中具有生态合理性的优良传统，诸如保护和合理利用可再生自然资源，农、林、牧、副、渔综合发展，因地、因时、因种制宜，用养结合提高地力，以生物技术为主的精耕细作，重视植物蛋白生产和重视开发利用可更新能源特别是生物能源等。

(7) 具有非中心调控和中心调控相结合的可控机制。自然界的调控是非中心调控；市场调控也以非中心调控为主；人为的经济、政策和科技调控是以人为中心的中心调控。生态农业在对自然、对社会具有高度开放性的条件下，通过非中心调控和中心调控相结合，对农业生态系统进行有效调控。

现代生态农业既可以说是一类农业现代化的模式，也可以说是一种农业发展的理念。不论生态农业规模的大小（生态户、生态村、生态乡、生态县、生态省以至全国农村生态建设，或不同规模的生态农场、家庭农场、生态牧场、生态渔场等），也不论在哪个地区，凡具备以上基本特征的农业生产方式，都可看作可持续发展的中国式高效生态农业。

目前，广泛存在于、并将在一定历史时期内长期存在于中国等亚洲国家和其他发展中国家、以农户为单元的小型家庭式农业，可以建成资源高效利用的小型生态农业，劳动生产率虽然不高，但可以产生较高的土地生产率（单产高）和良好的环境效益；今后将大规模生产的传统石油机械化农业，转而采用电能、太阳能、风能、生物质能等可再生能源，采用高效、低毒、低残留的农药保护环境，实现农业与畜牧业之间的有机结合和物质循环与能量的高效利用，大量施用有机肥培肥土壤实现用养结合等措施，则将走出石油农业面临的能源危机、生态危机的死胡同，成为不但劳动生产率、土地生产率和产品商品率都高（三高），而且对环境友好的、资源高效利用的、可持续发展的新型机械化农业。从本质上看，这种新型机械化农业也是高效生态农业。从农业的长远发展来看，农业生态化和农业机械化，不但不是对立的，而且是可以融为一体的。

我国加入 WTO 以后，农产品进入国际贸易市场受关税和配额的调控作用将越来越小，在关税壁垒逐渐消失的同时，绿色壁垒却在不断地增加。目前，国际市场更为关注的是农产品的生产环境、种植方式和内在质量。安全食品、绿色食品、有机食品正成为国际潮流，因此，推进生态农业建设、保护生态环境、发展绿色经济，也是中国农业面对国际市场发展的必然选择。

3.1.3 我国生态农业建设试点县的实践

县是我国的基层行政单元，2010 年年底全国有 2 856个县级行政区划单位（其中，853 个市辖区、370 个县级市、1 461个县、117 个自治县、49 个旗、3 个自治旗、2 个特区、1 个林区）。每个县都有各自的地理、气候、土壤、生物等自然资源与环境特点，也有各自的历史、民族、文化及经济与社会发展等特点，可以说，每个县都构成一个相对独立的自然—经济—社会复合生态系统。以县为单位进行区域性生态农业建设，范围不大不小，是比较复杂但可操作性也比较强的中观系统工程，也是我国生态农业建设的基础工程。

1993 年，经国务院批准，由当时的农业部、国家计委、国家科委、财政部、水利部、林业部、国家环保局等 7 部委（局），组成了全国生态农业建设领导小组，在全国 9 个不同的生态类型地区，选择了有代表性的 51 个县，实施以县域为单元的第一批生态农业建设试点，其中，39 个是山区县。这 51 个县的土地总面积有 1 400万 hm^2，占全国土地总面积的 1. 5%；共有人口 2 210万人，占全国总人口的2.2%。所谓生态农业县，根据1994年5月17日国务院批准的农业部等7部委（局）《关于加快发展生态农业的报告》，可定义为：按照生态学和生态经济学原理，应用系统工程方法，把传统农业技术和现代先进农业技术相结合，充分利用当地自然和社会资源优势，因地制宜地规划、设计和组织实施的县域综合农业体系。

第一批（1993—1997年）生态农业建设试点县有：北京市大兴县、密云县；天津市宝坻县；上海市崇明县；河北省迁安县、沽源县；山西省河曲县、闻喜县、中阳县；内蒙古自治区翁牛特旗、和林格尔县、喀喇沁旗；辽宁省大洼县、昌图县；吉林省扶余市、吉林市郊区、德惠县；黑龙江省拜泉县、木兰县；山东省临福区、五莲县、临朐县；安徽省歙县、全椒县；江苏省大丰县、江都县；浙江省德清县；江西省婺源县；福建省东山县；广东省东莞市、潮州市；广西壮族自治区武鸣县、大化县；湖南省慈利县、长沙县；湖北省京山县、洪湖市、宜城县；河南省兰考县；陕西省延安市；甘肃省泾川县；宁夏回族自治区固原县；四川省眉山县、洪雅县、大足县；云南省思茅县、禄丰县；贵州省思南县；新疆维吾尔自治区沙湾县；海南省文昌县；青海省湟源县。

2000年国家7部委（局）又启动了第二批（2001—2005年）51个国家级生态农业试点县建设，包括北京市平谷县、怀柔县，天津市武清县，上海市宝山区，河北省滦平县、邯郸县，山西省交城县、昔阳县，内蒙古自治区敖汉旗，辽宁省凌海市、新宾县，吉林省大安市、九台市，黑龙江省望奎县、富锦市，浙江省安吉县，江苏省江阴县、太湖生态农业示范区，安徽省颍上县，福建省芗城区，江西省赣州市、会昌县、永新县，山东省惠民县、菏泽市，河南省孟州市、内乡县，湖北省大冶市、松滋市，湖南省浏阳市、南县，广东省廉江市，广西壮族自治区兴安县、恭城瑶族自治县，海南省儋州市，四川省峨眉山市、苍溪县，贵州省德江县，云南省华宁县，陕西省杨陵区、汉台区，甘肃省永靖县，青海省平安县，宁夏回族自治区陶乐县，新疆维吾尔自治区哈密市，重庆市渝北区，浙江省宁波市慈溪县，山东省青岛市城阳区，福建省厦门市同安区及辽宁省大连市。要求在第一批试点县工作的基础上，针对制约农业和农村经济可持续发展的关键问题，坚持“因地制宜、统筹规划、重点突破、整体推进”的原则，实行生物措施、农艺措施与工程措施相结合，逐步实现农业产业结构合理化、生产技术生态化、生产过程清洁化、生产产品无害化，建成一批生态农业“精品”示范工程。

各省、区、市自行确立的省、区、市级100多个按照国家级试点县要求标准和方法建设生态农业的试点县，也都取得了很好的成绩，做出了示范，提供了宝贵经验。有些省、市还做出了建设生态省、生态市的决策，例如，海南省，在生态省的规划和实施中，也都取得了很好的经验和成就。

以下简要介绍全国南北各地区有一定代表性的16个山区县生态农业建设的主要做法和基本经验。

3.2 山区生态农业县建设典型

3.2.1 黑龙江省拜泉县

黑龙江省拜泉县位于东北黑土区。东北黑土区又可分为漫岗区、丘陵区和低山区，是我国水土流失比较严重的地区之一。漫岗区丘岗地的坡度多在3°~8°，年平均降水量为500~650 mm，多集中在7—9月，降水历时短、强度大，地表径流集中发生，易造成水土流失；丘陵区处于漫岗区和低山区的过渡地带，地面坡度多在3°~15°，沟壑较多；低山区山地多、平地少，地面坡度更大，年降水量为650 mm左右，因而更易造成水土流失。

拜泉县位于黑龙江省中部，地处小兴安岭余脉与松嫩平原的过渡地带，属东北低丘黑土漫岗

区。土地总面积3 593 km^2，耕地面积24.07万hm^2，其中，坡耕地占70%。20世纪50年代曾经是全国知名的产粮大县。1993年全县总人口56万人，农业人口占80%多。土壤属肥沃的黑土、黑钙土和草甸黑土，富含有机质。治理前，由于盲目地、掠夺式地毁林开荒愈演愈烈，到20世纪70年代末，全县森林覆盖率下降到3.7%，60%的土地发生不同程度的水土流失，年风蚀表土厚度达4 mm。据测算，全县年跑水达1亿m^3，跑肥11.9万t，跑土1 400万t。全县大小侵蚀沟约3万条，侵占耕地5 300 hm^2。水土流失使黑土层厚度由垦初的1 m下降到20～30 cm，土壤有机质含量由8%下降到3.7%。生态环境恶化导致生态性贫困，全县粮食产量在2 250 kg/hm^{2}以下，人均年收入不足百元，产粮大县变成了全国的贫困县之一。

为了走出生态性贫困的窘境，1985年，该县确立了实施生态农业发展战略，制订了全县生态建设总体规划，按照“山处者林，水处者鱼，草处者牧，陆处者农”的原则，在四大生态区分别实施了相应的十大生态经济工程（水土保持和抗旱治涝工程、林业生态工程、农机配套及耕作制度改革工程、种植业工程、畜牧业工程、产业开发工程、水产养殖工程、农村能源综合建设工程、环境治理与保护工程、庭院生态经济开发工程），配套组装了7项生态技术（水土流失综合治理技术、农林牧产业协调发展的结构调控技术、立体种植立体养殖和立体种养结合的综合配套技术、农畜产品增值多级加工循环利用技术、基于生物多样性和生态位原理的应用技术、因地制宜的耕作技术、以再生能源为纽带高效利用自然资源的农村能源综合建设技术），从而初步形成了各大生态区一业为主、综合发展、多级转化、良性循环、无废弃物生产的高效生态经济系统。

（1）东南部丘陵区坡、水、林、田、路综合治理模式。东南部丘陵区土地面积占全县总土地面积的24.9%，其中，耕地4.804万hm^2。该区地形起伏较大，呈浅丘漫岗状，主要自然灾害是水土流失。该区治理开发的方向是：搞好以治沟治坡为主攻方向、水土保持为中心的基本农田建设，从整体出发，按照地形、地貌及其不同侵蚀特征布设不同的防治措施，从岗顶到沟底设置3道防线，形成立体防治体系：第一道防线是在坡顶岗脊栽树戴“帽”，荒坡造林，林缘与耕地接壤处开挖截流沟，控制坡水下山；第二道防线是坡耕地改垄修梯田，并按一定距离沿等高线方向营造水流调节林带，达到拦蓄径流、蓄水保墒的目的；第三道防线是沟头修跌水、沟底修谷坊、塘坝，沟岸造林，控制沟壑发展。该县有34条小流域属于东南部丘陵状台地中重度水蚀区，通过多年的集中连片治理，按照3道防线技术，采取“林上山、粮下川、苕条栽中间”的模式进行治理，同时积极改造中、低产田，建设荒坡、荒沟高效生态经济区，发展小林场、小果园、小牧场、小渔场等综合型企业。

（2）西北和中部半丘陵区粮、牧、企、经、庭立体开发模式。该区土地面积占全县总面积的40.4%，其中，耕地4.804万hm^2。区内地形波状起伏，漫川漫岗，比较开阔，土壤多为肥沃的黑土。该区治理开发的方向是：积极做好水土保持工作，特别注意防止产生新的水土流失。在措施选择上，以植物措施为主，植物措施与耕作措施并举。在治理上，积极推广植物封沟的成功经验，大力营造以灌木柳、白皮柳为主的固沟薪炭林，以缓解农村能源紧缺问题，促进秸秆还田或通过牲畜过腹还田。该县有46条小流域属于西北部和中部波状起伏台地轻中度水蚀区，按照该区的改良利用方向，多年来，实现了工程水库、植物水库、土壤水库三大水库并举的良好局面。该区工程水库修塘坝96座，修梯田1.82万hm^2；植物水库造各种水保林2.90万hm^2，种植物防冲带266 km^2（控制面积）；土壤水库等高起垄耕作3.19万hm^2。通过建设三大水库，该区实现了工程措施、植物措施和耕作措施的有机结合，取得了显著的生态、经济和社会效益。

（3）西南部平原区林、草、畜、粮综合经营模式。该区土地面积占全县总面积的16.1%，其中，耕地3.194万hm^2。区内地形开阔平坦，但土壤比较瘠薄，轻碱土占80%，自然灾害频繁，风蚀较重。该区治理开发的方向是：营造以农田防护林为主的水土保持林，建立林果基地；与此同时，大力发展畜牧业，以养牛、羊为主，黄牛、奶牛存栏达3.8万头，将牧业产值提高到占农业总产值的30%以上。以发展林、牧业为突破口，积极改造低产田，提高粮食产量，从根本上改变本区贫穷落后的面貌；该县有16条小流域属于西南部缓坡倾斜平坦台地轻度风蚀区，按照治理开发方向大力发展农田林网，形成“田成方、林成网，金色的种子丰收在绿色的格子里”，开展林草间作，为流域经济发展奠定了基础。

（4）“三河”沿岸低洼易涝区畜、禽、鱼、稻良性循环模式。该区土地面积占全县总土地面积的18.6%，其中，耕地3.371万 hm^2。本区地形低洼，大部分为一级阶地和河漫滩，水资源丰富，但涝灾频繁而严重。该区治理开发的方向是：大于1.5°的坡耕地改垄作，大于3°的种植苕条防冲带，个别介于5°~7°的坡耕地修筑坡式梯田。全县有26条小流域属于该区，通过完善农防林网、排灌渠网、交通路网和农林电网建设，使农田小区域气候得到改善，抗御风、涝灾害的能力得到增强。在此基础上，积极发展水田生产，扩大旱改水面积，发展渔、牧业生产，建立粮、牧、渔良性循环高效生态经济（王新利等，2008）。

通过综合治理，全县各地分别形成了农、林、牧、渔不同结构的综合经营实体和生物链，实现了“十子登科”，即山顶栽松戴帽子，梯田埂种苕扎带子，高坡地退耕种草铺毯子，沟里修池养鱼子，堤内蓄水养鸭子，堤外开发种稻子，瓮地栽树结果子，平原林网织格子，立体开发办厂子，综合经营抓票子。近年来，全县基本形成了“粮食和秸秆→牲畜和家禽→优质农家肥还田→粮食和秸秆”的农、牧结合良性循环生产链条。目前，畜牧业产值已占全县农业总产值的40%以上。1994年拜泉县农业总产值、总收入、人均收入是1956年的2.99倍、4.42倍和4.57倍。1992年以来，粮食年均增长5.5%。生态环境得到改善，治理水土流失面积14.62万 hm^2，占应治理面积的67.7%；治理后的坡耕地减少径流37%，泥沙流失量减少50%；风速降低58%，已连续8年没有风剥地；农田空气湿度提高10%~14%，蒸发量减少14.6%~17.8%；此外，农村贫困户比重下降到8%，有3.7万户实现脱贫，粮、肉、奶、甜菜的商品量分别比1985年同期增长88.9%、22.9%、630%和320%（王树清，1995）。

该县自1986年开始实施生态建设规划，截至2003年，全县122个小流域已治理了78个，平均年治理侵蚀沟1 000余条；全县培育水土保持林26.67万 hm^2，营造人工林8.2万 hm^2，全县林草覆被率由1985年的12.7%提高到2000年的21.2%，全县形成了1.06万个农田防护林网格；建造水平梯田3 333.3 hm^2。采取以上水土保持措施后，土壤侵蚀模数由治理前的4 000 t/（km^2·年）减少到2000年1 759 t/（km^2·年），相当于每年向嫩江、松花江少输送泥沙1 300余万t，同时有机质含量提高了3g/kg。1998年松花江、嫩江发大水，拜泉县由于生态治理到位，减少水灾造成的经济损失7.5亿元，而周边县则损失惨重。

拜泉县地处黑龙江省西部著名干旱频发区，是黑龙江省西部典型旱作农业区，全县人均占有水量仅相当于全省人均的24%。为了彻底摆脱农业生产受制于水的被动局面，把发展旱作农业纳入高效生态经济工程的重要内容。全县通过抓“三大水库”建设，为发展旱作农业和农业持续发展创造了条件。由于该县大幅度提高了植被覆盖度，年保水能力增加2.6亿 m^3，大大增强了土壤抗旱、耐旱能力，已连续12年没有风剥地，农田小气候也得到明显改善。至2003年，治理后的坡耕地径流量减少67%，泥沙流失量减少77%，保肥能力提高58%，土壤有机质含量增加0.51%。全县玉米平均单产已由十几年前的3 000 kg/hm^2提高到6 000~7 500 kg/hm^2。

1999年，拜泉县被评为全国生态农业建设先进县。目前，拜泉县的“绿色农产品”尚未形成品牌产品、“拳头产品”和“龙头企业”，“生态旅游”及观光、休闲农业也因距哈尔滨、齐齐哈尔和大庆等大、中城市较远而难以形成规模，林果业也尚未取得明显的规模经济效益，生态农业产业化是拜泉县今后一个时期要着重解决的问题。

3.2.2 内蒙古自治区喀喇沁旗

喀喇沁旗位于内蒙古自治区赤峰市西南部，地处燕山山脉七老图山东麓，由西南向东北逐渐构成中低山、浅山丘陵和河谷平川三种地貌类型，总面积3 078 km^2。大陆性温带气候，自东南向西北，由半湿润气候逐步向干旱气候过渡。年降水量350～500 mm，雨季集中。年蒸发量1 990 mm，十年九旱。1993年人口36.46万人，其中，蒙古族占35.46%。全旗总耕地面积5.65万hm^2，其中2/3为坡耕地。有林地14.97万hm^2，1993年森林覆盖率35.8%，全旗属于三北防护林带。草地面积9.9万hm^2。全旗在生产上表现为农区、牧区和林区交错。

该旗生态环境脆弱，人口增长快，文化素质低下，治理前经济发展滞后。20世纪50年代初，全旗74.2%的土地由于过度开垦而发生水土流失。人口状况和环境状况严重制约着农业可持续发展。从1993年开展生态农业建设以来，在三类地区因地制宜实施了不同的生态工程模式，分别树立典型，取得经验，并加以推广。

（1）黄土丘陵区生态经济沟林、果、粮、牧草立体开发生态工程模式。以通太沟村为典型。通太沟村属于黄土丘陵区，该村土地面积大，但耕地比重较小。治理前林草覆盖率不足5%，水土流失面积高达97.5%。农业结构单一，粮食产量低而不稳，牧业、林业也很落后。根据该村地貌特点，在小流域内采用林、果、粮、牧草立体开发生态工程模式，按照先治山、后治川，先治上、后治下，先治坡、后治河的顺序进行小流域综合治理。山地以水土保持工程为重点，在荒山、荒坡上布设水平坑、造林坑、鱼鳞坑和条田等；在沟道、河道上闸沟修筑各种土石谷坊坝。农田生态工程，以兴修高标准水平梯田为主。草业生态工程，在水平沟、鱼鳞坑内外播种耐旱、耐瘠薄的优良草种或灌木，建立乔灌草立体群落结构。生物生态工程，在山顶造用材水保林，条田造经济林，在沟道、河道造速生林，并做到乔、灌、草结合，针、阔、叶结合。工程主要配套生态技术有：水土保持技术，水保林造林技术，牧草种植技术，引水爬坡技术，坡改梯技术，土壤培肥技术，地膜覆盖技术，暖棚、暖圈技术等。

（2）河谷平川区多元立体种植复合生态工程模式。河谷平川占全旗土地总面积的18.2%，生态条件、经济基础均较好，但产业结构单一，生态经济建设的主要目标是变单一结构为多元结构，通过建立起多元立体种植复合生态工程，实现粮、经、牧、林业综合发展。

（3）石质山区果、林、牧复合生态工程模式。以马鞍山羊场为典型。该场土地面积大，人均土地面积1.78 hm^2，但耕地比重小，人均耕地面积0.13 hm^2；森林资源丰富，森林覆盖率38.4%，人均林地0.69 hm^2。该场的主要问题是，重牧轻林轻农，由于过度放牧，林、牧、农矛盾突出，大量宜林荒山荒坡变成牧羊场，造成山坡植被退化，水土流失严重。根据该场生态经济特点与现状，提出山地在生态保护的前提下结合进行经济开发，生态、经济效益并重的建设方针，实施果、林、牧复合生态工程。林业以建立山地垂直立体林业体系为目标，在山顶实施水土保持工程，在封山育林367 hm^2的同时，种植落叶松和油松等用材林；在坡地实施经济林工程，修建等高梯地，栽植扁杏、山杏、山葡萄等果木共889 hm^2，果园初期实行林粮间作；在山坡底建设梯田，在河道栽植阔叶树；牧业限制山羊，发展绵羊和小尾寒羊，并实行舍饲、半舍饲。

该旗经过典型引路和6年的生态农业建设，取得了显著的生态、经济和社会效益。1998年，森林覆盖率上升到44.8%，气候状况明显改善，水土流失治理面积达到81%；乡镇企业三废（废水、废气、废弃物）排放达标率达到75%；农膜回收率达到65%；每年新修水平梯田2 667 hm^2，有机肥投入增加57%。农业总产值增长107%，农、林、牧产值比中牧业产值比重增加到30%；粮食总产增长39%；蔬菜、瓜、果、烟叶产量分别增长39%、400%、35%和397%；牲畜存栏和出栏分别增长13%和60%，肉类和禽蛋产量分别增长36%和115%。贫困人口从13.45万人下降到5.8万人；人均占有粮食和肉类分别增加36.8%和12.6%；农村科教、医卫和保险事业也有长足的发展。全旗农业开始走上可持续发展的道路（霍天祥，2001）。

3.2.3 新疆维吾尔自治区沙湾县

沙湾县位于新疆天山中段北麓、准噶尔盆地南缘，海拔600～3 000 m。土地总面积13 100 km^2，全县耕地面积7.64万hm^2，草场58万hm^2，总人口20万人，由维吾尔族、哈萨克族、汉族等24个民族组成。地形南高北低，属温带大陆性干旱垂直立体气候，依靠南部冰山雪水灌溉。农村经济以农为主、农林牧业交错，是典型的绿洲农业。

1994年列入第一批全国生态农业试点县以来，该县以规模专业化为基础，以乡、村为生态建设基本单位，形成一乡一特色、一村一品、一区域一优势的多种生态经济建设模式。

（1）农、林、牧复合模式。这是该县生态农业的基本模式。1994年以来，在农、林、牧交错区，着重发展林业和牧业，以农田林网防护林和经济林为重点，每年新造人工林1 000～1 333 hm^2，1996年全县基本实现林网化；养殖大户发展到6 800户，占全县农村总户数的19.43%。全县农区200多个村基本形成粮、棉、油多→饲草料多→牲畜、禽蛋多→钱多、肥料多→粮、棉、油多的生态经济良性循环，改变了这类地区过去单一发展种植业的状况。

（2）农牧结合模式。主要适合农牧区。这一模式的特点是：在种植业稳定发展的基础上，发展规模养殖业，主要有种植业—养鸡—养牛—养羊一体为主模式和种植业—养羊—养奶牛（或养猪）为一体的模式，使农业与牧业的产值比达到4.5∶5.5。2000年全县有专业养殖小区131个，养殖专业户、重点农牧结合户1 073户，建塑料大棚、暖圈953个。农牧区牲畜存栏数占全县的一半以上。

（3）综合农业模式。在种植业条件较好的农区，进一步改善生产条件，修建全防渗渠道2 000 km，同时因地制宜发展多种经营，种植粮、棉、油、甜菜、红花、瓜、菜、药等多种作物，不断提高多种经营水平。在种植条件差的山区，优化作物结构，由低产田的油菜种植改为甜菜、番茄、红花等种植。农区的森林覆盖率也达到了10.2%。农作物秸秆还田率达到60%。

（4）庭院经济复合模式。利用各家各户0.07～0.17 hm^2的庭院，发展庭院加工业、养殖业、种植业。如山区和乌兰乌苏、金沟河、大泉乡镇等地以庭院养殖为主。农户把生产出的玉米、黄豆等，通过养殖牛、羊、鸡等转化增值。北部冲积平原生态区和安集海镇，以庭院种植为主，种果树、蔬菜和经济作物。不少农户还在庭院内修建了温室或塑料大棚。

（5）复合林业模式。在林区、林场，改单一造生态防护林为生态防护林与经济林相结合。例如三道河子林场，全场面积1 000 hm^2，其中，新建果园（葡萄、苹果、桃、李、枸杞等）58 hm^2，还建有1个森林公园。

（6）产供销一条龙复合模式。以县级企业为龙头、乡镇企业为主体，培育了棉花收购加工销售和番茄、专用面粉、脱水蔬菜、乳制品、肉制品等绿色食品加工企业。在农村中，通过农民自发成立的种植、养殖协会，将千家万户的农畜产品收购起来，除销往县内龙头企业之外，70%的农产品销往石河子、乌鲁木齐等城市，并代销各种生产资料。

通过1994—1997年的生态建设，取得了较好的生态、经济和社会效益。防护林网遏制了库尔班通古特沙漠的南移，同时减轻了水土流失、风灾和霜冻等自然灾害。通过农田水利建设，使水的利用率提高了29%。4年农业总产值年均增长20%，1997年全县人均产粮992 kg、产棉172 kg、产肉食65 kg，农民人均收入比1993年增长234.5%。全县人民生活基本上达到小康水平（李京田等，2001）。

3.2.4 陕西省延安市

延安市位于陕北黄土高原的丘陵沟壑区，海拔800～1 200 m，黄土厚50～150 m，呈垂直节理而易被侵蚀。在新构造抬升与长期流水侵蚀下，形成了沟壑纵横、梁峁沟壑相间、以梁为主的侵蚀地貌。地形破碎，沟壑密度一般为3～5 km/km^2，最高可达7 km/km^2。>25°坡耕地占总耕地38%以上。在陡坡耕地上即使有作物覆盖，水土流失仍十分严重；如作物覆盖度低，则水土流失加上跑墒损失总计占降水量的60%～70%。除自然重力作用带来水土流失外，过度垦伐造成土被疏松，明显降低了土被抗蚀力，因而更加剧了水土流失。土壤侵蚀以水力侵蚀为主，侵蚀模数多在10 000万t/（km^2·年），最多可达30 000万t/（km^2·年）。

延安市属半湿润向半干旱过渡气候区，年均降水量约400～550 mm，全年降水分配不均，60%的降水量集中在6—8月，其中70%是暴雨，降水径流对地表冲刷切割较严重。年水面蒸发量为1 000～1 400 mm。植被属暖温带落叶阔叶林向干旱草原过渡的森林草原区，也是农牧交错区。

（1）大规模治理前（1981年）延安市农业生产和农村生态环境概貌。

①粮食产量低且不稳，作物光能利用率低。粮食单产量徘徊在450～1 500 kg/hm^2，平均作物产量光能利用率仅约0.145%（956.25 kg/hm^2）。遇有灾害更是歉收甚至绝收。该市年年吃返销粮，接受救济款。

②生活燃料严重短缺，只得挖草根作燃料。由于粮食低产，秸秆量少，又很少薪柴，因此，造成生活燃料亏缺。一个5口之家，每天需烧秸秆约7.5 kg，年需秸秆2 740 kg。而农户自种的1.33 hm^{2}粮田最多产秸秆1 600 kg，燃料亏缺近2/5，灾年亏缺更严重。群众为补充燃料不足，先采樵，后割草，进而挖草根，每户专门用1个劳动力外出挖草，每户年均破坏草场约达1.07～1.33 hm^2，从而严重加剧了水土流失。

③既缺水又浪费水。当地一般旱粮需水量为4 500～6 000 kg/hm^2。由于天然林与草地植被遭到了破坏，导致土壤蓄水能力与水源涵养能力降低，造成地表水与浅层地下水日益亏缺，按耕地平均计，仅795 m^3/hm^2。丘陵坡地地表水更无法利用。用沟底地表水提灌至坡耕地，以扬程200 m、灌水量4 095 m^3/hm^2、耗电1.1213（kW·h）/m^{3}计，共耗电4 591.5（kW·h）/hm^2，灌后虽增产小麦1 365 kg/hm^2，但代价昂贵，得不偿失。另外，该区作物耗水系数大，每生产0.5 kg小麦平均消耗降水量为高效农业的2.32倍，既缺水又浪费水。

④重农轻林，重粮轻牧，林牧萎缩。农作物种植用地占土地总面积的一半以上；牧业用地实际是荒草坡地，无人工草地；天然灌木林占地不到10%；非生产用地约占30%。

（2）延安市农村生态建设的基础工程是水土保持工程，核心是林草生态工程建设。延安市从1993年起，成为全国第一批生态农业建设试点县。该县按照坡沟兼治、集中连片治理的技术路线，本着治理与开发、短期效益与长期效益、工程措施与生物措施相结合和田地制宜、因害设防、除害兴利的原则，进行了一系列水土保持生态工程建设。水土保持的最重要举措是大面积退耕、退牧、还林、还草。以该市吴旗县林草生态环境工程建设为例：

①建设前生态环境概况。吴旗县地处陕北黄土高原的丘陵沟壑区，水土流失严重，自然灾害频繁，曾经是延安市生态环境最差的国家级贫困县。全县12.37万hm^{2}耕地中，坡地面积11.73万hm^2，占95%。在治理建设前，全县3 792 km^{2}的总土地面积中，水土流失面积为3 678 km^2，占总面积的97%，年土壤侵蚀模数1.53万t/km^2，年平均侵蚀土壤厚度1.2 cm，年损失表土5 687万t。

该县属于半干旱气候区，春季干旱多风，夏季旱涝相间，秋季温凉湿润，冬季寒冷干燥，农作物一年一熟。在土地长期不合理利用的影响下，干旱、暴雨、水土流失灾害频繁发生，农牧业产量低而不稳，农村长期处于贫困状态。

造成水土流失的主要原因之一是严重的超载过牧。全县13.88万hm^{2}草场载畜能力只有11万个羊单位，但1997年牲畜总饲养量达到49.8万个羊单位，是载畜能力的4.5倍。山羊是吴旗县群众的钱袋子，但由于不合理的饲养方式，却变成了植被恢复与生态环境工程建设的大敌。

近年来，境内林地鼠害、草兔危害十分严重。特别是禁牧、禁猎以及封山育林工程的实施，减少了狩猎等人为因素对草兔种群数量的控制作用；同时，植被的恢复也为草兔提供了良好的生存繁衍条件，致使草兔数量急剧增加，对农、林、牧业生产和植被建设构成巨大威胁。据初步调查，草兔数量高达40～60只/km^2。草兔的食量大，食性杂，且繁殖速度快，因而危害性大，已成为吴旗县一种新的、严重的生物灾害。草兔还啃食幼树主干、侧枝树皮、主枝和侧枝顶梢，这种现象已在吴旗县普遍发生，5年以下幼树被害株率高达70%以上。2002年春季，全县2 000 hm^2仁用杏及一些经济林的主干和距地面50 cm以内主枝的皮层，几乎被啃光；更为严重的是2003年春季，退耕还林的8.53万hm^2山杏幼苗和混交的300万株沙棘，80%以上被啃食掉，经济损失达300万元。草兔不但危害林木，而且对农作物危害程度也比较严重，特别是对大面积处于幼苗期的豆类作物危害极为严重。

②实施林草生态环境工程的基本措施和效益。生态环境工程建设要达到两个主要目标：一是使生态环境由恶性循环向良性循环方向发展；二是使群众经济收入稳步增长，逐步脱贫致富。从1998年起，该县确定了以"封山退耕、造林还草、舍饲养羊、林木富民"为基本内涵的开发战略，发展生态农业。具体做法有：

将不适宜耕种的低产坡耕地全部退耕还林：吴旗县自1998年5月起，把封山禁牧、坡耕地和沙化地退耕还林作为加快生态环境建设的根本性措施，同时建设羊—杏—草基地，构建"草—林—牧—农"型生态农业生态系统。当年年底实现了全县整体封禁，淘汰了土种山羊23.8万只。截至2005年，全县共退耕还林还草103 667 hm^2，占总耕地面积的80%，全县只留下2万hm^2川、台地。所有退耕地，一部分实行人工种草、种树，一部分实行封育，以恢复自然植被。共营造乔木林（山杏、山桃）12 980 hm^2，灌木林（沙棘）37 400 hm^2，种草70 000 hm^2，种草验收合格面积53 300 hm^2。兑现粮食补贴30 698.52万kg，补助现金6 047.8万元，治理水土流失面积1 000多km^2，兴修基本农田5 500 hm^2，建淤地坝118座，兴修乡村道路300多km。

在实施坡耕地和沙化地还林还草的同时，建成五道防线进行综合治理：a. 在地势高而平坦、风大、温低、易旱的梁峁顶部，营造防护林带，种植牧草和建设高标准基本农田。b. 梁峁坡地，坡度在20°左右，以修水平梯田为主；一部分修建隔坡梯田，进行林、粮（草）间作；少量陡坡耕地，实行等高垄沟种植。c. 峁缘处于梁峁坡和沟坡的交接处，坡度由缓变陡，溯源侵蚀严重。采取营造峁缘防护林和修筑防护埂两种方法锁边防冲。d. 峁缘线以下、沟道底部以上的沟坡，坡陡蚀重，荒地多，大部实行封禁，或栽植柠条、沙棘、刺槐、牧草等；在部分较平缓的沟坡上，采用水平沟、水平阶、反坡梯田和大鱼鳞坑等工程措施，营造经济林和用材林。e. 在沟底，修建淤地坝、骨干坝、谷坊、围井、水池，整治沟台地，营造沟底防冲林和护岸林，形成节节拦蓄的坝系和灌排系统，抬高侵蚀基准面，防止沟岸扩张，淤地增加基本农田。

封山禁牧：从1998年5月起，全县对退耕地和"四荒地"实行大面积封禁。同时，以小流域为单位，尤其是在近路、近水、近村的地方，按照封山禁牧、退耕还林还草的总体规划和作业标准，进行山、水、田、林、路的综合治理。"大封禁"与"小治理"结合，使植被恢复明显加快，荒山秃岭已经显现出绿色生机，林草覆盖率由1997年的13.2%提高到2002年的18.7%。

积极改良畜种，推广舍饲养畜：在利用土地的自然生态恢复能力的同时，淘汰了土种山羊23.8万只。为了解决封山禁牧与传统放牧之间的矛盾，通过典型示范和政策扶持，改放牧为舍饲养畜，改土种山羊为良种小尾寒羊（图3－1，引自http：//image.baidu.com1）。2002年有舍饲养羊户13 400户，存栏羊127 000只（其中，舍饲小尾寒羊79 800只）。舍饲养畜为禁止放牧后的畜牧业发展找到了出路，并在一定程度上促进草业的发展，解决了林、牧矛盾。

责、权、利相结合，承包荒山：为了充分调动广大群众进行林业生态工程建设的积极性，全县

图 3－1 舍饲小尾寒羊

将荒山全部承包到户，承包年限少则 50 年，多则 70 年。实行谁承包、谁经营、谁受益。责、权、利的有机结合，充分调动了农牧民种草植树的积极性。考虑到承包治理者持续、长远的经济效益，在自然条件比较好的地方，栽植经济林、草，开展多种经营，使治理承包者，从山川秀美工程建设中得到稳定的收益，经济状况逐步得以改善，才有可能继续向环境治理再投入，使生态和经济的发展进入良性循环，治理成果才能得以巩固。

专家提供方案与农民自主决策相结合：为了使生态工程规划能真正落到实处，在保障规划方案科学性的前提下，将决策权交给经营者。在吴旗县，农民开始以经营者的角色做决策，栽什么树种，由农民自己做主；同时，为了确保种草植树的科学性，做到适地、适树、适草，由技术专家依据吴旗县的实际情况，确定出不同立地条件下可供选择的树种、草种，供经营者自主选择。

建设高标准基本农田：在退耕之初，吴旗县决定以少种多收、精种高效为目标，大力发展集约自给型高效农业。1999 年以来，新修基本农田 3 133 hm^2，3 年累计达到 11 333 hm^2。同时指导农民大力推广各种旱作农业实用技术。

加强退耕还林技术培训：进行科学造林和鼠害、兔害综合防治技术的培训。林业干部包村包乡，进行技术指导，不仅及时解决了农民在退耕还林中遇到的问题，而且提高了农民保护生态环境的意识。

吴旗县实施退耕还林后，取得了明显的生态、经济和社会效益。首先是水土流失得到了有效遏制，2004 年，全县水土流失综合治理度达到 80.1%；植被恢复明显，全县林草覆盖率由 22.4% 提高到 74.8%，森林覆盖率由 13.2% 提高到 19.6%；土壤侵蚀模数由 15 280 t/（km^2·年）下降到 8 800 t/（km^2·年）以下，较 1997 年减少了 42.5%，重点治理区基本实现了泥土不下山，洪水不出沟。同时，全县养羊户由原来的 18% 增加到 1999 年的 53%，人均畜牧业收入占到总收入的 33%，人均年纯收入由 1998 年前不足千元增加到 1999 年的 1 392元。2004 年粮食总产量达到 4 508 万 kg，人均 425 kg，分别较退耕前的 1997 年增长 11.9% 和 8.7%（王明春等，2005）。

除吴旗县外，延安市其他地区的生态治理也取得了许多成果和经验，例如：

延河流域被确定为综合治理项目区后，实行坡沟治理与农田水利建设相结合，在坡沟治理中修建和新辟良田，扩大耕地面积和提高土地资源利用率。1995 年全市组织 8 万人开发创建明星流域工程，当年治理水土流失面积达106.9 km^2，并新修农田0.24万 hm^2，扩建改造补修三大灌区，扩大灌溉面积667 hm^2。

延安市宝塔区的碾庄沟小流域，面积54.2 km^2，有大小支毛沟592条。通过多年努力，形成了“以小流域为单元，以大型骨干坝为骨架，大、中、小配套，拦、用、排相结合”的防治坝系。其总体布局是：主沟生产，支沟滞洪；上游滞洪，下游生产；大型拦洪，小型生产；坝库相间，蓄用配套。具体形式为：对洪水不大的沟道，上拦下种，淤种结合；对洪水多的沟道，上坝生产，下坝拦淤；对各种支沟，轮蓄轮种，蓄种结合；在已成坝系的沟道中，干沟生产，支沟滞洪；在有小水库或坝地不多的沟道，高线排洪，保库灌田（石军启等，2003）。

延安市子长县丹头流域从20世纪50年代开始打坝治沟，建成淤地坝65座，拦泥沙1 572万 t，淤成坝地136.8 hm^2，平均产量为5 355 kg/hm^2，坝地面积仅占全流域耕地面积的7.5%，而产量占到全流域总产量的33%。

（3）在实施水土保持生态工程的同时，延安市在不同区域实施了不同的生态农业发展模式。

① 黄土梁状丘陵区林、草、牧、工、商结合模式。对退耕地、荒山荒坡地和梁状丘陵地，按照“适地、适树、适草”的原则，建立以造林、种草为主的农、林、牧、工并举的共生模式。该模式以农业、林业为基础，以草畜业为中心，以加工为增值手段，以沼气利用及沼液、沼渣还田为途径，通过开发林、牧业资源，以牧促林，实现林、牧并举，促使生态、经济、社会效益同步发展。

② 川、台、涧坝区种养加结合模式。在以川地、台地、涧坝地和梯田为主的种植区，地势相对平坦，发展种植、养殖、加工相结合的生态农业模式。此模式以种、养为中心，在稳定饲草料作物种植面积的情况下，促进养殖，提高产出效益；以沼气推广为纽带，充分利用畜禽粪便作沼气原料，产生沼气，节省薪柴、煤炭和电力等能源，保护环境，以沼液和沼渣作为肥料，改良土壤；加工业使农副产品增值，从而形成种、养、加良性循环体系。

③ 以作物为主体的农田生态工程。通过大垄沟、丰产沟等接蓄降水与水土保持技术使玉米比同样坡梯田常规种植增产30%以上。不仅缓解了旱作缺水矛盾，还运用了如培肥土坡，优化间套作等技术，促使作物稳产高产。

④ 以林果为主体的果园生态经济工程。延安市在10条大川已形成的300多 km 绿色林带的基础上，在退耕的5.13万 hm^2 坡地中，种植果树及经济树种2.13万 hm^2，林、果结合使林业生产转入生态经济型，显著提高了林业的经济效益。

⑤ 以规模经营为导向的畜、禽生态经济工程。畜、禽养殖由分散养殖逐步向规模养殖发展，仅1995年就发展养殖大户4 000个，百头猪场69个，改良白绒山羊8万余只，建立了猪、鸡联养专业村，利用鸡粪养猪，再利用畜粪发展食用菌等，既降低了生产成本，又有效防止了有机物污染，使整个农业生态系统进入良性循环。1995年农民人均生产肉、奶、蛋分别为24kg、2.49kg和8.72 kg。

⑥ 以农产品加工为主体的生态经济工程。例如，建立玉米淀粉加工厂时配套开发淀粉副产品，将玉米皮、蛋白粉和油渣转变成饲料、药用玉米油等；建立薯类淀粉加工厂及饲料加工厂各100多个，均为配套生产，杜绝了浪费，提高了效益。通过对生态系统内资源潜力的深度开发，弥补了当地饲料的短缺。

⑦ 调整农业产业结构。例如，1978—1990年延安县粮食与经济作物产值比重为90.6∶9.4，种植业与林、牧、副、渔业比重为68∶32。1991年开始调整，陆续退耕5.13万 hm^2，首先将 >25°坡耕地及其他低产地种果、种草，1994年比重已分别调整为60.5∶39.5和49.5∶50.5。所生产的果品、薯类、蔬菜、肉类、蛋类比实施生态农业建设前的1990年分别增长6.07倍、31.0倍、0.4倍、1.0倍、0.36倍。

⑧ 日光温室工程。即以日光温室为中心，提供反季节水果和蔬菜等，增加农户收入，同时为发展养殖业提供饲料，为发展沼气提供原料。这一工程模式特别适宜在发展棚栽业的川道地区推广。到 2007 年，吴旗县累计发展日光温室瓜菜、水果 1 000棚，总面积达到 33.33 hm^2。

⑨ 庭院生态经济工程。农家庭院占地面积较大，可以充分利用庭院空间，建立以沼气工程为纽带的庭院生态经济工程。在川台地区可推广“四位一体”工程模式（参阅本书 5.5.2 节），即由厕所 + 畜禽圈舍 + 沼气池 + 日光温室；在山区推广厕所 + 畜禽圈舍 + 沼气池“三位一体”工程模式，组成种植、养殖、沼气紧密结合的综合利用体系（孙鸿良，1997；贾海娟等，2005）。

（4）延安市从 1991—1995 年，在短期内生态农业建设即取得了初步显著成绩。5 年内造林 4.8 万 hm^2，林木（果）覆盖率由 1990 年的 43.9% 上升到 50.8%；种植人工牧草地 3.93 万 hm^2（1990 年前仅 0.34 万 hm^2）；小流域治理率 1978 年前仅为 14.5%，1990 年为 34.9%，1995 年达 56%，治理 670 hm^2 以上小流域 50 个；兴修基本农田，达到农村人均 0.12 hm^2，抗灾能力增强，粮食产量稳定在 6 000 kg/hm^2 左右，延安正在走向可持续发展的道路（图 3－2，引自 http://image.baidu.com）。

图 3－2　今日延安的农村和城市

1994 年全市虽遭受持续 262 d 大旱，但粮食总产不但不减，还增长 3.2%，1995 年粮食总产达 10.12 万 t，是 1990 年的 1.21 倍；各业全面发展，果品总产量突破 5 000万 kg，是 1990 年的 7 倍、1985 年的 33.3 倍；畜牧业产值 5 600万元，是 1990 年的 2.06 倍、1978 年的 17.1 倍；农产品加工及乡镇企业快速发展，总产值 5.07 亿元，比 1990 年增长 63.5%，是 1978 年的 74 倍；1995 年农民人均纯收入 1 137.57元，是 1990 年的 2.72 倍、1978 年的 14.21 倍，有 146 个行政村已达小康标准，贫困人口由 1978 年前 90% 以上降至 1995 年的 6%。

3.2.5　宁夏回族自治区固原县

固原县位于中国宁夏回族自治区南部，全县 26 个乡（镇），280 个行政村。位于我国黄土高原的西北边缘，由于受河水切割、冲击，形成丘陵起伏、沟壑纵横、梁峁交错、山多川少，塬、梁、峁、壕交错的地理特征，属黄土丘陵沟壑区。总土地面积 3 915km^2，总耕地面积 11.84 万 hm^2，农业人均耕地 0.27hm^2。在总耕地面积中，有旱地 10.2 万 hm^2，占总耕地面积的 86%；海拔高度在 1 470～2 930 m，坡耕地面积占总耕地面积的 75% 以上；年平均气温 6～7.5℃，年降水量 350～500 mm，年≥10℃的积温 2 500～2 750℃，无霜期 105～135d。

20 世纪 80 年代，中国科学院和固原县委、县政府对固原的农业资源进行调查，提出了保护改善生态大环境，发展农、牧、副、渔大农业，实现经济、社会、生态大效益的综合发展战略思想，按照生态学的整体观念，从事建设和生产经营。1994 年固原县被国家确定为全国生态农业试点县，在全国生态农业建设领导小组和北京农业大学团队的帮助指导下，制订了该县生态农业建设规划，按照“因地制宜，将现代科学技术与传统农业精华相结合，充分发挥区域资源优势，应用系统工程方法，依据经济发展水平”的方针及整体、协调、循环、再生的要求，促进生态系统与经济系统的良性循环，合理组织农业生产。

（1）坚持不懈地大搞高产农田生态工程建设。以水土资源的高效利用、稳产高产为目标的大农田生态建设工程是固原县生态农业建设的基础工程。在全县11.84万hm^2耕地中，黄土丘陵坡地和土石山区山地面积占总土地面积的65.24%，占旱耕地总面积的76.3%。全县统一规划，大搞基本农田建设，以机械为主、人力与机械结合，分片集中治理，以扩宽田面、便于机械耕作为原则。县里成立了两个机械化水保专业队，购置10多台推土机长年从事整修农田作业。每年修高标准旱梯田4 000 hm^2，使全县旱梯田总面积达到4.83万hm^2，占坡耕地面积的65%。

（2）大力推广窖水节灌技术。在充分利用地面水、地下水资源，努力扩大水浇地的同时，为了提高天然降水的利用率，增强干旱、半干旱地区的抗旱能力，提高旱作农业生产水平，县里把实施窖水节灌作为农业基本建设和扶贫攻坚的重要措施。在1992—1995年全县连续4年干旱，采用地膜覆盖栽培、坐水点种、追肥枪土壤深层注射灌溉等节水灌溉技术种植西瓜。1996年全县大力推广窖水节灌，窖水节灌面积发展到666.6hm^2，示范点扩大到35个，种植地膜玉米613.3hm^2，苗期补充灌溉2～3次，抗住了季节性干旱，获得了大丰收。此技术开创了人为调节使用天然降水的新开端。推广水窖节灌技术，可使暴雨径流资源化、变害为利，收到灌溉、防洪、水土保持三方面的作用，是干旱、半干旱地区土地资源、气候资源、植物资源综合开发利用技术的重大突破，是黄土高原地区提高绿色覆盖度、减少水土流失、增加群众收益、建设生态农业的新成果。

（3）小流域综合生态治理工程。在小流域综合治理工程中，按照工程措施与植物措施相结合，山、水、田、林、路全面规划，农、林、果、牧多种经营的方针，以建造植被、优化生态、保持水土综合利用为目的，实行国家投资治理、集体投资投劳和拍卖或租赁给农民分户治理的办法，固原县治理了清溪沟、毛家沟、莱家川等33条小流域。针对治理区内梁、峁、坡地、沟道等地貌，建立了4道防护体系：一是梁、峁以恢复植被为主的草地防护体系，在退耕的坡地上，全部种上沙棘和多年生牧草；二是坡面以建设基本农田为主，整修高标准的水平梯田，同时种植户埂林草；三是在沟头沟边修建以沟头防护工程和防护林为主的防护体系；四是在沟道兴建以淤地坝为主的工程防护体系，同时在地势较平缓、距住家较近的地段打蓄水窖拦蓄洪水。

（4）初步效益。经过4年的努力，取得了“四个增加、两个扩大和两个减少”的好成绩。四个增加：一是粮食总产量增加。1996年粮食总产量达到14 385万kg，创历史最高水平，比1993年增长47.2%，粮食平均每公顷产量由900kg提高到1 635kg，增加了81.7%。二是全县工农业总产值增加到46 800万元，比1993年的24 218万元增长93.2%。三是农民人均纯收入增加。1996年农民人均纯收入达到562元，比1993年增加111.2%。四是农业投入有机肥的数量增加，农家肥与化肥投入的有效成分之比为9∶1，农作物秸秆还田率达到81.5%。两个扩大：一是森林总面积扩大到5.35万hm^2，比1993年1.3万hm^2增加3.1倍，森林覆盖率由7.78%提高到10.5%；二是人工种草面积扩大，每年递增0.50万hm^2，草被覆盖率达到38.9%。两个减少：一是中低产田面积减少，实施坡改梯、盐渍化土地高效利用和建造太阳能日光温室等措施后，1997年中低产田面积减少到4.04万hm^2，占农田总面积的比例由60%减少到34.3%；二是水土流失面积减少，已治理面积占全县总土地面积的34.96%（固原县人民政府，1997）。

3.2.6 山东省五莲县

五莲县地处山东省东南部，国土总面积1 501.54 km^2。全县属低山丘陵区，是华东北部典型的山区县。境内山地占34.2%，丘陵占59.5%，平原仅占5.9%。有大小山头3 334座，其中，海拔500 m以上的28座。属暖温带、半湿润气候区。20世纪90年代初总人口50.4万人，其中，农业人

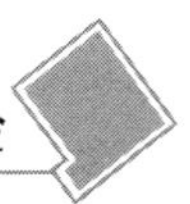

口46万人，占91.3%。全县有耕地4 147 hm^2，人均仅0.08 hm^2。1987年以来，全县认真总结了过去的经验教训，从实际出发，走生态农业发展之路，取得了突出成绩。1993年被列为全国51个生态农业试点县之一。1996年被国际生态学会年会授予“国际生态工程奖”。

该县多年来在实施农村生态工程建设方面的措施主要如下。

（1）全县划分为三大生态农业发展模式区。根据全县地形、地貌、气候等自然条件和社会经济条件，做好总体规划，确定林果先行、农林牧结合、农工商一体化发展模式，并因地制宜分区合理布局农、林、牧、副、渔各业结构，将全县划分为三大生态农业发展模式区。

① 西北丘陵粮、鸡、猪、鱼、用材林生态农业发展模式区，具体模式主要有：双粮、双菜、四作、四收模式，即小麦—越冬菜—玉米—黄瓜（芸豆、甘蓝、菜花）模式；林、粮、鸡、猪（羊等）、沼气模式；桑、鱼结合模式；林、粮、兔、貂、沼气模式；葡萄、粮、兔、鸡、猪、沼气模式等。

② 中部低山果、油、牛、羊、水土保持生态农业发展模式区，以林、果为主，大力发展水土保持林、草食畜和农牧产品加工业。

③ 东南丘陵粮、油、兔、鸡、猪、牲畜、经济林生态农业发展模式区，重点发展果业和高效优质畜牧业，实行规模经营。

（2）实施了一系列农村生态工程。

① 实施生物措施与工程措施相配套的“三圈一线”小流域水利水保工程。在山顶栽植松、槐树绿化荒山，保持水土；在山腰栽植板栗等经济树种；在山脚栽植苹果、桃等果树；在沟内建谷坊、塘坝蓄水保土，形成了“山顶松、槐戴帽，山间果树缠腰，山下林、粮间作，沟内塘坝千条”的格局。全县小流域综合治理面积达65%以上。

② 实施林、果业生态工程。林业建设的重点是次生林改造和防护林网建设，每年新增林网面积750 hm^2 以上，全县林网总面积12万 hm^2。累计新发展林果0.12万 hm^2，河滩造林0.5万 hm^2，改造残次林、低价林3.13万 hm^2，林果面积由1994年的6.3万 hm^2 发展到6.93万 hm^2。森林覆盖率达43%，植被覆盖率为98%。通过水利水保工程和林、果业生态工程建设，基本实现了“小雨不出地，中雨不下山，大雨不出库，暴雨不成灾，沟中流清水，河内无洪峰”的目标。

③ 实施以土壤培肥为主的土地利用生态工程。先后对0.66万 hm^2 河滩地进行聚土压土，增厚土层20 cm以上，挖卧龙沟3万条，完成土石方300万 m^3，对1.53万 hm^2 结果果园年年冬季搞深翻，秸秆还田（包括牲畜过腹还田）率达80%，测土配方施肥面积达98%，土壤有机质含量提高了1.1%。按地形地势特点安排生产用地，粮田布局在8°的缓坡上，经济作物和果园安排在8°~15°的缓坡上，用材林和薪炭林布局于15°~25°的陡坡上，大于25°的陡坡上安排防护林。

④ 在大力发展种植业的基础上，大力发展规模化畜牧养殖业。为了提高初级生产力，采取整修梯田、深耕深翻、沙地压土等措施，加强了农田基本建设。通过兴修水利，在正常年景，使全县60%的农田和50%的果园有了水源保证。改进农业技术，1992年全县农作物良种率达100%，小麦—玉米—大豆、小麦—越冬菜—甘薯（花生）等一年多种多收等间作套种立体种植率达60%，地膜覆盖面积达3.33万 hm^2，地膜覆盖率达43%，温室大棚面积达0.67万 hm^2。全县农作物复种指数达210%，光能利用率达0.903%。

在种植业提高的基础上，确定了“稳定吃粮的、发展食草的”畜牧业发展方针，全县规模养殖场已发展800余处，养殖大户1.1万户，1998年全县肉、蛋、奶产量分别达3.183万t、12.011万t和1 130 t，畜牧业产值占农业总产值的36.1%。畜牧业的发展又为种植业提供了大量优质有机肥。

⑤ 积极发展农副产品加工业，实施农畜等产品增值工程。全县已形成粮、油、果品、蔬菜、畜产品、木材六大农副产品加工体系，发展各类加工企业500多家，年产值30多亿元，增加经济效

益2亿元。

⑥ 实施农业生物资源和再生能源高效利用工程。将作物秸秆青贮氨化用作饲料，培育食用菌，发展沼气，实现物质多层次利用，秸秆综合利用率达100%。建沼气池1 600余个（2万余 m^3），省柴灶普及率达95%，有50%的农户用上了余热开水器，推广太阳能热水器2万 m^2。

⑦ 实施以污染防治和无公害农产品生产为主的生态环保工程。80%以上的村庄按生态村建设规划进行了改建，70%以上的农户住上了新房，新上工业项目“三同时”率达到100%，乡镇企业排污达标率达77%以上，全县生物防治面积已达8万 hm^2，占农作物和林地面积的40%，建立了一批绿色食品生产基地。

⑧ 实施生态旅游开发工程。相继开发了总面积为54 km^2 的五莲山省级风景名胜区和国家级森林公园，开发了2处约133.33 hm^2 江北最大的野生杜鹃花园，建成山庄乡大石榴园、杜家沟枣林、管帅镇柿子山、园艺场富士长廊及叩官镇盘龙河生态农业示范区观光农业带和五莲山森林公园、九仙山百花园、卧象山流域等自然景观，每年接待游客60万人次，增加经济效益约5 000万元。

（3）推广了一系列生态农业配套技术。主要包括农村产业结构调控技术、农业用地养地技术、多种农作物良种化及其配套高产栽培技术、病虫害综合防治技术、畜禽鱼良种化及其配套高产养殖技术、山水田林路综合治理技术等。

（4）建立了生态农业建设保障体系。包括从县到乡的组织领导目标管理和责任体系、技术服务体系、社会化服务体系、政策法规（包括农村环保）体系等。

农业生态工程建设还带动了生产基地的建设，促进了产业结构的调整和特色产品的发展。1998年该县已建成6个粮油生产基地、10个林果基地、8个桑茶基地、6个瓜菜基地和7个畜牧基地，7个林产品加工企业，有11种产品获国家“绿色食品”产品标记，4个农副产品打入国际、国内市场。通过联合、优化逐步形成“基地—名牌—集团”的良性循环，初步实现了资源的可持续利用与发展。

通过1993—1997年的生态农业建设，全县农业总产值增长13.5%，林、牧、渔业收入占农村经济总收入从25%增至60.6%，农村人均纯收入增长30%，森林覆盖率达到42%，宜林荒山全部绿化，水土流失治理率达到98%，土壤有机质提高1.01%，农村生态、经济与社会发展步入了良性循环的轨道（张壬午，1998；汤龙华等，1999）。

3.2.7 湖北省京山县

湖北省京山县地处鄂中丘陵区大洪山向江汉平原的过渡地带，地势西北高、东南低，土地总面积为3 504 km^2，1996年全县人口62万人。地貌类型有低山、丘陵岗地和平原，分别占国土总面积的46%、50%和4%，其中，荒山、荒岗总面积为310 km^2，分别占全县土地总面积的9.3%，山林总面积的16.5%，低荒资源总面积的20.6%。全县有耕地5.47万 hm^2、山地17万 hm^2、草场3.36万 hm^2、可养殖水面1万 hm^2。该县属北亚热带季风气候区，四季分明，水热同季，水资源较丰富。年平均气温为16.1℃，日平均气温≥10℃的积温为5 154.3℃，无霜期230~265 d，生长期长，作物增产潜力大。全县年降水量1 020~1 250 mm，主要集中于4—10月，占年降水量的85%。由于地形、植被和水体的作用，在荒山、荒岗地区形成多种局地小气候，有利于多种经营。在山区海拔400~500 m处坡地有逆温层，在一些水库周围由于水体效应形成独特的冬暖小气候环境，对大洪山南麓经济林、特产林防冻、避冻有重要意义。全县荒山、荒岗区黄棕壤和石灰土为重要的林业土壤，其中，黄棕壤分布面积最大，约占宜林荒山、荒岗的70%，石灰土占25%左右。

1985年以前，农村生态经济问题主要有：自然资源利用率低，全县51.1%的山地、80%的草场、80%的水面以及50%的农户庭院未被开发利用；同时又有对农业资源掠夺式的利用，对农田重

用轻养，导致耕地肥力下降，对森林过伐，致使水土流失加剧，人地矛盾突出；农村产业结构单一，农产品商品率低，产值和附加值也低，经济增长缓慢；科技力量薄弱，农业生产的科技含量不高。

该县从1985年开始进入生态农业试点，1994年列入全国第一批生态农业试点县，1999年被评为全国生态农业建设先进集体，2000年开始被列为全国生态示范区建设试点县。

（1）生态农业建设的主要措施和经验。

① 建设四大生态经济区。在农业区划成果的基础上，全县以地貌大单元为背景，根据各自然小区域内的资源、生态环境和经济社会发展特点，以农业自然资源开发为切入点，实施全方位分区立体综合开发。1988年制定了全县生态农业建设总体规划，并经人大审议通过。按照规划，实施全方位分区立体综合开发，建设四大生态经济区：北部占土地总面积的40%，以发展林、牧、果、菇生产为主，建设山地生态经济区；中部占土地总面积的45%，以发展粮、畜、渔、菜、禽生产为主，建设丘陵岗地生态经济区；南部占土地总面积的5%，以发展棉、果、菇生产为主，建设平原生态经济区；城镇郊区占土地总面积的10%，以发展菜、鳖为主，建设城郊综合型生态经济区。在各生态经济区内，都基本形成了各具特色、投入合理、消耗低、产出高、对环境友好的生态经济系统。

② 推广多种生态农业模式，实施十大生态工程。各生态经济区、各乡镇根据资源和自然条件的特点，按照生态循环、互惠共生、最优功能、最小风险等生态学基本原理，创造出了立体型、共生型、种养加型、节能型、庭院型、微生物再生型等六大类生态农业模式。“麦—瓜—稻、林—菌—果、猪—鱼—鸭、鱼—鳖混养、猪—渔—果—沼”等23种“时空—营养链”模式得到了大面积推广，各种模式在实践中得到不断完善。1998年，模式覆盖面积13.7万hm^2，其中，农田生态模式4.4万hm^2，水面立体养殖模式0.27万hm^2，林、果基地种、养配套模式9万hm^2。

在生态农业建设中，重点实施了十大工程：即种植业、林果业、养殖业、农副产品加工业4项主体工程；食用菌、农村能源综合开发、生态旅游3项延伸工程；生态环境保护、基本农田综合治理、生态农业技术培训3项措施工程。通过十大生态工程的建设，在治理保护好生态环境的同时，综合产投比由1990年的1.2：1上升到1998年的2.35：1。

③ 构筑板块经济。经过10多年的生态农业开发，同时在市场经济规律的作用下，县域农业逐渐形成了自己的特色产业和经济板块。例如，在各条公路沿线分别建立起0.33万hm^2商品蔬菜地、0.8万hm^2鲜果经济区和0.08万hm^2的中华鳖养殖区；在大洪山余脉建立起0.67万hm^2干果、食用菌经济区；在惠亭湖区建立起1万hm^2优质稻生产区。

④ 以产业配套为聚合点，构筑高效和保护型的农业生态经济体系。按照“循环再生”理论，不断疏通农业生态系统内循环的物流、能流、价值流和信息流，实行“种、养、加、菌”四业配套，以此形成生态系统内部的闭路循环：种植业为养殖业提供饲料；种植业、养殖业为加工业提供原料；种植业、养殖业和加工业的副产品为食用菌提供培养料；食用菌业则为种植业提供肥料，为养殖业提供菌糠饲料。四大产业环环相扣，互生共生，沿着高效的农业生物链和产业链方向永续发展，既实现了物质的高效利用和能量的高效转化，又对自然生态环境起到了保护作用。在四业配套体系中，全县逐渐形成了六大产业链条：优质稻生产—加工—运销产业链，香菇菌种生产—加工—销售产业链，中华鳖仔鳖繁殖—饲料生产—养殖—加工—销售产业链，畜禽良种供应—养殖—加工—储藏—销售产业链，油料生产—加工—销售产业链。六大产业链条网络包括58个基地，联系农户23 000户。

⑤ 以基础设施建设为支撑点，推动县域经济、社会的可持续发展。全县建成高标准的林果业、养殖业基地9.33万hm^2，把农业发展空间扩大了1倍多。共修建小型水库41座，改造中低产田1.5万hm^2，建设田间道路724 km，建设农田林网保护面积0.71万hm^2，植树183.1万株。在生态农业

基地配套上，全县共修筑基地公路 500 多 km，铺设供水管道 3 200 km，架设电线 4 800 km，90%以上的基地实行了水、电、路、气、电话五配套。同时建立起乡镇移动通信网站 16 个，建立农产品专业销售市场 6 个，千方百计搞活农产品流通。

⑥ 建立有利于农村经济发展的多元化投入机制和多层次的科技推广体系，形成多形式的土地流转机制。通过推广农业新技术，全县优良种子和种禽覆盖率达 64%，农田优化模式种植面积达 46%，农业科技在农业经济增长中贡献率达 52%。全县采取租赁、拍卖、托管、合股经营等方式，推动了土地的合理流转。土地向有资金、有技术的种养大户集中，向优势产业、优势产品集中。到 1998 年，全县共拍卖“四荒”资源 0.71 万 hm^2、耕地 0.53 万 hm^2 和林果基地 1.4 万 hm^2，收取拍卖资金 6 400 万元，建成千亩以上的林果大基地 40 个，培植百亩以上的种粮大户 23 户，培植生产经营额在 10 万元以上的大户 702 个。

（2）初步效益。京山县经过 10 多年的努力，生态农业县建设产生了良好的生态、经济和社会效益。

① 自然资源得到更合理的开发利用。到 2000 年，开发荒山、荒坡，建林、果基地 2 000多处共 9 万 hm^2，开挖鱼池 1.33 万 hm^2，建成精养鱼池 4 000 hm^2，改造塘、堰、库、坝 9 333 hm^2，改造草场 1.33 万 hm^2，建立各类自然保护区 30 多个、8 万 hm^2。10% 的农户建了沼气池。森林面积发展到 28.4 万 hm^2，其中有 13.33 万 hm^2 成为农、林业的生产用地，土地有效利用率达 50%。耕地复种指数达 218%。新建成的标准较高的林果业和水产养殖业基地超过 10 万 hm^2，为全县耕地面积的 1.8 倍，相当于 10 多年的生态农业开发建设再造了一个新京山。现在农村人均有林果基地 0.2hm^2，是人均农田面积的 1.7 倍。

② 改善了农村生态环境，增强了抗灾能力。2000 年与 1990 年相比，森林覆盖率由 30% 提高到 42.3%；植物光能利用率由 0.33% 提高到 0.45%；耕地有机质含量由 1.7% 提高到 2.2%；水土流失基本消除；旱涝保收稳产高产农田达到 95% 以上；病虫草害明显减轻；农村中的工业污染得到有效控制；农田林网化、园田化快速发展；村落布局更趋合理，村庄建设景色一新。全县山变绿、水变清、田变肥。

③ 多种经营大发展，农村产业结构日趋优化，农业全面增产。2000 年与 1990 年相比，在粮、棉、油产量稳定增长的同时，多种经营产品的产量成倍增长，生猪出栏增长 1.8 倍，牛、羊出栏增长 10.5 倍，家禽出笼增长 9.5 倍，水产品产量增长 9.2 倍，干鲜果产量增长 16 倍。在农村中形成了粮食、棉花、油料、林果、禽畜、水产、蔬菜、食用菌八大支柱产业，农村经济结构日趋优化。

④ 推动了农业产业化、市场化和农村现代化。通过发展生态农业，优质稻、板栗、香菇、鲜果、中华鳖、蔬菜等生产已初步形成规模，成为全县农业经济的六大产业。全县建立桥米（优质米）生产基地 3.3 万 hm^2。到 1998 年，全县发展板栗 1.11 万 hm^2，鲜果 1.13 万 hm^2，中华鳖 0.067 万 hm^2，蔬菜 0.67 万 hm^2，袋料香菇 750 万袋。建立了无公害优质农产品生产示范区，大力发展多种绿色食品。

生态农业建设为农业产业化市场化经营、乡镇企业的二次创业和小城镇建设创造了条件。在经济规模扩大的同时，全县以商品基地为依托，组建了轻机国宝桥米集团、华贝油脂公司、金旺畜禽公司、太阳山香栗公司、金雁林果特公司及棉纺厂、罐头厂、纤维板厂、蔬菜集团等一批骨干龙头企业，各类农副产品加工企业发展到 2 000多家。2000 年，农副产品加工业产值达 16 亿多元，加工增值 4 亿多元。农产品商品率达 70%，已初步形成商品农业。

⑤ 农村剩余劳动力大转移，农民生活达小康水平。由于多种经营的发展，农村剩余劳动力找到了更多可靠的出路。1984 年京山县农村常年剩余（包括季节性折合）劳动力近 9 万人，约占总劳力的 50%。通过生态农业建设，到 2000 年，分流了 11 万农村劳动力（占农村劳动力总数的 57%）

从种植业转向荒山、荒水、滩涂进军，转向林业、养殖业、加工业和服务业，同时还吸纳了外来劳动力8万多人。从1990—2000年，全县农业总产值由7.6亿元上升到14.5亿元；农民人均年纯收入由800元上升到2 896元；到2000年，有80%的农户建了新房，30%的农户用上了自来水和沼气，大部分农民的生活达到小康水平。农民科技水平也得到显著提高，有3万多农民达到初、中级农技水平。独具特色的生态庭院经济得到迅速发展，农村各项社会事业也得到协调发展。生态农业的发展，促进了富县、富村、富民和谐同步发展（胡忠诚，1999；京山县人民政府，2001）。

3.2.8 重庆市大足县

大足县位于重庆市西部远郊，总土地面积1 390.2 km^2，2000年有人口91.89万人，其中，农业人口82.31万人。境内以丘陵地貌为主，低山、中山深丘和浅丘带坝并存。农业资源丰富，有耕地4.32万hm^2，其中，稻田3.06万hm^2。亚热带内陆季风湿润气候，年均温度17.3℃，年降水量1 000 mm，无霜期323 d，适宜农作物生长。该县地处分水岭、河流发源地，无外来过境水，全县用水全靠拦蓄自然降水。

生态治理建设前，农村生态环境主要存在以下问题：农村产业结构单一，以种植业为主，1983年，种植业产值占77%，种植业中粮食作物播种面积占84.9%；全县森林覆盖率仅5.7%；水资源短缺是制约该县农业和农村经济发展的重要因素；中、低产田较多，有1.22万hm^2，占稻田面积的39.9%，土壤有机质含量低于2%的耕地占87%；水土流失面积500多km^2，致使部分耕地减产、低产乃至遭到破坏；自然灾害频繁，夏旱频率48.1%，伏旱频率74.1%；农村薪柴燃料奇缺，93.7%的农户使用燃煤；由于邻近重庆，工业污水、煤烟以及化肥、农药污染环境比较严重，影响了农民生活质量及农产品的产量和质量。以上生态失衡问题，是造成该县农业长期徘徊不前的重要原因之一。

大足县从1984年开始农村生态建设，1994年列为国家首批生态农业建设试点县。之后5年中根据建设规划，按3个生态经济区分别布局了10个商品生产基地，实施了十大农村生态工程建设，因地制宜设计推行了20多种分别适用于稻田、旱地、林果地、水域和庭园的生态工程模式。

农田生态工程：实施多物种平面和立体优化配置的生态模式。稻—鱼、稻—稻（中稻—再生稻）—鱼、稻—桑—鱼、稻—鸭—鱼和藕—鱼等生态模式的面积达1.33万hm^2；旱地三熟（麦—玉—苕、麦—烟—苕、麦—椒—苕等）面积8 667 hm^2；林果地间作（银杏—菜、梨—西瓜、柑橘—苕、桃—牧草）面积5 333 hm^2；稻—菜复种面积1 000 hm^2；杂交中稻—间作糯稻（4行间1行）1.53万hm^2。

水利生态工程：保护和完善水利设施，增加蓄水，保护水质，增加有效灌溉面积，提高水分利用效率，搞好库区绿化和美化，开辟水景风光旅游景点。

林业生态工程：以消灭荒山、绿化国土、控制水土流失、合理布局林种、增加森林植被、发展林业产业为重点，设计和实施长江防护林，开展森林病虫害防治，建设银杏、棕树基地和西山森林公园。

果园生态工程：改良低产劣质果树，发展名优水果，调整水果生产结构，提高果园综合效益。主要项目有利用工程措施与生物措施改造低产果园，果园大力种植绿肥、牧草、经济作物和饲料作物，推广使用配方施肥、激素保护保果。

能源生态工程：有效利用各种粪肥发展沼气，结合改灶节能，增加农村非商品能源，大幅度降低燃煤用量，减少煤烟污染，并以沼气为纽带，促进种植业和养殖业良性循环。

公路生态工程：加速全县公路改造和公路两旁绿化，保护和种植公路行道树，生态方式防治林木病虫害，改变一条路左右仅一行树的初级绿化形态，营造公路复合林带，形成公路生态景观，优化交通环境。

畜牧生态工程：完善技术服务体系，普及养殖技术，推广优质饲料，加强疫病防治，发展草食牲畜，提高肉类品质，培育规模养殖，增强综合效益。

渔业生态工程：全面推广科学养鱼技术，开发利用可养水面，以稻田养鱼为主，统筹塘、库养鱼，发展高效渔业，适应旅游市场，建设淡水鱼养殖基地。

庭园生态工程：利用农家庭园开展多种经营，以有条件的农户为重点示范，全面开发利用资源，实现农户低耗高效、物质能量循环利用，资源与产业优化组合，改善生态环境，挖掘生产潜力，增加农户收入。

石刻保护工程：保护石刻，强化石刻区的环境整治，栽植花草树木，清除圣迹地污染，维修倒塔、寺庙等，为申报世界文化遗产创造良好环境［1999 年联合国教科文组织（UNESCO）已通过列入名录］。

经过 5 年生态农业建设，该县农村生态环境、农村经济与社会发展都有显著进步。1998 年该县国内生产总值达 39.5 亿元，人均 4 312元，财政收入 1.57 亿元，农民人均纯收入 2 341元。以 1994—1998 年 5 年平均值计算，该县人均国民生产总值、农民人均纯收入、粮食总产量和土壤有机质含量年均增长率分别为 10.4%、15.0%、1.1% 和 0.12%；1998 年农畜产品商品率、森林覆盖率、秸秆还田率和乡镇企业排放废水、废气及废物利用达标率分别为 50.8%、25%、45.2% 和 37%、81% 及 100%；节水农业推广面积占总应节水面积的 50%；综合防治病虫害农田占农田总面积的 50% 以上；累计改造中、低产田 9 600 hm^2；治理水土流失面积 110 km^2；98% 的乡村通了公路；年接待游客 50 万人次，旅游收入 4 000万元。全县社会经济已步入中等发展水平。1999 年 6 月该县生态农业建设项目通过国家级验收。

3.2.9 四川省洪雅县

洪雅县位于四川省中南部，土地面积 1 948.4 km^2，1993 年人口 34.5 万人。境内地形由东向西呈梯次变化，相对高差 3 097 m，“七山二水一分田”，是典型的山地自然立体生态环境。县境内自然资源丰富，有可经营土地面积 15.33 万 hm^2；气候温和，雨量充沛，年降水量 1 700 mm；有溪河 330 多条，可开发水电资源在 100 万 kW 以上；有林地 11.2 万 hm^2，其中，天然林 6.53 万 hm^2，富有生物多样性，生态旅游潜力巨大。

1981 年以前，长期实施以粮为纲的单一资源开发方式，不但未能实现粮食增产和农民增收，而且造成了森林覆盖率下降、水土流失加剧和土壤肥力下降等生态失调后果，农业不能持续发展。

1990 年该县被列为四川省第一个生态农业试点县、1993 年被列为全国生态农业试点县后，采取“以土为基础，以水为命脉，以林为核心，以林蓄水，以水发电，以电兴工，以工促农”的整体模式，努力改善生态环境，调整农村产业结构，加快技术变革，初步形成了生态农业、生态旅游和生态药业等生态产业，取得了显著成效。生态建设的基本措施如下。

（1）因地制宜，分类指导，发挥区位优势。该县县政府与省政策研究室、省社会科学院认真调查，详细分析县情并制订了《洪雅县生态农业建设总体规划》，规划依据山区自然资源和社会经济条件的分异，将全县划分为 4 个各具特色的生态农业建设区。

① 平坝生态经济区。包括洪川、止戈、将军、三宝和中保等 5 个乡镇，面积 231.1 km^2。海拔 425 ~ 500 m，以沿江河谷冲积平原为主，光、热、水、土条件优越，经济基础好。开发方向：粮、油、猪、蚕桑、鱼及加工和服务业。布局重点：开发蚕桑基地，改造中低产田，重点发展瘦肉型猪、奶牛养殖、优质蔬菜。

② 丘陵生态经济区。包括罗坝、中山、余坪、新庙、花溪等乡镇，面积约 502km^2。海拔 500 ~

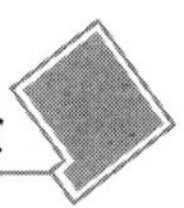

800 m，以台地、丘陵为主，种植业和畜牧业生产条件好，潜力大。开发方向：粮、油、猪、牛、茶叶和蚕桑。布局重点：建设肉牛、奶牛基地、蚕桑基地和槽渔滩水电站，着重发展优质稻、经济林、中药材。

③中低山生态经济区。包括柳江以上 8 个乡镇，面积 514.4km²，海拔 800～2200 m，以中山为主兼有低山，林、牧业生产条件优越。开发方向：林、药、土特产和畜牧业。布局重点：建设铜厂坝、瓦屋山等水电站，改善林区交通条件，着重发展优质稻、经济林、中药材和开发小水电。

④高山生态经济区。县境西南部国有原始林区，面积 700.9km²。海拔 2 200～3 522 m，坡陡谷深，山峦重叠，适宜林木生长。开发方向：在涵养水源和保护生态平衡的前提下，重点建设瓦屋山国家森林公园，着重发展水保林、草食畜牧业、生态旅游业和开发水电（资料来源：《洪雅县生态农业建设总体规划》）。

（2）加强基础设施建设，改善生态环境和生产条件。主要措施有：退耕还林 1 667 hm²；完成了花溪渠二期复建工程，使全县自流灌溉面积达到 90% 以上；改造中、低产田 9 733 hm²，坡耕地改为梯地 667 hm²；新建竹、茶叶等经济林 1.26 万 hm²；新增草场 7 333 hm²；完成 47.2 km 主要防洪堤的修复；新修乡村水泥路 160.8 km；全面禁用高毒、高残留农药，限量使用化肥和工业饲料。

（3）优化资源组合方式，大力调整产业结构，实行产业配套。实行种、养、加产业配套，形成了优质稻种植—加工—营销、优质蔬菜生产—加工—销售、牧草种植—奶牛饲养—绿色乳制品加工—营销等产业链。农、林、牧、渔的产业结构，由 1993 年的 47.5：9.8：41.8：0.9 调整为 2000 年的 39.4：10.4：48.9：1.4。

（4）实施一系列农村生态工程。主要有农田生态保护工程、生态农业产业化工程、林业生态工程、小流域综合治理开发工程和优质农产品开发工程等，同时，推广了一系列新品种、新技术。

（5）加快经营体制改革创新。一是建立多元投资机制，按照“谁开发，谁投资，谁受益”的原则，鼓励国家、集体、个人一起上，广泛招商引资，7 年中实现投入 5.6 亿元。二是鼓励土地合理流转，推进规模经营。针对联产承包责任制经营规模小和农村青壮劳力外出打工人数不断增加的实际，采取土地租赁、拍卖、托管、合股经营等多种方式，使土地向有技术、有资金的种养大户集中，向优势产业和优势产品集中，提高了土地利用率，同时也促进了生态农业向规模化方向发展。三是鼓励发展多种经营方式，通过“公司＋农户”“协会＋农户”“专业大户＋农户”等多种方式，不断壮大龙头经济实体的生产规模、经济实力和引导力，加快了生态农业产业化、市场化进程。

通过 10 年的农村生态建设，不但取得了良好的生态效益，而且也有力地促进了全县经济、社会的发展。2000 年与 1993 年比较，森林覆盖率增长了 13.42%，达到 60.1%；开发出乳制品类 9 个绿色食品，产值达 6 300万元；GDP 增长 3.29 倍，财政收入增长 3.6 倍；农民年均纯收入增长 2.52 倍，全县经济、社会走上了可持续发展之路。2000 年成为全国生态农业建设先进县。

3.2.10 贵州省毕节市

毕节市位于贵州省西北部，国土总面积 26 844.5 hm²，其中，岩溶面积 16 713 km²，占土地总面积的 62.26%，是一个典型的岩溶山区。高原、山地面积占 93.3%，最高海拔 2 900.6 m，最低海拔 457 m。有效耕地面积 103.35 万 hm²，土地垦殖率 38.5%，其中，25°以上的坡耕地 35 万 hm²，占总耕地面积的 33.9%。该区分属长江和珠江两大水系，属长江流域的面积占 95.38%，其余属珠江流域，是乌江、赤水河、北盘江的重要发源地之一。

（1）1988 年以前，毕节山区农村生态环境恶化不断加剧。主要表现如下。

① 水土流失严重，出现土地“石漠化”。1988 年以前，全市有水土流失面积 16 830 km²，占土地总面积的 62.7%，土壤侵蚀模数达 5 446 t/（km²·年）。严重的水土流失，造成地力衰退以及破

坏水利、交通和通讯设施等恶果，给人民的生命财产造成巨大损失。同时，“石漠化”征兆日益明显，全市石山、半石山已达15.33万hm^2，现在仍以每年1 333～2 000 hm^2的速度递增。生态危机预示着生存危机。严重的水土流失还对下游造成危害，每年的土壤侵蚀量约有1/3的悬移质泥沙经乌江注入长江。

② 水源枯竭，农林牧业生产用水和人畜饮水困难。据统计，全市有30%左右的水源枯竭，25%左右的支流河沟断流，干流洪枯比增大，严重影响农林牧业生产。还有100万人口、66万头牲畜饮水越来越困难。

③ 自然灾害发生频繁而严重。全市新中国成立前38年间出现6次大旱，平均6.3年一次；新中国成立后至20世纪60年代前，平均5年一次重灾，3年一轻灾；70年代平均4年一重灾，2年一轻灾；80年代平均两年一重灾，每年1.5次轻灾。自然灾害愈演愈烈。

生态环境恶化的主要原因，从自然条件来看，一是毕节市位于滇东高原向黔中山原丘陵过渡的倾斜地带，境内山高坡陡、峰峦重叠、沟壑纵横、河谷深切，地表径流汇集快、冲刷力强。二是全市以岩溶地貌为主，碳酸盐类岩石成土很慢，土层分布极不均匀，山坡为土石坡，加上母岩透水性差，因而易发生水土流失；砂页岩稳定性差，形成的土壤松散，也易发生水土流失。三是70%～80%的降水集中在5—9月，降水时间集中，暴雨多，径流量大，冲刷强烈。从人为原因来看，全市总人口近700万人，人口密度260人/km^2，并长期采取“广种薄收”“赶山吃饭”的粗放生产方式，大量毁林毁草开荒，陡坡地开荒，造成水土流失加剧。在工业、城镇和交通建设中的不当措施，也加剧了水土流失（徐显芬，2003）。

（2）从1988年国务院批准建立了毕节“开发扶贫、生态建设”试验区起，20年来，生态环境有了较大的改观。开展了大规模的山、水、田、林、路综合治理。在全市8县（市）328条小流域内共治理水土流失面积7 793.4 km^2，配套建设蓄水工程2 527座，新修引水渠堤215.3 km，谷坊、拦沙坝1 846座，沉沙凼、蓄水池2 826个，拦沙沟、排水沟1 052.8 km，完成土石方工程量14 372.5万m^3。水土保持生态治理产生了显著效益：

① 水土流失得到了有效控制。全市水土流失面积从1988年的16 830 km^2下降到目前的15 814 km^2，减少了6.0%；土壤侵蚀模数从5 446 t/（km^2·年）减少到3 389 t/（km^2·年）；植被覆盖率从14%提高到36%。在治理区出现了“土不下山，水不乱流”的良好状况，许多原来的跑水、跑土、跑肥的“三跑地”变成了保水、保土、保肥的“三保地”。

② 土地生产能力得到显著提高。大规模开展水土保持生态建设后，基本形成了“三增三改善”的良好格局。“三增”是农民增收，1988年农民人均收入226元，2007年为2 458元，人均增加2 232元；粮食增产，1988年人均口粮192 kg，2007年为385 kg，人均增加193 kg；基本农田增加，1988年全市人均基本农田约0.02 hm^2，2007年人均基本农田约0.03 hm^2，人均增加0.01 hm^2。“三改善”是全区生态环境恶化的状况得到改善，人民群众的生产、生活条件得到改善，群众赖以生存的基本农田得到改善。

③ 生态效益和经济效益同步增长。在实施水土保持措施的同时，注重促进粮食增产、农民增收和农业增效。“长治”工程为主的水土保持工程，20年来共计投入2.87亿元，经初步测算，该工程的保水、保土、保肥等生态功能产生的间接经济效益已超过20亿元，是总投资的近8倍。全市土壤侵蚀强度以上流失面积从占总流失面积的53.1%下降到12.7%。在已实施的小流域治理区内，初步形成了遏制水土流失蔓延的绿色屏障，基本实现了山清水秀、林茂粮丰、人地和谐。重点治理区域的生态环境有了较大的改观（刘晓凯，2008）。

（3）积极推行适合毕节山区水土保持、生态建设和经济开发新模式、新技术。生态建设的基本思路：寓生态建设于经济开发中，以生态建设促进经济开发，通过经济开发加快生态建设，实现生

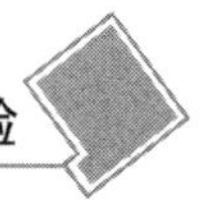

态建设与绿色产业开发和扶贫有机结合，建立可持续发展的生态经济体系。按照这一思路，探索推行了适合毕节山区的生态建设工程新模式、新技术。

① 小流域治理“五子登科”工程模式。水土保持生态建设始终以小流域为单元，以坡耕地的基本农田建设为主线，以拦、排、蓄、灌、雨水集蓄等工程技术相配套，以经果林、水保林、种草养畜等绿色产业发展为依托，提出了在小流域内“山上植树造林戴帽子，山腰种地坎树、搞坡改梯拴带子，坡地种植绿肥、覆盖地膜铺毯子，山下搞乡镇企业、庭院经济抓票子，基本农田集约经营收谷子”即“五子登科”工程的生态建设与可持续发展的开发构想。与此同时，抓好以退耕还林、还牧，充分利用已遭不同程度破坏的大片的天然林和牧草地的自然生态恢复力。

② 旱作节水农业工程模式。由于毕节市山高谷深，河水资源难以利用；岩溶地貌发育，地表水存蓄困难；降水时空分布不均；水土流失严重，土壤保水能力弱，重点发展旱作节水农业势在必行，它是缓解毕节市水资源紧张状况、促进水资源持续利用和农业可持续发展的一项根本措施。旱作节水农业的主要具体措施有：

- 坡土改梯土。这是毕节市旱作节水农业的重要基础措施。毕节市15°以上的旱坡耕地占全部旱坡耕地的53.1%，其中有22.1%大于25°的坡耕地正在逐年退耕还林还牧，其余31%的坡耕地均是坡改梯的基本对象，面积约33万 hm^2。1994—2004年累计完成坡改梯70万 hm^2。“九五”以来，人均基本农田面积已增至0.033 hm^2。

- 在抓好大、中、小型水库维修利用的基础上，抓好“三小”雨水集蓄。“三小”是指小山塘、小水池、小水窖。这项工程主要目的是解决农村生活用水（人畜饮水）问题，但在灌溉上也能起到一定作用。截至2002年，已修建小山塘722处，小水池、小水窖12 783个，可蓄水25.6万 m^3。

- 扩种绿肥，增施有机肥，改良土壤，建立土壤水肥库。几十年来，毕节市一直把大种绿肥、培肥土壤作为一项长期的战略任务来抓，绿肥种植面积一直名列全省之首。“九五”期间，全区累计种植绿肥73万 hm^2，使每公顷耕地有机肥施用量由15t增至22.5t。多年的实践证明，长期种植绿肥，可以增加耕层厚度，增大土壤库容，提高土壤保水、保肥能力，瘦土可变肥土，起到了建立土壤水库与肥库的作用。

- 推广绿肥垄作法。这是毕节市创造的一套以绿肥垄作为核心的综合旱作节水农业耕作措施。该技术有3个好处：一是增产效果显著。据多年大面积统计，比原有耕作法增产50%～100%。二是保水、保土效果好，由于实行绿肥横坡（沿等高线）聚垄（垄高20～25 cm）种植，将坡土改变为若干层小水平梯土，通过层层拦蓄，大大减少了地表径流，有效地控制了水土流失。据观测，在坡度15°的坡耕地上，绿肥垄作比平作减少地表径流26.6%，减少泥沙流失量85%。三是改土效果好。由于绿肥垄作比平作增厚活土层约15 cm，绿肥压茬集中于垄底，每年垄沟互换1次，增加了土壤库容，提高了土壤蓄水、保水能力。“八五”期间，全区年均推广绿肥垄作6.7万 hm^2，“九五”期间年均推广10万 hm^2。

- 小麦秸秆覆盖玉米地。玉米是毕节市最主要的粮食作物，每年种植17万 hm^2 左右。伏旱是玉米孕穗期的最大威胁，此时用小麦秸秆覆盖玉米地，能明显地起到保墒增产作用。毕节市年均有小麦秸秆26万t左右，如果每公顷用3 000～3 750 kg覆盖玉米地，可覆盖6.7万～8.7万 hm^2。但长期以来，90%以上的小麦秸秆都被焚烧和丢弃。毕节市土肥站4年（1997—2000年）的试验证明，覆盖比不覆盖的，土壤水分平均增加14%～19%，伏旱越严重，保墒效果越突出。此外，小麦秸秆归还于土壤后，还起到了增加土壤有机质和补充钾素的作用（谭廷甫等，2004）（参阅本书5.7.3节）。

③ 加快特色生态畜牧业发展。毕节市是我国南方山区重要草食畜牧业生产基地之一，发展生态

草食畜牧业是加快生态建设与推进广大农民群众脱贫致富奔小康的重要途径。根据全市的自然条件、饲草和畜禽资源以及经济社会发展状况，科学规划，大力发展高产人工草地建设和农作物秸秆及绿肥草粉加工利用，推行标准化生产，创立品牌，把发展畜牧业和畜产品加工业作为毕节市继"两烟"之后的后续支柱产业加以培植。

④ 结合煤电一体化的发展，大力推进速生坑木林基地建设。鼓励农民在坡度25°以上的坡地栽植速生坑木林，增加收入，为今后毕节市的煤炭开发用坑木打下了一定的基础。

⑤ 打造乡村生态旅游精品，推进乡村生态旅游业的发展。重点开发3个国家级森林公园、4个省级森林公园的森林旅游。毕节市根据旅游消费需求，发展"城郊农家乐""民族文化观光旅游""生态旅游山庄"等为主要内容的特色乡村生态旅游，已取得初步成效。

3.2.11 贵州省安顺市

安顺市位于贵州省中部，国土面积9 267 km^2，其中，岩溶地貌面积7 115 km^2，占其国土面积的76.8%，地跨长江和珠江两流域，其中，长江流域面积2 822 km^2，珠江流域面积6 445 km^2。水土流失总面积3 535 km^2，占其国土总面积的38.15%，以水力侵蚀为主；其中，轻度流失面积2 465 km^2、中度流失面积966 km^2、强度流失面积104 km^2；全市平均土壤侵蚀模数2 680 t/（km^2·年)，年均土壤流失总量947 万 t。全市轻度石漠化面积1 497 km^2、中度石漠化面积1 086 km^2、强度石漠化面积661 km^2、极强度石漠化面积191 km^2。石漠化总面积达3 435 km^2，占国土面积的35.0%，生态环境十分脆弱。

1998年以来，经过10年的农村生态建设，形成了具有岩溶地区特色的水土保持与综合开发生态建设模式，并积累了丰富的经验。

（1）因地制宜，坚持十二结合的小流域治理原则。即小流域综合治理与社会主义新农村建设相结合，与科技兴农相结合，与农村改厕、改灶、改圈相结合，与畜牧业发展相结合，与基本农田建设相结合，与中药材基地建设相结合，与通村公路建设相结合，与农村饮水解困、烟水配套相结合，与发展农村远程教育推广适用技术相结合，与生态移民相结合，与项目区群众脱贫致富相结合，与生态保护和生态文明建设相结合。实行集中连片治理，提高工程质量，做到治理一个小流域，造福一方百姓，发展一方经济。

（2）初步形成了小流域水土保持与综合开发四大体系。以小流域为单元，以治理水土流失、抢救土地资源、遏制土地石漠化、帮助群众脱贫致富、促进生态文明建设为目标，以改善生活、生产、生态状况为切入点，实现生态效益、经济效益、社会效益同步提高。通过山、水、林、田、路、人居环境综合治理，初步形成了水土保持综合防治四大体系：以营造水保林、经果林为主，乔、灌、草相结合的坡面生态防护体系；以拦沙坝、蓄水池、排洪渠、管道配套为主、保护水土资源的沟道防护体系；以坡改梯为主的高标准农业生产体系；以沼气池配套建设和薪炭林补植、补播为主的农村能源与生态修复体系，有效地防止了水土流失，同时也促进了农村产业结构调整。

（3）集中连片建设公路沿线和示范乡镇的水保林、经果林。水保林与经果林，在蓄水保土、改善生态环境和生产条件、整治村容村貌、整合利用资源、引导培育产业、促进经济增长、增加农民收入等方面发挥了重要作用，水土保持建设成为当地生态建设和新农村建设的重要支撑，逐步形成了政府主导、部门支持、群众积极参与的全社会搞水土保持的好局面。

（4）不断完善建设管理。关岭、紫云、西秀等县（区）明确了水土保持工程由县长亲自抓，分管副县长具体抓，有关部门配合抓，水利局长负责组织规划、设计和工程实施，水保站长抓工程质量，县长或分管副县长每年与相关部门和乡镇签订目标责任状，作为当年年终考核的内容。强化项目公示，落实工程招投标和监理，落实惠农政策，县政府组织水利、林业、发改、扶贫、农业等部

门统筹规划，将治理措施落实到图斑地块，充分调动群众参与治理的积极性，并出台禁牧令或封山育林管理办法，启用善于管护、敢于负责的村民和市、县、乡人大代表、政协委员担任管护员，加强水土保持工程后续管护和监督。

（5）主要采取了4项具体措施。

① 以坡改梯为突破口，完善了坡面水系工程和集约型耕作措施。在坡改梯、经果林作业便道配套、蓄水池和截（排）水沟建设方面，探索出“梯田＋科技＋水利＋便道＋产业”的坡改梯综合治理开发模式，使小流域经济由单一粮食生产向经济作物、林果、反季节蔬菜等多方面发展，实现了旱涝保收，促进了传统旱作农业向多元化农业的转变。

② 完善农牧林协调发展措施。对坡耕地和小块梯地采取退耕还林还草（营造经果林、林下种草）和种植反季节蔬菜相结合的措施进行治理，调整农村产业结构，形成以林为屏障，以农为根本，以牧为新的增长点，农牧林协调发展的格局，确保小流域内的各项治理措施发挥作用。

③ 完善自然生态修复与人工促进相结合的封育治理措施。对疏幼残林、灌木林以及部分有自我修复能力的荒山、荒坡采取封育治理，聘用专人管护，同时进行人工补植补种，营造水土保持林，增加林草植被，加快荒山、荒坡修复速度，提高坡面滞水、蓄水、保土能力。

④ 完善以建设沼气池为纽带的循环经济发展措施。以沼气池建设为纽带，发展和完善“经果林（种植）—猪（养殖）—沼气（农村能源）—农肥”经济循环链，解决流域内的燃料、肥料、饲料问题，创建清洁的农村人居环境，增强生态环境承载力，有效维护水土保持综合治理成果。

1998年以来，全市累计治理水土流失面积678 km^2，治理保存率达80%以上，经过治理的小流域，蓄水保土拦沙率在60%以上，土壤侵蚀模数明显下降。2001—2007年年底，全市累计营造水土保持林8 446 hm^2、生态经济林3 154 hm^2，坡改梯新增农田807.8 hm^2，保土耕作或种草3 810 hm^2，封禁治理16 102 hm^2，修建小山塘、拦水坝、小水池等各类水土保持工程800多座（处）。2007年全市森林覆盖率达到36%，比10年前提高了16%，全市草地达到7 020 hm^2，大大改善了水库周边的植被状况，年均减少入库泥沙7万t以上（张琚乾，2008）。

3.2.12 云南省易门县

易门县位于24°27′N～24°57′N、101°54′E～102°18′E，地处滇中高原西南部，隶属云南省玉溪市。境内地势中北部高、东西南部低，三级阶梯明显，土地构成总的特点是“九山一田带点水”。全县土地总面积1 571 km^2，其中，耕地面积占2.06万hm^2，仅占土地总面积的13.66%。在耕地中，旱地多，水田少，稻田面积9 579hm^2，只占26.16%，且中、低产田面积大，占44.7%，稻田主要分布在海拔1 100～1 800 m地带。气候属中亚热带季风气候，具有干湿季分明、雨热同季、有冬无夏、春秋季长的高原立体气候特点。全年无霜期244 d。多年平均降水量817.4 mm，但降水量时空分布不均。海拔1 900 m以上多温凉天气，气温偏低，雨量偏多；1 300 m以下的干热河谷，气温偏高，雨量偏少。这种多样化、多层次的气候条件为发展多样化的立体的农、林、牧生产提供了重要条件，也为植被覆盖率高、生物资源丰富多样提供了重要条件。全县总人口17.4万人，是多民族的山区农业县。经济基础和科教基础较为薄弱。种植业以烤烟、粮食为主，耕地种植指数不高，种植结构较为单一；草场较少，畜禽养殖业以生猪为主；林业资源较丰富，但用材林成林较少，以板栗为主的经济林果业正成发展之中；以无公害蔬菜、食用菌、豆豉、大龙口高粱酒等为特色品牌的农副食品加工业发展势头较好。易门县已于2003年6月被国家环保总局批准为全国生态示范区建设试点县。

（1）生态农业分区。根据本县自然生态环境分异特点及农业经济结构的差异，将易门分为3个生态农业建设区。

① 平坝生态农业建设区。平坝生态农业建设区是指宽谷或盆地区，以坡度8°以下的地区为主，是易门县的主要农业经济区。本区域农业生产以粮、烟、无公害蔬菜、人工食用菌和花卉栽培等为主，进行综合生态农业开发。

② 山地生态农业和生态林业建设区。易门县山区面积占97%，在海拔1 750 m以上的区域，其原生态环境受人为影响较小，生态环境较好，是开发生态农业的良好区域，主要发展林业、果品生产加工、优质种植业产品、森林生态旅游等。按气候特征又可分为中山温凉区和高山冷凉区。

③ 河谷生态农业建设区。本区域主要分布于绿汁江（元江支流）两岸干热河谷地带和扒河流域一带。本区域地处干热河谷区，温度较高，热量充足，但降水偏少，具有发展热区作物的自然条件。

（2）主要生态工程。根据本县各地资源和生态环境特点以及经济社会现状，在进行生态农业建设中，重点建设农田生态工程、农副工复合生态工程、农林复合生态工程、农牧渔复合生态工程、农村生态环境保护工程、特色资源生态农业工程、种养加“一条龙”和产供销一体化生态农业工程、庭院经济生态工程、能源综合开发生态工程和建立农业技术新体系等十大工程。以下是目前已形成生产规模且具有产业优势的五大工程。

① 农田生态建设工程。在地势较为平坦、土壤肥沃、水源好的地区，主要进行粮、烟、无公害蔬菜、热区作物等产业化发展。在工程建设中，实施农、牧、渔结合立体复合生态农业模式，充分利用当地时、空、光、温、水、肥、土地、劳力等自然资源和社会资源，搞好生物品种优化配置，形成多种生物、多层次、多时序的立体种养结构，变平面布局为立体布局，提高种植指数，提高资源的利用率；同时利用一些农田轮作地，种植多汁饲料（如甘薯藤、南瓜、芭蕉芋等），实行粮草轮作、粮菜轮作；还利用各种农作物的秸秆、菜叶、蔗渣等作为优质饲料发展养殖业；大量牲畜粪便又可以肥田，使各种物质都得到高效循环利用，并有利于培肥土壤。

② 农林复合生态工程。实施农林复合生态工程，是发展易门生态农业的重要途径。易门县山地面积大，但有林地相对较少，成林不多，同时存在大量宜林、宜农的荒山、荒坡，因此，可以大力发展林业（用材林、水源林、薪炭林、果木林），并以粮林间作、林果并进等方式，提高土地综合利用率和改善生态环境质量。除用材林外，优质板栗、慈竹、核桃、印楝、中药材（如板蓝根等）、花卉等生产和竹具加工也得到发展。

③ 特色资源农业生态工程。易门县特色资源首推食用菌，是产量多、价值高的林区特有产品，包括野生食用菌和人工食用菌。野生食用菌每年从4—11月产出，上市期长，主要品种有鸡枞菌、干巴菌、牛肝菌、见手青、青头菌、鸡油菌等30余种，品质独特优良；人工菌有白蘑菇、平菇、草菇、香菇、花菇、黄瓣木耳等品种，产量高、品质好，具有很大发展潜力，县城已形成了食用菌交易集散地。

④ 种养加“一条龙”和产供销一体化的生态农业工程。易门县在种植业上具有一定产业优势，烤烟、蔬菜、甘蔗、水果和食用菌等正在形成规模化种植和加工，其中，烤烟、蔬菜和食用菌尤为突出；畜牧业以生猪养殖为主，辅以山羊、绵羊、肉鹅等畜禽，2002年易门畜牧养殖业产值已占农业总产值的41.3%，成为农村经济的主要支柱；易门县的农畜产品加工业正随着资源优化与产业化发展而迅速发展。因此，进行种养加“一条龙”和产供销一体化的生态农业工程建设，实现资源的优化配置与提高资源综合利用率，是一种发展易门县农村经济非常重要的生态农业模式。

⑤ 能源综合开发工程。易门县农村生活能源历来以薪柴为主，大量采伐薪柴造成了对山林植被的严重破坏。针对这一情况，通过建成沼气示范村，并在乡、镇、村实行沼气规模化生产、集中供气，在农村大力推广沼气，正在逐步使沼气成为农村主要能源。同时按照一能为主、多能并举的能源发展模式，积极发展农村小水电和加大对太阳能的利用，通过几年来对可更新能源的综合开发，

山林植被也得到了有效保护和恢复（叶其炎等，2004）。

（3）初步效益。经过多年的发展，易门县建成优质粮食基地 0.23 万 hm^2，优质蔬菜基地 0.13 万 hm^2，开发种植早马铃薯 0.07 万 hm^2，洋葱 0.03 万 hm^2，油料基地 0.04 万 hm^2，改造中低产田 0.5 万 hm^2，营造水土保持林 0.07 万 hm^2、经济林 0.16 万 hm^2、封山育林 2.22 万 hm^2。在干热河谷区十街、绿汁、浦贝 3 个乡（镇）建设 0.13 万 hm^2 的塔拉产业基地，成为云南省最大的种植基地；在温凉山区浦贝、龙泉、六街 3 个乡（镇）建设 0.2 万 hm^2 优质早板栗基地；在冷凉山区铜厂、绿汁、小街 3 个乡（镇）建设 0.2 万 hm^2 早实泡核桃基地；在温凉山区龙泉、六街两个乡（镇）建设 0.13 万 hm^2 优质梨基地，建成滇中地区优质梨商品生产基地。新增总产值 7 503.75万元，农民直接和间接增收 5 765.2万元。

3.2.13 湖南省慈利县

湖南省慈利县地处湖南省西北部，是长江中游南岸从武陵山脉向洞庭湖冲积平原过渡的山地丘陵区，总面积 3 275 km^2，其中，大于 5°以上的坡地占土地总面积的 87.7%。境内碳酸盐岩溶地貌发育完整，面积达 21.02 万 hm^2，占全县土地总面积的 64.2%，属典型的喀斯特岩溶山地丘陵区。共有耕地 4.3 万 hm^2，其中，纯旱粮地约 0.8 万 hm^2。属亚热带季风湿润气候区，年平均降水量 1 390 mm，有规律性夏秋旱。20 世纪 80 年代，水土流失面积 976 km^2，占土地总面积的 30%，其中，不同程度岩漠化面积 629.7 km^2，占土地总面积的 18.1%。

20 世纪 90 年代初，全县总人口 70 万人，其中，农业人口 61 万人，是一个山区农业大县，1993 年列为全国第一批生态农业试点县之一。从当年开始，慈利县在原有农业生态建设的基础上，更加自觉地全面进行生态农业建设，其经验对我国南方岩溶山区有重要参考价值。主要经验如下。

（1）以水土保持为前提，恢复和建设农林复合生态系统，实现林茂粮丰。我国南方岩溶山区农村生态环境最显著的特点之一是山林与农田交错分布，农林边际地带长而复杂，农业与林业相互依存，形成了一种以农林牧业为主的社会、经济、自然复合生态系统。在这一生态系统中农牧业与林业之间普遍存在着以下矛盾：当粮食增产的速度满足不了人口增长对粮食的需求时，造成毁林开荒；由于粮食产值过低，农业再生产缺乏资金，只得向山林要钱，造成对林木的过量、过早采伐；由于农村生活能源短缺，造成对山林的过度樵采；不适当的放牧加剧了山林的衰败。这些矛盾导改山地林草植被的衰败和严重的水土流失。

为了解决好农林之间的矛盾，慈利县在严格控制人口增长的基础上，建设高产稳产农田 1 600 m^2，改良中、低田土 1 630 hm^2，提高粮食产量，减轻农业对林业的压力；同时封山育林 18 746 hm^2，造林 32 446 hm^2，改造低产林地 25 000 hm^2，治理水土流失面积 279 km^2，治理率达 34.2%。经 15 年的治理建设，既基本恢复山地植被，又培育了大面积薪炭林，使林木生长量超过了采伐量；发展山区小水电，同时推广沼气，改变农村生活用能结构；开展多种经营，建设大面积优质烤烟、优质棉、优质果、优质茶等经济作物基地，发展畜禽鱼养殖业和加工业，增加农民收入。采取以上措施后，从根本上保证山林不再被破坏，全县森林覆盖率逐年上升，1993 年为 34.2%，1998 年上升到 58.4%，基本上实现了林茂粮丰。

（2）充分利用山区水能资源优势，发展小水电，建设以小水电为主体的农村能源体系。慈利山区有丰富的水电资源，该县是全国第一批 100 个农村电气化试点县之一。除大型江垭水电站外，全县小水电装机容量共 6.7 万 kW。目前，全县农村生产和生活用电已能自给。1998 年，农村沼气入户率达 12%。由电、煤、沼气、柴草和液化气构成的农村能源体系已初步形成，为加强农村生态建设提供了能源保证。

赵家垭抽水蓄能电站工程，是一座跨沅水和澧水两流域，利用岩溶地下水提水，分三级发电的中型水电站，发电总水头375 m，也是我国第一个具有年内调节性能的跨流域抽水蓄能工程，花1 kW·h电从沅水支流抽水在山顶水库蓄能，枯水期向山下放水可发电4 kW·h，并兼有防洪、灌溉、养鱼和旅游等功能。

（3）在岩溶山区着重发展雨养旱作生态农业。全县绝大部分纯旱粮地分布在岩溶地区。岩溶地区由于多溶洞、天坑和裂隙，地表蓄水十分困难，也很难修建上规模的贮水设施，30% ~50%的降水，少数地区甚至80%的降水下漏为地下水，因此，地表水十分缺乏，限制了灌溉农业的发展。自1964年以来，该县农民群众根据本地区自然生态环境条件以及旱地作物生长发育规律，在实践中不断探索，找到了一条在岩溶山区实现旱粮持续高产、高效的雨养旱作生态农业发展之路。

雨养旱作生态农业，是指采用一些工程和生态技术措施，最大限度地利用天然降水，在满足旱地作物生长发育对水分和养分的需求的基础上，实现旱地作物高产的生态农业技术体系。该技术体系在岩溶山区推广应用后，慈利县的旱粮单产由1970年的2 250 kg/hm^{2}上升到1992年的7 635 kg/hm^2，成为长江中游南岸最先在岩溶山区实现8 000 hm^{2}纯旱粮地成建制过7 500 kg/hm^{2}的山区县。1997年进一步上升到9 460 kg/hm^2，从此，慈利县的旱粮生产走上了持续高产、高效的发展道路（参阅本书5.7.3节）。

雨养旱作生态农业的主要措施有：

① 以农田基本建设为基础，保持水土，培肥土壤。慈利县由碳酸盐岩发育而成的石灰性旱作土壤分布十分广泛，总面积达9 670 hm^2，占全县旱作土壤的45.7%。1990年，21.8%的旱地坡度大于25°，低产旱地占34.9%，36%的旱地耕作层小于20 cm。大部分旱地抗旱能力差，且在暴雨季节跑水、跑土、跑肥。因此，搞好旱作农田基本建设、保持水土、培肥土壤是岩溶坡地旱作农业实现高产的基础。改造坡耕地的主要措施是修建水平梯田，包括坡度15°以下的缓坡梯田、坡度15° ~25°的斜坡梯田、坡度大于25°的陡坡梯田，和在山沟中多级截沟垒坝再填客土建成沟坝梯田。通过坡土改梯田，基本上扭转了因水土流失所引起的土壤生态环境恶化的局面。据测定，在坡度12°的条件下，水平梯田的地面年径流量比坡耕地减少75.8%，土壤年冲刷量只有坡耕地的42.3%。水平梯田的土壤含水量在12%以下时，一次10 mm的降水可基本全部拦蓄。土壤含水量一般也比坡耕地高10%左右，在干旱情况下，更比坡耕高80% ~90%，使水平梯田成为一座看不见的土壤小水库。梯田建成后，又通过增施堆肥、畜禽粪肥和作物秸秆过腹还田，以及粮肥间作等措施熟化和培肥土壤。从20世纪70年代初以来，全县2 000 hm^{2}新建梯田都变成了土层平整、深厚、肥沃疏松、保水保肥的高产田，为旱作持续高产打下了坚实的基础。

② 顺应降水和土壤水分变化规律，合理安排旱粮作物品种与播期。慈利县4—5月降水较多，常出现阴雨天气，不利于小麦抽穗结实，易发生赤霉病；6—7月是春玉米抽雄结实期，也是春玉米光合生产量增长最快的时期，对水分的需求量很大，在此期间降雨量较大，大多数年份能保证春玉米中、后期对水分的需求，因而春玉米历年表现稳产高产；夏甘薯的旺长期在7—9月，经常遇到夏秋干旱，甘薯的抗旱性虽较强，但产量仍受干旱制约。土壤水分变化主要由降水的时空变化所支配。据观测，土壤含水量呈明显的季节变化，土壤含水量以3—5月较高且稳定，11—12月最低，7—9月实际变幅最大。顺应降水和土壤水分变化动态规律，合理安排作物品种与播期，把土壤水分对作物产量的不利影响减少到最低限度，是雨养农作的关键。小麦应选用比较耐赤霉病的品种；春玉米产量在全年总产中约占50% ~60%，是主季作物，播种期安排在3月25日至4月2日；甘薯要夺取高产，就必须实行保温育苗和薯麦套插，在5月中下旬早插，利用两个薯块膨大高峰期。

③ 改革耕作制度，实行多熟立体种植。采取深根作物与浅根作物、高秆作物与矮秆作物、直立生长作物与匍匐生长作物等多种组合形式，实行分厢间作套种，形成了一种生态系统呈良性循环的雨养旱作多熟立体农业生产模式。1985年，慈利县的多熟制面积就达到了6 267 hm^2，产量达到

6 375 kg/hm^2，是1970年的2.8倍，种植指数由1970年的142%提高到248%。

④ 改进旱粮高产栽培技术体系。全面实行保温育苗技术，玉米采用地膜育苗移栽，甘薯采用地膜覆盖育苗；推广小麦密条点播技术；推广测土配方施肥；增施有机肥，推广作物秸秆覆盖和压埋还田或制成高温堆肥施用，不断培肥地力；在冬季作物预留空行中套种绿肥或间作蔬菜，在玉米和甘薯中间间作大豆和绿豆，做到用地与养地相结合。

⑤ 推广粮经多熟制，保粮增值，提高旱作经济效益。由于山区生态环境比较复杂，粮经多熟制具有鲜明的地域性，形成了20多种不同的种植模式。例如，在海拔400～700 m的丘陵缓坡地及山谷盆地，主要模式是粮、经间套三熟制，如小麦—烤烟/甘薯、油菜—玉米/甘薯、油菜—烤烟/甘薯等方式。目前，粮经多熟制中面积最大的是“麦—烟/薯”，该项耕作制的粮食产量虽然比“麦—玉/薯”减少17.0%，但收入增加48.5%。

（4）因地制宜推广几种以沼气为纽带的庭院生态经济工程。主要模式有猪—沼—果、猪—沼—菜、猪—沼—粮等，还有稻—萍—鱼—菜、猪—沼—果—鸡等。实施立体化的庭院生态经济工程，不但改善了农村庭院环境，提高了物质和能量利用效率，也为农户增加了可观的收入。1998年全县有2.3万户利用沼气，并初步建成多种庭院生态经济工程。

（5）初步效益。慈利县加强生态农业建设以来，仅1993—1997年5年内，就使坡耕地面积减少了2.67万hm^2，荒山荒坡面积减少了90.3%；活立木存蓄量增加了86万m^3；水土流失面积由816 km^2下降到为537 km^2，土壤侵蚀模数由2 123 t/（km^2·年）下降到1 627 t/（km^2·年）；新增基本农田7.1万hm^2，耕地有效灌溉面积由2.392万hm^2扩大至2.731万hm^2；化肥利用率提高了10%～20%；农田秸秆还田率达44%；农作物综合防治病虫害面积占总农田面积的73%以上。全县粮食产量由22.39万t增加到27.2万t，年均增长率为4.3%；林果、林油、林竹、林茶、林药等林业产业和棉花、芝麻等经济作物产量持续增长；猪牛羊肉、水产品、鲜鱼、禽蛋等牧、禽、渔业产品供给能力不断提高；农、林、牧、渔业产品商品率达到63.7%。1997年该县农村经济总产值比1993年增长352.3%，年递增率为88.1%；1997年县、乡财政收入比1993年增长172.2%，年递增率为43.1%；1997年农民人均纯收入为是1993年的3.08倍。1999年6月慈利县生态农业建设项目通过国家级验收（严斧等，1998）。

3.2.14 江西省婺源县

赣东北上饶市的婺源县不仅是我国著名的风景秀丽、人文资源（徽文化）深厚独特的山区乡村生态旅游胜地，也是我国生态农业建设的典范之一。全县土地面积2 947 km^2，是一个“八分半山一分田，半分水路和庄园”的山区县，平均海拔在100～150 m，最高海拔1 630 m。全县有耕地2.17万hm^2，林地25.6万hm^2，园地1.31万hm^2（其中，茶园1.07万hm^2），水域8 333 hm^2。在20世纪80年代之前，存在着大面积的低产田、低产园、低产水面、低产林。中、低产田占水田面积的56.7%；低产水面747 hm^2；低产茶园占茶园总面积的39.44%，主要原因是大于25°坡地茶园面积占茶园总面积的53%。属中亚热带东南季风湿润气候，年平均气温16.7℃。1993年，总人口33.7万人，其中，农业人口28.4万人。20世纪80年代，婺源尚属贫困县。

从1993年被列为我国第一批生态农业试点县之一以后，10年中在以下4个方面取得了重大进步，积累了丰富经验。

（1）为改变长期以来对自然资源的过度开发和低效利用，实施了五大工程，在保护的基础上提高自然资源开发利用水平。

① 绿化工程。按照“以封为主、封造改结合”的方针，统一规划，按生态要求合理搭配林种、树种结构，大力发展林业。1993—2000年，全县共完成植树造林8 800 hm^2，封山育林11.33万

hm^2，改造次生林 4 000 hm^2，新种毛竹 1 667 hm^2，毛竹低改 7 333 hm^2，新建果园 2 667 hm^2，植被覆盖率达 85% 以上。

② 农田生态建设工程。以改造中、低产田为中心，建设多种优质商品粮基地 1.33 万 hm^2，油菜基地 6 667 hm^2，红花绿肥基地 3 333 hm^2，无公害蔬菜基地 360 hm^2。对全县 1.87 万 hm^2 农田进行综合治理，同时组织排查了所有山塘水库，对其中的病险塘、库进行了全面除险加固，切实加强了农业发展的后劲。

③ 自然保护工程。建立了自然生态型、珍稀动植物型、自然景观型等多种类型的自然保护小区 189 个，在小区内禁伐、禁猎、禁火；保护公益林 8.33 万 hm^2，实行分类经营；同时关停并转了 67% 高耗低效的木竹加工企业。这些措施，不但保护了山林，保护了生态环境，也保护了生物多样性。全县境内木本物种 1 500多种、草本物种 3 500多种以及国家一、二级保护动物都得到了保护。由于生态环境良好，每年冬季吸引几千对鸳鸯到婺源赋春镇鸳鸯湖越冬栖息。

④ 可再生能源开发工程。该县水电资源丰富，是全国首批 100 个农村电气化达标县之一，有小水电站 177 座，2000 年全县装机容量达 34 625万 kW，已基本实现电力自给；同时在农村大力推广使用沼气、液化气、省柴灶。由于在农村普及了这些可再生替代能源，全县每年节省木柴 6 万 m^3 以上，相当于 8 000 hm^2 山林一年的林木生长量。

⑤ 环境美化和生态旅游工程。切实推进农村改水、改厕和生态村、生态示范园建设，发掘乡村生态文化旅游资源，特别是推动农家乐乡村生态旅游的发展。

（2）根据山区地域分布特点，将全县划分为 3 个生态农业建设区。因地制宜，分类指导，面向市场，在各生态农业区，分别实施不同的生态工程，改善农业生产布局和优化品种结构，重点发展各自的特色产品，提高农业生产的经济效益。

① 东北生态林业区。包括 6 个乡镇。在封山育林的同时，重点发展用材林、油茶林，提高茶叶产量，开发高档茗茶，着重实施封山育林、发电、商品鱼生产的林、电、渔结合模式。先后完成了 4 个主要水电开发建设工程，装机容量由原来的 26 800 kW提高到现在的 34 625 kW，发电量由原来的 8 000 万 kW · h提高到 10 314万 kW · h，年利润由原来的 282.2 万元增加到 324 万元。

② 中部生态茶、果区。包括 11 个乡镇。以发展优质茶叶为主，林、粮并举，加强发展各类畜禽、水产、蔬菜、水果生产，满足城镇生产、生活需要，配套发展工商服务，着重实施茶叶系列深加工和茶叶绿色食品加工。按照一定的要求和标准，不施化肥，不用农药，采用生物技术和增施农家肥等措施提高产量和品质，建设无公害优质茶开发工程 900 hm^2。投资 720 万元，建立“AA 级绿色食品——大鄣山茶”基地 533.3 hm^2，有机茶基地 366.6 hm^2，有机茶通过“BCS”国际认证机构验收颁证，产品自 1996 年进入国际市场后，1998 年获英国“有机食品金奖”，2001 年出口创汇 1 000万美元。婺源是我国茶叶出口第一县。

③ 西南粮、牧、渔生态区。包括 10 个乡镇。本区着重发挥粮食生产优势，以推广良种和改造中、低产田为主，实施农田生态建设工程，实施总面积 14 933 hm^2，投资 515 万元，新增总产值 3 080万元，利税 341 万元；同时利用丰富的饲料资源，发展生猪、家禽为主的畜牧业；利用众多水库和池塘养鱼，实施以荷包红鲤鱼为龙头的水面开发工程，同时建成特种水产品养殖基地，发展甲鱼和牛蛙等名优水产品，优质鱼的比重由 10% 提高到 40%，实现产值 4 268.8万元，完成利润 2 500万元。

（3）依靠科技，组建公司，对农、林、牧产品进行深加工，提高产品附加值。在茶叶生产上，组建了绿色食品有限公司，发展婺绿茶、有机红茶、银杏茶、苦丁茶等品牌茶叶；在竹木加工上，建成了有一定规模的人造板厂和一批现代家具厂、工艺品厂；还组建了荷包红鲤鱼养殖与销售公司和草山草坡牧业公司。通过以上公司的运作，获取市场信息，引进良种和新技术，示范种养，带动

农民群众走向市场，并实现生产、加工、销售一条龙服务。

（4）大力发展生态旅游。充分利用婺源的文化和自然资源优势，将乡村文化和生态旅游作为全县发展的重点，高起点、高标准编制了全县旅游发展规划，重点发展灵岩洞国家森林公园为主的森林旅游；以鸳鸯湖为中心的水上游；以各类生态农业示范园为主线，涵盖明清古民居、名人（朱熹、詹天佑等）遗迹、民情风俗的乡村生态文化游。

（5）初步效益。1998 年，全县森林覆盖率从 73.5% 上升到 81.5%，生态环境进一步改善；低产田土正在逐步得到改良；建立了2 000 hm^2有机茶基地、1 200 hm^2荷包红鲤鱼基地、6 667 hm^2优质油菜基地、667 hm^2 无公害蔬菜基地、1 333 hm^2优质大米基地，也发展了猕猴桃、江湾雪梨、食用菌、笋干、山蕨等土特产品，传统的单一粮、猪种养结构正在逐步改变为粮、茶、果、鱼、羊、鸡、鹅等多种种养结构；在经济、社会得到长足发展的同时，农民人均收入也明显增加（滕伟新，2000；邓少华，2001；周跃龙等，2004）。

3.2.15 江西省兴国县

江西省兴国县位于江西省中南部，地处武夷山支脉雩山地段。三面环山，地势由边缘向中部和南部倾斜。雩山主脉绵延全境，主要地貌是低山、丘陵。县境内河流切割，地形破碎，仅中南部城关一带有部分低丘岗地和较开阔的盆地。主要河流为平固江及其支流。河谷两岸多冲积土。年平均气温 18.9℃，年降水量 1 539 mm，无霜期 284 d，土壤以红壤为主，黄壤、紫色页岩土次之，偏酸性。全县面积 3 214 km^2，20 世纪 90 年代初全县人口 62.8 万人，其中，农业人口 56 万余人，占 89.2%。山地面积 244 000 hm^2，耕地 31 876 hm^2。农作物以水稻为主，有早稻 18 000 hm^2，中稻 2 667 hm^2，晚稻 18 000 hm^2。经济作物有油菜、烤烟、花生、大豆、生姜、甘蔗、蔬菜等。

（1）生态建设前的生态环境状况。境内生态环境脆弱：由于历史上的过度开垦、过度放牧和过度砍伐樵采等人为活动，全县曾发生过严重的水土流失，曾经是我国南方水土流失最严重的县之一，人称“红色沙漠”。1980 年，该县有水土流失面积 1 899 km^2，占县域土地总面积的 59%，占山地面积的 84.8%。在水土流失面积中，强度以上流失面积达 669 km^2，占流失面积的 35.2%。全县年均流失泥沙 1 106 万 t，大小河流普遍淤高 1 m 以上，有的地段高出田面近 2 m，成了地上悬河。每年被泥沙带走的有机质和 N、P、K 养分达 55.22 万 t，远远超出当年的施肥量。全县 16 533 hm^2水田中，有 5 334 hm^2成了“落河田”（河高田低），常年遭受水害；共有 15 267 hm^2耕地成为靠天吃饭的“望天田”。绝大部分山地沟壑纵横、基岩裸露，植被覆盖度只有 28.8%，强度以上水土流失山头的植被覆盖度不足 10%，只有一些稀疏的“老头松”，10 年树龄还不足 1 m 高。夏季实测地表最高温度为 75.6℃，极端气温超出 40℃。在 244 000 hm^2的山地上，活立木蓄积量仅有 51 万 m^3。生态环境的严重破坏带来频繁的自然灾害，兴国县在 1952—1979 年中共发生水灾 22 次，旱灾 36 次。生态建设前，群众生活极其贫困，全县贫困人口达 278 752 人，占总人口的 51.7%，1983 年全县农民人均年纯收入不足 150 元。“天空无鸟，山上无树，地面无皮，河里无水，田中无肥，灶前无柴，缸里无米”是兴国县当时的真实写照。1983 年，兴国县被列入国家水土流失重点治理区。

（2）生态重建、生态修复和生态开发工程。兴国县生态工程建设近期目标：以生态重建为纲，彻底控制水土流失。兴国县长远发展的原则是：三个面向（面向市场、面向出口创汇、面向 21 世纪）；“三个为主”（以农林业产品为主、能源开发利用为主、养殖加工产品为主）；“三个效益”（经济效益、生态效益、社会效益）兼顾。农村生态工程建设要在生态重建的前提下，以农作物种植业为主体，同时根据各地特点，大力发展养殖加工业、果木种植业和能源开发业，建立可持续发展的农村生态工程体系。

① 水土保持工程。兴国县主要从1983年以来，进行了大规模的水土保持基础工作，对生态环境进行生态重建和生态修复取得了一系列成功经验。

以小流域为单元，进行水土流失综合治理。兴国县境内有赣江二级支流5条，其中，平江流域面积占80%左右。1983年依据地貌、岩性和集水情况，将全县划分为72个条小流域，按小流域进行规划，并分期分批集中连片治理开发。到2006年，23年中开工治理小流域总数为72条，达到国家一级验收标准的有48条，平均成功率为73.8%。

同时，因地制宜采用以下适当治理模式。

• 封禁修复模式。对花岗岩地区的轻度流失区，以自然修复为主，辅以飞播或人工撒播马尾松种子并封山，禁止人畜上山践踏破坏。该模式的特点是工省效宏。

• 人工补植重建模式。对花岗岩、红砂岩地区的中度流失区，以人工补植为主，辅以飞播和见缝插针补植，树种以阔叶树和豆科灌木等乡土树种为主。围绕建成防护林和经济林两大要求因地造林。在远山深山区，大力发展松、槐为主的水土保持林，栽种水保先锋树种，如马尾松、湿地松、枫香、木荷、白栎等，撒播水保草种如百喜草、香根草等；在近山浅山区，构建乔、灌、草三层结构，提高防护林功效；在丘陵平原和主河道，重点建立以杨、柳等速生树种为主的防护林网。这样做，不仅可加快中度流失区植被重建的速度，而且对改变林相实现多层植被覆盖和改良土壤也有明显作用。

• 工程拦沙植物保护模式。对花岗岩、红砂岩地区强度以上流失区，工程措施与植物措施结合，草、灌、乔结合，防治并重，集中连片，高标准、高质量实施规模治理，建立拦沙蓄土的工程体系。充分利用山丘岗地的地貌特点建设中、小型水库，拓宽、加深洪水走道，在岗坡处沿等高线开挖环山竹节水平沟，配合修筑水平台地或反坡梯田、条带或撩壕，建成梯级拦水坝，并使之连成一个完整的岗坡地拦蓄系统。利用工程措施创造植物生长条件，同时利用生物措施保护和巩固工程措施。在竹节水平沟沟内栽种阔叶乔木，沟外栽种针叶树或灌木，形成混交林。环山开竹节状沟渠，沟底水平，沟渠宽70~80 cm，长度不限。下雨时，由山顶冲下的水土被拦截于沟内，从而起保水固土作用。在坡度平缓地段修反坡梯田，梯田设计以有效拦截当地最大日降水量（150 mm）为标准。梯田要求等高水平，外侧有拦水的田埂，埂下挖有排水灌溉用的沟。工程措施的特点是工作量虽大，但见效快。以上工程建成后，可基本实现“小雨不出地，中雨不下山，大雨不出库”。竹节水平沟是治理兴国县严重水土流失的有效措施，不仅降低了工程造价、分散了径流、增强了工程的牢固性，同时还改善了立地条件，提高了造林种草的成活率，不仅简便易行，而且效果甚佳。

• 改造农耕地模式。对紫色页岩地区强度以上流失区，以爆破修梯田开发农耕地种植农作物的形式进行治理。修成梯田后，种植蚕豆、豌豆、烤烟等农作物，地埂上配置多年生草本植物加以固定和保护。此法治理成本虽高，但可将流失危害严重的劣地改造成永续利用的农耕地。

② 生物质能源开发生态工程。县政府以资助每户10%、资助特困户20%的方式大力推广强回流式沼气池，鼓励和带动全县农户在5年内基本普及了沼气池（参阅本书6.7.1节）。

③ 果业立体生态工程。在确保不发生新的水土流失的前提下，在土质条件较好的山腰山脚，建设立体生态果园，即按照多种果树与作物的不同生态适应性和生长的空间分布特性，营造不同季节成熟的混合果木林。几种南方果树果实成熟期排列如下：4—5月无核桃，6—7月水蜜桃，8月义乌大枣，9月黄花梨，10月温州蜜柑，11—12月板栗，12—翌年1月椪柑。在果园内按适当方式栽种上述果树，就可在不同季节都有果实收获，大大提高了果园生物量和水果产出率。在果园内配置“乔、灌、草、藤”的立体种植模式，乔木类栽杨梅、板栗、四方柿等；小乔木有柑、水蜜桃、奈李、美国油桃；灌木有无花果等；草本、藤本有西瓜、葡萄等。在果园内还实行林果与经济作物间作套种。在幼龄果木、中龄果木中间作或套种生长周期短的经济作物，达到以短养长、以短养中的

目的。如幼龄果木—油茶间作；幼龄果木—花生、大豆间作；幼龄果木—套种西瓜；中龄果木—白术、玉米套种。兴国县水保局果园示范点在李、桃、柑、橘、枇杷中间套种花生、大豆、红瓜子、绿肥等作物，共栽种 23 hm^2，每公顷投入 9 000元，当年收入 75 000元。

④ 猪—沼—果综合治理开发生态工程。这是一种以农户为主，生态庭院式经济的良性循环工程，是一种有着广阔前景的治理开发模式。具体做法是“六个一”，即一户农户、养一栏猪、建一个沼气池、种一园果、栽一棚菜、养一塘鱼。利用循环机制，在果园套种青饲料养猪，以人畜粪便作为沼气发酵原料，沼液饲养猪、鱼，沼渣肥果、蔬，沼气点灯做饭，变废为宝循环利用。并以果实为原料兴办加工业，将果实加工成罐头、果脯、饮料或酿酒。在原料充分的前提下，开办饲料加工业，促进本地养殖业的发展。采用这种模式，将改造利用荒山、荒坡，解决农村生活能源，发展果业、畜牧业和果品与饲料加工业紧密联接在一起，有效地促进了生态农业和小流域经济的发展，同时还改善了农村环境卫生，产生了较高的生态、经济和社会效益。

兴国灰鹅是兴国县的传统特产和主要出口创汇产品。它是一种高蛋白、低脂肪的优良保健食品。主销沿海城市及港、澳、台地区。兴国灰鹅主食再生能力强的冬黑麦草，一公顷黑麦草可养 1 500 ~2 250只灰鹅，养殖成本低，生长周期短，一只灰鹅 65 d 便可长到 3. 5 ~4 kg，达到出笼标准。灰鹅的羽毛是羽绒行业的优质原料。兴国灰鹅的养殖还可与沼气生产、果木生产及加工业相结合。

（3）初步效益。兴国县经过 1983—2005 年的治理开发生态建设，取得了初步的很显著的生态、经济和社会效益。水土流失恶化的趋势得到了有效遏制，生态环境得到显著改善。全县水土流失面积减少了 60%，山地植被覆盖度上升到 43. 4%，年泥沙流失量减少了 67. 6%，河床普遍降低 0. 4 m，有林地面积净增 5. 4 倍，土地产出率增长 54. 2%，农民年人均纯收入增加了 17 倍，贫困人口减少了 12. 9 万人。昔日的穷乡僻壤，如今变成了绿树掩映的小康县。兴国县的实践表明，一个濒临崩溃的山区农村生态环境，也是可以重建和恢复的（图 3 –3，引自 http：//image. baidu. com）。

图 3 –3　兴国县 20 世纪 60 年代初与今日的山区农村生态环境对比

兴国县目前仍有水土流失面积 758 km^2。从生态安全的角度来看，兴国县的生态环境依然脆弱，林下水土流失普遍，不少地方还很严重。已经治理的区域中，多数植被是以马尾松为主的纯林，不仅种群结构单一而且长势较弱，有林不成材，林下无覆盖，马尾松纯林还极易遭受松毛虫危害。从生态效益的角度看，效益较好且比较稳定的林型应该是针阔混交林。据研究，纯针叶林的凋落物和根系分泌物有进一步酸化土壤的可能，不利于林下灌草的生长。此外，不合理的造林方式与树种结构失衡，是导致林下水土流失的主要原因。森林覆盖率高的地区并不意味着水土流失就能得到控制，这种现象不仅在兴国县有，在南方红壤区的其他地区也很普遍，即“远看青山在，近看水土流”的“空中绿化”现象很普遍，森林的生态效益还有待进一步恢复（吴婷婷等，2000；梁音等，2007）。

3.2.16 广西壮族自治区恭城瑶族自治县

恭城瑶族自治县位于广西东北部，总面积2 149 km²，以岩溶丘陵地貌为主。该县东、西、北三面环山，中部为河谷和低矮丘陵。年平均气温19.7℃，年均无霜期319 d，年均降水量1 438 mm。恭城河自北向南纵贯县境，年径流量33亿 m³。20世纪90年代初全县总人口27.9万人，其中，农业人口24.06万人，占86.2%；瑶族人口14.97万人，占53.8%。耕地面积1.87万 hm²，占土地面积的13.03%。1981年，恭城被列为广西49个“老、少、边、山、穷”县之一。

（1）发展战略。1983年以来，恭城县的生态农业建设因地制宜地实施“以养殖为基础、以沼气为纽带、以种植为重点”的发展战略，成功地走出了“养殖、沼气、种植”三位一体的生态农业发展道路，先后荣获了“全国生态农业示范县”“中国可持续发展实验区”“国家级生态示范区”“全国无公害水果生产示范基地县”等荣誉称号。

沼气池建设在恭城县生态农业发展中起着特别重要的作用。沼气是植物产业与动物产业之间的纽带，将农、牧、林业联成整体，产生了多方面的良好的生态经济效应。

①解决了农村生活能源和部分生产能源问题，农民不上山砍柴，每年少砍8万 m³ 薪炭林，促进了山林植被的恢复和生态经济林业的迅速发展。

②全县农民每年节省砍柴用工32万个，可用于开展多种经营，增加收入。

③沼气池带动养猪业大发展，办一座沼气池，一年至少要养5头猪，农户和县财政都可从养猪大发展中明显增加收入。

④沼气大发展促使农业向高效、优质和低耗的方向发展，沼液和沼渣都是优质有机肥料，沼肥不仅不会污染环境，还可提高水果糖度0.5~1度，原来恭城县水果成本为0.6元/kg，近几年由于施用沼肥，减少了化肥、农药开支，成本降到0.08元/kg，加上果质优良，又是没有或很少农药污染的绿色食品，在市场上卖价比使用化肥、农药的水果高50%~100%，农民的收入显著增加。

⑤人畜粪便等废弃物经集中到沼气池发酵后，有害微生物和寄生虫卵等均被杀灭，农村卫生环境得到显著改善（参阅本书6.7.1节）。

（2）生态农业工程主要模式与技术。恭城县生态农业建设的基本措施，是运用生态学和生态经济学的原理，把大产业、大生态、大循环理念融入农业生产，并以良种、免耕技术、种苗脱毒、生态养鱼、诱虫灯应用、捕食螨应用、水果套袋、黄板诱虫、高效低毒低残留农药应用、农机具应用等10项核心技术作为支撑，根据不同地区的实际情况，用这10项生态农业核心技术因地制宜组装和推广了10多个适用于亚热带岩溶山区农村的生态种植—生态养殖—生态肥料（沼肥、生物有机肥、普通农家肥、绿肥）一体化的优良生态农业工程模式。走出了一条以沼气建设为纽带，种、养、肥相结合，农田生态、森林生态、草地生态、水域生态有机结合，生态环境与经济建设同步良性发展的路子。2006年，广西推广恭城的经验，应用各类生态农业工程模式和技术的面积共85.8万 hm²，年增收节支10亿元，仅实施生态养殖和诱虫灯环节，农民就增收节支2.15亿元。

主要工程模式和生态技术有：

① 猪—沼—稻（农作物）—果—鱼模式（图3-4）。恭城县溪流较多，淡水养殖资源较丰富。在溪流缓慢地段、水库和近河流的稻田，很适宜淡水鱼类养殖。采用此模式的农户约占总户数的15%。他们利用人畜粪便作沼气池原料，沼气用于炊事、照明和果品保鲜，有的还用沼气点灯诱虫蛾喂鱼；用沼渣作水稻等粮食作物和果树的基肥；沼液用于稻谷浸种、水稻和果树的叶面及根外追肥（可以防治病虫害如红蜘蛛、稻飞虱等）；养鱼户还用沼液沼渣养鱼。

② 猪—沼—稻（农作物）—果—菇（菜）—蚯蚓模式（图3-5）。在城镇附近，有剩余劳动力的农户，充分利用靠近城镇的经济区位优势，种植蘑菇、蔬菜等供应城镇居民；有养殖技术的居

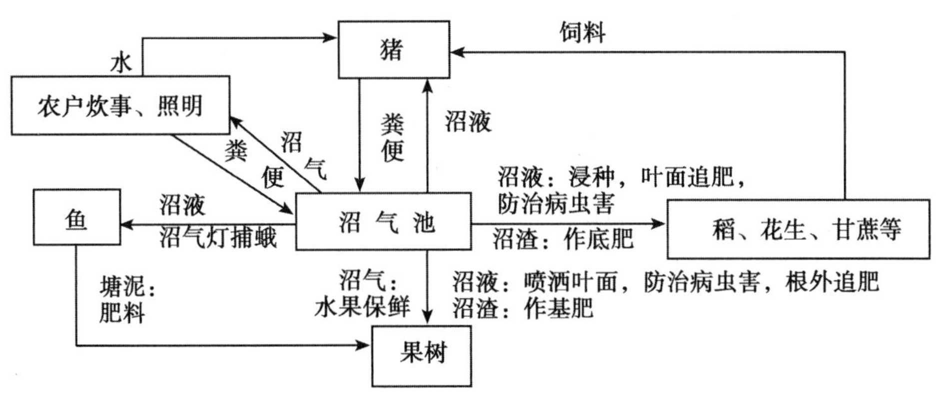

图3－4 猪—沼—稻（农作物）—果—鱼模式

民还养殖蚯蚓，然后用蚯蚓来喂猪、鸡、鸭。采用此类模式的农户约占户总数的5%。该模式除具有模式1的作用外，还可利用沼渣种蘑菇、养蚯蚓，然后再用养蚯蚓和种蘑菇用过的残渣及沼液作农作物的有机肥料，农作物的下脚料又用来喂猪、鸡、鸭，畜禽粪便入沼气池，从而形成物质的良性循环和生物质能的高效利用。

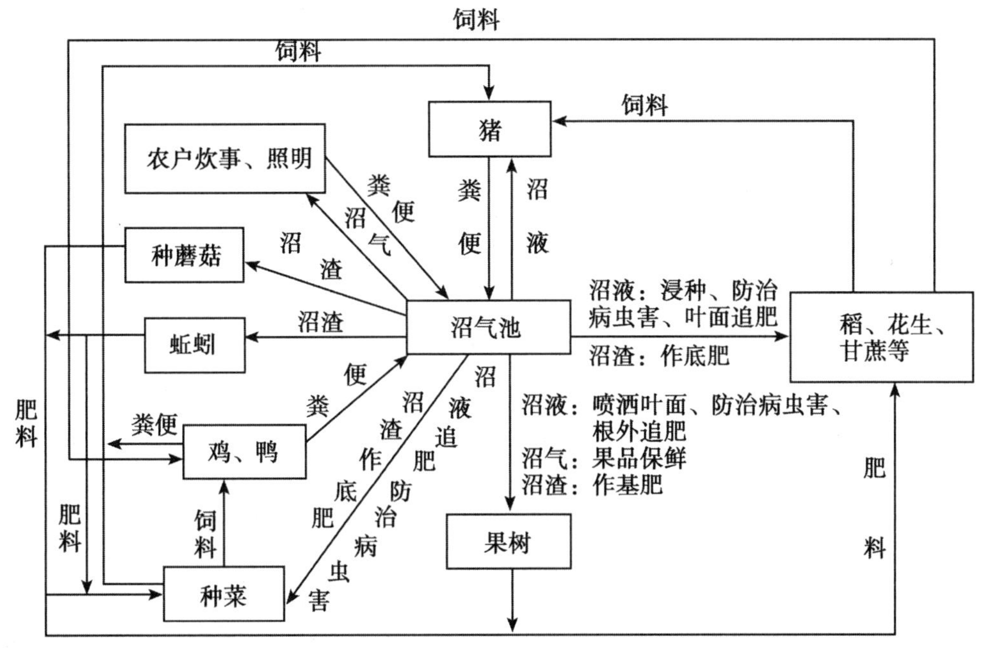

图3－5 猪—沼—稻（农作物）—果—菇（菜）—蚯蚓模式

③ 猪—沼—果—稻—菜—加工模式（图3－6）。采用此类模式的农户约占总户数的74%，是恭城县农村最基本的生态农业模式。本模式除具有模式1、模式2的综合利用方式外，它的特别之处是还利用富余的沼气作动力，带动柴油机碾米、磨米粉、磨豆腐和进行果、菜加工等，形成种、养、加工的良性循环。

④ 牛（猪）—沼—果—林模式（图3－7）。恭城县境内半山区、半丘陵区中有许多宜林、宜果、宜牧小区，分别根据其自然与经济条件特点，因地制宜地养牛、种植乔木、果树以及竹子等，以种植乔木为主。此模式主要应用在林区，采用此类模式的农户约占总农户数的6%。它除具有上述模式综合利用特点外，沼液还可用于浸树苗根，幼苗喷施，可使树苗生长茁壮，提高成活率和防

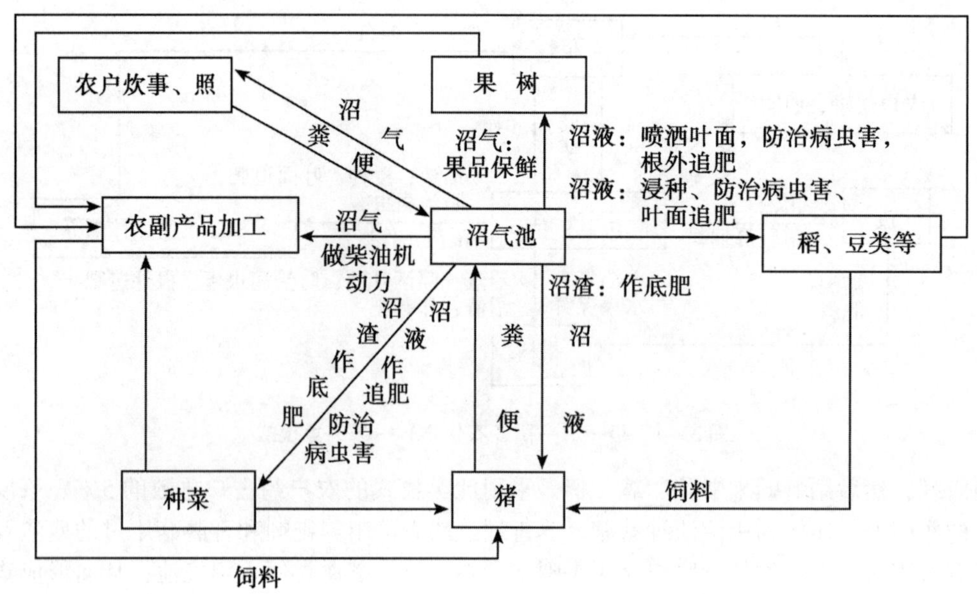

图3-6 猪—沼—果—稻—菜—加工模式

治病虫害。

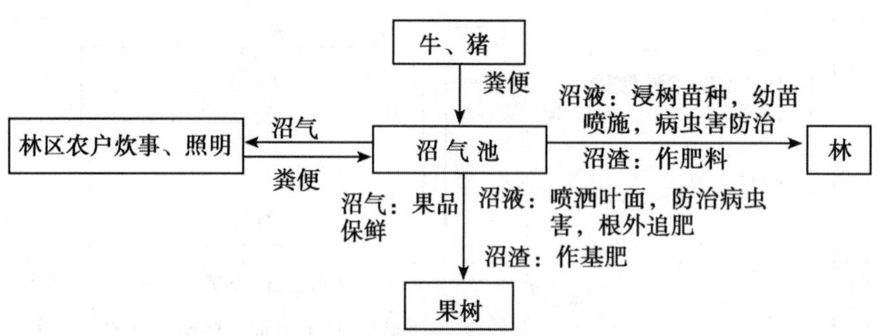

图3-7 牛（猪）—沼—果—林模式

⑤ 猪—沼—果（菜）—灯—鱼模式。模式建设以户为单位，养猪、种果树（蔬菜）、沼气池、诱虫灯、生态养鱼池“五位一体”，延长生态链和采用多种生态农业技术。对作物和果树的虫害进行生物防治是此模式的重要特色。此模式一般由猪舍、沼气池、鱼池、果园（菜园）、诱虫灯等要素组成；主要生态农业技术包括生态养猪技术、沼气池建设与沼气综合使用技术、水果（蔬菜）无公害标准化生产技术、水果套袋技术、小池生态养鱼技术、杀虫灯诱杀害虫技术、捕食螨养放技术、黄板诱杀技术、生物有机肥技术、生草栽培技术。

每一农户在猪舍下面建一个8 m^3 沼气池，人畜排泄物、生活垃圾和农作物秸秆切碎后进入沼气池作为发酵原料。农户常年养4～6头生猪，种植粮、果、蔬等农作物。沼气用作照明和做饭等生活用能，沼液、沼渣作为优质有机肥料用于果树（蔬菜）及农田，沼液也可用来养猪和养鱼。鱼池生长的水葫芦也可以投入沼气池做沼气池原料。在柑橘和沙田柚等果园，用天敌捕食螨和挂黄板吸引趋色性害虫进行防治，有的还采用水果套袋等措施防治虫害和提高品质。在果树园中和庭院周围修建生态养鱼池，在鱼苗放入池中15d后，装频振式诱虫灯或沼气灯，诱杀农作物的害虫作为鱼饵料。每盏诱虫灯杀虫面积控制在2～3 hm^2。杀虫灯设置于作物田中适宜位置或置于生态养鱼池中

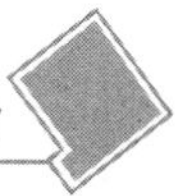

心位置上方。灯距 80 ~ 100 m，安装高度为鱼池上方 1 m 左右和高于作物顶端 0.3 ~ 0.5 m。生态鱼池配置 2 盏诱虫灯，一盏直接挂于鱼池的正上方，诱杀的作物害虫直接落入鱼池中喂鱼；另一盏吊挂在作物田中，套上接虫袋，然后将接虫袋中的害虫投入池中喂鱼。一般天黑后开灯，每晚开灯 2 ~ 4 h（周游游等，2006；李克敌等，2008）。

（3）初步效益。在生态农业建设的推动下，恭城县实现了生态农业与环境保护以及养殖业、沼气、种植业的共同发展，实现了经济的良性循环和社会进步的目标。2010 年累计建有沼气池 6.2 万个，入户率居全国第一，每年可节柴 15.4 万 t，相当于少砍伐森林 3 573 hm^2；生猪存栏从 1990 年的 11 万头增加到 2003 年的 42 万头，出栏 29 万头；森林覆盖率从 1984 年的 47% 上升到 77.1%；水土流失得到控制；全县的水果种植总面积从 1990 年的 3 517 hm^2 增加到 2003 年的 2.27 万 hm^2，总产量 36 万 t，农民人均产水果 1 400 kg，人均有果面积、人均果产量、人均水果收入均列广西全区第一。

3.3 生态农业县建设效益、存在问题和发展方向

3.3.1 建设效益

在 20 世纪末 21 世纪初，全国两批 100 多个生态农业建设试点县通过几年的实践，都取得了明显的生态、经济与社会效益和一系列经验，并发挥了较好的示范作用，带动了全国农村的生态农业建设。

（1）改善了生态环境。水土流失和土地荒漠化，以前是第一批 51 个试点县最为突出的生态环境问题，经过 5 年的保护、恢复和建设，都已得到有效控制，试点期间水土流失治理率达到 73.4%，土地荒漠化治理率达到 60.5%，森林覆盖率由 1993 年的 26.85% 提高到 1998 年的 30.86%，5 年内提高了 4.01%。土壤沙化和水土流失分别比试点前减少了 30.2% 和 34.5%。秸秆还田率由 1993 年的 36.12% 提高到 1998 年的 51.23%，增加了 15%，土壤有机质普遍有所提高。省柴节煤灶入户比重由 1993 年的 60.54% 提高到 1998 年的 81.13%，节省了大量柴草，有效地保护了农村植被覆盖。废气净化率、废水处理率和固体废弃物综合利用率，分别由 1993 年的 36.55%、35.53% 和 49.89% 提高到 1998 年的 50.16%、49.17% 和 64.76%。由于生态环境的改善，也进一步增强了抗御自然灾害的能力。第二批 50 个国家级生态农业试点县建设也取得了显著成绩。据报道，退化土地治理达标率达到 60.02%，大中型养殖场粪便处理利用率、工业废水达标处理率和城镇污水处理率分别达到 80.8%、85.3% 和 66.6%，氮肥和农药使用量逐年下降，分别下降了 3.2% 和 7.0%，从而有效地控制了农业面源污染扩展趋势。

（2）促进了经济发展。生态农业建设，使资源优势和潜力得到较好的发挥，促使农村生态结构和产业结构更趋合理，因此，必然会产生较高的经济效益。各县的农业和国民经济有较快的增长，扣除物价因素，实施生态农业建设前的 1990—1993 年间，第一批 51 个试点县的国内生产总值、农业生产总值和农民纯收入年均增长率分别为 3.7%、2.7% 和 3.5%，分别高于全国同期水平的 3.2%、1.1% 和 1.4%；而实施生态农业建设的 1994—1997 年间年均增长率分别达 8.4%、7.2% 和 6.8%，比实施前 3 年平均增长速度高 4.7%、4.5% 和 3.3%，比全国同期平均水平高 2.2%、0.6% 和 1.5%。第二批试点县于 2005 年进行了验收总结，也都获得了良好的经济效益。

（3）推动了社会进步。通过建设生态农业的实践，公众的生态意识普遍增强。生态农业建设的实施，使大批农村劳动力从农田种植业中转移出来，向农业的深度和广度拓展，进一步拓宽了农、林、牧、副、渔各业的生产领域，既创造了新的社会财富，也缓解了社会就业压力（张文庆，

2000）。

（4）取得了一系列成功经验。主要经验有：重视运用20世纪80年代的农业区划成果，从本县和县内农村各生态经济区的实际出发，制定生态农业分区建设规划；将农村生态环境的恢复与保护作为生态农业建设的前提；对农业生态工程模式与技术进行了大量试验、研究、引进、筛选和配置工作，因地制宜地创造出了各具特色的可持续发展的生态农业模式与技术；将生态农业建设规划提交县人大批准，纳入当地经济社会发展总体规划，使之具有法律效力；由县政府统一领导，实现多部门合作；由县政府引导，多方招商和集资，以市场、产业和公司拉动建设；重视专家的作用，加强科研和科技成果的引进推广，加强科普宣传和科技培训。

3.3.2 当前存在问题

目前，我国生态农业研究和生态农业建设还处于初级阶段，生态农业建设覆盖面只有10%左右，在整个农业产值中所占比重还不大，生态农业大多还一直在低技术、低效益、小规模、小循环的传统生态农业层次上徘徊，还存在不少问题，诸如：重生产，轻市场；重生产功能，轻生态功能；重产量，轻质量，缺乏共同的产品质量标准；重产业内部结构的调整，轻部门之间的产业耦合；重行政管理，轻市场激励与调节；重模式，轻技术；重生产实践，轻理论研究等（李文华，2003）。当前主要问题有以下几方面。

（1）生态农业规模，以小型农户“生态家园”为主，虽然正在从自给自足的小农向社会化小农转变，但生产规模仍带有明显的小农经济的特点，资源利用率虽高，环境效应虽好，但生产力不高，难以满足社会和市场不断增长的需求。

（2）目前，多数生态农业生产方式以人力为主，机械化水平不高，因而劳动生产率不高，在当前农村富余劳动力大量向城镇和第二、第三产业转移的形势下，这类依靠劳动力密集投入的生态农业势必走向萎缩。

（3）小型生态农业的社会化程度普遍较低，农产品加工业发展滞后，农村的资金、劳动力、技术等要素市场和农产品市场的建设严重滞后，农业生产产、供、销一体化以及金融、信息、技术、农机等服务的社会化水平亟待提高。

（4）有些生态农业建设试点县缺乏长远规划，在经过四五年试点建设后，浅尝辄止，没有后续的向现代化生态农业发展的长远规划与措施，政府的政策、人才、科技和财政支持乏力。

（5）有些地方的政府对生态农业建设试点成功的经验不够重视，推广乏力，对建设试点中出现的问题跟进研究解决也不够。

（6）生态农业的理论研究与理论指导和技术创新对生态农业建设的实践的支持与推动乏力。

以上不足，也是近年来在市场经济大潮中，在我国经济转型和高速发展中，部分地区特别是经济发达地区，刚刚发展起来的生态农业出现萎缩倒退和全国生态农业发展与提高不快的原因。我国现代生态农业今后的发展任重道远。

3.3.3 今后发展方向

实践已经证明，中国农业现代化的方向，是坚持发展中国式现代生态农业，而不是重走西方石油农业的老路。西方发达国家也正在进行多种生态可持续的高效替代农业的探索。

今后对我国生态农业要着重加强以下几方面的研究：农业生态工程模式进一步多样化、规范化，研究设计出不同地区、不同产业、不同规模的工程模式；农业生态技术体系进一步完善和标准化，特别是将现代农业技术包括育种、农机、农化、信息等技术与我国传统农业中的生态技术相结合，形成高效生态农业技术体系，不断用技术创新成果助推生态农业建设；生态农业理论研究是中

国式现代生态农业得以健康持续发展的保证，也有待加强，包括对各类农村生态工程结构与功能的研究，生态农业生物链与产业链的研究，循环农业的研究，生态农业中生物多样性的研究，以及生态农业作为生态产业具有的纵向循环再生、横向协同共生、区域适应自生、市场开拓竞生的自我调节机制的研究和中心调控与非中心调控相结合的调控机制的研究等。

土地是“三农”的根本。当前我国农村中正在进行的多种形式的土地流转和规模经营，是发展现代生态农业的必由之路，也是农村改革的基本方向。伴随着土地流转的实施和市场经济的发展，生态农业将不断提高自身的社会化、产业化、规模化、市场化水平。在土地流转实践中，要激发民众因地制宜建设现代生态农业的积极性，鼓励创新生态农业模式与技术以及经营体制机制。同时，要注意防止一些工商资本到农村介入土地流转后搞非农建设、毁坏耕地和粮食生产能力、污染环境等。

政府对生态农业建设及其社会化、产业化、规模化、市场化的政策激励机制，以及金融、技术、物质等服务保障体系也有待进一步完善，推广力度有待加强。

4 山区农村小流域生态建设和高效生态工程典型经验

山区的每一个小流域，都是一个由许多山坡、沟谷、林地、水体（塘、库、水窖等）、农田、村寨、小城镇等构成的相对独立的复合集水区，每个小流域的面积一般有十几、几十到上百平方千米，有几个、十几个到几十个自然村寨，都有一条季节性的小溪或常流水的小河贯穿其中。同一个小流域，不但在自然生态环境上是一个整体，而且经济、社会、人文的联系也很密切。每个小流域都是一个有各自特点的自然—经济—社会复合生态系统。每个山区县都有几十个或上百个小流域，生态农业县的建设要落实到每一个小流域。退耕还林和区域防护林建设也与小流域生态建设同步和重叠。

小流域的类型很多，因各自的地理位置、地形、地势、小流域形状、地质、土壤、气候、植被类型、社会与经济现状、生态环境现状等特点而不同，全国各地山区都有各自特殊类型的小流域。在青藏高原小流域、黄土高原小流域、云贵高原小流域、东北黑土漫岗区与丘陵区和低山区小流域、华北中原山地与丘陵区小流域、江南与华南山区与山丘区和丘岗区小流域等几大类之下，又可进一步分级划分出更多类型。小流域的系统分类，是因地制宜开发小流域的重要依据。到目前为止，对小流域的系统分类还研究得很不够。

小流域综合治理开发，是指以小流域为单元，以修复生态环境和发展农村经济与社会为目标，以土地资源综合、高效、可持续利用为基本原则，在小流域范围内实施水土保持林草措施、工程措施及农业技术措施，形成对水土流失及自然灾害的综合防治体系，并将小流域的农、林、牧生产引向产业化、市场化的系统生态工程。

以小流域为单元进行山区水土流失综合治理和发展农村经济，是我国近几十年来探索出的一个成功的、重要的经验。我国的小流域综合治理开发，主要经过了几个相互重叠的发展阶段：萌芽与探索阶段（1950—1979 年），全面试点阶段（1980—1990 年），大规模治理阶段（1987—1998 年）和防治与经济开发相结合阶段（1995 年至今）。我国在小流域水土保持工作的早期，突出了保持水土，但对经济与社会发展重视不够。近年来，按照水土流失治理与自然资源综合开发相结合的方针，在小流域治理开发中已建成了多种类型生态、经济、社会效益同步提高和可持续发展的小流域复合生态经济系统。

我国南北各地山区的自然、经济和社会条件差异较大，小流域综合治理开发的途径和具体措施，既有类似之处，也有明显差异。以下各节将借助一些典型，分别阐述全国各类地区小流域综合治理开发的做法和经验，重点放在黄土高原区、西南和南方岩溶山区和南方红壤山地丘陵区。

4.1 黄土高原小流域生态建设和高效生态工程典型经验

4.1.1 黄土高原小流域主要类型

黄土高原的小流域有多种类型，按照地形、地貌、水文特性和植被类型等自然条件特点和社会经济特点，大体上可分为以下 3 类。

(1) 中山丘陵为主体，梁、峁沟壑区小流域。以 1 000 ~ 2 000 m以上的中山为主体，丘陵（梁、峁）与沟壑并存的小流域，主要分布在山西高原的太行山区和吕梁山区，在黄土高原北部的

阴山山区、西部的贺兰山区和西南部的六盘山区也有分布。人口密度较小，土地垦复程度较低。由于山高、坡陡、坡大，积雨面积大，易造成严重的水土流失。

(2) 低山丘陵为主体，梁、峁沟壑区小流域。海拔1 000 m左右，以低山丘陵（梁、峁）沟壑为主体的小流域，主要分布在黄土高原的中南部，人口密度大，土地垦复程度高。水土流失严重，是黄土高原的重要农业区。

(3) 塬地为主体，梁、峁、沟壑并存的小流域。塬地海拔1 000 m左右，塬面宽阔平坦，塬边发育为梁、峁、沟壑。人口密度大，土地垦复程度高。水土流失严重，是黄土高原的重要农业区。

4.1.2 黄土高原小流域生态建设和高效生态工程典型经验

黄土高原农村是我国生态环境问题最突出的地区之一。近30年来，经过大力治理，生态环境虽然已有明显好转，但形势依然严峻（参阅本书2.5.3节），需要通过继续加强生态建设去逐步解决。生态建设要从小流域治理抓起。

以下简单介绍并分析几个黄土高原小流域生态建设工程的典型经验。

(1) 黄土高原小流域径流水土资源循环利用和综合治理的多种生态工程模式。

①径流水土资源和其他资源循环利用模式。

• 小流域径流泥沙资源循环利用模式。a. 黄土高原坡面：缓坡修水平梯田，陡坡修水平沟、鱼鳞坑，种植乔灌草，使对下游有害的径流、泥沙、养分被拦蓄回归再用作作物和植物的水分和营养，实现循环利用。这类模式在黄土高原治理的流域中随处可见。b. 黄土高原沟道：从上到下修筑谷坊、小型淤地坝、中型淤地坝、骨干坝等沟道坝系工程，使坡面以及沟道产生的径流、泥沙、养分在沟道坝系中得到全面拦蓄再利用。这类模式主要存在于形成坝系的黄土高原小流域中。

• 小流域径流水资源利用模式。a. 沟道水资源的循环利用：在沟道坝系中配套必要的蓄水池、塘坝、排洪渠、灌区等设施，使水资源能够在时间上和空间上得到调节和循环利用，把洪水变为可以利用的水资源。这类模式在目前还不多，如陕西省绥德县的韭园沟。b. 坡面集雨灌溉循环利用：在山上修筑集雨场，随地打水窖，沿路开口，水窖和沉沙池相结合，沉渣蓄清，规模密集布局，实现洪水资源在坡面上就地利用，如陕西省绥德县辛店沟小流域。c. 坡面水工程循环利用：提灌工程利用沟道中的蓄水池和塘坝中的水，上提到山上制高点兴建的蓄水池内，再利用输水管送水进梯田，在作物和植物最需要水时得到灌溉，是变山下水为山上用的循环模式，如甘肃省天水市麦积区利用此模式建设山坡灌溉葡萄园。

• 其他资源循环利用模式。包括秸秆还田、畜牧粪便无害化处理、农林草复合立体经营、封山育林—人工种草—舍饲养殖、大棚—养殖—沼气—果树等，都是资源循环利用的良好模式，可使废弃物资源化，并净化环境。

②小流域综合治理生态工程模式。

• 以淤地坝坝系为主的生态工程模式。在相对稳定的坝地，一般情况下都是旱涝保收的基本农田，粮食产量一般为5 000 kg/hm^2，是坡耕地产量的4～6倍。所以有建坝资源的小流域要尽可能建设成相对稳定的坝系，如陕西省绥德县的韭园沟、山西省汾西县康和沟等小流域。

• 以山坡地梯田工程为主的生态工程模式。梯田是基本农田，其粮食产量一般为2 500 kg/hm^2，是坡耕地产量的2～3倍，所以建设梯田既是最重要的水土保持措施，也是发展当地高效农业的基础，如陕西省米脂县的高西沟、甘肃省定西县官兴岔等小流域。

• 以经济林为主的生态工程模式。有些水土流失区适宜于经济树种生长，宜在搞好水土保持的前提下发展经济林。如在陕北和晋西北的黄河沿岸百公里地区适宜发展红枣，在渭北高原和黄土高原沟壑区部分地区非常适宜于发展苹果等。这类典型小流域，有山西省兴县马家山以红枣为特色的小流域，陕西省洛川县好音沟以苹果为特色的小流域，山西省芮城县中瑶以花椒为特色的小流域，甘肃省崇信县刘家沟以梨为特色的小流域等。

• 以防洪安全为主的生态工程模式。适用于有山洪危害的小流域。如山西省介休市义棠小流域，从1998—2003年经5年治理，2003年汛期暴雨强度远远超过1998年，但流域内未发生任何洪灾；同时人均纯收入由1998年的717元提高到2004年的1 447元，实现了生态效益与经济社会效益同步增长。

• 以水地建设为主的生态工程模式。在坡面上建设旱井、涝池等，以及在沟道中建坝的同时，考虑建设小水库或塘坝，将“天上水”和“地下水”合二为一，将干旱地区的旱地改为水田，粮食产量成倍增长，经济效益明显提高。这类小流域，如内蒙古自治区鄂尔多斯市东胜区的艾来色太小流域，经过治理人均水地达到0.17 hm^2；宁夏回族自治区中卫县的党家水小流域人均水地达到0.24 hm^2。

• 以封禁治理舍饲养畜为主的生态工程模式。传统的放牧是诱发水土流失区的根本原因之一，必须采取禁牧休牧、改良天然牧草、种植优良牧草和建设标准棚舍，推广舍饲技术、发展舍饲养殖等措施，才能控制水土流失。例如，陕西省安塞县杨家畔小流域退耕还林还草，将传统以放牧为主的养殖方式改为舍饲养殖，进行肉役两用秦川牛改良试验，充分利用作物秸秆，同时加强水源涵养林、天然次生林的封育，实现了林、牧同步发展；内蒙古自治区鄂尔多斯市、陕西省安塞县、吴旗县也有不少这样的小流域。

• 以高效设施型农牧业为主的生态工程模式。在开展小流域综合治理同时，可以采用温室大棚、节水灌溉、小水电代燃料、沼气池等设施与技术，将生活垃圾、秸秆及人畜粪便废弃物深层利用、循环再生，为农村提供饲料、燃料、肥料。例如，陕西省延安市宝塔区燕沟小流域建立了高效农、副型生态农业模式，新建日光温室大棚15座，新修高标准梯田2.67 hm^2，完成河道潜流截渗，引水上山，大棚蔬菜实施滴灌工程，达到当年投资当年受益；陕西省安塞县史川小流域农民武志尚在种植大棚菜的同时，进行大棚养猪，并建立沼气池，第二年就实现了人均纯收入7 000元。

• 以生态旅游为主的生态工程模式。在有生态旅游、民俗旅游、休闲度假等旅游资源的地区，发展生态旅游和民俗旅游，并通过这种旅游业来发展传统产业和保护传统文化。例如，结合水土保持治理采用该模式的小流域，有陕西省的淳化县王家沟、陕西省绥德县三十里铺，还有被水利部命名为“国家水利风景区”的甘肃省泾川县田家沟小流域等（党维勤，2007）。

（2）王东沟小流域生态建设工程。王东沟小流域生态建设工程试验区位于黄土高原中南部的陕西省长武县，处于我国重要的旱作农业区、陕西省粮食主产区内，也是高原沟壑区的典型代表。土地总面积8.3 km^2。包括7个自然村，人口密度高，2000年为300人/km^2。属暖温带半湿润大陆性季风气候，年均气温9.1℃，年均降水量587.6 mm，多集中在7—9月。地下水深埋60 m，无灌溉条件，是典型的旱作农业区。

土壤为黏黑垆土，母质是深厚的马兰黄土，农业土地有塬面、梁峁坡及沟谷3种地貌类型，面积分别占35.0%、35.6%和29.4%。塬面海拔1 215 ~ 1 226 m，历来以种植业为主，已建成林网方田。梁峁坡地均已实现梯田化，既适宜农作物种植，也适合果树栽培。沟谷地因坡陡沟深，土质疏松，水土流失严重，自然条件恶劣。

经过多年（1987—2005年）的生态建设，小流域内生态环境发生了很大变化，农村产业结构也发生了很大变化。林草覆盖率上升到45%，其中，塬坡、梁坡、沟坡乔灌草地盖度都在70%以上。土壤侵蚀模数由1 860 t/（km^2·年）降至800 t/（km^2·年）以下，林草覆盖率由18%上升到45%。果园面积已达123 hm^2，总产量稳定在1 500 t以上。农民人均收入由230元增至2 595元。

生态建设的主要做法和经验有：

①实施多种小流域水土保持工程措施。塬面平整土地，方田林网化；完善坡地防护林网；沟谷

种树造林；完善塬边、塬畔水平梯田和地边埂；针对侵蚀的主通道—沟谷道路侵蚀，建立村庄道路防护体系，沟坡道路采用拱形路面防蚀，并上拦、下护、分流、路蓄（分段拦蓄路面径流，就地入渗）；边坡栽植灌木、草等植被加以防护；缓坡修梯田，28°以下的梁坡或塬坡修窄埝。

②提高农田和果园的生态经济效益。建设塬面高产农田并建成塬面农田防护林体系；建设沟坡生态果园，形成沟坡经济林体系。林草覆盖率中，农田防护林占5%，经济林占15%，生态林占20%，草地占5%，林草配置合理。经济林以苹果为主，苹果面积达123 hm^2，占经济林面积的90%，其次还有梨、枣、柿、山楂、葡萄、桃、核桃等。果园采用杂草＋秸秆、生草覆盖和地膜覆盖，起到显著的保墒作用，抗旱性增强。

③提高防护林的水土保持和经济效益。沟坡防护林，在阴坡、阳坡、沟底窄平台不同生态环境的刺槐林下配置人工经济植物群落，通过对耐阴植物和阴生植物进行筛选，确定栽植经济植物盾叶薯蓣和黄花菜。盾叶薯蓣在刺槐林下生长，对刺槐的生长无不良影响。黄花菜具有很强的土壤、水分、光照和温度适应性。林下配置黄花菜不仅可增加林草覆盖率，有效地防止水土流失，而且能显著提高防护林地的经济效益。

④探索到黄土高原沟壑区农村产业结构优化模式。由历史上以粮食种植业为主的一元结构发展到现在的粮、果、工副三元产业结构，种植业占农村经济的总产值由过去的80%下降至不足20%，果业收入占30%左右，工副业占50%左右，已有20%的农民专门从事果业生产与销售，有25%的农民离开土地从事第三产业，农村产业结构发生了巨大变化（郝明德，2002）。

（3）韩家湾小流域生态建设工程。黄河水土保持生态工程耤河示范区位于甘肃省天水市，是黄河水利委员会于1998年批复立项的第一个大型水土保持生态建设示范区。韩家湾小流域是耤河示范区8条高效治理开发示范小流域之一，流域面积15.51 km^2，具有典型的黄土丘陵地貌，地形破碎，沟壑密度3.54 km/km^2。土壤以黄绵土、黑垆土为主，土层较厚，适种性较广，但土壤结构不良，肥力低。治理建设前，流域内植被稀少，林草覆盖率仅为13.6%；农、林、牧用地比例严重失调，人多耕地少，生产条件差，以种粮为主，生产结构单一；流域内水土流失严重，水土流失面积13.7 km^2，占流域总面积的88.5%，多年平均年侵蚀模数达5 172 t/km^2；严重的水土流失导致生态环境恶化，水土资源不能有效利用，农业生产后劲不足，经济发展滞后，群众生活困难。

按照“沟坡兼治、对位配置、依靠科技、深度开发、全面实现耕地梯田化、荒山荒坡林草化、径流拦蓄利用化、田间道路网络化、地埂利用生态化、农田种植高效化、产业基地规模化”的治理思路，1998—2004年，对韩家湾小流域进行了水土保持综合治理，7年内共完成综合治理面积893.42 hm^2，其中，梯田413.94 hm^2，水保林36.81 hm^2，果园226.87 hm^2，经济林80 hm^2，种草135.8 hm^2（大地埂开发种草40 hm^2，退耕种草95.8 hm^2）；新修道路26 km，配置行道树2.3万株；建成集雨节灌工程体系和治沟骨干工程体系。治理期末流域治理程度达90.2%，已初步建成了水土保持综合防治体系、温饱工程体系、产业开发体系、径流拦蓄利用体系、科技推广应用体系，全面实现了建设目标，流域内社会、经济逐步走上了可持续发展之路。林草覆盖率达到44.5%，减沙效益为91.8%，保水效益为46.9%，土地生产力水平显著提高；农、林、牧、副各业产值占总产值的比例由治理前的60.3%、5.8%、9.9%和24.0%，调整为43.2%、18.9%、11.9%和26.0%，逐步形成了以农业为基础、林果业为主体、农林牧副各业协调发展的小流域生态经济系统。粮食单产由治理前的1 564.94 kg/hm^2，提高到2 687.02 kg/hm^2，粮食总产由治理前的1 355.07 t增加到1 713.97 t，人均年产粮由治理前的286.12 kg提高到337 kg，人均年纯收入由治理前的1 432元提高到1 811元。实施了人畜饮水解困工程，解决了4村人畜的饮水问题。

生态建设的主要做法和经验有：

①防治水土流失，改善生产和生活条件。根据流域自然状况和水土流失特点，按照梁峁顶、梁

峁坡、沟坡、沟道等地形地貌依次布设相应的防治措施。

在梁峁和坡面上，依照“因地制宜、因害设防、加强管理、注重效益”的原则，建设以水平梯田、经济林果为主的综合防治体系，以雨水集蓄与利用为主的水资源高效利用体系和以地埂、田埂牧草种植为主的埂坎利用防治体系。从梁峁到沟口、从坡面到沟道，进行全方位、多功能、系统化水土保持综合防治体系建设，致力于农业生产和生活条件的改善。在梁峁顶，建成了以富士苹果为主的经果林带，面积为 190.87 hm^2，还建设了防风林带 15.8 hm^2；在坡面土层较厚的区域，建设高标准水平梯田 413.94 hm^2；在坡面的中下部，建设薄皮核桃园 36 hm^2；配套修建主干公路 4 条总长 26 km，及通往农田、果园的田间道路 11 条 31 km。形成了果、林、田、路配套的局面。

在主沟道建设治沟骨干工程 1 座、淤地坝 1 座，在支沟修建谷坊 456 道，在沟头、沟底及沟道两侧采用生物措施，营造防冲林，修建沟头防护工程 104 处，有效地控制了沟岸扩张和沟头前进。

②实施集雨节灌工程，有效调控利用径流水资源。在治理开发中，立足于径流调控的开发和利用，把截流与分流相结合、疏导与聚集相结合、治理与开发利用相结合，建成了径流调控开发利用体系，有效地开发利用了水土资源，促进了小流域经济发展。

采取工程措施，实施了坡改梯建设和水平台、方格网、燕尾式鱼鳞坑整地等工程，对地表径流进行拦蓄利用，减少了水资源的浪费。

疏导工程和聚集工程相结合，进行水资源利用的季节性调整。实施集雨节灌工程，硬化集雨场 4 000 m^2，建水窖 899 口，引水渠道 7.2 km，扩大灌溉面积 134 hm^2。形成了以集雨场、水窖及蓄水池和引水渠道三位一体的聚集系统，把交通道路、打麦场、庭院场地的地表径流引进水窖和蓄水池，实现了水资源的常年利用。

通过节灌技术实现了水资源利用效率的最大化。为有效保障农业生产用水，提高土地产出效益，利用管灌、喷灌、滴灌相结合的办法，实现节水灌溉农田 30 hm^2、果园 51 hm^2，提高了水资源利用效率。

③发展支柱产业，优化农村经济结构。降低粮食作物用地比例，加大了林果业和生态林用地比例，土地利用结构和农业生产结构趋于合理。发展支柱产业，建成千亩核桃基地、百亩欧美大樱桃基地和地埂黄花示范基地，实行果园间作种草发展养殖业，种植黄花发展地埂经济。

④以科技为先导，提高治理开发水平。坚持以科技为先导，不断提高治理开发水平，将新技术的试验、应用、示范和推广贯穿于流域开发治理的全过程。在新技术应用方面，大力推广梯田优化设计技术、集雨节灌技术、径流调控利用技术、保土耕作技术、抗旱造林新技术、旱地果园早产丰产技术及使用保水剂、生根粉、根宝等植树造林高新科技成果，提高了造林成活率及保存率。引进栽培新疆薄皮核桃、美国大樱桃等优良品种，取得成功后迅速在其他流域大面积推广，已建成罗峪沟万亩大樱桃园和放牛沟千亩薄皮核桃园，示范推广作用显著（张雅菲，2008）。

（4）五花城小流域生态建设工程。五花城小流域处于山西省西北边陲的河曲县，是黄土丘陵沟壑区，总面积 6.88 km^2，治理度已达 84.7%。其具体治理模式是：布设 3 道防护体系，形成 5 个开发小区。

① 3 道防护体系。

以梯田就地拦蓄和果、粮为主的梁、峁综合防护体系：流域内共有 4 道大梁，地形较缓，建设大面积连台式水平梯田 168.72 hm^2。梯田实行果、粮一体的耕作制，既栽果树又混作各种豆类作物。作物高低相间，在空间和地下根系上形成立体生长结构。该区域梯田田面平整，集中连片，降水基本不产生径流，能起到就地拦蓄作用。

以水平沟截流拦蓄为主的坡面生物防护体系：从沟缘至沟底坡面，是地表径流的主要产区。25°以上的陡坡以营造灌木为主，营造面积 55 hm^2；25°以下的缓坡，营造乔木林 215.13 hm^2，并在

水平沟间隔的坡面种苜蓿 58.67 hm^2，这样就形成了一个密集的拦蓄网络。依靠水平沟整地措施截短坡长、减缓坡度、截流拦蓄，控制沟头延伸和坡面冲刷，既可提高近期拦蓄效益，又可为养殖提供饲草。

以库、坝、塘径流拦蓄为主的沟道工程防护体系：针对流域内降雨集中、坡面较陡、汇流较快的自然特点，为了变害为利，在沟道内布设了小（二）型水库 1 座、淤地坝、鱼塘、较大谷坊 11 座。这些工程体系的拦蓄能力，除谷坊外均可抗御百年一遇的洪水，在近期能够全拦全蓄，每年可以减少入黄泥沙 3.5 万 m^3。

② 5 个开发小区。

干鲜水果经济林开发区：在新修的梯田和一部分条件较好的坝地内，发展经济林 218.3 hm^2。

小型灌溉农业开发区：在低缓的扇形地、坝滩地开发利用水资源，配套水利设施，扩大水浇地面积，充分发挥水利效益和集约经营效益，集中解决粮食问题。

畜牧业开发区：随着地面草、灌、乔生物资源的增长，畜牧业饲草短缺的矛盾将会逐步缓解，可以逐步发展养羊、养牛、养兔、养猪等，同时可为农田和水产提供较多的有机质肥源。

水产养殖开发区：流域内有效养殖水面达 20 hm^2，可以养鱼、养鸭等。

种苗开发区：流域内育苗 2.67 hm^2，既保证了自身每年补栽、补植的需求，又可对外销售。

③ 根据黄土丘陵沟壑区的自然条件，扬长避短，发挥优势，建立科学的梯级连环环境治理与经济开发相结合的系统，是本治理开发模式的特点。在流域内自上而下按照食物链的关系，分别配置了木本、草本植物，陆生、水生动物和微生物组成的生物群落，与流域环境构成了一个多层次的农业生态系统。

在较缓的梁峁修梯田，栽果树，混作豆科作物；在较陡的坡面，以林为主，草、灌、乔混交，高、中、矮搭配，发展畜牧；在沟底滩坝地种菜、育苗、建猪圈；在库、塘水面养鸭，水体养鱼，形成一环扣一环的梯级组合。

在这一系统的上部，果树生产的物质，除果产品外，剩余的残枝落叶可以肥田，混作低秆豆类作物又可为土壤提供较多的根瘤菌有机氮肥。随着土壤有机质的增加，反过来又可促进果树生长和果品增产，植物与土壤构成了一个良性的小循环。

系统中部坡面的草、木本植物与草食动物互相提供养分，又构成一个中部的良性小循环。

在系统的下部，以水养鱼、种菜，以菜养鸭、养猪羊，畜禽粪便又可作鱼的饵料，也构成一个水陆生物良性小循环。

3 个层次的小循环，构成一个梯级连环开发系统，是适合黄土丘陵沟壑区特点的生态农业模式（孙博源，2000）。

（5）定西县九华沟小流域集雨节灌旱作生态农业建设工程。九华沟小流域位于甘肃省定西县北部，属于典型的黄土高原丘陵沟壑区。海拔 1 990 ~ 2 271 m。流域总面积 83km^2。小流域内自然坡度 <5°、5° ~ 15°、15° ~ 25°和 >25°的土地面积分别占流域土地总面积的 6.8%、57.8%、26.8% 和 8.6%。全流域沟壑密度为 2.7 km/km^2。阳坡陡峭，开垦指数 0.3 左右；阴坡较缓，开垦指数接近 0.6，为流域的主要农作区。地形切割十分严重，梁、峁、沟谷分明，坡陡沟深。流域内农耕地占 38.9%，林业用地占 18.6%，人工草地占 5.3%，荒山、荒坡占 23.1%，其他用地占 14.1%。土壤以黄绵土和黑垆土为主，多为粉质壤土，土层深厚，土质较松，适耕性强，但持水能力差，易造成水土流失。

年平均气温 6.3℃，多年平均降水量仅 380 mm，且集中在 5—9 月，占全年降水的 78%，其中，暴雨径流占 80% 以上，雨水大部分随水土流失外泄，开发利用率低。作物需水高峰期，常常发生少雨缺水现象，作物生长常受到干旱的威胁。1997 年治理前土壤侵蚀模数高达 5 400 t/（km^2 · 年），年土壤侵蚀总量4 482万t，坡耕地每年流失总量540 t/hm^2。按照平均土壤养分含量推算，流域内每年流失土壤有机质4 303 t、全氮318 t、全磷228 t。

流域平均人口密度80人/km^2。坡耕地比重大，1997年山坡耕地占42.1%，水平梯田占48.6%，川台地占9.3%，没有水浇地，属典型的雨养农业区。粮食产量低而不稳，多年平均单产仅400～600 kg/hm^2。林业生产水平也不高，大部分林地属疏林地，乔木林中“小老树”现象突出。产业结构单一，1996年，种植业占农业总产值的比重高达57.7%，林、牧、副业所占的比重分别为4.5%、24.5%和13.3%。1996年，农民人均年纯收入仅757元。

多年来，随着人口不断增长，毁林开荒加剧，严重破坏植被，土壤侵蚀加剧，生态系统极度恶化，人民生活极端困难。1949年以来，该流域进行了一系列的生态环境治理，从20世纪60—70年代以梯田建设为主的简单环境治理，到80年代以小流域为单元的山、水、田、林、路综合治理，虽然取得了一定成就，生态环境得到一定改善，但是仍难以转变人们生活极度贫困的现状。90年代以来，在总结实践经验的基础上，九华沟流域以追求环境效益与经济效益双赢为目标，把生态环境建设与扶贫开发和社会经济发展结合起来，把各项治理措施与土地利用结构调整和产业结构优化结合起来，运用径流调控理论和技术，实施治理工程、梯田建设、项目开发相结合的综合治理开发模式，成功地组装了半干旱山区径流调控体系和径流开发利用体系，使综合治理与高效开发相互促进，水土保持与治穷致富融为一体，在保护环境的同时，发展与生态环境友好型的可持续山区农村经济，走出了一条在黄土高原干旱、半干旱贫困山区，通过水土保持综合治理实现脱贫致富的新路子。

生态建设的主要做法和经验有：

① 治理方针、中心、原则、目标和重点，确立“以土为首，土、水、林综合治理”的水土保持方针和“以治水、改土为中心，山、水、田、林、路综合治理”的农田基本建设原则，以建设具有旱涝保收、高产稳产生态经济功能的大农业复合生态经济系统为目标，以恢复生态系统的良性循环为重点，注重将工程措施和生物措施相结合。

综合治理与建设重点包括两方面内容：

建设水土保持综合防御体系：以充分利用有限的降水资源为目标，建设包括梯田工程、径流集聚工程、小型拦蓄工程、集雨节灌工程、道网工程在内的径流调控综合利用工程，进行山、水、田、林、路综合治理，达到对自然降水的聚集、储存及高效利用。

建设高效农业综合开发体系：以优化土地利用结构，推动社会经济协调发展为目标，结合坡耕地退耕还林还草，积极发展畜牧业，调整畜牧养殖结构，大力发展牛、羊等草食性畜牧业；调整种植结构，大力发展马铃薯、中药材、林果等区域特色产业，扩大高附加值经济作物种植面积；推行农业产业化经营，发展农、畜、林、果产品加工业，提高农业附加值；大力推广设施农业、地膜、节水灌溉等实用农业技术，以科技促进农业的新发展。

② 形成水土保持综合防御体系。以径流调控综合利用体系为主的工程措施、植物措施及耕作技术优化组合、合理配置的治理调控方法，形成了以工程养植物、以植物保工程、以生态保经济、以经济促生态，多功能、多目标、高效益的水土保持综合防御体系。

径流调控综合利用工程分为聚集、储存和利用3个系统：

径流聚集工程是径流调控体系的核心，它是按照坡面径流的形成、汇集与发展规律，以道路为骨架，以生产用地为主体，由上到下，层层聚集，对位配置，形成一个衔接严密、相互协调、经济实用的有机整体。

径流储存系统由水窖、蓄水池、涝池和小水库等组成，由于水窖投资少，容易修建，成为最主要的方式。

径流利用系统主要是通过小型蓄排工程和滴灌、渗灌、喷灌及小沟暗灌等节灌技术为农、林、牧业服务。采取治坡与治沟结合，工程措施与植物措施对位配置，将导致水土流失的主导因子即降雨径流，通过径流调控体系和径流开发利用体系变为有效水资源，变害为利，实现水土资源的科学合理利用，为发展高效的农林牧业构筑平台。

植物措施主要采取：

“山顶戴帽子”，即在流域上部梁、峁顶以种植水保林、造林种草为主，构成防治体系的第一道防线。

“山腰系带子”，即流域腰部地带主要通过荒坡修反坡台、陡坡挖鱼鳞坑等方式退耕还林草，缓坡以修梯田等方式加强基本农田建设，尽量就地拦蓄接纳降水，形成第二道防线。

“沟底穿靴子”，即在沟底打淤地坝，合理布设水窖、谷坊、涝池等小型拦蓄工程，有利于保水、保土、保肥。

同时，在村庄、房屋、道路两旁种植树木，鼓励发展庭院经济，栽培经济作物，饲养牲畜，建设沼气池等，构成防治体系最后一道防线。

通过上述措施的综合整治，小流域内形成了上游、中游、下游3个层次横向条带和拦坝、挡墙的纵向网状防治体系，各项措施镶嵌配套，初步形成了一个立体式综合开发利用的小流域生态经济体系。

工程措施与植物措施对位配置，以工程养植物、以植物保工程的综合治理模式的具体做法是：按照不同地貌类型和地形部位的生态条件，修建不同形式的田间集流工程，如漏斗式、膜侧式、长方形竹节式、燕尾式集流坑和道路集流坑及隔坡软埂水平阶等；适地适树，使林木所需生育条件与林地实际的生态条件相匹配；在树种选择、树种搭配上做文章，适度的林灌（柠条、沙棘、紫穗槐等）、林草、灌草配置种植。如在梁、峁顶及支毛沟采取灌、乔结合；荒坡灌、草结合；推广等高隔坡林草或灌草间种和垄沟法种草技术，取得了很好的效果；退耕坡地加大紫花苜蓿、红豆草等优良牧草种植；梯田、沟台地种粮、油作物，四旁挖植树坑发展用材林。既有效利用了水土资源，又起到高效保持水土的作用。

③ 将发展集雨节灌旱作农业与调整农业生产结构结合起来，大力发展生态经济。在发展集雨灌溉农业，形成独具特色的“梯田—水窖—科技旱作农业”的基础上，以市场为导向，以科技为动力，不断优化调整农业生产结构，形成“结构调整—市场引导—龙头带动—农业产业化”的发展模式。目前，流域内基本形成粮、经、草、畜全面发展，种、养、加、销一体化发展的格局。

④ 推广应用多种生态农业工程，提高物质循环和能量转化效率。九华沟流域在综合治理与开发实践中，一些生态农业工程模式已展露雏形。例如：

- 农、牧、林业有机结合工程。大面积的林草控制了水土流失，为种植业提供了良好的生态环境，又为畜牧业提供了草场资源。畜牧业的发展，加速了林草资源的转化，又为培肥地力提供了有机肥源，实现了以林养牧、以牧促农、全面发展的良性循环。
- 以“121集雨灌溉工程”为特色的庭院经济。即每户利用场院屋面建100 m^2 左右的集流面积，挖2口水窖，解决1户的饮水困难，发展1处庭院经济，以塑料大棚、日光温室种植蔬菜、栽培食用菌，或发展家庭养殖业。
- 以太阳能和沼气能为主的生态能源开发利用工程。例如，利用太阳能发展塑料膜育苗、大棚蔬菜瓜果、日光温室等，提高作物产量；推广“猪—沼—菜”沼气能源开发工程，以动物粪便做原料生产沼气，沼渣、沼液作有机肥料还田，提高土壤肥力，增加作物产量；沼气用作生活用能，改变过去以草根、畜粪和作物秸秆作燃料，造成农业生态环境恶化的状况。
- 推广农业立体种植（间作、轮作）、养殖技术（参阅本书6.2节）。

上述生态农业工程模式都体现了“生态上低输入，经济上可行，物质循环和能量的转化率提高，生态经济系统结构优化”的基本特点，有力地促进了流域生态经济系统的恢复和良性循环。

经过1997—2000年的综合治理开发，九华沟小流域内已初步获得明显的生态、经济和社会效益。初步效益体现在如下方面。

• 水土流失基本得到控制。全流域内综合治理面积由37.3 km^2 增加到71.6 km^2，治理程度由44.9%提高到86.3%。年均径流模数由17 000 m^3/（km^2·年）降低到1 557 m^3/（km^2·年），土壤年侵蚀模数由原来的5 460 t/km^2减少到915 t/km^2，减沙效益达83.1%，相当于增施有机肥3 264 t、全氮241 t。

• 坡耕地得到了一定程度的整治，人工重建植被初见成效。通过兴修水平梯田，流域内91%的坡耕地得到了整治，其余9%的坡耕地已退耕还林还草，流域整体上实现了耕地梯田化、荒坡绿色化；林草覆盖率由24%提高到57.1%。

• 产业结构趋于合理。农、林、牧、副产值结构由58∶4∶24∶14转变为32∶8∶31∶29，粮食总产量增长了18%，人均粮食产量由427 kg增加到654 kg。土地生产率提高了3倍。农民人均年纯收入由757元增加到1 486元（王海英等，2004）。

（6）黄土丘陵沟壑区定西市安家沟小流域治理模式。不同小流域由于自然、经济和社会条件不同，治理模式也不相同，须因地制宜、因害设防、对位配置的原则来选择治理模式。以甘肃定西市安家沟流域为例。

① 生态经济型治理模式。在立地条件较好的小流域，选择营造经济林为主、多种结构相互结合的生态经济型治理模式。该模式既具有减少水土流失等生态防护功能，又可获得较高的经济效益。具体有：

• 林农复合经营模式。此模式主要适宜于中坡位或下坡位的梯田地。在梯田坎坡面的上部，沿等高线修水平沟，在水平沟内按株距2.0 m、单行规格栽植甘蒙柽柳、柠条或紫穗槐，形成地埂薪炭林；在梯田中以轮作方式种植豌豆—小麦—马铃薯—胡麻—豌豆等农作物，使其形成农林复合经营模式。地埂薪炭林一方面用于保护地埂、拦蓄降水和减少水土流失，同时可解决当地群众的薪材问题。梯田农作物主要用于解决农民口粮问题；其次是出售农产品，特别是马铃薯，它是当地经济收入的主要来源之一；三是充分利用农副产品（如秸秆、麦麸等）发展家庭养殖业，增加农民经济收入。在上坡位（如梁峁顶）及一些坡度较大的坡耕地，地埂可采用侧柏（或山杏）—坡地牧草（紫花苜蓿、红豆草等）模式，在坡度≥25°的坡地，带宽6～8 m；当坡度较小时，带宽10～12 m。在带的下坡位沿等高线修宽1.5 m、长6.0 m、深0.2 m的集水坑，在坑内以株距3.0 m、单行规格栽植侧柏或山杏；在坡地以条播方式播种紫花苜蓿或红豆草。集水坑主要用于拦蓄坡地地表径流，侧柏（或山杏）主要用于保护地埂，坡地所种牧草主要为家庭养殖业提供饲料。

• 雨水集流庭院经济复合经营模式。通过雨水集流技术措施（建集流场、修集水窖等）对有限的天然降水进行时空调控，使其以径流形式叠加、集存保蓄起来，在解决人畜饮水的前提下，利用多余的集流水，结合节水灌溉和抗旱栽植等综合配套技术，在院内及房前屋后选择合适地块，栽植果树（苹果、花椒、梨等），修建塑料大棚和节能日光温室种植蔬菜、食用菌等，发展庭院经济。充分利用有限的天然降水，增加农民经济收入。

② 水土保持型治理模式。在立地条件较差的梁峁顶、沟谷底、坡度大于45°的坡耕地和沟谷坡，采用生物措施和工程措施相结合，以天然植被自然更新为主，辅以人工促进的方法进行综合治理，层层拦蓄天然降水，以减少水土流失为主要目的。

• 生物措施治理模式。a. 天然植被自然更新模式。在坡度大于45°的荒坡地、坡耕地以及梁峁顶地段，既不具备成林的自然条件，又无社会经济条件的支撑，属于造林条件困难区。对这类地区，要采用全封闭方式，尽量减少人、畜干扰，让天然植被自然更新。b. 人工促进天然植被自然更

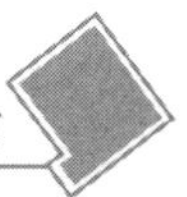

新模式。在具备成林的自然条件，社会经济条件又能支撑的坡度在25°~45°的荒坡地、沟谷坡地段，采用半封闭方法，给天然植被营造一个良好的小环境，促使天然植被自然更新，同时以小密度、鱼鳞坑整地方式栽植当地乡土树种（甘蒙柽柳、柠条、沙棘等）。c. 沟谷底水土保持林模式，在流域地势较为平缓的沟道、坡度在25°以下的沟谷坡和所建坝系周围，以大密度、穴状整地的方式栽植耐碱性、耐湿性、萌生力强的灌木及乔木，如甘蒙柽柳、杞柳、杨树等，制止侵蚀沟向纵深发展，促进泥沙淤积，固定沟坡，保护坝系安全。

- 工程措施治理模式。为了在短期内控制水土流失，制止侵蚀沟的继续扩展，尤其是为了及时解除侵蚀沟对交通线、居民点及农田的威胁，必须采取水利工程措施进行治理。主要有：a. 沟头防护治理模式。为了防止沟头扩大，可在沟头以蓄水为主修建蓄水沟、截水沟，拦蓄上坡位来不及入渗而以径流方式流失的天然降水，削弱水流对沟道的冲刷力。b. 坝系建设治理模式。在沟、谷底有利于建蓄水坝、淤地坝地势的地方建蓄水坝和淤地坝，以制止沟底下切和沟岸扩张，拦蓄洪水和泥沙等。

- 生物措施和工程措施相结合的治理模式。在造林条件较好、坡度在25°以下的荒山地、沟谷坡地段，实行生物治理措施和工程治理措施相结合，先按照水平台、小平沟和长方坑的方式进行整地，然后在其上选用耐旱性较强的侧柏、火炬树、臭椿、柠条、紫穗槐等树种营造人工水土保持林。a. 柠条水土保持林模式。按宽1.5 m、台与台间距2.0 m的方式进行水平台整地。在水平台上以1.5 m的株距单行穴播柠条，从而形成柠条纯林水土保持林。b. 柠条—侧柏水土保持林模式。按宽1.5 m、台与台间距2.0 m的方式进行水平台整地，然后按株距2.0 m、行与行之间应按“品”字形栽植和隔行混交的方式营造柠条—侧柏人工混交水土保持林，每株树周围修集水坑。

③ 集“种植—加工—养殖”为一体的综合治理模式。在小流域综合治理过程中，引进优良品种和改进栽培技术，大力发展当地的优势种植业马铃薯生产，同时对马铃薯进行加工，增加其附加值，在保障口粮自给前提下提高农户经济收入；进一步调整农业产业结构，发展畜牧业，将作物秸秆和牧草（紫花苜蓿、红豆草、高粱）等经过青贮、氨化后作为牲畜饲料，按舍饲圈养方式养殖牛、羊；同时利用马铃薯加工后的残渣、麦麸和饲料作物发展养殖业；再利用发展养殖业所产出的有机肥来促进种植业，从而形成一个集“种植—加工—养殖”为一体的良性循环的生态农业模式（柴春山，2006）。

（7）青海省西宁、互助两项目区的水土保持工程。青海省境内的黄河流域总面积有15.39万km^2，其中，轻度以上土壤侵蚀面积5.9万km^2，占38.3%，年均土壤侵蚀模数3 000~5 000 t/km^2，严重地区达8 000 t/km^2以上。西宁、互助项目区位于侵蚀区域内，近年来生态建设的主要做法是：

① 水土保持与土地利用结构调整相结合。项目区内的水土保持工程建设充分体现出了“集中治理、规模治理、综合治理、沟坡兼治”的水土流失防治特点，达到了“高起点、高标准、高质量、高效益”的目标，形成了“多层次、多功能、多效益”的水土保持综合防护体系；土地利用结构得到调整，西宁、互助两个项目区农、林、牧用地比例分别由治理前的23.3%、5.1%、6.0%和36.8%、5%、1.2%调至治理后的23.1%、35.4%、18.6%和36.8%、25.3%、12.5%；同时，围绕“沟道防护、基本农田、集雨节灌、山地林草、田间道路”五项工程建设，在西宁等15个县（市）的53条小流域中开展小流域综合治理，也取得了显著成效。

② 以治沟骨干工程为龙头，中小型淤地坝相配套，建设沟道坝系。13条小流域坝系已建成骨干坝29座、中小型淤地坝211座，修建谷坊341座、沟头防护120处，小流域坝系建设初具规模。

③ 建设大规模集雨利用工程。集雨利用工程已由建设初期解决人畜饮水问题和发展庭院经济稳步向农田节水补灌延伸，大规模集雨利用工程的建设，增强了农业发展后劲，加速了项目区的经济

稳步发展，为设施农业的发展奠定了基础。

④与实施工程措施的同时，还注意充分发挥大自然的自我修复能力。实践证明，在干旱少雨的青海省广大地区实施生态修复是切实可行的。项目区内共实施生态修复面积 73.9 km^2。通过生态的自我修复，促进了植被恢复，改善了生态环境，加快了防治水土流失的步伐。

至2006年年底，西宁、互助两项目区共完成水土流失治理面积 263.9 km^2，两项目区内年均土壤年侵蚀模数分别由治理前的 4 600 t/km^2 和 5 400 t/km^2 下降到现在的 1 109 t/km^2 和 1 752 t/km^2，保土效率分别达到 67.0% 和 66.1%，各项新增措施每年分别拦蓄地表径流 393 万 m^3 和 210 万 m^3（王海宁，2007）。

（8）王茂沟流域坝系建设及其效益。王茂沟小流域位于陕西绥德县韭园沟乡，是黄河中游黄土丘陵区第一副区具有典型代表性的一条小流域，流域面积 5.97 km^2，是无定河左岸的一条二级支沟。1995 年，小流域内有人口 823 人，人口密度 138 人/km^2，年人均收入 840 元。小流域内地形破碎、坡陡沟深、地貌复杂，地形以梁峁为主，属典型的黄土丘陵沟壑地貌。境内海拔 940 ~ 1 188 m，平均宽度 1.16 km，主沟长 3.75 km，沟床比降 2.7%，沟谷面积 2.97 km^2，沟壑密度 4.3 km/km^2。其中，沟间地占 58.4%，沟谷地占 41.6%。地面坡度 0° ~ 15° 占 8.6%，16° ~ 25° 占 20.1%，26° ~35° 占 40.9%，大于 35° 的占 30.4%。该小流域地表覆盖物，上部为马兰黄土，厚 5 ~ 20 m，抗蚀能力差，下部为离石黄土，再下部为基岩。流域内面积大于 0.1 km^2 的沟道 22 条，地面坡度一般在 20° 以上，地表多被质地匀细、组织疏松的黄绵土覆盖，厚度 15 ~ 20 cm，其下为红土，再下为基岩。该小流域多年平均降水量 513.1 mm，降水年内分配极不均匀，汛期（6—9 月）降水量占全年降水量的 73%。治理前水土流失十分严重，以水力侵蚀为主，重力侵蚀也很活跃，一次暴雨产沙量往往可占全年总产沙量的 60% 以上，土壤年侵蚀模数 18 000 t/km^2，其中，最大年侵蚀模数为 1969 年的 67 121 t/km^2。

为探求黄土丘陵区水土流失治理方向和途径，黄河水利委员会绥德水保站于 1953 年选择该小流域，按照“快速控制水土流失，使本流域的水沙尽量做到流而不失，变害为利，服务于生产”的指导思想，开展了淤地坝建设。其后又经过改建、扩建、调整、完善等阶段，到 1992 年已经形成了完整的坝系，在群众的生产生活中发挥了巨大作用。截至 1992 年年底，共修水平梯田 112.5 hm^2，造林 196.8 hm^2，种草 40.9 hm^2，打坝淤地 33 hm^2，筑沟台地 4.65 hm^2，治理总面积 386.4 hm^2，治理度为 64.7%。

① 坝系工程建设。该小流域坝系建设经过初建、改建、调整 3 个阶段。1953—1963 年，依据“小多成群，小型为主，上种下蓄，计划淤排”的布设原则，共建淤地坝 42 座，初步形成了坝系，但经 1961 年洪水漫顶坝数 22 座，1963 年又冲毁淤地坝 10 座，坝系遭到严重破坏。1964—1979 年改建坝系，采用“轮蓄轮种”的方法，生产坝改用 10 年一遇暴雨洪水设计，拦洪坝改用 20 年一遇暴雨洪水设计，改建后经 1977 年暴雨洪水损坏坝 29 座，占总坝数的 64.4%，其中，垮坝 9 座，占总坝数的 20%。1979 年以后调整坝系，生产坝按 20 年一遇暴雨洪水加 3 年淤积量加高、加固；骨干坝采用 50 年一遇暴雨洪水设计，以一次洪水总量加 5 年淤积量作为防洪库容，并修建输水洞，依据“骨干控制，小坝合并，大小结合”的原则，将坝库调整为 45 座，其中，淤地坝 40 座，骨干坝 5 座。坝高大于 20 m 的有 5 座，15 ~ 20 m 的有 6 座，10 ~ 15 m 的有 17 座，5 ~ 10 m 的有 12 座，小于 5 m 的有 5 座，形成了比较完整的坝系，总库容 320.8 万 m^3，已淤库容 176.2 万 m^3，可淤地 40 hm^2，已淤地 30.3 hm^2，人工填平造地 3 hm^2，坝地面积占流域总面积的 5.75%。现有拦洪能力的淤地坝 13 座，其中，剩余库容大于 50 万 m^3 的 1 座，10 万 ~ 50 万 m^3 的 2 座，小于 10 万 m^3 的 10 座。

王茂沟流域治理和坝系建设的经验表明，小流域宜采用“上游滞洪，下游生产”的布设方式，上游坝库淤满后，有条件加高的则继续加高，无条件加高的则加强坡面治理，使工程保持较大的滞

洪库容，保证下游坝地安全生产。在坝系加固提高过程中，采用由沟口到沟掌，自下而上分期加高，当下游淤满可以生产时，再加高上坝拦洪淤地。上坝以拦泥为主，边拦边生产；下坝以生产为主，边种边淤（李勉等，2006）。

② 坝系工程建设对生态环境的影响及作用。

Ⅰ. 蓄水拦沙保护水土资源：

• 蓄水拦沙。水土流失是当前黄土高原许多小流域面临的最大生态环境问题。修建在侵蚀发育强烈地区的淤地坝，拦蓄了大量的坡面和沟坡来沙，同时抬高了局部侵蚀基准面，减缓了沟道比降，减小了水流行进速度，从而能有效减轻沟道重力侵蚀，抑制沟蚀的发展，起到保护土地资源的作用。

王茂沟流域从1953—1986年，淤地坝拦沙总量为166.5万t，年均拦沙5.05万t，到1992年淤地坝拦沙总量为184.9万t，1987年后年均拦沙为3.07万t。根据沟口实测资料分析对比可知，年径流量模数由治理前的18 000 t/km^2，降低到治理后期的460 t/km^2，减少了97.4%，实现了对产流产沙的基本控制；在多数坝淤满或接近淤满的情况下，1987—1994年较治理前径流量减少了48.4%，输沙量减少了85.5%。可见，淤地坝蓄水拦沙效益十分显著。随着淤地坝逐渐淤积，坝系的抗洪能力有所降低。

• 保护水土资源。根据王茂沟小流域1964年的观测，该流域沟谷坡滑塌有99处，土方为21 295.8 m^3；崩塌有35处，土方为5 494.5 m^3；泻溜有1处，土方为16.5 m^3，总土方量为26 806.8 m^3。1986年以后，由于淤地坝建设抬高了小流域的侵蚀基准面，加上其他治理措施，实地观测，已经没有上述情况发生，说明淤地坝建设在很大程度上制止了沟壁的扩张，减轻了沟坡侵蚀程度。由于坝系工程在拦蓄泥沙方面效果显著，王茂沟坝系建成后的几十年来一直保持着高水平的拦沙、减沙效果。据王茂沟流域观测，从1954年开始修建淤地坝，到1992年，淤地坝拦沙总量为184.9万m^3，每年减少水土流失量为5.05万t。淤地坝坝系建设前，小流域年平均输沙模数18 000 t/km^2，流域淤地坝坝系建设初期的6年间（1960—1965年），年平均输沙模数8 047 t/km^2，减沙率55.3%；小流域治理中后期（1980—1994年），年平均输沙模数752 t/km^2，减沙率95.8%。淤地坝在保护水资源、提高降水利用率方面也发挥着重要作用。据绥德水保站实测资料，坝地土壤含水量是坡耕地的1.86倍，如按坝地平均土壤含水量14%计算，则王茂沟流域淤地坝总蓄水量可达25.9万m^3，这无疑是一个巨大的土壤水库。这种蓄水作用，加上专用拦水坝的作用，极大地改变了流域的径流特征，使大量的汛期洪水拦蓄在小流域众多的淤地坝内，部分成为了小流域的常流水。据王茂沟流域沟口观测，淤地坝建设初期（1960—1964年），年均汛期降水量、清水径流量分别为343.38 mm和86 129.4 m^3；流域治理中期（1980—1986年），年均汛期降水量、清水径流量分别为313.36 mm和14 070.8 m^3，在降水量仅减少9%的情况下，其清水径流量却减少了83.7%，说明淤地坝具有非常显著的拦蓄径流的作用。另外，根据下游韭园沟流域沟口50年的观测，1954—1964年、1965—1974年、1975—1988年、1989—1998年的平均常水流量分别为28 L/s、36 L/s、65 L/s、78 L/s，分别是坝系初建期（1954—1964年）的1.28倍、2.3倍、2.79倍，这也从另一方面说明了淤地坝坝系建设在某种程度上可以大大调节径流的时空分布，在提高降水利用率、改善流域生态环境方面发挥着重要作用。

Ⅱ. 提高抗旱抗风能力：干旱是陕西第一大自然灾害，年平均受旱面积148万hm^2，年平均成灾面积58.7万hm^2，基本上是“年年有旱，两年一小旱，五年一中旱，十年一大旱”。由于淤地坝具有很好的蓄水作用，其土壤含水量要远远高于坡地，尤其是在大旱的情况下，淤地坝抵御干旱灾害的效果更为显著。调查表明，在干旱年份，坝地作物产量往往是坡耕地产量的几倍，当坡耕地作物绝收时，坝地产量还能保证7成以上。因此，在黄土高原地区广泛流传着“村有百亩坝，再旱也不怕”的说法。王茂沟治理前是荒山秃岭，十年九旱，淤地坝建设后，根据1964—1979年不同类型农地作物产量的统计，在干旱尤其是大旱年份（1965年和1972年），淤地坝单位面积的产量为平均产量的10～12倍。可见，淤地坝的建设及利用可以大大提高小流域农作物的产量，提高抵御旱灾的能力。

由于淤地坝三面都有丘陵包围，其内部受到大风灾害的影响要比丘陵顶部和坡面小，在很大程度上减轻了风灾的危害程度。因此，淤地坝在抵御洪灾、旱灾、风灾方面发挥着重要作用。

Ⅲ. 防洪效益：洪涝是陕西第二大自然灾害。据统计，自公元元年到1990年，其中，有496年陕西出现过较大范围的灾害性洪水，占统计年数的24.9%，平均4年一遇。以小流域为单元，通过建设梯级淤地坝，进行层层拦蓄，在汛期，当较大降雨产生时，可以起到较强的削峰、滞洪功能和上拦下保的作用，从而在一定程度上能够减轻洪涝灾害的发生概率及致灾程度，有效防止洪水泥沙对下游造成的危害。

王茂沟小流域坝系经多年运行，1995年具有防洪能力的淤地坝有9座，防洪总库容为123.4万m^3。预测此后5年和10年，坝系不增加、坝高也不配置泄洪工程条件下的防洪能力：小流域坝系防洪能力较强，现有7座坝可抵御300年一遇的暴雨洪水；5年后仍有5座坝可抵御100年一遇的暴雨洪水；10年后有4座坝可抵御10年一遇暴雨洪水。目前，两个控制性子坝系都可抵御300年一遇暴雨洪水。随着时间的推移，淤地坝5年后淤满3座，10年后淤满5座，该坝系10年后具有防洪拦泥作用的坝仅有4座，坝系防洪拦泥作用明显降低，坝地生产不能保证。在流域坝系布设方面，对主沟控制性骨干坝来说，布设位置基本合理，均能充分发挥防洪、拦泥、生产效益；支沟淤地坝大都不能发挥其防洪、拦泥作用，作物生产保收率低，不能充分发挥其坝系效益。为了使坝系从整体上不断发挥防洪、拦泥、生产效益，提高坝地作物保收率，需对流域现有坝系进一步调整、提高、完善，实现坝系相对稳定。

王茂沟小流域在1959年8月19日（降水量100 mm）和1961年8月1日（降水量77.1 mm）的两次暴雨中，与邻近的自然条件相似、淤地坝很少的李家寨沟小流域相比，坝系消减洪峰流量达到了90.7%和88.3%。1964年7月5日（降水量131.8 mm）和1977年8月5日（降水量162.7 mm），流域坝系拦水量分别为36.6万m^3和40.5万m^3，占流域产流量的78%和69%；坝系拦沙量分别为13.5万t和13.6万t，分别占流域产沙量的72%和58%，大大减轻了灾害程度，对下游安全起到了一定的保护作用。这些都表明，布局合理的小流域坝系对暴雨洪水具有较强的抵御能力，在减轻洪水灾害方面发挥了重要作用。

Ⅳ. 保护土壤肥力和下游河流水质：由于淤地坝坝地是由坡面表土淤积而成，水肥条件较好。据黄委会绥德水土保持试验站1984年取样分析，坝地土壤有机质含量分别比水平梯田和坡耕地高出25.1%和37.8%，全氮含量分别高出10.7%和29.2%。可见，坝地土壤肥力要远高于坡耕地和梯田，加上坝地土壤含水量是坡耕地的1.86倍，因此，其作物产量也都大大高于坡耕地和水平梯田。王茂沟流域淤地坝每年减少水土流失量5.05万t，相当于每年减少氮、磷、钾肥流失8.89 t，截至1992年，王茂沟坝地一共减少养分流失346.7 t，从而维护了农业生态系统的养分循环，减少了化肥施用量，保护了流域的土地生产力；也在保护下游河道水资源、减轻河流富营养化和水质污染等方面发挥了积极作用。

Ⅴ. 增加地表植被覆盖度：淤地坝建成后形成了坝地，坝地土壤肥力高、水分条件好，作物产量高。据黄土高原七省（自治区）多年调查，坝地粮食产量是梯田的2～3倍，是坡耕地的6～10倍。坝地多年平均单产4 500 kg/hm^2，有的高达10 500 kg/hm^2以上。因此，在黄土高原区流传着“宁种一亩沟，不种十亩坡”的说法。由于淤地坝建设提高了作物单产，有力地促进了陡坡退耕还林、还草，提高了流域的地表植被覆盖度。据对王茂沟流域40多年的试验观测，每增加1 hm^2坝

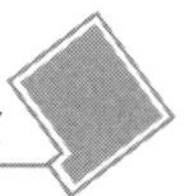

地，在粮食生产不减少的情况下可退耕坡地 8.39 hm^2，退耕水平梯田 2.96 hm^2。经过逐年退耕，王茂沟流域农耕地已由建坝前 1953 年的 340 hm^2 减少到 1990 年的 163.3 hm^2，减少了 52%，而林草面积则由 1953 年的 24 hm^2 增加到 1990 年的 237.7 hm^2，增长了 9.9 倍。林、草覆盖度由 1953 年的 4.1% 提高到 1990 年的 39.8%。随着淤地坝的建设，流域地表植被覆盖度显著增加，在涵养水源、改善农田小气候方面发挥了一定作用，促进了当地生态环境的好转。因此，淤地坝的建设，不仅可以增加高产耕地，还可以从根本上巩固和扩大黄土高原地区退耕、还林、还草成果，促进流域植被覆盖度的提高和生态环境的改善，有利于小流域良好生态环境的形成和发展。

Ⅵ. 改善人类生存和动物栖息条件：淤地坝的巨大减沙和生产功能有效地改善了人类的生产、生活条件和动物的栖息条件，为流域的持续发展创造了前提条件。首先，由于库坝的建设抬高了局部的侵蚀基准，拦蓄了大量的泥沙，在一定程度上减轻了沟道侵蚀，大大增加了流域的侵蚀稳定性，逆转了原有的环境退化过程。其次，坝地聚积了丰富的土壤养分，加上蓄水有效地改善了当地的农业生产用水条件，使得坝地成为黄土高原高产稳产基本农田的主要形式之一。粮食生产的提高为重建这一地区的人与环境友好关系提供了必要的基础，促进了退耕还林还草及封禁保护，加快了自然生态修复过程，改善了生产、生活和交通条件。第三，淤地坝坝系建设后，由于拦水坝的存在，增加了流域的水面面积和空气湿度，加之较大面积地发展了经济林，因而流域内年温差减小，空气湿度提高，灾害天气发生频率下降，局部小气候有明显改善，因而提高了人居环境的舒适度。

据对黄土高原一些小流域的监测，实施水土保持措施后，由于林草覆盖度的增加和当地生态环境的明显改善，生物多样性正在恢复中。目前，在王茂沟流域，已栖息了不少野生动物，如山鸡、野兔、野鸭、松鼠等，不论种类和数量都呈增加趋势。可见，在黄土高原地区，淤地坝系建设是实现这一地区生态环境良性循环与持续发展的一条行之有效的道路（刘汉喜等，1995）。

（9）山西省吉县和中阳县坝系工程及其效益。黄土高原坝系工程巨大的综合效益，从山西省吉县和中阳县的实践中也可得到充分证实。山西省吉县地处吕梁山南端，位于临汾市西部山区，总土地面积 1 775 km^2，黄土区面积占总面积的 2/3，属典型的黄土残塬沟壑区。吕梁山脉分两支穿越县域南北，形成了清水河、昕水河及鄂河等入黄水系。沟壑密度 5～8 km/km^2，相对高差 100～300 m，地形破碎，坡陡沟深。地表覆盖的黄土为褐土性土，结构疏松，极易造成水力侵蚀，主要表现为沟头前进，沟岸扩张和沟床下切，年土壤侵蚀模数 7 890 t/km^2。全县耕地面积 1.8 万 hm^2，20 世纪末总人口 9.94 万人，其中，农业人口 8.67 万人。多年平均气温 9℃，年均降水量 590 mm，无霜期 175 d，是一个典型的以旱作农业为主的山区农业县，也是国家重点扶持的贫困县。在 20 世纪 70 年代末，该县开始在柳沟小流域进行淤地坝建设。特别是近几年来，累计投资 2 250 余万元，建成了骨干坝 22 座，中型坝 6 座，小型坝 170 座，新增和改善沟坝地 206.2 hm^2。在管护形式上，以集体管护为主，并积极推行了“护坝田”制度。

坝系工程的综合效益集中表现在拦沙、蓄水、淤地、防洪等方面。

① 拦沙效益。坝系的拦沙效益主要体现在控制水土流失上。据阳县唐户塬多年观测资料分析，黄土残塬沟壑区 60% 以上的泥沙来源于沟谷。因此，沟道淤地坝工程可以有效地拦截泥沙，制止沟床下切，抬高侵蚀基点，其减沙作用在各类水土保持措施中占主导地位。从吉县所调查的 12 座骨干坝来看，多年来拦截泥沙约 0.15 亿 m^3，节省下游清淤费用约 2.25 亿元。以吉县黄河二级支流柳沟为例，据对流域内 2 号、3 号和 4 号骨干坝多年的观测，平均单坝拦沙量 2.6 万 m^3，最大可达 4.5 万 m^3，平均单坝节省下游清淤费用 48.60 万元，拦沙效益比平均为 2.0，最高可达 2.4。

② 防洪效益。淤地坝的防洪效益主要表现在对区域洪水径流的滞缓上。在对洪水径流的影响方面，骨干坝由于库容较大，拦蓄滞洪和削减洪峰的作用显著。以蒜峪小流域骨干坝为例，建坝前该沟道曾遭遇洪峰流量为 75 m^3/s 的洪水，下游的 23 hm^2 河川地有 72.6% 粮田被洪水冲毁，减产粮食

3.75 万 kg。水毁直接经济损失 5.625 万元；而修建骨干坝后，在相同降雨强度和雨量下，洪峰流量仅为 1.8 m^3/s，减小幅度达 97.6%，下游河川地安然无恙，年年获得好收成。

③ 蓄水效益。由于淤地坝的拦蓄作用，不仅可有效拦截暴雨径流，避免水土流失灾害，而且可增加沟道的常流水，保证生产与生活用水。如柳沟 3 号坝建成后，下游泉水流量增加 25%，其水量除可供本村 380 余人的生活用水及 100 余头大牲畜饮水外，还发展管道灌溉面积 3.4 hm^2。

④ 增产效益。淤地坝拦泥所形成的坝地，在水、土、肥和耕作条件等方面均比较优越，可获得显著的增产效益。吉县坝地的主要利用方式是种植玉米，从乔西沟、柳沟、凉水河及坡头沟的坝地利用情况看，建坝后比建坝前的主要作物玉米每公顷单产平均增长 2 730 kg，最高增产 3 900 kg，增产幅度平均为 39.1%，最高达 52.0%。

⑤ 社会效益。主要体现在两个方面。一是土地利用结构趋于合理。坝地良好的增产效益，促进了坡地退耕还林还草，农业用地比例减小，林、牧业用地比例增加。从凉水河、坡头沟的调查情况看，建坝后比建坝前，基本农田增加 150.2%，坡耕地减少 79.2%，果园增加 110.0%。二是区域产业结构趋向多元化。由于土地利用结构的合理调整，相应带动了区域产业结构的变化。据对柏山寺等几个村庄的产业变化调查分析，建坝后较建坝前，粮食产值平均减少 42.7%，林果业产值平均增加 20.7%，副业产值平均增加 25.7%，经济作物产值平均增加 26.1%。由此可见，淤地坝不仅加速了水土流失地区脆弱生态环境的恢复，而且对调整产业结构的效果明显，增加了当地农村的人均收入，加快了农民脱贫致富奔小康的步伐（王艳红，2008）。

山西省中阳县洪水沟小流域是三川河流域的一级支流，总面积 23.87 km^2，水土流失十分严重。1982 年该流域被列入三川河流域重点治理工程后，以坝系工程为依托，对流域内的山、水、田、林、路进行了综合治理。经过治理，流域沟道内共兴建淤地坝 54 座，其中，骨干坝 2 座，小型坝 52 座，总库容 587.68 万 m^3，已拦泥 465.31 万 m^3，淤成沟坝地 85.6 hm^2，人均 0.034 hm^2，形成了沟沟有坝、坝地相连、渠系配套、林草覆盖的生态良性循环体系，大大提高了流域的削洪减沙、保土蓄水能力。沟坝地已成为流域内群众的保命田，在 2002 年大旱之年，旱地作物几乎绝收，而坝地作物却长势喜人，喜获丰收。经测算，坝地种植玉米单产 7 500 ~ 11 250 kg/hm^2，是坡耕地的 8 ~10 倍，流域内坝地粮食总产量达到 57.7 万 kg，占到全流域粮食总的 42%，人均产粮 550 kg，人均纯收入 1 745 元，分别是治理前的 2 倍和 12 倍。

（10）自然生态与社会生态协同发展的实证——安塞县纸坊沟小流域治理开发。中国科学院安塞水土保持实验站纸坊沟小流域（36°51′N，109°19′E）位于陕西省北部安塞县。该区地形破碎，沟壑纵横，梁峁起伏，属黄土丘陵沟壑地貌，为典型的侵蚀环境。小流域面积 8.27 km^2，海拔 1 010 ~ 1 431 m，属暖温带半干旱气候，多年平均降水量为 524.5 mm，年平均温度为 8.8℃。土壤类型以黄土母质上发育而成的黄绵土为主，抗侵蚀能力差，植被类型处于暖温带落叶阔叶林向干草原过渡的森林草原带。

该流域生态系统先后经历了严重破坏期（1938—1958 年）、继续破坏期（1959—1973 年）、不稳定恢复期（1974—1983 年）、稳定恢复改善期（1984—1990 年）和良性生态初步形成期（1991 年至今）。

1958 年以后，纸坊沟经历了“大跃进”“大炼钢铁”“文化大革命”，同时在“以粮为纲”“向荒山要粮”等口号的指导下，山坡被过度开垦，山地植被遭到严重破坏，农、林、牧业比例严重失调，地力下降，水土流失加剧，生态环境进一步恶化。直到 1973 年，中国科学院水土保持研究所科研人员在这里进行水土保持试验示范研究，才开始对纸坊沟流域进行系统连续的水土流失综合治理，逐步实现了川田林网化及造林绿化，使流域植被覆盖度达到 55% 以上，生态环境有所改善。但 1981 年实行农业生产责任制后，由于缺乏政策配套，又出现扩大种植和盲目发展畜牧业的现象，植被再次遭到破坏，1983 年末，流域植被覆盖度降低到 30% ~40%，土地垦殖指数高达 47.9%。1984 年以后，从“六五”到“七五”期间，陕西省和国家重点科技攻关项目的实施使流域植被建设再次得以落实，土地利用趋于合理，植被得到明显恢复。“八五”至“九五”期间，农、林、牧业比例再次得到优化，林地和牧地比例不断增加，植被得到进一步恢复，生态经济系统进入良性循环。目前，流域植被包括人工重建植被和封禁后恢复的天然植被，已呈现出生物多样性的初期景象。

显然，国家的政策导向对该区生态环境变迁和生态恢复起着极为重要的作用。1999 年国家出台的退耕还林还草，再造“秀美山川”的政策，有力地推动了黄土丘陵区生态恢复与重建。从 1973 年以来，经过 30 多年的水土保持综合治理，通过林草植被和工程建设等措施，有效遏制了该流域的水土流失，成功地恢复了退化生态系统，林地面积从 1980 年的不足 5% 增加到 40% 以上，植被覆盖率已达 60%，流域生态经济系统进入良性循环阶段。

以典型侵蚀受损小流域纸坊沟流域为研究对象，运用统计和相关分析等方法，对其生态恢复过程中的社会、经济、人文状况与生态的协调效应进行研究的结果表明，黄土丘陵区属于生态环境敏感脆弱带，在遭受人类活动的破坏后，其生态恢复不是纯自然过程，而是与人的社会、经济、人文活动紧密相关的。在环境受损的小流域的生态恢复过程中，自然生态与社会生态具有较强的协同互作效应，自然生态恢复促进社会生态发展，同样社会生态发展促进自然生态恢复（戴全厚等，2008）。

4.2　西南和南方岩溶山区小流域生态建设和高效生态工程典型经验

碳酸盐岩经雨水溶蚀后形成的岩溶地貌在我国分布广泛（参阅本书 2.6 节）。在云贵高原岩溶区、江南山地丘陵岩溶区和华南山地丘陵岩溶区，常见的小流域类型有：

（1）中山区小流域。坡面、坡度、径流量均较大，流域面积也较大，暴雨季节往往暴发大山洪。在碳酸盐岩大山山坡上和山脚，常见岩溶地下河与冷浸泉水，形成大片冷浸田。中山区小流域山地植被一般较好，旱作比重往往大于水稻，林业、牧业的比重也较大。

（2）中、低山区小流域。与中山区相联接的低山区，由于小流域面积也较大，暴雨季节往往也易暴发大山洪。大多是旱作、水稻并重，农业、林业并重。

（3）低山区小流域。不与中山区相连接的低山区小流域，坡面、坡度、径流量均较（1）（2）类小，暴雨季节常出现较小山洪。人口较多，旱作比重往往小于水稻，林业、牧业的比重也较小。

（4）丘岗区小流域。不与中山、低山区相联接的丘岗区小流域，坡面、坡度、径流量均较（1）（2）（3）类小，不易独立形成山洪。是人口最集中、种植业和养殖业最发达的地区。

（5）中、低山与丘岗连贯区小流域。由于集水面大，径流量大，暴雨季节最易暴发大山洪。人口较多，农业结构多样化。

一般而言，（1）类开发程度较低，植被破坏相对较轻；（2）（3）类人口密度较大，开发程度较高，植被破坏相对较严重，水土流失也较严重；（4）（5）类常处于人口稠密的城镇附近，凡能开垦的坡地，几乎已全部开垦，梯田梯土的比例也较高。

4.2.1　西南和南方岩溶山区农村生态环境基本特点及面临的生态问题

（1）农村生态环境基本特点。我国西南和南方岩溶山区的生态环境有一系列不同于其他地区的特点。

① 气候湿热，雨热基本同期，降水充沛，但渗漏严重，常形成“岩溶干旱区”。西南、华中和华东处于亚热带中部和北部，云南、贵州、四川大部地区年平均气温15℃左右，年降水量1 000~1 400 mm；湖南、江西、浙江、福建大部地区年平均气温16~17℃，年降水量1 300~1 500 mm；广东和广西大部、海南、滇南和闽南处于亚热带南部，年平均气温19~23℃，年降水量1 500~1 700 mm。雨水主要集中在春、夏季，雨热基本同期，有利于植物生长。但由于岩溶地区遍布裂隙、漏斗，导致雨水及地表水强烈渗漏，地表水不断向深层地下水转化，利用难度大，形成特有的“岩溶干旱区”。在岩溶山区，水分的入渗系数一般为0.3~0.6，甚至高达0.8。岩溶山区地下水系十分发育，西南连片分布的岩溶石山区地下河共2 836条，总长度13 919 km，地下河总流量达1 482 m^3/s。同时，在阳光照射下，裸露的石灰岩地表晴天最高温度常超过60℃，造成对土壤和作物的“烘烤”，更加剧了土壤水分蒸发和植物受旱。

② 地形起伏不平，山高坡陡，土石坡地多，农、林、牧业的垂直分异明显。例如，贵州岩溶区地表崎岖破碎，不仅山地面积大（其中，山地占87%，丘陵占10%，而平川坝地仅占3%），而且坡度陡。全省地表平均坡度达17.8°，其中，>25°的陡坡地占全省土地总面积的34.5%，15°~25°的占34.9%，两者合计占69.4%。滇、黔、桂3省区岩溶县人均耕地只有0.06 hm^2，且坡耕地占70%，其中，25°以上的坡耕地约占20%，50%以上的耕地面积为中、低产田。山多坡陡的地表结构加剧了坡地水、土、肥的流失。水土长期流失和碳酸盐岩溶蚀的结果，造成随处可见的、大面积石芽裸露的土石坡（土多于石）和石土坡（石多于土）。

作物和果木生产主要分布在海拔数百米的丘陵到1 200 m左右的高原和2 000 m左右的高原或中山上。在不同海拔地区，适宜不同的物种和品种、不同的耕作制度和栽培技术，自然生物群落也呈现明显的垂直带谱分布。

③ 成土过程十分缓慢，土层厚度极不均匀，土被不连续，耕地分散。石灰岩的矿物组成主要是方解石、白云石、黏土矿物和石英。石灰岩在溶蚀风化过程中，$CaCO_3$与$MgCO_3$淋溶流失，而将一部分含Fe、Al的黏土矿物残留下来，残留量一般为1~3 g/kg。石灰岩溶蚀风化成土的速率很慢，据测定，广西岩溶速率为0.1228~0.0350 mm/年；贵州岩溶速度为0.036~0.076 mm/年；云南岩溶速度0.0317~0.0515 mm/年；湘西岩溶速率为0.0259~0.0671 mm/年。贵州石灰岩每千年风化残留物仅2.47 mm，即需4 000年左右才能形成1 cm厚的土层。在湿、热气候下的广西岩溶地区，形成1 cm的土层大致也需2 500~8 500年的时间。岩溶土石坡地土层厚度极不均匀，土石相间，往往呈土窝状分布，耕地分布十分分散，很难进行基本农田建设，也不便造林。

④ 生态环境脆弱。岩溶生境的脆弱性主要体现在：地表水大多渗漏成为地下水，造成水资源缺乏；土壤形成能力差，且以Ca营养居首位；岩溶植被生长缓慢，且植被逆向演替快而顺向演替难等几个方面。植被类型与覆盖度是岩溶生境中最重要、最敏感的自然要素，土壤肥力是植被生成和成长的最重要最基本的因素，而这两个因素在岩溶生境中都很脆弱。岩溶植被破坏后，生境旱生化、水土流失加剧，是一旦遭到破坏就很难恢复的生境。岩溶生境脆弱是与自然、社会、经济状况紧密联系的，在自然环境条件变化与人类的强烈活动共同作用下，往往导致严重的后果。

⑤ 土壤和植被发生了长期的逆向演替，导致生态环境恶化。石灰岩地区土壤可分为黑色石灰土、黄色石灰土、棕色石灰土、红色石灰土。山顶或陡坡地带多发育黑色石灰土，山腰缓坡发育黄色石灰土，山脚和平缓部位发育成黄壤。黄色石灰土在中亚热带森林条件下演化形成山地腐殖质黄壤，再经保护性耕垦，成为农业土壤。近几十年来由于进行掠夺式不合理耕垦，土壤演替长期沿着山地腐殖质黄壤→退化黄壤→黄色石灰土→黑色石灰土的过程退化。在人类活动干扰下，这一发育序列也可以发生逆转。

降水是碳酸盐岩溶蚀的重要动力。研究表明，岩溶土壤中碳的动态与岩溶过程也有密切关系，

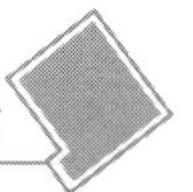

当植被恢复后，土壤CO_2浓度升高数倍，可以加速岩溶过程；石灰岩地面地衣、藻类、苔藓的繁殖，可形成一种岩石浅表层有机多孔层，使溶蚀作用的表面积增加2～3倍。碳酸盐岩山地中石山的再现，是岩溶生态系统逆向演替和退化的标志。

岩溶山区主要分布喜钙性、耐旱性植物种群，及根系发达能攀附岩石、能在裂隙土壤中生存的石生性植物种群。例如，在贵州石灰岩生境中，灌丛是分布最广的植被类型，其种类多具旱生结构，可分为山地常绿灌丛、山地常绿落叶藤刺灌丛、山地落叶灌丛和山地肉质多浆灌丛等4个植被型，以专性钙土植物与喜钙植物最具代表性。

在严酷的石灰岩山地条件下，树木生长慢、生长量小，种间、个体间生长过程差异较大，但生长量较稳定。如果原生植被遭受火烧、开垦等严重破坏，则很难恢复，植被将长期处在灌草丛甚至石山阶段。例如，贵州境内由于陡坡垦荒现象严重，使许多山地沿着“森林或灌丛→耕地→裸岩”的方向逆向演替（图4－1）。退化岩溶植被在封山后也可自然恢复顺向演替，即经过草本阶段→灌草阶段→灌木、灌丛阶段→灌、乔过渡阶段→乔林阶段，达到顶级常绿落叶阔叶混交林阶段；石山上稀疏的藤灌丛，经5～15年的封山育林可恢复成茂密的藤灌丛，再经15～25年的封山育林可恢复为森林，因此，重建岩溶荒山植被比较易行的途径是封山育林。但严重退化的石灰岩土地经长期的自然恢复后，往往仍然处于稀草、石漠状态（李阳兵等，2002）。

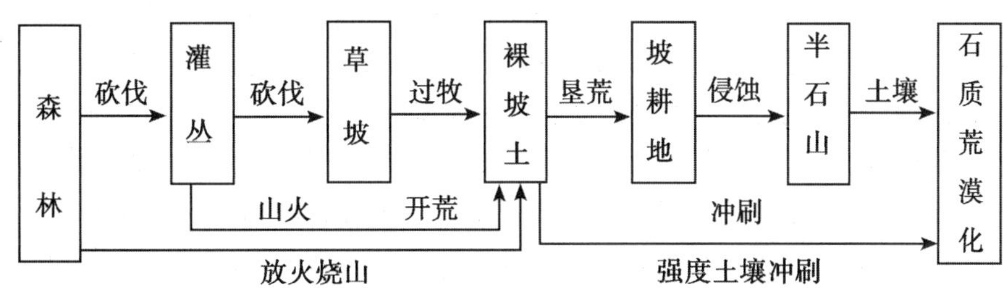

图4－1 岩溶山区生态环境逆向演替示意图

（2）农村生态环境面临的主要问题。由于自然的和人为的多种原因，我国西南和南方岩溶地区面临严重的生态问题，在西南岩溶山区表现尤为突出。在经济较发达的地区，通过近年来的治理开发，大多已得到缓解或解决（参阅本书2.6.1节和2.6.2节）。

4.2.2 西南和南方岩溶山区小流域生态建设和高效生态工程典型经验

中国南方岩溶区，是世界上最大的连片裸露碳酸盐岩分布区之一，也是岩溶发育最典型、最复杂、景观类型最丰富的一个片区。在脆弱的岩溶生态环境下，由于不合理的社会经济活动，造成人地矛盾突出、植被破坏、土壤侵蚀、岩石逐渐裸露、土地生产力衰退甚至丧失，地表呈现类似于荒漠景观的石漠化演变过程。

控制和治理岩溶地区土地石漠化，是生态建设中最根本、最艰巨的任务，要从小流域治理着手。

（1）治理基本途径和基本模式。

①基本途径。我国西南和南方岩溶山区小流域治理的途径，是在控制水土流失和石漠化，制止农村生态环境继续恶化趋势的前提下，逐步提高对水土资源的调控能力，同时调整土地利用结构，从以粮食生产当家、耕地为主的格局向合理利用各类土地资源全面发展农村经济的格局转变，在提高区域粮食自给能力的同时，恢复和重建以森林为依托的农、林、牧结合的生态农业体系。首先要解决的是石漠化地区人民的生产问题、温饱问题和人畜饮水问题。

控制水土流失和石漠化的主要措施有植被保护、退耕还林、封山育林、种草舍饲养畜、土地整治、改进耕作制度、建设农村沼气以及生态移民易地扶贫等。

为缓解人地矛盾和区域粮食供需矛盾，重点放在对现有坡耕地的梯化改造上，逐年建成一批高标准的梯土、梯田，以保证在粮食总产增加的同时，减少粮食种植面积，将 >25°的陡坡耕地、部分缓坡耕地和其他条件不好的耕地退出粮食生产，用于植树、种草，促进石山区生态环境的改善。

为合理开发利用稀缺的水土资源，首要的是把生物节水（如培植推广耐旱作物品种等）、农艺节水（如地膜覆盖、聚垄耕作等）、工程保土蓄水（如修建鱼鳞坑等）和管理节水结合起来，高效利用有限的水土资源。并通过实施土壤培肥措施和间作、套种等技术措施来提高基本农田的单产和种植指数。

在粮食问题基本得到解决的基础上，再顺应植被正向演替规律，对石灰岩荒山受损生态系统进行恢复、保护和开发。宜林则林、宜草则草、宜荒则荒。山林的恢复要注重植被类型与立地条件的合理匹配，田地制宜地营造用材林、经济林、薪炭林，或封山育林。

对石灰岩荒山受损生态系统进行恢复、保护和开发利用，要注重生态、经济和社会效益的结合，而不是简单的封山育林和退耕还林。宜以生态经济林草（果、药）为主恢复石漠化地区植被。在选择石山造林树种时，须考虑其生态适应性、生态效益、经济效益和对作物的影响。从岩溶植被中可优选出多种耐旱、耐瘠、速生、固氮且经济价值高的植物种，包括固氮饲料类型（肥牛树、新银合欢、任豆树等）、用材林类型、果林类型、蜜源植物等。要求沿等高线种植，形成等高植物篱，起到水土保持和提高土壤肥力的作用（参阅本书 6.1.2 节、6.1.3 节、6.1.4 节）。

岩溶区封山育林后，环境的自然恢复速度有逐年加速增长的现象。生物多样性从草坡自然恢复到灌丛以后，每年以 3 倍速率增长直至稳定到乔木林；植被覆盖度从草坡恢复到灌丛，年增长率为 2.5%，从灌丛到灌木林年增长率为 3.5%，直至稳定到乔木林；生物生产量从灌丛恢复到灌木林，其年增长率高达 50%，直至稳定在乔木林；在自然恢复过程中，土壤有机质从草坡到灌丛年增长率 1.5%，从灌丛到灌木林年增长率为 2.5%（杨胜天等，2000）。

②基本模式。石漠化地区的植被恢复既可以通过封山育林自然恢复，也可以通过人工种草植树进行。大部分石漠化地区应以人工恢复为主，但不同类型、不同地域的岩溶石漠化地区，以植被恢复为主要内容的石漠化治理模式应有所区别。

- 岩溶石山封山育林恢复植被模式。岩石裸露率在 70% 以上的石山和白云质砂石山地区，土壤很少，土层极不均匀，地表水极度匮乏，立地条件极差，基本不具备人工造林的条件，应采取全面封禁，减少人为活动和牲畜破坏，利用自然生态恢复能力，先培育草类，进而培育灌木，通过较长时间的封育，最终发展成乔、灌、草相结合的植被群落。

- 岩溶石山、半石山人工促进封山育林育灌恢复植被模式。对岩石裸露率为 50% ~70% 的半石山及部分条件相对较好的石山、白云质砂石山，经过局部整地、人工补植（播）450 ~ 750 株（穴）/hm^2 林、草后，再采取全面封禁措施，以期形成灌草或乔灌混交林，补植的树种主要有香椿、滇柏、华山松、桤木、栎类、马桑、白花刺等生态经济型林、草。

- 岩溶半石山乔灌混交防护林建植模式。适合于岩溶山地中上部、裸岩率在 50% ~70% 的半石山地区，这类地区有部分灌木或具有天然下种的条件，对这类地区采取天然更新、人工造林相结合的措施，通过“栽针（叶）、留灌（丛）、补阔（叶）”或“栽阔、抚灌”的措施形成复层乔、灌混交林，栽植密度为 990 ~ 1 995株/hm^2，主要树种有滇柏、柏木、苦楝、华山松等用材树种及刺槐、栎类等薪炭林，以解决本地区的用材和薪柴能源问题，还可适当发展岩桂、苦丁茶、核桃、红籽等经果林。

- 岩溶半石山生态经济林治理模式。这类地区多位于岩溶山地中、下部，坡度相对平缓，裸岩率在 30% ~50%；有一定的藤、刺、草、灌分布，自然条件相对较好，应以种植杜仲、金银花、花

椒等经济树、草种为主；坡度较缓有一定土层（厚2~3 cm）的溶蚀丘陵，可以发展人工草地。

要从根本上解决石漠化地区人口压力大、农业人口比重高、退耕还林还草后复垦现象严重、经济贫困、区域可持续发展后劲不足等一系列问题，必须在石漠化治理的同时，在农村就业结构优化、替代产业培植和产业化经营等方面取得突破。

① 降低人口压力。加强石漠化地区农村小城镇和市场建设，大力发展劳务输出和第三产业，以降低石漠化地区人口（特别是农业人口）对土地的直接压力。

② 发展绿色产品加工业。一是道地中药材产业化经营，如杜仲、黄柏、石斛、五倍子、金银花、天麻等系列产品种植、加工；二是牛、羊肉系列产品开发，如贵州省关岭、惠水等地的黄牛，沿河、威宁等地的黑山羊等具地方特色的畜禽产品的产业化开发；三是某些有资源优势的经果林系列产品开发，如刺梨、猕猴桃、香椿籽等产业化开发。

③ 发展特色生态旅游业。石漠化地区有丰富的旅游资源，如洞穴、峡谷、石林等自然风景点及多姿多彩的少数民族风情，可发展洞穴探险、峡谷漂流、民风民俗游等生态旅游业。通过挖掘培植适合石漠化地区地域特色的替代产业，实施产业化经营，使之成为推动石漠化地区经济发展的火车头（苏维词，2002；李阳兵等，2002）。

经过多年大面积的实践，对我国西南和南方岩溶山区石漠化治理开发，各地已探索出多种生态经济模式，以下对若干典型进行简介和分析。

（2）桐梓县烟坡支毛沟小流域山、水、林、田、路综合治理模式。烟坡支毛沟位于贵州省桐梓县溱溪河小流域内。区内有600多人，人口密度较大，人地矛盾突出。小流域面积2.58 km²，海拔1 100~1 400 m，区内岩溶地貌发育，山高坡陡，地表破碎。治理前原始植被已遭严重破坏，林草覆盖率仅4.35%，且坡耕地比重较大，因而水土流失严重，部分坡耕地已开始石漠化。农业生产以种植玉米为主，经济发展水平很低，农业生产和农民生活条件很差。

从1998年起，按照“因地制宜、因害设防”的原则，进行山、水、林、田、路综合治理。

① 工程措施。

• 坡改梯工程。对5°~25°的坡耕地进行坡改梯，建设高标准的基本农田。共改造坡耕地100 hm²，达到了保水、保土、保肥的目的，确保了区内农民的口粮用地和经济作物用地。

• 坡面水系工程。a. 蓄水型截水沟：在坡耕地中、上部沿等高线修建了2条总长2 395 m蓄水型截水沟，与蓄水、拦沙设施配套，以达到拦蓄地表径流、减少土壤冲刷的目的。b. 排水型截水沟：在坡耕地的中、上部按1%~2%的比降修建了1条长242 m的排水型截水沟，并与排水沟相连接。c. 引、排水沟：在排水型截水沟的一端修建引、排水沟，将截水沟汇集的坡面径流引进蓄水池（窖），或引进农田，或将多余的径流排泄至溶洞、沟道，总长107 m。d. 蓄水池、水窖：采用长藤结瓜的方式，在沟渠沿线选择灌溉或人、畜饮用方便的位置，修建蓄水池（窖）；根据降水量、渗流量、作物需水量及农村人畜饮用水标准，确定蓄水池（窖）的容积。共建300 m³ 主调节池1口、蓄水池（窖）28口共计1 625 m³。e. 沉沙池（凼）、过滤池：沉沙池布设在蓄水池（窖）前，个别布设在排水沟内，主要起沉沙作用，以减少排水沟或蓄水池（窖）中的泥沙淤积。建沉沙池（凼）28口共计28 m³。在人畜饮水用的水窖旁设置过滤池，处理水中的泥沙等杂质，共建过滤池10个。f. 谷坊：谷坊群布设在沟底下切剧烈的主排洪沟道内，既可遏制沟蚀，稳定沟坡，巩固并抬高河床，还可作为小型引水设施的渠首工程，同时利用沟中的水土资源，发展林、果、牧生产，除害与兴利并举。防御标准为10~20年一遇3~6 h的特大暴雨。谷坊顶部设置溢洪口，下游底部设消能设施。共建3座浆砌石谷坊。

• 石梯耕作便道和公路。取消田间、坡耕地内原来纵横交错的小道，修建1~1.5 m宽的石梯耕作便道，方便耕作，并在便道旁修建排水沟；修建公路3条，长8 km，并在公路两侧栽植了常绿树柳杉，改变了区内落后的交通状况。

② 生物措施。

• 水保林。为保持水土、改善生态环境，美化生活环境，最大限度地提高区内的林草覆盖率，增强山地涵养水源能力，在荒山荒坡和大于25°的陡坡耕地上，营造以柳杉和速生杨为主的水土保持林87 hm^2。造林前根据情况进行带状或穴状整地，带状整地沿等高线布设，穴状整地按品字形排列。

• 经果林。为调整产业结构，增加农民收入，发展以经济林果为主导的经济价值较高的绿色农产品。在小于25°的坡耕地或坡改梯地内栽植金秋梨、杨梅、鸡蛋枣、板栗、日本甜柿、美国布朗李等名、特、优经果林40 hm^2。

③自然生态修复。在实施人工治理的同时，还对已有的18.7 hm^2 疏幼林地实行了封禁，并在此基础上进行了补植。设立封禁标志，插牌定界，制定管理制度，落实管护人员，禁止一切人为活动干扰，以期充分发挥大自然的自我生态修复能力，促进植被恢复。

④农耕措施。引导农户摒弃传统的顺坡耕作方式，采取地膜覆盖、横山起垄、绿肥免耕、合理密植、间作套种、深耕深松、留茬播种等措施，减轻水土流失，改良土壤。

经过10年的治理，取得了初步明显成效：

① 生态效益。林草覆盖率提高到41%，每年可增加蓄水6.07万 m^3，每年保土达0.7万t。降水汇流历时明显延长，洪峰流量明显减小，水土流失得到有效控制，洪涝灾害大幅度降低。

② 社会效益。土地利用结构和产业结构都得到了合理调整。将25°以上的坡耕地及低产地全部退耕，以市场为导向种植名特优新经果林。经过治理，土地利用率达100%。通过实施坡改梯，不仅有效控制了水土流失，挽救了坡耕地，还把昔日三年两不收的石旮旯地变成了高产、稳产的基本农田，并增加耕地面积6.7 hm^2。加上坡面水系工程起到了拦、引、蓄、灌、排的作用，达到了“小雨水不下山、大雨水不乱流”的标准，既规范了坡面径流，又基本解决了区内的人畜饮水和灌溉用水，村民都吃上了自来水。在全省推广，起到了较好的示范带动作用。

③ 经济效益。小流域经济初具规模，土地产出率增长了50%以上，商品率达80%。年人均产粮已从治理前的297 kg上升到750 kg，年人均纯收入从260元上升到2 654元，年烤烟产值达100多万元，仅水果收入一项就可使年人均纯收入达到1 000元左右（祝熙林等，2008）。

（3）贵定县云雾湖水库小流域水保型生态茶业建设模式。云雾湖水库小流域位于贵州省贵定县南部的云雾镇境内，流域面积75 km^2，水土流失面积33.6 km^2，平均沟壑密度2.3 km/km^2，年均径流量271万 m^3，年均土壤侵蚀模数达1 375 t/km^2。区内属中山、低山、丘陵岩溶山区，山多地少，荒坡、荒山、稀幼林地多。气候温和，雨量充沛。主要治理措施如下。

① 生态茶园建设与水土保持相结合。1985—1992年，为开发贵定云雾茶，共开发茶园200 hm^2。2003—2004年，根据国际茶叶市场对绿色茶叶的需求，又建设茶园200 hm^2，同时营造水保林18 hm^2、植物篱12.6 hm^2，封禁治理山林350.2 hm^2，修建蓄水池135口、沉沙池135口、茶园作业道11.8 km，带动库区群众种植茶园400 hm^2。累计治理水土流失面积1 209.4 hm^2，植被覆盖率由原来的46.46%提高到82.5%，水土流失得到明显控制，年减少土壤流失量3.79万t，新增蓄水能力55.84万 m^3，当地农民年人均纯收入由治理前的1 860元提高到2 880元，3 200贫困人口脱贫致富。

② 生态茶园的总体布局。将新建茶园和原有茶园逐步建成物种多样、生态位合理、综合效益高的人工复合生态系统，按“高山林、低山茶、平地粮”的生产布局，推广茶林复合、茶粮间作等立体农业技术，提高森林覆盖率、土地和光能利用率；对难开发的坡地进行封禁，通过生态修复形成防护林带；根据地形、地势或利用自然溪沟设置排水沟，在茶园上方开防洪沟拦截山洪；在茶园梯

坎内侧设浅水沟，让地表径流缓慢渗入土壤，沿道路或按地形建长藤结瓜式的蓄水池，以便浇灌；用主道、支道、工作道将茶园分割成几何形状以便管理，并种植行道树，形成网状格局；在茶园周边和茶园内合理配置与茶树具有共生关系的乔木和草本作物，进行乔、灌、草复合栽培，使光能和土壤养分得到多重利用，从而增加单位面积产出，并提高茶叶品质，实现茶园低投高产；在配置植物的同时，也使鸟类、寄生蜂、真菌、细菌等病虫害的天敌迁入栖息、取食、寄生，保护了茶园的自然生态。

③ 生态茶叶产品的开发。以开发生产适应国内外消费潮流的无公害茶、绿色食品茶和有机茶为目标，其基本做法是依环境质量分层次开发。第一层次为生态环境受到一定污染、茶叶品质较差或农药残留超标的产地，在进行环境综合治理、消除茶园周围污染源的基础上，建立无公害茶区，运用无公害生产技术，确保茶叶农药残留逐步降至国家标准及欧盟规定的新标准以下，成为无公害的健康饮品；第二层次是在远离城镇与工业区，自然生态环境优越，大气、地面水和土壤质量符合绿色食品与有机食品标准的产地，如高山茶区，建立生态茶叶保护区，作为绿色食品生产基地，开发生产 A 级、AA 级绿色食品茶；第三层次是运用有机农业技术开发生产纯天然的有机茶。

④ 以市场为导向，采用“企业 + 基地 + 茶农”模式进行开发。基地与龙头企业是一种共生、共荣的关系，基地需要稳定的销售渠道，企业需要稳定的农产品原料供给。基地是基础，龙头企业是关键。形成了以云雾湖茶厂为龙头、企业带基地、基地连农户的系列开发新格局。企业和基地组织茶农接受专业技能培训和技术指导，严格按无公害茶叶生产操作技术规程组织生产，承担茶叶样品的检测，并为产品开拓市场（李海红，2008）。

（4）关岭县石板桥小流域三大体系生态建设。石板桥小流域位于贵州省关岭布依族苗族自治县境内，2003 年被列入珠江上游南盘江、北盘江石灰岩地区水土保持综合治理试点工程。流域面积 5.62 km^2，其中，水土流失面积 4.64 km^2，以水蚀为主，年均土壤侵蚀量 1.02 万 t。年均降水量 1 554 mm。流域内有 5 个自然村，3 212人。主要治理措施如下。

① 进行立体综合治理开发，初步建立三大体系。采取生物措施与多种工程措施相结合，从山上到山下，从坡面到沟道进行立体综合治理开发。从 2003—2004 年，石板桥小流域共治理水土流失面积 4.25 km^2，治理程度达 92%。通过治理，初步建立了三大体系：乔、灌、草相结合的坡面生态防护配合沼气开发体系；拦沙坝、蓄水池、排洪渠、管道配套保护水土资源的沟道防护体系；以坡改梯为主的高标准农业生产体系。

② 自然力与人力相结合，对山林进行生态修复。对原有一定植被的荒山、裸岩石山、疏幼残存林、灌丛林采取封山、补植补种林草，充分利用水热条件和山地的自我生态修复功能，提高林草郁闭度，改善生态环境。全流域实施生态修复面积达 144.5 hm^2，补植补种 48 hm^2，种牧草 16 hm^2。对坡度大于 25°的耕地、荒坡地和水土流失严重的宜林地，通过穴状整地，大规模营造水土保持林，共种植杉木、柳杉、楸树、刺槐、桦木、梓木、杨树等多品种混交林 121.8 hm^2。

③ 在居民点配套进行沼气池建设。兴建沼气池 24 个，并做到了“三改一池”（改厕、改灶、改圈，一个沼气池）配套。沼气池建设有力地促进了山林的修复。

④ 建设基本农田。村寨附近坡度在 25°以下、土层较厚、肥力较好的坡耕地，以石坎梯土建设为主，共完成坡改梯 56.7 hm^2，同时配套建设蓄水池、排洪沟、管道和作业便道等。

⑤ 开发利用岩溶水。为充分蓄留岩溶水，流域内共兴建蓄水池 25 个，总容量 3 397 m^3，结合村寨的人畜饮水和沼气池需水统筹安排用水。在梯田、梯土、经果林、水保林内安装管道 6 670 m，既解决了农村饮水问题，又解决了经果林、水保林和农田灌溉用水问题，对提高造林存活率、种植反季节蔬菜、促进农民增产增收和农村卫生条件的改善具有重要作用。在开发利用岩溶水的同时，结合修建拦沙坝、排洪渠等措施，科学合理布设蓄、引、排设施，既满足了蓄水浇灌，又明显减少

了泥沙对流域内石板桥水库的淤积。兴建两条排洪渠，在将上游梯田、水保林、经果林内的洪水引至石板桥水库的同时，还解决了上游两个洼地 12.1 hm^2 良田年年被水淹的问题。

通过三大体系建设，有效地防止了水土流失，遏制了石漠化的扩展，保证了粮食自给，促进了农村产业结构的调整，有更多的富余劳力外出务工经商挣钱，为群众脱贫致富夯实了基础；新增林、草面积 1 120 hm^2，昔日的荒山秃岭披上了绿装；与种草养畜配套的 24 口沼气池，一年可提供 1.2 万 m^3 沼气，能解决 24 户的燃料、肥料问题，初步形成了猪—沼—果（粮）生态治理模式（卢彪等，2005）。

（5）珠江上游南盘江、北盘江岩溶山区小流域多模式治理开发。该地区处于云贵高原东南边缘山地向广西山地过渡的斜坡地带，涉及 6 县、市，其中，山地丘陵占 90% 以上，水土流失面积占土地总面积的 48.5%，年均土壤侵蚀模数 1 934.3 t/km^2。

从 2003—2006 年，全区共对 66 条小流域进行了水土保持综合治理（石质山区 42 条，非石质山区 24 条），治理程度达到 88.9%；新建基本农田 2 533 hm^2，营造乔木林 13 087.5 hm^2、灌木林 1 469.2 hm^2、经济林 3 342.8 hm^2，建果园 5 213.7 hm^2，种草 719.9 hm^2；建设谷坊、拦沙坝 405 座，修蓄水池（窖）1 403口、沉沙凼 1 276 个、沟渠 255.8 km，整治沟道 38.1 km，修作业便道 40.5 km，建沼气池 4 039个。实施各项措施后，平均每年减少土壤侵蚀 234.47 万 t，拦蓄径流 1 878.8 万 m^3，森林覆盖率从治理前的 18.4% 提高到 46.6%，林草覆盖率从 31.8% 提高到 59.4%。主要治理模式如下。

① 以坡改梯为主的则戎模式。兴义市则戎乡是一个典型的裸露岩溶山区，总面积 38.6 km^2，1974 年未治理前，全乡森林覆盖率仅 8%，粮食总产 130 万 kg，单产 2 900 kg/hm^2，人均口粮不足 100 kg，人均年纯收入不到 50 元，是一个生态环境已面临崩溃的十分贫困的石漠化地区。为求生存发展，该乡以解决岩溶山区缺水问题为核心，大搞坡改梯，建设稳产高产基本农田，增加粮食产量；同时在山上退耕还林、还药，积极建设立体农林复合生态经济系统。到 1994 年，该乡共炸石砌坎造田 346.7 hm^2，相当于原有耕地的 70%；修建山塘 185 个和封闭式人畜饮水池（窖）1 556 个；在山体中、上部实行乔灌草结合，营造水保林—用材林；在山体下部种植泡桐、棕榈、花椒、香椿、杜仲、柑橘、桃、李、金银花等经、果、药材林近 300 多万株，并套种了一年生的经济作物；在山体坡脚砌坎修高标准梯田、梯土。到 1994 年，该乡年产棕片 5 万 kg，柑橘、桃、李近 20 万 kg，森林覆盖率上升到 28%，粮食单产增至 4 217 kg/hm^2，人均纯收入增长 11 倍，农业生态环境开始步入良性循环，走向可持续发展的道路。

② 低热地带石漠化治理的顶坛模式。在海拔较低、中强度石漠化、石多土少的坡地，模拟自然生态进行花椒种植，在不破坏自然地貌和岩溶环境的情况下，发展生态经济林。贞丰县北盘江镇顶坛片区的花椒种植规模已达 1 300hm^2，同时修建蓄水池（窖）280 余口、输水管道 7 km。经过治理，年人均纯收入已达到 2 000多元，使一个极度贫困、不适宜生存发展的地方初步具备了经济社会可持续发展的能力。

③ 规模种植金银花等药材治理石漠化的马槽井模式。贞丰县珉谷镇马槽井村，在岩溶地区的溶蚀地地边种植金银花，用石头作为金银花攀爬的永久性支撑体，以石面作为生产空间；在溶蚀地中种植砂仁和梨，使经济效益倍增。贞丰药材公司与农户签订保底收购合同，采用“公司 + 农户”的方式进行运作。在药材公司的示范带动下，贞丰县的金银花种植已达 2 300多 hm^2，涉及农户 4 000 多户。2004 年，黔西南州启动实施 2 万 hm^2 金银花基地建设工程，主栽品种为地方优势种黄褐毛忍冬，现种植面积已达 1.27 万 hm^2，主要分布于兴义市的则戎乡、捧乍镇杨柳井村，安龙县的笃山乡，册亨县的冗渡镇等地。

④ 难利用地治理的马岭峡谷模式。在难利用的白云质砂石地区（马岭峡谷）点播车桑子和种

植柏木恢复植被覆盖，在土层较厚的石灰岩地区和沟岸发展竹子，恢复生态，保护风景旅游资源，发展经济。

⑤ 非石质山区荒山荒坡治理的养马模式。在养马的非石质荒山荒坡（含陡坡耕地）上种植杉树，在沟岸和山脚种植竹子。杉树的枝条和间伐材料可产生一定的经济效益；竹材的效益很好，且能产生持续的生态效益。黔西南州计划发展6.7万hm^2竹林生产基地，2005年3月已正式启动，对建设珠江上游生态屏障、发展地方经济将起到积极的推动作用。

⑥ 以生态修复为主的生态家园模式。治理区内许多农家庭院建设沼气池，山上进行严格的封禁治理，实施以生态修复工程为主的生态家园模式。由于该模式解决了农村能源问题，因而可保护现有林草植被免遭破坏，加速植被恢复，实现人与自然的和谐发展。

⑦ 红壤山区的侵蚀沟治理模式。安龙县的板磨小流域在石料缺乏的侵蚀沟中修建梯级土谷坊，在土谷坊中钉入木桩并编成木篱状，然后填土夯实，再种植当地的多年生草本植物豆食叶；在谷坊上修建浆砌石溢洪道，导水入下一级谷坊库内，沟岸种植速生的杨树。兴仁县的农丰小流域，采用石谷坊拦挡泥沙，秋冬季在沟道旁打杨、柳树桩，并用竹篾绕树桩编成篱笆进行保土，来年春天树桩发芽生根成活，可及时控制沟岸的垮塌和沟底的冲刷（林以彬，2008）。

（6）云南省小流域水土保持生态工程。1987—1998年，云南全省共治理水土流失面积15 945 km^2。虽然云南省水土流失现象仍较严重，岩溶山区尤其突出，但治理速度大于破坏速度，总体恶化趋势已得到初步控制。

小流域水土流失防治主要措施：

① 耕作栽培措施。主要是通过改变小地形、改良土壤结构、增加地面土壤覆盖，从而起到拦蓄降雨、减少水土流失、保持土壤肥力以及提高农作物生产力的作用。水土保持耕作栽培措施主要有以下几个方面：

• 以改变微地形为主的措施，有等高耕作、沟垄种植、垄作、坑田、半干旱耕作等。据研究，坡耕地垄作栽培，土壤侵蚀量可减少5.0%～49.0%，径流量可减少5.0%～46.7%，作物增产17.1%。

• 以增加覆盖为主的措施，有合理轮作、间套作、混播、覆盖栽培（留茬或掺茬覆盖、秸秆覆盖、地膜覆盖等）。其中，麦秆覆盖比其他耕作措施（地膜覆盖、传统翻耕、免耕、间作等）阻止水土流失效果更好。等高种植结合麦秆覆盖，可有效提高玉米产量。

• 以保护土壤物理性状、增大土壤抗侵蚀能力为主的措施，有少耕、免耕等。

② 工程措施。主要是在水土流失地区修建各种水利工程，包括拦沙坝和蓄水池等。流域内拦沙坝的建设，可有效阻拦径流泥沙，对当地破碎山体的稳定也能起到较好的作用。冬季作物的生长中，灌溉效果极为突出。1999年（有灌溉条件）与1998年（无灌溉条件）相比，小麦平均产量从每公顷1.74 t增加到2.76 t，提高了46.0%～67.0%。

③ 生物措施。重点是构建完整的生物链，保持生态系统的良性循环。种植经济林果和等高种植草带，对水土保持和减少径流有明显作用。在元谋县南沙地村的试验表明，在酸角—龙眼—咖啡—草带和酸角—乔木—草带的植被恢复系统中，年径流分别为5 800 m^3/km^2和10 600 m^3/km^2，远小于荒山荒坡的102.5万m^3/km^2。其他指标如土壤持水量、土壤容重、土壤孔隙度也都优于荒山荒坡。

④ 化学措施。高分子聚合物聚丙烯酰胺作为凝聚剂、堵水剂、土壤结构改良剂等已广泛应用于水处理、农业土壤改良等方面。聚丙烯酰胺可以减少地表径流，提高土壤含水量，优化土壤结构和增强其水稳性，因而可以提高土壤的持水性和抗蚀性，减少土壤侵蚀和肥料流失，有利于作物增产。

⑤ 实施天然林保护工程和小流域综合治理。1998 年长江发生特大洪灾后，国家开始实施天然林保护工程，按照国务院2000 年10 月批准的工程实施方案，云南省13 个地、州、市的66 个县和17 个森工企业开始了为期10 年的大规模森林管护和公益林建设。同年，全省沿金沙江一线8 个地、州、市的9 个县被列为退耕还林试点县。从2002 年起，云南省除昆明市的五华区、盘龙区外，其余126 个县、区、市全面启动了退耕还林工程。全省还建立了130 多个自然保护区。截至2002 年7 月底，全省已完成退耕还林6.97 万 hm^2，荒山造林6.12 万 hm^2。云南省金沙江流域自1988 年被列为国家水土保持重点防治区以来，已启动29 个县、市，共开展了500 多条小流域治理，初步治理的水土流失面积达到9 035 km^2，项目区生态环境得到明显改善，流域经济有了较大发展（郑文杰等，2005）。

（7）广西壮族自治区凤山县小流域地头水柜集雨水旱轮作和林地种养生态农业模式。凤山县位于广西壮族自治区西北部，总人口18.9 万人，总面积1 753 km^2，其中，岩溶峰丛洼地型石山面积820 km^2，占全县总面积的46.85%，耕地面积0.9533 万 hm^2，人均耕地仅0.05 hm^2。岩溶峰丛洼地耕地渗漏严重，水资源主要以地下水形式存在。传统种植业以玉米为主，粮食产量较低。过度开垦加重了该区水土流失，自然灾害发生更加频繁，石漠化发展加速，形成生态恶化与贫困的恶性循环。

为改变现状，该县大力实施生态农业建设，重点放在建设小流域地头水柜、沼气池以及小流域综合治理与生态重建上。1998—2001 年，全县共建2 万多座地头水柜，容积达130 万 m^3；地改田400 多 hm^2，坡改梯300 多 hm^2；通过水旱轮作，还改良了土壤，减少病虫害的发生；还在地头水柜上游种植木豆、喜树、香椿或竹子等高效益人工经济林，用以涵养水源和增加收入。实施这些措施后，农业生态环境得到显著改善。2000 年该县玉米平均产量为2 742 kg/hm^2，水稻平均产量达6 750 kg/hm^2，为玉米产量的2.4 倍。同时，发展冬菜等经济作物，发展畜禽养殖和水柜内特种水体养殖，增加了经济效益。

当地的小流域是石山区岩溶峰林谷地类型的小流域，流域内石山如林，或纵横排列或断续延伸，峰林间或为长条状谷地延伸或为宽阔溶峰洼地，有的谷地已向地表常流河发育，有些河谷仅有季节性河流，常受旱、涝威胁，尤其是山洪常冲毁农田。该县把小流域综合治理与生态重建紧密结合起来，在小流域周边石山恢复与重建生态林或经济林，封山育林，治理石漠化，防止水土流失；在河流中清理沉砂碎石，疏通河道，建筑防洪堤坝；建设与完善农田排灌系统，改造中低产田，修建基本农田，同时推广农业高新技术成果，推广应用多种高效生态农业模式，提高了农作物产量并带动养殖业的发展。该县大力实施沼气池建设，充分利用作物秸秆及人畜禽粪便发酵所产生的可再生性能源，解决农民生产和生活的“三料”（饲料、肥料和燃料）问题，把种植业、养殖业和加工业与人民生活有机结合起来，并形成农、林、牧的良性循环。

生态农业工程的主要模式有：

① 地头水柜—地改田—坡改梯—水旱轮作生态农业模式。地头水柜收集雨水，为耕地、草地、桑园、沼气池、人畜饮水和加工用水提供充足水源，水柜内直接养鱼；地改田，坡改梯，实行水旱轮作，可以大幅提高粮食、蔬菜及经济作物产量，促进农业产业结构调整和林业发展。由原一年一茬玉米 + 黄豆传统耕作模式改为（春玉米 + 黄豆） + 中稻 + 大棚冬菜（黄瓜、番茄、豇豆、大白菜和甘蓝等）、（早玉米 + 黄豆） + 中稻 + 绿肥（或油菜）和玉米 + 甘薯 + 油葵等种植模式，大幅提高土地生产力。

② 庭院种养模式。在屋舍、村头水柜和沼气池氧化塘周边种植月柿、砂梨、大青枣和葡萄等果树，林下养鸡，氧化塘边利用浮渣和饲料养鸭，并把部分沼液输入氧化塘繁殖藻类，引入地头水柜作饵料养鱼。

③ 林地种植模式和种养模式。林地种植模式中面积最广的是板栗（或八角）+中药材模式，如板栗（或八角）+鸡骨草种植模式，还有杉木+杜仲（厚朴、黄柏等）+桔梗（射干）等模式。林地种养模式是在退耕还林地实施核桃+木豆+养兔（或羊、猪、鸡、鸭）模式，木豆播后3个月即长至1 m高，年内即可覆盖绿化石山，待其长至1 m高时即可距地50～60 cm处收割部分枝叶饲喂畜禽，每公顷木豆年可养殖肉兔450只，可养殖黑山羊75只。木豆辅以少量草料饲喂兔子，晒干制成干草粉可混合喂养猪、鸡和鸭等畜禽，若以其喂养香猪、乌鸡、瑶鸡、山鸡和狮头鹅等地方名特品种，经济价值更高（陈成斌等，2004）。

（8）湘西吉首市洽比小流域水土保持"三条带"模式。洽比小流域地处武陵山区的湘西吉首市，是典型的岩溶地区，包括8个村，是苗族聚居区。土地总面积39.3 km^2，洽比河从流域中部穿过，河流全长33 km，集雨面积86 km^2；河流坡降为9.5%。流域内土壤成土母岩主要为石灰岩，也有板岩和页岩，土壤以黄壤、黄红壤为主。大于30°的陡坡面积约占80%。流域内山高谷窄，年均气温15℃左右，年均降水量1 500～1 700 mm，多暴雨。

耕地总面积占土地总面积的9%，其中，稻田占78%，旱土占22%，坡耕地占14%；林业用地2 022.6 hm^2，占土地总面积的51%，其中，用材林607.5 hm^2，灌木薪炭林492.8 hm^2，经济林196.7 hm^2，果木林74.5 hm^2，疏林35.3 hm^2，幼林148.5 hm^2；荒山荒坡1 362.7 hm^2，占总面积的34.6%。植被覆盖率27.9%。洽比河小流域水土流失十分严重，水土流失面积占土地总面积的56.8%，水土流失总量为每年8.07万t。

小流域治理，首先确立以控制水土流失为核心，生态、经济、社会效益相统一的综合治理目标，然后针对小流域内山地的3个层次，按"三条带"模式进行综合治理，形成了"山上林草、山坡果林、山脚良田"三条带立体种植结构。在实施水土保持工程时，做到林草措施和工程措施相结合，治坡为主与治沟相结合，造林与封山育林相结合，骨干工程与一般工程相结合，水土保持与合理调整土地利用布局相结合。

① 治坡水保工程。

整治坡耕地：按岗地、坡地、冲沟3种类型，将坡度小于25°坡耕地改造为梯土或梯田。连片规划梯田梯级，大湾就势，小湾取直，沿等高线逐级平整，并配套建设排水渠道以及在田边、地头、路旁安排蓄径流泥沙的大口井、坝池、谷坊、沟头防护等工程，形成基本农田小区；坡耕地的保土耕作措施，主要有沟垄种植、等高耕作、横坡开行、间种套作等措施；对25°以上的坡耕地，采取退耕还林、营造水保林、楠竹林等，或封山育山竹林，成为山竹基地；在土壤干旱、贫瘠的山地，采取挖鱼鳞坑、表土回填的办法造林；对土壤较为肥沃的坡地，营造果木等经济林，根据不同树种，采取按等高线抽槽深挖定植。

整治荒山、荒坡：流域内有荒山荒坡136.3 km^2，以封山育林为主。

疏幼林地治理：对内疏幼林，采取挖鱼鳞坑进行补植，同时实施封禁，利用本地优越的水热条件，利用植被自然演替规律恢复植被。

② 治沟水保工程。在治坡的同时，对于水土流失非常严重、植被恢复很难的侵蚀沟，运用拦沙坝或谷坊等措施拦土淤地，同时在沟床淤地中和坡面上栽种藤本植物固土，并栽种适宜的树种实现植被快速覆盖。通过稳定坡面，降低地表径流速度，延缓径流汇聚时间，并拦蓄泥沙。

③ 河堤防洪工程。由于河道淤积泥沙，部分河床高已经超过稻田，成为地上河。1998年山洪暴发，河堤和耕地曾被严重破坏，多处筒车也基本被毁坏，因此，要加固河堤，种植灌木栅栏，同时修缮、改造河边的取水、灌溉等水利设施。对于泥沙淤积严重的河段则实行人工清淤，疏通河道，解除洪水威胁。

④ 排水蓄水工程。排水工程用于强降雨条件下的径流排放，如修建排水沟等。同时由于岩溶地

区地形复杂，溶洞、暗河多，易渗漏，极易形成干旱，因此，同时也要修建小型蓄水工程、布设提灌设施等，在旱季作为补充水源（庄大春，2006）。

（9）云南省石林县阿着底村生态环境、生态产业和生态文化三结合建设经验。阿着底村位于云南省石林县，处于岩溶地区小流域内，是彝族撒尼人聚居地，有独特的民族文化，也是云贵高原上著名的乡村旅游点之一。在农村生态建设中，阿着底村将生态环境、生态产业和生态文化3方面的建设融为一体，取得了很好的效果和经验。

① 生态环境建设。将全村划为4个片区：东北部中低山自然保护区“密枝林”，为水源涵养林区；东南部低山丘陵用材林、水土保持林区；西部经济林苹果种植区、中低山草场区；南部中低山丘陵用材林、水土保持林区。4个片区都将水土保持放在重要位置。

海拔1 990 m以上建立森林自然保护小区2处，面积约330 hm^2（实际为村里密枝林，撒尼人传统文化中的神圣之地，不允许砍伐林木，自然成为保护区）。密枝林是以滇青冈为优势种的半湿润常绿阔叶林群落，共有74科178种植物，物种多样性较高。密枝林的存在对自然界的生物物种起到了很好的保护作用。

② 生态农业建设。将全村规划出山上、山下2个生态农业区：在海拔1 925 ~ 1 975 m的低山区，建立红壤山地生态果园，在种植高新优质品种苹果的同时，改良山边沟埂，利用山坡，选用具有耐瘠、耐旱特性，生长迅速、抗逆性强、分蘖力强、鲜草产量高、根系发达、护坡固土能力强的优良绿肥牧草品种光叶紫花苕等，顺坡种草。山下则以烤烟、玉米、杂粮多元种植业为基础，适当增加牛、羊、猪、禽、瓜、菜等物种。这种山顶戴帽、山腰种果、山下种烟—粮的层次分明的立体生态农林业，是一种多层次、多梯级、多流向转化利用的立体互补型生态农业，能实现物质循环再生、能量多级利用、效益层层增值。同时在村主干道两岸种植小径竹，并大力发展庭院经济，在房前屋后种植梨、苹果、桃、核桃等果树、观赏树和草本花卉，修建沼气池，美化环境，绿化空地，又能起到防护路岸及保护宅院的作用。

阿着底成功地建立了“种—养—加”、“种—养—沼”和“林—粮—烟—果”高效生态农业模式和以沼气为核心的庭院立体经营等生态农业模式，使系统稳定性增强，生产力提高，也提高了物质与能量的利用效率。

在生态农业建设中，阿着底村特别重视可再生能源建设，大力开发沼气，建成沼气池74口，实施以沼气为纽带，庭院种养为主体，综合利用、良性循环的小康生态村建设；增施以沼肥、绿肥为主的优质有机肥料，施用量约1 000 kg/hm^2；同时结合冬季整地，深耕土壤，提高土壤的蓄水保墒能力，防止土壤板结；推广应用能促进植物生长、且对人畜无毒、不污染环境的新型生物农药；同时安装太阳能热水器利用太阳能，53户实现沼气池、厕所、畜厩改造、太阳能热水器和淋浴室、省柴节煤灶五配套。

生态庭院建设也是阿着底村生态建设的重要内容。以沼气为纽带，把家庭种植业、养殖业联系起来，成为一种小规模的高效农业，实现了庭院农、林、牧、副、果全面发展。

③ 生态文化和生态旅游产业建设。阿着底村存在彝族撒尼人传统的以密枝神山森林文化为代表的生态文化，撒尼人热爱树木、尊重树木，不乱砍滥伐以换取短期经济利益，这种文化传统使当地具有稳定的森林覆盖率和较高的物种多样性。在经济发展过程中，对生态环境没有造成过大的不良影响，形成了以生态农业和生态旅游业为支柱的生态产业链。生态产业链的形成凭借生态环境、自然资源和民族生态文化资源的优势，其发展反过来又促进了生态环境和生态文化保护和复兴。

阿着底村将高原岩溶区的自然风光和撒尼人的民族风情、音乐、舞蹈融为一体，兴办森林生态旅游节，在节日内进行生态教育和植树、护树等活动，在庭院周围种植蔬菜，为“彝家乐”游客提

供生态菜和采摘新鲜蔬菜的娱乐项目，同时，建立密枝森林文化博物馆和密枝林生态示范村寨，打造出阿着底村独特的生态旅游产品，将自然与文化资源转化为生态旅游产业优势和经济优势，这也是保护自然资源和发展生态文化的最佳途径。

④ 初步效益。1996—2003 年阿着底村经过 3 期生态工程建设，取得了显著的生态、经济和社会效益：一是有效防止了水土流失，减少水土流失达 78%，并建设了高效的引排灌水沟渠，提高了土地生产力。二是红壤山地植果套种绿肥牧草，既提高了光能利用率，又增加了土壤有机质。三是实现了资源多层次利用，提高了资源利用率，减少了环境污染。四是以沼气取代薪柴，既保护了山林，又改善了环境卫生。从发展沼气以来，减少了 2/3 的薪柴采伐量，年节约薪柴 160 t 以上。全部粪便集中排入沼气池，大大改善了环境卫生，过去农村肠胃病等常见病的发病率，由 1995 年的 4% 下降到 2003 年的 1%。腐熟的沼液、沼渣，用于发展种植业，能改良土壤、培肥地力。五是安装太阳能热水器和淋浴室及改建厕所、畜厩以后，既节约能源消耗，又形成了良好的卫生习惯。六是取得了良好的经济效益与社会效益，2003 年向市场提供粮、肉、蛋、果、菜等农副产品 2 000 t 左右。村民开发“彝家乐”旅游度假项目，并带动了当地传统手工业（刺绣）的发展，成为村里产业经济中的新增长点，村民的收入大幅增长（戴波等，2006）。

（10）开发利用岩溶水资源的几个实例。岩溶山区小流域治理和水资源的开发利用特别是与地下水的开发利用有密切关系。

① 普定县马官地下河流域以地下河开发利用为主的小流域综合治理。贵州省普定县马官地下河流域，在未建成坝库前是由水洞地下河、冲头洼地和羊皮寨地下河 3 部分组成。水洞地下河是一条长约 740 m，宽 2 ~ 10 m（平均约 3.7 m），高 0.5 ~ 5 m（平均约 1.6 m）的管道地下河，并通过落水洞、竖井与冲头洼地相连，冲头洼地集雨面积 0.47 km^2；羊皮寨地下河流域与水洞地下河流域相对独立。一般暴雨时，冲头洼地都会积水，雨停 2 ~ 3 h，由水洞地下河管道排完，流量又变得很小，其下游的马官谷地中的耕地常年处于缺水状态，严重影响了当地的经济社会发展。1990 年 3 月，在充分调查岩溶水文地质条件并进行连通试验后，利用碎屑岩隔水层阻挡的水文地质条件，在水洞地下河出口（高于谷地 15 m）建起 4 m 高的拱坝，构建地表、地下联合水库（库容 119 万 m^3），并连通上游羊皮寨地下河引洪水进库。冲头洼地年产水量 23.78 万 m^3，羊皮寨年产水量 89.78 万 m^3，基本能满足设计库容。水库工程投资仅相当于同期、同等大小地表水库主体工程投资总额的 1/10。马官地下水库的建成使用，产生了良好的生态效益与经济效益（金新锋，2006）。

② 平果县果化岩溶石山区以表层岩溶泉开发配合生态建设的综合治理。广西壮族自治区平果县果化岩溶石山区石漠化综合治理示范区，包括 4 个自然屯，总面积 20 km^2，278 户，2 100 人。2000 年，石漠化现象仍十分严重，石漠化面积占土地面积的 70%。2001 年 10 月开始，开展了峰丛洼地石漠化综合治理示范工程和立体生态农业建设，主要措施有：

• 实施封育、补育，提高植被覆盖率，4 年植被覆盖率提高 20%，提高了岩溶表层带对水循环的调蓄功能；结合坡改梯、砌墙保土等工程，使水土流失得到有效控制，示范区内土壤侵蚀模数每年下降 40% 以上，提高土地生产力 50%。

• 利用高位表层泉建造了 3 个总容量 1 500 m^3 的蓄水池，并配套节水灌溉系统，解决了 33.3 hm^3 中低产耕地的灌溉用水和 400 人的饮用水问题。

• 改变产业结构，从以种植玉米、水稻和黄豆为主的传统农业，走向农、林、牧综合开发之路；在植树造林中，注重果树、中草药和牧草的种植，引进适宜的果树品种火龙果、桂华李、无核黄皮等，药用植物金银花、药用木瓜、苦丁茶等，饲料品种桂牧 1 号、菊苣、银合欢、任豆树等，同时引进优良牛、羊种畜。在提高植被覆盖率，生态条件不断改善的同时，使当地居民的收入逐年提高。

• 发展沼气能源建设，新建沼气池 118 个，解决了 50% 农户的燃料问题，明显缓解了对山林的压力（金新锋，2006）。

③ 龙山县洛塔乡堵洞成库和开发小水电。湘西龙山县洛塔乡为一典型的岩溶中山地区，原来缺水少土少林，贫困落后。通过岩溶地质调查，寻找到位置较高的岩溶洞穴，利用地下阴河堵洞成库，修建引水渠道灌溉洼地中的农田；山坡种植杜仲等药用植物，部分山坡退耕还林；利用水头差，梯级发电；开发当地煤炭资源，兴办乡镇企业。通过上述综合治理开发，取得了明显的效益：1985 年，全乡工农业总产值 24 万元，人均 80 元；1994 年，工农业总产值增加到 1 450万元，人均 570 元。粮食连年增收，逐步恢复了青山绿水的面貌。

④ 罗甸县大关村建造水窖利用泉水和发展经济林。贵州罗甸县大关村属石漠化极严重的峰丛山区。由于山高水藏，被认为是“不具备人类生存条件”的地方。20 世纪 70 年代末曾 9 次寻找搬迁定居地。后采取如下治理措施：在同一个洼地内选择表生岩溶带较发育、雨季有上层滞水泉出露的地点人工建造水窖，解决农田灌溉水源；低洼处劈石造梯田，为解决大田渗漏，平整石坡之后用黏土铺盖夯实，再收集泥土回填；山坡地退耕种植药材或经济林（杜仲、椿树、银杏、杉树等），治理石漠化。成片林地和洼地内的大小梯田对于控制水土流失及石漠化，改善生态环境发挥了很大的作用。大关村人苦干了 12 年，已造田近千亩，平均每人建造稳产高产田 5 333 m^2；产粮达 50 多万 kg，人均口粮从 130 kg 增加到 410kg；栽种了 200 多万株杜仲、银杏，人均有树 1 561 株；人均收入从 40 元增加到 1996 年的 1 008元。

⑤ 来宾县小平阳开发地下水建立良性循环生态链。广西壮族自治区来宾县小平阳是干旱的岩溶峰林山间平原区，采取利用地下空间，以丰补枯；挖井钻孔，开发地下水；地表—地下联合调蓄；防渗节水，有效利用；调整作物布局和引进新品种，建立高产稳产基地等开发治理措施，增加农田有效灌溉面积，降低了农灌用水成本，水稻增产 1 770 kg/hm^2，甘蔗由产量为 30 ~ 45 t/hm^2 增加到 60 ~ 90 t/hm^2。通过提高资源利用率和农业生产力，减轻了经济发展对资源开发的需求压力，建立了可持续发展的农村生态经济体系和具有良性循环生态链的生产经营模式，保障了人口、经济与生态环境的协调发展（唐健生等，2001）。

4.3 南方红壤黄壤山地丘陵区小流域生态建设和高效生态工程典型经验

南方红壤、黄壤区是我国最富庶、最重要、也是最具发展潜力的农业区。本区北至大别山，西至巴山、巫山，西南至云南高原，东南直抵海域并包括台湾、海南岛及南海诸岛，总土地面积 118 万 km^2，约占国土总面积的 12.3%。本节主要涉及江南红壤山地丘陵区和华南红壤山地丘陵区。

在南方红壤黄壤区中红壤约有 61.8 万 km^2。在江南丘陵区，红壤居各类土壤之首。江西省红壤总面积为 13.97 万 km^2，约占全省土地总面积的 87.0%；湖南省有 12.81 万 km^2 红壤，约占全省土地总面积的 61.0%，这两个省是我国南方红壤分布面积最大的地区。红壤是地带性土壤，在湘、赣、闽、粤、滇以及台湾和海南岛成片分布，也有一些地区呈现与黄壤、紫色土交错分布的格局。

红壤是在中亚热带、南亚热带气候和植被条件下发育的一类土壤，主要包括红壤、黄壤、砖红壤、燥红土（热带稀树草原土）、赤红壤（红壤与砖红壤之间的过渡类型）。红壤与黄壤发育于亚热带常绿阔叶林下，红壤分布于干湿季变化明显的地区，主要分布在湘、赣两省，在桂、闽、浙、粤、川、黔、滇东北、皖南也有大片分布；黄壤分布在多云雾、水分条件较好的地区，主要分布在贵州高原和浙、闽山区；砖红壤发育在南亚热带雨林或季雨林下，分布在东南沿海部分地区以及台湾和海南岛沿海部分地区，面积不大。

在花岗岩、流纹岩、片麻岩、玄武岩、砂岩、页岩、千枚岩、各种石灰岩和第四纪洪积层等不同成土母质上，都可以发育出红壤和黄壤。在湿热的气候条件下，各类红壤脱硅富铝作用都很明显，生成大量的以高岭土为主的次生矿物，铁的游离脱水，使土壤剖面呈现红色。

中国花岗岩类分布广泛，在东南和东北诸省，分布较为集中。东南花岗岩出露面积达 30 余万 km^2，约相当于该区总面积的 1/5。尤其在广东、福建以及桂东南与湘南、赣南一带更为集中。我国南方的花岗岩地区都是红壤地区。花岗岩出露面积，在闽、粤两省都各占其土地总面积的 30% ~ 40%，桂、湘、赣三省自治区分别占其土地总面积的 10% ~20%。

4.3.1 南方红壤黄壤山地丘陵区农村生态环境特点及面临的生态问题

（1）农村生态环境特点。

① 气候。江南丘陵区的气候温和，雨量充沛，高温和多雨同季，四季分明，冬、夏较长，春、秋较短，年平均气温 16 ~ 19℃；一般地区年降水量 1 200 ~ 1 700 mm，远大于全国年均降水量（630 mm），60% ~70% 的降水集中在 3—7 月；地表径流丰富；气候的小区分异和垂直分异明显。

华南地区年平均气温在 20℃以上，其中，粤、桂、台大部分沿海地区年平均气温在 22℃以上，台湾南部及海南岛大部分沿海地区年平均气温在 24℃以上，高温和多雨同季，四季不分明；多数地区年降水量 1 400 ~ 2 000 mm，有不少地方超过 2 300 mm；一般 4—10 月为雨季，降水量占全年的 70% ~80%；地表径流丰富，但大多流失；夏秋期间有规律性台风。

② 土壤。江南丘陵区的地带性土壤为红壤与黄壤，非地带性土壤有紫色土、石灰土、水稻土等。土壤呈酸性反应，磷的有效性低。红壤上的植被虽然生长茂盛，但有机质的分解也很快。山地土壤垂直带谱一般为红壤→山地黄壤→山地黄棕壤。华南地区的土壤多发育在红色风化壳上，主要有砖红壤、赤红壤、燥红土和磷质石灰土。

③ 植被及其演替。江南丘陵区的地带性植被为暖亚热带常绿阔叶林，是我国松、杉、竹等用材林产地。区内山地植被的垂直分带也比较明显。华南南亚热带地区的优势植被是季雨林，包括落叶季雨林、半常绿季雨林和石灰岩山地季雨林。在台湾南部、海南岛和桂南等地海拔 500 m 以下的沟谷低地，分布着湿润雨林。在华南偏北地区海拔 800 m 以下地区分布着季风常绿阔叶林。在自然条件变化和人为生产与生活活动的干扰下，各地植被都处于动态演替变化中。

在亚热带地区的自然条件下，植被顺向演替一般过程为：荒山裸地→稀草荒山坡→草本群落→灌丛群落→针叶林→针阔混交林→地带性常绿阔叶林。

在 20 世纪 80 年代以前，在人为强烈干扰下，我国亚热带地区的生态系统曾受到不同程度的损害，发生过逆向退化演替。我国南方亚热带山地丘陵生态系统的退化过程大体可分为以下 3 个阶段。

第一阶段是轻度退化阶段。a. 生态系统植被覆盖率虽高，但优势种群衰退，优势种变得单一（人工纯林），泛化种群扩大，虽然物种丰富度和多样性指数可能没有明显降低，但物种的组成发生了很大变化，有逐渐趋于旱生的趋势；b. 生态系统的层次（乔木、灌木、草本）结构简单化，同时以植物为依存的动物种群数量和年龄结构发生不良变化，食物链缩短，食物网简单化；c. 由于结构的变化，导致系统的功能有所衰退，光能利用率降低，水土保持与水源涵养功能减弱，土壤肥力下降，系统内物质循环（生物小循环）速率下降，系统对外部环境的适应性和自身的稳定性也降低，易遭病虫危害。处于这一阶段的退化生态系统主要包括人工营造的针叶林和针阔混交林，尤以大面积集中连片、多代连植的针叶人工林为典型。由于该阶段退化较轻，通过消除人为干扰，生态系统能较快自然恢复到相对稳定的初始平衡状态。

第二阶段是中度退化阶段。这一阶段是在第一阶段的基础上，由于人为持续干扰造成：a.

植被覆盖率和生物多样性持续下降，植被以旱生和阳性为主；b. 层次结构更趋简单，乔木层不复存在，只有灌木与草本两个层次或草本一个层次，食物链部分断裂或解环，种间共生、附生关系大大减弱甚至消失，动物种群和数量很少；c. 土壤侵蚀程度加重，有些地区部分心土或红土层出露，出现少量切沟侵蚀；d. 生态系统的功能已经大为下降，植物光能利用率低，地表接受的直接辐射增强，土地生产力下降极为明显，生物量大大低于第一阶段；e. 系统内生物小循环减弱而地球化学大循环大大增强，水土保持与水源涵养功能进一步降低，土壤肥力明显衰退；f. 系统稳定性低，抗干扰能力弱。处于这一阶段的生态系统主要为灌丛群落和草本群落（含弃耕地、未造林的采伐迹地、火烧迹地等），此阶段的生态系统，需要很长一段时间才能自然恢复到相对稳定的初始平衡状态。

第三阶段是严重退化阶段。这一阶段具有以下几个主要特征：a. 植被严重退化，植被覆盖几乎完全丧失，层次结构不复存在，只零星分布一些耐旱、耐瘠的旱生广布种，植物多样性极低，动物、微生物种群和数量极少，食物链解体；b. 土壤侵蚀极其严重，切沟或崩岗侵蚀严重发展，形成寸草不生的“光板地”“红色沙漠”“白沙岗”等荒漠化状态；c. 土层浅薄，土体构型简单，表层丧失，心土层和红土层大面积出露，部分地段出现沙土层和碎屑层，物理性质恶化，有机质含量极低，土壤肥力极为低下；d. 太阳直接照射到地表，地表温度变幅大，土壤水分蒸发迅速，生境严重恶化。生态系统功能衰竭，光能利用率极低，土地生产力和生物量极低；e. 物质循环主要以地球化学大循环为主，生物小循环极弱；f. 植被的水土保持、水源涵养、调节气候、净化空气、美化环境等生态服务功能丧失，景观破碎，区域水、旱灾害加剧，居民贫困化更加明显。生态系统对外来干扰的弹性，已退化到超过生态退化阈值，植被无法得到自然恢复。在自然状态下，处于这一退化阶段的生态系统已完全丧失恢复到初始平衡状态的能力（谢锦升等，2004）。

经过近 20 年左右的治理和生态恢复，目前多数地区的植被逆向退化演替的趋势已基本得到遏止，并已先后转向顺向进化演替，大多数地区处于第一与第二阶段之间，部分地区仍处于第二阶段，处于第三阶段的地区已很少。

④ 地形地貌。南方红壤、黄壤山地丘陵区地表结构复杂，地貌类型多样，以海拔 500～1 000 m的低山丘陵为主，其间夹有许多面积不等、海拔 100～400 m 的红岩盆地，如湖南的衡阳盆地、江西的吉泰盆地、浙江的金衢盆地等。大部分山地由浅变质岩系和花岗岩构成，盆地内主要分布红色砂页岩、第四纪洪积层或石灰岩。南岭是一个以低山、丘陵为主的破碎山地，被众多低谷分间，谷地内又贯穿着大小不等的山间盆地。华南地区也以低山丘陵为主，约占土地总面积的90%。

⑤ 小流域类型。陈进红等（1999）以浙江省红壤小流域生态系统为研究对象，根据红壤小流域生态系统的地形、地貌因子进行一级分类，第一类是低丘岗地类型，其主要特征是由一系列平缓的岗地丘陵构成，无明显的高山陡坡；第二类是“座椅”型，呈现出由较高陡的山脊与裙脚下较平坦坡地构成的形如座椅的地形地貌特征；第三类是高山陡坡类型，其主要特征是由较高的山脉与较陡斜的山坡地构成。根据小流域水资源状况进行二级分类，第一类是自灌充足型，即有足够的水资源满足小流域内的生产用水需要；第二类是缺水型，即拥有一定水资源，但不能完全满足小流域内生产所需，又没有工程引水设施；第三类是引水灌溉型，即小流域内自身没有足够的水资源，但有较完善的引水设施，通过引用外界水可基本满足小流域内生产用水需要。再根据小流域生态系统的土地资源结构、社会资源结构、气候资源结构、产业结构、小流域生态系统的功能效益等指标，并从生态系统资源可持续开发利用角度出发进行三级分类，分为富裕型、较富裕型和贫乏型 3 类。这一地形地貌类型—水资源类型—其他资源类型三级分类体系，可以作为今后南方红壤丘陵区小流域分类进一步研究的参考。

（2）农村生态环境面临的主要问题。

① 水土流失，特别是花岗岩地区的崩岗依然严重。由于红壤表层结构松软、抗侵蚀能力差，又

有每年4—7月高强度的降雨在短时间形成的强大径流的冲刷，常导致红壤坡地发生严重的水土流失。严重的土壤侵蚀往往就发生在几场暴雨之中，一次大的降雨引起的流失量有时可超过全年流失量的60%，输沙量可超过全年输沙量的50%。该区域人口密度大，农耕历史悠久，人地矛盾突出，近年来社会经济发展迅猛，又发生过几次政策失误，更加剧了水土流失。

在我国东南红壤丘陵区，侵蚀退化土壤面积占土地总面积的21.5%，其中，轻度和中度侵蚀退化面积占87.2%，强度侵蚀退化面积占0.5%，土石山区面积占12.3%。强度侵蚀退化主要发生在赣、粤、闽边区及桂西等地形破碎、坡度较大、经济相对不发达地区。严重侵蚀退化区域主要分布于花岗岩区、紫色岩区和第四纪红色黏土区。

南方的花岗岩风化壳红土是中国境内侵蚀最严重的地质—地貌单元，分布于江西、福建、广东、浙江等省的花岗岩侵蚀面积共19.72万km^2，平均侵蚀模数为3 419.8 t/（km^2·年），流失严重的地区土壤侵蚀模数可达7 000~13 000 t/（km^2·年）以上，相当于每年流失表土0.5~1 cm。水土流失量在年际间的变化非常大，最高和最低的年份相比，径流系数和土壤侵蚀量的差异高达18~20倍，这种变化主要是由于降水量及降水强度分布不同所致。例如，1995年的降水量比1996年增加了42%，但径流量却增加了199%，土壤侵蚀量增加了104%（李忠佩等，2001）。

近50年来，南方8省的水土流失面积在1985年前呈增加趋势，1985年以后呈现递减趋势。但是将2000年的水土流失面积与20世纪50年代初相比较就可以发现，50年来南方8省、区水土流失面积依然呈增加趋势，从50年前的10.56万km^2增加到2000年的19.57万km^2，净增加了9.02万km^2，增幅高达85.5%，年均增加1 804 km^2。

南方红壤山地丘陵区水土流失有一些不同于其他地区的特点：一是由于处于全国降水量最大地区，水土流失的外营推动力远大于其他地区；二是由于地形复杂多变以及稻田与山林错综分布，因而水土流失不像黄土高原那样发生大片面蚀，而是呈不连贯块状分布，而且广泛分布的水田对地表径流具有一定的缓冲能力；三是崩岗侵蚀剧烈。

崩岗是我国南方花岗岩山地丘陵区水土流失的一种特殊现象，是指在花岗岩红土丘陵区厚层红色风化壳地表上产生的“崩口”地形，它具有沟谷发育的特征，主要发生在海拔150~250 m、相对高度50~150 m的花岗岩风化红壤丘陵山地上。崩岗分为瓢状崩岗、条状崩岗、爪状崩岗、箕形崩岗、弧形崩岗、混合型崩岗等。又可根据崩岗动态特点分为发展型崩岗、剧烈型崩岗、缓和型崩岗和停止型崩岗。崩岗切割山体、埋压田地、淤塞河道、抬高河床、冲倒房屋，导致土地退化和区域生态环境恶化（图4-2，引自 http：//image. baidu. com）。

我国崩岗侵蚀主要集中在长江以南亚热带赤红壤、红壤丘陵区，大致与华南海岸线相平行，自东南向西北逐渐减弱。崩岗侵蚀较严重地区涉及长江流域、珠江流域和东南沿海诸流域，主要发生在南岭山脉粤、赣、湘、桂的丘陵地区和福建省武夷山脉、戴云山丘陵地区，多见于花岗岩、砂页岩、古坡积物、火山角砾岩等不同岩性的丘陵、岗台地，其中，以花岗岩风化壳基础上形成的崩岗最为发育。崩岗主要分布在广东、广西、海南、福建、江西、安徽、湖南、湖北8省（自治区）、216个县（市、区）。广东、江西和福建分布较为集中。福建省共有38个县存在6 714个不同程度的崩岗侵蚀，总面积为2 630.7 km^2，崩岗密度为0.055个/km^2。广东省五华县崩岗侵蚀面积为190 km^2，共有大小崩岗22 117个，其中，38%的崩岗的深度和宽度在10 m以上，崩岗密度约为116个/km^2。华南地区崩岗侵蚀区的土壤侵蚀模数为5 000~15 000 t/（km^2·年）。

② 人工造林中存在的问题有待进一步解决。森林在我国南方红壤丘陵区居重要地位，是生态平衡和改善生态环境的基础。近几十年中，特别是在20世纪末开始的退耕还林时期，该区营造了大量人工用材林和经济林，这些人工林虽然产生了不同程度的生态效益和经济效益，但与天然林乔、灌、草多层立体结构相比较，还存在林分单一及水土保持等生态效益较差等问题。

图4－2　南方花岗岩地区的崩岗

人工林普遍存在林下水土流失问题。保护土壤不受侵蚀，不能单靠树木本身，而应该更多地依赖林下的枯枝落叶层、腐殖质层以及低矮的灌草或苔藓层的保护。南方红壤丘陵区存在大片的马尾松林、油茶林、各类园地以及近年迅猛发展的桉树林。湖南森林的林分中，针叶树占87.2%，在新造用材林中，杉木占71.6%，马尾松占26.1%，阔叶树仅占1.8%。这些林地的森林覆盖率虽较高，但生态效益不佳。例如，江西兴国县森林覆盖率高达70%，但马尾松纯林比重也很高，约占77%，没有形成乔、灌、草配套的水土保持植被结构；同时，林下因人为集中连片全垦整地、毁天然林造人工纯林等原因，造成地表覆盖度低，甚至地表完全裸露，以致存在“远看青山在，近看水土流”的现象。

不少地区的人工林存在保存率低、生长量低、病虫兽害严重等问题。据调查，20世纪后期闽西北和湘西营造的杉木林，只有20%生长良好，50%生长不良，30%则完全失败。每公顷立木蓄积量仅30～60 m^3，而且许多杉木林地发生天牛、杉梢小卷叶蛾、杉木炭疽病等病虫灾害。

近10年来在退耕还林中，新建的果园、茶园等经济林基本上都是全垦造林，而且基本上都是建成梯土后再造经济林，同时大多在幼林中间种豆类、绿肥等作物，虽然在建园的初期有一定的水土流失，但目前多数茶园的茶树已封行，对地面已形成良好的覆盖，取得了较好的生态效益和经济效益；果园，特别是一部分未改梯又粗放经营的果园，由于地面长期裸露，仍存在一定程度的水土流失。在退耕还林中经济林比重过大（超过20%）的地区，经济林坡地的水土流失不可忽视。

③ 大面积红壤黄壤中、低产田土有待改造。南方红壤、黄壤山地丘陵区的70%～80%的耕地，由于土质黏重、结构不良、缺水易旱、普遍缺磷、土壤有机质分解快因而含量偏低等原因，土壤肥力不高，因而作物产量不高；还有不少未改梯的坡耕地仍然是跑土、跑水、跑肥的“三跑”地，这些耕地都是中、低产田。近20多年来，山区农村普遍出现有机肥减少、化肥当家、养地措施减少、精耕细作水平下降、种植指数下降、水利设施老化失修等状况，都不利于提高耕地的肥力和生产力。尽管作物良种得到普及，但良种在中、低产田土上的增产潜力难以发挥。这是南方红壤山地丘陵区，甚至全国山区农村在今后农村生态建设中应予以高度重视的问题。

④ 还有大量宜农、宜林、宜牧荒山资源有待合理开发利用。据20世纪80年代不完全统计，我国南方红壤、黄壤丘陵区当时的土地垦殖指数一般为20%～30%，还有大量宜农、宜林、宜牧荒山有待合理利用，其中，宜农荒山资源约有700万 hm^2。

江西约有宜农荒山资源70万 hm^2，湖南也约有70万 hm^2，主要分布于海拔400～600 m以下的低山丘陵区，土壤多属第四纪红土和花岗岩红壤，适宜发展粮食、甘蔗、烤烟等作物和果木。广东约有30万 hm^2，海南也约有30万 hm^2，土壤多属红壤和砖红壤，适宜发展粮食、甘蔗和多种热带作物。广西也有大面积的宜农荒山资源，适宜发展甘蔗和多种热带作物。云南约有200万 hm^2，大

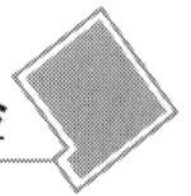

多分布于坝子边缘或低山丘陵区和中山区的缓坡地带。贵州有荒山资源 400 万 hm^2，其中，约 20% 宜农垦。浙江有宜农荒山资源约 15 万 hm^2，主要分布于金衢盆地，以第四纪红土为主。

利用荒山资源的第一位的目的是恢复植被保持水土，求得更好的生态效益。主要手段是封山育林、退耕还林，辅以补植和必要的工程措施。在宜农、宜林、宜牧荒山发展农业、林业和草山草坡牧业时，既要因地制宜、提高经济效益，又要预防和治理水土流失，获得良好的生态效益。

⑤ 农村能源结构有待进一步优化。我国南方山区有丰富的水电能源和生物质能源，可再生清洁能源的开发潜力很大，这是其他地区不可企及的。近年来南方山区农村沼气开发和小水电开发有较大进展，但地区间进展不平衡。不少经济滞后的山区农村生活能源仍以薪柴、秸秆为主，对山林恢复和保护仍然存在压力。实现以可再生清洁能源为依托、因地制宜多能互补的农村能源结构，还须继续努力。

4.3.2 南方红壤山地丘陵区小流域生态建设和高效生态工程典型经验

（1）治理开发的基本模式、主要措施和水土保持效应。

① 基本模式与主要措施。1980 年，长江水利委员会总结提出“山上林，山腰田，山下果”的综合治理开发工程模式，是南方红壤山地丘陵区小流域治理开发的基本模式。

主要措施有建、退、造、封。建，即进行工程建设，包括修建梯田、梯土，按抵御 10 ~ 20 年一遇大暴雨的标准，合理布设土石谷坊群、拦沙坝、拦洪沟、小水库等，并加高加固山塘，用以分段拦截泥沙和蓄积雨水，同时建沼气池、省柴灶等，减轻农村生活能源需求对山林的压力；退，即退耕还林；造，即造林，种树、种竹、种草，从山上到山下分别配置水保林、经济林和农作物，林地实行乔、灌、草结合，针、阔叶树混交，以工程促林草，以林草护工程；封，即封山禁伐、禁牧，抚育保护山林（参阅本书 5.2 节、5.3 节）。

一般而言，在坡度 25°以上陡坡强度水土流失区，退耕还林、还草，开挖竹节沟，拦沙、截水，竹节沟内及台地上种阔叶树种，沟埂外种胡枝子、葛藤等，形成乔、灌、草立体群落结构；在 15° ~ 25°的坡地，修建台地或反坡梯田，挖环山水平沟，排灌配套，建设基本农田；在 15°以下、立地条件较好的坡地及山窝等处，因地制宜种植杉木、泡桐、桉树、油茶、油桐、茶叶、柑橘、桃、梨等经济林和用材林。

在实施工程措施与生物措施的同时，作物生产要采取一系列水土保持耕种措施。

在实施水土保持措施的同时，还要为小流域内农林牧生产规模化、专业化和产业化奠定基础，逐步将小流域的经济发展引向市场。

② 坡耕地改成梯地后的水土保持效应。据研究，坡改梯后，蓄水效益高达 67.6%，保土效益高达 85.0% 以上。

梯壁植草能大大提高梯地的蓄水保土效益，梯壁不植草梯地的径流量和侵蚀泥沙量分别是梯壁植草梯地的 1.9 倍和 31.3 倍，在坡耕地改梯地的过程中，应高度重视梯壁的植被保护、修复与重建。

采取“前埂后沟 + 梯壁植草”方式的水平梯地与外斜式梯地相比，前者比后者蓄水效益提高 81.4%，保土效益提高 98.2%，柑橘单产提高 45%。前埂后沟 + 梯壁植草方式的水平梯地适宜在南方红壤坡地广泛推广（胡建民等，2005；张国华等，2007）。

③ 植被类型与水土保持效益的关系。据对湘南红壤坡地不同植被类型下的土壤侵蚀特征的研究，发现乔木的水土保持能力最差，灌木（包括茶叶）的水土保持能力最强（表 4 - 1）。

表 4－1　湘南红壤坡地不同植被类型下的土壤侵蚀特征（曾希柏等，1999）

处理	径流量（m^3/hm^2）	推移质泥沙（kg）	悬移质泥沙（kg）	总泥沙量（kg）	年侵蚀模数（t/km^2）
CK（植被稀少）	141	1 681	462	2 143	3 333
乔木＋牧草	103	1 534	349	1 883	2 705
牧草	55	1 828	233	2 061	2 419
灌木	63	1 403	344	1 747	1 647
灌木＋牧草	74	953	311	1 264	1 456
茶叶＋绿肥	10	388	40	428	534

④ 农业耕种方式与水土流失的关系。对云南红壤坡地 5 种耕种方式的水土保持效果对比研究的结果表明，麦秆覆盖在 3 种坡度（3°，13°，31°）上都能有效地减少径流，从而减轻土壤流失；地膜覆盖产生的径流最多，造成的土壤流失最严重。两者在玉米生产季节产生的径流量和表土流失量（3 年平均）分别为 832.95 m^3/hm^2、1.2 t/hm^2 和 1 084.1 m^3/hm^2、5.92 t/hm^2，差异都达极显著水平。传统耕翻方式的径流量和水土流失量为 966.6 m^3/hm^2 和 5.74 t/hm^2，与麦秆覆盖相比较，表土流失量的差异极显著。不同耕种方式产生的径流和表土流失量的顺序相同，依次为：地膜覆盖 > 传统耕翻 > 免耕 > 间作 > 麦秆覆盖。

沿等高线种植的土壤流失量为 3.55 t/hm^2，顺坡种植为 5.06 t/hm^2，差异显著；但两者径流量无差异。

但从产量结果看，5 种耕作方式中，不同处理玉米产量的顺序为地膜覆盖 > 间作 > 麦秆覆盖 > 免耕 > 传统耕翻。地膜覆盖的玉米产量最高，达 4.61 t/hm^2，传统耕翻最低，为 3.85 t/hm^2，两者差异极显著；麦秆覆盖的产量居中（4.19 t/hm^2），但显著高于传统耕翻。产量随坡度的增加而迅速下降，3°的产量（6.17 t/hm^2）显著高于 13°（4.0 t/hm^2）和 31°（2.36 t/hm^2），坡度与产量呈负相关。

坡度、种植行向和耕种措施间存在互作，以 3°、沿等高线种植和地膜覆盖组合的产量最高（6.56 t/hm^2）。

以上结果表明，在红壤坡地上采用沿等高线种植玉米和麦秆覆盖地表，可以有效地减轻土壤侵蚀，并达到一定产量水平；沿等高线种植和地膜覆盖，可以显著提高产量，但地膜覆盖产生的径流和表土流失量显著大于麦秆覆盖（吴伯志等，1996）。

在江西省德安县博阳河西岸的江西水土保持生态科技园（土壤为侵蚀性红壤，成土母质为第四纪红色黏土）5 年（2001—2005 年）对不同耕作措施的水土保持效应的研究结果表明：

①蓄水减流效应。采取 3 种（横坡间作、顺坡间作、果园清耕）水土保持耕作措施，均能有效降低红壤坡地的径流量，增加对地表径流的拦蓄量。不同耕作措施蓄水减流效应排序为：横坡间作小区（75.33%）>顺坡间作小区（59.56%）>果园清耕小区（21.73%）。还应注意到 2002 年 5 月 13—14 日的一场大暴雨下，横坡间作小区的减流效应明显优于顺坡间作小区，而顺坡间作和果园清耕小区的蓄水减流在某些特殊情况下，其减流效应大大降低甚至出现减流效果还不如对照区的现象。这表明虽然横坡间作与顺坡间作相比，从单场降雨的趋势来看其减流效应并无明显优势，但在大暴雨的特殊情况下，横坡间作的优势则表现得很突出。在 5 年的观测期内，除横坡间作外，各小区的月均径流量最大值都出现在 5 月，年度内径流量主要集中在 4—9 月的半年内，这半年的径流量要占到全年径流量的 85% 以上，主要是由于这段时间的降雨多导致的。只要在 4—9 月期间注意耕作方式，在进行田间耕作时加强水土保持，增加地表覆盖，就能有效地增加地表径流拦截量和

蓄积量，也就能够最大限度地发挥水土保持耕作措施的蓄水减流效应。

②保土减沙效应。产沙量一般与0.5h最大雨强或1h最大雨强呈正相关。采取3种水土保持耕作措施，均能有效地保土减沙。从不同耕作措施的保土减沙效应来看，其次序为横坡间作（80.57%）＞顺坡间作（65.11%）＞果园清耕（38.08%）。其顺序与蓄水减流效应排列顺序一致。可见间作套种作物，增加果园覆盖，是防治幼龄果园水土流失的有效措施，且横坡间作的累计效应要优于顺坡间作。还应注意到顺坡间作小区在2002年5月13—14日这场降雨中其产沙量达到了对照区的近2倍，而果园清耕小区也在2002年7月17日出现了产沙量大于对照区的情况。这表明虽然横坡间作与顺坡间作从单场小降雨来看其减沙效应并无明显差异，但在大雨暴雨条件下，顺坡间作小区的产沙能力将被放大。

③水土保持关键期。南方红壤区的水土保持关键期为每年的4—9月，6—8月易发生强降水，在此期间，径流量占到全年径流量的85%以上，流失泥沙量占全年流失泥沙量的90%以上。各径流小区的月均流失泥沙量都有2个峰值，横坡间作、顺坡间作小区出现在5月和8月，果园清耕小区出现在4月和7月，对照区出现在4月和8月，年度内流失泥沙量与径流量的趋势一致，也主要集中在4—9月的半年内，这半年的流失泥沙量要占到全年流失泥沙量的90%以上。因此，每年4—9月，在坡地种植作物时，科学选择不同生长周期的作物间作套种，在追求良好经济效益的同时，应注意作物的收获和栽种时间，选择那些收获和栽种时间不在强降雨易发时段的作物，避免收获期与集中强降雨期的重叠，同时应尽可能增加地表覆盖（谢颂华等，2010）。

（2）花岗岩红壤小流域崩岗区的治理。崩岗是花岗岩红壤小流域一种比较常见的特殊的危害很大的水土流失现象。水土流失和崩岗造成了多方面的危害，水土流失和崩岗的治理，对于我国南方红壤山地丘陵区农村的生产发展、生态环境改善和农民脱贫致富，具有广泛而深远的意义。

崩岗的发生源于花岗岩的风化。典型的红土型花岗岩风化壳可分为5个层次：表土层、红土层、沙土层、碎屑层、球状风化层。崩岗既有重力侵蚀，又有水蚀。降水是崩岗发育的动力条件，尤其是集中降雨和暴流。花岗岩红土丘陵只要有10 m以上的风化壳厚度和20°以上的坡度，就可以构成崩岗地形。我国南方符合这种条件的地形很广。在花岗岩风化壳发育地区，植被破坏后，局部坡面出现较大的有利于集流的微地形，面蚀加剧，多次暴雨径流导致红土层侵蚀流失，于是片流形成的凹地迅速演变成为冲沟。崩岗是由冲沟发展而成的，其侵蚀阶段大致经历冲沟沟头后退、崩积堆再侵蚀、沟壁后退、冲出成洪积扇几个阶段，其中，崩积堆再侵蚀是最主要的。

崩岗作为一个复杂的系统，主要由集水坡面、沟壁、崩积体、崩岗沟底（包括通道）和冲积扇等子系统组成。各子系统之间存在有复杂的物质输入和输出过程。集水坡面径流泥沙向崩岗沟汇集，产生跌水，加速沟底侵蚀和边坡的不稳定；沟头或沟壁崩塌下来的泥沙（崩积体）堆在崖脚（它的存在有利于沟壁稳定），由于径流的冲刷，崩塌疏松的物质很快被带到沟口堆积而形成冲积扇，部分随洪流带到下游。

我国崩岗侵蚀发生范围内的地带性植被属南方中、南亚热带常绿阔叶林和热带季雨林森林群落。由于长期人为破坏，原生地带性植被已不存在，植被多已退化成疏林地或无林地，有些甚至退化成荒草坡或裸地，很容易发生水土流失，引发崩岗侵蚀。后来的人工马尾松疏林等，拦截降雨径流能力比较差，也可能导致崩岗的发生。

经过多年的试验研究和治理，已总结出分段治理崩岗的有效治理技术，可概括为“上拦、中削、下堵、内外绿化固土”。上拦，是在崩岗顶部修筑截水沟、排洪沟，截引径流，防止水流进沟，控制沟头溯源侵蚀；中削，是在崩岗中段，修建挡土墙，拦沙坝和谷坊群，提高局部侵蚀基点，同时，对崩岗陡壁进行削坡开级，以缓冲径流，形成台地或等高条带，并植树种草，以稳定陡壁；下堵，是在崩岗沟口修筑土石谷坊或拦沙坝堵口拦截泥沙，防止泥沙下泄，危害农田、河道，并制止沟底继续下切，沟道长的，分级修筑；内外绿化固土，即在崩岗区内外坡面造林种草，固土蓄水，在崩岗区内的台地上种植速生乔木和经济林，如杨树、泡桐、桉树、梨树等，在条带上栽种胡枝子等灌木，在崩岗区外的坡地上修筑竹节水平沟、反坡梯土，并植树、植竹、种草。在崩岗侵蚀的综合治理过程中要把工程措施与生物措施紧密结合起来，做到以工程保生物，以生物护工程。

崩壁和人工土质陡壁因土质异常干燥，先锋植物更应选择抗干旱、耐贫瘠能力强的草本植物。草本植物蟛蜞菊［*Wedelia chinensis*（Osb.）Merr.］（图4－3，引自 http：//image. baidu. com)，喜阳、耐晒、耐旱、耐瘠，适应性强，其群落能生长在海滨、水边、石灰岩地区；蟛蜞菊枝叶茂盛，节节生根，可扩大吸收水分和营养的面积，提高抗旱、耐瘠能力，其枝茎和叶面具有刚毛，又能减弱植株的蒸腾作用；蟛蜞菊的枝节、根系能深入陡壁，能防止陡壁土块剥落和土壤泻溜；蟛蜞菊能利用匍匐茎在节上生出新的植株，迅速繁殖，形成蟛蜞菊纯群落，能够很好地覆盖地表，因而是很好的陡壁绿化固土植物。利用蟛蜞菊对崩壁进行快速覆盖，其费用仅为工程费用的1/5（张淑光等，1999)。

图4－3　蟛蜞菊及其护坡

（3）江西省余江县刘家红壤生态站小流域生态农业建设。在江西省余江县刘家站的中国科学院红壤生态站，对红壤丘陵区小流域生态农业建设进行了长期的定位试验，根据小流域内不同坡位上红壤的理化性质分异，推行“顶林、腰园、谷农、塘渔”生态农业模式。并在塘边建造猪场，以沼气池为纽带，实行种、养结合，建立饲草—猪—沼、菇—果、粮—鱼—珍珠等食物链，再定量调控种养结合链环的饲料配置、粪尿投放、制沼育菇和塘淤返田，以提高系统生产力，达到农业可持续发展。

① 顶林—腰园—谷农—塘渔是该站生态农业的主要模式。第四纪红壤丘陵从顶部到坡麓，依据水土运移特点，常分为流失段（丘顶）、过渡段（腰坡）和积累段（坡麓）3个坡段，水、热、气、肥诸性质均有分异。

红壤丘陵的丘顶，土层薄、旱、瘦，宜种根系分布深、抗逆性强、保水土的多年生湿地松、桉树、胡枝子等林、灌、草；坡麓土壤相对厚、肥、润，雨季常受侧渗浅层水影响，主要种植水稻或耗水多的蔬菜和饲料；坡腰介于两者之间，适宜发展能吸收心土层水分，经济效益、生态效益较好的柑橘、板栗等果、茶、桑园；丘间塘库则可放养鱼和珍珠，从而构成了“顶林、腰园、谷农、塘渔”的立体种植模式。其中，林、园、农三者比例因丘陵坡度和高差而异，一般坡度5°～10°、高差15～50 m者以3∶3∶4为宜；平缓者以2∶3（4）∶5（4）为好；峻陡者以5（4）∶3（4）∶2为妥。在试验区林、园内，利用时空差进行结构配置。丘顶马尾松疏林混交木荷、桉树，套种胡枝子、狗牙根，生物量均比对照提高1.5～4.1倍；覆被率增加9%～42%；水土流失量减少1/3～1/2；径流系数降低0.11～0.20。腰坡桃园初期间套花生，3年后更换为绞股蓝、草莓，比单作增加有效水3～9 g/kg；有机质增加0.04～0.12 g/kg；效益提高37.0%～67.4%。

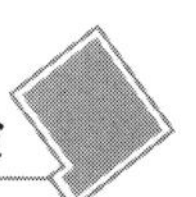

② 与试验区推行主要生态农业模式的同时，塘边建猪场，形成种养结合、多层利用的食物链。即林草枝叶、青饲料、配合饲料喂猪→猪粪尿育菇、制沼气→沼肥、菇渣入塘养鱼、育珍珠→塘淤返田、培肥塘基与稻田，使塘库与其周围红壤的集流面各部分，联系成有机整体，进一步提高红壤区的整体开发效益。食物链种养结合部常出现物流能流失调、阻滞、内耗与浪费等现象。因而，必须对其实行调控，重点在于饲料配置、粪尿投放、制菇育沼和塘淤返田等几个方面的调控，力求增产增效。

• 饲料配置。猪场多以配合饲料喂养瘦肉型猪，但饲料的不同配比直接影响饲料能的转化效率和经济效益。从能量转化角度看，饲料总能中的消化能越高，能量转化率也高。通常将猪的耗用饲料量与猪的毛重之比（即饲料系数）作为表示能量转化率的指标。猪从小到大，饲料系数增大、消化能与总能之比渐小，意味着能量转化率下降，但日饲量增多，日增重加快，粗料比重加大，使产投比升高。从经济效益角度看，长期用配合饲料喂养，成本较高；若在配合饲料中加30%青料，结果瘦肉率均为57.1%，日增重减少0.019 kg/头，成本却节省0.73元/kg，开支减少25.34%，产投比由1.8增至2.4。

• 粪尿投放。试验区塘库投放粪尿后，在1989年以前，鱼单产<650 kg/hm^2，产量与粪尿投放量呈正相关。这是由于随着粪尿投放量增多，水体透明度降低，浮游植物增加，初级生物量也逐年递增，促进以浮游植物为生的肥水鱼（鲢、鳙）生长加快。但1990年粪尿投放量高达499.5 kg/(hm^2·d）以后，产量并没有相应递增；相反，投放未发酵的粪尿过多，水中氨质量浓度高达16.58 mg/L，非离子氨质量浓度达0.14 mg/L，分别超过规定安全质量浓度的25%和1.8倍，导致肥水鱼盛夏烂鳃、肠炎、窒息，死亡率达12%。1991—1993年通过水质动态和鱼产量相关分析，确定该区塘库的畜禽粪便负荷临界值为320 kg/（hm^2·d），即每公顷水面（平均水深1.2~1.5 m）不得超过存栏肉猪65头的粪尿投放量，多余粪尿则应分流入园、入田。1994年改粪尿周年投放为鱼的生长期间（4—11月）投放。尽管粪尿投放量减少1/3，鱼产量仅减少10.6%，产投比从2.5提高至3.0。1995年干塘时，改竭泽而渔为捕大放小（<0.5 kg鲢、鳙禁捕）。鱼塘加施以磷酸钠钙盐为主要成分的鱼特灵（800 kg/hm^2）以补磷增钙，使水体初级生产力增至7~9 g/（m^3·d）。1996年鱼单产创历史最高水平，比高产的1992年还增加47.3%。

• 制沼育菇。沼气微生物能转化受物料组成、配比、温度等多因素影响。粪尿与草不同配比的5次产气试验表明，粪草比以3∶1产气率最佳，平均3 kg猪粪与1 kg草料产气0.157 m^3。其沼气热值以2 299 kJ/m^3计，热系数0.6，实际热效益为1 380 kJ/m^3，大致相当于直接燃烧的草料、猪粪。沼肥保存了草、粪的大部分养分元素，沼液中有机碳、氮、磷、钾的含量分别相当于猪粪尿的45%、48%、20%和77%。可见，沼气利用了有机物能量，降低了草料C/N值，促进了养分无机化。灌、草、秸藤秆育菇试验表明，生料栽培产量高于熟料栽培。就不同培养料的产出率而言，生料以豆科花生藤最高，达93.6%~97.6%；禾本科青草最低，为76.0%~78.4%；熟料也以豆科植物高于禾本科植物；可见育菇以豆科生料最佳。

• 塘淤返田。粪尿入塘的养分，除部分挥发和渗漏损失外，主要分布在鱼、水体和淤积物中。淤积物聚积了粪尿中13.8%的氮、20.6%的磷、72.3%的钾，说明塘库底部已成了能量和营养物质的“陷阱”。这不仅阻碍养分转化利用，而且易引起鱼病和泛塘。淤积物包括集水基面流失物、粪肥和流水带入的悬浮物等。试验区塘库1958年修建以来，底面已淤积155 cm厚，平均每年3.97 cm。塘库上游至下游，年淤积量由53.7 kg/m^2减至37.6 kg/m^2；但淤泥养分含量却逐渐递增，尤以钾更明显。清淤后，既可增加水体空间、改善容氧条件，又能增进基面肥力、提高果、粮、饲草生物量。试验表明，冬季塘埂施塘淤750 kg/hm^2，翌年黑麦草增产52.2%，白三叶增产30.8%。

据水质变化定位监测，水体营养状态变化甚速。在投粪接近负荷临界值条件下，贫养状态当年即起转化；第2年可建立稳定的生物物质循环；第3年进入富营养状态；第4～5年则应清淤返田，降低养分水平。须计算塘库养分的输入与输出，以确定投粪与取淤时间的最佳平衡（王明珠等，1998）。

（4）信丰县崇墩沟小流域以生物措施为主的治理开发生态工程。江西省信丰县崇墩沟小流域位于赣江流域的源头地区，是稀土矿采矿区和采石区。总面积1 693.70 hm^2，红壤低山丘陵地貌，境内最高海拔495 m，最低海拔184 m，河流沿岸地势开阔平坦，丘陵坡度一般介于10°～35°。该区气候属于亚热带湿润季风气候，具有气候温暖、雨量充沛、无霜期长、热量丰富、四季分明等特点。年平均气温19.5℃，多年平均降水量1 517.3 mm，70%集中在4—9月。

地带性植被为常绿阔叶林，但由于历年的林木过伐，成片原生植被已很少见，现有森林多为20世纪80年代以来人工营造的针叶林和封育的天然次生林，主要类型有国外松林、马尾松林、杉木人工林和竹林。在近年的生态环境建设过程中，由于在林木种类选择和布局方面对植被应有的生态功能不够重视，致使生物措施效益不能充分发挥作用，有时甚至产生负面影响。

在林业用地中，低效林、经济林和疏林地的水土流失面积占总面积的达到50%以上。经济林主要为新开垦的山地果园，由于地表全面翻耕，土壤严重裸露，侵蚀区土壤平均侵蚀模数高达2 847 t/（km^2·年）。低效林和疏林地的平均土壤侵蚀模数也分别达到1 976 t/（km^2·年）和1 626 t/（km^2·年）。

侵蚀最为严重的是稀土矿采矿区和采石场。水土流失面积463.54 hm^2，占项目区总面积的27.4%。其中，轻度流失面积292.59 hm^2，占水土流失面积的63.2%；中度流失面积51.18 hm^2，占11.0%；强度流失面积59.24 hm^2，占12.7%；极强度流失面积60.53 hm^2，占13.1%。侵蚀区平均侵蚀模数为3 185 t/（km^2·年），年土壤侵蚀量1.48万t。

该小流域防治水土流失的根本措施，是通过地块分类选择物种实施多种生物措施，同时，实施相应的耕作与工程配套措施，具体做法主要有：

① 物种选择。根据立地条件，选择多种功效兼顾（水土保持能力强、又有一定经济效益等）、生态适应性强的乡土乔、灌木树种。乔木阔叶树种选择了枫香、木荷、枫杨（或柳树）等乡土树种；灌木树种和草本选择了黄栀枝、胡枝子、金银花等灌木树种、草种；竹种主要有毛竹和黄竹；经济树种，对荒山及部分立地条件较好的地块，选择了脐橙、杨梅、板栗等几个经济树种，结合治理水土流失，营造经济林；对废弃稀土矿和采石场的裸岩地段，选择葛藤等藤蔓植物进行覆盖；草本植物选择了当地广泛分布的铁芒箕，在低效林地坡面上进行块条状局部种植，以逐渐改善林地地表覆盖，恢复其拦截地表径流的作用。

② 生物治理措施。根据不同地块水土流失的成因和特点，设计了7种类型的生物治理措施：

• 荒山绿化水土保持型。在崇墩沟小流域，荒山主要分布在山体的上部，立地条件中等偏下，一般植被覆盖较好，少部分植被发育较差的地段出现轻度的土壤片蚀。在治理过程中，为了不造成新的水土流失，原则上造林前不清林，树种配置为枫香+木荷和板栗+杨梅两种类型，备用树种为酸枣、丝栗。实行块状整地，“品”字形配置，尽量保留原始植被。

• 低效林改造型。低效林主要有马尾松林、杉木林、油茶林3种，这些类型在南方林区具有代表性。据统计，在江西省，这些低效林约占有林地的30%～40%。根据其形成的原因和条件，治理措施分别为：a. 马尾松低效林。该类型林下灌草极为稀少，风化的松散母质或少量成土，在雨季多被冲刷侵蚀殆尽，许多林地几乎是母岩或成土母质直接出露。土壤偏酸，有机质含量低，土壤肥力极低。林下气候条件恶劣，夏季地表昼夜温差较大。生物措施治理要求在保护好现有马尾松的基础上，采用群团状配置穴状种植点，或沿坡面布设竹节沟，立地条件差的地段种植铁芒箕，以促进形成针、阔混交林和乔、草复层型，在立地条件稍好的地段补植木荷，备用树种可选择胡枝子、合

欢、刺槐等。b. 杉木低效林。立地条件较马尾松林稍好，林下植被发育也较好，由于长期人为活动的干扰破坏，地力衰退，形成多代萌生的杉木“小老头”林。林地植被覆盖率虽高，土壤侵蚀虽轻微，但林地板结，水源涵养能力较差，林分经济效益低下，生产潜力没有得到有效发挥。为了充分发挥林地的水土保持功能和生产潜力，治理时采取阔叶树种进行隔带补植。对补植带内有培育前途的杉木萌条适度保留，并对保留株进行培土、抚育，除去多余萌芽（条）。补植树种可选择枫香、板栗，采用块状整地。对保留带内的原有植被全部保留，使其最终形成针、阔混交林，朝着针、阔天然混交林方向发展，提高林地生产力，增强生态效益。c. 油茶低效林。当前林相杂乱，油茶缺株、老树较多，树势生长衰弱。治理措施除加强中耕、施肥、修剪等抚育管理外，还要采取大苗补植，使每公顷达到1 200株左右，通过3～4年培育，有望实现更新复壮。

• 废弃稀土矿区治理型。废弃稀土矿区可划分为裸岩、矿床、矿渣和冲淤4种不同地段，生物措施与工程措施相结合是对采矿迹地水土流失治理的很有效的方法，对弃矿各段分别进行考虑：a. 裸岩区。采挖造成的陡峭坡面，是形成水土流失的主要地段。治理措施采用葛藤进行坡面覆盖，以改善景观和控制水土流失。葛藤栽植于裸岩的上方和左右两方的上半段，利用藤蔓生长发育快、藤节与地面接触易生根的特点，尽快覆盖裸岩。b. 矿床地段。矿床一般存留的都是母岩或母质，治理时稍加整平，通过穴状整地，客土并施足底肥后，栽植板栗＋杨梅，形成常绿、落叶阔叶混交林。c. 矿渣（尾砂）堆放地段。是整个矿区污染最严重的部分，土壤极度偏酸，同时坡度大，是造成水土流失最严重的地段。治理时根据地形开设排水沟，进行水平阶整地，阶内设置竹节沟，台阶上挖出植穴，客土施肥后种植脐橙。台缘坡面可用稻草混合泥土覆盖，并培植生物埂。d. 淤泥。多处于弃矿排水出口地段，采矿时由排泄的泥沙淤积形成。这种地段污染比矿渣还要严重，且结构紧实，不透气，治理时可先直接就地移植小叶芭茅，以50 cm×50 cm的株行距种植，尽快覆盖地面，待土壤经过一定时期淋溶后再进行开发利用。

• 河岸治理护岸型。河岸两边主要是被淤毁的农田，地表一般都有一层近20 cm厚的河沙覆盖，已难以种植农作物。治理过程中，在沿河的一侧种植枫杨或柳树，或密植形成植物篱，起到拦沙挂淤的作用。在其内部，成片种植黄竹。在靠近农田地段，可采用柳或枫杨，按1.5 m×1.5 m的株行距种植，培植薪炭材矮林。在常年洪水位之上形成河岸阶坡的地段，根据河岸的自然地形，于常年洪水位之上种植芭茅，以防止雨水冲刷造成泥土流失。

• 采石场植被恢复型。流域内有采石场两处，较平的地方也全是石砾，造林难度较大。裸岩一般不会像稀土矿裸岩的水土流失那样严重，但仍有水土流失和视觉污染。平地利用裂隙土统一种植葛藤，实施藤本覆盖。

• 果园生物护埂型。在坡地上开垦的果园一般已建成水平台阶，在台沿边营建生物埂，是一种优良的模式。营建生物埂，宜选择黄栀子和金银花等植物，在台沿边成带种植。这两种植物具备了生物埂对植物材料要求的特点，而且还具有较好的经济价值。此外，在台的内侧修配竹节沟，有利于台面及沿坡的径流汇集和排蓄，同时在排水系统两端建沉沙凼和排水系统，减缓水流速度，控制水土流失。

• 道路护坡固土型。项目区村级公路一般都贯穿于农地或林缘，道路两旁多有植被覆盖。公路绿化，在不影响农作物生长的前提下，采用乔、灌配置型，即距离农田较远的地段种植杨树、香樟、桉树等乔木，距离农田较近的地段种植夹竹桃等灌木。

③ 实施与生物措施配套的耕作与工程措施。以恢复植被为主的生物措施治理水土流失，在实施过程中还必须与其他一些相应的耕作与工程措施相配套，才能使植被在保持水土方面发挥出更加有效的作用。

• 整地措施。采用适宜的整地措施，可有效控制对地表的破坏程度，减轻治理活动中对水土保持的不利影响。在实施生物措施的整地过程中，一般禁止全面整地，尽量保护好现有的地面植被，一般采用块状整地方式，以避免造成新的水土流失；治理的坡面地块，种植穴宜呈“品”字形配置，以充分发挥植物保持水土的作用与功能。种植穴的大小应根据立地条件和种植物种适当确定，对经济树种和地势平坦的地段可以采用大穴整地，而灌、草植物的种植宜采用小穴整地；对植被保留带的保护采取水平阶整地，应保护好台沿间的植被保留带，充分利用保留带拦截泥沙、保护台沿的作用，尽量减少泥土逐台下移。

• 排蓄措施。在坡面及相关地带，采取一些排蓄措施，以调节好坡面水流的路径与作用，更有效地防止流水冲刷，同时利用水资源；在果园台面内侧人工修配竹节沟，在长坡沿等高线布设截水沟，以调节坡面径流，减轻水土流失；在建园过程中，要根据坡面的地形特点，修筑一些小型蓄水池以汇集坡面径流，既能解决建园后的灌溉用水，又能通过对坡面水的排蓄有效地控制地表径流；崇墩沟河床淤塞严重，须对河床进行排沙疏通，保护沿河两岸的农田和农户的安全。

• 拦截措施。在有泥沙堆积和存在严重潜在侵蚀危险的地段，采取小型的工程配套措施，以有效地控制泥沙的侵蚀；在稀土尾矿的排水出口，常存在大量的泥沙堆积，而且在矿区还存在雨季有大量泥沙经过出口进入河道的潜在危害。辅建小型的拦沙坝，可有效拦截泥沙进入河道；在微地形坡面有泥沙侵蚀的汇集地，设置适当的沉沙凼，以沉积沟道、坡面侵蚀的泥沙，减少水土流失。沉沙凼的大小，可视坡面具体情况而定（王峰等，2005）。

（5）淳安县鸠坑溪小流域治理。鸠坑溪小流域位于浙西山地丘陵区鸠坑乡境内，溪流发源于浙江、安徽两省交界的白际山脉，由南往北流经全境，最终注入千岛湖。流域总面积 13.5 km^2，涉及4个行政村。有耕地面积 49.88 hm^2，约占土地总面积的 3.69%，其中，旱地面积 45.27 hm^2；林、园地面积 1 222.02hm^2，约占土地总面积的 90.05%；其他用地面积 78.1hm^2，约占土地总面积的 5.78%。境内坡度在 25°以上土地面积占 80% 以上。气候属亚热带季风湿润气候，温和湿润，雨热同季，光照充足。年平均气温 17℃，多年平均降水量 1 650 mm，降水分布很不均匀，大部分集中在 4—8 月，多年平均蒸发量 700 mm。土壤主要为黄、红壤，土壤垂直分布由高到低大致为黄壤、黄红壤、侵蚀性红壤和水稻土。植被资源主要是天然次生植被和少数人工植被。海拔 200 m 以下，以枇杷、柑橘、桃、茶等人工植被为主；海拔 200 ~ 800 m，以松、杉、柏、阔叶树等用材林及山核桃、板栗、竹等经济林为主；海拔 800 m 以上，是黄山松、光皮桦、金钱松、白栎等树种组成的温性常绿、落叶阔叶林、针叶林和针阔混合林等。

农村经济以种植业和林业为主。耕地以种植旱粮为主，有玉米、小麦、甘薯、大豆、水稻、油菜等；林地多产松、杉、毛竹等；经济林主要以山核桃、板栗、桃树为主；园地盛产茶叶、柑橘。茶叶是当地的传统经济作物，鸠坑茶历史悠久，经精加工后的“鸠坑毛尖”“鸠坑毛峰”均属茶中佳品。

① 治理前水土流失和水土保持现状。鸠坑溪小流域治理前水土流失面积达 299 hm^2，占总土地面积的 22.14%。其中，轻度侵蚀面积 147 hm^2，占流失面积的 49.16%；中度以上侵蚀面积 152 hm^2，占流失面积的 50.84%。水土流失的类型主要是水力侵蚀。通过 2000—2006 年的综合治理，水土流失面积显著缩小；现仅有中度流失面积 29.4 hm^2，其余均无明显流失，年减少水土流失量 3.7 万 t。林草面积达到宜林宜草面积的 90% 以上。淳安县全县水土流失面积也从 755 km^2 减少到 509 km^2。

② 治理措施。

• 修筑堤坎，将陡坡地改为坡式梯地，缓坡改为水平梯田。a. 筑石堤。这是流域内传统的扩大耕地面积的有效措施之一。在山地坡度较大、土层较薄、水土容易流失、块石较多的地区，就地取材，根据地形，每隔 4.0 ~ 5.0 m，砌成带状水平石堤，高度一般为 1.0 ~ 1.5 m。石堤筑成后，使陡坡变成了缓坡，减缓了地表径流速度，分层拦蓄了泥沙。b. 筑泥堤。在土层较深、块石不多、

坡度平缓的山地（坡度约10°以下），为了不使山坡地上的肥土流失，采用筑泥堤的方法，在泥堤脚每隔1～2 m打上木桩，堤顶筑以高粱秆和树枝条，起到阻止泥土下滑的作用，泥堤高度一般在1.0 m以内，呈梯迭状，使地表径流减缓，防止水土流失的效果比较显著，泥堤便于就地取材，是一项容易推广而又行之有效的措施。

• 兴修山地小水利，蓄水保土，提高抗旱能力。a. 筑山茅坑（小蓄水池）。山茅坑选址在地形比较平坦且土层较厚、最好附近有小冲沟处，山茅坑既可以拦蓄来水，减少地表径流，还可以在天旱时灌溉地块，平时将野草及牛粪等纳入坑内，可用于积肥，容积大小按灌溉受益面积及抗旱天数来决定。b. 掘泉水坑。根据地形、地质条件，在地下水位较低或泉水出露处，布置泉水坑，用以积蓄地下、地表水，一般为50～100 m^3。具体建造方法与山茅坑相似，它的好处，一是汛期蓄水；二是旱季抗旱。c. 开排水沟。在面积较大的坡耕地中，为了排泄雨水，使坡面不致被冲刷，需要挖排水沟，根据地形条件和地块汇水面积，在低洼易积水的地方开纵沟，在石堤、土堤堤脚及较大面积的坡地中间开横沟，使雨水先流入横沟，再进山茅坑（水池），最后汇入纵沟排出。d. 挖沉泥潭。利用坡地的自然地形，在地形比较平坦低洼的地方，一般在纵沟通过处或在纵横沟交汇处挖沉泥潭。通过修建沉泥潭，一是将径流带来的泥沙，通过沉泥潭沉淀下来；二是起蓄水作用。e. 修谷坊，在冲沟地形平坦开阔的地方，选址建谷坊。涨水时，水从坝面溢出，水中夹带的泥沙被坝拦截。拦蓄的泥沙可起到调整山沟坡降，降低侵蚀强度的作用，又可将拦蓄的泥沙培厚坡地土层。

• 采用多种水土保持农业耕作措施。a. 作物条播。在土质肥沃的坡地上，采取等高条播密植作物，并间种特种经济作物（如茶叶、黄花菜、白术等）的办法，减缓地表径流。b. 套种间作。采用小麦、黄豆、玉米或黄粟进行轮作或先后套种的办法，小麦一般在霜降前、寒露后套种在玉米地中，来年小满前后收割；黄豆一般是3月底（清明前3～7 d）套种在小麦地中；玉米一般在小满后4～5 d在小麦地里套种，立冬前后收获。山坡地上1年三熟套种方法，不仅能充分利用土地、增加单位面积产量，而且由于延长植被的覆盖时间，起到了保水保土作用。c. 冬耕深锄。冬季作物播种生长以后，结合除草锄地，使生土和泥块经冻融加速风化，变浅土为深土，变薄土为肥土，同时土层经深锄后，土质疏松，可增强土壤吸水性，减少地表径流量。d. 割草铺地。铺草1年分为2次，首次在夏季玉米地中耕施肥后，此时玉米生长幼小，作物间距大，时间又处在主汛期，暴雨集中，极易产生水土流失，这时上山割嫩柴、茅草把地铺盖起来，第2次是在秋豆收割后铺青草，既可防止水分蒸发，又能提高土壤肥力，提高粮食产量。

• 种植多年生的经济作物和植树造林，封山育林。棕榈、油桐等植物比较耐旱，可在梯田、梯地的埂堤及山谷溪沟两旁、山脚种植，巩固埂堤，稳定边坡，起到防止水土流失的作用。在陡坡疏林地和25°以上坡耕地等水土流失严重的地块，实行封山育林或更新造林，主要树种有：松、杉、柏、油桐、棕榈、桑、油茶、栗、麻栎、毛竹等（余国庆等，2007）。

（6）根溪河小流域崩岗治理生态工程。根溪河小流域位于福建省长汀县河田镇西部，全流域土地总面积2 272.9 hm^2。流域内海拔270～690 m，地貌以低山、丘陵为主，在河流沿岸及支流有河谷盆地分布。具有花岗岩在长期湿热气候条件下发育形成的深厚的红色风化壳，一般厚约10～20 m，最厚可达50～60 m。地面植被遭到破坏后，红色风化壳直接受到流水的强烈侵蚀，呈现千沟万壑的景象，坡面强烈侵蚀，造成泥沙在谷底和河流严重淤积。该小流域处于中亚热带季风湿润气候区，多年平均气温18.3℃，多年平均降水量为1 730.4 mm，降水年内分配为双峰型，降水量集中，降水强度大，3—8月的降水总量为1 318.3 mm，占全年的76.18%。在实施水土保持治理前，不少地方寸草不长，仅生长少数马尾松“小老头”树，植被盖度仅为5%～10%，且年生长量极低。

全流域的崩岗侵蚀面积大，集中于该小流域中、下游的花岗岩构成的低丘、浅丘的坡面上。崩岗面积 24.5 hm^2，崩岗个数 131 个，条形的个数最多，其次为瓢形，崩岗密度 1.08 个/hm^2，最大的崩岗面积达 2.33 hm^2。崩岗发育以中期的最多；稳定型崩岗占的面积最小；半稳定状态的崩岗个数占一半多。

根据对崩岗系统的分析，对根溪河小流域崩岗治理的基本思路如下：控制集水坡面跌水的动力条件；减少崩积堆的再侵蚀过程；把崩岗治理与经济利用结合起来。

在崩岗的治理上，从上到下，从坡到沟，从沟头到沟底，从崩积体到冲积扇，全面布置，层层设防。

① 集水坡地的治理。减少坡地地表径流，避免崩岗沟头迭水是治理崩岗的核心环节。在沟头以上的集水坡地内，以生物措施为主，结合工程整地（主要是挖水平沟），尽量做到水不出坡，从根本上控制导致崩岗发展的动力条件。具体措施因集水坡地的立地条件而异。如果坡地比较完整，红土层尚存，可以进行开发性治理，种植果、茶等；如果坡地较破碎，红土层被剥蚀殆尽，则应种植生态林草。整地时，在坡面上挖小水平沟（沟面宽 50 cm × 沟底宽 40 cm × 沟深 30 cm，沟长 4 m），相邻的两条等高水平沟间距 2 m，水平沟左右间距 3 m，每条沟内回客土后种植 1 株枫香、7 株胡枝子；同时在崩岗的两侧，按株距 1 m 种植葛藤，以固定沟壁防止侧崩。在距沟头 5 m 处的坡面上，沿等高线挖一条截水沟（沟面宽 60 cm × 沟底宽 50 cm × 沟深 40 cm，沟长 4 m），每 2 ~ 3 m 留一小埂呈竹节状（竹节沟），沟埂的外沿种一排香根草，株距 40 cm。生态林、草中树种应以地带性树种为主（在根溪河小流域选择了木荷、枫香、闽粤栲、胡枝子、轮叶蒲桃等本地乔灌木）。在集水坡面治理中必须注意不能把树木种植到崩岗沟缘附近，应与沟缘保留一定的距离，一般为 4 ~ 6 m。这是因为树木特别是乔木的生长，会促进沟缘附近风化壳裂隙的发育，有利于地表径流的渗入，导致土体内聚强度的下降，同时树木的生长也增加了土体重力负荷，在强降雨或风力较大时，树冠的摇动，会大大增加根茎对土体的破坏，造成沟头崩塌。在沟缘附近的坡地可以种植浅根系的草类，如芒萁、百喜草等，以增加表土强度，抑制沟缘裂隙的发育。集水坡地经合理治理后，由于植被生长，水土流失可得到很好的控制。集水坡地的治理是崩岗发育初、中期治理的关键；但如果崩岗已发育到晚期，沟头已切过分水岭，或已呈现劣地地形，对坡面的治理意义就不大了。

② 崩积体的治理。沟头和沟壁崩塌下来的风化壳堆于崖脚，减小了原有临空面高度，有利于沟头和沟壁的稳定；但崩积体土体疏松，抗侵蚀力弱，一旦崩积体受到侵蚀，临空面高度又会增加。因此，控制崩积体的再侵蚀是防止沟壁溯源侵蚀的重要组成部分。一般情况下，对于小崩岗，只要坡面治理得当，崩积体就能很快稳定下来，当地喜酸性草灌藤类植物如芒萁、野古草、鹧鸪草、巴戟、酸味子、小叶冬青、野牡丹等都会自然恢复生长。

如果崩岗面积大，崩积体坡度大，则可采取以下治理措施：首先对崩积体进行整地，填平侵蚀沟，然后种上深根性的香根草，草带间距 2 m 左右，草带间种植藤枝竹和牧草（如百喜草、芒萁等）。因崩积体土体疏松，抗侵蚀性弱，应种植深根性、抗埋压且生长迅速的植物品种，以防止降雨侵蚀和切沟的产生。香根草根系入土可达 2 m 以上，对防止崩积体内侵蚀沟的形成和土体的蠕动均有良好的作用。竹类也具有不怕土体掩埋的特点，特别是藤枝竹根系极为发达，抗干旱、耐瘠薄的能力强，成活率高，又是优良纺织材料，也可作为固定崩积体的优良植被。经实践证明，草、竹结合是治理崩积体的一个有效模式。如果崩岗已发育至晚期，崩积体面积较大，坡度较缓，且有一定的资金投入，可对沟壁和崩积体进行削坡，种植经济效益较高的茶叶、果树、绿竹或麻竹等，进行开发性治理，但首先必须做好地被物的覆盖。

③ 崩岗沟底（通道）的治理。崩岗沟道位于崩积体与冲积扇之间，是崩岗侵蚀的物流通道，其主要功能是传输集水区内的径流和泥沙，并出现堆积与下切相交替现象。该部位水分条件较好，大部分沟底下切已逐渐趋缓。沟底的治理应以生物措施为主。在根溪河的崩岗沟道的治理上采用了

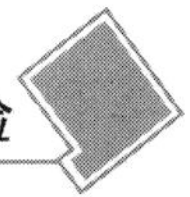

以下措施：a. 种植香根草带（带间距 2 m，株距 30 cm）；b. 香根草带 + 胡枝子（梅花状穴植，株间距 1.5 m）；c. 香根草带（植法同上） + 胡枝子（植法同上） + 吊丝竹、石竹（梅花状穴植，株间距 2 m）等措施。草带间可以套种绿竹和麻竹。在沟底平缓、基础较实、口小肚大的地方，可以修建各类谷坊（如石谷坊、土谷坊、生物谷坊、拦沙坝等），以拦蓄泥沙，节制山洪，巩固和抬高侵蚀基准面，以稳定坡脚，降低崩塌的危险。每个谷坊高 1 m。在崩岗沟底种植植物，均需要客土或施用的生物有机肥。

④ 崩岗冲积扇的治理。集水区水力侵蚀以及崩岗沟缘重力崩塌产生的大量泥沙，经过崩岗沟底通道进行输送，在地势相对较平缓开阔的地方堆积下来，形成冲积扇，部分则直接汇入河溪。在崩岗比较集中的小流域，冲积扇连成一片，并掩埋原有山溪流。冲积扇的治理主要是防止泥沙向下游汇入河流。

冲积扇的治理主要以种植竹、草为主，采取等高种植香根草、象草或二系狼尾草带，中间套种竹类，可以在较短的时间内控制泥沙下泄。二系狼尾草是一种多年生的禾本科牧草，其根系发达，且生物量在已试验的侵蚀山地高达 225 t/hm^2 左右（试验条件：每公顷施用 0.75 t 生物有机肥和 0.30 t 过磷酸钙作为基肥，每次割草后，施用沼液或猪粪 2.25 t/hm^2）。草被的生物量大小与水土保持的效果密切相关；而且其干草粗蛋白的含量可达 15% 以上，该牧草适口性强，既可作为牛、羊、兔、猪等的饲料，降低饲养成本，又能达到水土保持的效果，使水土流失治理与农民的经济利益结合起来，农民易于接受。

在根溪河小流域，从 2001 年初开始对崩岗的治理试验，至 2004 年 6 月进行调查，经治理的集水坡面植被覆盖率由原来的 28% 提高到 76%，原有的马尾松树高年增长从平均 18 cm 增至 38 cm，沟道的平均植被覆盖度由治理前的 26% 提高到 68%；补植的胡枝子、枫香、芒萁、鹧鸪草、黄瑞木等本土草灌也生长良好。经治理的崩岗平均土壤年侵蚀模数下降至 3 175 t/km^2，而同期未治理的对照崩岗土壤年侵蚀模数为 30 488 t/km^2，降低了 89.6%，崩岗也由活跃状态逐渐趋于稳定（陈志彪等，2006）。

（7）江西省千烟洲中亚热带红壤丘陵山区农业资源的综合利用和管理生态工程。千烟洲试验站始建于 1982 年，位于江西省中南部的泰和县境内（26°44′N，115°04′E），属典型中亚热带红壤丘陵区，土地总面积 195.3hm^2，含 3 个小流域，81 个小山丘。该站创建了“丘上林草丘间塘，河谷滩地果渔粮”立体农业开发的“千烟洲模式”。即模拟当地自然顶极生物群落进行多层次立体布局，山丘顶部封育林草，丘陵坡地造林栽植不同树种，丘陵下部发展油茶和人工牧草，丘陵阶地发展柑橘等水果，高低河漫滩和阶地发展粮食和经济作物，沟头河谷修建山塘水库用以灌溉和养鱼（李文华等，2003）。

千烟洲试验站 1985 年被列为江西省“山江湖”综合开发治理试验示范基地，1988 年经中国科学院和江西省人民政府批准正式建站，同年被确定为联合国教科文组织人与生物圈计划（MAB）红壤丘陵综合开发治理国际试验示范研究站，1990 年成为国家区域农业综合发展试验示范区，之后又定为联合国开发计划署（UNDP）赣中培训中心，现在是中国科学院生态系统研究网络的基本站之一。

①治理前的千烟洲。治理前的千烟洲是无林，缺水，土地大量荒芜，水土流失十分严重，经营单一，经济落后的贫穷小山村。只有 7 户人家，31 口人，11 个劳力。平均每人占有土地 6.3 hm^2，其中，人均占有耕地 0.68 hm^2，荒山草坡 5.54 hm^2。据 1982 年统计，千烟洲年农业总收入仅 5 828 元，种植业占 76.7%（其中，粮食收入占种植业的 98.05%），畜牧业占 20.02%，副业和渔业占 2.2% 和 0.9%。人均年纯收入 120.4 元，耕地平均产值仅 345.75 元/hm^2，土地利用率仅 10.9%。

②开发治理的关键措施。

一是以水为突破口。亚热带红壤丘陵区共同的特点之一就是季节性缺水，有规律性伏秋旱。红壤丘陵区的春季因正值雨季，农田作物并不缺水；一般在7—10月农作物特别需要水时，南方常发生严重的伏秋旱。千烟洲从开发治理起始就以水为突破口，抓住能够保证近期获得经济效益的“水”。根据小地形和集雨面，在千烟洲境内修建了20多座塘库，利用每年4—6月降水集中、雨量丰沛（约占全年水量的40%以上）的自然特点大量蓄水，使全洲的蓄水量由过去$5.7\times10^4m^3$，迅速增至$15\times10^4m^3$，从根本上攻克了缺水的难关。随着水源条件的改善，农田得到整治，扩大了复种指数，农作物总产量和单产显著提高；果树及其行间的旱地作物也由于及时得到灌溉而生长良好，迅速地获得了生态经济效益。同时，塘库由于常年有水，为发展渔业创造了条件，“以水为突破口”带来了综合效益。

二是将柑橘发展为主导产品。千烟洲红壤丘陵适宜发展粮食生产的土地面积有限，潜力不大，但有相当面积的土地适种柑橘，而在全国果业区划中，千烟洲正处于宽皮橘的适宜种植区内。柑橘的经济收益高，栽种3年后即可开始结果，第4年可投产，投产期可保持30年，一般在进入盛果期后每公顷可产柑橘30 000 kg以上，按平均1.0元/kg计算，可收入30 000元以上，高产橘园每公顷可产柑橘$6\times10^4\sim7.5\times10^4$kg，如按平均1元/kg计算，每公顷可收益30 000～37 500元。幼龄橘树在投产前行间可以种植大量作物或培育苗木等，也能获得一定的经济效益。柑橘投产后就成了“摇钱树”，并可有力支持长期才能获得效益的林业的发展。可见，选定柑橘作为千烟洲红壤丘陵创造中期收益的果树是适宜的，最宜列为本地区发展农村经济的主导产品。

三是尽量丰富短期收益的项目。中期收益的主导产品选定之后，短期收益如何安排？在千烟洲开发治理的初期，充分利用橘园幼树行间的土地，种植收益快、经济收益好的花生、芝麻、西瓜、蔬菜、药材、苗木等经济作物。这样不仅当年就可获得相当的收益，而且通过中耕、除草、施肥等农事活动培肥了土壤，改善了土壤的结构，更有利于柑橘幼树的生长发育。在安排好种植业的同时，还发展了畜牧业与水产养殖业，进一步扩大了短期收益的内容。

四是同步大力发展林业。既充分考虑开发者当前的利益又兼顾长远的生态效益和经济效益，为红壤丘陵区农业持续发展打下坚实的物质基础。林业使新建立起来的千烟洲红壤丘陵人工生态系统保持稳定和持续发展的关键。林业虽然是长期才有经济效益的产业，但近期不造林，远期则无林。为了尽快改善红壤丘陵的生态环境、涵养水源、控制水土流失、保护农田和果园，达到治用目的，必须尽早造林，使近期只能收到生态效益，远期才能获得巨大经济效益的林业得到同步发展。所以，在千烟洲开发初期，就坚持实施与主导产品同步大力营造人工林的措施。1984—1986年，第一期改造工程造林123.17 hm^2，占千烟洲全部面积的63%。对每个山丘、每条沟都作了既有层次又顾及全局的安排，不但有近期见效的经济作物、粮食、牛、猪、鱼等产品，也有中期见效的高产值产品柑橘和远期见效的林业。千烟洲的开发，近期有甜头，中期有靠头，远期有奔头。

③治理效益。

- 显著的经济效益。经过10年的开发治理，千烟洲红壤丘陵区已获得显著的经济效益。据统计，千烟洲土地利用率由10.9%提高到91.5%；共造林150.84hm^2，建果园33.33hm^2；改造和开辟农田15.06hm^2；复种指数由原来的116%提高到190%；粮食平均单产由1 717.5kg/hm^2提高到6 120kg/hm^2，增长249.3%；水面由开发前的4.06hm^2扩大到8.93hm^2，年蓄水量由5.72×10^4 m^3增长到15×10^4 m^3；人工饲料、饲草地面积比开发前的1982年增长66倍；养牛、养猪和养禽数量分别比原来增长7倍、90倍和16倍；养殖水面不断增长，鲜鱼产量比开发前增长33倍；1995年统计表明，试区人口已增加到273人，人均收入已达2 947.4元，比1982年增长20.5倍；农业总收入已达114.95×10^4元，比1982年增长190倍。

- 良好的生态效益。千烟洲开发伊始就很注意生态效益，仅几年时间生态环境就得到了根本改

善。主要表现在：a. 森林覆盖率不断上升。开发前的千烟洲有林地面积仅 0. 88hm^2，森林覆盖率仅 0. 43%，从 1984—1986 年共营造人工湿地松、马尾松以及其他常绿阔叶林 123. 17hm^2，并进行了树种的引种与选育研究，红壤丘陵的森林生态系统基本建成，森林覆盖率达 70% 以上，形成了乔、灌、草复合结构，林内的各种兽类以及鸟类、昆虫等种类不断增加。b. 水土流失基本得到控制。据 1983 年实地调查，开发前的千烟洲有水土流失和裸露地 28 处，约占总土地面积的 1/16 以上，随着千烟洲大规模植树造林，使千烟洲境内的 81 个山丘全部绿化，水土流失已基本上得到控制。据实际观测，千烟洲的平均年径流量和水土流失量分别由开发前的 260. 34t/hm^2 和 0. 48t/hm^2 减少到 1987 年的 167. 52t/hm^2 和 0. 103t/hm^2。c. 生物生产量不断上升。1984 年开始封育的次生疏林灌丛地，生物生产量已由 2. 5 ~ 3. 0t/hm^2，上升到 1997 年 90 ~ 230t/hm^2。与此同时，在森林植被中已逐步出现一些耐阴植被种类，它标志着森林群落内的乔、灌、草结构正在形成，植被正朝着顺向演替，森林生态系统正向着良性循环转化。

• 巨大的社会效益。千烟洲红壤丘陵综合开发治理试验从 1983 年开始实施，通过新闻媒介向社会传播“千烟洲模式”，产生明显的综合效益。据初步统计，到 1992 年年底，约有 30 多个国家和国际组织的专家团组来访问、参观、考察和学习。并对“千烟洲模式”予以高度评价。在当地各级政府的支持下，千烟洲经验在江西省，特别是在吉安地区和泰和县大面积推广。到 1994 年年底，“千烟洲模式”在吉泰盆地已建有 38 处示范推广点，面积达 866. 67hm^2，产生了巨大的社会效益。1995 年 8—10 月间，中央电视台曾两次在《辉煌的“八五”》等栏目中介绍了千烟洲的经验；江西电视台、吉安电视台也曾多次播放千烟洲经验，更加促进了千烟洲经验在全省和全国的推广，对大面积开发红壤丘陵产生了深远的影响。

4. 4 其他山区小流域生态建设和高效生态工程典型分析

4.4.1 南方紫色土山区小流域生态建设和高效生态工程典型分析

我国紫色土的面积为 16 万 km^2，分布在川、滇、黔、湘、浙、赣、苏等省。其中，长江上游的紫色土，约占长江上游面积的 18%，集中分布在四川省和云南省境内，这两省内的紫色土占全国紫色土总面积的 75% 以上。四川盆地分布最集中，紫色土面积占耕地总面积的 68%。紫色土分布区多为丘陵、低山，而且由于紫色母岩的物理风化强烈和易遭受侵蚀的特性，使紫色土分布区多形成所谓紫色盆地地貌，如四川盆地、衡阳盆地等。一般在西部地区紫色土分布区海拔较高，多在 400 ~ 1 600 m，东部地区海拔较低，一般在 200 m 以下。紫色土分布地区一般年均温 14℃ 以上，夏季气温高、雨热同期，常为暖温带湿润季风气候。

紫色土是紫色砂页岩上发育的一种岩性土，紫色砂页岩颜色较深，因此吸热快，升温快，降温也快，促进了岩石的崩裂和破碎，物理风化强烈，形成大量胶结能力极弱的松散碎屑物，因而紫色土也是我国的一种强侵蚀性土壤，其侵蚀程度仅次于黄土。据研究，同一小流域在相同地貌和降水条件下，红壤丘陵区的侵蚀模数是 4 108. 36 t/（km^2 · 年），而紫色土丘陵区为 5 619. 89 t/（km^2 · 年），较红壤高出 35% 以上。紫色土有机质含量较低，但潜在肥力较高，特别是钾的含量丰富。

紫色土虽然物理风化强烈，但化学风化微弱，土中砾石含量较高，孔隙量也大，表土层砾石含量可达 22. 5%，心土层砾石含量为 15. 8%。紫色土中颗粒组成以粗粒较多，>0. 01 mm 的沙粒占 52. 00% ~ 69. 97%，尤其是 0. 05 ~ 0. 10 mm 的颗粒占 34. 40% ~ 41. 99%。从土壤孔隙状况看，>0. 01 mm 的通气孔隙量比细孔隙量高 22. 2% ~ 66. 1%，而黄壤的两类孔隙各占 1/2。由于紫色土中碎屑物多，>0. 01 mm 的沙粒含量高，>0. 01 mm 的孔隙量也多（何毓蓉等，1990），因此，土壤松散，固结性差，土壤上水的径流强度大，容易发生严重的水土流失。而且紫色土分布区雨量丰富，年降水量多在1 000 mm以上，降雨集中，暴雨频繁，地面植被覆盖又差，使得紫色土分布区的土壤侵蚀非常严重，形成母岩风化一层即剥蚀一层的现象。

紫色土分布区一般植物种类繁多、生长茂盛。在西部地区，如云贵高原和四川盆地海拔在800 ~ 1 600 m的地区，主要为亚热带常绿落叶阔叶林，个别为针阔混交林，在200 ~ 800 m 的地区一般为亚热带常绿阔叶林；在东部和南部紫色土分布区的海拔低于200 m 的地区，一般为热带、亚热带常绿阔叶林。

(1) 长江上游云南洋派河紫色土小流域生态修复效果研究。

① 洋派河小流域生态环境特点与现状。洋派河小流域位于云南省楚雄州姚安县西部，洋派河是长江上游金沙江的二级支流。该小流域属中亚热带、低纬度高原季风气候区，气候特点是春暖秋凉，冬无严寒，夏无酷暑，温度年较差小，日较差大，雨热同期，夏秋多雨，冬春连旱，干湿季分明，日照充足。洋派河小流域土地总面积49. 48 km^2。在实施生态修复之前的1998 年，有林地面积16. 21 km^2、灌木林2. 58 km^2、经济果木0. 95 km^2。农地中坡耕地面积占18. 5%；荒山、荒坡面积大，占流域总面积的42. 1%；疏幼林面积占流域面积的5. 1%；其他难利用地、非生产性用地和水域面积等占流域总面积的4. 8%。

土壤以紫色页岩风化形成的紫色土为主，成土母质含泥比重大，土层较薄，抗蚀性能差。构造盆地周围母质局部裸露，水土流失严重，面蚀和沟蚀等水力侵蚀分布广泛，植被破坏后不易恢复。流域内轻度、中度和强度土壤侵蚀面积分别占流域总面积的26. 1%、35. 2%和18. 9%。

自然分布的主要地带性植被类型为中亚热带半湿性常绿针阔叶混交林，现存植被大部分为以次生云南松、华山松和以栎类为主的针阔叶混交林，萌生性的阔叶薪炭林，灌木丛及荒山草被等。

② 洋派河小流域复合生态系统组成要素的修复。洋派河小流域生态系统主要由脆弱坡地农田生态系统、由森林生态系统退化形成的荒山荒坡和不能发挥森林生态系统功能的疏幼林地组成。经过1999—2002 年的人为修复，小流域内增加了针对陡坡耕地的人工梯田、针对荒山荒坡的水土保持坡面防护林和经济果木林、针对疏幼林的人工封育保护区、针对沟道水土流失的小型水利水保工程等新的生态系统类型。相对稳定的生态系统类型的面积，和开始正向演替的生态系统类型的面积有了显著增加，脆弱生态系统类型面积明显减少。根据2002 年年底统计，流域内坡改梯面积增加了0. 37 km^2，水土保持林面积增加了6. 92 km^2，经济果木林增加2. 98 km^2，封禁治理面积增加4. 86 km^2，谷坊、拦沙坝、蓄水塘池等小型水利水保工程增加103 处。水土流失面积治理率达到95. 3%。修复后的植被分布面积完全郁闭后，森林覆被率可望达到75. 0%以上。通过4 年生态修复措施的实施，作为生态系统重要组成部分的动物种群数量也明显增加，在修复后的封育管护区和水土保持林等地域范围，出现了以前很少见到的高原兔、长耳鸮、松雀鹰、山斑鸠、草游蛇、雉鸡、白鹭、白头鹎、山雀等动物。自然封禁治理较未封禁和农耕种植具有显著而且稳定的水土保持效果，可见，自然封禁是目前紫色土荒坡地最适宜的水土保持措施。

③ 洋派河小流域复合生态系统结构与功能修复的效果。

• 改善流域生态系统结构。选择小流域内主要生态系统类型的典型地段，对生物多样性、生物量、群落结构特征进行了测定，结果显示，森林生态系统严重退化的荒山、荒坡，经过人为封育管护和建设水土保持林后，单位面积生物量都显著提高，以水土保持林提高最明显，单位面积地上部分生物量是荒地的10. 4 倍；生物多样性显著增加，封育管护区增加最明显，植物物种是荒地的3倍，物种个体数量是荒地的1. 7 倍；群落结构得到改善，人工水土保持林已形成了较明显的立体垂直结构，由云南松、车桑子直播苗和黑荆树移栽苗组成的乔灌混交林密度较大，黑荆树生长很快，移栽后2 ~ 3 年就可郁闭。以后，随着林分的自然演替生长和人为疏伐经营，最终地带性分布的云

南松将占据林分主体，这也顺利解决了坡面水土保持林短、中、长期的防护效益问题。

• 改良土壤理化性能。对同一生态系统类型实施修复与未修复的不同土层的土壤物理特性进行了比较，结果表明，在不同生态系统类型的土壤垂直剖面上，荒地的平均土壤容重分别比水保林和封育管护区大7.2%和17.7%；坡耕地比梯田大9.7%。这是由于水土保持林的营造和封育管护措施的实施，使其植被覆盖率增高，植物根系发达且分布广泛、土层疏松，使土壤质地明显得到改良；陡坡耕地整修为梯田后，耕作层土壤的容重明显减小，土壤通水透气能力增强，土壤物理性能也开始向良性转化。在不同生态系统类型的不同土层间，均明显地存在着随土层深度增加土壤容重逐渐增大的趋势，说明实施不同修复措施后，越往表土层，土壤物理性能的改良效果越好。按不同土层有机质含量的平均值计算，小流域内水土保持林地和封育管护区的有机质含量分别比对照荒地高47.0%和14.4%，表明水土保持林地内乔、灌、草本植物混生，水湿条件较好，有利于微生物的活动，枯枝落叶的分解速度较快，而荒地的土壤含水率低，植被郁闭度低，有机质来源少，微生物活动弱，有机质含量就低。所有生态系统类型的全N含量都低于0.1%，随土层深度的增加，含N量减少。由于人工施肥、水土保持和气热条件变优等的原因，梯田的全N含量大于坡耕地22.5%；水土保持林和封育管护区的全N含量分别大于荒地48.4%和41.8%；梯田的全P含量大于坡耕地15.8%；水土保持林和封育管护区全P含量分别大于荒地27.1%和13.6%。

• 水土保持能力增强，水土流失减轻。根据在洋派河小流域设立的15°坡面标准径流小区2002年雨季13场产流降雨资料，封育管护自然恢复坡面的土壤流失量分别比荒地和坡耕地减少36.3%和32.7%，水土保持林坡面的土壤流失量分别比荒地和坡耕地减少32.9%和29.2%。

洋派河小流域生态修复的研究表明，长江上游有自然恢复条件的退化生态系统，经过4年人为措施修复，小流域复合生态系统的组成要素、生态系统结构和功能都得到一定程度的改善。生态系统类型增加，较稳定的和趋于正向演替的生态系统的分布面积扩大，立体垂直结构逐渐显现，生物多样性和生物量增加，土壤理化特性得到改良，水土流失面积减少，土壤流失减轻，森林覆被率提高，修复效果明显（陈奇伯等，2004）。

（2）湖南省芷江县晓坪溪紫色土小流域水土保持综合治理工程。晓坪溪小流域位于湖南省芷江县中阳溪村，晓坪溪属沅水水系，小流域面积4.83 km^2，境内海拔250~350 m，为亚热带湿润季风气候，年平均气温16.5℃，多年平均降水量1 300 mm，多集中在汛期，降水年际变化大，水旱灾害交替发生。地貌以山地、丘陵为主，约占总面积的90%以上，是典型的紫色砂页岩水土流失区。该水土保持工程集中分布在中阳溪村。治理前的1998年，土地利用现状为农业用地123 hm^2，林地243 hm^2，山荒坡63 hm^2，其他54 hm^2，人均产粮365 kg，人均纯收入984元。主要经济作物以油菜、柑橘为主，农作物以水稻、玉米、甘薯为主。

晓坪溪的水土流失主要分布在坡耕地，其次是荒山、荒坡和疏残幼林地，水土流失形式主要以水力侵蚀的面蚀、沟蚀为主，局部地区伴有滑坡、泥石流等重力侵蚀发生。该区水土流失的原因，有地形、降雨、土壤性质等自然因素的影响，但主要是植被破坏、坡地开垦、耕作粗放和经果林复垦方式不合理等人为原因造成的。由于失去植被保护，一场暴雨最多可卷走5~10 cm疏松肥沃的表土，严重的造成山地砂石化和裸岩化。据调查，1998年年底，晓坪溪水土流失面积1.67 km^2，占小流域土地总面积34.6%，年土壤侵蚀总量约0.82万t，年平均土壤侵蚀模数4 880 t/km^2。

① 水土保持综合治理工程基本经验。

• 集中连片，规模开发。晓坪溪水土保持综合治理工程严格按照“大步伐、大规模、高标准、高效益”的要求规划设计，以小流域为单元，主攻坡改梯，规模治理，连片开发，整体推进，并把治理开发与农业产业结构调整结合起来，发展水保经济，形成了“市场+企业+基地+农户”的经营格局，走出了一条治理、管理、经营、开发、销售为一体，市场牵龙头、龙头带基地、基地连农户的产业化发展新路子，初步实现了“治理一方水土，改善一方环境，发展一方经济，富裕一方群众”的目标。

• 坡土改梯土，水系配套。在改造坡耕地，兴建水平梯土建设中，特别重视坡面水系配套，在山顶宜林地与山腰梯土、梯地与水田的交界处修沿山排灌渠或水平竹节沟，拦截坡面径流；在竹节沟出口、排灌渠拐弯跌水处布设沉沙凼，拦沙消能；在沉沙凼出口或洪水汇流处建蓄水窖，集水供人畜用水；在山腰缓坡区修下山排灌渠，引导地表径流；在支、毛沟口修山平塘，蓄洪灌溉；在坡脚沟道内建拦沙坝，拦蓄泥沙，调节径流，控制暴洪。通过布设一系列沟、凼、渠、池，形成蓄、引、灌、排系统，既做到“水不乱流，泥不下山”，控制水土流失，又能充分利用地表径流，就地拦蓄，用于农田灌溉，提高作物产量。

• 立体布局，综合治理。根据中阳溪村的地形地貌，对该工程进行科学合理的规划布局，宜林则林，宜果则果，宜草则草。在海拔较高的山地及大于25°的坡耕地上，营造速生丰产的水保林，同时实施封禁治理和退耕还林，提高荒山荒坡和疏林地的植被覆盖率，控制水土流失；在25°以下土层较厚、肥力较好的坡耕地上，集中连片打破地界，高标准挖果梯，种植经果林，同时套种经济作物或饲草料；对小于10°的缓坡地，采取保土耕作措施，改顺坡种植为横坡种植、沟垄种植、间作套种、合理密植、休闲地种植绿肥等措施，改变微地形减轻水土流失；增加地面覆盖，提高作物产量；在坡脚，在改造低产田、完善排灌水系、建设优质稻良田的同时，开发池塘，形成“塘上果、塘坡菜、塘底藕、水中鱼”的立体种养格局。做到不留一块荒山、荒地，不漏一块坡地，不闲一块良田。昔日的紫色砂页岩水土流失区，已变成了风景秀丽、高产高效的金土地。

② 工程效益。按照山、水、田、园、路综合治理原则，截至2000年年底，中阳溪村实施坡耕地改梯8 hm^2，荒山、荒坡种植经果林30 hm^2，大于25°的坡耕地全部退耕还林，荒山造水保林47 hm^2，封禁治理69 hm^2，保土耕作5 hm^2，修建库容8万 m^3 的骨干山塘1口，高标准整修山塘17口，建电灌站3座，容积50 m^3 标准蓄水池8口，混凝土沿山排灌渠5.5 km，下山排灌渠4.6 km，沉沙凼60个，配套修建人行步道6 km，机耕道2.5 km，建立起池、渠、凼配套，蓄、排、灌结合，层层蓄水，节节留沙，土不下山，水不乱流的水利工程组合体，取得明显的生态效益、经济效益和社会效益。

• 生态效益。治理后的中阳溪村，通过综合配置，形成了林地、梯田、拦沙坝等骨干工程的节节拦蓄的坡面水系工程；森林覆盖率由治理前的50.3%提高到66.3%，提高了16个百分点，增加了水源涵养量，增强了水土保持功能，减少径流量31.46万 m^3，土壤年平均侵蚀模数由治理前的4 480 t/km^2减少到2 590 t/km^2；土地利用率达到85%；枯枝落叶增多，土层增厚，提高了土壤的保墒、保肥和抗旱能力。以小流域为单元的生态经济系统走上了良性循环的发展轨道。

• 经济效益。经过综合治理，合理调整了内部土地利用结构，使农、林、牧比例趋于合理，农业总产值增长58.3%，农业人均产粮由365 kg提高到486 kg，增长33.2%，人均纯收入提高到1 603元，增长62.9%。据统计，中阳溪经、果、林收入由治理前人均75元上升到1 370元。累计增产粮食56.8万kg，累计增加产值490.32万元。

• 社会效益。治理前，中阳溪村由于干旱、缺水，生态恶化，群众生活十分困难。经过两年的综合治理，闯出了一条“改善生态环境，调整产业结构，建设生态农业，发展观光旅游”的扶贫开发之路（戚兰，2008）。

（3）湖南省衡南县谭子山镇工联村紫色土丘岗区农业生态工程。湘中紫色土丘陵岗地面积约有33.33万 hm^2，是我国紫色土集中分布地区之一，集中分布在衡阳盆地，其中，又以位于衡阳盆地中部的衡南县面积最大，达6.58万 hm^2。湘中气候属典型中亚热带季风湿润气候，光、热、水资源比较丰富，季节变化显著。年平均气温17.8℃，年平均降水量1 269 mm，4—6月降水量占全年

45%；7—9 月高温炎热，降水量仅占全年 19%，年蒸发量 1 396 mm，超过年降水量，伏秋干旱年年发生。岗地占总土地面积 85%，几乎都是紫色砂页岩岗地；丘陵面积次之，全部为紫色砂页岩丘陵。土壤类型以石灰性紫色土为主，分布于岗地，其次为酸性紫色土，零星分布于丘陵和岗地。

湘中地处中亚热带常绿阔叶林带，但由于长期的不合理土地开发利用，原生植被早已不复存在且很难恢复，项目实施前这里的人工林和灌丛、草丛极少，并多属落叶阔叶树种，丘岗呈现一片荒芜景象，土地退化严重，甚至部分地区基岩裸露，呈现荒漠化现象。在缺乏植被保护的情况下，由于紫色砂页岩形成的紫色土不耐侵蚀，发生了剧烈的水土流失，致使土层日益变薄，旱耕地土层 30～50 cm，荒山土层多在 10 cm 以下，中、上坡土层不到 1 cm，地表侵蚀面积达 95% 以上。

20 世纪 80 年代末以来，湖南省经济地理研究所在本地区以村为单元建立了不同类型的紫色土丘岗地综合开发示范区，研究推广相应的农业生态工程模式和一整套适合紫色土丘岗地的综合技术措施，已在当地产生显著效益。

① 治理开发基本情况。以工联村为例，该村地形以高岗地为主，其次为低岗。土地总面积为 202.6 hm^2，其中，耕地 94.93 hm^2，包括水田 86.53 hm^2，旱地 8.4 hm^2。

1990 年以来，该村一方面通过建立种植业、养殖业和农副产品加工业相结合的农产品多层次、多途径利用结构，发展高生产力水平的集约型生态农业，开创出多层次、多循环、无污染的包括农田生态模式、经果生态模式、林草生态模式、水体与水陆相生态模式等 4 个模式组合而成的紫色土丘陵岗地农、林、牧、渔复合生态农业模式，同时工联村多年来推广良种，调整种植和养殖结构，采用生态学原理施肥和防治病虫害，使全村农业生态系统实现了良性循环；另一方面，在市场经济条件下，发展集体经济，加强生态环境和公共设施建设，促进产、供、销联合，形成了以村界为边界，由农田种植、山塘平塘立体养殖、林地果园、畜禽养殖、农户管理、道路运输等 6 个亚系统构成的农、副、工、商联合发展的复合农业生态经济系统模式。10 年来开发紫色土荒山 120 hm^2，建果园 40 hm^2，改造中低产田 40 m^2，营造薪炭林 40 hm^2，塘边建养猪场 12 个，圈养蛋鸭 24 棚。该村还建设了主干高级公路 5 km，一级甲等公路 2.5 km，二级水泥道路 12 km，农田水泥路 4.5 km，并已拥有汽车运输公司、汽修厂、电瓶厂、生猪养殖场、奶牛养殖场、鲜奶加工厂、村办商店等 7 个村办企业，取得了较大的生态、经济与社会综合效益，成为省、市级紫色土丘岗区综合开发样板村和闻名全国的农村小康建设先进典型。

工联村从 20 世纪 90 年代开始逐步实行生态农业发展模式，经过 10 余年的试验和探索，农户已基本上形成了适合本村发展的生态农业发展模式。整个工联村也由生态退化严重的非生态农业阶段向生态良性循环的生态农业阶段迈进。

② 效益分析。1990—2001 年，经过 12 年的生态农业建设，该村取得了良好的生态、经济和社会效益，走上了可持续发展之路。

- 生态效益。近 10 年来工联村积极探索实验适宜紫色土的林种植被，采取多种方法绿化荒山秃岭，通过爆破修垄，开山种林，部分高坡陡岗退耕还林，使林木覆盖率由 1990 年的 3% 提高到 2001 年的 35%；水土流失和土地退化得到显著控制，水土流失面积由 1990 年的 65% 减少到 2001 年的 6%；由于系统稳定性增加，抗灾害能力加强，受灾损失率由 1990 年的 70% 减少到 2001 年的 8%。

- 经济效益。通过因地制宜地建立不同类型的农业生态工程模式，不仅获得了明显的生态效益，而且促进了增产和农业经济的发展，带来了较大的经济效益，全村人均年纯收入由 1987 年 78 元增加到 2001 年 5 500元。

- 社会效益。随着农业生态工程的实施，工联村农业产业结构得到改善，农业产品增加，商品率提高，剩余劳动力减少，农民生活水平大幅度改善，文化水平也有所提高。该村实施农业生态工程优化模式的成功，也起到了很好的示范带头作用（田亚平等，2004）。

（4）福建省宁化县江溪小流域紫色土水土流失综合治理。宁化县地处福建西部，是我国南方紫色土严重水土流失区之一。江溪小流域地处宁化西部，包括9个行政村，土地总面积45.6 km^2，总人口1.62万人，其中，农业劳动力0.75万人，人口密度355人/km^2。流域内农业生产主要以种植业为主，农业耕地1 003 hm^2，占土地总面积的22%；林业用地2 020 hm^2，占土地总面积的44.3%。江溪小流域水土流失面积2 645 hm^2，占土地总面积的58%，其中，轻度流失886 hm^2，占流失总面积的33.5%；中度流失479 hm^2，占流失总面积的18.1%；强度流失1 125 hm^2，占流失总面积的42.5%；极强度流失155 hm^2，占流失总面积的5.9%。强度流失的山坡，侵蚀模数高达5 300～10 600 t/（km^2·年），流失区平均侵蚀模数5 300 t/（km^2·年）。水土流失的主要特点是：强度大，面积广，以面蚀为主，部分沟蚀，水土流失的用地类型以紫色土荒山和园地为主，治理难度大。水土流失严重制约了该区社会、经济的可持续发展，导致了贫困和生态环境恶化。

江溪小流域紫色土水土流失成因主要有：

① 人口密度大，能源紧缺，生产、生活对薪材消耗量大，林下的草类、枯枝落叶都被捡光、铲光，植被遭到长期过度樵采，植被覆盖率仅为35%，天然林已经消失，大部分是次生林和人工林，森林群落退化，有林地保水能力降低。

② 不利的地质、土壤因素，紫色土透水性和持水力较差，容易产生地表径流，强烈的冲刷，使母质、母岩裸露，植被一经破坏，难以恢复。

③ 不利的气候因素，多雨季（2—6月）降水量占全年的64%，年大雨天数14～16 d，年暴雨天数3.9～6.2 d，最大日降水量241 mm。由于雨量集中，大雨、暴雨多，强度大，容易产生地表径流，引起水土流失。

④ 人为不合理的耕作方式，如顺坡耕种。

⑤ 造林、种果、挖矿、修路、开山采石、基础建设等开发建设项目未采取水土保持措施。

表土流失造成地力衰退，大多数坡地由于强烈的水土流失都变成了只剩母质、母岩的光山秃岭，夏秋季地表温度常达50℃以上，树、草难长，生态环境恶化。水土流失造成水冲沙压农田40 hm^2，受旱农田250 hm^2。同时，长期的水土流失，还淤塞渠道，破坏水利设施。

根据流域不同土地利用方式及水土流失状况，从生态环境综合整治与生态农业建设角度出发，考虑到治理效益和综合功能，以小流域为单元，流失斑块为对象，自上而下、因地制宜、因害设防布设水保措施：

① 封山育林，保护天然林。对轻中度水土流失、部分强度流失区，植被类型以马尾松、杉木等针叶林为主的老头林、稀疏林的林地及在紫色土荒山、荒坡、山顶和水库两岸水土流失区，采用封禁和造林并与建沼气池相结合的综合措施。一是制订封禁制度，实行封禁治理，充分发挥衰退山林自我修复生态功能，封禁管护2 400 hm^2；二是实施造林工程，对植被主要是马尾松、油茶等老头林为主的强度以上流失区，部分中强度流失地块以及紫色土荒山、荒坡、山顶及水库两岸水土流失区，补植155 hm^2胡枝子水土保持林；三是推广农村沼气工程，除采取以煤代柴、以电代柴措施外，还新建沼气池200口，以解决燃料问题，确保水保治理成果。

② 坡地修水平梯土建油茶林，梯壁种草。对强度以上流失区，坡度小于25°、植被以低产油茶林为主的区域，进行坡改梯40 hm^2。坡改梯后，在梯壁上播种抗逆性强、保土性好、生长迅速的宽叶雀稗、百喜草等，补植优良油茶种苗，建设生态油茶园，使整个项目区成为一个集水土保持、生态农业产业化开发为一体的小流域生态建设示范区。

③ 建引水、蓄水、拦沙和道路工程。建蓄水拦沙坝1座、蓄水拦沙坝1座、引水渠1.5 km，以解决农田缺水受旱、受水冲沙压的问题；新建机耕路0.8 km；以耕作区为单元，建道路工程，方

便农田耕作。

通过2005年的综合治理，基本建立起小流域农业产业基地，为江溪小流域经济发展打下坚实基础，初步取得了良好的生态、经济、社会效益。

① 农村产业结构进一步合理化，农业产值得到提高。经过治理，促进了农业生产从单一经营向多种经营转移，山地资源得到有效开发，水土资源得到合理开发利用，农业内部结构逐渐趋向合理。坡改梯40 hm^2 后，梯土面积明显增加，坡耕地面积显著减少。结合低产油茶林改造，到2010年后，年可增油茶籽400 kg/hm^2，年增产值19.2万元，并初步形成了资源化、规模化、产供销一条龙的产业化开发治理模式。

② 生态环境、生产和生活条件进一步改善，抗灾能力得到提高。治理水土流失面积2 500 hm^2，造林60 hm^2，封禁治理2 400 hm^2，补植15 hm^2 水土保持林，植被覆盖率由原来的35%增加到54%，土壤侵蚀模数明显降低，每年可增加土壤蓄水量205万 m^3，从而增强了防洪抗旱能力，并减少土壤侵蚀1.31万t。同时，林地质量明显提高，有效改善了其涵养水源、保护土壤、增加地力、调节气候的功能。新建蓄水拦沙坝和引水工程，新增灌溉面积30 hm^2，改善灌溉面积40 hm^2，年增粮食12.3万kg。新建沼气池200口，每年可节约薪材10.8万元，总计年可增产值44.85万元。生态环境逐步走向良性循环，生产、生活条件得到有效改善，旱涝灾害逐渐减轻，土地利用率和生产率得到明显提高（陈幼妹，2007）。

（5）长江上游紫色土区不同坡度坡耕地上水土保持治理措施。长江上游紫色土区土壤侵蚀严重，坡耕地是导致长江上游紫色土地区水土流失的最主要因素之一。坡度是影响土壤侵蚀的重要因子之一，其对土壤侵蚀的影响主要是体现在雨滴溅蚀和坡面地表径流侵蚀。随着坡度的增加，降水入渗减少，导致径流量增加。随着坡度的增大，土壤侵蚀量也不断增加，但存在临界坡度，超过该临界坡度后，侵蚀量不再增加，并趋减少。临界坡度为25°~28°，坡度在25°以下土壤侵蚀的严重程度随着坡度的增大而增大。

耕作措施、梯田工程措施以及植物篱措施都能够起到防止坡耕地水土流失的作用，但在不同的坡度范围内，这几种措施的蓄水保土效益也不同。在0°~5°、5°~15°、15°~25°三个坡度级别的坡耕地上应分别采用以耕作措施、梯田工程、植物篱为主的措施进行治理；25°以上的坡耕地应该采取退耕还林的治理模式。不同的水土流失治理措施在不同的坡度范围都有一定的适宜性，在其最适宜的坡度范围才能够产生最好的效益。在具体的实施过程中，还应根据各地区地形、土壤、降水等自然条件与经济条件，因地制宜，合理安排一种措施为主、多种措施相互结合的治理措施，实现水保效益、经济效益和社会效益的最大化。

① 0°~5°缓坡度坡耕地上，适宜采取改变微地形、增加地面粗糙度，强化降水就地入渗拦蓄等耕作措施。在三峡库区紫色土不同坡度的幼龄柑橘园，当坡度在0°~5°时，地表径流量差异不大；坡度超过5°以后地表径流量会大幅度增加，而且径流中的泥沙含量也呈随坡度增加而增加的趋势；四川盆地紫色土区旱坡地土壤侵蚀量的93.7%来自于坡度在6°以上的坡地。因此，虽然植物篱措施、坡改梯等工程措施在紫色土缓坡地同样能够起到很好的蓄水保土作用，但其投入成本比同等条件下耕作措施要大得多，综合考虑水土保持效益、经济效益等，在0°~5°的缓坡耕地上宜采用以耕作措施为主的治理模式。

目前，在紫色土缓坡地上使用较普遍的耕作措施主要类型有3种：

- 保护型耕作法。较普遍采用的有横坡耕种，利用横垄埂对径流起阻滞作用，使坡面水流速度大大降低，径流侵蚀力也同时降低。横坡耕种主要有等高耕作、水平条播、水平沟垄、垄作区田、格网式耕作等。
- 保护型种植法。以作物植被防止土壤侵蚀为手段，通过调整作物结构，利用作物茎秆形成的篱笆墙，同时增加地面植被覆盖以阻滞水土的种植法，如间作套种、草粮带状间作、草田轮作、少耕和免耕、秸秆地面覆盖和地膜覆盖等。

● 复式水土保持耕作法。是保护型耕作法和保护型种植法的组合及发展，将水土保持耕作与抗旱保墒、改土培肥有机结合，能够取得更好的保持水土与增产效应。该方法在紫色土地区以聚土免耕法最为典型。

② 5°~15°中等坡度坡耕地上，适宜坡改梯工程措施：坡改梯工程的种类很多，从地面平整程度来划分有水平梯田、坡式梯田、隔坡梯田等；从田埂的建筑材料来划分有土埂梯田、石埂梯田和生物埂梯田；长江上游紫色土地区坡耕地修建的梯田多为就地取材建成的石坎水平梯田。梯田较坡耕地有更好的保水保土效益。据四川省宣汉和遂宁两县的观测，坡耕地改为梯田后，平均可减少地表径流量的71.7%~78.9%，减少地面侵蚀量的87.9%~93.1%，减少水土流失的效益很好，但成本较高。

③ 15°~25°较高坡度坡耕地上适宜植物篱措施。长江上游紫色土区，15°~25°的坡耕地属于水土流失较严重的地区。目前，在很多地区采用修建石坎梯田来蓄水保土，虽然能够起到很好的蓄水保土效益，但修建石坎梯田在施工、维护以及经济效益上与植物篱措施相比，植物篱远较工程措施容易和廉价。据调查，在资金投入方面，植物篱与工程措施的投入比为1∶21；从投工方面看，工程措施是植物篱措施的60倍。植物篱在建成后，经过约5年培育，基本上不需要维护；紫色砂岩的石坎梯田维护的主要问题是强降雨时易发生梯坎崩塌。采用植物篱措施在截流、挡土蓄水、提高植被覆盖度及利用率等方面也具有很好的功效。由此可见，在15°~25°的坡耕地上采用植物篱是最适宜的防止水土流失的措施。

④ 25°以上坡耕地退耕还林。在长江上游紫色土区，当坡度大于25°并发生严重水土流失之后，土壤会变得很贫瘠，不利于作物的生长。研究表明，中等强度以上水土流失面积主要分布在25°以上的陡坡地。因此，在长江上游紫色土区25°以上的坡耕地应该采取退耕还林的措施。退耕还林建立以生态林为基础，以经济林为重点的退耕还林、还果、还药、还草等多种模式（李秋艳等，2009）。

4.4.2 华北石山区小流域生态建设和高效生态工程典型分析

（1）北京市密云县潮关西沟岩溶山区小流域封山育林及其效果。潮关西沟林场封育区，地处北京市东北部密云县，是一个全封闭性岩溶山区小流域，面积934 hm^2。因位于密云水库上游，对于库区水源涵养以及库内水质的维护具有重要地位。海拔210~1 158 m，出口即为潮河。封育区外侧山坡较缓，西北部山高坡陡，平均坡度25°，个别陡坡地段超过35°。土壤以山地褐土为主，基岩为石灰岩。年平均降水量600~800 mm，70%的降水集中在7—9月，年平均气温9~11℃，雨热同期。实行封育前，主要由于人为的对山林的破坏，水土流失严重。

密云县政府自1983年起，对潮关西沟林场开始实施封山育林。在整个封山育林区中，有林地占41.2%，杂灌丛地占54.4%，疏林地占3.8%，无林地占0.55%。有林地中，主要树种有栎树、柞树、阔叶杂树、桦木和油松等。杂灌丛以荆条、鼠李为主。有林地中除32 hm^2为人工林外，其余为天然林，多呈斑块状分布或零星分布。封育区植被更新以天然更新方式为主，人工促进天然植被更新为辅。

① 封育原则。以封为主，封育结合；因林制宜，因地制宜，综合培育；有主有次，有针对性；由近及远，由易及难，先点后面；针对立地条件，先好后差，争取封育成林；一坡一沟，集中成片；次生林改造与其他森林经营活动及造林相结合，整体协调，合理安排；以生态效益为主，兼顾经济效益和社会效益；在水土流失严重、不具备育林、育灌条件、植树困难的地区，以种草、育草

为主。

② 作业类型和封育方式。

• 作业类型。在小班调查的基础上，根据立地类型、现有植被状况及封育目的，将32个小班划分为封禁型、封育型和封造型3种作业类型：封禁型，一般在远山、高山天然次生植被生长状况较好，或坡度35°以上的陡坡地区实行封禁；封育型，一般在立地条件较差，但有一定的人工或天然幼树、幼苗分布的地段实行封育；封造型，一般在立地条件较好，但植被较差，缺乏天然下种母树，依靠天然更新又比较困难，需要人工造林或在局部地块进行补植造林的无林地和灌木林地，进行封造。

• 封育方式。根据封育区现有条件和实际情况，结合各种作业类型，采用全封和半封2种封育方式。全封，即在封育期内禁止采伐、砍柴、放牧、割草和其他一切不利于植物生长繁育的人为活动。对封育区封禁型的小班，全部采用全封方式，为林木自然繁衍提供良好的条件。半封，根据培养水源保护林的目的、作用和要求，有组织、有目的地允许一部分农民进行有利于乔、灌、草结合的植被的恢复和生长的活动，以尽早发挥植被的水源涵养作用。

③ 封山育林（灌）技术措施。

• 确定主要树种和次要树种。主要树种是指最适合当地生长并具有最大培养价值的树种，在主要树种不足的地区，增选一些次要树种；但无论是主要树种或次要树种，都必须具备良好的水土保持和水源涵养能力。封育区内主要乔木树种有：蒙古栎、紫椴、山杨、核桃楸、桦木、槲树、刺槐、侧柏、落叶松、油松；主要灌木有鼠李、荆条、绣线菊、蚂蚱腿子、山榆、丁香、平榛等。

• 补植、补种。主要是在封造型的各小班林中空地或零星空地上，以块状或穴状方式整地，在春季或雨季植苗，或利用营养袋苗造林，补植（补播）的主要树种有：油松、侧柏、山杨、栾树和板栗等树种。补植、补造总面积占封造型小班总面积的18.4%。

• 平茬、割灌。在树木休眠季节，一般在早春树液开始流动前，进行平茬和割灌。平茬主要针对生长不良的阔叶树萌生丛，伐桩应降低到最低点，一般5～10 cm，以免在根茎上萌发新株；所有砍除物均应随砍随清，量材利用。此措施适用于萌生力强的树种，如山杨、臭椿、栎类、刺槐等。主要针对生长发育不良，受到杂灌丛影响的幼苗、幼树，以能满足幼苗、幼树生长的营养空间为宜，避免造成水土流失。

• 间株、定株。主要是在林分密度比较大，或林分密、单靠林木自然稀疏比较困难的林地进行。其方法是根据封育目标，把生长比较高大、通直、树冠发育良好的优势木保留下来，伐去生长受到影响，发育不良的被压木、枯弱木或无培养前途的其他树木；间株开始时间不宜太早，强度不宜太大，以形成合理的林分密度、不形成林窗、不造成水土流失为前提；幼林郁闭度达到0.8～0.9时，可以开始间株、定株。间株、定株后的林分郁闭度，针叶树不小于0.8，阔叶树不小于0.7。

• 修枝。结合割灌同时进行，萌生幼树一般在秋末到早春前进行。针叶树郁闭前一般不修枝，郁闭后修枝第一次只修去地上部1～2轮枯弱枝，达到胸径高生长时，保留树干与树冠之比为1/3。阔叶树种或阳性树种修枝，应根据生长情况而定，达到郁闭后，保留树干与树冠之比为1/2～2/3。修枝干不要留橛，不撕树皮，刀口平滑。

• 人工促进天然更新整地。为有利于适生能力强的阔叶树种天然下种，选择临近母树的林中空地进行粗放整地。臭椿和油松等树种天然下种易于成活。

从1983年开始实施封育后，通过20多年的天然更新和人工更新，森林覆盖率由封育前的7.2%，已经上升到93.8%；封育区的平均林分郁闭度超过0.4，比封育前提高0.1～0.2；封育前，森林植被类型以阳性和半阳性灌木和草本为主，主要有荆条、酸枣、胡枝子等，乔木残存无几，目前，高大乔木随处可见，而且集中成片。其植被类型主要有：以油松和侧柏为主的针叶林；以杨、桦为主的落叶阔叶林；以蒙古栎为主的落叶阔叶林；以蒙古栎和油松为主的混交林；栎、桦、椴、山榆、白蜡等杂木林；蒙古栎、辽东栎及萌生丛的绣线菊、胡枝子；以绣线菊、虎榛子为主的灌丛；以荆条和酸枣为主的灌丛；以荆条、白羊草为主的灌草丛；以山杏和板栗为主的经济林。

封育后该地区的生物群落向着正向方向发展，形成的林分多为复层异龄林，结构好，生物多样性显著提高，林分自适应机制趋于完善，水土保持、水源涵养功能显著。对减少水库上游河流泥沙入库量，净化密云水库水质等，都发挥了积极作用（余新晓等，2004）。

（2）太行山石山区重点小流域综合治理技术体系与效益。高璟等（2004）依据河北省太行山区分布的主要岩石类型、地理位置和地形条件，将河北省太行山区的小流域划分为 4 类：西部深山区片麻岩小流域、东部浅山区片麻岩小流域、地势陡峭的石灰岩小流域、地势平缓的石灰岩小流域。在划分类型区基础上，选取河北省内邱县侯家庄小流域、易县太宁寺小流域、顺平县大悲沟小流域、磁县东大沟小流域为典型小流域，调查总结出各类型区的综合治理技术体系组成与效益。

① 综合治理技术体系。各类型区小流域综合治理技术体系配置的共同特点是：自分水岭起，在坡面中、上部配置以生物措施为主的第 1 道防线；在坡面下部以隔坡沟状梯田、等高撩壕、石坎梯田等工程措施为主的第 2 道防线；在支沟、主沟以建闸沟垫地工程、谷坊、塘坝等拦泥蓄水为主，并辅以生物固沟护坡措施的第 3 道防线。这 3 道防线既相互独立发挥防护作用，又相互联系在一起发挥工程系统的巨大作用。各类型区在这 3 道防线的具体配置上又有一定差异（表 4－2），西部深山区因其降水较为充沛、岩石风化层深厚，故修建隔坡沟状梯田发展以板栗为特色的经济林，以充分利用隔坡沟状梯田蓄水量大、深山区温差大的特点生产优质板栗；东部浅山区干旱，地形平缓，则采用水平沟整地营造水保林，同时建等高撩壕发展以李子为特色的经济林；地势陡峭的石灰岩区以封山育林为特色，并采用果树坪整地发展以柿树为主的经济林；地势平缓的石灰岩区人口密度大、干旱缺水，则建石坎梯田发展以花椒为特色的经济林，同时在沟谷和缓坡地带实行林（如泡桐等）—粮间作，在生产粮食的同时，还充分利用林木的防护作用，并生产一定量的用材。

② 效益分析。各类型区典型小流域在治理期间的总投资为：西部深山区 1 229. 75万元，东部浅山区 314. 4 万元，地势平缓的石灰岩区 567. 34 万元，地势陡峭的石灰岩区 777. 86 万元。

• 经济效益。开发 <25°坡地，各类型区典型小流域建立高效经济林生产基地，治理后第 15 年的经济林产值为：西部深山区 3 501. 9万元，东部浅山区 546. 6 万元，地势平缓的石灰岩区 570. 65 万元，地势陡峭的石灰岩区 788. 2 万元；各类型区典型小流域 >25°坡地建立防护林、沟谷用材林生产基地，治理后第 15 年的防护林、用材林产值为：西部深山区 81. 45 万元，东部浅山区 46. 52 万元，地势平缓的石灰岩区 78. 78 万元，地势陡峭的石灰岩区 22. 05 万元；各类型区典型小流域土地利用结构调整后的增产效益为：东部浅山区 135. 0 万元，地势平缓的石灰岩区 63. 6 万元，地势陡峭的石灰岩区 102. 2 万元。各类型区典型小流域治理后第 15 年的年产值为：西部深山区 3 616. 2万元，东部浅山区 737. 8 万元，地势平缓的石灰岩区 743. 4 万元，地势陡峭的石灰岩区 930. 0 万元。

各类型区典型小流域治理的经济净现值均大于 0；经济内部收益率大于社会折现率 8%；经济效益费用比大于 1。所以，各典型小流域的综合治理经济效益较好，在经济上是合理可行的。

• 生态效益。小流域综合治理的减水效益为 16. 7% ～37. 5%，削减洪峰效益为 9. 1% ～28. 6%，减沙效益在治理期间高于未治理流域，治理后随时间的延长减沙效益逐年增强，治理完成 10 年后减沙效益可达 90% 以上。

• 社会效益。治理后，重点治理小流域内农业用地比例一般达到 4. 5% ～29. 2%，林地面积增加，林草覆盖率一般 57. 6% ～88. 3%，荒山荒坡得到有效利用，治理程度 84% 以上，土地利用结构更加趋于合理；随着林、灌、草的逐年生长，将为畜牧业的稳定发展奠定坚实的基础。治理中使用了大量的劳动力，对社会稳定、安置相当数量的剩余劳动力，提高人民生活水平起到了积极

作用。

表 4－2 河北省太行山区各类型区典型小流域综合治理技术体系的组成与配置

类型区	第 1 道防线	第 2 道防线	第 3 道防线
西部深山区片麻岩小流域	高山、远山及 >25°坡面采用爆破鱼鳞坑整地，营造乔灌混交复层林	<25°坡面建隔坡沟状梯田或果树坑（山坡破碎或资金不足时采用），发展以板栗为特色的经济林（主要树种有板栗、苹果、柿、核桃等）	支毛沟建闸沟垫地工程作为粮食生产基地；主要支沟及主沟建石谷坊、塘坝等拦泥蓄水工程
东部浅山区片麻岩小流域	>25°山坡及远山地带水平沟整地，营造以刺槐为主的乔木林	<25°山坡修建等高撩壕，发展以李子为特色的经济林（树种由李、柿、杏、苹果、红果等组成）。<10°坡面修水平梯田果农间作	支毛沟建闸沟垫地工程，种植农作物或果树（苹果、桃等）。主要支沟及主沟上游建石谷坊、小水库、大口井等拦泥蓄水工程
地势陡峭的石灰岩小流域	>35°山坡采用封山育林措施促进植被恢复。>25°山坡营造以侧柏为主的经济林	<25°山坡修建果树坪（土层浅薄山地采用）或石坎梯田，发展以柿树为主的乔木林	支毛沟建闸沟垫地工程种植农作物或臭椿、榆等用材林。主要支沟及主沟建石谷坊、塘坝、大口井等拦泥蓄水工程

4.5 小流域治理建设方向和主要措施

4.5.1 治理建设方向

今后小流域治理建设总的方向是：在继续修复、保护和优化小流域生态环境，充分利用小流域自然与社会资源的前提下，实行生态治理与经济开发和社会发展相结合，将小流域的农、林、牧、副、渔生产引向产业化和市场化，将小流域的社区生产与生活引向社会化，逐步实现小流域生态、经济和社会的可持续发展。

我国南北各地山区各种小流域的自然、经济和社会条件差异很大，在上述治理建设总方向的指导下，各类小流域综合治理开发的具体途径和具体措施，既有类似之处，也有明显差异。

4.5.2 主要措施

（1）巩固小流域生态环境治理成果，继续进一步优化生态环境，规划和建设相应的生态工程体系，采用先进生态技术，增殖和高效利用土壤肥力、农业生物、生物质能、太阳能、降水和地下水等自然资源。

（2）改善小流域内交通与信息流通条件，发展文化教育和科学技术，提高劳动者的科技文化素质，提高山村居民的生态意识和市场意识。

（3）产品特色化、品牌化、规模化，即根据小流域环境与资源特点，发展特色品牌农、林、牧、副、渔等地方特色产品生产，一村一品或多村一品，上档次，上规模，占市场。例如，优质稻米、优质山茶油、优质茶叶、优质水果和干果、特色食用菌、有机蔬菜、珍贵药材、特种养殖、民族与地方特色工艺品等。旅游资源丰富的山区小流域则可开发生态旅游项目，兴办“农家乐”等。

（4）逐步实现生产经营社会化、订单化，采取“公司＋基地＋农户”“公司＋专业协会＋基地＋农户”和“地理标志＋驰名商标＋龙头企业＋专业协会＋农户”等农业产业化、市场化生产经营模式，逐步实行“订单生产”。

（5）小流域治理建设与土地流转相结合，抓住土地流转、土地经营权转变的历史机遇，使土地经营向能人、向资本集中，因地制宜规模化开发生态农业项目。

（6）小流域治理建设与山区小城镇建设相结合，使小流域内或附近的小城镇成为小流域产品的集散地、加工基地和消费市场。

（7）小流域治理建设与“美丽山村”建设紧密结合，按照“科学规划布局美、村容整洁环境美、交通方便道路美、生态人居住房美、创业增收生活美、乡风文明风俗美、信息灵通市场美”的目标要求，全面建设宜居、宜业、宜游的美丽山村，切实改善民生，提高山村居民生活品质，促进生态文明建设和提升群众幸福感。

采取以上措施后，可以缓解目前大量农村富余劳动力向大中城市过度集中的问题，而就地、就近转移至第二、第三产业，离土不离乡，不但可以加速建设美丽山村，促进山区小流域脱贫致富，加速乡镇企业和乡镇经济的发展，加速新型城镇化，还可以解决当前山区农村中由于大量青壮劳动力远出打工而普遍出现的“空巢村”“留守儿童”“留守老人”和耕地抛荒等社会问题。

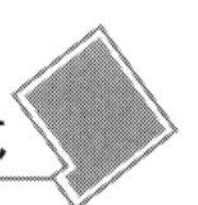

5 山区农村生态工程主要类型与模式

农村生态建设的主要手段，是因地制宜实施农村生态工程和配套采用相应的生态恢复与生态建设技术。本章对适用于中国山区农村的生态工程的主要类型与模式进行简介和分析。

5.1 农村生态工程基本概念

5.1.1 生态工程的定义

生态工程是由 Odum（1962，1983）和马世骏（1979，1983，1987）在国外和国内分别最先提出的，在近几十年的发展中，其概念、研究对象、原理、方法论得以确定。

马世骏（1987）将生态工程定义为：应用生态系统中物种共生与物质循环再生的原理，结合系统工程的最优化方法设计的分层多级利用物质的生产工艺系统。生态工程的目标就是在促进自然界良性循环的前提下，充分发挥物质的生产潜力，同时防止环境污染，达到经济效益与生态效益同步发展。它可以是纵向的层次结构，也可以发展为由几个纵向工艺链索横连而成的网状工程系统。

生态工程是近年来异军突起的一种着眼于生态系统持续发展能力的整合工程和技术，它根据整体、协调、循环、再生的生态控制论原理进行系统设计、规划和调控人工生态系统的结构要素、工艺流程、信息反馈关系及控制机构，在系统范围内获取高的经济、社会和生态效益。生态工程强调资源的综合利用、技术的系统组合、学科的边缘交叉和产业的横向结合，是中国传统文化与西方现代技术有机结合的产物，并成为我国在国际生态学中为数不多的领先领域之一。特别是农业生态工程的研究，更因其鲜明的地区特色、完善的理论基础、成熟的实践经验，而受到国际上的重视与欢迎，被认为是发展中国家农业可持续发展的方法论基础（马世骏，1983；李文华，1996）。

5.1.2 农村生态工程设计应遵循的基本生态经济学原理

（1）自然—经济—社会复合生态系统原理。无论何种农、林、牧生产类型，都是以自然—经济—社会复合生态系统的形式而存在，都包含着自然、经济与社会三个相互依存、相互影响、相互制约的亚系统，都是以人类活动为主体，自然资源与环境为依托，资金流动为命脉和动力，社会体制为经络的半人工、半自然的生态系统。观察和处理农、林、牧生产发展问题，都应从这一基本原理出发（参阅本书 2.1.1 节）。

（2）整体协调原理。在进行生态工程设计时，要考虑系统的整体结构、整体功能和整体效益。通过不同子系统或组分之间适当的比例关系和明显的功能分工，促使系统顺利地完成物质、能量、信息与价值的转换。生态工程功能整体性的基础是工程内生物种群之间合理的链网关系。根据这种整体链网关系，通过人为的调控，使不同子系统之间、不同要素之间的结构与功能协调得以实现。诸如系统内生物与环境之间、各生物种群之间、农林牧各生产部门之间、经济发展资源开发与环境保护之间、农林牧生产发展与市场开拓之间以及生态、经济、社会三大效益之间的协调。

（3）生态位原理。进行生态工程设计时，首先要认真分析系统组分的生态位占有情况，通过合理地搭配生物种群，或引入新的生态元（具有一定的生态学结构和功能的单元，所有的生态元都具有相应的生态位），以便更合理地利用现存生态位，开发利用潜在生态位，使各个生态位的效能得

到充分发挥，资源能得到充分利用。

（4）多样性原理。一般而言，增加生态系统组成要素的多样性有利于增强系统的稳定性，提高系统的生态效率，因此在进行生态工程设计时，通过适当增加物种或生产过程的多样性，可以促使工程的稳定性增加，生态效率提高。

（5）物质循环再生和能量多级利用原理。在进行生态工程设计时，要通过组分之间的联系，完成系统的物质循环再生过程，提高系统的生产效率，同时也减少生产过程中对环境的污染；在物质多级利用的过程中，能量也沿着太阳能→植物初级生物能→动物次级生物能→微生物生物能的途径不可逆地单向流动，在多级利用中实现能量的高效转换。

（6）持续性原理。持续性是指复合生态系统在受到某种自然的或人为的干扰时，能够保持其生态效率以及经济和社会稳定发展的能力。对于复合生态系统的可持续发展而言，持续性的最重要基础，是资源能否永续利用。农村生态、经济与社会的可持续发展，是农村生态工程建设追求的根本目标（马世骏等，1984，1993；Mitch et al.，1989；李文华，2001）。

5.1.3 中国山区农村生态工程主要类型与模式

中国农业科技人员和农民群众，在农业现代化过程中，继承和发扬中国传统农业中的生态合理性，同时依据各地山区农村生态环境特点及资源优势与潜力，以资源永续利用为前提进行规划设计并采用现代生态工程技术，在实践中创造了许多适合中国不同山区自然条件和不同经济技术水平，生态、经济、社会效益良好，又切实可行的农村生态工程。这些山区农村生态工程的推广普及，对我国山区农业和农村的可持续发展，已经产生并将继续产生重要推动作用。

目前，适用于我国山区比较重要的农村生态工程类型有：山区防护林建设生态工程，陡坡耕地退耕还林还草生态恢复工程，水土保持生态工程，山区生态经济型防护林体系工程，小流域综合治理生态工程，山区植物、动物、沼气微生物配套循环生产和环境自净生态工程，山区农村可再生能源多能互补综合开发生态工程，山区绿色健康食品生产生态工程，干旱山区雨养农作生态工程，南方草山草坡牧业生态工程，山区农村庭院生态经济工程，山区水库生态工程等。每一类工程都有多种模式。

这些工程彼此密切相关、相互交错和相互制约。例如，防护林建设生态工程、陡坡耕地退耕还林还草生态恢复工程和水土保持工程，常常是重叠交错进行的。可再生生物质能源综合开发生态工程与植物—动物—沼气微生物配套循环生产和环境自净生态工程，虽然两者的工程目的各有侧重，但所采用的工程技术和产生的效益，有许多是相同的；可再生生物质能源综合开发生态工程的推广，缓解了农村生产与生活能源需求对山林的压力，也为防护林建设与陡坡耕地退耕还林还草生态恢复工程的顺利进展创造了条件。区域性山区农村生态工程往往以包含多个不同规模、不同类型的生态工程的农村生态工程体系的形式而存在。

这些工程的规模有大有小，具有多个层次。从一个农家庭院到一个自然山村、一个山区小流域、一个山区县、一个大江大河流域的山区乃至全国山区，都可以构建各自的而又相互依存的生态工程。低层次的山区农村生态工程建设是高层次山区农村生态工程建设的基础；高层次的山区农村生态工程建设又能为低层次山区农村生态工程建设形成宏观环境保障。

近年来，已有不少关于生态农业模式、农村生态工程的优秀论著问世，例如，李文华等编著的《生态农业的技术与模式》（2005）、骆世明主编的《生态农业的模式与技术》（2009），甘师俊、王如松主编的《中小城镇可持续发展先进适用技术指南——工程卷》（1998）等，但从总体上看，目前我国的农村生态工程研究与应用尚还处于经验摸索阶段，有待改进生态数据采集方式和处理手段，使参数标准化，使工程设计向定量化、精细化、模型化方向发展。正如马世骏先生提出的：

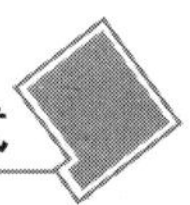

“要达到模型化和定量化，能够按设计的模式进行施工，通过定量化过程进行优化组合，才能使生态工程真正立足于科学化的基础上”。

下面对目前我国山区农村主要生态工程的原理、结构设计与基本模式及其效益和典型进行简要介绍和分析。各大生态屏障区的防护林建设生态工程已在第2部分中阐述，小流域综合治理生态工程已在第4部分中阐述，与各工程相关的配套生态恢复与生态建设技术将在第6部分阐述。

5.2　陡坡耕地退耕、还林、还草生态恢复与建设工程

山区农村的生态恢复与重建主要是受损坡地林草生态系统的恢复与重建，要实施陡坡耕地退耕还林还草生态恢复与建设工程。

与本工程配套的生态技术体系主要包括：拟生造林的树种、草种选配和造林、种草技术；林（果、桑、茶）业、种植业和养殖业立体生产技术；水土保持技术；植物篱（植物地埂）技术；小流域综合治理开发技术；山区农村可再生能源开发利用技术；对农林牧业有害生物的防治及森林防火技术（参阅本书第4、第6部分）。

5.2.1　陡坡耕地退耕、还林、还草是全国性的生态恢复与建设工程

据调查，坡耕地是水土流失的主要来源，在全国水土流失量中，坡耕地的水土流失量占60%～80%。我国政府为实施西部大开发战略，切实搞好生态环境建设，不失时机地作出了在全国范围内实施对坡度25°以上的陡坡耕地退耕还林还草工程的抉择，同时制定了“以粮代赈、个体承包”等政策，并在资金、粮食等方面给予大力支持。到2010年，要控制水土流失面积2 266.7万 hm^2，防风固沙控制面积2 666.7万 hm^2，年均减少输入长江、黄河的泥沙量2.6亿t。这一工程，是国家为恢复植被、改善生态环境而采取的一项重大战略举措，是与我国山区农村生态建设关系十分密切的大工程，也是我国林业建设史上群众参与度最高的生态建设工程，其意义十分深远。

退耕、还林、还草工程是改善各地区域生态系统生态服务功能的一项重大基础性举措，其实质是将低产的、严重危害环境的陡坡耕地农田生态系统，恢复转变为具有良好生态、经济和社会效益的林草生态系统。

退耕、还林、还草工程于1999年首先在四川、陕西、甘肃三省试点，2002年全面启动，到2006年，国家投入资金达751亿元，其中，粮食补助资金541亿元，生活补助费63亿元，种苗补助费147亿元。工程覆盖了全国25个省（自治区、直辖市）及新疆生产建设兵团，涉及1 897个县（市、区、旗）和1 300多万农户。1999—2003年，累计完成退耕还林、荒山荒地造林任务1 920万 hm^2，其中，长江上游陡坡退耕还林地面积达167万 hm^2，涉及2 000多万人口。

坡耕地的治理，历来是长江流域水土流失综合治理的重要内容之一。以长江上游为例，坡耕地面积约767万 hm^2，占区内耕地面积的72%。其中，坡度大于15°的陡坡耕地面积437.2万 hm^2，占长江上游坡耕地面积的57%。土壤侵蚀量60%以上来自坡耕地。在实施退耕还林还草工程之前，1989年就开始实施长江上、中游水土流失重点防治工程（简称“长治”工程），“长治”工程以治理、保护和开发利用水土资源为基础，以改造坡耕地、兴修水平梯田为重点，以经济效益为中心，对水土流失地区进行了综合开发治理。截至1997年年底，已累计治理水土流失面积5.25万 km^2，其中，改造坡耕地、兴修水平梯田40.57万 hm^2，营造水土保持林141.87万 hm^2，栽植经果林52.89万 hm^2，种草24.38万 hm^2，实施封禁治理149.88万 hm^2，推行保土耕作措施115.15万 hm^2，同时兴修了大批小型水利水保工程。经过“长治”工程治理后的地区，坡耕地平均减少了36.6%（史立人，1999）。

5.2.2 退耕还林还草的生态恢复机制

坡耕地退耕后，在自然状态下，其森林植被和物种多样性，总是按照各地植被的自然演替规律，从先锋群落开始，通过不同的途径向着退耕地所在气候带特有的气候顶极群落和最优化森林生态系统演替。生态恢复与重建的速度，因各地气候条件而异。在温暖潮湿的气候条件下，自然恢复速度比较快；而在寒冷和干燥的气候条件下，自然恢复速度比较慢。在群落的演替过程中，森林生态系统的生态服务功能也逐渐增强。

一定区域退化生态系统的植被重建，可以依据其原系统的发展常规，人为地进行生物物种构建，以加速退化生态系统的植被恢复。这一重建过程，可以称之为"拟生造林"过程（彭德纯等，1994）或"仿生造林"或"近自然造林"过程。

（1）南亚热带植被自然演替进程。在我国南亚热带区域，先锋植物阶段（地衣苔藓植物群落）的演替阶段只需 3～5 年即可完成。森林自然演替的进程以马尾松或其他先锋种群的进入和定居为起点，它们在荒地上有较强生活力并生长很快，但成林后结构简单，盖幕作用小，透光率大，高温低湿，昼夜温差较大，能为阔叶阳生性树种，如椎栗、荷木等提供较好的生长环境，这些阳生性树种进入先锋林地后生长良好，林内盖幕作用和阴蔽就会逐渐增加。以后，先锋种群因不能自然更新而消亡，但中生性阔叶树种，如厚壳桂和黄果厚壳桂等树种却有了合适的生境而发展起来，群落变得更为复杂。阳生性树种也会渐渐消亡，群落趋于中生性树种为优势的接近气候顶极的顶极群落。

（2）亚热带地区植被自然演替进程。我国亚热带地区森林演替的进展是较迅速的，其演替依次经过先锋针叶林阶段→以针叶树种为主的针阔叶混交林阶段→以阳生性阔叶树种为主的针阔叶混交林阶段→以阳生性植物为主的常绿阔叶林阶段→以中生性植物为主的常绿阔叶林阶段→最终演替为中生性顶极群落。

长江流域大部分地区位于东亚副热带季风区，自然条件优越，年均降水量一般有 1 100～1 400 mm，雨量充沛，气候温和，植物种类繁多，大部分地区植物可全年生长，十分有利于植物的繁衍和生态的修复。除长江源头区因海拔高、气候寒冷，因而生态自我修复历时较长外，流域内大部分地区的疏林地、森林迹地、荒山灌丛地、退耕退牧还林还草地，只要不再有人为干扰破坏，经 3～5 年，灌草即可自然恢复郁闭并初步起到保持水土的作用，10～15 年左右就能恢复成林。例如，贵州省普定县蒙铺河小流域，1983 年 10 月开始对 2 541 hm^2 少量疏林和灌丛的 380 个山体实行封禁治理。2 年后即 1985 年 10 月抽样调查，封禁的白栎类灌木林生物增长量为 16%；封禁的石灰岩灌丛地，生物增长量为 12.5%；乔、灌、藤草植物的盖度由 0.2～0.4 增加到 0.4～0.7；封禁区乔木高度生长量每年达 0.5 m，灌木单株冠幅每年可增加 0.21 m^2；每公顷灌木林地可增加薪柴 6 750 kg；封禁区内下层草类的覆盖度普遍增加 30%，水土流失基本得到控制。

（3）温带地区植被自然演替进程。在温带地区，即使是先锋植物阶段（地衣苔藓植物群落）的演替也需要花费 10～20 年的时间，森林自然演替的进程更慢。

杨涛（2009）在陕北黄土高原丘陵沟壑区米脂县的高西沟，对不同恢复年限退耕地的植被演替规律和物种多样性动态进行调查和分析，结果表明：

① 在退耕后 50 年的植物群落演替过程中，调查样方内共出现草本植物 58 种，分属于 20 科 45 属。其中，菊科、豆科、禾本科占属、种总数的 51.1% 和 60.3%，说明这 3 科植物在陕北黄土峁状丘陵沟壑区植被演替过程中占据主要地位，退耕植被主要由少数科的植物种构成。

② 物种构成表现为多数种属于少数科，而少数种属于多数科的特征。且群落演替由藜科杂草开始，依次为 1 年生草本群落→多年生根茎草本群落→多年生丛生草本群落，呈现向地带性物种和灌丛群落演替的趋势。从 1 年生草本群落到多年生蒿类、禾本科类草本阶段的主要优势物种有猪毛

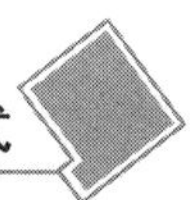

蒿、赖草、野菊花、达乌里胡枝子、铁杆蒿、披针叶苔草、白羊草等，这些物种出现频度相对较高，为该区的主要优势种，并构成了不同组合的植物群落类型。

③ 退耕36年后，在退耕植被演潜的后期，植被演替由多年生地带性丛生草本群落逐渐向耐旱、耐瘠薄的灌丛群落演变，在无人为破坏的情况下，植被将朝着适宜当地气候、环境条件的方向演替，最终达到与当地气候相协调的稳定阶段。

例如，河南省内乡县靳河小流域，从1986年开始，对流域内林木郁闭度小于0.30的残次林和森林迹地采取封禁治理，据1990年调查，采取封禁治理的407 hm^2 残次林和森林迹地，林木郁闭度已达到0.65以上，植被覆盖度由原来的30%提高到60%以上，平均每公顷活立木蓄积量增加7.65 m^3（蒲勇平，2002）。

在植被和物种多样性逐步恢复的同时，植被改良土壤、减少地表径流、保持水土、涵养水源等生态功能也逐步得到恢复和增强。

（4）黄土高原退耕还林还草后植被与土壤的水土保持生态功能。梁伟（2006）在陕北吴旗县柴沟流域对退耕还林还草区具有代表性的乔木（山杏和刺槐）林地、灌木林地和农田的土壤水分有效性和蓄水能力进行了测定和对比研究，结果表明，不同植被类型的土壤有效水含量变化范围为1.92%~15.73%，林地比农田增加75.31%；0~40 cm土层土壤蓄水量为228.30~251.07 t/hm^2，林地比农田增加约8%；刺槐林地的蓄水性能好于山杏。不同植被下土壤物理性状和持水、蓄水特性差异明显。

①土壤孔隙状况。土壤孔隙状况影响着土壤通气、透水及根系的生长发育，是土体构造的重要指标之一。不同植被类型土壤孔隙均以非毛管孔隙为主；土壤（0~20 cm）毛管孔隙度以刺槐林地最大，为29.08%，农田（20~40 cm）最小，为15.80%；土壤（20~40 cm）非毛管孔隙度以山杏林地最高，为36.97%，阴坡灌木地最低，为30.29%。说明退耕、还林、还草能改善土壤孔隙状况，这主要是由于乔木和灌木大量枯枝落叶分解产物的侵入，及根系对土壤的穿插挤压和固结作用改良了土壤结构，使林地土壤疏松多孔，具有良好的通气、透水性能。

②土壤田间持水量、凋萎系数。山杏林地田间持水量最大为18.31%，农田最小为5.77%，林地明显高于农田；阴坡明显高于阳坡。土壤凋萎系数是衡量树种耐旱能力的一个重要指标，土壤凋萎系数越低的林木抗旱性就越强。凋萎系数最大是农田（0~20 cm）为4.13%，最小是山杏林地为2.58%。两种乔木林地相比，刺槐林土壤的凋萎系数大于山杏林地土壤。林地较灌丛、农田耐旱，阴坡灌木比阳坡灌木耐旱。

③土壤有效含水量。以山杏林地20~40 cm土层最大，为7.54%；阳坡灌木林地0~20 cm土层最小，为0.71%。在干旱的黄土丘陵区，水分是限制植物生长的主要因子，夏季虽然降雨量有所增加，但土壤有效水含量仍然很低。因此，在造林时要选择油松、樟子松等抗旱性强的树种。

④土壤蓄水量。森林土壤蓄水量通常以土壤非毛管水蓄水量为计算的基准。而在半干旱、半湿润地区土壤水分很难达到饱和，林地土壤水分经常处于亏缺状态，土壤储水以吸持蓄水为主。因此，用土壤非毛管水蓄水量评价土壤蓄水性能是不全面的，应以非毛管孔隙和毛管孔隙总蓄水能力来评价土壤蓄水性能。吴旗县实施退耕还林工程以后，不同植被下土壤蓄水量变化很大。乔木和灌木林地土壤蓄水量比农田提高5%~13%。灌木林地的蓄水量最大，为132.28 t/hm^2；其次为乔木林，可能是由于乔木尚属于幼林，蓄水量将来可能会进一步增加。由于受立地条件的影响，阴坡的土壤蓄水量好于阳坡。在同一坡向中，刺槐林地的蓄水量好于山杏林地。

总之，在黄土丘陵沟壑区退耕还林营造人工乔木林和灌木林，可以改良土壤，显著改善土壤，特别是0~20 cm土层的蓄水性能，而蓄水性能的提高有利于调节地表径流，使土壤具有更大的接纳降水的能力，增加土壤有效水。乔木林地和灌木林地的蓄水能力高于农田蓄水能力。在今后的造林中，应选择抗旱性强的树种，并积极推广乔、灌、草混交模式。

（5）南方岩溶地区退耕还林还草后植被与土壤的水土保持生态功能。南方岩溶山区陡坡垦殖现象较为普遍，这是造成南方岩溶山区水土流失严重和土壤退化的主要原因之一。通过实施退耕还林还草工程，可以有效地减少岩溶山区土壤养分流失、控制土壤退化，对保护岩溶山区脆弱生态环境有着积极的意义。

森林生态系统中的林、草群体（包括乔、灌、草）是一个巨大的水分调控器，它影响着降水以及降水的分配；森林土壤是一个涵养水源的“天然大水库”。据研究，在不同类型的森林中枯枝落叶层持水量为500%～700%（占枯枝落叶全质量的百分数）、或28%～64%（占枯枝落叶层容积的百分数）；据对广东省鼎湖山（岩溶山区）不同林型土壤贮水量的研究表明，0～50 cm 层的土壤中贮水量阔叶林为245.9 mm，针阔混交林为220.5 mm，针叶林为179.5 mm。通常，雨水降落林地，地被物吸收蓄存的占25%；植物蒸腾、微生物等消耗的水分为23%；渗入土壤中的占20%；降雨被树冠、树干截留、蒸发的占8%；坡地侧渗水（坡地潜流）和地面水流入江河水系、湖泊和海洋的占24%。可见，大部分降水能被森林蓄留和被生物利用（张淑光，2011）。

据在贵州省清镇市红枫湖镇簸萝村对退耕还林还草3年后的旱坡耕地的观测表明：

①林草的保土保养分功能较强。在坡度为10°的旱坡耕地，降雨量为18～35 mm/h 情况下，空旷旱地径流中泥沙含量分别是还林（苦楝）区、还草（黑麦草）区和还林还草区径流中泥沙含量的2倍、10.12倍、18.6倍。可见，在该降雨强度条件下，当坡度较缓时，退耕、还林、还草对泥沙的阻滞作用十分明显。空旷地径流中氮、磷、钾含量也明显高于退耕、还林（草）地。在坡度为30°的旱坡耕地，降雨量为40～55 mm/h 条件下，空旷旱坡地径流中泥沙含量分别是还林区、还草区、还林还草区的径流泥沙含量的1.81倍、7.26倍、6.71倍。可见，降雨强度较大时，由于坡度较陡，径流量较大，虽然径流中泥沙含量有所增加，土壤养分的损失也有所加强，但退耕还林还草对泥沙的阻滞和拦蓄作用仍较强。还草区、还林还草复合区，其径流中泥沙含量较低，养分含量最低，还草和还林还草能明显抑制坡地土壤养分流失；而还林区由于树木的生长速度较慢，其前期的保土效果不及还草区和还林还草区。

②林草对提高土壤肥力的作用明显。在还林、还草过程中，土壤有机质有所增加，退耕3年后较退耕前提高1.7 g/kg；土壤养分含量有所增加，土壤氮素含量较退耕前提高0.20 g/kg，土壤磷素较退耕前提高107.3 mg/kg；土壤物理性状有所改善，土壤总孔隙度提高了5.18%，毛管孔隙度提高了4.01%，非毛管孔隙度提高了1.17%，退耕后土壤非毛管孔隙度与总孔隙度的比值升高了1.12%，表明退耕、还林、还草后土壤容重降低，土壤总孔隙度提高，并且土壤的毛管孔隙度的提高比非毛管孔隙度提高的程度要大。可见，退耕还林（草）对土壤肥力有明显的改善作用。

③退耕还林草能提高土壤水分渗透速率，增强土壤蓄水保墒能力。由于退耕还林草改善了土壤的物理性状，从而能提高土壤的水分渗透能力。退耕地土壤渗透系数是未退耕地的1.66倍。对于贵州岩溶地区大面积水分下渗困难的黏质黄壤土而言，提高渗透速率极其重要，可一定程度上避免或减少因降雨强度大来不及渗透而形成的地表径流，提高其水土保持能力。

④退耕还林草能降低土壤面蚀程度。土壤的抗面蚀性能越强，则地表径流对土壤的冲刷程度越低。土壤机械组成在一定程度上反映土壤抗侵蚀的能力。退耕3年后，土壤粒级发生了明显的变化，表现为0.25～0.05 mm 细沙含量提高2.4%，<0.05 mm 的黏粉粒含量显著提高15.38%，0.01～0.005 mm 的粒级含量提高2.32%，0.005～0.001 mm 的粒级含量提高3.32%，<0.001 mm 粒级含量提高4.02%。可见退耕3年后，土壤粒级分布发生了显著变化，<0.25 mm 的细沙和黏粉粒含量显著提高，同时植物根系的生长以及枯枝落叶等有机物质增加，提高了土壤团聚体的总量，土壤进一步向细粒化和团聚化的状态演变，因而土壤的抗蚀性能逐步增强。退耕地地上林草茎叶及

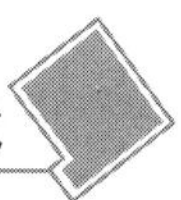

其枯枝落叶能够覆盖地面，也能有效地减少雨水对地面的直接冲击，增强土壤抵抗径流和雨滴击溅对土壤的分散、悬浮和运移能力，从而抑制土壤的侵蚀（罗海波等，2003）。

5.2.3 退耕还林还草主要措施

（1）因地制宜，做好规划。全国各地山区的自然条件和社会经济状况千差万别，退耕还林还草措施必须因地制宜，不可一刀切。要遵循自然规律和社会经济发展规律，先做好规划，宜林则林、宜草则草、宜灌则灌、宜乔则乔、宜荒则荒，安排适宜的树种、草种和种植技术，培育高产优质的种源和建立苗木基地，实施过程做到先易后难、集中成片、先试点示范、逐步推进。

在制定退耕还林还草规划时，要充分考虑各退耕区的生态区位重要性，生态区位重要的地区，尤其是江河源头及大江大河两岸、湖库周围的陡坡耕地应先退；应将坡耕地面积大、粮食产量低且不稳的山区、丘陵区作为退耕还林的重点区域。

以长江上游地区为例，几类地区应有不同的标准和做法。

①亚热带季风湿润山地丘陵区。包括青藏高原以东山地丘陵区。该区水热条件好，植被恢复快，许多地方只要封山育林就能成林。这类地区，是长江流域退耕的重点地区。这类地区可先停耕，先天然育草，然后天然育林、成林。除一些破坏严重、远离林区、天然繁殖困难的地区外，不少地方可以采取封育办法。关键是管好天然幼林不再受破坏，不一定要重新破坏地表，重新人工造林。

②岩溶地区。主要是川南、川东、滇东、重庆和贵州等地。这类地区不少地方土地已石漠化，造林难度高，水土流失大，但已无土可流，不是河流泥沙的主要来源区。退耕要慎重，因为这类地区本来耕地就很少，而且很分散。关键是要保护好现有耕地土壤不再受冲刷而流失。保土不一定通过植树来实现，应以建好梯田、堵塞地表漏洞为主。

③亚高山林—牧交错带。是不宜开垦的地带，过去主要是天然林分布区，天然林砍伐后，造成对林带下草地的破坏，易发生滑坡、泥石流等山地灾害，应尽量恢复林带。该带气温低，林草成活难，林木成材慢，宜大力培育种植适应亚高山的优良林种。

④干旱河谷。包括大渡河、金沙江、岷江上游、安宁河、龙川江等干热河谷。要退耕造林，特别是要成片造林，难度很大。这些地区要造林，必须先有良好的灌溉系统，在旱季对栽植的林木进行人工灌溉，成本很高（每公顷林投入不少于30 000元）。目前，大面积推广有困难，只能由点到面，逐步实施。关键是禁止乱开垦、乱开矿山，减少对地表的破坏和边坡的扰动。退耕可以先发展灌溉经济林业，积蓄经济力量，然后建造大型生态林。

⑤川西高原。包括甘孜、阿坝两州的广大草原区。这里是长江上游重要的生态屏障，由于陡坡垦殖和草场过载放牧，致使草场严重退化、沙化。这类地区关键是抓好退耕还草，而还草的关键是抓好人工草场建设。同时逐渐实现牧民定居，建立集现代社区以及经济和生态建设于一体的新牧民聚居区；大力发展可再生能源，改变烧畜粪的传统，使粪肥回草地。

（2）造林种草。已经完全衰失原有植被繁殖体的陡坡地，必须重新人工造林、种草；仍然不同程度保留有原有植被繁殖体的，则依靠坡地植被的自然恢复能力与人工补种相结合来逐步恢复植被；在半干旱黄土区，适宜的人工造林可加速该区植被恢复的进程。

①物种的选择。物种的选择对恢复植被的生态功能至关重要，详见本书6.1.1节与6.1.2节。

②植被结构模式。在造林种草时，模拟当地自然植被结构模式，能加快植被的建成速度，促进植被稳定性。例如，在黄土高原退耕还林还草工程中，如果乔、灌、草以带状混交方式一次建植，前2~3年草带即可初步郁闭，覆盖地表；4~5年灌木也开始郁闭，陆续发挥其多种功效；10年之后乔木一般也可郁闭，形成较为稳定的人工植物群落。在黄土高原地区，人工造林比较成功的混交

类型有油松+中国沙棘、青杨+中国沙棘、刺槐+紫穗槐等。中国科学院水利部水土保持研究所在安塞纸坊沟还成功地营造了刺槐+杨树+连翘、刺槐+柠条、刺槐+火炬树等乔、灌混交林；该所还在吴旗县通过飞播，成功地营造了中国沙棘+沙打旺灌草带状混交植被类型（朱金兆，2003）。

③垂直分层。山区退耕坡地上物种的布局应注意合理的垂直分层分布。一般而言，山体上部安排以生态效益为主的物种，选择涵水、保土力强的物种，如落叶或常绿阔叶乔、灌木；山体中部选择具有良好经济性状的树种，如果树、木本中药材等；山体下部则以农作物、蔬菜、饲用作物等为主。在山体容易发生水土流失的地段，宜按等高线栽种植物篱。

④按演替阶段管理。退耕坡地植物群落和植被重建后，将按照自然规律进行演替。在不同演替阶段人工补植的树种、草种及相应的抚育措施，应与该阶段的特点和要求相匹配。例如，20世纪60—70年代川中丘陵地区建造的桤、柏混交林、纯柏木林、纯马尾松林，20世纪50—80年代川西亚高山营造的暗针叶林等，当前都应根据植被演替规律，适当补植一些其他树、草，加速森林向更高级的相对稳定阶段发展，促进生物群落结构的回归，逐步恢复物种多样化。

陡坡地退耕还林初期，所植先锋树种尚处于幼林期，是向林草植被发展的过渡期，此期内地表覆盖率低，而且长江上游70%的降水集中在6—9月，黄土高原60%~70%的降水集中在7—9月。为防止加重水土流失，在退耕初期的这几个月内，宜采取林粮、林草（牧草）、林药、林经（豆类）等间、混、套作等措施，增加地表覆盖度，减少水土流失，促进林木成活与生长，并增加短期收益。

⑤措施配套。植被恢复与重建还要与坡耕地建设和其他水土保持措施配套，例如，经济林建设应在坡改梯工程的基础上进行；在黄土高原，与植被恢复与重建配套的小型水保工程主要有水窖、谷坊、淤地坝等；同时，植树种草也须采用水保种植技术，如等高线种植、鱼鳞坑种植等；实施抗旱造林技术、集水贮水技术和蓄水保墒技术等三大类抗旱造林技术（王斌瑞等，1996）（参阅本书6.1.1节）。

⑥用地与养地相结合。多数陡坡耕地比较贫瘠，因此，陡坡退耕地要把用地与养地有机结合起来，先以养为主、养用结合，不要重蹈只用不养的覆辙。养地最经济有效的措施是在退耕山坡的适宜地段，大力种植豆科牧草，发展畜牧业，或种植豆类杂粮作物培肥地力。经济林对土壤肥力要求较高，大多数土壤贫瘠陡坡退耕地，还达不到发展经济林的要求，不要急于大面积发展经济林，在这些退耕地上，宜先栽植刺槐、桤木、合欢、紫穗槐等能自生固氮、可速生成林的先锋树种，或种植龙须草等固土草本作物，以保持水土和培肥地力。

（3）封山育林。封山育林是最常用的生态修复措施，是对具有生态自我修复能力的退耕、还林、还草地、原有林地、具有残存植被的荒山、幼残次林、疏林地、灌丛地、退化草场和荒草地等，划定封禁区进行封禁，依靠人工造林、人工补植、天然下种和残存植被根茎的萌芽分蘖能力，再加以人工培育，从而恢复和发展森林植被的一种方法。

封山育林包括“封”和“育”两个方面：“封”是对封禁地封禁保护起来，有死封、活封和轮封3种相互结合的方式。属于死封的，使封禁地的生物群落走向正向演替，封禁期3~5年；属于活封的，封至乔木郁闭成林为止；轮封一般封期1~2年，分区轮流封禁。“育”是在封禁期间，适当地进行人工抚育、疏林补植、防治病虫害、引种栽培优良树种和牧草，以育促封。只有将“封”和“育”两个方面有机结合起来，才能得到修复森林植被的较好效果。

（4）退耕与区域脱贫相结合，实现生态链和产业链有机整合。在退耕过程中，既要恢复和完善生态链，又要构建产业链。生态链以生物多样性为基础，以食物链为网络；产业链以市场为导向，产、加、供、销紧密联合。两个链的有机整合是实施陡坡退耕生态建设的关键，既有利于经济发展又有利于改善生态环境。退耕后，选择发展既有利于生态建设，又能促进区域产业结构调整的特色

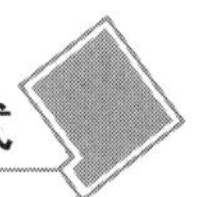

产业。产业选择，一要符合生态建设的要求，二要符合以市场为导向的原则，发展精品产业和以一业带多业，参与国内外市场的竞争。例如，长江上游可供因地制宜选择的特色产业有：a. 高效抗水土侵蚀的饲草（如皇竹草、鲁梅克斯 K－1 杂交酸模、白三叶、红三叶等）种植基地及其加工业，同时发展草食畜牧业及畜产品加工业。b. 天然药用植物（如薯蓣、杜仲、黄柏、木瓜、厚朴、红豆杉、银杏、黄莲、天麻、川芎等）种植基地及其加工业，发展能分离、提纯单体或有明显功效单体组合的新药产业。c. 以绿色食品为重点的土特果蔬产品（如水果、干果、蔬菜、反季节蔬菜、食用菌、野生菜等）的种植与加工业。d. 新型饮料植物（如猕猴桃、葡萄等）种植基地及其加工业。e. 山村生态旅游业。f. 小水电能源建设产业。

近年来，各退耕还林地区加大了退耕还林后续产业的开发。例如，在内蒙古、宁夏、甘肃、陕西等地通过在工程区开发沙产业、草产业、畜牧业及林果、蔬菜、加工业等，为退耕农户长远发展和实现致富找到了后续产业。

通过发展特色产业及其加工业或第三产业，逐步进行产业结构调整，可以促进区域的可持续发展，同时，可为山区农村提供更多的就业机会，减轻农民对土地的压力和依赖性，引导山区农村剩余劳动力逐步转移到有利于生态建设的其他产业上来。对部分原住地生存条件十分恶劣的山村，可逐步进行生态移民。

由于经济林的水土保持生态效益远比水保林差，要防止退耕地营造经济林比例偏高的倾向。按国务院规定，在陡坡耕地退耕还林中，生态水保林应占 80% 以上，经济林一般应少于 20%，但在实施退耕、还林、还草过程中，多数农民倾向于发展经济上见效快的经济林，一些地区经济林栽植面积已达退耕还林面积的 40% ~50%。在先行启动的四川、陕西、甘肃三省，1999 年退耕还林还草中经济林比重高达 64.1%。2001 年世界自然基金会在四川、陕西对退耕、还林、还草进行的调查中发现，几乎所有退耕还林后种植的都是经济林。过多发展经济林，难以实现生态目标。

经济林也要建成既有较好经济效益，又具有较好水土保持生态效益的生态经济林。经济林建设可与饲草种植基地建设、草本药用植物种植基地建设相结合，在退耕建林初期，林下种草，或免耕粗放种植一年生农作物特别是豆科作物，可以增加地面覆盖，减少水土流失。

还可创立新模式，在退耕坡地上大力开发新的农、林、牧复合生态农业模式、配套技术和经营管理方式，特别是坡地乔、灌、草、藤复合的经济林与经济作物立体、多组分、多结构、多层次的配套种植模式，使提高土地生态功能和提高土地生产力相统一（刘照光等，2001）。

（5）改善退耕还林还草工程的外部条件。处理好因退耕和封禁而给当地群众生产和生活带来的各种问题，创造良好的外部条件，是确保退耕还林还草工程顺利实施和达到预期效益的保证。主要措施有以下 3 种。

① 加快农村基本农田和高效经济林建设。通过建设高产稳产基本农田，解决粮食供给问题；通过建设高效经济林，弥补和提高群众的经济收入。

② 改善农村能源结构。农村燃料问题是造成林地砍伐、植被破坏的主要成因之一。要成功地实行封禁治理，必须解决农村的能源问题，从主要依靠薪柴能源改变为依靠小水电、风电、沼气、天然气、煤等多能配套。

③ 推行轮封轮牧、舍饲养畜，发展集约化畜牧业，协调好畜牧业生产和生态恢复的关系。超载放牧是引起山坡植被退化、水土流失加剧的主要原因之一。实行封禁治理，在一定时期内可利用山坡草场面积将受到限制，为保证畜牧生产，要改变现有畜牧业生产方式，积极推广和实行计划放牧、轮封轮牧、舍饲养畜等措施。

5.2.4 退耕还林还草取得的效益

（1）有效遏制了我国生态恶化的趋势，初步改善了生态环境。以生物为核心的森林生态系统的生态服务价值远大于林产品的直接商品价值。退耕还林还草工程的实施，推动了从毁林开垦向退耕还林的历史性转变，显著加速了山区坡地植被的恢复，显著减少了水土流失，初步改善了生态环境。退耕、还林、还草工程的生态效益，可以由农田生态系统转变为林草生态系统服务价值的增加量来体现。

例如，陕北黄土丘陵沟壑区安塞县实施退耕、还林、还草工程以来，退耕、还林、还草工程的生态系统总服务价值，从退耕前（1998 年）的 188.37 亿元增加到退耕后（2005 年）的 241.03 亿元，增幅达 27.95%；在生态系统各项服务功能价值的贡献中，涵养水源价值量最高（77.08%），其次是土壤保持价值（11.43%）、维持营养物质循环价值（6.83%）、固碳释氧价值（3.94%）及保护生物多样性价值（0.54%），净化空气价值（0.18%）最低。实施退耕、还林、还草工程后，各植被类型的总服务价值表现为灌木林 > 草地 > 乔木林 > 经济林；从各植被类型单位面积的系统服务价值量来看，系统服务功能大小依次表现为乔木林 > 灌木林 > 草地 > 经济林 > 农田。退耕、还林、还草工程的实施，在保护环境、治理水土流失等方面具有显著作用（杜英等，2008）。

水利部第二次全国水土流失调查监测结果显示，随着退耕还林还草工程的进展，各大流域内森林面积快速增长，水土流失面积不断减少、强度不断减轻。2003 年与 1990 年相比，流域内水土流失面积由 367 万 km^2 减少到 356 万 km^2。长江三峡库区水土流失面积减少了 23.9%。2003 年，全国 11 条主要江河流域土壤流失量大幅度减少，其中，长江和淮河流域减少 50% 左右，珠江、钱塘江等流域减少 70% 左右，闽江等流域减少 85% 以上。

据西北 16 个退耕还林样本县的效益检测，2003 年沙化土地面积比 1998 年减少了 42 万 hm^2。退耕还林工程的实施不但使水土流失和土地沙化得到一定程度的控制，而且为野生动植物的生存和繁衍提供了条件，在一些退耕林区重新出现了地带性原生植物种和白鹭、猴、豹等野生动物种群，生物多样性正在恢复中。

（2）增加了退耕农户的经济收入。实行退耕还林后，退还地区农民的收入增加了。例如，湖南实施退耕还林工程以来农民收益增加：a. 农民增加了直接收入。平均每户农户直接从退耕还林政策中增收 1 800多元。b. 获得了间接收益。实行退耕后，农民减少了对土地的物资和劳动力投入，相应地，国家对退耕农户实行政策补助和税费减免，退耕农户因获得较多的间接收益而增加了收入。c. 获得后续收益。随着林木的生长，推动了竹产业、果业、生态旅游业等产业的发展，带动农民增收。安化县 2002 年实施退耕还林工程以来，新造楠竹 2 000多 hm^2，林农人均年增收 300 元。d. 增加了劳务收入。退耕还林还草工程实施后，农村劳动力从传统种植业中解放出来，向第二、第三产业转移，农民外出务工时间增多，劳务收入呈逐年增加之势。

又如，陕西省延安市退耕 32.8 万 hm^2，农民年人均纯收入由 1998 年的 1 356元增加到 2005 年的 2 195元；甘肃省陇南市依托退耕还林新建特色林果基地 5.33 万 hm^2，2005 年，全市农民人均林果业收入 236 元，比退耕前增长 59%，80 多万农民靠林果业脱贫致富。

（3）推动了退还地区农村产业结构调整和经济发展。随着退耕还林工程的进一步开展，退耕区农民长期以来广种薄收的耕种习惯正在改变，不合理的土地利用结构得到一定程度的调整。森林植被增加了，在保证生态效益的前提下，竹业、森林食品、中药材、茶叶、林产化工、生态旅游等生态经济型产业得以发展，以种植业为主的传统农业开始向林果种植业、草食畜牧业及第二、第三产业多业并举转变，农村产业结构在很大程度上得到调整，经济发展水平得到提高。2003 年，全国林业产业总产值达 5 860亿元，林业建设每年还带动 4 500多万劳动力就业，仅退耕还林工程就使近 1 亿农民受益（马定渭等，2006）。

各地适度利用退耕坡地扩大了经济林，开展多种经营，有力地促进了山村经济的发展。例如，金沙江下游及毕节地区的苹果、石榴、蚕桑、蓝桉、黑荆基地；嘉陵江中、下游的柑橘、蚕桑基

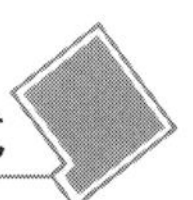

地；陇南、陕南地区的花椒、苹果、杜仲基地；三峡库区的柑橘、茶叶基地，不少已初具规模，成为当地经济发展的支柱。云南昭通市的苹果已发展到 1 万 hm^2；四川会理县的石榴发展到 4 670 hm^2，年产石榴 2 500余万 kg，产值达 1 亿元；陕西略阳县拥有杜仲 5 000余万株，年创产值达 5 000万元；重庆市巫山县种植龙须草 5 000余 hm^2，不少村年产草量达 50 万 kg 以上，种植龙须草的农户户均收入过千元；贵州威宁县建成以苹果、梨为主的经果林基地 1.33 万 hm^2，1997 年产干、鲜果 3 000万 kg。这些基地，有相当一部分就是在退耕坡地上建立发展起来的（史立人，1999）。

5.3 水土保持生态工程

5.3.1 我国水土保持生态修复分区

我国各地自然条件、经济社会条件和生态环境受损状况与特点各异，水土保持生态修复应分区采取不同途径与措施。蔡建勤等（2004）以年降水量多少为主要依据，将全国划分为 4 大水土保持生态修复区（表 5－1）。

表 5－1　全国水土保持生态修复分区（蔡建勤等，2004）

区号	一级类型区	二级类型区	年降水量（mm）	干燥指数	干湿类型区
Ⅰ	长白山区及东南部湿润带生态修复区	长白山黑土漫岗区 长江以北土石山区 长江以南红壤丘陵区	>800	<1.0	湿润区
Ⅱ	华北、东北部分及青藏高原东部半湿润带生态修复区	哈沈一线黑土漫岗区 北方土石山区 太原兰州以南黄土高原区 西南石质山区	>400	1.0～2.0	半湿润区
Ⅲ	内蒙古高原、黄土高原、青藏高原半干旱带生态修复区	内蒙古高原风蚀区 太原兰州以北黄土高原区 青藏高原区 内陆河流域	<400	0～5.0	半干旱区
Ⅳ	新疆大部、内蒙古西部、青藏西北部荒漠干旱带生态修复区	“三化”（风化，碱化，退化） 草原区 戈壁沙漠区	<200	>5.0	干旱区

各区的主要特点有：

Ⅰ区：本区除长白山区和河南、安徽等省的部分地区外，大部分地区的降水量充沛，且蒸发量较少。多年平均降水量在 800 mm 以上，且湿热同季，有利于植物生长和自然生态修复。

水土流失类型，除福建等沿海省份有少部分风蚀外，其余均为水蚀。水土流失按发生地类分析，主要发生在以下三类地：一是耕地中的坡耕地；二是林地中的稀疏林地，包括未成年的和管理粗放的经济林地；三是未利用地中的半裸露荒地。大部分地方的流失强度在中、轻度或以下，少数地方有强度流失。本区重力侵蚀的形成与发育类型有崩岗、滑坡、泥石流等。崩岗主要发生在花岗岩区；滑坡、泥石流灾害主要发生在变质岩区。广西、贵州等省（自治区）的岩溶地貌发育，土地石漠化现象严重。

本区多丘陵岗地，且大部分已作为农林业用地和经济果林地开发。多荒山荒坡资源。长江以南广泛分布第四系红壤。

Ⅱ区：本区大部分地方属于半湿润区，多年平均降水量大于400 mm，干燥指数1.0～2.0。原生植被西部为亚热带季风雨林，中东部为温带森林和典型温带森林草原。大部分地区的光热资源充沛，有利于乔、灌木生长，但降水量偏小，部分地方的造林成活率不高。从全国梯级地形分析，该区大部分地方属于二级阶梯，地势相对较高。黄土高原部分和云贵高原大部分处在本区的中部和西部。著名的平原有华北平原、黄淮海平原和东北平原。本区还包含大兴安岭部分地区的水蚀和冻融侵蚀交错区，以及青藏高原部分冻融侵蚀区。

本区水土流失主要发生在东北的黑土地、黄土高原部分地区、华北的半裸石质山地、云贵高原干热河谷区以及西南丘陵山地的坡耕地。西南部分地区泥石流沟发育。

Ⅲ区：本区大部分地方降水稀少，多年平均降水量小于400 mm，蒸发能力强，干燥指数2.0～5.0，属半干旱区。自然植被为温带灌木林或乔灌林。本区的自然特点是水资源缺乏。

本区水土流失类型，除内蒙古高原和黄土高原部分地方以风蚀为主以外，其余大部分地区仍以水蚀为主或水蚀、风蚀交错，青藏高原以冻融侵蚀为主。

本区的水土流失危害突出表现在两个方面：一是黄土高原大面积强度流失区，水土流失不仅对该区生态环境、社会经济发展、人民生活造成严重危害，而且区内还是黄河的主产沙区，大量泥沙对黄河防汛构成严重威胁；二是内蒙古高原浑善达克沙地的风蚀对异地的危害，尤其是对京、津地区的沙尘暴危害。

本区历史上就是有名的水土流失区，造成的异地危害也特别严重，是全国水土保持生态修复与恢复的重点区，由于本区水资源缺乏，降水量不足，需要加大生态修复与恢复过程中的人为参与力度。

本区荒漠化现象也很严重，且每年以数万公顷的速度扩展。草地“三化”（沙化、碱化、退化）、农地沙化和生态环境恶化的势头仍未被遏制。

Ⅳ区：干旱缺水。本区绝大部分地方降水稀少，多年平均降水量小于200 mm，而且蒸发能力特强，干燥指数大于5.0，属于温带大陆性干旱区。

由于青藏高原隆起，阻隔了印度洋大气环流入境，导致本区严重干旱。本区是全国干燥指数最高的地区，也是全世界最干燥的区域之一，属于极端干燥气候区。本区水土流失类型以风蚀为主，雪山高原区为冻融侵蚀区。

我国各地在几十年防治水土流失的实践中，创造了多种多样适合各地山区的水土保持工程与技术。水土保持生态工程将重点简介黄土高原和南方山区水土保持工程与技术。

与本工程配套的生态技术体系主要包括：拟生造林的树种、草种选配和造林、种草技术；林（果、桑、茶）业、种植业和养殖业立体生产技术；水土保持工程、生物与耕作技术；植物篱（植物地埂）技术；小流域综合治理开发技术；山区农村可再生能源开发利用技术；对农业有害生物的防治及森林防火技术（参阅本书第4、第6部分）。

5.3.2 黄土高原水土保持生态工程

（1）基本经验。黄土高原地区的水土保持和生态建设是治理黄河的根本措施。经过近60年特别是近20多年的生态治理和经济开发，黄土高原地区水土流失已得到初步控制，生态环境有明显改善，水土保持工作积累了丰富的经验，治理区的经济与社会发展也取得了很大成绩。其基本经验有：

① 以小流域为单元，山、水、田、林、路统筹规划，进行水土流失综合治理和经济开发（参阅本书4.1节）。

② 在促进生态环境改善的同时，发展商品型生态农业。根据各个小流域的生态经济特点，分别

选择“农—牧—林—沼”型、“农—果—沼”型、“农—副”型、“草—牧”型或“林—草—牧”型等发展模式，因地制宜实施农村生态工程建设。

③ 以淤地坝和坝系建设为核心进行沟道治理，形成拦截泥沙的屏障。

④ 重视基本农田建设，通过坡改梯、建设淤地坝等方式，不断扩大基本农田面积，推广集水节水型生态农业，保障黄土高原地区粮食安全（图5－1）。

⑤ 加强封育保护，充分发挥自然环境的自我生态修复能力。在黄土高原地区，绝大多数植被生态系统演替的植物体基础都还存在，只要停止人为干扰，通过自我修复，植被生态系统就有向着更复杂多样、更稳定的方向发展的趋势（刘国彬等，2008）。

在水土保持和生态经济开发的一系列工程中，以小流域坝系建设工程和雨水集蓄利用工程两项基础工程最重要。

（2）小流域坝系建设工程。坝系是指以小流域沟道为单元，以拦泥、滞洪、生产为目的，大、中、小型淤地坝相结合的工程体系。淤地坝是黄河流域黄土高原地区，特别是多沙、粗沙区人民群众在长期治理水土流失的实践中创造出的一种行之有效的水土保持工程措施。既能拦截泥沙资源、保持水土、减少入黄泥沙、改善生态环境，又能淤地造田、建设旱涝保收高产稳产基本农田、增产粮食、发展区域经济，还能在解决农村用水、方便交通等方面起重要作用（图5－2，引自 http：//image. baidu. com）。淤地坝建设已成为黄土高原流域综合治理的主要内容，效益显著（见本书4. 1. 2 节第8 与第9 两典型）。

图5－1　陕北黄土高原梯耕地

图5－2　黄土高原小流域坝系工程

最早的淤地坝是自然形成的，有记载的人工筑坝始于明代万历年间，距今已有400 多年的历史。新中国成立后，特别是20 世纪80 年代以来，淤地坝建设发展到了一个新的高峰期，截至2002年年底，黄土高原地区已建成淤地坝约11. 35 万座，其中，骨干坝1 480座，中小型坝11. 2 万座，实现拦截泥沙210 多亿 t，淤成高产坝地32 万 hm^2，发展灌溉面积5 300多 hm^2，同时保护下游沟、川、台地1. 87 多万 hm^2。淤地坝的重点地区是在黄河中游的7. 86 万 km^2 多沙、粗沙地区。为配合国家西部大开发战略的实施，大力推进水土保持与生态环境建设，根据水利部的规划，到2020 年，将建设淤地坝16. 3 万座，其中，骨干坝3 万座，使黄土高原地区主要入黄支流基本建成完善的沟道坝系。工程实施区水土流失综合治理程度达到80%。淤地坝拦截泥沙能力可达到400 亿 t、年减少入黄泥沙达到4 亿 t，使黄河的入沙量减少1/4，同时可新增坝耕地面积达到50 万 hm^2，并促进220 万 hm^2 坡耕地退耕还林。

“沟里筑道墙，拦泥又收粮”。实践证明，沟壑建设坝系以后，小流域内的泥沙几乎全部被拦蓄下来，沟道基本实现了川台化，荒沟变成良田，构建了黄土高原坝系农业的雏形；坝地与坡耕地相比，土壤含水量高80%，土壤养分高30%以上，生产能力一般高出6 倍以上；淤地坝还能有效滞洪，使洪水得以调蓄和利用。淤地坝所形成的坝地已成为黄土高原地区农民的“保命田”“金饭碗"，对提高当地群众的生产生活水平发挥了巨大作用。

在坝系建设中要求做到：

① 以小流域为单元，以最终实现坝系稳定、坝地川台化为目标。一个稳定的坝系形成过程至少需要 20 年或更长的时间。

② 合理安排建坝时序，按照自下而上的顺序修建淤地坝。骨干坝单坝控制面积一般为 3～5 km^2（水土流失较严重地区），淤积年限一般为 15～20 年，上游适当布局中、小型淤地坝，在中、下游主沟道或流域面积较大的支沟，同时布设多座骨干坝。

③ 因地制宜，创新和优化坝系设计。

④ 以水力冲填筑坝为主。水冲（水坠）筑坝与碾压筑坝比较，不但坝体密实均匀，而且工效提高了 3～8 倍，投资成本减少 50% 左右。目前，陕北共建成水坠坝（库）2 万座左右，约占淤地坝总数的 60%（刘子峰，2007；段喜明等，2008）。

(3) 雨水集蓄利用工程。在干旱、半干旱及季节性缺水地区，为将小流域规划区内及其周边的降雨进行汇集、存储，以便作为该地区水源并加以有效利用而兴建的系列微型水利工程，称为雨水集蓄利用工程或集雨工程。集蓄雨水一般用于人畜饮水、农田补灌和庭院经济。

黄土高原干旱山区年均降雨量 300～600 mm，降雨量少，蒸发量大，黄土土层深厚，地下水埋藏较深，致使该地区水资源十分匮乏；而且降雨在年内季节分配不均匀，又多以暴雨形式出现，形成强大地表径流，致使有限的雨水资源不但不能更多地储蓄在土壤中为植物所吸收利用，相反地，还造成大量水土流失，导致土地贫瘠缺水。因此，黄土高原地区在雨季集蓄雨水加以利用是十分必要的。

黄土高原地区雨水集蓄利用也是可行的。首先，雨水在数量上能满足集雨利用的要求。一般认为，凡年有效降雨量在 250 mm 以上的地区，都可兴建微型集雨工程，开发利用雨水资源。在黄土高原干旱山区（包括丘陵沟壑区和塬区），雨水资源也是较为丰富的，每公顷有自然降落雨水 3 000～6 000 m^3，因此，在黄土高原地区开展雨水集蓄工程，可为该地区开发一个新的大水源，为实现水资源的优化配置和合理利用奠定基础。目前，黄土高原地区已累计修建各类雨水集蓄工程 500 多万处，年蓄雨水能力约 17.2 亿 m^3，初步解决了该地区 2 091 万人的饮水问题，并发展抗旱补充灌溉面积 124.67 万 hm^2。过去占总耕地面积 70% 的"望天田"，有了雨水集蓄灌溉，并对种植结构进行了合理调整和实行精耕细作后，单位面积产量成倍增加。

小型雨水集蓄工程，首先要形成集流硬化地面或在地面覆盖薄膜等形成集流面，田间荒坡地、隔坡梯田的坡面，都可以有选择地将其地表平整压实成为集流面用于雨水集流；沥青路面、屋面、混凝土庭院硬地面等也都可用于雨水集流，再通过水泥衬砌渠道或管道将集流雨水引入贮水窖。大型雨水集蓄工程，要采取水库、塘坝、拦河坝、池塘、蓄水坑、水窖等各种集雨工程，尽可能有效地拦蓄地表水和集蓄雨水，最大限度地开发利用地表水资源。

黄土高原土质疏松易侵蚀，雨水径流含沙量高，一般坡面雨水须经净化才能作为人畜用水。净化设施包括沉沙池、消力池和过滤网等。用于生活和庭院经济的水窖，多建在房屋和场院附近，提水设备多用手压泵；用于农田和温室大棚灌溉的水窖多建于田边和地头，提水设备常用微型电泵，也有用手压泵的；还有的依靠地形高差，采用自压灌溉。水窖可根据需要建成瓶式、柱式等形状，一般窖容 30～60 m^3，建筑材料可选用混凝土、水泥砂浆、红胶泥等。可采用串联式、并联式或散点分布。串联式多分布在集水面较大的地方，并联式多分布在公路边或灌溉面积较大的地方，可形成集中供水用水。

节水灌溉技术包括滴灌、喷灌、渗灌、微喷灌等技术，能使有限的水资源灌溉更大的面积，特别是用于果树及经济作物的灌溉（参阅本书 5.7.1、6.1.2 节）。

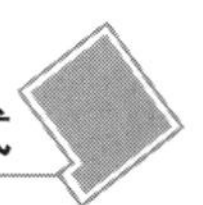

5.3.3 南方山区水土保持生态工程

南方山区水土保持工程体系，包括一系列互相配合的工程，主要有分水岭防护工程、坡面水保工程和山下坡耕地治理工程，须按地形、坡面水路网不同的水文形态布设。

（1）分水岭防护工程和坡面水保工程。该工程是人为控制水土流失源头和引导坡面径流，从而控制坡地水土流失的有效措施。在削弱和转化坡面径流冲刷能量、保护土地资源等方面起重要作用。三沟（截洪沟、蓄水沟、排水沟）和三池（蓄水池、蓄粪池、沉沙池）是坡面水系工程的主体，也是坡面蓄水保土的主要措施和设施，根据高水、高蓄、高用的原则，将这些工程有机结合起来，可使坡面径流按水平台阶迂回下山，截短坡面流水线，分段拦截地面径流，防止坡面冲刷，起到滞洪、沉沙、保护坡面水土资源和土壤肥力的作用。坡面水系工程依据各区域的地形地貌、降水量以及土地利用等因素，合理设计与配置沟、凼、窖、池、塘、坊、坝、渠等工程，能够有效防止地表径流对坡面的严重冲刷，控制水土流失，提高坡面中、上部土壤含水量，减少水库、河道、灌溉沟渠等水利工程的泥沙淤积，已经得到广泛应用与推广（蔡雄飞等，2012）。

坡面植被的布局，根据南方山区水多势猛的特点，宜采用乔、灌、草植物群体配合，组成空中乔木拦截、中间灌木阻击、地面草被覆盖三层防护措施。采用山顶戴帽、山腰绿化、山下梯耕地果园、农田方式。即山顶分水岭地带及其凸形坡种草和灌木，进行地面覆盖，减少雨水侵蚀，延缓径流形成，增加地面水入渗；山腰营造以乔木为主，乔、灌、草结合并与坡向垂直和等高线平行的林带，分散径流，将径流垂直于等高线的流向改变为沿植株绕流的水文形态，从而延长流程、减低流速，增加水分入渗，减少径流；山下梯耕地种植果树和水稻。这样的林草植被布局，改变了光板地和侵蚀地的地面水文过程，达到对径流阻滞—分散—入渗，使一部分径流转化为潜流或地下水，既避免土壤侵蚀，也减少了雨季河流流量，不致形成河流暴涨暴落，同时增加了河流枯水期水量，增加了山地、丘陵土壤蓄水量，提高了土壤整体抗旱能力，提高了土地生产力，优化了自然环境。而乔木单层覆盖可能事与愿违，会造成更严重的土壤面蚀（张淑光等，2012）。

（2）坡耕地建设水平梯田（土）。山区的水土流失，主要发生在坡耕地上。例如，重庆市现有5°以上耕地137.5万hm^2，分别占旱耕地和总耕地的90%和54%，耕地多处于丘陵山区，坡度大，农事活动频繁，加之耕作粗放，水土流失十分严重。据测定，5°~25°坡耕地平均每公顷年泥沙流失49.8 t，年均理论总流失泥沙6 846万t，占耕地泥沙流失总量的69%；土壤N、P、K纯养分流失量达28万t，占农业投入的30%，仅养分的损失就达7亿元。现重庆市70%的坡耕地耕层在33 cm以下，按年均减薄土层0.43 cm，50年后耕层将仅有10 cm，土壤将基本失去生产力。另据监测，三峡库区入江泥沙60.6%来源于坡耕地，重庆市年均入江泥沙量达4 149万t，占入江泥沙总量的55.1%。由此可见，坡耕地水土流失不仅造成土壤水分、养分等物质的严重流失，极大地限制了农业经济及旱作农业的发展，而且造成了库区泥沙淤塞，加重了水质富营养化，给三峡工程建设带来隐患。

坡耕地的治理是坡地水土保持工程的重点。依靠补助钱、粮促使陡坡退耕还林还草，虽可收一时之效，但难以根本解决问题。改造坡耕地，建设水平梯田（土）的水土保持工程，是防止水土流失，实现山丘区农业可持续发展的一项根本性措施，在综合治理的各项措施中具有基础作用。坡耕地的综合治理主要包括退耕还林还草（参阅本书5.2节）、建设水平梯田（土）、推行保土耕作栽培措施和采用植物篱技术（参阅本书6.1.4节）4个方面的综合措施。

我国山丘区建设水平梯田（土）有着悠久的历史，广西龙胜梯田、湖南新化紫鹊界梯田、湖南张家界罗水梯田、浙江丽水云和梯田、云南元阳哈尼梯田等已闻名于国内外。梯田稻作文化是我国南方山丘区十分宝贵的农耕文化遗产（图5-3、图5-4，引自 http://image.baidu.com）。哈尼梯田已列为世界遗产（2013，文化景观）。我国南方山区还有许多梯土茶园、梯土果园等。

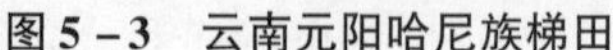
图 5－3　云南元阳哈尼族梯田

图 5－4　广西龙胜梯田

为提高梯田（土）特别是土坎梯田的稳定性能，梯坎断面既有单式断面，又有复式断面，田面水平或稍呈反坡。在坡面和田间水系的配套方面，通常在梯田上方修筑截水沟、排水沟，拦截上部坡面来水，防止冲刷梯田。在梯田内外侧开挖边沟、背沟，田边筑埂，拦蓄田间径流，暴雨较大时则通过排水沟、溢水口排出田面。通过合理布设一系列沟、凼、渠、池，形成蓄、引、灌、排系统，即做到“水不乱流，泥不下山”。既可控制水土流失，又能充分利用地表径流，分台就地拦蓄，用于农田灌溉，提高作物产量。

栽种固坎植物，既可保持埂坎稳定，又能提高土地利用率，增加收入。据测算，埂坎占地10%～15%，充分利用这部分土地发展“地坎经济”，是解决人多地少矛盾的有效途径。植物固坎大多选用生长迅速、根系发达、固土力强、具有一定经济价值的草类，或者种植桑、花椒、杜仲等经济林木。原西南农业大学等单位在重庆璧山县开展的护坎草类试验研究表明，春季栽种的蚕桑草、菊花、黑麦草、泡荷、苏丹草、黄花等草类，至 6、7 月即可覆盖地坎 80% 以上，每公顷梯田固坎植物的年产值平均达 1 125～2 625元（史立人，1999）。

（3）不同坡改梯方式的生态环境效应。南方丘陵山区土地平整工程，根据各地地形、地面坡度和土层厚度的不同，一般有 3 种设计方案：修筑水平梯田（土）或隔坡梯田（土）或坡式梯田（土）。3 种方案的共同点是将原有耕作台面进行降坡处理，但 3 种方案的降坡程度不一样。水平梯田（土）是通过工程措施把原有耕作台面处理成水平的耕作台面；隔坡梯田是有间隔地修筑水平梯田（土），平整后水平耕作台面和未平整的耕作坡面相间排列，两者之间仍有坡地相隔；坡式梯田（土）是通过工程措施对原耕作坡面进行降坡，使原有台面坡度变缓，但未达到水平，平整后的台面仍然有一定的坡度。

据陈述文等（2008）在重庆市合川区高龙镇灰棕紫色土壤坡地上 5 年（2003—2006）实测，3 种梯田（土）对地表径流、侵蚀泥沙量、土壤物理性状和土壤肥力的影响存在明显差别：

① 地表径流量比较。在坡度和其他耕作措施相同的情况下，不同坡改梯方式的小区的地表径流量，均比自然坡耕地小区的地表径流量小，表明坡耕地改梯田（土）后蓄水效益明显提高，但彼此间存在很大差异。

原耕作台面 6°以下，自然坡耕地的径流量分别是 3 种坡改梯耕地（水平梯地、隔坡梯地和坡式梯地）的 3. 26 倍、2. 66 倍和 2. 84 倍；原耕作台面 6°～15°，自然坡耕地的径流量分别是 3 种坡改梯耕地的 4. 07 倍、3. 08 倍和 2. 93 倍；原耕作台面 15°～25°，自然坡耕地的径流量分别是 3 种坡改梯耕地的 4. 45 倍、3. 06 倍和 2. 65 倍。

水平梯地的蓄水效益最佳，原耕作台面 6°以下，水平梯地、隔坡梯地和坡式梯地的蓄水效益分别为 69. 3%、62. 44% 和 64. 73%；原耕作台面 6°～15°，水平梯地、隔坡梯地和坡式梯地的蓄水效

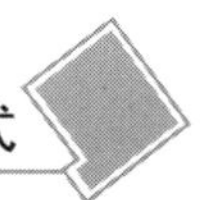

益分别为75.46%、67.55%和65.94%；原耕作台面15°~25°，水平梯地、隔坡梯地和坡式梯地的蓄水效益分别为77.54%、67.32%和62.30%。原耕作台面坡度在6°以下，坡式梯地的蓄水效益高于隔坡梯地，当原耕作台面坡度在6°以上时，隔坡梯地的蓄水效益高于坡式梯地。

② 侵蚀泥沙量比较。在坡度和其他耕作措施相同的情况下，由于坡耕地坡改梯后，改变了其原有地面坡度，缩短了坡长，减少了地表径流的冲刷影响，能显著地控制土壤侵蚀的发生和发展，3种坡改梯耕地的侵蚀泥沙量均比坡耕地小得多，表明坡耕地改梯田（土）后保土效益明显提高，但彼此间存在很大差异。水平梯地的保土效果最佳，原耕作台面6°以下，水平梯地、隔坡梯地和坡式梯地的保土效益分别为83.71%、78.33%和76.77%；原耕作台面6°~15°，水平梯地、隔坡梯地和坡式梯地的保土效益分别为86.30%、82.04%和80.98%；原耕作台面15°~25°，水平梯地、隔坡梯地和坡式梯地的保土效益分别为87.51%、82.48%和82.70%。原耕作台面坡度在15°以下，隔坡梯地的保土效益高于坡式梯地；当原耕作台面坡度在15°以上时，坡式梯地的保土效益高于隔坡梯地。

③ 土壤物理性状及蓄水效果比较。土壤物理性状是土壤保水能力的基础。土壤的孔隙度及土层含水量反映了土壤持水量和供水能力，其值越大，土壤涵养水源和保持水分的能力越强。对试验区各处理小区的0~20 cm深度土壤样品物理性状的测定结果表明：坡耕地改梯田后，能够保护和改善土壤的物理性状，增加土壤孔隙度，增强土壤的持水能力，蓄水效果比坡耕地显著提高。其中，水平梯地改善土壤物理性状、增加土壤孔隙度、增强土壤持水能力的效果最佳；坡度越大，坡改梯改善土壤物理性状、增加土壤孔隙度、增强土壤持水能力的效果越好。

④ 土壤肥力指标比较。坡改梯工程减少了农耕地水土流失，保护了水土资源，增厚了土层，提高了土壤肥力。对试验区各处理小区0~20 cm深度土壤样品的肥力指标的测定结果表明，坡耕地改梯耕地后，能够显著提高土壤质量。其中，水平梯地是提高土壤质量的最佳选择，当原耕作台面坡度在15°以下时，水平梯地是最优坡改梯方式；原耕作台面坡度在15°以下时，隔坡梯地提高土壤质量的能力要高于坡式梯地，当原耕作台面坡度在15°以上时，则坡式梯地提高土壤质量的能力要高于隔坡梯地。同种降坡方式下，坡度越大，土壤质量提高幅度就越大。在不同的地形条件下，原耕作台面坡度小的，坡改梯工程的重心应放在经济效益上；原耕作台面坡度大的，坡改梯工程的重心应放在环境生态效益上。

（4）保土保水栽培与耕作措施。南方山区坡耕地土壤侵蚀以面蚀为主，雨滴打击作用是面蚀的主要动力来源，消除雨滴打击作用可减少70%以上的土壤侵蚀量。因此，南方山区坡耕地水土流失治理对策主要是增加地表覆盖，减少雨滴直接打击作用；同时采用适当的保土、保水栽培措施增加地面抵抗雨滴打击能力和径流冲刷能力。地表覆盖度与径流量呈显著的负相关关系。农作物与天然植被一样，同样具有良好的水土保持作用，密植条件下可减少水土流失77%；且单一种植的径流量大于轮作；轮作又大于果、农间作种植。轮作或间作减少地表径流的原因在于轮作或间作增大了地表作物的覆盖度，减小雨滴对土壤的打击压实作用力，使土壤能保持良好的渗透性。此外，土壤上覆盖的叶片对雨滴进行粉碎，增加入渗时间。科学搭配种植作物，采用适合我国南方地区的作物种植制度和栽培技术，才能有效增加南方土石山区主要雨期作物叶片覆盖度，减少甚至避免雨滴对土壤的打击、破坏、分散、压实等作用，能够有效减少地表径流量，增加降雨入渗量，减少土壤流失量（张淑光，2011）。

对于因资金、劳力限制，一时难以改为梯田的坡耕地，或是部分无需改为梯田的缓坡耕地，可采取保土保水栽培耕作措施减少水土流失。保土保水栽培耕作措施一般具有投资小、费工少、见效快的特点。这些措施大致可分为3类：第1类是以改变小地形、增加地面糙度为主的措施，如横坡耕作、等高耕作、等高沟垄、等高植物篱等；第2类是以增加地面覆盖为主的措施，如间作套种、宽行密植、草粮轮作等；第3类是以提高土壤入渗与抗蚀能力为主的措施，如覆盖耕作、免耕、少耕、深耕、增施有机肥等。长江流域的保土、保水栽培耕作措施以横坡耕作、等高沟垄、间作套种、深耕、增施有机肥等为主，近年来还对等高植物篱的应用开展了研究和推广。

在上述保土保水栽培耕作措施中，四川盆地丘陵地区、渝南、湘西、鄂西南等地的“旱三熟”耕作制，是一种得到广泛应用的间作套种方式。它采用小麦、甘薯、玉米和绿肥进行带状间套复种轮作，各种作物交替出现生长旺盛期（小麦3—4月，玉米5—7月，甘薯8—10月），大大增加了地面作物的覆盖度和覆盖时间。同时，高低秆、多层次的作物组合，使光、热、水、气资源的利用更为充分合理，达到保持水土、增产增收的效果（史立人，1999）。

5.3.4 南亚热带丘陵山区生态恢复工程

我国南亚热带约有退化荒坡面积4 700万 hm^2。南亚热带极度退化的生态系统总是伴随着严重的水土流失，土壤极度贫瘠。极度退化生态系统的恢复与重建是十分困难的，需要将其作为系统工程来进行综合整治。以下为广东省茂名市小良站和鹤山市鹤山站案例。

20世纪50年代后期，中国科学院小良热带人工林生态系统定位研究站（110°54′E，21°27′N）就开始了退化生态系统恢复的定位研究。20世纪80年代起，中国科学院鹤山南亚热带丘陵综合试验站（112°54′E，22°41′N）进一步开展了这方面的研究。该站试验区为低丘地势，南亚热带季风气候，气候温暖多雨，年平均气温21.7℃，年均降水量1 990 mm，有明显的干、湿季。地带性植被为常绿阔叶林。

小良站和鹤山站50多年的研究和实践证明，在南亚热带丘陵山区进行退化生态系统的恢复与重建中，构建人工阔叶混交林，对水土的保持能力基本接近天然混交林，是丘陵山区最好的生态恢复途径；构建林—果—草—牧（渔）复合生态系统，是高产、高质、高效的复合农、林、牧（渔）业生态工程模式。

（1）南亚热带退化生态系统的生态恢复工程与效益。广东鹤山站和小良站几十年定位研究的结果表明，在南亚热带退化生态系统植被恢复过程中，生态系统的功能总是伴随植被结构的发展而增强，出现明显的环境效应和生物效应。其环境效应表现在生态系统的土壤理化特性、微气候、地下水位的不断优化，尤其是表现在对水土流失的控制上；生物效应则表现为生物多样性的不断恢复与发展，包括植物、动物（昆虫、鸟类、土壤动物等）和土壤微生物的物种多样性的增加和发展，以及生产力的提高等。

对南亚热带退化生态系统进行人工植被恢复后，植物多样性发展很快。鹤山造林5年后，林地就有不少乡土树种出现，物种多样性不断增加。小良站30年林龄的人工混交林，其多样性指数已接近自然林。在退化生态系统恢复过程中，群落物种结构的消长总是朝着地带性植被类型的方向，伴随先锋的阳性树种的先发展后衰退和顶极种中生性树种的发展。多样性指标的测定结果表明，群落物种多样性向地带性植被类型方向演变的进程，在前、中期是加速进行的。植物多样性导致了群落复杂性，复杂的群落意味着更多的垂直分层、更多的水平斑块格局与复杂的地下根系，这就可能在不同的小生境条件下拥有更多的生物体，包括昆虫、鸟类、微生物和土壤动物等。

实践证明，在南亚热带良好的光、温、水条件下，只要选用合适的种类，退化生态系统的植被恢复是很快的，其生物量积累相当高。鹤山南亚热带7年林龄的人工林，其现存量为100～150 t/hm^2，已达鼎湖山自然林的1/4～1/3，可见其具有很快的恢复速度。林地恢复后，其能量环境也不断改善，植被的能量利用效率不断增加。

外来种在生态恢复中也具有一定的作用。广东省鹤山市在森林恢复过程中，大量栽种从澳大利亚引种的马占相思、大叶相思等外来种作先锋种，利用它们固氮、耐旱、速生等特点进行植被覆

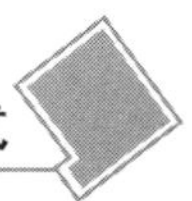

盖，待其3～4年成林后再间种红椎、荷木等乡土种进行林分改造，大大地缩短了恢复时间，并节约了成本。

植被恢复能有效地控制水土流失，小良站10年研究表明，光板地的侵蚀最严重，土壤侵蚀模数为52.3 t/（hm^2·年）；桉林为10.79 t/（hm^2·年）；混交林最低，为0.18 t/（hm^2·年）。人工阔叶混交林对水土的保持能力基本接近天然混交林。

退化生态系统植被恢复后导致了土壤理化特性的改善，其土壤含水量、最大毛管持水量和饱和持水量，以及各种营养元素，均显示人工植被具有改善土壤理化结构的作用。小良站对不同植被覆盖下的土壤肥力的研究表明，人工植被恢复后具有显著的效应。1979—1991年，光板地土壤肥力持续下降，有机物含量从0.6%下降到0.45%，含N量从0.06%降至0.028%，土壤持续退化，混交林土壤肥力则逐年增加。退化生态系统的植被恢复后，形成了林内抗逆性较高、波动性较小的小气候，并影响周围的环境，进而对区域环境改善有所贡献。

鹤山定位研究站构建的混交林模式，连片推广约2.0万hm^2，成为广东最大的连片混交林，对防治病虫害、改善区域环境起到重要的作用，成为广东绿化达标后林地管理和林分改造的示范样板。

南亚热带地区生态环境得到改善后，对农业生产也产生了很大的促进作用。在南亚热带退化生态系统的恢复与重建中，除显著的生态效益外，还伴随有显著的经济效益和社会效益。

小良水保站几十年来在致力退化生态系统整治和重建过程中，生产收入逐年增加，1987年的生产收入为1960年的119倍，现有固定资产总值为188万元，超过历年国家投资总额。此外，通过小良站示范样板的影响，使其周围369 km^2的水土流失得到根治，改善了农业生产条件，水稻产量大幅增加。显然，退化生态系统的恢复与重建对生态环境和农业经济建设均具有重要的现实和历史意义（彭少麟，1998，2003；戚英等，2007）

（2）南亚热带林—果—草—牧（渔）复合生态工程与效益。在南亚热带丘陵地区退化生态系统恢复与重建的过程中，应用农、林、牧（渔）业相互依存、缺一不可的生态原理，重新构建农、林、牧（渔）复合生态系统，可以充分发挥这些地区的资源优势，提高区域生产力，是这些地区的农村生态、经济与社会持续高速发展的有效途径。

1989—1996年在鹤山站及其附近进行了“林—果—草—牧（渔）复合生态系统”长期定点定量和服务价值研究，定点试验地是1986年在原马尾松草坡的集水区内砍伐后建成的，试验地由丘陵顶部至谷积地分别为：

① 马占相思（*Acacia mangium*）林地。在丘陵的顶部，海拔80 m左右，种植规格为3.3 m×3.3 m，面积约1.3 hm^2。

② 果园。在马占相思林之下的坡面山腰处，种植柑橘（*Citrus reticulata*）、龙眼（*Dimocarpus longan*）等，面积约为0.87 hm^2。

③ 草地。在果园之下的坡脚处，种植象草（*Pennisetum pureum*）和饲养家禽家畜。面积约0.3 hm^2。

④ 鱼塘。原为谷积地，筑堤后而成，放养有鲩、鳙、鲢、草等鱼种，面积约0.29 hm^2。

该复合生态系统由森林、果园、猪场和鱼塘构成，而林、果、猪、鱼本身也各自成系统，因而这类复合模式是由大小循环系统构成、层次分明的水陆相互作用的人工生态系统。该系统的基本成分有植物、动物、微生物和无机环境等，各成分之间存在着物质流、能量流、价值流的联系。山顶的阔叶林和塘边的草场主要起水土保持、提高土壤肥力、涵养水源和改善生态环境的作用，猪的粪便进入塘中可以养育众多的水生浮游生物，这些浮游生物和草又可供鱼食用，阔叶林的落叶及塘泥均可作为果园的肥料，形成营养物质和能量的多重高效利用，同时又可有效地防治环境污染。可见，这类复合生态系统依据生态位原理把经济价值高的物种引入山坡的不同空间，根据食物链的原理把种植业与养殖业有机地联系起来，实现了系统内能量流动和物质循环。这种复合系统还有效地利用土地资源，增加农产品的种类，丰富市场，增加就业机会。这些模式在鹤山的发展还加速了农业从分散性经营向规模经营的转变，促进了鹤山市农业现代化、集约化的发展。

对鹤山林—果—草—鱼复合生态系统的生态服务功能进行了价值评估，结果表明，其生态服务功能价值达2 398万元，在维持大气平衡、固土保肥、涵养水源等方面具有重要的作用；其间接生态服务功能价值远远大于直接生态服务功能价值，比值约为31∶1。维持大气平衡生态服务价值是鹤山林—果—草—鱼复合生态系统服务价值的主要部分，占总体服务价值的96.6%；而木材生产等直接经济价值仅占总服务价值的3.1%，直接经济价值并不是其服务价值的主要部分，应着眼长远利益和根本利益，充分发挥鹤山林—果—草—鱼复合生态系统的其他生态服务功能。

鹤山市自1989年起大力推广该模式，改造山坑低产地为高产、高质、高效的复合农、林、牧（渔）业模式，有力地促进了地方经济的发展。1990年鹤山市农委以连片开挖鱼塘为突破口，把边远山坑田、低产田和劳动力转移后出现的丢荒弃耕地，开发成连片鱼塘，建立了一批山顶植树，山坡种果，山脚筑塘，塘中养鱼，塘头养猪、养三鸟，塘基种果、种草、种菜的立体式生产基地。其主要模式有林—果—草—鱼、林—果—猪—草—鱼、果—猪—鱼、果—菇—稻、林—果—鸡—鱼、林—果—鸭—鱼、林—果—蔬—鱼、林—果—鸵鸟等。这些复合农、林、牧（渔）业生态系统都是因地、因时制宜的人工生态系统，具有复合生态系统的结构与功能，它们的运转发展均符合生态学和经济学的基本规律。

鹤山站利用丘陵山地构建的林—果—草—鱼和林—果—草—苗复合大农业模式在鹤山市均得到大面积推广。自1989年以来，鹤山市农业总收入、纯农业总产值和复合农、林、牧（渔）业生态系统的产值逐年增加，通过该模式推广而获得的经济效益10年累计近30亿元，农民的年均纯收入也逐年增加。在纯农业总产值中，复合农、林、牧（渔）业生态系统的产值占农业总产值的比重已由1989年的0上升到了1996年的84.0%，8年中总产值约是总投资额的3倍。从1997年起，这些复合农、林、牧（渔）生态系统的投资额大量减少，而产值越来越高，因而其净收入也越来越高（彭少麟，1998）。

5.4 山区生态经济型防护林体系工程

5.4.1 山区生态经济型防护林体系的概念

山区生态经济型防护林工程体系是包括水土保持林、水源涵养林、江河护岸林、用材林、薪炭林、风景林、特用林和经济林等在内，既有良好的生态效益又有可观的经济效益的防护林工程，在实施退耕还林、防护林建设和水土保持等工程时同时兼顾进行。一般而言，单一的经济林虽有较高的经济效益，但生态效益较乔灌草结合的防护林差。生态经济型防护林体系的结构和功能既不同于单一的经济林，它具有包括经济林树种在内的多物种、多层次结构，具有比单一的经济林更好的生态功能；也不同于单纯的防护林，既具有多种生态功能，又有显著的经济与社会功能。

山区生态经济型防护林体系的建设，包括造林规划、林木立地条件的选择、整地和园地建设、树种草种（特别是经济林树种草种）和早期间种作物的选择、育苗、造林、营林、产品采伐与加工、营销、技术培训、科学研究等一系列环节，是一项系统生态工程。

自1978年我国启动防护林体系工程和1999年实施退耕还林还草工程以来，实践证明，在经济较为贫困的山区，防护林体系建设和退耕还林还草工程的实施必须与当地山区的经济开发、社会发

展相结合，否则难以调动当地群众参与的积极性。防护林建设不能单纯追求生态效益，而要向生态、经济、社会效益相结合的方向发展。防护林体系建设工程不单是为了减少自然灾害、保护生态环境的工程，同时，也要成为山区农村经济综合开发、农民脱贫致富的工程，因而经济林的建设，就成为了生态经济型防护林体系建设和退耕还林还草工程的重要组成部分。在实施过程中，在优化林种、树种、草种的基础上，实行林业产业结构的调整，做到长、中、短相结合，林粮、林药、林牧相结合，走可持续发展之路（戴晟懋等，2000）。

与山区生态经济型防护林体系工程配套的生态技术体系主要包括：拟生造林的树种、草种选配和造林种草技术；经济林树种、草种选配与造林、种草技术；林（果、桑、茶）业、种植业和养殖业立体生产技术；水土保持工程、生物与耕作技术；植物篱（植物地埂）技术；小流域综合治理开发技术；山区农村可再生能源开发利用技术；对农林牧业有害生物的防治及森林防火技术（参阅本书第4、第6部分）。

5.4.2 防护林类型与经济林物种布局

山区生态经济型防护林体系是多种防护林类型和树种组成、具有一定空间结构和生态经济功能的森林资源群体。防护林种类依树种和功能的划分不是绝对的，各林类都具有或大或小的生态防护功能和经济功能，只是各自有所侧重而已。各类防护林及其相应树种在空间上的合理布局，对形成最佳的防护林体系结构，发挥防护林体系最大的生态效益、社会效益和经济效益具有关键作用。一般而言，应将提高森林生态防护效益放在第一位，水土保持林、水源涵养林等以生态防护功能为主的防护林应占40%～50%，经济林占20%～30%，余为其他林类，具体比例，视各地自然条件、市场需求及原有林业基础和水土流失特征而定。

骨干防护林是防护林体系的主体和骨架，在一定区域范围内，对生态环境起全局性主导作用的防护林。防护林体系骨干布局是从防护功能需求和整体控制角度，在整个防护林区的景观格局中具有最重要控制的部位布设骨干防护林，以达到用最少土地资源和森林资源，实现整体控制功能最佳，生态效益最好。骨干防护林布局要遵循因害设防和突出重点的原则、生态与经济相结合的原则、整体控制功能最优和效益最佳的原则，根据防护林区的总体规划，将河流源头集水区水源涵养林、分水岭脊防蚀固源林、陡坡用材防护林、江河护岸林和水库库区防蚀涵水林列入骨干工程。

片区布局是在防护林建设大区内，根据地形和水土流失特征等分区差异，按不同分区防护功能的需求，确定不同分区防护林体系应发挥的主要防护功能，做到大区宏观控制和分区分类指导相结合。

多林类、多树种、多层次配置技术是生态经济型防护林体系建设的基本技术。林类、树种配置以创建高效、稳定的防护林体系为目标，防护林树种配置应注重针、阔叶树种，深根性与浅根性树种，常绿与落叶树种，乔木与灌木之间的搭配比例关系，大力发展以阔叶树种为主的不同类型的混交林分；用材林的树种配置应注重树种的速生、优质性，同时考虑树种和引进树种的合理安排；经济林树种的选择要符合市场需求，大力发展优势林产品和有前景的林产品（朱积余等，2010）。

经济林树种的布局是生态经济型防护林体系建设的核心措施之一。布局的原则是：①依靠资源，适地建设。依据树种原有分布因地制宜进行产业布局，在大体相似的生态环境，相邻的地域的多个产区可划入同一树种布局区，形成区域性规模化生产。②创建基地，科学支撑。为保证企业加工原料能保质保量及时得到供应，必须创建“农户＋基地＋企业”经营模式，建设原料生产基地，实施标准化栽培经营管理，进行无公害生产，保证原料的绿色化。③品牌战略，地理标志。为应对国内外市场竞争，必须创名牌。原产地域地理标志保护，是确保名牌产品正宗的重要措施。原产地域保护包括：产品、产地自然生态环境，繁殖方法与栽培技术，传统特定的产品加工工艺方法等。例如，从2000年开始，国家林业总局命名了一批“中国经济林名特优之乡”，并于2003年和2004

年共分三批命名授予北京市怀柔县“中国板栗之乡”，河北赞皇“中国赞皇大枣之乡”，山西左权县“中国核桃之乡”，浙江临安市“中国山核桃之乡”，浙江诸暨县“中国香榧之乡”，山东蓬莱市“中国苹果之乡”等293个。包括银杏、板栗、锥栗、枣、柿、油桐、油茶、山核桃、榛、梨、苹果、柑橘等55个树种（何方，2011）（参阅本书6.1.3节）。

为了防止和减少经济林地的水土流失，除选择缓坡地修建梯土建园和采取建设地埂植物篱（参阅本书6.1.4节）等水土保持措施外，还须在园地幼林期因地制宜实行经济林与矮秆和蔓生农作物（大豆、杂豆、花生、甘薯、紫花苜蓿等）间作，成林后与阴生作物（如砂仁、黄莲等阴生药用植物）间作，既可增加经济收入，又可增强林草的生态效益。

5.4.3 案例

（1）为逐步缓解我国食油生产不足、60%依赖进口的局面，应在南北各地合理布局大力发展木本食用油料林。例如，油茶（普通油茶 *Camellia oleifera*）栽培分布地区范围为：23°30′N～31°00′N，104°30′E～121°25′E，主要栽培分布区在25°N～30°N。今后重点建设大面积油茶产业基地，主要范围包括贵州、湖南、江西3省，除高山和平原低丘农区外，丘陵、低山均可发展。还有重庆东南部、四川东南部、云南东部、广西北部与西部、福建北部与西部东部、浙江西部南部、安徽东部和湖北南部，共有11个省区均可发展。产业基地建设划分主要依据是现有大面积油茶林栽培分布现状，具有适宜发展油茶的生态环境，农民有栽培经营油茶生产的习惯和经验，在分布区内，适宜油茶生产的地域也可发展。

又如，油橄榄（*Olea euporaea*）是我国新兴的食用油料林产业，经过近40多年的实践证明，我国有4个主要地区适宜建设油橄榄现代产业：金沙江干热河谷区，以西昌、宾川、永胜为代表点；白龙江低山河谷区，以甘肃武都为代表点；秦岭南坡大巴山、北坡嘉陵江及汉水上游，以安康、广元为代表点；长江三峡低山河谷区，以巫山、万县、开江为代表点。据2006年不完全统计，四川、云南、甘肃三省现有油橄榄面积2.67万hm^2（1 000万株），其中，四川约2万hm^2，（广元、永仁各0.67万hm^2），甘肃、云南两省各0.67万hm^2。四川省凉山州，2006年开始在西昌、宁南等10个县市发展2.67万hm^2油橄榄。

再如，文冠果（*Xaruthoceras sobifolia*）是我国特有的食用木本植物油树种，分布于32°N～46°N，100°E～127°E，主要在暖温带。在秦岭淮河以北、内蒙古呼伦贝尔以南均有分布，是适宜在西北、东北、内蒙古等地栽培的食用油料树种，现有资源以陕西延安，山西临汾、运城和忻州，河北张家口和辽宁朝阳为多。文冠果大多生长在海拔400～1 400 m的中低山地和丘陵地带。全国现有文冠果林面积4万hm^2，年产油25万kg左右。

仁用杏（山杏，*Armeniaca vulgaris*）也是食用油树种，资源丰富，脂肪含量在50%～64%，蛋白质含量23%～27%，是优质食用油。据在北京、河北、内蒙古、辽宁、山西、陕西等重点产区的调查，集中成片的山杏林现有4万hm^2，年产山杏约1 000万kg。目前，仁用杏油还未形成规模生产，尚只能解决局部地区食用油供给问题（何方，2011）。

（2）广西壮族自治区苍梧县生态经济型防护林体系林种结构与配置。根据县内各区河流分布、地貌类型、土地利用、水土流失特征等条件，因地制宜采用层层控制、分段设防、合理布局，形成了苍梧县各区具有各自特色的生态经济型防护林体系空间网络结构。

①支流源头集水区水源涵养林。配置于小河支流源头集水区的坡地上，视流域大小确定源头集水区面积，一般3～10 km^2。在营建时选择涵养水源功能强大的红椎、荷木、椆木、大叶栎与马尾松、杉木等树种进行针阔混交，阔叶树种一般占50%以上。以带状或行状方式混交，采用复层异龄林经营措施，使林分结构朝多树种、多层次的生态型为主的方向发展。禁止皆伐，实行择伐更新，

稳定防护林结构，增强防护功能。

②分水岭脊防蚀固源林。主要配置于浔江、桂江流域及其支流流域分水岭脊两侧，配置宽度在山地区为150～200 m，在丘陵区为100～150 m。分水岭脊立地条件较差，比较干旱，土层较薄，风大。营建时视森林植被的状况，采用人工更新造林、封山育林、补植改造等方式。结合防火林带建设，造林树种选耐干旱、瘠薄的树种。在山地选用荷木、大叶栎、杨梅、马尾松等树种；在丘陵区选用相思类树种、荷木、湿地松、马尾松等树种，保护灌、草。分水岭脊防蚀固源林是生态型专用林，采取疏伐等措施，严禁皆伐，不断优化林分结构，形成乔、灌、草有机结合的复层林。

③干支流河岸护岸林。配置在浔江、桂江流域及其支流两岸。这些地段易受到河水冲击，配置护岸林能达到消浪、护岸、防止岸塌的目的。在农区配置宽度一般30～50 m，山区则视地形、地势等配置宽度为100～200 m。干支流河岸有季节性积水，地下水位高，砂砾含量高，立地条件差，造林树种选耐水湿、生长快的丛生竹类、柳树、枫杨、池杉、水杉等树种，在靠近常水位的地方种植丛生竹类、灌木和草本，在靠近最高水位线的地方栽植乔木树种，从而形成一个梯级层次结构，提高抗浪护岸能力。在经营上采用择伐更新。

④水库库区防蚀涵水林。配置在县境内40多座中小型水库库区坡地。在库区四周配置防蚀涵水林，可涵蓄降水，拦截泥沙，防止水库淤积。在营建时以根系发达、落叶丰富的树种为主，如大叶栎、红椎、椆木、荷木、八角，并与针叶树种如马尾松、杉木等混交，沿等高线行带状配置，在靠近水面的地段可种植丛生竹类。严禁皆伐。

⑤山脊用材防蚀林。配置在低山、丘陵顶部、次要山脊两侧。配置宽度在丘陵区为20～50 m，山地区为50～100 m。该类地段土层较薄，也较干燥。营建时，整地方式采用穴状整地，选择耐干旱、瘠薄的树种如荷木、相思类树种、马尾松、湿地松等，用混交方式造林，针阔混交比例为6∶4。在经营上采用合理间伐措施。

⑥陡坡用材防蚀林。配置于坡度26°以上的以面蚀为主的坡地。营建时可采用鱼鳞坑或穴状整地，选择根系发达、固土能力强、生长快的树种营造针阔混交林，针叶树种所占的比重为50%～80%。在山地适宜的林分模式有马尾松＋大叶栎混交林、马尾松＋红椎混交林、杉木＋荷木混交林等；在丘陵区适宜的有相思类树种纯林、湿地松＋大叶栎、马尾松＋荷木等混交林。

⑦缓斜坡防蚀用材林。配置于坡度25°以下的坡地，营建时可采用水平梯级整地，选择速生树种如马尾松、杉木、相思类树种，也可选荷木、大叶栎、红椎等对土壤具有良好改造作用、落叶丰富的树种作为松类的伴生树种，比重占30%以下，也可选八角作为主要树种营建经济林。可采用块状更新方式或小面积皆伐方式更新。

⑧缓坡防蚀经济林。配置在丘陵或山中下部的坡地。由于这些地段水热条件好，土层深厚、肥沃，土壤侵蚀强度不大，营造经济林可获得高产、高效益。营建时可采用水平梯级或大穴整地，选用高产、优质的林果树种或品种如龙眼、荔枝、黄皮、肉桂、千年桐、油茶、桃、李、柑橘等。每隔10～15 m配置一条沿等高线的草带或灌木带，宽0.5～1.0 m，以保护林地，防止水土流失。

⑨侵蚀沟用材防蚀林。配置在江南花岗岩发育的丘陵崩岗地段（侵蚀沟）周围，以防止沟坡、沟头、沟底的扩展，稳定侵蚀沟。沟蚀对土地破坏力大，应视不同情况进行配置。在沟头、沟坡采用鱼鳞坑整地，选择根系发达的深根乔木树种以及根蘖性强的灌木，进行灌木带状配置。林带与沟头流水、沟坡侧蚀方向垂直。林带配置宽度20～30 m。适宜的树种有马尾松、湿地松、相思类树种、荷木、大叶栎、新银合欢、桃金娘等。在沟底选择坡度缓且有淤泥的地段，采用耐水湿、萌蘖力强的树种，丛生竹类造林，可栽植3～5行。也可与工程结合，在拦截的泥沙堆上造林。

⑩溪河用材护岸林。配置于溪河两岸，以防止岸塌并兼顾提供木材。配置成单行林带，也可配置成多行林带，宜选树种、草种有丛生竹类、柳树、枫杨、象草、矮象草等。

⑪地埂用材护埂林。配置在田边地埂上，目的是保护地埂，调节小气候，并提供木材。一段配置1~3行林带。由于地埂都穿插于田地间，配置地埂林应稀植，选择树冠稀疏、根系深的树种，以保持良好透光，适宜树种有桉类、柚木、格木、紫荆木、香椿、苦楝、泡桐等。

⑫地埂经济护埂林。配置在田边地埂上，以保护地埂，发挥地埂生产潜力，提供经济林果。为避免地埂经济护埂林影响农作物，选树冠稀疏、较低矮的树种，如龙眼、荔枝、千年桐、桃、李、柑橘等，林带配置成单行。

⑬公路护路林。配置在公路两旁，以防雨水冲刷、保护路基、美化环境并生产木材。配置宽度视公路两侧环境而定，在农区为5~10 m，在丘陵山区10~50 m。适宜的树种有桉类、相思类、千年桐、夹竹桃、樟树等，乔灌结合，形成复层结构。

⑭护宅经济林。配置在宅院、村庄周围10~20 m的地段上。该地段立地条件好，林木生长快，易管护。可种植果树和珍贵用材树种，既改善和美化居住环境，又能产生良好的经济效益。适宜的树种有龙眼、荔枝、柚、黄榄、泡桐、柚木、格木、紫荆木等，可配置成单层、多层或多树种复合混交林结构（朱积余等，2010）。

（3）辽宁省朝阳地区生态经济型防护林体系建设。该地区针对当地水土流失严重、风沙危害频繁、十年九旱的自然条件，大力营造生态经济型防护林。经过几年的努力，不仅生态环境明显改善，水土流失大大减轻，土地沙化得到有效遏制，基本上做到小雨不下山，中雨流清泉，大雨缓出川，十年九旱已成为历史；而且农业生产稳定，自1996年以来，连续9年农业大丰收。经济林商品基地初具规模，全市山杏仁产量达到1 000万 kg，大扁杏仁产量达到20万 kg，鲜枣产量达到1 500万 kg。已形成沙棘、仁用杏、鲜枣三大加工系列，加工厂家40多家，产品远销海内外，有力地促进了山区经济的发展；农民收入明显增加，到1998年，全市靠生态经济型防护林体系建设致富的有1万多户，其中，年收入万元以上的有2 000多户，5万元以上的50多户。生态经济型防护林不仅成为人们生态环境的保护神，而且已经成为农民的绿色银行。

（4）内蒙古伊克昭盟大力发展生态经济型防护林。该盟多年来坚持因地制宜、突出重点的原则，根据不同的自然、经济条件，采取乔、灌、草相结合，造、封、飞相结合，生物措施与工程措施相结合，正确处理经济效益与生态效益，短期利益与长期利益，整体利益与局部利益的关系，在毛乌素腹地积极发展绿洲经济，建设高效的生物经济圈；在库布齐沙漠边缘建设防灾基地，防止沙漠南侵，促进边缘地区社会经济发展；在干旱硬梁地区积极发展灌丛草场，发展畜牧业；在黄河沿岸平原区大力发展农防林，实行林、粮、草、药、果复合经营。同时，还重点实施了小尾寒羊工程，麻黄种植、加工利用等工程。全盟已建成7家刨花板厂、1家果品饮料厂、2家麻黄素厂、1家甘草酸厂、2家野果食品厂。从而实现了5个增加：森林覆被率增加；活立木蓄积量大幅增加；林业行业总产值大幅增加；农牧民人均收入显著增加；经济林面积大幅增加。内蒙古伊克昭盟还大力发展以沙柳为原料的加工业，从而结束了全盟没有林产工业的历史。现有各类刨花板厂7家，年生产刨花板4.95万 m^3，模压板0.4万 m^3，填充门6.3万 m^3，胶合板、多层复合板0.15万 m^3。在开展沙柳加工的同时，还发展了沙棘、麻黄、甘草及其他果品的加工利用，从而使全盟林产加工业迅速发展，实现了林产品由低级到高级的转化增值，增加了当地群众和地方政府财政的收入，群众绿化热情进一步高涨，实现了以转化促绿化的目标，增强了生态经济型防护林体系建设的活力与后劲（戴晟懋等，2000）。

（5）黄土高原生态经济型防护林体系建设中混交林具有明显优势。不论哪种立地类型，侧柏、沙棘混交林中的侧柏生长量均高于侧柏纯林。沟坡上部台地侧柏、沙棘混交林的侧柏与纯林侧柏比较，树高生长量增加了59.0%，胸径增加了151.0%，单株材积增加897.8%，蓄积量增加了827.5%；峁坡上部坡地侧柏、沙棘混交林中侧柏较纯林侧柏树高、胸径、单株材积和蓄积量分别

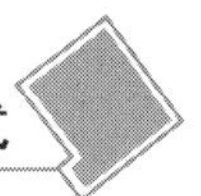

增加32.0%、100%、429.9%和288.6%。侧柏与沙棘混交后，生长速度加快尤为显著，这与地上光照、风速、气温、湿度等生态因子改善固然有关，也与地下土壤养分供应的改善密不可分。沙棘为非豆科固氮树种，能与弗兰克放线菌形成非豆科固氮系统，将大气中的分子态氮同化形成叶、花、果等器官，凋落物进入土壤，使土壤系统内营养物储量增加，尤其是速效氮的增加，显著改善了与之混交的侧柏的氮素营养，使其生长明显加快。适宜于黄土高原的树种混交类型还有：油松与沙棘、油松与侧柏、刺槐与沙棘、刺槐与侧柏、杨树与刺槐、杨树与沙棘、杨树与紫穗槐、柠条与山桃、柠条与山杏等。

5.5 山区植物—动物—沼气微生物配套循环生产和环境自净生态工程

植物、动物和微生物（包括食用菌）三大类生物，在自然生态系统中分别起着生产者、消费者和还原者的作用。不论自然生态系统的特殊形态（森林、草原、湿地、水域等）如何，其基本结构都包涵这三大类生物，其基本生态功能都是由这三大类生物的生态功能耦合而成的。在我国各地众多农村生态工程模式中，植物、动物和微生物相结合，实现循环生产和环境自净的生态工程是主干工程。这类工程，可称之为种—养—沼配套发展生态工程，也可简称为“三料配套”工程（三料是指生产与生活的肥料、饲料和燃料三大基本原料），是在农业生产中对自然生态系统自觉的模拟。这类生态工程具有社会—经济—自然复合生态系统的属性，追求社会、经济和生态三大效益的同步优化和实现可持续发展。

在我国传统农业中，具有重视可再生自然资源（各类生物种、生物能、水和土壤肥力等）利用、农林牧渔副综合发展、用地养地相结合等生态合理性，这些优良传统，在我国东部农区表现得尤为明显和普遍，可见种—养—沼配套发展生态工程在我国有悠久的历史和广泛的基础。近20多年来，我国各地在生态农业建设中，将这类工程上升到了一个全新的高度。我国在实现农业现代化之后，仍将在区域范围内保持综合农业的特色，在各个种植业、养殖业、能源业等专业化、规模化生产之间，建立起新的密切联系。

循环农业是一种全新的理念和策略，发展循环农业是实现农业清洁生产、农业资源高效可持续利用的有效手段（章家恩等，2010；尹昌斌等，2006，2008，2013）。多种模式的种—养—沼配套发展生态工程本质上都是循环农业生产方式。

种—养—沼配套发展生态工程是技术密集型工程，与本工程配套的生态技术体系主要包括：粮食、精饲料优质高产栽培技术；畜、禽、鱼、虫养殖技术；牧草、饵草种植技术；沼气池建设与管理技术；沼气、沼液、沼渣利用技术；多种食用菌培育技术；食物链加环、接环、替环技术；混合饲料加工技术；青饲料青贮技术；秸秆预处理技术；秸秆氨化技术；绿色健康食品生产和环境保护技术；各种农林牧副渔产品加工技术等，按各地工程实际需要而采用（参阅本书第4、第6部分）。

5.5.1 工程机制

种—养—沼配套发展生态工程是一种多层次的系统生态工程，工程整体包含3个层次的循环再生产。其机制的核心是将综合农业中的植物初级生产和动物次级生产，以腐生生物（沼气微生物）生产为纽带联结成整体，实现三大生物类群共生互促，构成综合农业循环持续发展的合理的生物种群基础；它通过物质和能量的多层次利用，实现废弃物的转化再生，提高物质和能量的转化利用效率；它既生产多种生物物质，又生产生物质能，特别是开发副产品和废弃物中的生物质潜能，用于生产和生活，实现物质和能量的复合生产；它在发展生产特别是发展畜牧业的同时，能实现环境自净；在充分用地的同时，能积极用地，实现地力常新；它能生产多种市场需要的产品，并被置于市场制约之下，因而这类工程又是一类自然—经济—社会复合工程。以下从3个层次分析其可持续发展机制。

（1）第一层次。各种农业物种的自然循环再生产。不论是否将农业植物、农业动物和农业微生物3类农业生物组合成综合生产系统，它们都会各自进行物种的循环再生产，即一代接一代地生长发育和繁殖，生产出3类农产品。3类物种是农村种—养—沼配套发展生态工程的结构单元和功能单元，因此，它们的自然循环再生产是工程的基础。

在组装农村种—养—沼配套发展生态工程时，首先要对参与组装的农业物种的自然再生产规律与特点，即对它们的生长发育和繁殖规律与特点进行研究和了解。例如，在南方稻作区进行粮油—畜禽鱼—沼气生态工程组装时，应对当地稻田主要作物（水稻、玉米、大麦、大豆、绿肥），主要畜禽鱼（猪、奶牛、鸡、鸭、鱼等）以及沼气微生物等农业生物的自然再生产规律与生产技术进行研究了解。如果在工程中加入食用菌、蚯蚓、蝇蛆等物种环节，还须对这些农业生物的自然再生产规律与生产技术进行研究了解。研究了解的主要内容有：各个物种的生育周期及繁育方式、个体与群体的生长量、产品营养成分与热值以及对外界环境条件的要求与影响等。

（2）第二层次。农业物种复合生态系统的自然循环再生产。将3类生理生态特性迥异的农业生物，按照农业生物食物链原理，合理组装到一个农村种—养—沼配套发展生态工程中去，是工程成败的关键。

农业生物复合系统的自然循环再生产，是人工模拟自然生态系统的循环再生产而成，虽然其中有人工干预，但本质上仍然是一个自然循环再生产过程。工程中不同农产品的生产存在着相互依赖关系：能进行光合作用而自养的农业植物的产品，是整个工程物质和能量的基础；农业动物必须以农业植物产品（包括主产品和副产品）为食料（饲料、饵料）；低等动物（如蚯蚓、蝇蛆等）和微生物也必须以农作物秸秆或者畜、禽粪便为食料（原料）；农业植物则必须依赖微生物（包括土壤微生物、沼气微生物、食用菌等）分解有机物提供矿物质营养。在这种相互依存的营养食物链中，进行着物质的循环利用和能量的多级利用。

沼气微生物在这一工程中起着很重要的不可替代的“纽带”和“分离器”的作用。沼气微生物在沼气池缺氧条件下，将人与动物的粪便、作物秸秆等有机物分解还原为矿物质和更简单的有机物，为土壤提供肥料与有机质，为植物提供矿质营养，从而将农业植物和农业动物在物流与能流中连接起来；同时，将肥料和燃料分离，产生优质有机沼肥，同时产生沼气供作生活和生产能源，沼气燃烧即可释放出原来潜存在人、植物和动物废弃物中的生物能。可见，沼气微生物的生命活动，是工程系统自然循环再生产过程中的关键，沼气池建设是工程建设的关键措施。

农村种—养—沼配套发展生态工程中的农业生物复合系统循环再生产的目的主要有：生产多种绿色农产品；生产（释放）生物能，供作生活和生产的清洁能源；改善农村生态环境（保护山林、改善环境卫生）。这些目的，通过工程的良性运转，都可以达到。

（3）第三个层次。自然循环再生产和社会经济循环再生产的交织。农业生产是社会性生产，它不是一个单纯的自然再生产过程，而是与人的社会与经济活动联系在一起的。因此，与农业相关的社会经济循环再生产，也应该进入种—养—沼配套发展生态工程研究的视野之内。

马克思曾经指出：“经济再生产过程，不管它的特殊的社会性质如何，在这个部门（农业）内，总是同一个自然的再生产过程交织在一起。”

在农村种—养—沼配套发展生态工程中，两个循环再生产过程是如何交织在一起的？两者是否有主有次？怎样相互影响？从图5－5可知：自然循环再生产是在农业生态系统中进行的，其核心是农业生物种群。3类农业生物在一定的自然条件下，自发地利用农业自然资源（阳光、水、空

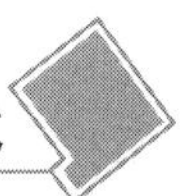

气、土壤养分等)，并在自发的相互依存中进行农业生产，产生多种农产品。农业的自然循环再生产是社会性农业生产赖以存在和发展的基础与原动力。

社会经济循环再生产指的是农产品进入市场成为商品后所经历的生产（包括产品加工等)、分配、流通、交换、消费的社会经济循环再生产过程。这种循环再生产，是在一定的社会与市场环境下进行的。其本质特征是资金流通过生产资料（为生产者所有)、商品（为经营者所有）和货币（为消费者所有）3 种形态的转换而增值。政府管理者起着一定的中心调控者的作用；但市场调节都带有巨大的非中心调控的自发性。因此，社会经济循环再生产的调控机制，也是一种中心调控和非中心调控相结合的机制，这使市场的变化带有很大的随机性。农业的社会经济循环再生产不可能离开农业的自然循环再生产而发生，因此，它是派生的、从动的；但是，前者可以对后者产生激活和导向的反馈作用。农村种—养—沼配套发展生态工程运转的机制与单车运转的机制类似（后轮驱动，前轮导向)，因此，可以称之为“单车原理”。

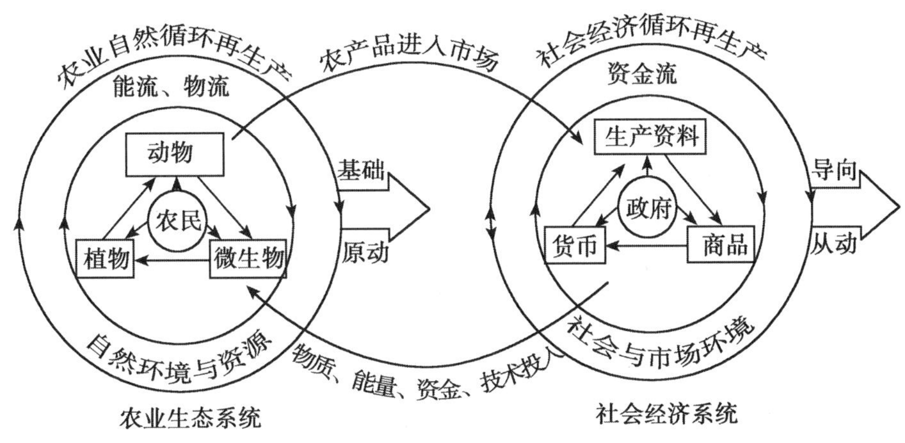

图 5-5 农村种—养—沼配套发展生态工程运转机制

(4) 3 个层次的生态经济平衡是农村 3 料配套生态工程可持续发展的基础。这种平衡既可在每个层次内发生，也可在 3 个层次间发生。

在第一层次，各个农业生物种要进行有效的自然循环再生产，首先物种本身必须具有良好的转化自然资源的能力，即必须是高产优质的良种；其次，这些物种必须能很好地适应当地的生态环境条件和技术条件，即必须有很好的生态经济适应性。否则，这些物种就不能完成或不能有效地完成各自的自然循环再生产。

在第二层次，3 组物种之间必须在数量上和生产能力上保持一定的量比关系，并且通过恰当的技术将它们连接起来，才能进行整个生态工程的循环再生产。

在第三层次，首先要保证农业生态系统健康高效，能为社会经济系统提供量足、质优、多样的绿色农产品，满足市场需求；同时，市场要有农产品收购、运输、加工、销售的龙头企业来带动农村农产品生产；农产品上市后，农民也要能获得应有的利润，才能保证农民的生产积极性；政府或农业龙头企业要在农村建立生产基地，对农业生产给以资金和技术扶持；政府要从财政收入中拿出资金投入农村进行农田水利、能源、交通等基本建设，对粮食生产、良种推广、农机购置等进行补贴，还要不断改善农村生态环境及生产与生活条件；政府要制定相关法规和政策，保护农民和农业企业的合法利益。如果两个再生产不相协调，例如，市场对农业只知获取而不予回报，或农产品价格过低，而农业生产资料价格不断上涨，则农产品生产将下降，农业生态系统结构与功能也将受损；同时，市场对农产品的需求也会得不到满足，农产品市场的发育也会受阻；在农业的社会经济循环再生产过程中，还要对农业的自然循环再生产提供一系列社会服务，包括种子、肥料、农药、农膜、农机等的物质供应，农副产品、饲料等的加工，信息采集传播，新技术的培训与推广等。

3个层次之间，第一层次的良性循环再生产，是第二层次实现良性循环再生产的基础；第二层次的良性循环再生产，又可促进第三层次的良性循环再生产；反过来，第三层次市场需求的增长，对第二、第一层次的循环再生产会产生正反馈作用。实现了3个层次的经济生态平衡，进入良性循环再生产的农村种—养—沼配套发展生态工程，才可以实现农业生产的全面、协调和可持续发展。

5.5.2 工程模式

农村种—养—沼配套发展生态工程模式很多，对不同地区、不同季节、不同农业物种、不同生产规模、不同市场需求具有广泛的适应性，实施这类生态工程取得良好效益和成功经验的典型也很多。目前，这类工程在平原和丘陵区发展比在山区发展要快一些。其基本模式如图5-6。

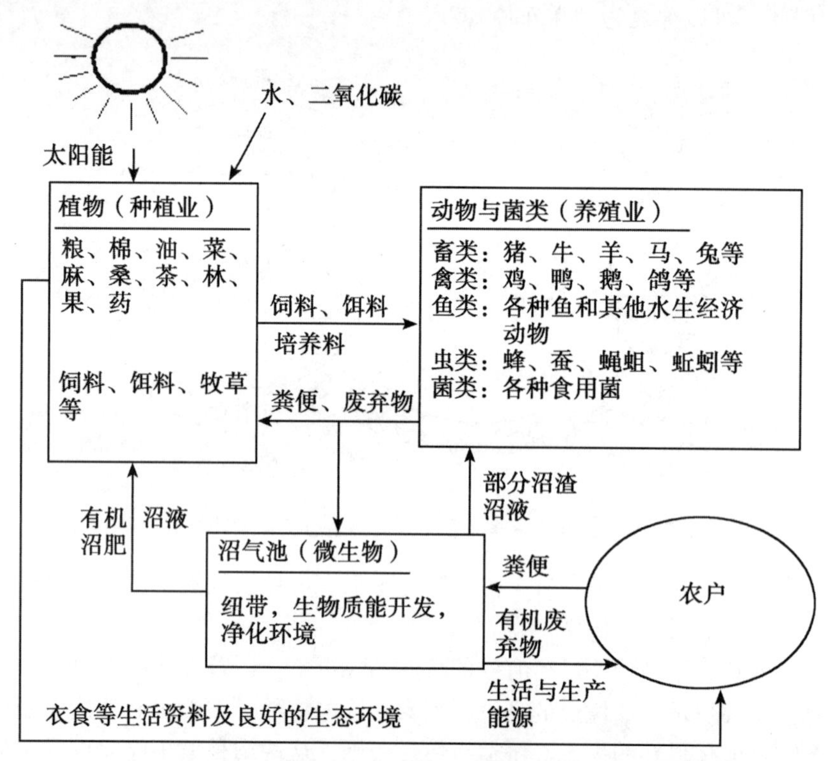

图5-6 农村种—养—沼配套发展生态工程基本模式

农民利用庭院土地资源进行农村种—养—沼配套发展生态工程又称之为庭院生态经济工程，将建设富裕、文明和宜居的美好生活环境称之为建设生态家园。农村庭院包括农户住房及住房周边的土地，我国各地山区散布着数以千万计的农村庭院。庭院有散居的，也有聚居的，如南方山区常见的少数民族聚居村寨。农村庭院是一种典型的自然—经济—社会复合生态系统，农村庭院的建设和发展是一种生态系统工程。庭院的生态环境状况与农民的日常生活质量息息相关；庭院也是农村种、养、加工高效的、重要的生产基地。随着我国农业产业化和新型城镇化的发展，农村人口正在大量向城镇转移。2012年以前10年，我国农村消失了100多万个自然村落，进城务工的农民已达2.6亿多人，农村庭院经济的内涵、结构、经营方式与规模也因之正在迅速发生变化。研究好、建设好山区农村庭院生态工程，在新形势下发展好庭院经济，意义重大。

1999年农业部提出了生态家园富民计划。“生态家园”建设的具体做法是：以农户为单位，修建一座沼气池或安装一台太阳能热水器，有条件的农户还可以安装一台微型水力发电机或建一个地

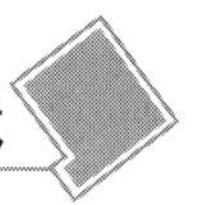

头水柜，以这些可再生能源和水源带动发展农户的小果园、小鱼塘、小养殖场、小加工厂和小菜园等。为了更好地推进生态家园建设，农业部以生态家园为建设目标，制定了《全国生态家园富民工程规划》，主要措施是把可再生能源技术与高效生态农业技术结合起来，在农民家庭的生活、生产中，形成能流和物流的良性循环，达到家居温暖清洁化、庭院经济高效化和农业生产无害化的目的。近10多年来，生态家园富民计划在全国各地特别是各地山丘区推广，取得了显著成绩，积累了许多经验。

农业部将生态家园富民工程建设项目分为3种类型：第一种，在南方地区把沼气、畜禽养殖和粮食、林果种植结合起来，建设农业生产良性循环的“猪（牛）—沼—稻”“猪（牛）—沼—果”“猪（牛）—沼—鱼”“猪（牛）—沼—菜”等生态经济工程；第二种，北方地区建设以日光温室为依托，集种植、养殖、太阳能和沼气利用为一体的能源、生态、经济循环的“四位一体”的温室生态工程；第三种，西北干旱半干旱地区建设以果园为依托“四位一体”加水窖或蓄水池的“五配套”旱区庭院生态工程。

我国各地山区比较典型的种—养—沼配套发展生态工程模式主要如下。

（1）南方山丘稻作区农户猪（牛）—沼—稻等三位一体生态工程模式。南方山丘稻作区，是我国历史悠久的农、林、牧、副、渔综合发展的农区，猪（牛）—沼—稻三位一体生态工程模式是这里的农民普遍接受的一种种—养—沼配套发展生态工程模式。工程的一般结构是：一个4口之家的农户，耕种0.3 hm^2 稻田，粮食单产达到7.5～10t/hm^2，绿肥单产45～60 t/hm^2，养4～6头存栏肥猪（或1头奶牛），建一个8～10 m^3 的沼气地，则该农户可以实现：1 hm^2 养猪15头（即每亩1头猪）；稻田以足量优质沼池有机肥为主，土壤肥力逐年上升，粮食持续优质高产；精、青饲料户内自给；全年供应沼气；庭院卫生良好。即可在一户之内实现种—养—沼良性循环。工程中各组分之间的量比关系为：1 hm^2（稻田）：15头（猪）或2头（奶牛）：8～10 m^3（沼气池）。

该模式结合南方各地资源、市场及生产传统等特点，还与其他经济作物和养殖业相结合，构成猪（牛）—沼—果（林）（主要是果树，还有茶、桑、药等）、猪（牛）—沼—菜（花卉、菌等）、猪（牛）—沼—鱼（鳝、鳅、鳖等）以及与农林牧副渔产品加工相结合等多种衍生模式。在有国家电网或区域电网或山区小水电供电的山区农村，可以不建沼气池，人畜粪便直接用作肥料（参阅本书3.16节）。

在靠近城镇的山区农村，宜以绿色植物和食用菌生产为主，根据当地市场需求，利用庭院土地和房屋、大棚、地窖等，选择生产一种或几种蔬菜、水果、干果、花卉、中草药、食用菌产品供应市场。农户内的人畜粪便用作沼气池原料，或直接用作庭院种植和农田的有机肥。这类工程投资少、风险小、技术较易掌握、资金周转快，种植果木和花卉还可以净化和美化农舍。高山区的农家庭院，可以利用得天独厚的自然条件，生产反季节蔬菜和有机食品。

猪（牛）—沼—果（林）工程规模可大（大型养殖场—大型沼气池—大型果园）可小（农户）。小型工程的基本构成为：户建1口8～10 m^3 的沼气池，饲养5～10头猪（或2头奶牛），人均种0.07 hm^2 果园。例如，重庆市2001年700多万农户中，推广应用近35万户，共建沼气池35万个，养猪140多万头，种植果树2万 hm^2。

庭院养殖业是我国畜牧业的重要组成部分，也是农业循环经济的主要环节之一。养殖业的投资虽较多，技术要求较高，也有一定风险，但是资金周转快、利润高。除传统的养殖（猪、鸡、兔、奶牛、鱼等）外，发展各地山区的特种养殖也是一条很好的致富途径。例如，建池养鳝鱼、泥鳅；利用住宅旁山林放养土鸡、火鸡；养野猪；养孔雀；养蜜蜂；养蚕；养蛇、蝎；养蚯蚓、笼养蝇蛆供应优质蛋白饲料；养娃娃鱼（大鲵）等。张家界市近年来采取“公司＋基地＋农户”的产业化模式，以家庭养殖为主，大力发展当地山区特有的娃娃鱼（大鲵）的养殖。2013年，在全市15个乡镇建立商品大鲵养殖中心，已有驯养繁殖许可企业20余家，公司委托代理驯养户320余户，全市储存大鲵资源15.3万余尾，年产大鲵幼苗10万余尾，年销售子二代大鲵4.9万尾，年产值2.5亿元，并已成为张家界产业化农业和旅游业的组成部分。

在山区，依靠国家电网或区域电网或山区小水电供电，进行碾米、饲料粉碎加工、榨油、木材加工及其他农林牧副渔产品加工，都需要或大或小的专业户承担。利用庭院进行小型农林牧副渔产品加工，是农业生产循环增值的重要环节，也是安置农村富余劳动力和致富的途径之一。庭院机械加工业也是农业机械化的一部分。

（2）北方种植业、养殖业、太阳能及沼气利用四位一体生态工程模式。由于沼气发酵需要一定的温度，而我国北方冬季严寒，沼气池只能用半年多且易冻裂，沼气池推广遇到障碍。近年来，北方大力推广利用太阳能的日光温室与沼气池配套，即实行生物质能开发与太阳能开发相结合，实施种植业、养殖业、太阳能及沼气利用“四位一体”生态工程，取得了很好的成效。20世纪末，仅辽宁省就推广到8.2万户，取得了可观的经济、环境与社会效益。

本工程主要由猪舍（养猪20头以上，或其他畜禽舍；盖膜封闭）、厕所、新型高效沼气池（8~10 m^3，盖膜封闭）、日光温室（或日光暖棚）相互连通的四部分组成（图5-7）。有的还在温室的一端建地下热交换系统。“四位一体”是以太阳能为动力，以土地为基础，实现种植、养殖与沼气并举的一个较为完整的能源生态经济体系。

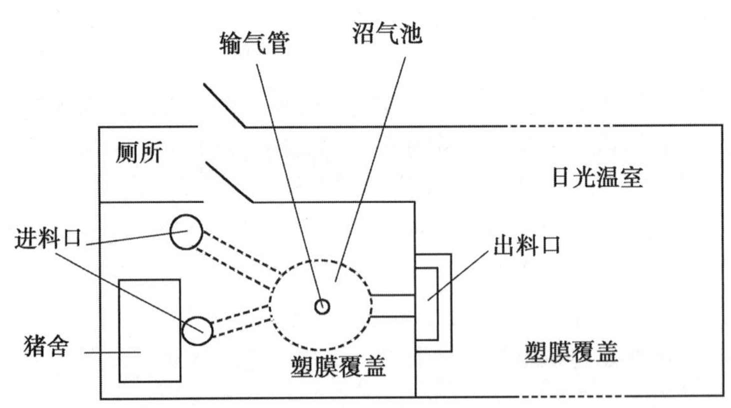

图5-7　北方四位一体农村生态工程平面布置

（3）西北果—畜—沼—窖—草“五配套”生态工程模式。该工程以农户土地资源为基础，以太阳能为动力，以新型高效沼气池为纽带，形成以农带牧，以牧促沼，以沼促果，果牧结合，配套发展的良性循环体系。系统以一个面积为0.33 hm^2（5亩）的成龄果园为基本生产单元，在农户庭院或果园配套一口8~10 m^3 的沼气池，一座10~20 m^2 的猪舍或鸡舍（养4~6头猪，20~40只鸡），一眼20~40 m^3 的水窖，一幢10~15 m^2 的简易看护房和一套节水滴灌保墒系统，建成果—畜—沼—窖—草“五配套”生态家园模式。

西北还有“双棚双池”“家庭生物经济圈”等多种工程模式。“双棚”是指暖圈和温室大棚，“双池”是指沼气池和秸秆氨化池（或青贮池），配套建设一定规模的口粮田和饲料草（地）。“双棚双池”是以沼气为纽带，农牧结合配套发展的良性循环体系。“家庭生物经济圈”模式是从西北风沙区农牧交错带的实际情况出发，在沙地中，以甸子（甸子，指散布在沙沱与沙沼之间的低湿草地或沙质平地，面积大小不等，一般0.67~2 hm^2，最大的可以超过7 hm^2）为核心，围出3~7 hm^2 一块的土地，农牧户在这块地上建房安家，庭院中修建畜棚暖圈，棚圈内还可建沼气池。以庭院为中心点，向外延伸，院外甸子地上开垦出1~1.5hm^2 农田。沼渣、沼液供院内菜园和院外农田作有机肥，以改良沙质土壤。农田带内打1~2眼灌溉的塑料管小机井，并建围栏。农田带之外是牧草

带，牧草带之外是栽植乔、灌木的防风林带，林带之外是固沙杂草带。这样就可以使中心农田不受风沙、牲畜和干旱的危害，保证稳产高产，并长期稳定地解决一个3~5口家庭的生活问题（高春雨，2005）。

（4）大、中型种—养—沼生态工程模式。随着我国农村规模化养殖产业的发展，大、中型沼气工程得到相应发展，形成了一批上规模的大、中型种—养—沼生态工程（参阅本书6.7.1节）。

5.5.3 工程效益

各种种—养—沼配套发展生态工程，不论其具体模式和规模大小如何，一般都有以下显著生态经济与社会效益：能满足种植业对优质有机肥的需求和养殖业对青精饲料和饵料的需求，保证种植业和养殖业的可持续发展；能逐年提高土壤有机质含量，提高土壤肥力，实现用地与养地相结合；为农户提供全年足够的生活能源，工程规模大时还可提供生产能源；降低生活、生产用能成本；促进多种经营，增加农村就业，增加农民收入；净化环境，改善农村卫生状况；减少薪柴砍伐，保护山林；为市场提供多种绿色食品；工程内既有短期资金流，又有中、长期资金流，能以短养长，以长强本，逐步形成活跃、强大而稳定的资金流，取得良好的经济效益，并由此带动工程的物质流和能量流。

案例：

（1）北方四位一体生态工程，每户沼气池全年产沼气380~450 m^3，可解决3~5口人的农户10~12个月的生活燃料，节煤2 000 kg，节电200 kW·h左右，年节约燃料费300元，节约电费100元；猪舍和沼气池盖膜封闭后，可以增温，冬季温度可达10~30℃，可以保证沼气池越冬产气；同时可以增加日光温室内二氧化碳（占沼气的25%~40%）和猪舍内氧气；低温时段可在日光温室内点燃沼气灯、沼气炉，可以增温防冻，1 m^{3}沼气燃烧后还可产生0.97 m^{3}二氧化碳；一个8~10 m^{3}的沼气池一年可提供有机沼肥16~20 m^3，相当于50 kg硫酸铵、40 kg过磷酸钙和15 kg的氯化钾，年节约化肥支出300元；沼液作叶面肥喷施具有杀菌防病作用，年节省农药开支约100元，即沼气池年总经济效益为800元；沼气与沼肥的开发，使农村各种废弃物得到合理利用，不仅有效地缓解了农村能源紧缺的局面，保护和恢复森林植被，还可明显改善农户环境卫生，减少疾病。养殖效益：采用太阳能暖圈饲养育肥猪，养猪时间由敞圈养猪的10~12个月缩短到暖棚养猪的5~6个月，料肉比由5:1下降到3.5:1，每年可出栏3批共20头，年经济效益2 000元。日光温室效益：普通日光温室（面积350 m^2），年平均生产鲜菜5 000 kg，产值10 000元；“四位一体”生态模式日光温室由于二氧化碳气肥和优质沼肥的使用，鲜菜平均增产提质20%以上，纯增经济效益2 000元，即一个日光温室年总经济效益达12 000元。一个“四位一体”生态工程年经济效益可高达14 800元，为农民实现小康提供了一条有效途径（张壬午，1998）。

（2）位于武陵山区北部的鄂西土家族苗族自治州，实施世行贷款“中国新农村生态家园富民工程”项目，涉及8个县、市，总投资6.8亿元。全州从抓农村基础设施建设、转变农业经济增长方式、改善农民生活方式入手，实施以“五改（改路、改水、改厨、改厕、改圈）三建（建沼气池、建高效经济林园、建生态家园）”为主要内容的生态家园建设，和以沼气为纽带（每户农户建一口年产气300 m^{3}以上的沼气池）的种养模式，因地制宜地推广猪—沼—茶、猪—沼—果、猪—沼—粮、猪—沼—烟、猪—沼—菜等生态农业工程模式，走“以沼促种、以种带养、以养保沼”的循环农业之路，对改善全州农村生产生活条件、保护农村生态环境、提高农业综合生产能力发挥了积极的推动作用，初步实现了农村家庭温暖清洁化、庭园经济高效化和农业生产无公害化，初步实现了农村经济、社会和生态环境的协调持续发展。自2009年项目实施以来，至2012年，共建成沼气池

11.13 万口，每年可节约标煤近 9 万 t，减少耗电 2 260 kW · h，减排二氧化碳近 20 万 t，可减少森林砍伐面积 2.2 万 ~3.7 万 hm^2，全州森林覆盖率从 2001 年的 62% 提高到 2012 年的 70%；与此同时，农村经济结构调整步伐加快，农村社会发展也取得了明显成效，还有力地推动了以森林植被为主体的州内国土绿化和生态安全体系建设以及长江中、下游山区的生态屏障建设；发挥了生态优势，壮大了特色产业，发展烟叶、茶叶、特色蔬菜、林果、药材各 6.7 万 hm^2，魔芋和马铃薯种薯各 3.3 万 hm^2，已建成特色农业基地 33.3 万 hm^2，建成了湖北省最大的烟叶、茶叶、高山蔬菜基地和全国重要的商品药材基地。利川黄连、莼菜以及恩施厚朴、党参等 15 个产品获得了国家原产地地理标志产品保护，"恩施玉露"茶、"思乐"畜产品、"大山鼎"蔬菜等特色农产品市场占有率明显提高。尤其是恩施烟叶享誉海内外，全州产量占湖北省的 70%，白肋烟产量占全国的 70%，出口备货量占全国的比重高达 80%。畜牧业年综合产值突破 100 亿元。确保全州农民人均两亩以上高效经济作物，特色农业收入人均超过 5 000元。集中打造现代烟草等 5 个百亿元工业产业，烟叶产业已成为全州规模最大、发育最完善的生态产业。着力建成全国知名的绿色食品生产基地、华中地区重要的洁净能源基地、全省重要的矿产工业基地。也正在成为全国知名的生态文化旅游目的地，全州 4A 级以上景区已达 11 家（一个 5A 级即巴东神农溪，10 个 4A 级即大峡谷、腾龙洞、土司城、野三峡等），全州旅游接待人数从 2001 年的 58 万人（次）增加到 2012 年的 2 200万人（次），旅游综合收入从 2001 年的 6.8 亿元增加到 120 亿元。

5.6 山区绿色健康食品生产生态工程

5.6.1 绿色健康食品的发展前景

20 世纪 80 年代以来，随着我国人口的快速增长和经济的高速发展，城乡环境污染日趋严重。农业环境的污染物直接或间接对农、牧、渔产品造成不同程度的污染，导致农、牧、渔产品及其加工食品安全质量下降（参阅本书 6.9 节）。例如，2000 年年底，有关部门在全国经济发达地区的 14 个省会城市对 9 种蔬菜中的 9 种农药和 14 种有毒有害残留进行抽检，在所检的 2 100 个样品中，合格率仅为 54%，其中，农药残留超标率高达 31.1%。又如，1997 年，深圳市蔬菜产品中农药残留检出率 92%，超标率 5%；销往香港的检出率 81%，超标率 6%。农、牧、渔产品污染关系到人民群众的身体健康和生命安全，也影响我国农产品的国际竞争力。

随着我国人民生活水平的提高，以及人们生态意识的增强，食品安全越来越成为公众关注的热点，国内外市场对优质的无公害食品、绿色食品、有机食品、野生天然食品的需求也越来越多、越高。无公害食品是指食品中残留的有害物质低于国家标准的安全食品，对产地的环境质量没有严格要求，允许有限制地使用化肥、农药及其他化学合成品和添加剂、抗生素和激素等；绿色食品实施从"田间到餐桌"全程质量控制，以保证产品的整体质量。

有机食品也称生态食品，它是指来源于有机农业生产体系，根据国家制定的有机食品生产标准选择生产基地和进行生产、加工、包装、运输的食品。有机食品要求其产品或原料产地 3 年内未使用化肥、农药、除草剂及其他化学合成品；对产地的大气质量、土壤质量和生产加工用水的质量都有较高标准的要求；不采用转基因品种；在生产与加工全过程中，不使用农药、化肥、生长激素、添加剂、抗生素、防腐剂等化学合成品；并通过合法的、独立的有机食品认证机构认证的农副产品，包括粮食、蔬菜、水果、奶制品、禽畜产品、蜂蜜、水产品及调料等。

由于有机食品的生产是劳动力密集型产业，在国际市场上，发达国家因劳动力价格很高，有机食品的消费，主要依靠进口。例如，英国 80%、德国 98% 依靠进口。有机食品的零售价比普通食

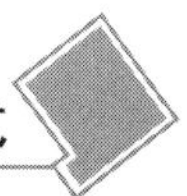

品高 50% ~150%。因此，我国加入 WTO 与国际市场接轨后，有机农、牧、渔食品生产销售具有广阔的前景。目前，世界范围内的有机食品销量仅占整个食品销量的 2%，预计到未来可达到 10%。目前，全球有机食品市场正在以年均 20% ~30% 的速度增长。据专家预测，到 2015 年，中国的有机食品出口额将达到 10 亿 ~20 亿美元，占全球有机食品国际贸易的份额则有望达到 3%，甚至更高。

目前，我国有机食品的市场份额不足 0.1%，远低于 2% 的世界平均水平。截至 2010 年年底，中国获得有机食品认证的企业已近 1 500家，年新增企业 300 ~400 家；有机认证面积近 300 万 hm^2，开发和认证的有机产品品种数量达 400 ~500 种，总产量近 400 万 t。其中，有机种植业和加工业产品产量较高，占总产量的近 80%，分别约为 100 万 t 和 160 万 t；其次为国外认证产品，产量 40 万 t 左右，占 11%。肉类、蜂产品和禽蛋等畜牧业有机产品产量最低，不足 10 万 t，仅占 2% ~3%。在认证规模不断扩大的基础上，依托我国农业系统的资源优势和技术条件，一些地区根据自身特色，因地制宜，积极推进有机食品事业的发展，现已形成了一批成功的典型。例如，出口带动型的山东有机蔬菜和有机花生产业，国内市场带动型的江西有机茶和有机茶油产业，政府推动型的江苏有机水产品产业，生态环境主导型的云南普洱茶和芸豆产业，资源环境主导型的内蒙古杂粮杂豆产业等优势产业区域，形成大批特色鲜明、类型多样、竞争力强的知名产品和生产基地，有力地推动了当地有机食品的发展（叶博等，2012）。

目前，我国国内消费主要倡导无公害绿色食品生产和认证。中国绿色食品发展中心结合国情将绿色食品分为 AA 级绿色食品及 A 级绿色食品两类。据有关部门调查，北京有 79%、上海有 84% 的消费者希望购买到 A 级绿色食品。

为了确保消费者对各类各级绿色健康食品特别是有机食品的消费权益并促进绿色健康食品生产健康发展，不少企业正在利用信息高科技建立农产品质量回溯系统，消费者和生产经营者都可以利用这一系统监控和审查绿色健康食品生产的生产环境、原料、生产与加工过程及包装、贮运等是否达到法定标准。

我国各地山区特别是西部山区和高原，阳光充足、昼夜温差大、小气候多样、食品生物资源丰富多样，农村剩余劳动力多，能生产多种多样优质农、牧食品和食品原料；大部分山区由于工业相对落后，工业污染相对较轻，大气、水和土壤比较清洁；多数山区农牧业中使用农药、化肥等相对较少，因而比较容易开发多种多样优质无公害绿色食品；野生天然有机食品则主要产于山区。

与本工程配套的生态技术体系主要包括：无公害食品、绿色食品和有机食品生产、加工、流通和检测技术；林（果、桑、茶）业、种植业和养殖业立体生产技术；对农林牧业有害生物的防治技术；山区农村面源污染防治技术等（参阅本书第 6 部分）。

5.6.2 绿色健康食品生产生态工程建设及案例

绿色健康食品的生产，包括产品的选择、产地的选择与基地建设、生产加工流程的设计和质量控制、生产加工技术规格和产品质量标准的制定直到绿色农、牧、渔食品市场培育和准入以及扶持政策的制定等一系列程序，它是一项系统工程，必须采用生态工程的思路和方法进行设计和运作。

（1）绿色健康农作物食品生产一般要求及其技术体系。国家对无公害农作物食品、绿色食品和有机食品的生产均制定有相应标准，并设有法定专门认证机构（图 5 -8）。

以下为绿色健康农作物食品生产一般要求及技术体系。

① 基地选择。避开农田土壤重金属背景值高的地区以及与土壤和水源有关的地方病高发区；周边 10 km 内无污染源，农田大气、土壤和灌溉水质量符合基地环境质量标准；土壤肥沃，排灌自如，集中连片。

图5-8 中国绿色环境、绿色食品和有机食品（从左至右）认证标志（均为绿色）

② 良种优选。结合农业结构调整的需要进行，选用优质、高产、抗病虫良种，统一供种。不能选用未经我国政府批准上市的转基因品种。

③ 肥料选择与施肥技术。以充分腐熟的有机肥为主，不用或少用化肥，减少氮肥尤其是硝态氮肥施用量。有机肥有堆肥、人畜粪便、沼肥、绿肥、作物秸秆、饼肥、腐殖酸肥、微生物肥、生物钾肥等，特别是利用秸秆、粪便等和活化菌生产高效有机生态肥，严禁施用城市有害垃圾，严禁用城镇污水灌溉。科学施肥，以底肥为主，追肥为辅，测土配方，限时限量施肥，保持农田土壤养分平衡。

④ 农药选择。尽量少用农药，在必须使用农药的情况下，要按照低毒、低残留、易降解、无“三致”（致癌、致畸、致突变）的原则选用经专门机构认证推荐的绿色食品用农药，特别是生物类农药。

⑤ 病虫害综合防治技术。实施以预防为主，做好预测预报，以生物防治为重点，辅以安全化学防治的综合防治策略。生物防治：充分利用赤眼蜂、瓢虫等害虫天敌，使用多种生物制剂；物理防治：黑光灯诱杀，高温闷棚，使用烟雾剂等；实行苗期、早期用药等。

⑥ 栽培技术。重点推广适时足墒播种，地膜、秸秆覆盖，营养钵（块）育苗移栽，设施栽培，遮阳网越夏栽培，节水灌溉等新技术。

⑦ 收获、加工、包装、贮运技术。建立完善的采后监督管理体系，按市场标准分级、清洗、消毒、包装、贮运，防止成品污染。禁用有毒的消毒防腐剂，有条件的采用辐射消毒。贮运中严格控温，防止病菌滋生蔓延。

⑧ 快速检测技术。在基地配备农药残留速测仪等设备，对产品质量及时进行检测，禁止不合格产品上市（聂岩等，2001）。

以上一般要求及技术体系原则上适用于粮、油、蔬菜等作物及动物绿色健康食品的植物性饲料、饵料生产。

⑨ 产品质量回溯计算机系统技术。

（2）绿色健康食品生产生态工程案例。

① 重庆市巫溪县山区绿色农产品生产技术。重庆市巫溪县地处渝东北山区，森林覆盖率近50%，溪河纵横，空气清新，水质优良，工业污染很少，高山及森林带形成明显的空间隔离，具有良好的生产绿色健康农产品的自然条件，目前，已有13个无公害农产品生产基地通过认证，示范面积4.78万 hm^2；已有70个农产品获得绿色农产品认证，其中，有机（转换）农产品38个，居重庆市第一。“巫溪洋芋”“巫溪洋鱼”“板角山羊”“大宁土鸡”获农业部农产品地理标志登记保护认证。主要经验是：

- 山区生态农业建设是发展绿色食品的先导。巫溪县近几年实施的生态农业、退耕还林还草、水保、农业结构调整、标准化示范以及沼气工程等，形成了粮—桑、粮—烟、粮—畜—林、粮—

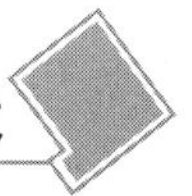

经—畜、粮—药—林、林—猪—蔬菜—沼、粮—猪—沼、林—药和林—禽等生态农业模式；形成了以山羊、脱毒马铃薯、土鸡、中药材、蚕桑等为主的特色产业，以粮油、生猪、生态蔬菜、大鲵、茶叶、烟叶、柑橘、林特、食用菌等为主的优势产业。这些生态农业模式和优势产业，构成了该县发展绿色食品的先导。

● 产地选择与生态环境建设是发展绿色食品的基础。绿色食品产地生态建设是在一定区域内将常规农业生产转化为绿色生态农业的过程。产地生态建设包括产地环境选择、基地周边生态建设、生态农业模式以及人为活动控制等方面。产地要远离污染源，污染物、病虫草害要得到抑制，无转基因物种，土壤健康，无恶性病虫害事件发生，不依赖化学农药。边远乡村是绿色农产品基地的首要选择，这里的农业环境的水、空气、土壤3 要素质量指标一般能达到绿色食品国家标准。产地周边生态环境建设主要包括建设生态隔离带、保护害虫天敌、植树种草、治理水土流失等。山区以山地和马尾松带（片）形成隔离带，对防治污染，抵御自然灾害有重要作用；在生产基地周边栽植银杏、香樟、苦楝、地榆、紫檀木等树种也可构成隔离带。绿色食品产地要求具有稳定的农业结构，要求农、林、畜、渔形成合理的比例，并优化粮油、蔬菜、经济作物品种布局和轮作复种制度。还要有健全的动植物检疫防疫工作。要限制在绿色食品生产基地开展集会、旅游等社会活动。

● 洁净土壤是绿色食品生产的前提。a. 土壤农药残留的治理：在灌溉条件下，采取旱改水或稻—麦—稻—油轮作，有助于土壤农药残留的治理；施用一定量的生石灰，可促使西玛津、三氮苯制剂在土壤中的分解；施用有机肥，可增强土壤对一些化学农药的吸附作用，降低农药毒性；采取化学方法调节土壤 pH 值至7 或偏碱性，促使土壤微生物降解土壤农药残留活动，例如，六六六在微生物的作用下会发生降解，有机汞、砷、含氯、含磷、含氮的有机农药都能被极毛杆菌类细菌分解。b. 土壤重金属的治理：除采取换土、客土、垒土、深耕、翻土等措施外，还可施用腐熟稻草、牧草、紫云英、家畜粪肥等以降低重金属的有效性；增施适量生石灰、炉灰（含钾丰富）提高土壤 pH 值，施用含硫物料治理 Pb、Cd、Hg 污染重的土壤，效果明显；利用植物富集、吸收重金属也是有效的方法（参阅本书6. 9. 2 节）。c. 培育健康土壤，清除各种病虫隐患：利用生物链网、复合种植、合理轮作以及播种和收获时间及空间上的变化等，控制土传病虫害；采取有效措施提高土壤有机质含量，丰富土壤生物群落，对病原菌等有抑制作用；利用生物和物理方法直接抑制病菌或调节微生态环境来控制病虫害的发生，例如，抗根癌菌剂防治植物根癌病和木霉制剂防治土传真菌病就是通过微生物制剂抑制病菌；选用抗病品种、种子、种苗或其他无性繁殖材料要在种植前进行消毒处理，尽量减少种苗带菌量；利用冬耕冻死土内越冬病虫。

● 选用绿色生产资料是绿色食品生产的物质基础。种子、苗木、肥料、农药等生产资料均须满足绿色食品生产的要求。要求使用纯度高、生命力强、不带病虫（无检疫性病虫害）、非转基因品种的种子。绿色食品生产使用的化肥不可造成使用对象产生和积累有毒有害物质，不可影响人体健康。严格农药市场准入。生产 AA 级绿色食品不得使用有机合成的化学杀虫剂、杀菌剂、杀螨剂、杀线虫剂、除草剂和植物生长调节剂。不得使用生物源、矿物源农药中混配有机合成农药的各种制剂。生产 A 级绿色食品要严格按照国家标准，使用规定的农药，控制施药量与安全间隔期，有机合成农药在产品中的最终残留应符合国家标准规定。禁止使用剧毒、高毒、高残留的农药防治贮藏期间病虫。

● 推广采用绿色防控技术。包括生态调控技术、生物防治技术、理化诱控技术和科学用药技术等（田宗轩等，2012）（参阅本书6. 8. 1 节）。

② 山东烟台市蓬莱南王山谷绿色食品葡萄标准化生产技术。蓬莱南王山谷葡萄基地面积133. 33 hm^2。2009—2011 年，按照绿色食品葡萄标准化生产技术要求，严把合理用药关和科学施肥关，取得了良好效益，主要措施有：

• 以频振式物理杀虫灯为主进行病虫综合防治。在基地内安装频振式杀虫灯，杀虫灯安装位置略高于果树，灯距 150 m，每盏杀虫灯防治 1.33 hm^2 果园。一个生长季，葡萄园挂灯区比未挂灯区可以减少施药 3 次。同时在葡萄落叶后至萌芽前彻底清扫果园，清除的枯枝、枯叶集中烧毁，以降低病虫源基数。还配合使用多菌灵、天然除虫菊素、波尔多液等生物农药和低毒、低残留农药进行化学防治。

• 施用沼液、沼渣。土壤施沼渣、叶面喷施沼液，可促进树体生长发育，提高葡萄产量 10.8%；平均可溶性固形物含量增加 5.39%；含糖量比对照提高 7.15%。喷施沼液对红蜘蛛、霜霉病、白腐病均有很好的防效，而且能延缓果树落叶。

• 土壤管理。秋季果实采收后搞好深翻，结合施有机肥，确保活土层厚度 60 cm 以上；实施葡萄园生草制，通过行间种草、割草、覆草等措施，提高葡萄园土壤有机质含量。

• 水肥管理。10 月上旬沟施鸡粪 60 000 kg/hm^2；3 月底 4 月初追施尿素 300 kg/hm^2；5 月施硼砂 7.5 kg/hm^2；7 月沟施硫酸钾 15 000 kg/hm^2；越冬、萌芽期、膨大期及时灌水。

• 花果管理。修剪枝条，保持树体平衡健壮、枝条生长发育良好，每公顷枝条量控制在 4 000 ~ 4 500条，每公顷产量控制在 1.5 万 ~ 2.25 万 kg。

• 效果。绿色食品葡萄基地酿酒葡萄的单穗重 3 年平均值较常规基地葡萄增加 12.9%，但因为绿色食品基地为保证产品品质需要控制果穗数，所以株产和单产均低于常规葡萄基地；绿色食品葡萄基地采用综合防治，病虫害得到有效控制，病虫果率 5.33%，低于常规基地的 9.67%；产品经农业部食品质量监督检验测试中心（济南）检测符合绿色食品标准，葡萄的经济收入明显增加，绿色食品葡萄基地的盈利是常规基地盈利的 1.42 倍（许淑桂等，2013）。

③ 中国有机奶生产。中国有机奶生产和市场与发达国家比，开发相对较晚，目前尚处于起步阶段。直到 2005 年我国正式实施了国家标准，各认证机构统一按标准开展有机食品认证工作后，中国市场上才陆续出现伊利金典、蒙牛特仑苏、三元极致、归原等有机奶产品。

在国家标准中，从奶畜饲料的种植、奶畜转换期、饲喂、疾病防治和畜舍等各个方面，对有机奶源基地建设做了明确的规定。有机饲料在生产过程中不允许使用农药、化肥等，有机饲料单产一般较低，仅能达到常规饲料单产的 80% 左右；同时，因有机饲料的供应区域很少，饲料运输过程中的费用一般很高。标准中要求奶畜食用的有机粗饲料比重大，故奶畜产奶量亦较低，仅能达到普通奶畜的 70% 左右。此外，产品通常要经过 3 ~ 5 年转换期，转换期要严格按有机方式进行生产，但完成有机转换之前，其产品不可按有机产品销售，进而再次提高了有机奶源的生产成本。由于有机奶源基地的建设标准及要求较高，中国有机奶源生产成本是普通牛奶生产成本的 2 倍甚至更高。

由于有机奶源建设投入高、风险大，所以，建设主体主要是经济实力强的乳制品加工企业，如伊利集团在内蒙古自建的思远、托县牧场等 5 个有机奶源基地，蒙牛、圣牧高科奶业、福成五丰、山东银香、上海牛奶集团等乳企自建的奶源基地。此外，也有部分奶源基地是由乳制品加工企业参与合作建立的，如伊利集团参建内蒙古特牧饵养殖有限公司，完达山乳业入股黑龙江农垦北大荒奶牛养殖公司等。

2012 年，国内通过有机认证的（生）鲜奶年产量不足 30 万 t，仅占奶类总产量的 0.7%。有机奶源主要分布在内蒙古、河北和黑龙江三大奶牛养殖主产区。内蒙古以丰富的牧草资源和广阔的草场面积，成为最大有机奶源产区，年产约 16.5 万 t，约占总量的近 60%。

2012 年，中国有机乳制品生产企业约为 32 家，主要分布在黑龙江、内蒙古、河北和陕西省，内蒙古自治区集中分布了 16 家，占有机乳制品企业总数的一半。对有机奶加工工艺、低温有机奶营销服务模式、有机奶质量全程控制、有机奶质量安全在线快速检测监控等，也都有严格要求。中国有机乳制品主要包括有机液态奶和奶粉两大品种，并以常温奶和婴幼儿奶粉为主要产品。2012

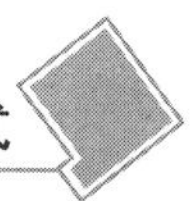

年，通过有机认证的液态奶和奶粉产量分别约为 17 万 t 和 2 800 t。

未来，我国有机乳制品生产分布将以有机奶源为中心，除目前的内蒙古、黑龙江和河北地区外，西北地区中的陕西和新疆地区，生产规模将大幅扩大，逐渐发展成新的有机奶主产区；有机乳制品主要销售区域仍会集中在北京、上海、广州等特大型城市（霍晓娜等，2013）。

面对大量国外奶粉等奶制品进入我国市场、我国土壤重金属面源污染严重以及我国有机乳制品生产尚处于发展早期等实际状况，在市场经济条件下，务必在产品质量和生产成本等方面迅速取得进步，才可能在激烈的市场竞争中得到发展。

5.7 干旱山区雨养集水节水农作生态工程

我国有约 6 667 万 hm^2 耕地为无灌溉条件的旱地，大多分布在山区，主要分布在西北的高原和山区；各地山区降水的季节分布也很不均匀，在干旱季节，农作物经常程度不同的受旱（参阅本书 1.2.6 节）；全球温室效应使我国气候发生了变化，三北地区明显变暖，干旱加剧，全国受旱面积由 20 世纪 50 年代平均 1 130多万 hm^2，90 年代扩大到 2 670万 hm^2。为躲避和抗御干旱，必须顺应降雨的季节特点安排作物与品种布局及栽培季节和栽培技术；在降雨季节须由水库、山塘、水池、水窖等贮集雨水；在干旱季节则须采取保墒抗旱和节约用水措施，由此形成山区特有的雨养集水节水农作。

雨养集水节水农作是指没有大型人工灌溉设施、仅靠自然降水作为水源并高度节约用水的农作物种植业。如何蓄住天上水、用好贮集水、保住地里墒，是雨养集水节水农作需要解决的根本问题。它不仅出现在北方干旱或半湿润易旱山区，而且也出现在雨量充沛但降水季节分布很不均匀的南方山区和平原地区。雨养集水节水农作主要分布于秦岭、淮河一线以北以旱作为主的高原和山区，其次为南方稻作、旱作并重的丘陵山区。各地山区的农民群众在世代长期的实践中都积累了各具特色的雨养集水、节水农作抗旱生产经验。例如，黄土高原集流贮水雨养集水节水旱作生产经验、南方岩溶山区雨养节水旱作技术经验、南方山区山旱田雨养稻作技术经验等，都是十分宝贵的经验。这些经验，是我国农耕文化中的宝贵遗产，应该认真研究和继承。

雨养集水、节水农作涉及农田的分布与特点、降水与干旱的季节分布、贮水设施建设、作物与品种布局、栽培季节与栽培技术安排、保墒抗旱和节约用水措施的采用等多个方面，是一项系统生态工程。

与本工程配套的生态技术体系主要包括：水土保持工程、生物与耕作技术；植物篱（植物地埂）技术；高原与山区雨养集水、节水旱作农业技术；南方山区山旱田雨养稻作技术；种植业立体生产技术；农作物秸秆综合利用技术；对农作物有害生物的综合防治技术；山区农村面源污染综合防治技术等（参阅本书第 3、第 4、第 6 部分）。

5.7.1 北方高原与山区雨养集水节水旱作生态工程

我国干旱、半干旱及半湿润偏旱地区占国土面积的 2/3 以上，其中，旱地耕地面积约为 3 800 万 hm^2。光、热、水、肥四大生态因子中，水分不足是制约旱地农业生产的重要因素和瓶颈。因此，如何充分利用有限雨水资源走集水节水型旱作农业发展的道路是发展旱作农业的关键。集水节水农业技术是在传统水保型农业的基础上建立起来的，以“开源节流，提高自然降水利用率”为核心的新型的现代旱作农业技术。

北方高原与山区雨养节水旱作农业，实行集流贮水工程措施与蓄墒技术和保墒技术相结合、传统抗旱措施与现代抗旱技术相结合、良种与良法相结合、农机与农艺相结合，将单一的抗旱技术组装为综合的集流贮水雨养节水旱作生态工程。

集水节水农业对水土保持和农作物高产高效都有显著的成效。我国开展雨水集蓄利用的范围主要涉及13个省（直辖市、自治区），700多个县，国土面积约200多万 km^2，主要在西北黄土高原丘陵沟壑区、华北半干旱山区、西南季节性缺水山区、川陕干旱丘陵山区以及沿海及海岛淡水缺乏区，人口为2.6亿人。

（1）工程原理。雨养节水旱作农业首先要聚集雨水，因此又称为集水农业。集水农业，就是将天然降水利用集水面（人工的或天然的）产生的径流储存在一定的贮水设施（窨、窑、塘、池、库等）之中，将有限的自然降雨进行富集，在必要时再利用贮水对作物进行补灌，使无效而且有害的径流水变成有效的灌溉水，使降水不足变成降水资源相对富余。

① 我国北方旱区，特别是黄土高原长期干旱缺水，降水偏少，水资源十分紧张。黄土高原（包括河套）土地面积占全国的6.9%，耕地面积占全国的12.2%，而水量仅占全国的1.8%。黄土高原年降水量200~600 mm，由东南向西北递减，平均年降水量443 mm，年均降水资源总量2 757亿 m^3，降水利用率30%~40%。集流贮水可以实现雨水资源化，解决大气干旱与降水资源浪费的矛盾，提高旱区农业生态系统的生产力，这是集水农业思想的精髓。

② 我国北方旱区，特别是黄土高原地区全年降水量60%~70%集中在7—9月，不但年内分布不均，而且夏秋降水多以暴雨形式出现。例如，山西年均暴雨5~6次，陕西8~9次，暴雨径流造成水土资源的严重浪费。集流贮水可实现降水资源的时空调配，减少暴雨径流水资源的浪费。

③ 我国北方旱区，年自然降水的60%~70%集中在秋季，而农作物的生长旺季在夏季，造成自然主要降水期与农作物需水旺长期在时间上的供需错位，集流贮水可以缓解这种错位。虽然作物耗水主要是依靠天然降雨，集流贮水灌溉的水量只占作物耗水量的15%~20%，但这种补水是在作物需水关键期提供的，使作物不致过度受旱，因而可使作物在后期更好地利用天然降雨。

④ 在黄土高原典型半干旱地区，降水在下垫面的分配比例大致是：20%~25%用于植物生产；10%~15%形成径流，造成水土流失；60%~75%为无效蒸发。形成径流和无效蒸发的水分就是集水农业的主要利用对象，即有相当于年降水量75%~85%的年集水量可资利用。

⑤ 最好的水保型农业工程措施（梯田化），只可能多接纳10%~15%的天然降水，即使全部梯田化，多接纳的降水也不能改变半干旱地区干旱的胁迫，单位面积农业生产力仍然受水分亏缺的制约，土地生产力水平并未能有重大突破。而通过集流贮水旱季补水则可以取得突破。

⑥ 暴雨径流不但是黄土高原土壤流失的主要动力之一，而且径流本身也是流失的主要资源；同时，水土流失的结果也加剧了区域干旱缺水。干旱与水土流失并存，是制约黄土高原地区生态环境建设及社会经济发展的瓶颈。以调控降雨径流，提高降水资源转化利用效率为目标的集水农业，不仅是缓解干旱缺水、实现雨水高效利用的有效措施之一，而且是黄土高原水土保持的重要基础性工作（张正栋，2000；肖国举等，2003）。

（2）集流贮水工程技术体系。黄土高原人工汇集雨水利用的技术，包括雨水汇集、存贮与净化，雨水高效利用及配套技术等方面的内容，主要有：农田集水区与种植区面积比例的确定；人工雨水汇集工程设计的基本参数确定，集水场的规划设计，集雨场地表处理技术，集水工程系统的管理与维护技术；雨水存贮设施设计与施工技术，雨水存贮设施防渗防冻技术，存贮雨水保鲜净化技术；存贮雨水合理调配技术；提高雨水利用效率的综合技术；适用于汇集雨水灌溉的小型农机具及配套灌溉机具。在合理利用天然集水场的基础上，随着新型材料的出现，集水场汇集雨水工程将向多元化方向发展。

① 集水工程建设形式。雨水集蓄工程的集流面可分为：天然集流面、利用现存建筑物和道路表面的集流面以及专用集流面等。具体包括以下方面。

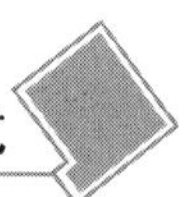

• 公路路面集水。利用现有公路面并修建引水渠道和建筑物，沿公路修建蓄水窖，进行雨水的收集、蓄存和灌溉利用。

• 混凝土和铺设塑料薄膜集流面集水。利用荒坡及陡坡地、庭院、打谷场，采用混凝土衬砌或铺设塑料薄膜作为集流面集水，它具有一场多用、经久耐用的特点。由于混凝土集流面或铺设塑料薄膜集流效率高、集流量大，往往需要修建输水渠，供给多个水窖蓄水。

• 微地形叠加利用。田间微集雨（微地形叠加利用）是一种田间雨水利用的好形式，尤其适合在小麦、玉米等作物种植中应用，可减少修建水窖工程带来的种种不便。不足之处是只能进行雨水在空间上的调控，不能在时间上调节利用。

• 塑料大棚棚面 + 路面或棚间地面集雨利用。利用已有塑料大棚的棚面和路面或大棚之间地面作为集流面进行集雨，是雨水集蓄系统与大棚设施农业联合建设的一种集水形式。

• 人工集流坑集雨利用。人工集流坑是雨水利用中另一种微集雨利用形式，主要用于林业生产和果园种植。

• 农用道路 + 荒山、荒坡集流面及小流域集水。该利用形式需要修建一定的截引渠，将收集的雨水径流引入蓄水设施中，或在沟道中修建塘坝、淤地坝等用以蓄水，自流引水或提水进行灌溉。

② 蓄水工程建设形式。蓄水工程以水窖为主，涝池、塘坝和淤地坝为辅；当有条件利用大面积荒山、荒坡集流且建设较大的蓄水设施时，可建设涝池蓄水，实现农业高效用水的规模化。如利用沥青公路和农村道路或大面积的荒山、荒坡集雨时，可因地制宜采用防渗涝池、塘坝等蓄水；在小流域沟道上宜采用谷坊、淤地坝等集蓄雨水。

• 水窖。广泛采用的是薄壁型水窖，造价较低。一般适用于蓄水量小于 70 m^3，土质较密实、土壤中黏粒含量较高的地区。当土质较差时，需要采用混凝土、浆砌石或砖砌的支撑型结构，此类水窖造价比薄壁型水窖造价高 2 倍左右，但可以有效增加容积，有利于雨水集蓄工程的规模化发展。

• 涝池。涝池的建设规模根据集流面的大小和当地的地形条件而定，一般与农用道路、荒山、荒坡等面积较大、集流水质较差的集流面配套使用。

• 塘坝。塘坝一般容积较大，用于大面积荒山、荒坡径流雨水和局部区域暴雨洪水的拦蓄利用。

• 谷坊和淤地坝。谷坊和淤地坝是在小流域综合治理中配套使用的蓄水工程形式，可用于拦蓄水质较差、泥沙含量较高的暴雨洪水，但使用年限较短。在谷坊和淤地坝作为雨水利用工程的蓄水设施时，主要结合水土保持工程建设进行（王卓，2006）。

（3）雨养集水节水旱作农业技术。

① 合理调整种植结构及选用耐旱的农作物品种。玉米、高粱、甘薯、谷子、烟叶等作物相对耐旱力强于小麦，因此，在旱作农业区是主要的种植作物。同时扩大雨热同步的春、夏播作物，相应地可以提高降水的利用率，增加作物产量。农作物耐旱品种和普通品种的需水量和产量相差很大，选用耐旱高产品种，可以减少用水量并增产。

② 蓄水保墒轮作耕作技术。通过绿肥带状轮作，运用生物覆盖增墒技术，采取深耕蓄墒技术（耕深 22 ~ 25 cm），耙耱保墒和镇压保墒、提墒技术以及丰产沟、大垄沟耕作、水平沟等高耕种等传统耕作技术，并与现代农业生产技术有机结合，提高耕地的蓄水保墒能力。

③ 抗旱播种技术。包括抢墒早种、顶凌播种、提墒播种、分土就墒播种及浇水点种等。

④ 垄沟种植。既可把作物种在垄背，如薯类等块根块茎作物；亦可把作物种在沟里，如玉米、高粱、谷子等。作物种在垄背，既可防止芽涝，又有利于块根块茎作物块茎膨大，实现旱作高产。作物种在沟底两侧，相当于借墒播种，便于种子在湿土中发芽出苗。沟垄种植法的垄沟内可大量蓄

集雨水，防止或减少地表径流，大幅度提高水肥利用效率，实现旱作高产。

⑤ 秸秆覆盖耕作技术。利用麦草、玉米等秸秆覆盖，达到保墒增温的目的。露地玉米在玉米进入拔节生长期，棉田在 6 月中旬，冬小麦在冬前，将切成长度小于 15 cm 的小麦秸秆，或切成长度≤10 cm 的玉米秸秆覆盖在作物行间，每亩用量 300 ~ 400 kg，以不压苗为度。

⑥ 集雨增墒地膜覆盖技术。主要有作物双垄全膜覆盖集雨沟播技术（图 5 – 9，引自 http://image. baidu. com），已在黄土高原大面积推广。把“膜面集雨、覆盖抑蒸、垄沟种植”三大技术相互融合为一体。在年降水量 250 ~ 550 mm、海拔 2 300 m以下的地区，增产效果非常显著，种植玉米比相同条件下的半膜平覆增产都在 35% 以上，种植马铃薯比露地栽培增产 30% 以上。同普通的地膜覆盖相比，其创新点一是改变了地膜覆盖的方式，将原来的半膜平铺覆盖方式改变为起垄全膜覆盖，即先在田间起宽 40 cm、高 15 ~ 20 cm 的小垄和宽 70 cm、高 10 ~ 15 cm 的大垄，改变了微地形，增大了地表表面积，用宽度 140 cm、厚度 0. 008 ~ 0. 01 mm 的地膜全覆盖垄面和垄沟，扩大了雨水集流面积，使各种形式的降水通过垄面的富集并汇入垄沟中，最大限度地蓄集和保蓄了天然降水；二是改变了地膜覆盖种植作物的方式，由作物普遍在垄上种植方式变为垄沟内种植；三是地膜覆盖时间由传统的播前覆膜（4 月中、下旬）改变为早春顶凌覆膜（3 月上、中旬）或上年秋季覆膜（10 月下旬至 11 月上旬），延长了地膜在田间的覆盖时间，使覆膜后至播种前间的降雨集蓄到土壤中，既减轻了土壤水分的无效蒸发，又使雨水资源得以充分利用（李胜克等，2011）。

图 5 – 9　玉米双垄全膜覆盖集雨沟播栽培

⑦ 水窖蓄节水灌溉技术。目前，在北方干旱区正在推广一种集旱作、节水农业为一体的集雨农业技术，即通过建设收集雨水的窑、窖，再通过高差压力和滴灌、渗灌、喷灌、交替灌溉设施和采用小畦灌、膜下灌、膜上灌等措施实现节水灌溉，增产幅度可达 50% 至 1 倍以上。旱区利用集雨技术的集雨工程—日光温室—沼气池联体构筑种植蔬菜，并采用膜下滴灌技术，一个 330 m^2 左右的日光温室仅需 93 m^3 的水，比传统漫灌方式节水近 56%。

⑧ 化学节水技术。是利用化学物质抑制土壤水分蒸发，促进作物根系吸水或降低蒸腾强度的技术。目前，用于节水的抗旱化学剂主要有化学覆盖剂、保水剂和抗蒸腾剂。例如，抗旱剂“FA 旱地龙”（从风化煤中提取的黄腐酸），具有抗旱和营养的双重功能，能使气孔开度缩小，减少水分蒸腾，提高多种酶的活性和叶绿素含量，2001 年，在全国 28 个省区推广 66. 7 万多 hm^2。施用“FA

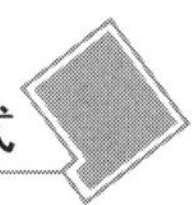

旱地龙”可使作物增产 10% ~15%，节水 20% ~30%。

5.7.2 南方山区山旱田雨养稻作生态工程

山旱田的类型与特点。山旱田是指山坡上没有固定水利设施、主要靠降雨栽培水稻、缺水易旱的梯田，按水源和缺水程度可分为天水田（雷公田）和小水田。天水田是全靠降雨进行水稻栽培的稻田；小水田是虽没有固定水利设施，但降雨较大后山坡溪沟中仍有几天到十几天小流水可供灌溉的稻田。按功能可分为母水田（囤水田，一般选用山坡地表径流来水较多、面积较大便于囤水的坳田、坨田）和一般梯田。母水田可起临时性塘坝的作用，母水田要尽可能做到蓄水过冬。集水、保水条件好的母水田还可以养鱼（埋头鲤）。

以武陵山区为例，区内约有 1/3 的稻田是山旱田；不少特别干旱的地方，山旱田的比重高达 60% ~80%。传统的山旱田雨养稻作技术要点如下：

（1）利用自然灌溉系统。山旱田有独特的自然灌溉系统，其水源是降雨形成的山坡径流，通过山坡脚每年春季雨季到来前必须清理的临时性拦截山坡径流的山毛沟，将雨水引入母水田蓄积，然后再依次用于层层梯田。

（2）抢水保水整地技术。不论什么时候下大雨，必须立即下田整地抢水。田大来水不足时，可在大田中间筑临时性田埂先整一部分，称之为“赶节水”。低处开犁，高处开耙，有利田面平整。田坎边一耙宽的田泥多犁耙几遍，将田泥搅融合，称之为“搅坎”，有利于田坎边防渗防漏。田坎要搭成瓦背形，不要搭成“蛤蟆歇凉”。一般要求在立夏前完成犁耙搭坎。出水口要用石板垫铺并伸出田坎，以防流水蚀坎。

（3）选用早中熟避旱、耐旱品种。除母水田可栽培迟熟高产品种外，一般梯田要求选用能在 7 月上、中旬规律性夏旱到来前齐穗（农谚：上齐下坼，全收全得；上齐下白，半收半得）、秆高中等并且耐旱性较强的一季早稻或早熟中稻品种，一般不宜栽培矮秆品种。

（4）借田培育长壮秧蓄深水插秧。在山下水利条件较好的地点借田育秧，适当稀播，适当延长秧龄，培育长壮秧，以适应蓄深水插秧。

（5）蓄深水进入旱季。稻田耕整好之后，抓紧降雨时机蓄水，争取多蓄水、蓄深水进入旱季，做到“一泼水打谷（成熟）”。

（6）田间管理以蓄水保水为主。插秧后要勤查防漏堵漏，降雨时引水入田，始终以蓄水保水为主，不可采用浅水灌溉和间歇灌溉。

（7）复种与改种。一季早稻或早熟中稻收割后，秋季可复种一季禾根豆、秋马铃薯、秋荞、秋高粱、秋菜等作物。秋荞是近年来市场需求迅速增长的营养食品。秋高粱抗旱保收，如果收稻后田内仍有泥浆，秋高粱可以直接育苗插秧。9 月中、下旬，可在秋种作物行间撒播满园花（萝卜）、苕子等绿肥（严斧，1963）。

近三十年来，许多地方提倡“水路不通走旱路”，将山旱田改种玉米等旱粮或烤烟等经济作物，也实现了增产增收，山旱田雨养稻作传统正在逐渐淡化。

5.7.3 南方山区雨养节水旱作生态工程

我国南方山区，特别是岩溶山区，降水虽然丰沛，但水利条件较差。这些山区的旱土作物种植面积很大，但普遍缺乏灌溉设施，主要依靠雨养进行生产。山区各地的农民群众和科技人员在长期的、特别是近几十年的生产实践中，因地制宜地创造了多种成体系的雨养节水旱作生产技术，出现了许多雨养旱作高产、稳产和高产值的典型。本书介绍的湖南慈利县（参阅本书 3.14 节）和贵州毕节地区（参阅本书 3.11 节）的雨养旱作经验就是突出的典型。

5.8 山区农村可再生能源多能互补综合开发生态工程

中国作为一个人口大国和发展中国家，不但能源消费总量大，同时人均能源资源严重不足，人均石油储量不到世界平均水平的1/10，人均煤炭储量为世界平均值的1/2。中国能源消费以煤为主，煤占一次能源的比例高达60%以上，由于煤的高效、洁净利用难度大，使用过程中已对人类的生存环境带来严重的污染，因此，开发洁净可再生能源已成为紧迫的任务。

目前，我国山区农村能源需求、特别是生产能源需求增长较快，能源结构正在从传统的薪柴、秸秆、煤等直接燃烧为主逐步向以可再生能源为主的多能互补方向发展。20世纪末我国农业部提出的“因地制宜、多能互补、综合利用、讲求效益”农村能源建设指导方针，至今仍具有重要意义。各地区正在逐步形成各具特色的多能互补模式。目前，我国的可再生能源利用正以年均超过25%的速度发展。燃料乙醇、生物柴油、生物制氢等生物新能源也正在研发之中。根据国家《可再生能源中长期发展规划》，2005—2020年我国将投资1.5万亿元用于发展可再生能源。

我国山区农村可再生能源资源十分丰富，类型多样，因地区而异。西北地区、青藏高原太阳能、风能资源特别丰富；东南沿海山区风能资源丰富；南方山区小水电资源开发潜力巨大；生物质能资源（沼气、作物秸秆、薪柴、畜力等）则遍布全国特别是农、牧业发达的山区（详见本书1.2.5节）。可以说，只要依靠科技，因地制宜，大力开发，并实行多能互补，不但可以在保护和优化农村生态环境的前提下，满足当前农村生活和生产的需求，而且也能满足今后农村生产和生活现代化对能源的需求。

与本工程配套的生态技术体系主要包括：拟生造林的树种、草种和造林种草技术；林（果、桑、茶）业、种植业和养殖业立体生产技术；动物蛋白饲料、饵料生产与加工技术；农作物秸秆综合利用技术；山区农村可再生能源（太阳能、小水电、生物质能等）开发利用技术（参阅本书第3、第4、第6部分）。

5.8.1 多能互补主要模式

在大电网覆盖下，经济比较发达的山区，已实现水电当家，生产、生活用能基本上已电气化。我国从“七五”到“十一五”共25年中建设的1 400多个初级水电电气化县，大多已实现水电当家，或正在向这一目标前进；但在一些偏远山区，还需其他可再生能源作补充。

在各地山区农村与城镇工农业生产与居民生活中，有多种可再生能源可因地制宜与水电、沼气等主要可再生能源配套使用。

多种可再生能源互补发电是多能互补的主要途径，即利用风力发电机、水力发电机和太阳能电池分别将风能、水能及太阳能转化为电能，并放在同一个发电系统内互为补充，从而提高可再生能源发电的可靠性。可再生能源多能互补发电优势如下：使用的是洁净可再生能源，是真正的环保节能高科技产品；弥补各自独立发电系统的不足，向电网提供更加稳定的电能；共用一套送变电设备，降低工程造价；同用一套经营管理人员，提高工作效率，降低运行成本，因而具有广泛的推广应用价值，是能源开发中崭新的增长点。

由于各地山区农村能源资源结构不同、开发程度各异，因而产生了并正在产生着多种可再生能源多能互补模式。如新疆适宜发展太阳能、风能、沼气的多能互补；西藏适宜推广太阳能、地热能、风能互补；广东可探索太阳能、沼气互补等。

一般而言，互补模式主要有：

(1) 风能—水能互补发电模式。与常规能源发电相比，风能发电的连续性和稳定性较差，如内蒙古、新疆一带风力主要集中在冬、春季节，4—9月这半年时间要比1—3月和10—12月这6个月中的发电量少一半以上。风能的不稳定性不仅表现在季节的差异上，而且一天甚至一个小时内可能都有很大的差异。这种差异的存在，增加了电网运行的不稳定因素。为了解决风能的连续性和稳定性问题就需要有一个互补系统。在我国西北、华北、东北等内陆风区，风资源的季度分布特色大多为冬、春季风大，夏、秋季风小，与水能资源的夏秋季丰水、冬季枯水分布，正好形成互补特性，这是构建风能—水能互补系统的基础条件。在这些地方的电网中枢，对风能和水能资源进行合理的配备容量，就可以实现风能与水能这两种绿色能源的互补，充分发挥两种能源的优势，克服两种能源的不足，也可节省风电和水电单独运行建设系统送出工程的投资，为丰富、清洁、廉价的风电成为化石燃料的替代能源创造了条件，是迄今为止实现风能、水能经济利用的最有效的方法。

（2）风能—太阳能互补发电模式。我国很多地区太阳能和风能具有天然互补性，即太阳能夏季大、冬季小，而风能夏季小、冬季大，适合采用风能—太阳能互补发电系统。同样对于一些边远农村地区不仅风能资源丰富，而且有丰富的太阳能资源，风力与太阳能发电并联运行也是解决该地区供电问题的有效途径。因而，在风力发电中适当加入太阳能电池供电可降低负荷不能满足的缺陷，大大提高系统经济性。这种发电系统也必须有蓄电池等储能设备，以保证在风能、光能不能满足负荷时，保持向用户正常供电（徐锦才等，2007）。

（3）水电—沼气—薪柴互补模式。在大电网供电有限、本身水电资源又有限，而生物质能资源较丰富但处于开发初期的山村，大多是水电多用于生产，而生活用能以薪柴、秸秆为主，今后将着重向开发沼气的方向发展，以弥补水电之不足。

（4）水电—沼气—太阳能互补模式。在大电网供电有限、本身水电资源又有限，而太阳能和生物质资源较丰富的山区，水电多用于生产，并在积极开发利用太阳能和沼气作生活能源，主要是西北高原和山区牧区，正在向这类模式发展。

真空管式太阳能热水器在中国发展了10余年，目前全球80%产量和70%以上的销量都在中国。它的特点是性能稳定可靠，占地面积相对较小，热效率高，一次性购置成本相对较低，效益显著，是一种特别适合中国国情的生态能源产品。和沼气用具一样，太阳能热水器制造业已经成熟，市场推广体系也已形成，具备了大规模普及的基本条件。

（5）风电—沼气—太阳能互补模式。在大电网供电困难、本身又缺乏水电资源，但风能、太阳能和生物质能资源较丰富的山区，则因地制宜着重开发风能、太阳能或生物质能，并实现互补。主要是西北高原牧区，正在向这类模式发展。太阳能光伏发电也正在发展之中。

（6）光伏发电。光伏发电是利用半导体界面（单晶硅或多晶硅硅片，在硅片上掺杂和扩散微量的硼、磷等，形成P－N结）的光生伏特效应而将太阳光能直接转变为电能的一种技术。光生伏特效应就是当半导体受光照时，半导体内的电荷分布状态发生变化而产生电动势和电流的一种效应。不论是独立使用还是并网发电，太阳光能光伏发电系统主要由太阳电池板（组件）、控制器和逆变器三大部分组成，它们主要由电子元器件构成，不涉及机械部件（图5－10，引自http：//image. baidu. com）。这种技术的关键元件是太阳能电池。太阳能电池经过串联后进行封装保护可形成大面积的太阳电池组件，再配合上功率控制器等部件就形成了光伏发电装置。太阳能光伏发电系统可以分为离网光伏发电系统、并网光伏发电系统和混合系统3类。离网光伏发电系统广泛建立于距离电网较远的偏远山区、无电区、海岛、荒漠地带等，向独立的区域用户供电。太阳能是人类取之不尽用之不竭的可再生能源，具有资源充足、清洁、安全、广泛、可持续、免维护、潜在的经济优势等优点，在长期的能源战略中具有重要地位。太阳光能光伏发电可作为太阳能资源丰富的高原和山区的主要能源或配套能源，发展前景很好。但是，太阳能电池板的生产却具有高污染、高能耗的特点。截至2012年年底，中国光伏发电容量已经达到了7 982.68 MW，超越美国，位据第三，集中在西部地区。中国19个省（自治区）共核准了484个大型并网光伏发电项目，核准容量是11 543.9 MW；中国15个主要省（自治区）已累计建成233个大型并网光伏发电项目，总的建设容量为4 193.6 MW，2012年兴建98个。其中，青海、宁夏、甘肃3省（自治区）的建设容量和市场份额都占据了半壁江山。2013年上半年中国新增光伏装机2.8 GW，其中，1.3 GW为大型光伏电站。截至2013年上半年，中国光伏发电累计建设容量已经达到10.77 GW，其中，大型光伏电站5.49 GW，分布式光伏发电系统5.28 GW。目前，中国生产的99%的光伏产品用于出口，而且掌握核心技术（胡云岩等，2014）。

图5－10　太阳能光伏发电

（7）抽水蓄能电站。抽水蓄能电站是利用丰水期电力负荷低谷时的电能抽水至上水库，在枯水期电力负荷高峰期再放水至下水库发电的水电站，又称提水蓄能式水电站。它可将电网负荷低时的多余电能，转变为电网高峰时期的高价值电能。抽水蓄能水电站是电力系统中最可靠、最经济、寿命周期长、容量大、技术最成熟的储能装置，是新能源发展的重要组成部分。据统计，截至2009年年底，我国投产的抽水蓄能电站共22座，总容量11 545 MW，其中，大型纯抽水蓄能电站11座（包括北京十三陵、广东广州一期与二期、浙江天荒坪与桐柏、吉林白山、山东泰安、安徽琅琊山、江苏宜兴、山西西龙池、河北张河湾）10 400 MW，其余11座1 145 MW，在建的8座，装机容量9 360 MW。在山区，可以利用两地水源地自然高差，建设抽水蓄能中、小型水电站，效益更好。例如，湖南省慈利县赵家垭抽水蓄能三级发电工程，利用两地水源地高差，跨流域从海拔较高的沅水支流提水至澧水支流源头山顶水库（库容6 000万 m^3），总水头高375 m，丰水期提水消耗1 kW·h水电能，枯水期可换回4 kW·h水电能，总装机14 300 kW·h，并兼有防洪和灌溉功能。小型抽水蓄能发电与小型风力发电互补是最有效的配合方式（何祚庥，2010）。

5.8.2　案例

（1）贵州省贵阳市乌当区永乐乡水塘村多能互补模式。水塘村共660户，有桃园200余 hm^2，20世纪80年代开始发展蔬菜种植，90年代开始发展水果，2001年大力发展沼气，2005年推广太阳能。水塘村2006年有沼气池290口，太阳能热水器112台。当地已通农电。该村已形成以沼气、水电和太阳能为主体的多能互补模式，产生了良好的生态、经济和社会效益。

①多能互补能更好满足农户用能的多种需求。一口户用沼气池年产气量450～480 m^3，可以解决4～5口之家的炊事用能。该村每户的沼气用具包括：一台双眼沼气灶，热流量为8 kW左右；一台2 L沼气饭锅，功率为1.1 kW左右；一盏沼气灯。炊事用能之外，农户最迫切的需求是热水洗浴。农户在建沼气池的同时，基本上配套进行了改路、改圈、改厕。水塘村的沼气户，有264户已新建或将老式厕所改建为具有洗澡功能的卫生间。但洗浴用热水耗能太多，每天每日耗能是炊事用能的2.8倍左右，现有户用沼气池产气量无法满足洗浴热水的供应，采用家用太阳能热水系统可以

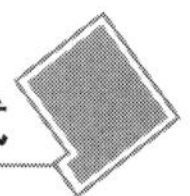

解决这一问题。真空管式太阳能热水器，水箱容量165 L，可完全满足4～5口之家洗浴需求并有富余。不仅洗澡不必与做饭“争气”，而且由于太阳能热水器水箱内胆采用食品级不锈钢制作，农户可将阳光预热的水在沼气灶上烧开饮用，能节气1/2。

②因地制宜，多能互补，可以获得多方面的效益。例如，利用太阳能热水器中热水浸泡配合饲料喂猪，效果更好。又如，水塘村原来常规生活用能为无烟煤，未采用任何生态能源项目的家庭，平均年用煤4 t；沼气户年用煤2.5 t左右；实行太阳能与多能互补的示范户，仅冬季取暖一项需燃煤，用煤仅约0.6 t，多能互补示范户每年仅燃煤就节省1 000元左右，经济效益非常明显。还有，贵州是中国氟中毒发病率最高的地区。现已基本查明，燃煤中含氟，燃烧后氟气化，大量存留在辣椒、玉米、谷物当中，随食物带入人体造成氟中毒，因此，大量减少农户燃煤可堵住地方病氟中毒的污染源。水塘村沼气—太阳能多能互补农户基本上不敞开燃烧煤炭，就是冬季取暖也采用铁制回风炉，将废气通过烟囱排到户外。

③多能互补之“补”还体现在多种新能源之间互相促进。春季阴雨天气，太阳能热水器的产热水量受影响，但沼气池却能源源不断地产气；冬季地温低，导致沼气池中的发酵不活跃，产气减少。这时将太阳能热水器中的热水放入沼气池提高池内温度，能显著提高产气量（尚孟坤，2006）。

（2）浙江省富阳市农村能源生态村4种建设模式。

①山区、半山区以公益薪炭林为主体的能源生态村模式。富阳市山林面积占土地总面积的67.1%。目前，山区、半山区农村的生活、生产用能主要是薪柴，导致森林资源遭到不同程度的破坏，生态环境随之恶化。这类山区、半山区农村以公益薪炭林为主体，全面贯彻“封、造、管、育”并举的方针，加快绿化造林、封山育林步伐；同时，对薪柴实行限量采伐；并配套推广水电、液化气、蜂窝煤等商品能源，以减轻对山林的压力。

②城郊与经济较发达乡村以高效、洁净可再生能源为重点的能源生态村模式。经济较发达的乡、村，以村为单位，对各种基础设施建设统一规划、设计，每个农户普遍达到“二气一池一灶（灯）一化”。“二气（器）”即液化石油气和太阳能热水器；“一池”即户用标准沼气净化池；“一灶（灯）”即家家都有节能灶和节能灯；“一化”即庭院绿化、美化。

③以养殖—沼气—种植生态农业为基础的生态能源村模式。富阳市农村大部分农户生产以种植业、养殖业为主。这类农村，重点发展中、小型沼气池，通过沼气池形成种养有机结合，实施猪（鸡）—沼—果（粮食等）良性循环的生态农业模式，既为农户提供充足的生活能源，又能发展生产和净化、保护环境。

④以太阳能塑料大棚为主体的生态能源村模式。在城镇蔬菜基地村推广阳光塑料大棚技术，不仅提高了蔬果产量，而且提高了蔬果的质量，增加了经济效益，节约了能源，减少了环境污染。

（3）浙江省天荒坪抽水蓄能电站。该电站位于浙江省安吉县境内，接近华东电网负荷中心，是我国目前已建和在建的同类电站单个厂房装机容量最大、水头最高的一座；也是亚洲最大、名列世界第二的抽水蓄能电站。电站下水库位于海拔350 m的半山腰，是由大坝拦截太湖支流西苕溪而成；电站上水库位于海拔908 m的高山之巅，库容量885万m^3，相当于一个西湖。电站上下水库落差607 m，是目前世界上落差水位最高的电站。电站装机容量180万kW，上水库蓄能能力1 046万kW·h，其中，日循环蓄能量866万kW·h，年发电量31.6亿kW·h，承担系统峰谷差360万kW·h的任务。

5.9　南方草山草坡草食牧业生态工程

我国人多耕地少，粮食还不能完全自给，饲料原料大量依赖进口。为缓解人畜争粮的矛盾，我国的畜牧业首先要选择不严重依赖粮食的畜种，即草食动物；发展草食动物要充分注意开发多样化的饲料资源，包括北方的大草原，南方山区的草山草坡，农作物秸秆及酒糟、豆腐渣、蔗渣、豆粕、菜籽粕、棉籽粕、糠麸等副产品等，其中，南方山区的草山草坡草食畜牧业的开发蕴含着巨大潜力。

与本工程配套的生态技术体系主要包括：动物蛋白饲料、饵料生产与加工技术；人工牧草基地建设技术；农作物秸秆综合利用技术；青饲料青贮和作物秸秆氨化技术；草食动物育种、繁育、饲养、产品加工、疫病防治等技术；有机乳品、肉品生产、加工、流通、销售技术；山区农村可再生能源开发利用技术；水土保持技术；植物篱（植物地埂）技术；对农林牧业有害生物的综合防治技术；山区农村面源污染综合防治技术等（参阅本书第6部分）。

5.9.1 我国南方草山草坡及其生态功能概况

我国南方14个省、自治区、直辖市（广东、海南、广西、福建、浙江、江西、湖南、江苏、安徽、湖北、云南、贵州、四川、重庆）可开发利用的草山草坡有6 573万 hm^2，在发展营养体农业（以不收籽实而专门生产植物茎叶为主的农业）和发展草食动物生产方面，具有较大优势。面积在700万 hm^2 以上的有云南、广西、四川；在334万 hm^2 以上的有贵州、湖南、湖北、江西。在这些省、区中，草山草坡面积占国土面积的20%以上，其中，贵州、湖北、广西分别占36%、31.5%和30%。按照自然和社会经济等条件，可把南方草山草坡划分为两个经济生态类型区：东南部丘陵区，有草山草坡面积3 040万 hm^2，全区人均草山草坡面积0.07 hm^2，草山草坡的草地资源比较丰富，多年生黑麦草、红三叶、白三叶、苏丹草均可生长；西南部岩溶区，有草山草坡面积3 533万 hm^2，全区人均草山草坡面积0.28 hm^2，天然草地多分布于较高的山地，红三叶草在云贵高原一带均可种植。

云贵高原大部分地区，年降水量1 000～2 000 mm，年均气温10～15℃，无霜期180～250 d，天然草地只有2～3个月的枯草期，由于多雨，潮湿，日照少，对农作物生长不利，但对牧草的生长无大影响，这里是多种优良牧草和草食家畜生长发育的最适生态环境，具有发展草地畜牧业的优越条件。就发展畜牧业的自然条件而言，与北欧和新西兰相似，优于澳大利亚。我国广大北方牧区大约每1 000 m^2 养1只羊，而云南每1 000 m^2 可养5只羊，云南天然草地的生产能力相当于面积比其大4倍的内蒙古天然草地的生产能力。地处云贵高原东部边缘的武陵山区有可用于发展草食畜牧业的各类草地（山地草丛草地、山地灌丛草地、山地疏林草地、山地农隙草地）277万 hm^2，其中，连片666.7 hm^2 以上的有181片。

我国南方草山草坡特别是位于中、高山的草山草坡，很少受工业和农药污染，很适合建设生态牧场，生产无污染的生态畜产食品。

我国南方草山草坡处于长江、珠江和闽江流域等山区生态屏障区，是碳汇、氧源和江河的水源地，其生态环境状况不仅关系到草山草坡畜产品的产量和质量，关系到草山草坡地区经济、社会和生态的可持续发展，也与草山草坡周边地区的经济、社会和生态的可持续发展息息相关。在开发草山草坡草食畜牧业时，务必高度重视生态环境的保护。

由于地域广阔，地势相差悬殊，自然条件各异，因此不能千篇一律，应本着适合生产什么就生产什么，即宜林则林，宜牧则牧，或者两者兼而有之。目前，在许多山区，特别是中、高山区，草山草坡大多数仍是零星的季节性的开发利用，尚未形成“立草为业，种草兴畜”的大气候，与专业化生产、产业化经营的要求有较大的差距。

我国南方草山草坡牧场的建设和草食牧业的发展，涉及牧场的基本建设（公路、牧道、围栏、供水等）、草地特别是人工草地的改良和建设、牧场生态环境的保护、精青饲料的生产采购与加工、牛羊等草食畜种与品种的选择、牛羊放牧与饲养管理、牲畜防疫治病与牧草病虫防治、畜产品加工、畜产品市场营销等许多方面，因此，是一种生态经济系统工程，必须走生态工程建设之路。

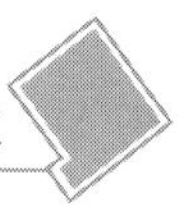

5.9.2 案例：南山牧场生态奶业产业化及其效益

1975 年建立的南山牧场地处湘、桂边境的越城岭山脉与雪峰山脉的交汇地带，湖南省城步县的西南部，处于 26°05′N ~ 26°15′N，牧场海拔 1 700 m 上下，台原丘陵地貌。该牧场有集中连片的草山 1.533 万 hm^2，已建成优质人工草场 0.87 万 hm^2，是我国南方最大的现代化山地牧场（图 5 - 11，引自 http：//image. baidu. com）。

图 5 - 11 湖南省城步县南山台原草山牧场

1980—1984 年，南山牧场飞播牧草 0.473 万 hm^2。从 2001 年开始，牧场把“每年开发改良 0.067 万 hm^2 草山、发展 1 000头奶牛、带动 100 个农户致富”作为农业综合开发的主要指标。人工草场牧草生长状况较好，单位面积草地饲养奶牛和绵羊数达到国际水平（1 hm^2 饲养 1 头奶牛；0.13 hm^2 饲养 1 只绵羊）。早在 30 多年前，南山牧场就按照“公司 + 农户 + 基地”的发展模式，全面推行“家庭牧场”制，1981 年以来牧场开始一直实现盈利，牧场员工人均创税收近 5 万元，人均创税已经连续 28 年居全国同行之首。

南山牧场生态奶业产业化的经济效益显著，生态环境效益也明显，其成功之路，为南方山区 0.67 亿 hm^2 草山草坡（其中，约有 0.4 亿 hm^2 可以开发利用）草食牧业的开发和山区新农村建设提供了一种值得借鉴的发展模式。

（1）创新区域生态奶业产业化体系。生态奶业产业化体系创新，包括优质牧草生产—奶牛养殖—奶品加工—环境保护一体化的全方位改良和创造性建设。

① 草山建设工程。草山建设工程的关键是科学种草，主要通过示范基地建设和周边地区的退耕还草工程来实现。

• 南山牧场优良牧草示范基地建设。根据南山牧场的自然生态条件，将草山的开发建设分为 3 个层次区别对待。坡度 30°以下的采用机械翻耕播种，形成高产区域；坡度 30° ~ 45°的采用人工浅翻改造，形成丰产区域；坡度 45°以上的采用草甘膦药后烧荒播种改良，形成后备草场区域。先后从澳大利亚和新西兰引进 33 个牧草良种，并经试验选出推广了适应南山生长的禾本科黑麦草、豆科三叶草、绒毛草等当家牧草品种和相应栽培技术，建成主要牧草品种的优质牧草生产示范基地，并逐步向外推广和扩展。依靠种植人工优质牧草，解决了“夏饱、秋肥、冬瘦、春死亡”的老大难问题。

• 在建设牧草示范基地的同时，全面拓展草山改良和周边地区退耕还草建设工程，充分利用低产稻田和坡耕地种植牧草。以南山牧场为中心，辐射周边的乡、镇，形成牧草种植圈和牧草种植带。通过牧草基地建设和草山改良建设，消灭草山裸露地，提高草山的牧草产量，提高草山奶牛承载力。防止局部地区奶牛超载，使草山超载率控制在3%以内。

② 奶牛养殖工程。奶牛养殖工程的主要目标是培育高产奶牛，建立“基地＋农户”的模式，增加产奶量，提高牧民收入。

• 良种繁育。在改良引种牧草的成功和原有荷斯坦奶牛的基础上，培育驯化出会爬山、能淋雨、不怕寒冷，可一年四季野外放牧的适应山地环境的放牧型奶牛。同时，为了发展商品肉牛，以本地母黄牛做基础母牛，引进国外良种公牛（如加拿大的安格斯、瑞士的西门塔尔、法国的夏洛来）的精液配种，繁殖成体重300 kg以上的杂交肉牛。

• 奶牛养殖基地建设。建设以南山牧场为中心，辐射宜养殖奶牛的周边乡、镇4大养殖基地。利用基地进行奶牛品种改良，再向基地周围推广。在基地建设中，将发展奶牛专业户落到实处，使基地＋农户的基础环节链接好。

• 奶犊牛繁殖基地建设。建设好奶犊牛标准栏舍、运动场、隔离室、人工草场、饲料加工厂、青贮窖、沼气池及人工冷配、医疗站等配套设施，以便迅速扩大奶犊牛繁殖规模。

• 奶牛养殖配套服务工程建设。在奶牛养殖基地建设奶牛养殖技术推广服务站和奶牛病疫防治服务中心。负责良种推广、技术培训和指导，主要任务是推广种草技术、引进高产、高营养的优质草种进行试种；重点普及氨化秸秆和青贮技术；建立育种站，供应冷冻精液、精饲料、配种服务，提高配种率和良种覆盖率；搞好良种引进，定期举办奶牛饲养管理及配种技术培训班；在各个基地建立兽医站、收奶站、配种站，做到病疫防治、饲料供应、奶牛配种、鲜奶销售不出村。

③ 奶牛粪便综合利用工程。在规模化奶牛养殖基地，建设大型沼气池和有机肥料工厂，对于奶牛专业养殖户则建立牛—沼—草（稻、菜、果、林）生态模式，建立家庭式循环经济模式：把奶牛排放的粪便排入沼气池进行发酵产生沼气，沼气成为农家生活燃料，沼液、沼渣作为牧草、水稻、蔬菜、果树等的有机肥，形成家庭经济产业链。奶牛养殖结合农村“五改”（改厨、改厕、改栏、改水、改浴）实现人畜分离，改善农村卫生环境。

（2）南山牧场生态奶业的区域经济效应。南山草食牧业发展经历了原始农业—以粮为纲的种植业—以林为主的园艺和林业，直到目前以生态奶牧业为主的演变过程。2001—2004年，南山牧场种养业新增产值2 300万元、利税350万元，410个牧农户走上了富裕道路。

从20世纪70年代开始，南山牧场走上了种草、养畜、加工、贸易、服务一条龙的经营奶业产业化道路。1998年8月组建了湖南省亚华种业南山分公司，成为南山牧场区域奶业发展的龙头企业，公司＋基地＋农户的产业化体系初步形成。2004年公司实现产值8.2亿元，利税9 500万元，成为全国奶业“五强”之一。

南山牧场生态奶业的产业化，不仅带来牧场自身经济的快速发展，而且拉动了整个城步县县域经济的发展，奶牧业已成为城步县第一大支柱产业。到2005年为止，全县发展奶牛基地乡、镇、场10个，奶牛养殖基地村85个、工区5个、中队12个，奶牛养殖户达2 000户，共存栏奶牛15 900头，奶农户年平均纯收入达1.05万元。2004年，全县实现奶业增加值2.45亿元，占GDP总量的29%，实现税收4 690万元，占财政总收入的42%。

（3）南山牧场生态奶业的区域生态效应。

①土地覆盖状况。根据遥感影像的南山牧场区域土地覆盖变化分析，发现区内大部分面积均为林地或草地覆盖。从1992年到2005年南山牧场区域林地与水系面积不断减少，草地面积不断增加，其中，林地面积从1992年的74.93 km^2减少到2005年的57.44 km^2；水系面积从1992年的1.57 km^2减少到2005年的0.20 km^2；草地面积从1992年的72.05 km^2增加到2005年的90.91 km^2。这主要是由于20世纪90年代末以来，南山区域牧业得到迅猛发展，草场面积不断扩大，林地面积则相对减少。

②水质状况。1995年和2006年，省、市环境监测部门对南山牧场多处水质进行监测，结果表明，

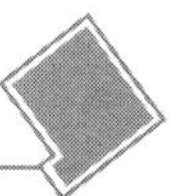

各项指标均符合国家农田灌溉1类水质标准和国家环境地表水1类水质标准。两次时隔10年的监测结果表明，10年内水质状况没有太多变化，南山牧场区域生态产业发展，特别是奶业产业化对水环境影响没有超出自然生态承载力范围。

③植被状况。南山牧场整个草地发生了深刻变化，大部分区域由原来的自然草地变成人工草地。当家牧草是从澳大利亚引种的良种。这些外来草种基本适应当地气候和土壤条件，在人工培养下，生长很好。如果任其在自然生态环境中生长，与当地原生的剑茅等野生牧草等共生，则很可能在竞争中被淘汰。

④大气状况。湖南省环境监测中心1995年5月对南山大气进行监测结果表明，总悬浮微粒（TSP）、二氧化硫（SO_2）、氮氧化物（NO_x）和光化学氧化剂（O_3）等，都小于国家大气环境质量一级标准浓度限值。南山牧场迄今没有造成大气污染的企业，奶业产业化对南山区域大气不会带来污染，南山依然是碧水蓝天（屠敏仪等，1993；廖荣华等，2007）。

5.10 山区水库生态工程

5.10.1 我国水库工程及其生态功能概况

建于山区峡谷之间的水库，或建于河道上的径流电站的水库，是用以汇集山区坡面径流的半人工、半自然水体，广泛分布于全国，特别是南方各地山区，是山区生态屏障体系的重要组成部分。

2013年3月26日，水利部、国家统计局联合发布的《第一次全国水利普查公报》显示，全国共有水库98 002座，总库容9 323.12亿 m^3。其中，已建成水库97 246座，总库容8 104.10亿 m^3，在建水库756座，总库容1 219.02亿 m^3。全国共有大型水库756座，其中，大Ⅰ型水库127座，大Ⅱ水库629座，中型水库3 938座，小型水库93 308座（其中，小Ⅰ型水库17 949座，小Ⅱ水库75 359座），小型水库约占95.2%。库容量100亿 m^3 以上的有三峡水库（湖北—重庆，长江，393.0亿 m^3）、丹江口水库（湖北，长江，290.5亿 m^3）、龙滩水库（广西，珠江，272.7亿 m^3）、龙羊峡水库（青海，黄河，247.0亿 m^3）、新安江水库（浙江，钱塘江，220.0亿 m^3）、大七孔水库（贵州，长江，190.0亿 m^3）、永丰水库（辽宁，鸭绿江，146.7亿 m^3）、新丰江水库（广东，珠江，139.8亿 m^3）、小浪底水库（河南，黄河，126.5亿 m^3）、丰满水库（吉林，松花江，107.8亿 m^3）、天生桥一级（贵州—广西，珠江，106.8亿 m^3）、三门峡水库（河南，黄河，103.1亿 m^3）。其中，有些水库承担对特大城市生活供水的战略任务，对水质与水体环保有很高的要求。例如，浙江新安江水库（集水区1.05万 km^2）是杭州及嘉兴地区的水源；广东新丰江水库（集水区5 813km^2）是深圳和香港的水源；丹江口水库（集水区9.25万 km^2）为中原、华北和北京提供生活用水。

1949—1982年，长江流域共建有大、中、小水库48 522座，总库容1 210亿 m^3（近年来每年因泥沙淤积损失约12亿 m^3），其中，1亿 m^3 以上的大型水库105座，总库容733亿 m^3。在上、中游干流和一、二级支流有已建成及在建的水利枢纽和水电站20座，总库容1 090亿 m^3。全流域还有许多中、小型水电站。过些水库和水电站，都分布在上、中、下游山丘区。其中，湖南全省有水库14 121座，占到全国的七分之一，居全国第一位。

水库由山坡集水区、库体、大坝、渠道、防洪设施、泄洪设施与发电设施等部分构成，水库的功能与库区内的农、林、牧、渔业生产（包括库体内的养殖业）及库区和库区周边城乡居民的生活息息相关。水库及其集水区的森林、草坡、农作物等以及库区内的工农业生产和居民的生活，与水库一起构成特殊的水库自然—经济—社会复合生态系统。

水库复合生态系统具有一系列重要的生态、经济与社会功能：对库区集水区坡面径流起着水汇的作用；在防洪中起到蓄洪缓冲和削减洪峰的作用，在一个大流域中联网对洪水蓄排进行统一调控，能发挥十分重要的防洪减灾作用；灌溉农田；库区水能发电；库内水产养殖；承担对城乡生产与生活安全清洁供水及供应生态需水；大型水库的水体效应对库区周边有明显的调温效应，有利于果树和作物防冻；还可开发水库生态旅游等。其中，蓄水、发电、防洪、灌溉是大多数水库的主要功能，养殖及旅游等为附属功能。不同地区、不同类型的水库有不同的生态功能。

目前，各地山区水库存在的生态问题主要有：我国水库大多建于20世纪50—70年代，普遍存在防洪标准低、工程质量差等安全隐患，加上管理维护不善、长年失修、工程老化的影响，造成病险水库特别是中、小型病险水库较多，存在洪水期溃坝等安全隐患。据粗略统计，全国共有3万多座病险水库。病险水库不能正常发挥效益，并成为防洪保安体系中的薄弱环节，威胁下游居民生命财产安全和经济社会的可持续发展。此外，还有由于集水区水土流失导致的水库淤塞；由于城乡生产与生活污水及化肥、农药造成的面源污染；以及普遍存在不同程度的水体富营养化，造成水质退化等问题亟待解决。

与本工程配套的生态技术体系主要包括：拟生造林的树种、草种和造林、种草技术；水体养殖业和林（果、桑、茶）业、种植业立体生产技术；水土保持工程、生物与耕作技术；山区农村可再生能源开发利用技术；大、小水电开发技术；山区农村水体与坡地面源污染综合防治技术等（参阅本书第6部分）。

5.10.2　我国水库生态工程建设案例

水是地球上对人类生产与生活影响最重大、最广泛、最深刻的基本物质资源和生态要素。水库与水利水电建设是我国社会主义现代化建设的重要组成部分，对我国生态、经济与社会的可持续发展具有重要意义。三峡水库、丹江口水库、三门峡水库（参阅本书2.4.2节、2.4.5节、2.5.4节）等水库的建设是很好的例证。以下介绍4个案例。

（1）密云水库和官厅水库。密云水库位于北京市东北部密云县燕山群山丘陵之中，面积180 km^2，是京、津、唐地区第一大水库，具有防洪、灌溉、供水、发电、养殖、旅游等综合效益。该水库坐落在潮河、白河中游偏下，拦蓄白河、潮河之水而成。密云水库库容40亿 m^3，平均水深30 m，担负着供应北京、天津及河北省部分地区工农业用水和生活用水的任务，是北京最重要的水源、最大的饮用水源。库区夏季平均气温低于市区3℃，也是一处旅游避暑胜地。密云水库还是北京著名的渔乡，年产淡水鱼300万kg。密云水库建成后，从根本上消除了潮白河的水害，使其下游40多万 hm^2 良田免遭水灾，使26.7万 hm^2 旱地变成水浇田，新辟河滩荒地6.7万 hm^2。还有两座水力发电站，装机容量为9.64万kW。

官厅水库位于河北省张家口市和北京市西部延庆县境内，是新中国成立后建设的第一座大型水库，占地230 km^2，总库容21.9亿 m^3，设计灌溉面积10万 hm^2，水电站装机容量3万kW。水库运行40多年来，为防洪、灌溉、发电发挥了巨大作用。防洪按千年一遇洪水设计，洪峰削减率达到70.3%~95.9%，基本上免除了永定河下游的洪水灾害，保护了北京、天津、河北北部及京山、京广、京九等重要铁路干线，以及京津唐、京石等重要高速公路。官厅水库曾经也是北京主要供水水源地之一，截至2000年，水库累计向下游供水398亿 m^3，其中，供京、津、冀地区农业用水84亿 m^3，灌溉面积达9.2万 hm^2，供应北京工业用水173亿 m^3，提供城市地下补水及生活环境用水25亿 m^3，为促进首都工农业发展、改善首都城市生态环境发挥了重要作用。20世纪80年代后期，由于库区水体受到严重污染，90年代水质继续恶化，1997年水库被迫退出城市生活饮用水体系。为解决库区水体污染问题，水库管理者按照源头控制和上、中、下游相结合，点、线、面相结合，软、硬件相结合的原则，采用物理、化学、生物等方法，对官厅水库上游流域内的煤炭、化工、电力等37项工业污染源进行彻

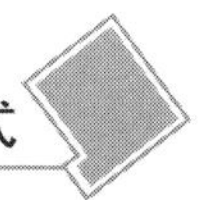

底整治，在大同、张家口建立城市污水集中处理场15个，彻底切断污染源；同时，加强库区上游及库区生态保护，在坡耕地、沟道、荒山荒坡和源头大力植树、种草，治理水土流失面积达数千平方千米，以水源涵养林和节水型农业为官厅水库上游的水土保持奠定基础，并大力推行水库清淤、塌岸治理和湿地净化水源等工程综合治理，使入库水质达到Ⅳ类标准，出库水质达Ⅲ类标准，2007 年 8 月被重新启用作为北京饮用水水源地。50 年来，库区还生产果品 120 万 kg，收获粮食约 150 万 kg 及大量农副产品，水库捕捞鲜鱼 1 700万 kg，取得了很好的生态、经济与社会效益。

（2）千岛湖（新安江水库）。该水库位于浙江省淳安县境内（部分位于安徽歙县），是新安江水力发电站拦坝蓄水形成的人工湖，因湖内拥有呈树枝型星罗棋布的 1 078个岛屿而得名，是世界上岛屿最多的湖泊之一。千岛湖的主要水源为安徽境内的新安江及其 25 条大小溪流，汇水来自安徽的歙县、休宁、屯溪、绩溪以及祁门和黄山区的南部，其中，以新安江最大、最长，水量最丰富。该水库是以发电为主，兼顾防洪、供水、灌溉、旅游等综合效益的大型水库，水库电站装机容量为 66. 25 万 kW，电站对华东电网和钱塘江都起着重要作用。该水库具有国家Ⅰ类水质，在中国大江大湖中位居优质水之首，其生活用水供水范围为杭州城区（包括萧山、滨江、余杭区）及嘉兴地区。千岛湖的深层水是著名的天然矿泉水“农夫山泉”水源之一。

该地区拦坝蓄水形成人工湖并对湖区实行严格生态保护后，景观格局的变化使研究区域景观的生态过程发生了改变，景观的生态功能得到恢复和提高。

① 水源涵养功能。经过调查测定，湖区有林地比无林地蓄水量每年每公顷多 5 000 m^3，增加30%，洪峰期可减少 40% 的洪水入库，枯水期可增加 25% 水量入库。

② 水土保持功能。荒山、火烧迹地、坡耕地的急剧减少和各种有林地斑块的增加显著减少了水土流失和营养物质流失，改善了生态系统的物质循环。

③ 生物多样性维持功能。景观质量的改善提高了生态系统的稳定性，物种多样性得到保护，一些濒临灭绝的动植物如竹叶楠、白颈长尾雉得到恢复和繁衍。

④ 小气候改善功能。生态保护工程形成的森林植被与千岛湖水体调温的综合效应，形成了滨湖地区春暖早、秋寒迟的特殊小气候，无霜期达到 263 d，使原来不适宜种植的柑橘能够良好生长（徐高福，1999；丁立仲等，2004）。

由于库区过度发展网箱养鱼、库区四周乡镇企业向水库排污有增无减，以及旅游餐饮污水向库区大量排放等原因，目前，新安江水库出现水质变差、局部水域藻类异常增殖、水体富营养化程度加重等问题，其中，突出问题是藻类生物量增长过快。当地正在进一步采取生态保护措施，以减少藻类异常增殖，控制流域水污染和水库的水体富营养化。

（3）新丰江水库。新丰江水库是华南最大的人工湖，是在东江支流新丰江下游峡谷修筑拦河大坝蓄水而形成的。总集雨面积约 5 740 km^2，其中，水域面积 370 km^2，蓄水量约 139 亿 m^3。该水库集向深圳和香港供水、农田灌溉、发电、防洪、生态旅游等多种功能于一体。

河源市位于东江中、上游，市区 87% 面积属东江流域，市区河长约 254 km，占东江的长度超过45%，该段东江的水质与东江流域沿岸和下游的用水安全有密切关系，影响包括东莞、惠州、广州、深圳及香港地区的 2 000多万城乡居民的生活。新丰江水库建库 40 多年来水质一直保持在国家地表水Ⅰ类标准，也是著名的天然矿泉水“农夫山泉”水源之一。东江水是香港第一大水源，每年向香港供水至少 8 亿 m^3，向深圳供水 4. 93 亿 m^3。水库调节性能良好，通过水库滞洪，可使下游 9. 8 万 hm^2 农田免受洪灾威胁。库区水电站装机容量为 31. 5 万 kW。大坝按千年一遇洪水设计，万年一遇洪水校核。水库内有 360 多个绿岛，森林大部分都是亚热带原始次生常绿阔叶林，动植物种类资源丰富，生态环境优美，是国家森林公园和华南最大的生态旅游地。从 1959 年 11 月至 2013 年 2 月，库区曾发生过 7 次 3. 1 ~6. 1 级地震，新丰江水库大坝是世界上第一座经受 6 级地震考验的超百米高混凝土大坝（局部

造成损害）。

东江和新丰江水库也已存在水体污染问题，枯水期更显突出。2006 年以来，东江中、上游在大力发展种尾叶桉时，大面积天然林被连根铲除，导致大量物种灭绝，变成单一桉树林，生态破坏严重。若继续毁林造林，东江水源很可能断绝。由于河源市有责任保护水源清洁，因此，该市在工业、城镇、旅游等方面的发展均受到一定限制，致使该市自新丰江水库建成以来，目前仍有 20 多万人生活于贫穷线之下，须给予生态补偿。

（4）广东省开平市大沙河水库富营养化生态治理工程。大沙河水库是广东省开平市的最大水库，地处广东省开平市西部，集雨面积 217 km^2，水面面积为 16.3 km^2，最大蓄水量为 2.58 亿 m^3。随着经济的发展、污染的加剧，排入水库的氮、磷等营养物质不断增加，致使水体富营养状况加剧，暴发藻类水华的概率增加。

生态治理工程区措施主要有三方面。

① 鱼类调控。据研究，杂食性鱼类的摄食活动会搅动库底沉积物，使底质—水体界面活跃，促使底泥中的营养物质重新进入水层，自下而上补充营养盐，从而使水体中的氮、磷含量上升；而滤食性鱼类通过摄食浮游植物，能有效地遏制水华。因此，通过降低杂食性鱼类的数量和适量放养滤食性鱼类，能降低水体的营养盐浓度，改善水质。通过驱除杂食性鱼类，控制工程区内的野杂鱼密度；同时投放滤食性鱼类 3 000尾，有效减少了水体中的藻类水华现象。

② 布设人工生物附着介质。在富营养化水体中使用人工生物附着基质，通过其富集、吸附作用，在介质表面形成生物膜，通过介质上附着生物的降解作用，可以有效地改善水体的水质。人工附着介质采用聚乙烯材料制成，由高为 13 m、长为 40 m 的单体组成，由浮球悬浮，石笼配重，共计布设 3 万 m^2。

③ 建立植物浮床。植物浮床具有强大的消浪功能，能抑制水体底泥悬浮，稳定和提高水体透明度。而且，浮床上的植物能通过根系直接吸收水体中的营养盐，并在与浮游植物竞争光照时处于绝对优势，从而抑制浮游植物的生长和发展，减少水体中浮游植物的生物量，从而改善水质。植物浮床用毛竹捆扎作为载体，在水面形成人工浮岛，选择生长速度快和易于管理的本地水生高等植物及侧生花卉制作而成，并采用无土栽培技术。每块植物浮床设计规格为 8 m×7.5 m，共建 84 块，计 5 040 m^2。

2007 年年初，对大沙河水库取水样分析，结果表明：

实施生态工程治理后，水质有了明显好转，水体透明度增幅最高达 22.2%。此后，工程治理区再未出现大规模的水华堆积现象，从藻类生物量来看，生态工程区的叶绿素含量降幅最大达 15%。

生态工程实施后，工程治理区内的总氮浓度均低于非治理区，最大降幅达 41.1%，最小降幅也达到 21.6%。NH_4^+-N 的含量最大降幅达到 67%。

生态工程区内的总磷浓度均低于非治理区，降幅最大达 34.2%，$PO_4^{3-}-P$、叶绿素等也有不同程度的下降（史加达等，2008）。

5.11　山区农村生态旅游工程

5.11.1　我国山区农村生态旅游发展概况

生态旅游以“敬畏自然、回归自然、了解自然、保护自然、享受自然”为宗旨，既是一种新的旅游理念，又是生态文明时代的旅游业发展的基本方式。随着城镇化的发展，城市里的人们会更加向往农村，特别是山区农村，更乐于回归自然，特别是走向山川与森林。

我国山区农村有十分丰富的自然的和人文的生态旅游资源。截至 2015 年 7 月，经联合国教科

文组织（UNESCO）审核被批准列入《世界遗产名录》的中国世界遗产共有48项（包括自然遗产10项，文化遗产34项，自然与文化遗产4项），含跨国项目1项（丝绸之路：长安—天山廊道路网）。这些世界遗产，大多分布在山区。有国家地质公园6批218处，国家级风景名胜区8批225处，国家森林公园627处，也基本上分布在山区。

从全国高层次来看，在这些重点生态旅游区中，规划组成以世界遗产、世界地质公园和国家级风景名胜区为核心，并与区内其他景区景点乃至周边景区景点连成整体的山区生态旅游大板块（区域生态旅游工程），使旅游者和旅游经营者有更大的活动空间，这既有助于解决各个旅游景区景点小与旅游人群大的矛盾，又有利于壮大旅游企业，形成有规模的旅游企业集团（包括结成体系的旅馆业、餐饮业、会展业和特色旅游制成品产业等），提高市场竞争的有序性，增加企业利润和地方政府的财政收入。

笔者认为，以下山区生态旅游板块有很大开发潜力：以黄山—龙虎山—武夷山为轴心的皖、浙、赣、闽生态旅游区；以岷江为主线的四川生态旅游区；以丽江为中心的香格里拉生态旅游区；三江源生态旅游区；以拉萨为中心的雅鲁藏布江生态旅游区；以凤凰—张家界—三峡—武当山为轴心的武陵山大巴山生态旅游区；以桂林—北海—海南为轴心的桂、琼生态旅游区；以北京为中心的燕山与太行山生态旅游区；以长白山为中心的东北生态旅游区；以锡林郭勒为中心的内蒙古高原草原生态旅游区；以天山—敦煌（莫高窟）为轴心的西北内陆丝绸之路生态旅游区等。在以上板块中，应特别重视西部山区生态旅游板块的开发。随着我国政府西部大开发和贫困山区开发战略的推进和中、西部山区各项基础设施建设，特别是交通运输条件将迅速发展和改善，将为发展西部和山区生态旅游提供坚实基础。

生态旅游业是在由旅游者（主体）、旅游地（客体）和经营者与管理者（中介体）组成的旅游业自然—经济—社会复合生态系统中进行的产业，目的是满足旅游者游、购、娱、吃、住、行的需求和经营者、管理者获取合法利益的需求，还要通过保护旅游资源实现生态旅游业的持续发展去促进旅游地区经济与社会的可持续发展，明显具有多组分、多功能、多项目、多目标的复杂系统特性，应该运用系统工程的思维方法，将各地的生态旅游业分层次（从区域生态旅游工程到农家乐）设计打造出一个个具体的生态旅游工程。

生态旅游资源的开发，始终要贯彻“保护第一，开发第二”方针。为了实现旅游胜地旅游业的可持续发展，必须有一个既科学又切实可行的旅游发展规划，并提交当地人大通过后作为法定规划，不允许任意变更。这种区域性旅游发展规划，可以采用1231工程模式，即确定1个目标（提出旅游产业发展及其对区域经济与社会贡献的纲领性指标体系），进行2个基本（旅游市场和旅游资源）分析，做好3个发展板块设计（旅游产品和开发项目、旅游服务各相关行业的设施与服务、旅游区内外的物质环境和社会环境），构建1个支持系统（政府的管理与政策法规、人力资源、投资金融、社区支持、科技保障等）（吴必虎，2001）。

与本工程配套的生态技术体系主要包括：拟生造林的树种、草种和造林种草技术；小流域综合治理开发技术；生物多样性保护与利用技术；绿色食品基地建设、生产、加工、流通检测销售技术；山区农村可再生能源开发利用技术；对农林牧业有害生物的综合防治及森林防火技术；山区农村面源污染综合防治技术等（参阅本书第3、第4、第6部分）。

当前我国生态旅游业发展很快，并展现出巨大发展潜力，但同时也出现了以下主要问题：不少景区缺乏科学的、切实可行的旅游发展规划，或虽有好的规划但任意变更；资源管理者和开发商生态意识淡薄，盲目追求经济效益，将旅游资源当成摇钱树，进行过度旅游开发，尤其是精华景区与景点，在旺季旅游人流高峰期，迫于客流爆发式增长的巨大压力和盲目追求经济效益而严重超负荷接待，景区不堪重负；在自然景区常见的城镇化、商业化和对人文旅游资源的任意歪曲与捏造，使旅游资源的真实性和完整性受损；旅游市场发育不健全，旅游企业多、小、杂，商业欺诈多发；旅游者生态意识不强，旅游需求层次有待提高；重经济、轻文化、轻科研、轻科普等。这些问题，导致旅游质量下降，生态旅游业的可持续发展受到阻碍，有待逐步解决。

5.11.2 山区农村生态旅游工程建设案例

（1）张家界生态旅游工程。位于武陵山区东北部、湖南省西北部的张家界市，因拥有全球唯一的石英砂岩峰林地貌而成为世界自然遗产的武陵源、壮观的岩溶景观以及富有特色的湘西山地民族文化，已成为国内外知名的生态旅游胜地（图 5－12）。

图 5－12 世界自然遗产——张家界武陵源石英砂岩峰林

张家界地处贫困山区，经济文化落后，在我国经济发展进入快车道、旅游业也得到快速发展的历史时期，当地政府将旅游业定位为支柱产业和龙头产业，对于依靠旅游业的发展带动当地经济与社会的发展寄予了很高的期望，在旅游开发的初期，在景区大量招商引资，大兴土木，并实行无限量接待，进行错位和过度开发。不到 10 年内，在武陵源核心景区共建立宾馆、饭店 124 家，各类违章建筑达 19.1 万 m^2，破坏植被约 40 hm^2，共形成了 8 个商业小区，核心景区锣鼓塔成为了繁华的旅游集镇，同时，也成为了景区金鞭溪的污染源。这种错位和过度的旅游开发，背离了生态旅游的原则，造成了破坏自然美和生态美、损害景区生物多样性、污染景区生态环境、景区内原生态文化受到严重破坏、扰乱旅游市场等严重后果。

1998 年 9 月底，联合国教科文组织世界遗产委员会派员到武陵源考察后，提交了一份措辞严厉的报告，指出“武陵源的自然环境已变成被围困的孤岛，局限于深耕细作的农业和迅速发展的旅游业范围内，考察组对于武陵源的旅游业基础在 1992 年评估后发展的速度非常震惊”，认为“本景区的旅游设施已超越限度，对景区的美学质量造成相当大的影响”，“武陵源现在是一个旅游设施泛滥的世界遗产景区……美学的影响是显著的。大部分景区现在像是一个城市郊区的植物园或公园”。报告同时认为，景区生态学及生物多样性的研究与保护“令人失望”。1998 年 11 月，世界遗产委员会办公署“提请中国方面对于景区及其周围地区旅游事业的发展给予关注，使其建立在可持续发展的基础之上”。1999 年 7 月，国务院派员到武陵源考察后也认为“景区商业化、人工化现象日益

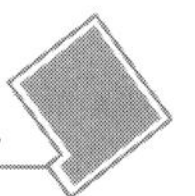

加剧”。武陵源当时的状况，在国内外产生不良影响。

为纠正这种错位和过度的旅游开发，从 2001 年起，当地政府陆续采取了一系列措施，建设可持续发展的生态旅游工程。

① 2001 年 9 月开始实施景区内商业设施大拆迁，包括锣鼓塔旅游集镇的拆迁，同时，拆除景区内各种商业广告牌，逐步恢复景区的自然生态环境和自然景观。

② 2004 年，邀请北京大学景观规划设计中心等单位，对武陵源总体规划进行了修订，突出了“保护世界自然遗产的真实性和完整性”的指导思想，要求严格保护核心区，逐步恢复核心区的自然景观；严格控制缓冲区，改善缓冲区的自然和人文景观，使其向有利于核心区保护的方向发展；合理规划利用建设区土地，并使之与核心区和缓冲区景观相协调。

③ 加速景区周边两个中心城镇的旅游接待设施建设，包括便捷的交通设施建设，实现了“景区游、城区住”的格局。张家界市中心城区已被列为国家旅游城市综合改革试点。

④ 加强了景区和城区的环境监管和环保设施建设，景区内游览车全部采用环保车。

⑤ 与高等院校合作，开展了生物多样性、景观生态、生态文化及旅游经济等方面的科研。

⑥ 在市区建立了博物馆，在景区内完善了标牌系统，同时对导游加强了科普培训，为科普旅游创造了条件。

⑦ 在旅游产业与文化产业的融合方面，取得了骄人的成绩，《魅力湘西》《天门狐仙》等大型演出项目获得国内外游人的高度评价。

⑧ 建成了长张、张花高速公路，同时正在建设湖南省第二大国际机场（荷花机场），直达长沙、重庆的高铁也即将开工，并已在本地设立海关，为扩大境内外客源和加强与周边旅游地的联系创造了条件。

⑨加强了本地绿色食品基地建设，包括高山反季节有机蔬菜基地和优质米、特优水果等基地，以及初具规模的商品用大鲵人工养殖等基地的建设。

⑩ 加强了生物多样性保护，特别是建立了较高水平、较大规模的国家级大鲵科研与保护基地。

⑪ 整顿了旅游市场，查禁游人购物回扣等违法营销行为。

通过生态旅游系统工程的建设，张家界的旅游业正在走上可持续发展之路。2012 年全市共接待游客 3 590万人（次），为 1982 年旅游开发初期的 450 倍，同时，旅游业对张家界市经济与社会的发展起到了重大的促进作用。

（2）香格里拉生态文化旅游工程。滇西北迪庆藏族自治州香格里拉县（原中甸县）原生态文化和原始自然景观的生态文化旅游工程建设是一个成功的案例。

香格里拉是地处青藏高原东南边缘的寒温高原地带的高山峡谷地区。居民以藏族为主体，多民族杂居。历史上一直是一个闭塞的自给型农牧业贫困县；但它同时又是一个声名远播的富有神秘色彩的地区，具有很独特的旅游吸引力和很大的生态文化旅游开发价值。

香格里拉的旅游开发确定了 7 个开发原则：开发与保护相结合的原则；精品原则；社区居民参与原则；“保护是前提，资源是基础，市场是动力”的开发导向原则；“资源有价，知识有价，资金投在点子上”的综合投入原则；滚动循环开发的原则和由点到面逐步推广的原则。总的原则是坚持香格里拉旅游与生态、经济、社会的和谐与可持续发展。

香格里拉的巨大魅力在于它的高品位的生态美，展现和保护这种生态美，成为构建香格里拉生态旅游系统工程的核心理念。这个系统由自然生态旅游景区、宗教生态旅游景区和民族生态旅游景区三大部分构成。在 8 个自然、宗教和民族景区中，选择碧塔海、松赞林寺和霞给村（藏族村）作为示范景区。然后，根据各景区的环境和资源特点以及旅游开发的优势与现状，分别提出各景区的开发目标、原则、项目和设施建设与管理方案。

碧塔海景区的旅游开发项目以科考旅游为主。该景区划分为核心区（绝对保护区）、缓冲区（游览区）、实验区（旅游服务区）。科考活动主要在缓冲区内进行。核心区内严禁湖面机动船娱乐活动，并取消了原定环湖娱乐。缓冲区内取消了原定修建公路和索道的方案，严禁修建大型食宿接待设施，严禁就地掩埋垃圾。实验区内也严禁修建大型服务设施和就地掩埋垃圾。家庭旅游接待安排在保护区边缘村寨，且要求保持原生态文化，实行清洁生产和绿色服务。

松赞林寺景区，同时有藏族的藏传佛教（黄教）、纳西族的东巴教、傈僳族的原始宗教及汉族的儒家理念和平共存。这些宗教和理念都敬重自然。松赞林寺是云南省规模最大的藏传佛教寺院，有“小布达拉宫“之称。是滇西北藏传佛教活动中心。因此，在松赞林寺景区，让游人了解体验“天人合一”的宗教生态观的宗教文化生态旅游项目就成为了主体项目。在这一项目中，设计了六道轮回图壁画、神泉、神树、神鸡、神羊、神牛等旅游项目，以及佛教信徒可以参与的宗教活动项目。这些项目都不允许影响寺院僧侣的正常生活和学习。

霞给藏族生态旅游接待村的接待活动，由游客和村民共同参与，既能满足游客了解当地民族风情即原生态文化的需求，又能保护村民的经济利益和民族传统文化。为达到这一目的，主要在完善接待设施和培训接待能力（重点是接待户培训）方面采取了一系列措施。通过培训，村民的保护生态环境和民族文化的意识得到提高，示范与讲解能力增强。同时，精心设计了一系列户内生活、民俗参与活动、温泉藏式沐浴和户外观光、骑马、放牧、采蘑菇、漂流、参加生产劳动等项目。

香格里拉生态文化旅游工程，于 1999 年 5 月 1 日前初步建成，并成为 1999 中国昆明世界园艺博览会的分会场投入市场运行，接待了大量海内外游客。2000 年（香格里拉）接待游客 157.89 万人（次），取得了较好的经济效益。与此同时，也开发和保护了民族文化，保护了长江上游一片原生林环境，取得了较好的社会效益和生态效益（杨桂华，2004）。

近年来，在生态文化旅游工程的带动下，精品景区建设力度进一步加大，普达措国家公园、虎跳峡、巴拉格宗和石卡雪山等景区基础设施不断完善，松赞林景区创 5A 工作有序推进。2013 年香格里拉全县共接待国内外游客 907.2 万人（次），实现旅游总收入 86.06 亿元。

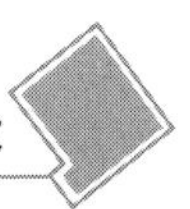

6 山区农村生态工程的主要生态技术

农村生态工程的生态技术，是指那些能高效利用农业自然与社会经济资源，同时又能增值资源，能提高生态工程系统的生产力，并能恢复、保护农村生态环境，实现农业可持续发展的技术。一项农村生态工程往往需要因地制宜成体系地同时采用多项生态技术，农村生态工程的生态技术体系是将工程的各个组分及其功能连接为整体的纽带。

农村生态工程的技术体系是在优良传统农业技术体系和现代农业技术体系相结合的基础上，在生态农业建设过程中逐步形成和完善起来的新型农业技术体系。它汲取了传统农业技术体系中的一系列生态合理性，能避免滥用资源和破坏生态环境，同时又具备传统农业技术体系所欠缺的现代产业化农业技术体系才具有的规模效益和市场效益。

本部分将对以下可在山区农村广泛应用的生态技术作较详细的推介：拟生造林的树种、草种和造林种草技术；林（果、桑、茶）业、种植业和养殖业立体生产模式与技术；动物蛋白饲料、饵料生产与加工技术；农作物秸秆综合利用技术；青饲料青贮和作物秸秆氨化技术；农业食物链及其调控技术；山区农村可再生能源开发利用技术；对农林牧业有害生物的综合防治及森林防火技术；山区农村面源污染综合防治技术等。

6.1 拟生造林的主要树种草种和造林种草技术

6.1.1 黄土高原主要适生树种和草种及拟生造林种草技术

林、草物种的选择是退耕坡地植物群落和植被重建的前提和基础。在不同气候、地形、土壤等自然条件和社会经济条件下，有不同植被类型，适宜种植的树种、草种也相应不同。

（1）黄土高原造林主要适生树种和草种。黄土高原主要乔木树种栓皮栎、麻栎、刺槐、毛白杨、小叶杨、箭杆杨、枣、泡桐等，必须在年降水量 500 mm 以上地区才能正常生长和自然更新；楸树、华北落叶松、云杉、火炬松等，正常生长的降水量下限为 600 mm。年降水量少则很难成活，即使成活也多为生长不良的小老头树。灌木树种有沙打旺、沙柳、达乌里胡枝子、紫穗槐、沙棘、枸杞等，正常生长的降水量一般不能少于 300 mm，这些灌木与草本植物大针茅、白羊草、草地早熟禾、紫花苜蓿、小冠花、羊茅、无芒雀麦等共同分布于草原地带。

下面简介几个树种和草种（图 6－1，引自 http：//image. baidu. com）。

①毛白杨（*Populus tomentosap* Carr.）。杨柳科杨属落叶大乔木，原产我国，分布广，北起我国辽宁南部、内蒙古，南至长江流域，以黄河中、下游为适生区。垂直分布在海拔 1 200 m 以下，多生于低山平原土层深厚的地方。强阳性树种，喜凉爽湿润气候，在暖热多雨的气候下易受病害。对土壤要求不严，适应性强。树高可达 30～40 m，生长迅速，枝叶茂密，10 年可成材，树干通直挺拔，树形优美。寿命是杨属中最长的树种，可长达 200 年。抗烟尘和抗污染能力强，是优良的造林绿化树种，广泛应用于城乡绿化。为速生用材林、防护林和行道河渠绿化的好树种。在毛白杨的发展上，要把雌株的飘絮污染作为一个重要指标进行考虑，从苗木繁育到植树造林都要多选用毛白杨雄株品种，少用或不用毛白杨雌株，尤其在城镇、市郊、公路等人为活动集中的地区和地段，应禁止新栽毛白杨雌株品种，以减少和杜绝毛白杨飘絮对环境的污染。

毛白杨

沙打旺

沙棘

柠条

图 6-1　黄土高原部分适生树种和草种

②泡桐（*Paulownia* 属，分多个种）。玄参科泡桐属的落叶乔木树种，原产于中国。北起辽宁南部、北京、延安一线，南至广东、广西；东起台湾，西至云南、贵州、四川都有分布。喜温暖气候，耐寒性不强，一般分布在海河流域南部和黄河流域以南，是黄河故道上防风固沙的最好树种。喜光，较耐阴，抗旱性较强，在年降水量 400～500 mm 的地方仍能正常生长。对黏重瘠薄土壤有较强适应性。幼年期生长很快，是速生树种，7～8 年即可成材。在北方地区，以兰考泡桐生长最快，楸叶泡桐次之，毛泡桐生长较慢。泡桐抗污染性较强，是良好的绿化和行道树种。泡桐的木材纹理通直，结构均匀，不挠不裂，不易变形，桐材的纤维素含量高，是造纸工业的好原料。可供建筑、家具、人造板和乐器等用材。

③沙打旺（*Astragalus adsurgens* Pall.）。豆科黄芪属多年生草本。可用于改良荒山和固沙的优良牧草，也可用作绿肥，与粮食作物轮作或在林、果行间及坡地上种植，是一种绿肥、饲草和水土保持兼用型草种。我国东北、西北、华北和西南地区分布有野生种，20 世纪中期开始栽培。主根粗壮，入土深度一般可达 1～2 m，深者可达 6 m，根系幅度可达 1.5～4 m，着生大量根瘤。植株高 2 m 左右，丛生，主茎不明显。沙打旺一般可生长 4～5 年，干旱地区可达 10 年以上。沙打旺抗逆性强，具有抗旱、抗寒、抗风沙、耐瘠薄等特性，在年降水量 350 mm 以上的地区均能正常生长，且较耐盐碱，但不耐涝。沙打旺的越冬芽至少可以忍耐 -30℃ 的地表低温，茎叶可抵御的最低温度为 -10～-6℃。沙打旺对土壤要求不严，适应性广，在土层很薄的山地粗骨土上，在肥力最低的沙丘、滩地上，沙打旺往往能很好地生长，而其他绿肥如草木樨、苜蓿等则常常生长不良。沙打旺没有固定的播种期，从早春到初秋均可播种。沙打旺作饲料的营养价值较高，可直接作马、牛、羊、骆驼、猪、兔子等大小牲畜的青饲料，适口性较差。也可制成青贮、干草和发酵饲料。可在天然草场和人工草场放牧，也可割草喂饲。沙打旺可直接压青作基肥，异地压青作追肥，或以其秸秆制作堆、沤肥，培肥改土效果明显。沙打旺防风固沙能力强，在黄土高原、黄河故道等风沙危害严重的地区，种植沙打旺可减少风沙危害、保护果林、防止水土流失和改良土壤。主要优良品种有辽宁早熟沙打旺、大名沙打旺和山西沙打旺等。

④紫穗槐（*Amorpha fruticosa* Linn.）。豆科紫穗槐属植物。耐寒、耐旱、耐瘠、耐湿、耐盐碱、抗风沙、抗逆性极强的丛生落叶灌木，在荒山坡、道路旁、河岸、盐碱地均可生长，又能固氮。东北、华北、西北及山东、安徽、江苏、河南、湖北、广西、四川等地均有栽培。紫穗槐枝叶繁密、叶量大且营养丰富，含大量粗蛋白、维生素等，是营养丰富的饲料植物，又是多年生优良绿肥和蜜源植物，也是固土护坡的优良树种。紫穗槐可育苗栽植；也可扦插，紫穗槐插穗含有大量养分，扦插成活率很高；紫穗槐根的发芽力强，只要稍加培土促其生根萌芽、压根即可长出苗木新株。一般

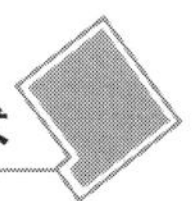

每公顷栽植4 500~6 000株；以固沙护土为目的，可密植到每公顷1.5万余株。

⑤沙棘（*Hippophae rhamnoides* Linn.）。胡颓子科沙棘属落叶灌木。固氮能力很强。沙棘是阳性树种，喜光照，在疏林下可以生长。沙棘耐寒、耐酷热、耐风沙及干旱气候。对土壤适应性强，在粟钙土、灰钙土、棕钙土、草甸土、黑垆土上都有分布，在砾石土、轻度盐碱土、沙土、甚至在砂岩和半石半土地区也可以生长，但不喜过于黏重的土壤。要求年降水量一般应在400 mm以上。沙棘对温度要求不很严格，极端最低温度可达-50℃，极端最高温度可达50℃。国内分布于华北、西北、西南等地。常生于海拔800~3 600 m温带地区向阳的山脊、谷地、干涸河床地或山坡，多砾石或沙质土壤或黄土上。中国西北部大量种植沙棘，被广泛用于水土保持和沙漠绿化。沙棘可以种子繁殖，也可扦插繁殖。沙棘的灌丛茂密，根系发达，形成“地上一把伞，地面一条毯，地下一张网”，能够阻拦洪水下泄、拦截泥沙，提高沟道侵蚀基准面。以沙棘为先锋树种和混交树种造林，能够快速恢复植被，是治理黄土高原水土流失和黄河泥沙的有效措施。一般每公顷荒地只需栽种1 800~2 250棵，4~5年即可郁闭成林。沙棘为药食同源植物，特别是果实中维生素C含量高，素有“维生素C之王”的美称，有较高的经济开发价值。

⑥柠条（*Caragana korshinskii* Kom.）。豆科锦鸡儿属落叶大灌木。根系极为发达，主根入土深，株高为40~70 cm，最高可达2 m左右。根具根瘤，可以固氮。柠条寿命长，一般可生长几十年，有的可达百年以上。适生于海拔900~1 300 m的阳坡、半阳坡。耐旱、耐寒、耐高温，是干旱草原、荒漠草原地带的旱生灌丛，在黄土丘陵地区、山坡、沟岔也能生长。柠条的生命力很强，在-32℃的低温下也能安全越冬；又不怕热，地温达到55℃时也能正常生长，在年降水量仅100 mm的年份，也能正常生长。一丛柠条可以固土23 m^3。柠条林可截留雨水34%，减少地面径流78%，减少地表冲刷66%。柠条林带、林网能够削弱风力，降低风速，直接减轻林网保护区内土壤的风蚀。柠条不怕沙埋，沙子越埋，分枝越多，生长越旺，固沙能力越强。柠条是中国西北、华北、东北西部水土保持和固沙造林的重要树种之一，是优良的固沙和荒山绿化植物，也是良好的饲草饲料。生长5年以上的柠条草场，其可食的枝叶部分折合成干草为3 000 kg/hm^2，放牧是利用柠条作饲草的主要方式。柠条的根、花、种子均可入药。

⑦紫花苜蓿（*Medicago sativa* L.）。紫花苜蓿是豆科苜蓿属多年生草本植物。根系发达，能固氮沃土，主根入土深达数米至数十米。紫花苜蓿抗逆性强，适应范围广，能生长在多种类型的气候、土壤环境下。性喜干燥、温暖、多晴天、少雨天的气候和高燥、疏松、排水良好、富含钙质、pH值为7~8的土壤。在年降水400~800 mm的地方生长良好，超过1 000 mm则生长不良。年降水量在400 mm以内，须有灌溉条件才生长旺盛。紫花苜蓿有“牧草之王”的称号，其茎叶柔嫩鲜美，叶中富含蛋白质、矿物质、多种维生素及胡萝卜素，可消化总养料是禾本科牧草的2倍，可消化蛋白质是2.5倍，矿物质是6倍，不论青饲、青贮、调制青干草、加工草粉、用于配合饲料或混合饲料，各类畜禽都喜食，也是养猪及养禽业首选青饲料。播后2~5年鲜草年产量在3万~6万 kg/hm^2。紫花苜蓿再生性很强，刈割后能很快恢复生机，一般一年可刈割2~4次，多者可刈割5~6次。紫花苜蓿寿命可达30年之久，田间栽培利用年限多达7~10年。紫花苜蓿对防止冲刷、减少水土流失的作用也十分显着。其花期长达40~60 d，也是优良的蜜源植物。

⑧油松（*Pinus tabuliformis* Carrière）、侧柏（*Platycladus orientalis*（Linn.）Franco）和刺槐（*Robinia pseudoacacia* Linn.）是黄土高原沟壑区的三大“当家”树种；花椒是该区优良乡土树种，具有良好的生态经济效益。油松虽材质好、用途广，但自身的土壤改良能力差，火险性大，易发生病虫危害；刺槐适应性强、耐瘠薄，具有较强的改良土壤的作用，又可用作煤矿的矿柱材。将油松与侧柏在上坡带状混交栽植，使油松的深根性与侧柏的浅根性合理搭配，能有效地拦截上坡水土流失；中间带状花椒由于其发达的浅层根系，对拦截局部水土流失可起到重要作用；最下部的带状刺槐因

其密集交织的根系和丰富的地表植被、枯枝落叶层，对拦蓄降雨、保持水土能起到最后一道防线的作用。在退耕还林工程中，将这4个树种合理混交搭配，可以充分利用种间关系，促进形成稳定的林分，既能对防止水土流失发挥整体大于各部分之和的累加效应，有效地防止水土流失，又能改善土壤理化性质，还能产生较好的经济效益和社会效益，促进当地的生态经济由恶性循环逐步改变为良性循环，走上生态—经济—社会可持续发展轨道。该模式适宜在黄土高原沟壑区的相似立地条件推广应用（李世东等，2004）。

在树种选择方面应以乡土树种为主要造林树种。由于乡土树种、草种是在各地自然条件下通过自然演替和自然竞争而产生的，对于当地的土壤、水分、气候等条件的适应性最强，因而采用乡土树种营造人工林具有明显的生态优越性。我国各地自然条件和社会经济条件相差很大，各地乡土树种、草种及其生态特性也不同，在引进外地树种、草种时，首先必须考察其生态适应性是否适宜，并先进行试种；同时，要注意防止外来物种入侵造成“生态灾害”。

由于自然植被稀少，黄土高原退耕还林的植被恢复也可以采用适生的外来树种，如刺槐、侧柏、油松；或者采用人工培育种，如北京杨、合作杨；或者采用非当地自然植被建群种，如柠条、沙打旺、紫穗槐；或者是乡土树种，即自然植被中的建群种和优势种（包括演替系列中的建群种和优势种），如辽东栎、茶条槭、椿树、沙棘、虎榛子、丁香、绣线菊、山杨等。但造林树种单一和外来种与人工培育种过多是黄土高原造林中的突出问题，20世纪50年代，山杏是主要造林树种；60年代前半期，刺槐为主要造林树种；60年代末到70年代，杨树（主要为北京杨、合作杨等）成为主要造林树种。

黄土高原以典型草原及典型草原与森林草原的过渡带为主，这与半干旱气候带基本吻合。在年降水量300~500 mm的半干旱地区，也恰是黄土高原水土流失严重地区，难以形成有规模的天然乔木林；人工造林由于受到环境限制，只宜在水分条件较好的沟道和阴坡适当发展，一些地方只能以草、灌为主。另外，在大面积人工造林种草时，要以适合当地条件的旱生、中生优势种为主，过多引进高耗水的树种、草种，一个时期内也许可以繁茂生长形成较大生物量，但随时间延长，因失去水分太多，水分平衡将难以为继。黄土高原多年的水土保持实践证明，与农田相比，黄土高原人工灌丛草地可大大减少地表径流。如紫花苜蓿草地可减少径流20.6%，柠条灌丛草地可减少87.9%，沙打旺可减少70.1%（谭勇等，2006）。

灌木在黄土高原的植被建设与恢复中有重要的作用和地位，要把灌木作为主要造林树种。灌木具有耐旱、耐瘠、抗逆性强等特性，适应黄土高原的恶劣自然环境，它容易繁殖、成活率高，又具有较好的水土保持效益和经济效益。黄土高原有646种灌木，按经济用途可分为14大类，如油脂、纤维、芳香油、蜜源、药材、淀粉、糖类、编织及栲胶等，具有广阔的开发利用前景。从森林生态演替过程得知，无论是由无林到有林，还是在森林遭到破坏后植被自然恢复过程中，灌丛群落都较长时期地维持一种相对稳定状态。越是在贫瘠、干旱地段，草本到灌丛的时间越长。干旱、半干旱地区应以灌木为主，干旱地区应达70%以上，半干旱地区应占50%以上（刘景发，1994）。

对严重退化的坡地应首先选择耐旱、耐瘠的速生草本作为先锋群落，先逐步恢复地力；对轻度退化的坡地，则可因地制宜直接栽植先锋树种，并注意乔、灌搭配，以快速构建生态系统，缩短恢复周期。

退耕还林还草还要与逐步恢复和提高生物多样性密切结合。陡坡地开垦后，生物多样性受到了严重破坏，大多数陡坡耕地物种已变得单一。在退耕造林时，要因地制宜、适地适树适草，避免树种、草种单一化，逐步改变物种单一状态，逐步恢复和提高生物多样性，这对于恢复植被的生态功能至关重要。

（2）拟生造林种草技术体系。拟生造林种草技术是指模拟各地带植被林草种群天然结构，适应

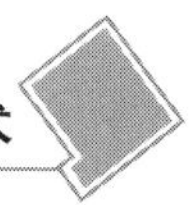

当地自然条件的要求，充分利用当地自然资源，提高造林成活率和林草生长速度的造林种草技术体系。

① 以人工植苗造林为主的技术体系。在黄土高原，人工植苗造林、飞播造林和封山育林是植被建设常用的3种主要手段，以人工植苗造林应用范围最广。其前提是工程整地，在造林整地方式上，半干旱、干旱地区按集流造林方法进行。在半湿润、湿润地区，以水平阶、水平沟、反坡梯田或鱼鳞坑等整地方式为主，但要注意使非造林地段尽量保留原有植被，以利于形成较为稳定的自然植被与主栽树种的混交结构。采取春育秋栽、雨季造林，造林成活率可明显提高。在干旱石质山区油松育苗移植造林，阴坡育苗阴坡栽、阳坡育苗阳坡栽、就地育苗就地栽，成活率可达85%以上，比直播成活率提高20%～30%。

飞播造林只适用于地广人稀且有一定盖沙条件的地区。中国科学院、水利部水土保持研究所在陕西省吴旗县和宜川县飞播成功的沙打旺、中国沙棘、柠条、油松、侧柏等均为地带性植被的优势种或次优势种。在不整地的情况下，在盖度不超过60%的天然植被荒山上，可以形成与天然植被特征相近的半人工林草植被。

封山育林必须在有疏林、有散生母树等的前提下，辅之以封禁和人工补植措施才能成功。对于盖度在0.5以下的乔木、灌木疏林地或灌草荒坡，可以应用人工促进恢复植被的手段，加速其恢复和演替进程。如在阳坡的白羊草+蒿属植物荒坡可补植山桃、狼牙刺、柠条、黄刺玫、侧柏、杜梨等耐旱树种；在阴坡水分条件较好的疏林、灌丛和荒草坡，则可补植、补播油松、山杨、白桦、辽东栎、中国沙棘、土庄绣线菊等中生乔、灌木优势种，建成接近天然林的半人工植被类型。而纯粹依靠自然力量恢复植被的封山育林方式耗时很长，管护的难度也很大，只适宜于人少地多、人迹罕至的深山地区，且要有一定的种源条件及严格的封禁措施，才能成功（朱金兆等，2003）。

② 抗旱集流造林技术体系。在黄土高原，水分是影响植被建设的主导因子，降水量和土壤蓄水量多少是黄土高原造林种草成败的最大关键。解决了水分问题，既可以提高林木的成活率，也可以有效扩大林木分布范围，使林木分布从东南部逐渐向西北延伸。“集流型”植被建设，将降水、径流就地拦蓄，人工制造一个局部湿润立地，以满足植物生长发育的需要，从而为在半干旱、干旱地区充分利用所有可能利用的雨水资源进行植被建设开辟了一条新的途径。实施抗旱集流造林技术是黄土高原植被建设的核心，它包括抗旱植树造林技术、集水贮水技术和蓄水保墒技术等三大类抗旱造林技术。

• 抗旱植树造林技术。抗旱植树造林技术包括造林前的药物浸蘸根技术，以及造林时的保水剂、固体水施用技术等。常用的抗旱药物有ABT生根粉以及具有促进苗木生根兼肥料作用的磷酸二氢钾、黄腐酸钠、腐殖酸钠等药物。

ABT生根粉是一种新型广谱高效的生长调节剂，对油松、侧柏苗木根系用低浓度ABT生根粉溶液浸根数小时，或用高浓度药液速蘸（30s之内）后用于造林，能有效地提高造林成活率及保存率，油松造林成活率提高26%，保存率提高40%；侧柏造林成活率提高20%，保存率提高26%；而且能促进树苗生长。

保水剂为强吸水性的高分子树脂，多为交联型聚丙烯类，含有大量结构特异的强吸水基团。其最大吸水力达13～14 kg/cm^2，可吸收比自身重数百至数千倍的纯水，并且这些被吸收的水分不能用一般的物理方法排出。树木根系的吸水力大多为17～18 kg/cm^2，一般情况下不会出现根系水分的倒流。目前，常用的保水剂有聚丙烯酰胺、聚丙烯酸钠、淀粉接枝丙烯酸盐等，其中，聚丙烯酰胺可以使用4年左右，但吸水能力逐渐降低；后两种一般只能使用1～2年。缝制直径8 cm、长50 cm的棒状网袋，承装已吸足水分的凝胶状、大颗粒保水剂，造林时在苗木根系旁垂直放置1～2个并埋入土内，可使造林成活率保持在90%左右，并能取出反复进行吸水利用。

固体水的主要成分包括水（大于97%）、固化剂（小于3%）。其作用原理是用固化剂将普通水固化为束缚水，使其变为不流动、不挥发、无渗漏、无蒸发损失的长效水。施用后在土壤微生物的作用下逐渐降解，使束缚水转化为自由水，缓慢提供植物生长发育所需要的水分。使用时，先用小刀将棒状固体水从中间切开，切口朝下，使其与树苗的夹角为30°~45°，再回填土壤，但不可用力踩踏，以免固体水包装物变形或水从包装袋中挤出；然后浇足定苗水；最后用塑料薄膜覆盖。一般1 kg 固体水（1 支）可满足2 龄耐旱树种苗木90 d 左右的用水需求。

• 集水贮水技术。通过雨水、径流在空间、时间上的集中使用和合理调配，可以保证种植穴内植物的生态用水。适合黄土高原地区集流的方式很多，可以建立大到水库，中为谷坊、涝池、旱井等，小至反坡梯田、水平沟等集流整地造林工程。小型集流整地造林工程的技术关键在于集水面的整修。在坡地上，先对坡面进行处理，清除杂草，使坡面基本平整，然后在整平的坡面上，沿垂直等高线方向，修建15~20 cm 高的集水区土埂，将径流引到坡下面的林木定植带。在较为平坦的梁峁顶部、塬面，可以采用“平改坡”挖填技术，修建具有一定坡度（一般要求8°以上）的集水面，修建集水面时要铲除已有植被，目的是人为形成径流（低含沙），在定植带内有效集水，促进主栽树种的成活和生长发育。

• 蓄水保墒技术。蓄水保墒技术分为蓄水和保墒两方面。蓄水首先应通过大穴整地，疏松土壤，增加土壤蓄水能力；同时在地表实施覆盖技术，防止水分蒸发。聚乙烯地膜、草纤维膜、秸秆、枯草、沥青乳剂、土面覆盖剂等是目前该地区普遍使用的覆盖物质。应用低等植物如石果衣覆盖地面，效果也很好。应用保墒技术时，首先应平整土面，即在林木栽植后及时清除植株下杂草杂物，将土面整平；第二步是铺设聚乙烯地膜等覆盖物；第三步是搞好管护工作，防止人畜践踏。有条件时，造林前可在栽植穴底部，根据根系幅度埋设专用塑料薄膜，以防止有限的土壤水分的渗漏损失。

其他配套技术还包括密度调控技术、工程整地技术、聚肥保土技术、综合抚育技术等（王斌瑞等，1996；朱金兆等，2003）。

③ 三水（集水、保水、供水）造林技术体系。该项技术体系与上述抗旱集流造林技术体系类似，通过雨水收集技术、土壤覆盖保水技术和对林木科学供水技术提高水分利用率，降低造林成本和提高造林成活率。

Ⅰ. 集水技术：集水是“三水”造林的前提。除降水特征外，集水面的质地、集水面大小及形状对集水效果也有重要的影响。

• 集水面的质地。集水面的质地直接影响雨水的收集率。传统的完全利用自然坡面或通过整地局部改造后的坡面来收集地表径流的方法往往效率较低，由于集水面积有限，集水量难以达到林分存活、生长的最低保障。据甘肃省定西地区水保所测定，用塑料薄膜、混凝土、混合土、原状土处理集水面，集水效率分别平均为59%、58%、13%、9%，单位面积集流量分别为0.259、0.256、0.055、0.038 m^3/m^2，均高于自然状态下集流面的集水量。现在，各种防渗材料的应用大大提高了集水效率。

• 集水面的制作方法。主要有：a. 地表物理处理。压实和整平地表（拍光）是最经济的方法，但集水效率较低。用防腐金属板、塑料薄膜或塑料衬板等覆盖地表能够有效地诱导较大的径流量。b. 地表化学处理。利用喷洒化学制剂处理集水区表面，通过封闭土壤孔隙或使土壤具有斥水性来防渗，从而有助于产生较大的径流量。沥青、石蜡、钠盐是较早使用且被认为是较好的土壤封孔剂。高分子化合物有机硅是具有高效、耐久、无污染、施工方便、造价低廉的斥水化学品，用它作为防渗材料进行集水造林，在降水量330 mm 情况下，8 m^2微型集水区拦蓄径流达1.66 t，在2 m^2 的植树带内相当于增加了830 mm 的降水量，树木的高径生长量分别比自然坡面提高150%和140%。一

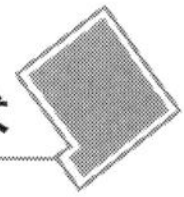

般而言，经化学处理的集水面较物理覆盖的集水面有较高的集流率，但易造成污染，且修复难度大，成本较高。

● 集水区面积与形状。集水面积的确定应根据当地的降水、树种及其在不同年龄阶段的需水量以及经济利用率等因素综合确定。据研究，在干旱区，每株苗木集水区面积一般不小于8 m^2；在半干旱地区，集水区面积不小于5 m^2时，可有效地减弱苗木生长期的水分胁迫。集水面形状有单坡式、双坡式、漏斗式、"V"字形、扇形等，可根据微地形条件以有利于集流为原则灵活采用。一般坡度小于20°的梁峁和台地上可采用双坡式、单坡式和漏斗式；在坡度较大的山地可采用扇形和"V"字形；在较完整的坡面上成网状菱形组合排列较为理想。相同面积的单坡式、双坡式、扇形和漏斗式集水面的土壤含水量分别比水平阶提高27.1%、33.8%、49.8%和33.0%。

Ⅱ. 保水技术：保持土壤现有水分，减少土壤水分蒸发损失的主要途径，一是降低土壤表面蒸发，增强土壤的蓄水力；二是改善土壤结构，增强土壤自身的持水能力。

● 覆盖。覆盖是抑制蒸发、改变土壤水热状况最有效的方法，能显著提高土壤含水量。据研究，秸秆覆盖可使柠条、山桃、沙棘造林成活率分别提高15.7%~21.7%、11.8%~26.3%、11.4%~21%；土壤含水量分别提高36.5%、30%、33%；有机质含量分别增加21.5%、19.8%、24%。目前，用于保水的覆盖技术主要有以下几类：a. 塑料薄膜覆盖、地膜覆盖。局部地膜覆盖造林能平均增加土壤含水率1.81%，造林成活率平均提高22.8%。地膜覆盖后的柠条、山桃、沙棘土壤含水量分别提高39.3%、31.1%、32%；造林成活率分别提高17.5%~23.4%、16.8%~27%、12.4%~22.6%；有机质含量增加18.1%、16.3%、19.3%。山西农业科学院开发研制的具有渗水、保水、微透气等功能的单向渗水地膜，可以使天然降水以2~7 mm/min的速度渗入膜下，保水率可达90%，对干旱、半干旱地区频率较高的10 mm以下单次降雨，截获效果尤为显著，是径流林业中理想的抑制蒸发覆盖材料。b. 生物材料覆盖。利用秸秆、干草、厩肥等覆盖土表，能显著降低土壤水分蒸发。草纤维是一种很有希望取代聚乙烯地膜的无污染覆盖材料，它除能有效抑制蒸发外，因能被土壤微生物降解，又可作为上好的有机肥料培肥地力。另外，利用植物地上部分（冠层）的遮盖作用，降低地表直接辐射量，也能够显著减少土壤水分蒸发。利用低等植物石果衣覆盖地面，可减少地表蒸发量30%~40%。c. 化学覆盖。化学覆盖是在土壤表面喷洒化学制剂，形成一种连续性膜，以切断土壤毛管作用来抑制水分蒸发。常用的化学覆盖材料有胶乳、石蜡、沥青、石油、土面增温剂等。d. 物理覆盖。利用卵石、砾石、粗沙和细沙的混合体覆盖在土壤表面，以减少土壤水分蒸发来保墒。这种方法在我国西部干旱区经济林与蔬菜种植中应用较多。另外，在土壤表层人为创造一层松紧适度的土壤覆盖层，通过减弱土壤毛管作用来减少水分蒸发，也是我国干旱区造林中常用的重要技术之一。

● 改善土壤结构，增强土壤自身持水力。除了利用整地松土、锄草、施有机肥等传统措施改善土壤结构、增强土壤自身持水力外，近年来，土壤结构改良剂受到普遍重视。土壤结构改良剂是指施入土壤后能改善土壤结构的水稳性有机物质的总称，这种有机物不属于高分子化合物，主要包括矿物质制剂、腐殖质制剂和人工合成聚合物制剂。常见产品主要有：塑料砂（英国）、水合土（法国）、土壤水（美国）、LPA（中国）以及比利时产沥青制剂哈莫菲纳（HA）与聚丙烯酰胺制剂（PAM）等。

Ⅲ. 供水技术：供水技术是根据土壤水分状况、树木的生长规律及在不同生长发育阶段对水分的需求，将收集起来的有限降水科学地供给苗木，在保障苗木成活、生长的同时，尽可能减少水分的无效损耗，以提高水分利用效率。供水技术的科学性，主要体现在适量、及时、高效。目前，供水的主要技术措施有：

● 根区供水。为减少外渗，提高水分利用率，可采用草把或渗灌、滴灌、微灌等方法将水直接导入根区。其中，甘肃省陇东采取的插灌技术定点定量地直接将水分注入到植物根区，经济方便。在陇东黄土高原荒山造林中，已有利用插灌供水技术造林发展大面积枣树、桃树、山杏等成功的事例。由于成本低、易操作、效率高，插灌供水成为"三水"造林中发展前景很好的一项供水技术。

• 利用生物新材料供水。生物制剂因能起到良好的土壤水分"缓冲器"的作用而被广泛应用。目前，具有这种供水特性的生物新材料很多，如各种保水剂、干水、黄腐酸（FA，亦称旱地龙）等。

• 通过防渗防扩散来供水。通过容器栽植或在栽植穴内一定深度四周铺设塑料膜等措施，能有效地降低水分扩散，改善林木根际的水环境，使供水定量、及时，提高集水利用率。大容器造林能显著提高苗木的成活率与生长量（党宏忠等，2003）。

6.1.2 南方山区主要适生树种和草种及拟生造林种草技术

（1）南方山区主要适生树种和草种。树种的选择，要做到树种的生物学特性和生态学特性与造林地立地条件相适应。在我国南方，岩溶山区、红壤山区、紫色砂页岩山区等不同山区，在高原、高山区和低山丘陵区，立地条件相差很大，对树种、草种的要求各不相同。一般宜选用优良的乡土树种和草种。在我国南方山区，阔叶树种是生态系统中不可替代的成分，对于维持森林生态系统稳定有重要价值，且阔叶林一般早期生长快，有迅速改善和稳定地力的功能。因此，在湿润与半湿润地区的退耕还林过程中，应多栽培当地的阔叶乡土树种作先锋树种，同时调整树种和草种结构，发展乔、灌、草多层次、多物种、多结构的混交林，逐步构建健全的、各具特色的森林生态系统。例如，在南方，乔木除常用的松、杉、柏、樟、枫香、桉、榕、闽粤栲、山杜英等树种外，还可选择桤木、刺槐等阔叶乔木作先锋树种；在适宜发展竹类的山区，退耕陡坡地可以发展楠竹等固土功能强且经济价值较高的的竹类；灌木可选择茶叶、合欢等；草木可选择龙须草、苎麻、金银花、皇竹草、香根草等。

以下着重介绍几个树种和草种（图 6－2，引自 http：//image. baidu. com）。

①桤木（*Alnus cremastogyne* Burk.）。桦木科桤木属非豆科固氮树种，是适应性较强的阔叶落叶速生用材树种，也是混交林很好的伴生树种。喜温、喜光、喜湿、耐水。10 年生树高可达 12～15 m，胸径 14～16 cm。桤木根系具有根瘤或菌根，固氮能力强，每 100 株桤木成树的根瘤平均每年能给土壤增加相当于 15 kg 左右的硫酸铵肥效的氮素，可做肥料林树种；能固沙保土，是理想的生态防护林和混交林树种；桤木喜水湿，多生于河滩、溪沟两边及低湿地，是河岸护堤和水湿地区重要造林树种；适应性强，耐瘠薄，生长迅速，是理想的荒山绿化树种，也可做薪炭林树种；桤木木材材质优良，可作为胶合板、造纸、乐器、家具等用材；树皮、果实富含单宁，可用作染料原料和提制栲胶；木炭可制黑色火药；叶产量高，含氮丰富，可作为绿色饲料；同时也是良好的蜜源树种。

②刺槐（*Robinia pseudoacacia* Linn.）。又名洋槐，豆科刺槐属的落叶乔木。原产北美洲，但现已被广泛引种到亚洲、欧洲等地。在我国黄河中下游、淮河流域和黄土高原背风沟谷、土石山坡的沟谷地、河滩等地都能很好生长。适应性强、生长快、易繁殖，是世界上重要的速生阔叶落叶树种之一。根部有根瘤，既耐瘠薄又能提高地力。是工矿区绿化及荒山荒坡绿化优良的先锋树种。多用以营造水土保持林、防护林、薪炭林、矿柱林。在立地条件差、环境污染重的地区是不可缺少的园林绿化树种。喜光，不耐蔽阴。喜温暖湿润气候，不耐寒冷。刺槐木材坚硬，耐水湿，可供矿柱、枕木、车辆、农业用材。叶含粗蛋白，是许多家畜的好饲料。花是优良的蜜源植物，刺槐花蜜色白而透明，嫩叶和花可食，现已成为绿色蔬菜，种子榨油供做肥皂及油漆原料。

③香樟（*Cinnamomum camphora*（Linn.）Presl.）。为分布很广的有代表性的亚热带樟科樟属速生常绿阔叶经济树种。产自我国南方及西南各省区。寿命很长，树龄可达 1 000 年以上。适应性强，

抗病虫力强，是优良的绿化树种。香樟的木材及根、枝、叶、果均可提取樟脑和樟油，供医药及香料工业用。根、木材、树皮、叶及果均可入药。木材材质优良，又能防虫，是造船、橱箱和建筑等的优质用材。

④桉树（*Eucalyptus robusta*）。桃金娘科桉属阔叶落叶乔木。可培育用材林、工业原料林、油料林、薪炭林，也是四旁绿化和沿海防护林的优良树种。是世界著名的三大速生树种之一，也是世界上最有价值的阔叶树硬质材之一。桉树适应性强，生长快，速生丰产性能好，产量高，周期短，耐寒性不强，主要分布在华南地区。培育短周期工业原料林，一般 6 ~ 10 年轮伐。3 年生尾巨桉平均树高可达 14 ~ 15 m，平均胸径可达 10 ~ 11 cm，每公顷蓄积量高达 100 ~ 120 m^3。培育短周期工业原料林可选用尾巨桉、尾赤桉无性速生品系；北部或高海拔地方可选用无性耐寒品系。造林面积大，须采用多品系混合造林，以提高林分稳定性和安全性。

⑤闽粤栲（*Castanopsis fissa* rehd. et Wils.）。壳斗科、栲属的闽粤栲是速生用材树种，也可作为培育食用菌专用林的树种。喜光，幼年能耐适当遮阴，可于林冠下更新。是深根性树种，冠幅大，萌芽力强，可采用萌芽更新。在中等立地条件下，树高年生长可达 1 m，胸径年生长可达 1 cm 以上。初期生长快，树高、胸径生长在 10 年左右达到高峰。其生长衰退较早，在 25 ~ 35 年即可达到成熟树龄，此后生长明显下降。

桤木　金银花　皇竹草　龙须草　桉树林

图 6－2　南方山区部分适生树种和草种

⑥山杜英（*Elaeocarpus sylvestris*）。杜英科、杜英属的山杜英是一种速生乡土阔叶用材树种，也是庭院观赏和四旁绿化的优良树种。生长快，材质好，适应性强、繁殖容易，病虫害少。较耐阴，成年喜光喜湿，深根性，侧根发达，顶端优势明显，萌芽能力强。前期生长较快，胸径前 5 年生长较快，树高速生期在造林后 7 年，最大年生长量达 1.9 m，材积生长从第 10 年开始进入速生期。

⑦龙须草（*Juncus effusus*）。龙须草又名蓑草、拟金茅或羊胡草，是多年生灯心草科灯心草属草本植物。由于龙须草根系十分发达、草层覆盖快、覆盖度高，因而蓄水保土作用强，在草层覆盖率

大于84%、日降水量小于79.3 mm的情况下，不出现水土流失。种植龙须草，是我国南方山区退耕坡地防治水土流失，增加退耕区农民经济收入，并为造纸业提供原料的新途径。最适宜龙须草生长的土壤类型为石灰岩母岩上发育的中性或弱碱性沙壤土和沙性土。龙须草适宜的移栽季节为3月下旬至7月底。冬前等高整地，经过培育壮苗，于5月上旬雨后或小雨天带土移栽，密度为4.5万穴/hm^2，每穴8苗。出新叶后及时穴施追肥。11月初收割。通过大面积推广龙须草栽培，可以将生态修复与脱贫致富有机结合起来。龙须草的病虫害很少，耐旱但不耐渍。龙须草因木素含量低、纤维含量高且细长、韧性好、易成浆、易漂白，优于湿地松、杨树、桦树和毛竹等，是制造高档纸、人造棉、人造丝的优质原料；它也是一种很好的编织原料（邹冬生，2001）。

⑧金银花（*Lonicera japonica* Thunb.）。又名忍冬，忍冬科忍冬属的多年生半常绿缠绕及匍匐茎的灌木，适应性很强，喜阳、耐阴，耐寒性强，也耐干旱和水湿，对土壤要求不严。多野生于山坡灌丛或疏林、溪河两岸及村庄篱笆边等较湿润的地方，生长地海拔最高达1 500 m。金银花的种植区域主要集中在湖南、山东、陕西、河南、河北、湖北等地。金银花是清热解毒的良药。金银花根系发达，生根力强，是一种很好的固土耐旱保水植物，故农谚有："涝死庄稼旱死草，冻死石榴晒伤瓜，不会影响金银花"。在雨季可进行扦插繁殖。可在岩溶土石山坡上成片规模化种植。

⑨皇竹草（*Pennisetum sinese* Roxb.）。又名粮竹草、王草、皇竹、巨象草、甘蔗草，为多年生禾本科狼尾草属草本植物，直立丛生，以无性繁殖为主，具有较强的分蘖能力，单株每年可分蘖80~90株。因其叶长茎高、秆形如小斑竹，故名皇竹草。皇竹草由象草和美洲狼尾草杂交选育而成，属C4植物，是一种新型高效经济作物。皇竹草产量高，竞争力强，收获期青刈作饲料适口性良好。全国大部分地区都可栽种，特别适宜热带与亚热带气候栽培。皇竹草有广泛的用途：营养丰富，产量高，每公顷可养75头牛，750只羊，6 000只兔，有望为发展草食家畜饲养业和塘鱼养殖业发挥重要作用；根系发达，是防止水土流失的优质牧草；可以成为蘑菇生产的原料；是一种很有利用价值的非木材纤维制浆造纸原料，可制造高档纸品；又可生产廉价的纤维板、墙材用于建筑装饰工程；能有效抑制紫茎泽兰的生态入侵，达到以草治草；作为一种能源植物，有望在生产生物燃料方面起相当大的作用。

（2）南方山区主要树种拟生造林技术要点。南方山区气候温暖、雨量充沛，秋冬季和春季均可造林种草，造林种草的自然条件比北方山区好，造林种草技术也已相当成熟，主要树种都已制订出造林技术规程。在造林种草时，要特别注意以下几点：一是不要搞荒山、荒坡全垦造林，不要毁林造林，而以补植和封育为主，造林时要注意水土保持；二是适地适树，并注意充实山林物种多样性；三是模拟当地山林自然生态系统造林，引导山林向当地最优顶极群落结构方向发展，即拟生造林种草；四是安排恰当比重的经济林草，以提高造林种草的经济效益；五是多采用现代先进造林技术，如容器育苗，以提高造林成活率。

拟生造林种草的技术因树种、草种不同而异。以下列举6个常用树种造林的技术要点。

① 马尾松（*Pinus massoniana* Lamb.）。

• 造林地选择。马尾松造林地不宜大面积集中连片造纯林。要根据树种特性和立地条件，因地制宜，合理布局，使之与阔叶树混交，既有利于水土保持和改善森林生态环境，又有利于预防马尾松毛虫的蔓延发展和森林火灾发生。

• 造林密度。株行距采用1.5 m×2 m或1 m×2 m，每公顷造林株数23 330~4 995株，尽可能营造成针阔混交林，以有利于土壤改良、抵御火灾和减轻病虫危害程度。

• 整地。造林前一年秋冬整地效果较好。一般多采用块状整地。挖穴规格一般可按50 cm×50 cm×30 cm。

• 造林时间。最适宜的栽植时间为11月，此时，苗木已木质化有利抗冻，气温下降蒸腾减少，

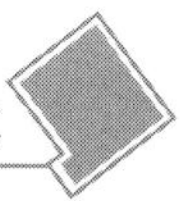

雨量充沛，墒足易活。如要在春季造林，则宜早不宜迟。栽植天气，以阴天、小雨或雨后较好，忌大风天栽植。

● 造林方法。有植苗造林和播种造林两种方法，除飞播外，一般宜采用植苗造林。在栽植前1～2 d起苗，并将苗木分级，然后立即把苗根蘸上泥浆，每100株一把，用编织袋包装，随起随运随栽。在起苗、运苗、暂短贮存过程中要始终保持苗根湿润，切忌风吹日晒和堆压发热。在栽植时把握“分级栽植、黄毛入土、避免窝根、不能空吊、根系舒展、踩实捶紧”，过长的主根可截断再栽。为确保成活，也可在栽植时使用保水剂和生根粉。

● 补植。对造林后出现死苗、缺苗、野生动物咬伤树苗，或成活率达不到85%的地块，要在次年春、秋季进行补植，按规定期限达到初植密度要求。

● 幼林抚育管护。要坚持2～3年，才能确保造林成功和促进幼林生长。每年在幼林生长旺盛期来临之前的4—5月，或杂草尚未结实的8—9月，进行两次松土除草，亮开树盘，防治鼠害、病虫害，禁止牛羊践踏，落实管护责任等，以确保苗木生长良好，使造林获得成功。

② 杉木（*Cunninghamia lanceolata*（Lamb.） Hook.）。杉木对立地条件要求较高，宜综合考虑气候、地形、岩性、土壤及植被等立地因素，慎重选择造林地。一般选在水湿条件比较优越、土壤深厚、疏松、植被高大茂密的山腹、山脚、山洼、谷地及阴坡各种形式的混交林。因其幼树对杂草灌木竞争能力弱，造林前要细致整地。我国山区杉农对造林地清理的传统做法包括劈山、炼山及挖山3道工序。劈山是将造林地上的杂木野草沿等高线，由上而下全部砍倒、晒干。此道工序除雨季外，全年均可进行；炼山是劈山后用火烧的方法清理造林地；挖山即整地，习惯上采用全垦整地，炼山后随即进行，以免灰分流失。

● 造林密度。杉木造林密度因各地经营习惯和自然经济条件而不同。在湖南会同、贵州锦屏、福建建瓯等小材无销路、农民有农林间作和不间伐习惯的地区，造林密度较小，在山洼、山脚每公顷栽1 400～1 800株，山腰、山坡每公顷栽1 800～2 500株。在福建南平及小材有销路、幼林不间种作物、实行间伐的新产区，造林密度每公顷栽3 000～4 500株，10年后保留2 500～3 000株，林木生长良好。

● 造林方法。杉木有栽植、插条及分蘖苗造林3种方法。栽植造林成活率高，早期生长快，后期衰老晚，是现在的主要造林方法；插条造林可保持母本的优良特性，但条源有限，成活率较低，目前，只在一些有插条传统的地区小面积使用；分蘖造林不仅来源少，造林效果也不及上述两种方法，很少采用。

栽植造林的季节以12月至翌年2月效果较好，但在冬季干旱或有严寒的地方，则以春季栽植为妥。栽植宜穴大而深，使根系舒展，苗梢宜向下坡，适当深栽，分层覆土打实，才能保证成活和生长良好。间伐杉木生长发育进入速生阶段后，自然整枝和自然稀疏迅速进行。一般认为应在被压木占总株数的10%以上、自然整枝达到全树高的1/4～1/3、郁闭度0.8～0.9、胸径连年生长量开始下降时开始间伐。第一次间伐的强度为株数的30%～50%，保留林分郁闭度0.6～0.7。立地条件好、初植密度大的间伐强度可大些，反之则小些。间伐的方式，因杉木多为同龄纯林，适用下层抚育。间伐间隔期决定于林冠恢复郁闭的速度，一般为4～6年。造林密度每公顷在3 000株以下的，可只进行一次间伐。

● 采伐更新。杉木的采伐年龄通常根据数量成熟龄和工艺成熟龄确定。数量成熟龄一般在16～40年，多数在20～30年，因立地条件、经营强度和林木起源而异。丘陵及南部地区早些（15～25年），山区及北部地区迟些（25～40年）。采伐方式历来实行小面积皆伐，面积从1～5 hm^2 不等，伐后采用栽苗或萌芽更新。栽苗更新方法与荒山造林相似。萌芽更新是利用伐桩基部的休眠芽与少数不定芽萌生的新条，更新成林。萌芽能力可保持到60～80年，但在30年左右最强。

萌芽更新要掌握采伐的年龄、季节以及伐根处理和选择萌条等环节。采伐年龄宜在30年以前，采伐季节宜在冬季或早春，即在林木休眠期内，此时萌芽力强，抽出的芽条长得快。采伐时伐桩要低，伐后覆以薄土，冬季前进行炼山。翌年夏季抚育时选留伐桩上方或两侧健壮端直的萌条1～2根，作培育对象。遇有缺苗，及时用实生苗或插条补植。萌芽更新方法简便，初期生长快；但易早衰，老年易心腐，难成大材；且尖削度大，基部弯曲，材质疏松，木材工艺价值较低，在杉木重要产区较少采用。

• 病虫害防治。杉木苗期主要有猝倒病危害，包括种腐病、梢腐病、立枯病等。应注意选好圃地，采用高床，灌溉排涝，适当遮阴，并在必要时施用药剂，以控制发病。造林时如选地不当，或抚育管理不善，还会导致细菌性病害如杉木炭疽病、细菌性叶斑病以及生理性病害黄化病等。主要害虫有：粗梢双条杉天牛、杉棕天牛蛀食树干，杉梢小卷蛾幼虫蛀入林木嫩梢顶部或顶芽；黑翅大白蚁和黄翅大白蚁危害杉木的根茎和树皮等。影响杉木生长，严重时全株枯死。杉木虫害多发生于丘陵地区，中心产区很少发生，主要由选地不当或树种单一而引起。此外，有些鸟类如锡嘴雀、星鸦等则常窃食杉木球果或种子。

• 幼林抚育。杉林如与农作物间作，抚育即结合间作进行，否则，要进行专门的抚育，以中耕除草为主，每年进行1～2次。又因杉木易生萌蘖，当栽植过浅、顶芽受伤时，更易造成一树多干，严重影响生长。故要及时用快刀切除萌条，并培厚土压萌。间作在杉木造林后郁闭前2～3年内进行，可间种粮食作物（如玉米、薯类）、油料作物（如黄豆、花生、芝麻）、经济作物（如烟草、油桐等）或绿肥。间作地的坡度宜较缓。间种矮秆作物，尤其是豆类作物，有覆盖林地、保持水土和改良土壤的功效。间种密度不能太大，与幼树要保持一定的距离（一般为30～40 cm）。作物收获后的茎秆尽可能就地还林。

③ 桤木（*Alnus cremastogyne* Burk.）。

• 育苗。一般采用播种育苗。选择优良种源种子，如四川省金堂、都江堰、雅安等种源的种子。11—12月采种，干藏或密封贮藏。种子千粒重0.7～1 g，发芽率60%～70%。2—3月播种，条播或撒播均可，播种前温水浸种1～2 d，每公顷播种30～37.5 kg。播后约10 d幼苗出土，当苗木有3～5片真叶时间苗或匀苗。现生产上逐步推行二段法育苗，效果很好。第一步，将种子小面积密播育苗；第二步，当幼苗高2～4 cm时，移入容器内继续培育。采用此法育苗，苗木优良率很高，且生长整齐。桤木1年生Ⅰ级苗苗高应大于80 cm，地径0.8 cm，每公顷产苗23万～30万株。桤木幼苗主要虫害有蝼蛄（俗称土狗子）、蛴螬，可采用敌杀死、1605等农药或其他方法防治。

• 造林营林。多采用穴状和水平带状整地。穴的规格50 cm×50 cm×30 cm，或60cm×60cm×40cm，回填表土。穴应呈“品”字形排列，以保持水土。春季或秋季栽植，最适宜的造林时间是落叶后至萌动前，即12月至次年1月或2月中旬。培育速丰林，造林密度每公顷2 300～3 300株；兼具薪材林、工业原料林和肥料林等多种用途的林分，其初植密度为每公顷2 500～6 600株；四旁栽植株距1～2 m。桤木与杉木、柏木等树种混交造林效果良好。桤木面积以占混交造林面积的20%～50%为宜，混交方式以块状混交、带状混交为好。

桤木生长快，如立地条件好，造林后3年即可郁闭成林。造林后应连续抚育2年，每年2次。5—6月锄抚，主要是除草；8—9月再锄抚1次，除草、松土、壅蔸正苗。第2年的第1次锄抚时结合进行刀抚，砍除杂灌、藤蔓。危害桤木林的害虫主要有桤木叶甲和桤木灯蛾，可采用人工捕杀、施放741烟剂等方法防治。病害有桤木锈病、煤污病，可于春、夏季节用石硫合剂防治。此外，适时开展幼抚、间伐，改善林内透光、通风性能，也可预防煤污病发生。培育大径材，可在8～12年生和15～18年生时各间伐10%～20%树木，主伐年龄为30～40年；如以培育中小径材为主，仅8～12年生时进行1次，强度为20%～30%间伐即可；培育短周期工业原料林，轮伐期为5

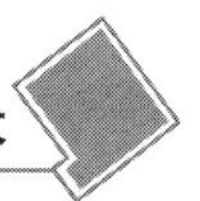

~8 年。

④ 香樟（*Cinnamomum camphora*（L.）Presl.）。

• 苗木质量。苗高 50 cm 以上，地径 0.6 cm 以上。造林时可截干，保留苗高 20 cm。最好选用经选育的优良无性系的组培容器苗上山造林，容器苗高 15 ~ 20 cm。

• 造林技术。造林地选择：Ⅱ类地以上较肥沃土壤。造林地准备：8—9 月全面清山、炼山。整地挖穴必须沿等高线进行，穴规格 50 cm × 40 cm × 30 cm，品字型排列，整地于 12 月 10 日前完成。每穴施基肥钙镁磷肥 250 g。栽植：造林密度为 7 500株/hm^2，株行距 1.1 m × 1.2 m。栽植前裸根苗根部打黄泥浆，种植时做到栽正、根舒、打紧，容器苗先要剥袋。

• 抚育管理。第 1 年抚育 2 次，上半年扩穴培土，下半年全面锄草；第 2 年上半年全面深翻垦复，每株施专用肥 200 g，下半年全面锄草。第 3 年全面锄草 1 次并喷农药。

⑤ 桉树（*Eucalyptus robusta* Smith.）。

• 苗木质量。选择根系完整、无病虫害、叶色正常、木质化程度好的营养袋苗木，苗高 15 ~ 25 cm 为宜。

• 造林技术。造林地选择：一般选择年均气温大于 16℃，极端最低温度 −8℃，平均霜日 60 d 左右，海拔 600 m 以下，交通较方便、地形较开阔、土层 80 cm 以上，土壤疏松、较肥沃、较平缓的林地。林地清理：时间一般在 8—9 月。全面劈杂、开设防火路，晒干后进行炼山。炼山要彻底，对未燃尽的灌木、枝桠等要集堆烧毁，以防止白蚁危害。整地挖穴：整地时间一般在 10 ~ 12 月。以密度为 1 800株/hm^2 为宜。穴位采用窄株宽行，行间穴位品字形，南北坡行带垂直于等高线设置（南北走向），其余坡向行带沿等高线水平设置，以发挥边行效应。块状挖明穴，穴规格为 60 cm × 40 cm × 40 cm。挖穴时，表土、心土分开堆放，以便将表土先回填入穴内。栽植：晚霜过后即可进行栽植。栽植时期以 2 月下旬至 4 月为宜。最佳栽植时期为 2 月底到 3 月。在栽植前 1 个月回填表土、施基肥。尽量将穴周围的草木灰和表土回入穴内，以增加穴内养分。回表土时必须打碎土块，拣净石块、枝桠和草根等杂物，尤其是要将芒萁根拣干净，以防治白蚁为害。回填表土至穴一半时，每穴施入钙镁磷基肥 500 g，并与穴内表土充分拌匀，然后回填表土至满穴。栽植时，必须小心将塑料袋撕破，并全部剥除，确保营养土不散开，注意不能直接踩在营养土上面，以免踩碎营养土，影响成活率，最后在穴面上填一层 2 ~ 3 cm 的松土保墒。

• 防治白蚁。a. 栽植时防治白蚁。栽植期尽量避开 4—5 月白蚁活动高峰期。采用分级造林，将苗木按大小分成 10 个等级，分别栽在不同地块上，以提高生长整齐度。栽植前，容器苗营养土必须用 1‰ ~ 2‰白蚁驱避剂和 2‰的尿素水溶液进行浸泡，直至营养土停止冒泡浸透为止，以防治白蚁危害，促进苗木生长。注意必须使用木制或塑料容器进行浸泡，不能使用金属容器浸泡。白蚁驱避剂有毒，不能直接接触皮肤，须戴橡皮手套进行防护。b. 投放白蚁诱杀包。在栽植前 1 个半月或栽植后投放白蚁诱杀包。日平均气温低于 10℃和雨天地面无白蚁活动，不要投放。白蚁诱杀包投放量 450 ~ 525 包/hm^2，投放穴之间距离 4 m × 5 m，诱杀包投放穴与栽植穴尽量错开。造林地边缘外 30 ~ 40 m 的林地，也要投放白蚁诱杀包，以达到彻底防治白蚁的目的。白蚁诱杀包投放穴规格为穴面 25 ~ 30 cm，深 20 ~ 30 cm。投放方法：采用地表半腐烂状态的芒萁或上年已枯死变成棕色的干芒萁 1 小把（4 ~ 5 g），将诱杀包内药粉均匀平铺在药袋内（药袋不能撕开），然后用上述芒萁将药包上、下包好，放入白蚁诱杀包投放穴内，覆土 25 ~ 30 cm，踩实，使穴面土略高出地面，并在穴面上盖一块塑料薄膜，四周压上小石块，以防止雨水淋透穴下芒萁和药包，影响防治白蚁效果。白蚁诱杀包投放后 1 个月内不能在林地上翻动土壤，以防切断蚁路，影响防治白蚁效果。

• 幼林抚育管理。造林后 1 个半月，每株施用桉树复合肥 175 ~ 225 g 或复合肥 100 ~ 150 g + 尿素 50 g 拌匀，采用沟施，即在苗木坡上部树冠投影处向外挖长 60 cm（坡陡处，穴左右各 30 cm）、宽30 cm、深25 cm的半月形施肥沟，施肥后将肥料与底土充分拌匀，并立即覆土。5—6月杂草较高时开展幼林抚育。采取带状抚育，带宽1.1 m，进行锄草、挖掉带间的管茅头、扩穴（各往四周外扩25 cm、深20 cm）、松土、培土。第二年3月追肥一次，每株施用桉树复合肥300～350 g或复合肥200～250 g＋尿素50 g拌匀，施肥方法同造林当年。

6.1.3 山区主要生态经济林树种

我国地域辽阔、气候多样、自然条件优越，蕴藏着丰富的植物资源，其中，具有各种经济价值的经济林木多达1 000余种。由于自然条件不同，经济林资源分布极不均衡，广西、湖南等11个省（自治区）各省的经济林面积均大于100万 hm^2，其中，以广西的经济林面积最大，超过了200万 hm^2，占全国的9.52%。这11个省（自治区）的经济林总面积达1 512.33万 hm^2，占全国经济林面积的70.70%。全国经济林面积2 139.00万 hm^2，占全国有林地面积的12.66%。其中，人工经济林面积1 931.25万 hm^2，占经济林总面积的90.29%；天然经济林面积207.75万 hm^2，占经济林总面积的9.71%（王兵等，2009）。

经济林树种可分为水果、食用油料、工业油料、能源用、工业用材、造纸原料、淀粉类干果、木本药材、木本饮料、木本香调料等10大类。各类树种都有各自的用途、适应范围、栽培技术、加工技术和发展前景，其中，果树林和食用油料林面积占全国经济林总面积的67.18%。各地山区可根据本地自然条件、资源条件和经济与技术条件，根据区内外、国内外市场需求，因地、因时制宜选择树种进行综合开发，并逐步走向集约化、规模化、产业化和可持续发展之路。以下着重介绍一些经济林树种（图6－3，引自 http：//image. baidu. com）。

①茶树（*Camellia sinensis*（L.）O. Kuntze）。常绿灌木茶树的叶子干制成为茶叶，经济价值较高。茶树广泛分布在热带和亚热带地区，我国主产区在长江以南各地。茶树分3个种：茶种（中国种）、普洱种、蛋白桑茶种。茶叶因品种和采摘加工技术不同而分为绿茶、红茶、黄茶、白茶、青茶、黑茶等六大类。茶叶与咖啡、可可并称为世界三大饮料。茶叶有很好的保健、医疗效用。我国是茶叶的故乡，有20个产茶省，8 000万茶农，是名副其实的产茶大国。茶已从我国传播到世界各地。我国茶树种植面积和茶叶产量均居世界首位。2010年，我国茶树种植面积195万 hm^2，茶叶总产量为145万t，茶叶年总产值为900亿元人民币。2011年，我国茶叶出口32.26万t，居世界第二。

在山区缓坡地高标准建设梯级茶园，选用良种，按绿色茶叶、有机茶叶的技术标准进行生产、加工，是新建茶园发展的方向。目前，我国茶叶行业整体形势依然呈“散、小、乱、杂、弱”的局面，行业中的大部分企业几乎都面临如何健康发展的困境。中国现代名茶有数百种之多，但生产规模大都偏小。各产茶区茶叶资源分散难以集中，导致企业不能发展壮大，中国茶叶企业数量虽数以万计，但年产值过亿的却少之又少，99%以上的茶叶企业都是小微型企业，产业化程度普遍不高。我国传统茶业须加快现代化步伐，走名牌规模化、产业化之路，这是所有中国茶叶企业发展的必由之路。

②油茶（*Camellia oleifera*，普通油茶）。为山茶科山茶属常绿小乔木。我国栽培油茶历史逾2 000年，油茶主要生长在中国，油茶在我国南方15个省（自治区）500多个县有广泛栽培分布。发展油茶产业是提高中国食用油自给率的重要举措。油茶为多年生木本油料作物，它与油棕、油橄榄和椰子并称为世界四大木本油料植物。油茶栽植后，一般3年挂果，7年后进入盛果期。茶油色美味香，茶油的成分是以油酸和亚油酸为主的不饱和脂肪酸，含量在90%以上，人体易于消化、吸收。茶油不含人体难以吸收的芥酸和山嵛酸，也不含引起人体心血管病的低密度胆固醇。茶油耐储藏，不易酸败，不会产生引起人体致癌的黄曲霉素。中国茶油是全球最优的食用植物油，优于橄榄

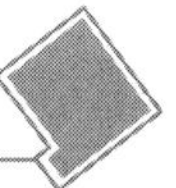

油。全国现有油茶面积为368万hm^2，油茶籽年产量100万t左右，年产茶油约26万t，其中，湖南、江西、广西3个省（自治区）占全国总面积的76.2%。我国有13个县、市先后被国家林业局授予了“中国油茶之乡”的称号，包括湖南的攸县、祁阳县、浏阳市、常宁市、醴陵市、耒阳市，江西的兴国县、上饶县、遂川县、宜春市，广西的三江侗族自治县，贵州的玉屏侗族自治县和浙江的常山县。

茶园 　　楠竹

油橄榄 　　山杏

文冠果 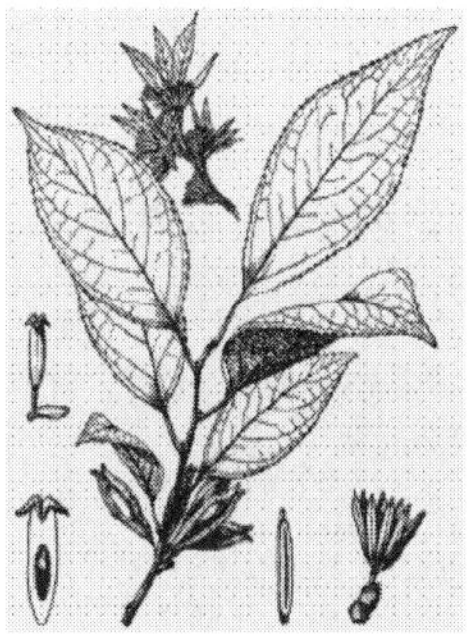　　杜仲 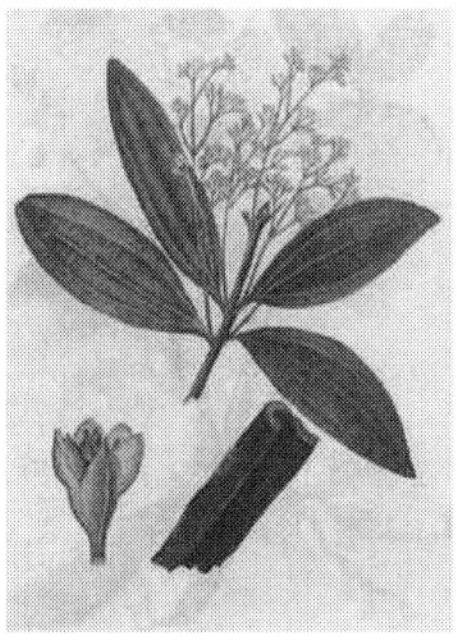　　肉桂 　　枸杞

图6-3　山区部分生态经济林树种

长期以来，大部分油茶林以农户自主分散经营为主，品种不良，管理粗放，油茶林荒芜严重，林木老化，火灾时有发生，人力、财力投入也很少，因而长期低产。目前，全国油茶林年单产茶油约为45~75 kg/hm^2，而2009年湖南省林业科学院的油茶丰产林平均年单产茶油750 kg/hm^2，是大面积油茶产量的10~17倍，说明油茶生产潜力很大。

2009年11月国家发布了全国油茶产业发展规划（2009—2020），提出把油茶产业建设成为促进山区农民增收致富和改善山区生态环境的重要产业，规划油茶林基地建设总面积442.07万hm^2，其中，新造油茶林165.80万hm^2，截至2020年，全国油茶林保有面积将达到533.3万hm^2以上。全国油茶产业发展规划范围包括：浙江、安徽、福建、江西、河南、湖北、湖南、广东、广西、重庆、四川、贵州、云南、陕西等14个省（自治区、直辖市）的642个县（市、区）。油茶产业建设以改造现有294.27万 hm^2 低产林为重点，通过采取复垦抚育、截干更新、嫁接换冠、疏剪整修、防治病虫和选用良种、新造高标准油茶林等措施大幅提高茶油单产。同时，形成承包经营式、龙头公司+基地式、股份制基地式、龙头公司+基地+农户式或专业合作组织式等多种产业发展模式，形成相对完备的茶油产、供、销产业链条，逐步形成资源相对充足、产出效益显著、有国际竞争力、可持续发展的油茶产业发展格局（冯纪福，2010；何方，2011）。

③仁用杏（山杏，*Armeniaca vulgaris*）。属蔷薇科杏属乔木，是果树也是食用油树种，资源丰富，主要分布在我国西北、东北和华北。山杏具有很强的耐旱、耐寒、耐瘠薄的生物学特性，但不耐涝，要求土壤通透性强，积水24 h就能致死。山杏喜光，应选择阳坡及半阴半阳坡立地条件。杏仁脂肪含量在50%～64%，蛋白质含量23%～27%，山杏油是优质食用油，不饱和脂肪酸含量高达90%以上，可以降低人体中低密度脂蛋白的含量。除用作食油外，山杏还有许多其他用途：山杏油凝固点为-20℃，可用作航空航天及精密仪器的润滑油；杏仁粕可用来制作杏仁粉、杏仁露；苦杏仁挥发油有很高的药用价值，含有特异性天然防癌、抗癌成分；杏核壳可制作活性炭；杏肉用于制作杏肉干、杏脯、杏仁酥等多种食品；杏叶用于提取黄酮醇。我国杏核年产量10万t左右，其中，出口30%；中国苦杏仁年产3万t左右，出口1万t左右。

常规栽培要点：山杏造林可采取2 m×2 m的密度，但进入盛果期后应进行疏伐以降低密度，或者以2 m×3 m的密度作为林分永久性密度。可以营造山杏×油松、山杏×刺槐等混交林。应用扩穴、松土、追肥、修剪、喷硼、防冻、防治病虫等综合丰产经营管理技术措施，可以使人工山杏林的产核量成倍提高。山杏林园建设包括园址选择、建立无性系（家系）种子园、加强土壤管理、花粉管理、树体修剪、病虫害防治管理等措施（佟汉林，2014）。

④油橄榄（*Olea euporaea* L.）。属木犀科齐墩果属常绿乔木，原产地中海沿岸，现油橄榄栽培面积和年产油量仍有95%集中在地中海沿岸国家。油橄榄用鲜果冷榨取油。橄榄油含有85%左右的不饱和脂肪酸，且其油酸、亚油酸、亚麻酸的含量及比例适当，还含有钙、锌、镁、硼、钠等多种元素和氨基酸、蛋白质、糖类物质和多种维生素，是食用油脂中最有益于人体健康的植物油之一，和中国茶油一样，是世界最优木本植物食用油。橄榄油还是酿酒、饮料、医药、日用化工、纺织印染、电子仪表等行业的重要原料、添加剂或润滑剂。40多年来，我国油橄榄的引种栽培经过了曲折的历程，现已引进了150多个油橄榄品种，并从中选育出一批适宜我国各地栽培的优良品种，明确了油橄榄的适生地区（参阅本书5.4.2节）。油橄榄在我国引种成功，是将在一种气候条件（地中海沿岸气候）下形成的物种引种到另一个不同的气候区（东亚内陆季风气候）的成功范例。

品种配置：油橄榄多数品种自花授粉不孕或自花授粉的坐果率低，为了提高坐果率，必须进行异花授粉。异花授粉以人工授粉的坐果率最高，自由授粉次之。因此，建园时首先应考虑主栽品种与授粉品种的合理配置。主栽树与授粉树配置比例以8∶2为宜。主要栽植的授粉品种有佛奥、皮瓜尔等。油橄榄是风媒花，品种配置应充分考虑风力作用。山坡地建园，由于地块宽度较小，行间混交难以实施，因此，品种配置以株间混交为主。栽培管理：合理施肥与灌溉；在采果后至次年春季发芽前，可采用空心圆头形和开心形进行整形修剪，不同树龄的修剪方法不同；及时综合防治病虫害。

我国现有油橄榄种植面积约3万 hm^2，目前，国际橄榄油的产量约300万t，我国仅有1 000多t，存在种植面积大、产油量低、经济效益不显著等问题。我国目前橄榄油的消费仍主要依靠进口，2011年进口量3.5万t。同时，我国每年橄榄油加工剩余果渣上万吨，果实采收后修剪下来的油橄榄叶达60万t，目前尚未得到有效的开发利用，不仅造成资源的浪费，而且污染了环境。因此，我

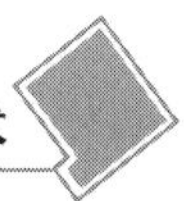

国在油橄榄开发利用过程中，一方面要改进橄榄油提取分离工艺技术，提高橄榄油得率；另一方面，要提高油橄榄果渣和油橄榄叶的综合开发利用效率，开发多种油橄榄深加工产品，提高经济效益（王成章等，2013）。

⑤文冠果（*Xaruthoceras sobifolia*）。属无患子科文冠果属（单种属）落叶小乔木或灌木，是我国特有的木本食用油树种，适宜在西北、东北、内蒙古等地栽培。文冠果是暖温带树种，喜光，适应性较强，根系发达，能耐干旱瘠薄，抗寒性强，耐盐碱，在黄土高原、山坡、丘陵、沟壑边缘和土石山区都能生长。也是水土保持、防风固沙的好树种。文冠果种仁含油率可达62.8%，文冠果油含人体所需的各种氨基酸19种，每100 g油中含氨基酸23.03 g，文冠果油含油酸42.8%，蛋白质含量高达24.0%。文冠果也是优良的能源树种，文冠果油转化为生物柴油的转化率高达96.7%。文冠果的开发，要走深度、综合和产业化开发之路。

常规栽培要点：应选择土层深厚、坡度不大、背风向阳的沙壤土栽植文冠果。斜坡地要修建为梯地或开掘鱼鳞坑。文冠果林地必须营造防护林。文冠果可直播造林，也可移植造林。文冠果栽植前必须整地。在北方栽植文冠果，春植比秋植好。每公顷以栽植2 490株（2 m×2 m）为宜。果林地实行林粮、林草间作。对2～5年生的幼林，每年中耕除草2次。还要及时防治病、虫、兔、鼠危害。为了培养有利于结果的良好树型，栽植后3～4年要通过适度修剪，特别是对二年生枝的修剪，剪去花芽，抑制生殖生长，使枝条适度回缩，控制其开花结果。每隔5～6年平茬（从母树主茎基部截断）或截干（从主干80～100 cm处截断）一次，可以促进结实和复壮母树（徐东翔等，2010）。

⑥楠竹（毛竹，*Phyllostachys heterocycla*（Carr.）Mitford cv. *Pubescens*）。属禾本科竹亚科刚竹属，是常绿乔木状竹类植物。楠竹适应性强，分布广，我国现有以楠竹为主的竹林340万 hm^2，主要分布在秦岭、汉水流域至长江流域以南和台湾省，黄河流域也有多处栽培，全国24个省（自治区、直辖市）均有分布。楠竹是典型的速生树种，新造毛竹一般5～8年即可成林，改造残次低产林分和复壮衰败荒芜竹林，3～5年即可恢复生产，进入丰产状态。经营毛竹，周期短、投资少、见效快、效益高、经营期长。毛竹竹材具有一般木材不及的许多优点，竹材强度大、韧性强、弹性好、纤维长、收缩膨胀变化不大，材质上乘，用途十分广泛。楠竹是中国的传统经营竹种，集材用（建材、人造板、造纸、纺织、编织、竹炭等）、食用（竹笋）、环保、观赏等众多用途于一体。就我国现实情况而言，在木材严重匮乏的情况下，实现“以竹代木”，具有广泛的前景和重要的社会与经济效应。

造林技术要点如下。

- 造林地选择。毛竹造林最好选择海拔600 m以下的背风朝阳的山谷，山麓地带。坡度在20°以下为好，南坡比北坡日照强，温度高，有利于提高竹笋、竹材产量。毛竹生长快，有强大的地下系统（竹鞭、竹根）。要求土壤深度在60 cm以上，呈酸性、微酸性或中性的通透性能好的沙质壤土，地下水位在1 m以下。

- 造林整地。造林整地工作一般在造林前的秋、冬季进行，可分为全垦、带垦和穴垦等。全垦整地：包括清理林地、全面开垦和挖定植穴3个工序。造林地上如有杂草、灌木，在全面开垦前应加以清理。毛竹造林密度为450～525株/hm^2，株行距为5 m×4 m，按此要求定点挖穴，栽植穴规格长、宽、深为：1 m×0.5 m×0.4 m。全面垦复能彻底改变造林地，有利于毛竹造林成活，又可在造林后的二三年内实行竹农混作，以耕代抚。为了防止水土流失，山脚应留2 m宽的草带。林地坡度在15°以上的不宜全垦。带垦和穴垦：带垦用于坡度为20°～30°的造林地，沿等高线带状垦挖，带宽及带间距离可根据竹种及植被条件确定，一般毛竹移竹造林带宽3 m，带距3 m。带的坡向为南北向，在有风害的地方可与主风向垂直。穴垦主要用于坡度大于30°的造林地，按“品”字形设置垦穴。当坡面长超过200 m，每隔100 m，保留3 m左右的水平植被带，或修筑2 m宽的环山林道，以保持水土；也可根据具体情况，保留山顶、沟边地段的自然植被。

● 造林季节。竹子造林除大伏天、冰冻天和竹笋生长期外，其他时间均可种植；但毛竹以早春为好，春季雨水多、湿度大，造林成活率高，竹鞭生长快。

● 造林方法。毛竹造林的方法很多，常采用母竹移竹造林。母竹的选择：是造林成活和成林的关键。母竹年龄最好是一二年生，这时竹鞭处于壮龄阶段，鞭色鲜黄，鞭芽饱满，鞭根健全，这种母竹容易栽活和长出新竹、新鞭。三年生以上的老竹，不宜作母竹。造林母竹胸径3～6 cm为宜。粗大的母竹易受风吹摇晃，不易栽活；过细的竹子往往生长不良，也不适宜作母竹，母竹长势以生长健壮、分枝较低的为好。病虫竹、开花竹均不宜作母竹。母竹的挖掘：挖掘母竹的工具常用锋利的山锄，挖竹前应先判断竹鞭的走向，挖掘母竹时，先在距竹子30～50 cm处用山锄挖开土层，找到竹鞭，再沿母竹的来鞭、去鞭两侧，按一定长度截取，留来鞭20～30 cm、去鞭30～40 cm。挖母竹时，不要摇动竹杆，否则容易损伤“螺丝钉”，不易成活。挖出母竹后，留枝四五盘，砍去顶梢，要求切口平滑，鞭蔸多留宿土。母竹的运输：短距离搬运母竹不必包扎。但必须防止鞭芽和“螺丝钉”受伤以及宿土震落。挑运或抬运时，可用草绳绑在宿土上，竹杆直立，切不可把母竹扛在肩上，这样容易使“螺丝钉”受伤，宿土震落（唐明榜等，2004）。

⑦板栗（*Castanea mollissima* Blume）。是山毛榉科栗属的淀粉类乔木干果，原产于中国温带地区。板栗在中国已有2 000多年的栽培历史。板栗对气候土壤条件的适应范围较为广泛，在中国分布地域辽阔，北起辽宁的凤城（40°30′N），南至海南岛（18°30′N），大多生长在海拔370～2 800 m的山地，已广泛人工栽培。目前，全国板栗总面积已超过100万 hm^2，其中，近1/2的面积为20世纪90年代后定植，2010年板栗收获面积达到29.50万 hm^2，总产量已由1982年的8.3万t增加到2010年的162.0万t。栗实中含有丰富的营养成分，含淀粉60%～71%，糖分7%～23%，蛋白质5.7%～10.75%，脂肪2.0%～7.4%，还含有多种维生素和矿物质，维生素C含量比西红柿还要高，更是苹果的十几倍，含钾量比苹果高出3倍多。板栗也有一定的药用价值。

常规栽培要点：板栗实生苗6年左右开始开花结果，生产上常用2～3龄的实生苗作砧木，在展叶前后嫁接。板栗园应选择地下水位较低，排水良好的沙质壤土。品种选择应以当地选育的优良品种为主栽品种，同时做到早、中、晚品种合理搭配。山地栗园每公顷600～900株为宜，密植栗园每公顷可栽900～1 665株，以后逐步进行隔行隔株间伐。板栗可以实行密植矮化栽培，如山东省通过株行距1 m×2 m的高密度栽培，曾经创造出每公顷产量超过7 500 kg的高产典型，密植园在开始郁闭时及时采取间伐或移栽。基肥应以土杂肥为主，施用时间以采果后秋施为好，追肥时间宜在早春和夏季。一般发芽前和果实迅速增长期各灌水一次。板栗树修剪分冬剪和夏剪，冬剪是从落叶后到翌年春季萌动前进行，它能促进粟树的长势和雌花形成，主要方法有短截、疏枝、回缩、缓放、拉枝和刻伤；夏季修剪主要指生长季节内的抹芽、摘心、除雄和疏枝，其作用是促进分枝，增加雌花，提高结实率和单粒重。疏花可直接用手摘除后生的小花、劣花，尽量保留先生的大花、好花，一般每个结果枝保留1～3个雌花为宜；疏果最好用疏果剪，每节间上留1个单苞。在疏花疏果时，要掌握树冠外围多留、内膛少留的原则。人工辅助授粉，应选择品质优良、大粒、成熟期早、涩皮易剥的品种作授粉树。及时防虫治病。

⑧杜仲（*Eucommia ulmoides* Oliv.）。杜仲科杜仲属（单科、单属、单种）落叶乔木，分布于中国中部及西南部，是中国的特有种和著名木本药材。目前，除海南、台湾、黑龙江省和西藏自治区外的27个省（自治区、直辖市）均有种植，主产区为陕西、甘肃、河南、湖北、四川、云南、贵州、湖南及浙江等省。我国适应杜仲生长的地域十分广阔，可用于种植杜仲的土地达1 000万 hm^2以上，其发展潜力巨大。目前，全国杜仲栽培面积约35万 hm^2，占世界杜仲种植总面积的99%以

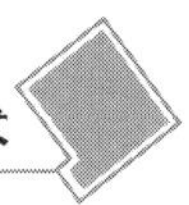

上。杜仲主要以干燥树皮入药，具有补肝肾、强筋骨、益腰膝、除酸痛、降血压等功效。主要药用成分有松脂醇二葡萄糖苷、杜仲多糖、桃叶珊瑚苷（含量11.3%）、绿原酸（含量2.50%～5.28%）、多种黄酮类化合物（含量3.5%）及维生素E等，杜仲油中高活性α-亚麻酸含量居所有植物之首，达66.4%，为橄榄油、核桃油、茶油中α-亚麻酸含量的8～60倍。杜仲全身含杜仲胶，叶片含3%～4%，树皮含6%～10%，根皮含10%～12%，果皮含胶率高达17%，因此，杜仲是胶原树种。杜仲胶具有低温可塑、形状记忆、透雷达波、耐磨、耐腐蚀、减振、隔音等特性，杜仲胶质硬、熔点低、易于加工，而且它耐酸、耐碱、耐海水腐蚀，并具有良好的绝缘性和黏着性，长期以来被用作塑料代用品，主要用作海底电缆等的原料，广泛应用于电器工业、化学工业和电讯器材工业。2011年我国天然橡胶产量72万t，创历史新高，但是天然橡胶进口数量仍达281万t，我国对外国天然橡胶的依存度高达近80%，因此，在大力发展三叶橡胶生产的同时，也要重视发展杜仲等胶原植物及其胶产品的规模化生产与加工。

常规栽培要点：播种育苗常采用条播，行距20～25 cm，当幼苗长出2～4片真叶时，要进行间苗，当幼苗形成5～6片真叶时，结合间苗进行移稠补稀，每公顷保留30万～45万株。扦插育苗：以杜仲1～2年生枝条为材料，用IBA、NAA和ABT，均能诱导插穗生根，其中，以150 mg/L ABT生根粉处理2 h生根效果较好，生根率达96.36%，平均生根数11.6，根长17.32 cm；半木质化的插条为最佳外植体，适宜在6—7月扦插，其生根率可达96.20%（时军霞等，2013）。整地：杜仲为深根性树种，主根明显，深达1 m以上，因此，杜仲造林要实行大穴栽植。对坡度超过15°造林地，除局部可全垦外，一般应进行带状整地。对坡度25°以上的造林地，禁止全垦，应进行带状或穴状整地，带状整地必须沿等高线进行，带间保留2～3 m原有植被。穴状整地要求规格60 cm×60 cm×60 cm。挖穴时，表土与心土应分开放穴旁备用。造林：一般株行距为2 m×2 m或2 m×3 m，每公顷2 500～1 660株。栽植宜在3月上旬进行。抚育管理：及时中耕除草、追肥和防治病虫害。整形修剪：乔林作业方式主要获得干皮和种子，定植3年后平地截干，选留一个健壮萌条，当年生长可达2 m以上，以后每年冬季剪除竞争枝条，连续3年，可培养成4～5 m通直主干；矮林作业方式主要获得叶片和枝条，定植后第3年冬季离地面50 cm处截干，截干后，深翻林地，施足基肥，促进萌发，以后每隔3年截干伐枝一次；头木林作业方式，既获得树皮，又获得叶片，栽植后第3年冬季离地面2 m处截干，在截面附近均匀留5～6个枝条作主枝，10年后，主枝皮可采剥利用，一年采剥一个主枝，并随即选育一个替换主枝，5～6年一个轮剥期，经3个轮剥期，伐去主干，利用伐桩再进行萌芽更新。

针对目前杜仲生产是作坊式企业和小农经济的经营模式，建立现代企业管理机制和发展模式，是杜仲产业健康快速发展的方向。无性繁殖应该成为杜仲良种繁殖最主要的方法，有待从良种选择、采穗圃营建与穗条质量控制、繁育基地规划、无性繁殖关键技术集成与规模化装备研发应用、组织管理与市场需求等方面开展系统的研究，建立杜仲规模化、规范化工程繁育技术体系，为我国杜仲产业发展提供优质种苗。中国林业科学研究院经济林研究开发中心与山东贝隆杜仲生物工程有限公司合作，进行了杜仲良种繁育工程技术研究与示范试验，已建成年繁育500万～1 000万株的规模化杜仲良种苗木繁育基地，取得了良好的效果。但是，目前杜仲生产绝大多数仍然采用实生苗进行繁育和造林。同时，目前95%以上的杜仲经营仍沿用传统的药用栽培模式，传统栽培模式每公顷产果量仅有50～75 kg，利用现有杜仲资源很难进行杜仲胶及杜仲油等产业化开发；而利用杜仲高产胶良种，采用果园化栽培技术，杜仲产果量比传统栽培模式提高了40～60倍，每公顷产果量可达3.5～4.5 t，每公顷产胶量达400～600 kg。杜仲产业已经发展形成杜仲叶、杜仲果、杜仲雄花、杜仲皮、杜仲枝桠材等全树利用，杜仲药品、功能食品、功能饲料、功能型食用菌等全面开发的新局面；但是，和杜仲胶的产业化开发一样，能够真正进入工程技术应用的产品屈指可数（杜红岩，

2014）。

⑨肉桂（*Cinamomum cassia* Presl.）。肉桂是热带、亚热带多年生樟科樟属常绿乔木。肉桂皮和肉桂油是著名的香料和药品，有抗菌、杀虫、祛风、止痛、健胃、发汗、止吐等药用价值，也是常用的调味品。肉桂原产我国，肉桂的利用在我国已有 2 000多年的历史。肉桂主产于广西和广东，现福建、台湾、云南等省、自治区也广为栽培。我国种植的肉桂主要有白茅肉桂（黑油桂）、红茅肉桂（黄油桂）、沙皮肉桂 3 个品种，以白茅肉桂含油量最高。肉桂与桂皮经常被混淆，两者虽同属樟科樟属，但为不同品种，桂皮树皮较厚，香味远不及肉桂。肉桂的主要成分为挥发油、萜类、黄烷醇类等，其中，挥发油含量为 1.2% ~2%。肉桂油为肉桂的主要活性成分，具有抗菌、抗病毒、降血糖、抗血栓及抗肿瘤等多种药理作用，且活性较强，临床上可用于治疗多种疾病。肉桂油的主要成分肉桂醛（约占 75% ~90%），在香料香精、医药、食品添加剂、化妆品、糖果、罐头食品、焙烤食品、酒类和烟类中有广泛应用。桂皮对油脂有很强的抗氧化功能，可利用桂皮下脚料提取天然抗氧化剂。

常规栽培要点：肉桂可用种子、扦插和压条等方法繁殖，以种子繁殖、育苗移栽为主。扦插繁殖在 3—4 月进行，选优良母本，采用 2 年生枝条，插条长 17 ~20 cm，带 3 ~4 个芽，剪去叶片，随剪随插，并搭设阴棚，及时除草、松土、灌水，待生根后（约 50 d），适当追施人畜粪水或尿素，培育 1 ~2 年后，苗高 30 ~60 cm、茎径 2 ~3 cm 时即可定植，以 3—4 月新芽萌发前定植成活率最高。栽植地应选土层深厚湿润、酸性的黄、红壤土，以阳光充足、排水良好的东南山坡为好。按株行距 60 cm × 60 cm、深 33 cm 定植。定植密度按栽培目的和土地条件而定：若供剥取桂皮，肥地株行距 5 m × 5 m，每公顷 375 株，或 4 m × 4 m，每公顷 630 株；若供采取枝叶蒸制桂油，瘠地株行距 1 m × 1 m，每公顷 10 050株。定植选阴天进行。定植后未成林的幼龄树，需要阴凉湿润的环境，宜在幼龄林间间作红花、益母草、菊花、慧仁、补骨脂等药材或玉米、芝麻、黄豆等作物，成林后不再间种。成林后要加强抚育管理，及时防治病虫害。

⑩枸杞（*Lycium Chinense* Miller）。枸杞为茄科枸杞属多分枝落叶灌木植物，我国有 7 个种和 2 个变种，其中，宁夏枸杞分布最为广泛。枸杞是我国传统的名贵药材和滋补品，主要活性成分有枸杞多糖（LBP）、枸杞甜菜碱、枸杞色素、枸杞黄酮等，具有补益 、治虚、抗衰老、保肝和促进、调节免疫功能等作用。枸杞属物种对环境的适应性很强，从高原高寒草甸、荒漠到低山丘陵的丛林，土壤类型有沙漠、沼泽泥炭、盐碱地、碱性黏土、酸性红黄壤、酸性腐殖土，从强光照的青藏高原到弱光照的四川盆地，从干旱、半干旱的西北地区到高温、高湿、多雨的西南、东南地区，都有分布。枸杞根系发达，抗旱能力强，耐寒力也很强，可在 -25℃下越冬，可作为干旱寒冷地区防风固沙、水土保持的防护林灌木，也可作为盐碱地的先锋树种。

宁夏枸杞（*Lycium barbarum* L.）的主产区包括：宁夏，2013 年栽培面积约 57 133 hm^2，2012 年总产量约 13 万 t，主产于银川平原、卫宁灌区，以黄河沿岸以及黄河支流沿岸的盐碱地种植较多；青海，2013 年种植面积已达 20 000 hm^2，2012 年产量约 4 万 t；甘肃，2013 年栽培面积约 20 000 hm^2，产量约 3.5 万 t；新疆，2013 年枸杞种植面积约 18 333 hm^2，2012 年产量约 2.72 万 t；内蒙古，2013 年栽培面积约 6 533 hm^2，2012 年产量约 2 万 t；还有西藏、陕西、山西、河北等省（自治区）。枸杞（*L. Chinense*）则主要分布在华中、西南和东南地区；其他几个种或变种种群较少，分布较为稀疏零散。目前，我国枸杞产业主要有宁夏、河北、内蒙古、新疆 4 大产区，绝大多数栽培品种均引自宁夏枸杞系列品种，少量栽培一些当地种（董静洲等，2008；徐常青等，2014）。

6.1.4 植物篱（植物地埂）技术

植物篱技术是山区坡地水土保持和农林复合经营中的主要技术之一。植物篱是由沿山坡等高线

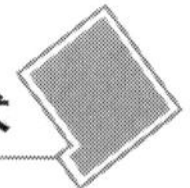

混种一行或多行速生、萌生力强的多年生灌木或灌化乔木或草本植物构成。篱与篱之间有几米间距，为作物、果树等耕作带。植物篱技术 20 世纪 90 年代初期在我国兴起。多地多年的实践表明，不论在南方或在北方，种植植物篱是实现坡耕地水土保持、持续耕作和综合发展的有效措施。

（1）植物篱树种、草种的筛选。植物篱树种的筛选应考虑枝叶能截雨，根系能固土，能显著加强梯田田坎的稳定性，能有效保持水土；能适应当地生态环境，宜选用当地乡土种；不与耕地内作物、果树等争阳光、争水分、争养分；易繁殖，生长快，根系深，耐刈割；投入低，易操作；能固氮，能培肥土壤；有多种用途或经济价值，可提高土地利用率，增加经济收入，如选用茶树、饲料树种、矮化果树及苎麻、黄花菜等草本经济植物。

南方山区植物篱的主要适用树种、草种有山毛豆、滇合欢、新银合欢、紫穗槐、龙须草、香根草、枣、杏、黄花菜、苎麻、杜仲、马桑、黄荆和木槿等。

北方山区植物篱的主要适用树种、草种有柠条、槐、沙棘、沙柳、狼尾草等。

（2）植物篱的结构方式。方式很多，一般以灌草结合的多行带状布置效果较好。我国各地有多种植物篱种植模式：例如，贵州省有茶树 + 杨梅、桃树 + 金荞麦、梨树 + 紫花苜蓿、桃 + 紫花苜蓿、梨树 + 皇竹草、梨树 + 黄花菜；四川省有植物篱 + 桑树、植物篱 + 桑树 + 果园、植物篱 + 农作物、植物篱 + 牧草；云南省有花椒 + 黄花菜、花椒 + 饲草作物；山西省有矮化枣 + 金银花篱笆、香椿 + 金银花篱笆、矮化石榴 + 黄花菜篱笆等。

1990 年中国科学院成都生物研究所在宁南县部分地区上选择新银合欢、山蚂蟥、滇合欢、黑荆树、圣诞树等多个耐切割、生长快的固氮树种作为绿篱带的主要树种，在坡耕地中每隔 3 ~6 m 的坡面距离，沿等高线以 5 ~8 cm 的株距高密度种植 1 ~2 行绿篱，篱的宽度为 40 ~60 cm。当这些植物篱生长至 1 m 左右时，从距离地面 40 ~50 cm 处将植物篱上部的嫩枝切割撒在耕地中作绿肥和覆盖物。通过 4 ~7 年的耕作，10° ~27°坡耕地逐渐形成梯田，水土流失得到有效控制，土壤肥力明显提高。

（3）植物篱的生态效益和经济效益。植物篱的主要功能是通过植物篱枝叶的机械拦截，降低地表径流速度，增加耕地的水分入渗量，减少水土流失。据测定，植物篱可以减少坡耕地地表径流 26% ~60%、减少土壤侵蚀 97% 以上，土壤侵蚀由 43.2 t/hm^2 减少到 4 t/hm^2。等高灌木带可以增加植被覆盖度 15% ~20%，减少径流 30% 以上，减少土壤侵蚀 50% 以上。紫穗槐植物篱比坡耕地减少地表径流 66.2%，减少土壤侵蚀 72.2%。由于植物篱与农作物根系分布深度的差异，两者之间的水分竞争很弱。与传统顺坡种植（CK）相比，在坡耕地上培植新银合欢和山毛豆固氮等高固氮植物篱，由于固氮植物篱向耕地大量输入刈割枝叶，正常耕作 3 ~6 年后，作物带土壤全氮可增加 80% ~130%，有机质增加 20% ~40%，有效钾和阳离子交换量等养分均有不同程度增加。由于土壤肥力状况改善，有等高固氮植物篱耕地的农作物产量明显增加（孙 辉 1999；王正秋，2000；尹迪信等，2001）。

在坡耕地上种植植物篱之后，能将坡地逐步转变成以植物篱为地埂的梯地。例如，在金沙江流域坡耕地上应用植物篱技术后，坡耕地在 4 ~7 年内形成生物梯地，植物篱形成梯地的成本仅为传统坡改梯的 3% ~17%。植物篱还可提供薪柴，例如，新银合欢等高植物篱每年提供枝叶可达 14 ~30.5 t/hm^2，有利于保护山林植被。植物篱在水土保持的同时还可以减少化肥、农药和除草剂的使用，降低生产成本，减少面源污染。

在土地生产力方面，固氮植物篱能改善退化土地和提高坡耕地肥力，提高农作物产量。固氮植物篱果园的经济效益比常规果园要高。种植在固氮植物篱间的桑树比传统地埂桑的桑叶产量高 114.3% ~180.6%。植物篱固氮植物的嫩枝叶含有丰富的粗蛋白，如新银合欢枝叶干物质粗蛋白含量达 18% ~24%，是优良的牲畜饲料。

6.2 林（果、桑、茶）业、种植业和养殖业立体生产模式与技术

由于空间（包括陆地和水域）环境与资源立体的分异，造成不同空间的农业（包括农、林、牧、渔、虫、菌等业）结构与功能、生产方式与生产技术的差异，即农业具有鲜明的立体性。

从宏观上看，我国是一个多山的国家，从东部的平原、丘陵到中、西部的山地与高原有三级台阶，每一级台阶上的农业的结构与功能都各具特色，全国农业呈现鲜明的立体性。

从中观上看，每一山区由于山地气候、土壤、植被等自然条件的垂直分异和农业生产方式与生产技术的垂直差异，农业也呈现鲜明的立体性。

从微观的角度来定义立体农业，是指在单位面积土地上的地面、地下、水面、水下、空中以及四周，充分利用各种农业生物的现实生态位并开发潜在生态位，充分利用光、热、水、肥、气等资源，同时，利用各种农业生物在生育过程中的时间差和空间差，通过合理组装，精细配套，完善物种食物链，建立起来的多物种共栖、多层次配置、多时序交错和相继、多级物质与能量转化的农业生态系统，是一种进行立体种植、立体养殖或立体复合种养的农业生产方式。立体农业具有集约、高效、可持续、可自净、安全等特点。农业立体生产技术是农村生态工程中的常用技术。

本节将从微观的角度，即从一块林地（果园、茶园）、一块农田、一个养殖场或渔场、一个庭院的范围，结合实际案例来阐述立体农业生产技术。

6.2.1 林（果、桑、茶）业立体生产模式与技术

林（果、桑、茶）业立体生产，是利用森林资源和林荫空间，以科学技术作支撑，适度发展林下种植、林下养殖、林下产品采集加工和林业生态旅游等产业的生产经营活动，近年来又称之为林下经济。可以发展林下经济的林种主要有速生丰产林和经济果木林。例如：

（1）河南省。2012 年，河南全省已扶持林下经济实体 2 500多个，发展林下种植 17.5 万 hm^2、林下养殖 1 300万头（只）；引导建立林业专业合作社 1 350个，入社农户 16.7 万户；开展森林旅游年接待游客564 万人次，带动就业 66 万人，年收益 73 亿元。在内黄县梁庄镇小柴村的三源林下养殖服务合作社利用丰富的枣林资源，放养柴鸡、种植金银花，带动 80 余户饲养柴鸡 100 万只，户均年增收 3 万多元，还被国际绿色产业合作组织认定为绿色生态基地。在林州，以红旗渠两侧太行山天然次生林为依托，大力发展休闲观光带，10 km 观光大道集中农家乐 120 家，年创收 4 600余万元。

（2）安徽省青阳县。该县地处安徽省皖南山区，林地面积 70 200 hm^2，集体林地占 90% 以上，森林覆盖率52.45%，是全省林业重点县之一。近年来，青阳县充分利用林下土地资源和林荫优势，开展林下种植、养殖等立体生态林业复合生产经营，使农、林、牧各业实现了资源共享、优势互补、循环相生、协调发展。同时，利用灵山秀水、佛教文化和生态景观发展生态庄园、生态养生园、森林旅游人家等生态旅游经济。林下经济的发展，缩短了林业经营周期，增加了林业附加值，促进了林业经济转型发展，初步实现林农增收和生态保护的目标。

本着因地制宜，宜养则养，宜种则种，宜游则游，统筹兼顾的原则，实现林下经济发展生态效益、经济效益、社会效益的有机统一。2012 年，一大批林农依靠发展林下经济和森林生态旅游，林下种植、养殖业年产值已达 2.85 亿元，生态旅游总收入 3.5 亿元。青阳县发展以下林下经济模式：

① 林禽模式。充分利用郁闭林下昆虫、小动物、树木落下花果及杂草多的特点，在林下放养或围栏养殖禽类（皖南土鸡）。其作用是森林为禽类提供生存生长环境，同时，家禽类能食用林中虫草和果实，减少林木虫源；禽粪可增加林地土壤养分、促进林木生长，实现林养禽、禽育林的互利

共生循环。林下养殖“皖南土鸡”已经形成规模，皖南土鸡专业合作社发展到16家，入社社员10 000余户，全县年饲养1 000只以上的林下养殖大户190户，带动就业4 800人（图6－4，引自http：//image. baidu. com）。

图6－4　林下养土鸡和养鹅

② 林畜模式。在林中放养或圈养畜类（黑山羊、波尔山羊、梅花鹿等）。森林为畜类提供生存环境；畜类产生的大量粪便与叶草及落叶混合，两者快速分解，为林木补充土壤养分，促进林木生长；通过建立“林草套种、以草养畜”的循环模式，不仅形成了生物产业链，还解决了林畜争地的矛盾，减少了化肥、农药对环境的污染。但林下牛、羊放养必须适度，否则，会造成对林木的破坏。

③ 林药模式。利用林地空间和林荫优势以及一些药材喜阴特性，林下间种中药材（牡丹皮、野菊花、金银花等），可以提高林地利用率，同时，通过对种植的中药材实施松土、除草、施肥等起到了改良土壤、增加肥力，促进林木生长的作用。林地宜选择未郁闭或半郁闭、土层深厚、水肥较好的杉木林、竹林、阔叶林、板栗、核桃、油茶等经济林。

④ 森林生态旅游模式。在保护当地自然和文化资源的真实性和完整性的前提下，依托九华山丰富的森林旅游资源和深厚的佛教文化底蕴，将森林生态旅游与林下种养、林下无公害产品消费结合起来，建立“生态庄园”“森林人家”，开展森林休闲、娱乐和林下钓鱼等项目，为游客提供休闲娱乐场所，从单纯的旅游向旅游观光、住宿、餐饮、礼佛、禅修、温泉、休闲、疗养、度假、采摘等多元化林间生态旅游模式转变。各类森林生态旅游场所已达300余家。

（3）贵州省。该省岩溶山区林业生产有多种复合立体结构模式。

① 经济林果＋粮食作物模式。该模式是指在林果树行间或树冠下种植粮食作物的栽培形式。由于粮食生产水平低且人口增长过快，粮食供需缺口长期困扰着贵州各族群众。粮食生产在贵州一直占有举足轻重的地位。因此，在开发生态经济林业时，始终不能放松粮食生产。该类型要求粮食作物以低秆农作物为宜，注意乔、灌结合，以利于空间互补，才能合理利用光、热、水等自然资源。种植的粮食作物主要有小麦、玉米、旱稻及薯类，经济林果类包括漆树、油桐、五倍子、苹果、猕猴桃、杨梅、枣树等。

② 经济林果＋经济作物模式。该模式是以林果树行间种植经济作物为主的栽培形式，通常以矮秆豆科作物为主，如大豆、绿豆、黄豆等。豆科作物的根系能增加土壤中N和有机质的含量，提高土壤肥力。此外，还可种植油菜、甘蔗、烤烟、茶叶、芝麻、花椒等其他经济作物。

③ 经济林果＋食用菌模式。该模式是指在林果树行间栽培喜湿润、喜阴的食用菌的形式。在贵州，食用菌类以木耳、香菇分布最广，质量最好。林果树冠下的高湿、弱光为食用菌的生长发育提供了良好的环境，同时培养食用菌所使用的废基料可以增加林果园的土壤养分含量，食用菌释放大量的CO_2可促进林果树的光合作用，两者互补互利、相互促进（图6－5，引自http：//

image. baidu. com）。

图6－5　林下培育食用菌和天麻

④ 经济林果＋药用植物模式。该模式是指在林果树行间或树冠下种植需光量较小、喜低温湿润环境的药用植物的栽培形式。岩溶地形、地貌具有多种多样的生态位，为多种药用植物提供了适宜的生长条件。贵州作为中国四大药区之一，有药用植物3 334种，其中，天麻、杜仲、黄连、吴茱萸、黄芪被称为“贵州五大名药”，具有很大发展潜力。采用这种模式种植的草本药用植物，生长期短，经济效益明显（图6－5）。

⑤ 经济林果＋蔬菜模式。该模式是在林果树行间或树冠下种植蔬菜，形成林果、蔬菜作物复合栽培模式。贵州省海拔差异大，气候资源丰富多样且生态环境污染少，发展反季节蔬菜和无公害蔬菜生产，具有很强的市场竞争力，前景看好。该模式要求间作的蔬菜生长期较短、根系分布较浅，与林果树无共同病虫害，并且大量需肥需水期要与林果树生长高峰期相互错开。适宜该类型的蔬菜有白菜、莴笋、马铃薯、大蒜、生姜、大头菜、矮生四季豆等（颜廷武等，2001）。

（4）川中丘陵区林下养鸡试验。林下放养土鸡，是近年来在许多地方兴起的林下经济项目，是许多大、中城市土鸡和土鸡蛋供应的主要来源。林下养鸡对山林环境有明显影响，据在川中丘陵区进行林下生态养鸡试验，1年后的结果表明，林下养鸡能促进林木的生长和林地土壤肥力的提高。柏木胸径和高度年增长量分别比对照提高30. 80%和33. 73%；0～20 cm 土壤有机质、全 N、全 P和全 K 含量比养殖前分别增加5. 95%、14. 88%、10. 75%和5. 34%。但林下养鸡对林下植被也有一定负面影响：灌木盖度降低6. 67%～26. 50%，种类减少2～6 种；草本盖度降低9. 20%～27. 17%，种类减少3～8 种；枯落物盖度减少9. 30%～20. 90%。养殖密度分别为600、900、1 200和1 500只/hm^2样地上0～20 cm 土壤容重比养殖前增加11. 38%～17. 99%，>20 cm 土层容重增加8. 40%～15. 75%；土壤总孔隙度平均减少3. 20%；4 种养殖密度样地上土壤径流深分别比对照提高33. 59%、52. 97%、109. 06%和144. 60%，产沙量分别比对照提高45. 59%、67. 27%、123. 65%和146. 96%，但土壤流失量均明显低于容许的土壤流失量500 t/（km^2·年）。以养殖密度为600只/hm^2来计算，投入产出比为1∶2. 76，净收益为6. 88万元/hm^2。综合分析认为，养殖密度以900只/hm^2为最适宜，既可获得可观的经济收益，又能控制水土流失量。若养殖密度过大，鸡对林木的根部进行刨食，造成林木根部裸露，地被物遭到破坏，则对林地的破坏会很大，并增加地表径流（陈俊华等，2013）。

6.2.2　种植业立体生产模式与技术

利用作物不同的形态、生理、生态特性，和地面上不同高度、地下不同深度生态位的光、温、水、气等生态条件的时空差异，将多种作物实行间种、套作立体种植，以充分利用土地和阳光资源，是我国农业的优良传统，经验十分丰富，形式十分多样。一般而言，实行高秆作物与矮秆作物

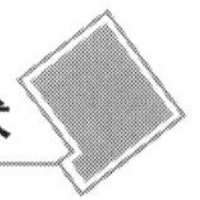

间套作，深根作物与浅根作物间套作，豆科作物与非豆科作物间套作，粮食作物与经济作物间套作，直立生长作物与匍匐生长作物间套作。旱地作物实行间种、套作的较多，水稻较少。

（1）慈利县旱作间套多熟立体种植技术。湖南省慈利县是长江中游南岸1992年率先在岩溶山区实现8 000 hm^2纯旱粮地成建制过7 500 kg/hm^2的山区县，并形成了较完整成熟的旱作间套多熟（包括粮经多熟）立体种植技术（参阅本书3.14节）。

（2）浙江旱地立体农业模式。浙江丘陵山区和沿江的旱地以旱粮生产为主体的多熟制立体农业模式主要有两大类型。

① 旱粮（麦、薯、豆、玉米等）分带轮作类型。例如：麦+绿肥/春玉米/甘薯分带轮作；马铃薯/春玉米/甘薯分带间套作；麦/春大豆+春玉米/秋玉米+秋大豆分带轮作；麦+蔬菜/春玉米+春大豆/甘薯分带轮作；麦/春玉米+春大豆/甘薯+小杂粮。

② 粮经结合多熟间套立体农业类型。例如：麦/西瓜+玉米/甘薯；麦/番茄/甘薯+大白菜；麦+菜/西瓜+玉米/秋萝卜（或秋马铃薯）；贝母、元胡、白术等中药材/春玉米/甘薯+秋玉米；麦/春大豆/甘薯+芝麻+小杂粮。

（3）秦巴山区玉米生姜立体种植技术。根据生姜喜温湿阴蔽、怕高温强光的生理生态特点和秦巴山区的自然气候条件，因地制宜安排玉米与生姜立体种植，利用高秆作物玉米在生长旺季的遮阴作用来满足生姜生长的需要，减轻了生姜在强光下剑叶（新叶）焦枯和高温、高湿下姜瘟病的发生；同时利用生姜繁密枝叶对地表的遮蔽来抑制玉米田间的多种杂草，既能提高生姜单产，又能增收一季玉米，生产效益十分显著。姜忌连作，最好与水稻、葱蒜类及瓜、豆类作物轮作，并选择土层深厚、肥沃、疏松、排灌水良好的壤土或沙壤土为宜。前茬作物为茄科、烟草、薯芋类作物及黏重涝洼地不宜作为姜田。这种技术的适宜区域为陕南秦巴山区海拔500 m以内河谷川道区域。

田间种植方式有2种：

① 1.5 m带型，2行生姜间作1行玉米。生姜种植密度为66 000株/hm^2，株距22 cm；玉米种植密度27 000株/hm^2，株距25 cm。

② 2.0 m带型，3行生姜间作2行玉米。生姜种植密度为60 000株/hm^2，株距25 cm；玉米种植密度33 000株/hm^2，株距30 cm。

秦巴山区自然气候复杂多变，常因山势海拔不同气温差异较大。因此播种应根据当地气温、地温和晚霜时间而定，海拔在300 m以内地区生姜可于清明至谷雨下种，海拔在300～500 m以内地区适当推迟10 d左右。采用地膜覆盖可统一提前10～15 d。玉米可采用育苗移栽或与生姜同时直接播种。下种时将种块水平按入播种沟内，使姜芽与沟内土面相平，姜芽按同一方向与播种沟垂直，行距株距为（40～50）cm×（20～25）cm，穴深13 cm。播后覆盖细土约3 cm厚，再铺1层稻草保湿并抑制杂草生长。为了不影响秋后生姜的生长，及时收获玉米是提高生姜产量的一项重要管理措施。生姜收获期，一般来说用于调味和药用的生姜最佳收获期在霜降至立冬，其肉质根茎老熟，养分充足，产量高；用于加工的生姜可在旺盛生长期收获。但在生产实践中，根据市场需要以及生姜具有一季栽培全年消费的特点，常常进行分次采收。

通常生姜产量为22.5～37.5 t/hm^2；玉米产量能达4 375～5 250 kg/hm^2。立体种植年产值较其他粮食作物一年两熟模式产值提高了3～4倍，经济效益十分可观（王祖桥等，2012）。

（4）玉米套种香菇立体栽培技术。香菇原以椴木栽培为主，现已完成了从椴木栽培到锯木屑+辅料栽培技术的转变。近年来，吉林、辽宁、天津等地推广了玉米—香菇立体种植，既提高了土地利用率，又实现了菇、粮互补互促，一地双收；种菇废料可直接还田培肥土壤；同时能发挥玉米生长的边际效应，粮食不减产，香菇又增收，每公顷可产玉米5 250～6 000 kg、香菇37 500 kg，纯收入为7.5万元以上，具有显著的经济效益与社会效益。技术要点如下。

① 整地作畦。地块选择不旱不涝、垄行东西走向。香菇与玉米按 1∶1 套种，2 垄播种玉米，2 垄修整成香菇栽培槽。槽宽 50 cm、深 15 cm，槽长不限，一般 10 m 左右，槽底中部稍高，2 个槽间留有 30 cm 的作业道，栽培槽的底面高于作业道 2 ~ 3 cm。播种前畦床每平方米用 200 g 白石灰消毒。

② 菌种选择。根据当地气候和商品要求选用品种，例如选用中温型、中早熟品种。

③ 菌料制作。香菇生产原料为阔叶树木屑 78%（也可部分用玉米芯 20%、豆秸 30% 等粉碎代替）、麸皮 10%、谷糠 10%、石膏 2%。制作时按比例混匀，喷洒 0.1% 多菌灵，边加水边搅拌，含水量控制在 55% ~ 60%，用手紧握培养料成团不松散，指缝间稍有水印即可，在常压下灭菌 2 h。

④ 适期播种。气温在 0 ~ 12℃均为香菇安全播种期，以 4 月上旬为宜。将蒸过的培养料取出冷却至 25℃左右，再将 2/3 菌种掰成小块拌入培养料中，选择无风天播种，首先在畦床内铺 1.5 m 宽塑料薄膜，同时撒培养料，料厚不超过 10 cm。剩下的 1/3 菌种表播，然后用木板压实，在料面上布撒秸秆，秸秆事先用 1% 的石灰水浸泡 2 ~ 3 h，捞出晾干。再盖上塑料膜，覆土 2 ~ 5 cm，两边厚中间薄。通常每公顷实种香菇面积 4 200 m^2，需投料 7.5 万 kg 左右，菌种量一般为干料的 20%。香菇播种后，温度适宜时种植玉米，株距为 20 cm，密度约为 4.2 万株/hm^2，玉米生长管理同清种玉米。

⑤ 养菌管理。播种后经常检查发菌情况，此时管理重点是控制温度变化，防止烧菌。一般在 5 月中旬菌丝就能长满培养料。当菌丝洁白、上下一致时，必须把塑料薄膜上的土抖掉，进行通风后再将薄膜呈皱褶盖上，中间留一条缝，保湿通气。同时遮上阴棚，避免阳光直接照射培养料。阴棚为拱形，拱高 50 cm，用稻草等秸秆打帘。当料面有 1/3 转色时要适量通风，促进转色，同时还要注意保湿，防止水分过度散失。

⑥ 出菇管理。菌料表面形成一层棕褐色菌膜，表明菌丝已达到生理成熟，将进入出菇阶段。一般 6 月上中旬畦边就可见菇，7—8 月气温较高，进入歇伏期，出菇量较少。此时要控制高温，保持水分，加强通风，减少杂菌侵害。9 月中旬以后天气凉爽，昼夜温差大，出菇增多，质量也好，10 月末出菇结束。如遇干旱，可往畦床内灌水，增加湿度。此时温度 25℃左右，湿度 85% 左右，保持散射光照，早晚揭膜各通风一次。

⑦ 采收加工。要按商品要求的规格适时采收香菇，过早或过晚则会影响香菇的产量和质量。第一茬菇采收后，不必喷水，可掀膜通风，让菌块表面适当干燥 1 ~ 3 d，然后再盖上薄膜，提高温度达 25℃左右，待菌块逐渐发白长出绒毛状菌丝时，可喷水增加湿度，掀膜通风，拉大温差，促使下茬菇的发生。当菌料重量减少约 1/3 时，可适当灌水。

⑧ 废料处理。香菇采收完后，将生产废料均匀撒于田间，拣出塑料薄膜等杂物，进行深翻整地，为下年生产做好准备（刘海东）。

6.2.3 养殖业立体生产模式与技术

养殖业立体生产技术，在渔业生产中应用较多，技术比较成熟，效益也较好。

（1）池塘四大家鱼立体健康养殖技术要点。青、草、鲢、鳙“四大家鱼”是我国传统优良鱼种，目前仍是水产养殖的大宗产品。“四大家鱼”生活习性各不相同，分别生活在上层（鲢）、中上层（鳙）、中下层（草、青），因而可以立体混养；草鱼主要以青草为食，其粪便可肥水并促进浮游生物繁殖，因而能促进以浮游生物为食的鲢（在鱼苗阶段主要吃浮游动物，长达 1.5 cm 以上时逐渐转为吃浮游植物）、鳙（主要吃浮游动物，也吃部分浮游植物）的生长；青鱼是杂食性的，主要以螺蚌类及水生蚯蚓和昆虫等动物性饵料为食。

鱼类健康养殖，不但产品是无公害的，而且对养殖水体内外环境也不会造成公害，是环境友好

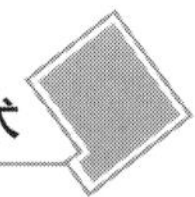

型、资源节约型的养殖方式。池塘四大家鱼立体健康养殖技术要点如下。

① 鱼池。须符合无公害水产品产地环境要求，水质符合淡水养殖用水水质要求和淡水渔业水质标准。池塘以长方形、面积 0.33～1 hm^2、水深 2～2.5 m 为宜，淤泥厚小于 10 cm，具备完善的水系和排灌系统，机电设施齐全。

② 养殖布局。以渔牧结合为主，其中，鱼—畜（牛、羊等）结合、鱼—猪结合、鱼—禽（鸡、鸭、鹅等）结合最为常见；其次是鱼—菜结合、鱼—瓜结合、鱼—稻结合和鱼—桑结合等。无论哪种方式，都以养鱼为主。目前，大都把养鱼、养猪、养禽结合起来，并开辟青饲料地种植牧草，每公顷鱼塘配养 30 头猪、450 只鸡或鸭、3 300 m^2左右的饵草地（少部分地种蔬菜）。1 头猪年产粪肥 2 500 kg，可转化成鲜鱼 80～100 kg；1 只鸡或鸭年产粪肥 40 kg，可转化成鲜鱼 8～10 kg；每公顷饵草地年产饵草 7.5 万～9 万 kg，可转化成鲜鱼 3 750～5 250 kg。猪、鸡、鸭等畜禽粪必须先流入建好的粪坑中，经发酵或沼气利用后，按技术要求进行池塘施肥。

③ 放养前池塘处理。冬季池鱼起捕后排干池水，清整池塘，挖出过多塘泥，平整池底，加固池埂，冰冻、暴晒池塘。放养前 10～15 d 进行药物清塘。方法：每亩用生石灰 1 125～1 500 kg化水后趁热均匀泼洒于池底和池坡，第 2 天或第 3 天翻动底泥，并暴晒 7 d 左右，以增强效果。当水温上升至 8℃以上时施入基肥，每公顷施人畜粪 4 500～7 500 kg，然后注入新水，培育浮游生物。

④ 鱼种放养。鱼种宜在 2 月底以前放养结束，要求体质健壮，体形匀称，体色鲜亮，反应敏捷，鳍条鳞片完整，放养时用 3%～5% 食盐水浸洗鱼体 5～10 min。“四大家鱼”食用鱼池塘养殖的放养方式，有以鲢鱼或鳙鱼为主养的放养方式，适用于肥料来源丰富和水质易肥的水体；也有以草鱼或青鱼为主养的放养方式。每公顷鱼种放养尾数，视鱼种大小而定，鲢、鳙、青、草亲鱼的雌雄比例一般为 1∶(1～1.5) 为宜。不论哪种放养方式，均可适量混养团头鲂、鲤鱼及鳜鱼、加州鲈、黄颡鱼、乌鳢等名贵鱼，以控制野杂鱼和大型浮游动物的孳生并增加产量和效益。

⑤ 施肥。无论以哪种鱼为主养，因是多品种、多规格混养，所以除了施足基肥外，还应合理及时追肥，培育浮游生物，提供鱼类正常生长必需的天然饲料。

⑥ 投饲。以养鲢、鳙鱼为主的池塘，除保持水体适宜肥度外，还应适当投喂一些青草、饼粕或配合颗粒饲料等，供摄食性鱼类摄食，精饲料日投喂量为摄食性鱼体重的 1%～5%。以养草鱼为主的池塘，早春开食时节，以喂鲜嫩的鹅菜、黑麦草为主，日投喂量为草鱼和鳊鱼体重的 3%～5%，4—5 月投喂黑麦草、苏丹草等青饲料量为草鱼和鳊鱼体重的 10%～20%，配合饲料量为摄食性鱼体重的 2%～3%；6—9 月日投喂苏丹草等青饲料量为草鱼和鳊鱼体重的 30%～50%，配合饲料量为摄食性鱼体重的 4%～7%；10 月以后，以投喂配合饲料为主，辅以青饲料。投喂饲料要坚持“四定”（定时、定位、定质、定量）。

⑦ 水质调控。适时加注新水和开增氧机，补充池塘溶氧，使池水溶氧量一昼夜内有 16 h 大于 4～5 mg/L，其余时间不低于 3 mg/L；改良池塘水质，每 15～20 d，每立方米水体用生石灰 20～25 g 化水全池泼洒 1 次，调节 pH 值为 7～8.5；每 20 d 施用 1 次微生物制剂（光合细菌、EM 菌等），控制非离子氨质量浓度 0.02 mg/L、亚硝酸盐质量浓度 0.2 mg/L、硫化氢质量浓度 1 mg/L 以下；把握池水透明度，保持池水肥、活、嫩、爽状态。

⑧ 及时防治鱼病。鱼病以防为主，每年春、秋两季采用 0.4 mg/kg 晶体敌百虫全池泼洒预防寄生虫，4—10 月每月 1 次采用 30 mg/kg 生石灰或 1 mg/kg 漂白粉全池泼洒预防细菌性疾病。一旦发现鱼病，积极对症下药，尽早治愈（丁德明，2014）。

（2）山塘水库鱼禽立体养殖技术。利用水面 1～12 hm^2、水深 3～20 m 的山塘、小（一）型、小（二）型水库进行鱼、禽混合养殖，是充分利用现有灌溉、发电等塘库水域资源，实施水下养鱼、水上养鸭、一水多用（灌溉、发电、养鱼、养鸭）高效、低耗的立体综合养殖模式，是一种高效、低耗的良性生产系统；它不但可获得大量水禽产品，同时也能较大幅度地提高塘库水域养鱼产量和经济效益。但是，作为饮用水源的塘库不可养鸭和发展网箱养鱼。

福建省沙县利用非饮用水源的山塘、小（一）型、小（二）型水库推广鱼、禽立体综合养殖，有效地解决了山区塘、库水域养鱼有机肥来源困难的问题。山塘、水库养鸭后，大量粪便经消毒发酵处理后投施到塘、库内，培肥了水质，促使水体中浮游生物大量繁殖，为鱼类提供了丰富的天然饵料，同时水禽摄食的饲料残饵又可直接被鱼类食用，促进了鱼类生长，从而较大幅度地提高了塘库水域渔业产量，平均每公顷水面增产鲜鱼 1 197 kg，平均每公顷出栏鸭 11 475只，平均每公顷新增利润 19 710元，增产增收效果显著。

每公顷水面一般围栏养鸭 1 500 ~ 1 800只。鸭舍面积以每百只鸭 15 ~ 20 m^2 为宜。在鸭舍前方设鸭群活动场，其面积可与鸭舍面积相等，有条件的应比鸭舍大 1 ~ 2 倍。场地土质要结实、平整、略向水域方向倾斜，坡度不超过 30°为好。夏天活动场所应种树或搭棚遮阴，以防暑降温。养鱼水面除离鸭舍稍远的水面一角设草鱼食料台外，在靠鸭舍水面一角应用网片或竹帘围栏，供鸭群下水活动。网片或竹帘应高出水面 60 ~ 80 cm，入水 50 ~ 60 cm，使围栏的鸭群不能外出，而鱼类又可以从网片或竹帘内外自由出入觅食。水面围栏面积一般以占塘、库面积约 1/3 为宜。鸭粪应及时收集到粪便堆积处进行消毒发酵，一般每 50 kg 鸭粪可拌入生石灰 2 ~ 5 kg，发酵期根据季节温度高低有所不同。发酵后的鸭粪视塘库水质的肥瘦情况来确定投施量，一般每月投施 1 次，每次每公顷投施鸭粪 1 500 ~ 2 250 kg为宜。

各养殖水域主要放养鱼类品种有鲢鱼、鳙鱼、草鱼、雄性罗非鱼、建鲤、彭泽鲫、团头鲂等，以滤食性和杂食性鱼类为主。平均每公顷放养鱼种 9 000 ~ 11 000尾，放养各类鱼种的比例是：14 ~ 17 cm 鲢鱼 2 700 ~ 3 000尾，14 ~ 17 cm 鳙鱼 1 200 ~ 1 500尾，15 ~ 20 cm 草鱼 1 050 ~ 1 500尾，8 ~ 10 cm 鲤鱼 50 ~ 80 尾，7 ~ 10 cm 雄性罗非鱼或鲫鱼 3 000 ~ 3 750尾，6 ~ 8 cm 团头鲂 900 ~ 1 500尾。年养鸭 6 ~ 8 批，平均每公顷放养鸭苗 12 105只。鱼禽立体养殖水域，除草鱼需人工投喂青饲料外，其他鱼类主要靠鸭粪消毒发酵处理后投施肥水繁殖浮游生物。

随着渔业产业结构调整，水产养殖业正由“数量渔业”向“质量效益渔业”转变，传统养殖模式向优质、高效、生态养殖模式发展。例如，福建省沙县根据本县大水域资源丰富、区域优势等特点，充分利用现有山塘、水库 335 hm^2，结合全县年加工 500 万只板鸭的生产需求，推广实施山塘、水库鱼、禽立体综合养殖，平均每公顷增产鲜鱼 900 ~ 1 200 kg，年可增产鲜鱼 300 ~ 400 t；平均每亩产肉鸭 700 ~ 800 只，每年可产鸭 350 万 ~ 400 万只，不仅可较大幅度地提高大水域渔业产量，还可为全县板鸭加工提供大量的肉鸭，获得鱼禽双丰收（黄邦星，2007）。

（3）多物种复合立体养殖模式。大多是以养猪或养鱼为中心，以沼气池为纽带，养猪、养鱼、养鸡、养鸭、沼气利用等相结合的立体养殖模式。主要有：鸡—猪—蛆—鸡模式，以鸡粪喂猪，猪粪育蛆，再用蛆喂鸡；鸡—猪—沼—蚯蚓—鸡模式，以鸡粪喂猪，猪粪生产沼气，沼渣育蚯蚓，再用蚯蚓喂鸡；鸡—猪—鱼—草模式，以鸡粪喂猪，猪粪养鱼，塘泥肥草；猪—沼—鸭—鱼—草模式，以猪粪生产沼气，鸭粪和沼液、沼渣养鱼，塘泥肥草。鸡—猪—鱼—草模式和猪—沼气—鸭—鱼—草模式，实现了水陆复合立体养殖。在上述多种模式中，均有利用畜禽粪便，或沼液，沼渣，或塘泥作肥料生产青饲料或饵料的环节，即实现了种养结合。

多物种复合立体养殖的技术要点有：

① 合理确定养殖体系内各组分的比例。例如，猪—沼—鱼—鸡—草”种养模式，一塘鱼（可养水面 0.33 hm^2，其中，成鱼池 0.27 hm^2，鱼种池 0.07 hm^2），一栏猪（常年存栏 8 ~ 10 头，年出栏 20 头左右），一口沼气池（8 ~ 12 m^3），一块饲料地（约 0.07 hm^2），一群鸡（100 ~ 120 只）。其中，鸡与猪结合的饲养比例为（20 ~ 25）：1，即 20 ~ 25 只鸡的鸡粪可养 1 头猪；猪与鱼结合饲养

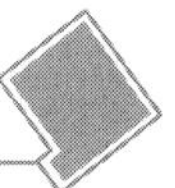

的比例为（5～7）：1，即5～7头猪的猪粪可满足0.07 hm^2 精养鱼池水面。

② 科学饲用畜禽粪便。鸡最好采用笼养，便于收集新鲜鸡粪。鲜鸡粪需经发酵后再用以喂猪。发酵温度要在15℃以上；当温度超过45℃时，要倒垛或翻缸；待温度恒定并与外界相等时，停止发酵，晒干后粉碎喂猪。成猪鸡粪喂量不超过饲料总量25%，仔猪不超过20%；施猪粪喂鱼时，以每次每公顷水面约1 100 kg为宜。

③ 正确利用蛆虫、蚯蚓、沼液等。用猪粪生产蝇蛆时，要防止造成蝇蛆扩散。用沼渣养蚯蚓时，可在地下建池饲养，在沼渣中掺上一部分畜、禽粪便。用蚯蚓、蝇蛆喂鸡时，可活喂，或晒干粉碎后作添加剂饲喂。沼液中含有铜、铁、镁、锰、锌等元素，还含有赖氨酸、色氨酸、蛋氨酸等，作饲料添加剂喂猪、牛、鸡等畜禽，可节省饲料。用沼液喂畜、禽、鱼时，必须选取正常发酵产气并已使用3个月以上的沼气池，切忌从病态池中取液饲用，随喂随取，保持沼液新鲜，并控制用量。

6.2.4 稻田立体种养模式与技术

稻田立体种养最成熟、推广最多的模式是“稻—萍—鱼”。近20多年来，各地根据的实际情况，因地制宜开发出了粮食作物组合、粮经作物组合、动植物组合、粮经饲（肥）组合、经济作物组合等数十种模式与技术，如“稻（藕）—鱼—蟹”“稻—高笋—蟹”“稻—鱼—菜”“稻—鱼—果”“稻—鱼—鸭”等模式，通过稻田养殖鸭、鳖、蟹、螺、虾、罗非鱼、鲫鱼、鲶鱼、牛蛙、美国青蛙等和种植多种果、菜等上市，显著提高了稻田的经济、社会和生态效益。例如，重庆市开发了“稻—鱼—葡萄”“稻—草莓”“稻—蘑菇”“稻—蔬菜”等模式，并大面积推广。重庆市有冬水田近27万 hm^2，目前已开展稻田养鱼的有12万 hm^2，其中，规范化稻田养鱼面积3万 hm^2，产鱼2 160.8万 kg，产值37 421.1万元。

以下介绍几种稻田立体种养模式与技术。

（1）稻—萍—鱼立体种养模式与技术。稻田养鱼在我国已有1 700多年的历史，我国南方的云南、贵州、广西和四川等省区已发展到相当规模，并呈现出向规模化、标准化、基地化和产业化发展的趋势；同时，稻田养鱼模式也由原来的平田式发展到垄稻沟鱼式、鱼凼式、沟池式、流水坑沟式等多种形式（图6－6，引自 http：//image. baidu. com）。

图6－6 稻—萍—鱼

稻—萍—鱼在稻田中形成复合共生生态系统，在这个共生系统中，水稻是主体，为鱼提供清新阴凉的水体；萍能为稻田提供大量有机肥，为鱼提供大量饵料并遮阳；而鱼则可捕食病虫害，减少水稻病虫害发生，养鱼稻田稻飞虱虫口密度可降低34.56%～46.26%，鱼还能吃掉水田中的纹枯病菌核和菌丝，稻—萍—鱼共生稻田的水稻纹枯病的发生率仅为一般田块的1/3左右；同时，鱼饵料残渣及粪便也为水稻生长提供了丰富的营养。

稻—萍—鱼立体种养的技术要点如下。

① 稻田选择与设施。选用水利条件好的稻田，特别是常年泡水的冬水田、囤水丘，加高加固田埂，在进水口田埂边缘处开挖深 1.2 m、面积约占田面 4% ~5% 的坑塘，在进排水口安装好拦鱼栅。水稻插秧秧苗返青后，根据田块大小开挖成“十”“井”“田”字等形状鱼沟，鱼沟宽深各 0.35 ~0.4 m，做到坑、沟相通。田埂上种田埂豆，坑塘上搭棚种瓜，这样有利于鱼、萍过夏，又能增加收入。

② 科学搭配萍种。稻田放养的萍种有细绿萍、卡洲萍、小叶萍、本地萍等。根据不同萍种的特性，进行萍种混养、轮养，可延长红萍养用时间。冬春季一般用较耐寒的细绿萍等萍种，按比例混养，每公顷放养 4 500 ~6 000 kg；到 6 月细绿萍死亡后，可放入部分小叶萍代替，增强越夏能力。放萍当天，每公顷用磷酸二氢钾 1.5 kg、硫酸铵 7.5 kg、托布津 3.75 kg、敌敌畏 0.75 kg、“二二三” 2.25 kg 加水 1 125 kg喷洒，第 2 天下午再喷洒 1 次，以肥促萍，以药治虫，有利红萍生长。红萍繁殖很快，要及时分萍，施肥。5—6 月期间，由于气温适宜，肥料充足，加上鱼小食萍量少，红萍增殖快，常会覆盖整个水面。但鱼的密度大、水体小，必须及时捞出部分红萍，以防缺氧造成鱼类死亡。也可在放鱼前在鱼凼和垄沟中用竹竿围栏红萍，使水面留出天窗，以增加水中氧气。

③ 适时放养鱼种。稻—萍—鱼立体种养生产，养殖鱼类主要以红萍为食料。因此，鱼种选择以草食和杂食性鱼类为主，一般放养草鱼和鲤鱼，搭配罗非鱼、淡水白鲳，也可饲养革胡子鲶。按比例投放较大规格的鱼种，并适当增加投放鱼种的总量，使每公顷投放的鱼种总量达到 225 ~300 kg。据试验，红萍饲养草鱼的饵料系数为 49，饲养罗非鱼的饵料系数为 52，日摄食量均可达体重的 60% 以上。放养时间，一般在插秧后 7 d 左右，通常以红萍繁殖基本达到覆盖稻田水面时放养为宜。

④ 水稻栽培。水稻种植方式有平栽式、畦栽式、垄栽式 3 种。平栽式：早稻插秧前结合犁田和耙田，分两次压鲜红萍 22 500 ~30 000 kg/hm^2 作基肥。方法是将田水放干，使萍体紧贴土面，再将红萍翻压在土层里。复水后，剩余的红萍可再繁殖，到一定数量后再翻压 1 次。畦栽式：畦宽 215 cm，每畦插秧 10 行，结合分厢作畦时进行红萍翻压。冷烂锈水田可采取垄栽式，另设鱼沟、鱼凼。烂泥田可两次起垄，1 次在栽秧前 10 d 左右，按规格起毛坯，并压施红萍，移栽前再清沟补垄。水稻品种宜选用分蘖力强、丰产性能好、耐肥、抗倒、抗病虫、耐淹、叶片直立、株型紧凑的水稻良种。

⑤ 田间管理。

• 灌溉。在早稻或单季稻营养生长期，鱼体较小，实行浅水灌溉，有利于水稻分蘖，又不影响鱼类生长。连作晚稻插秧后，由于鱼体较大，气温、水温较高，水深应控制在 8 ~10 cm。养鱼后一般不再晒田，为控制无效分蘖可采取深水灌溉。在夏季高温季节，田间水温较高，可通过调节水深、流水灌溉或鱼凼遮阴等办法降温避暑。

• 施肥。施足基肥，一般应占总施肥量的 70% 以上，以翻压鲜萍为主，适当搭配化肥，促使水稻平稳生长。早季，一般在插秧前压鲜萍 22 500 ~30 000 kg/hm^2，施尿素 120 ~150 kg/hm^2、过磷酸钙 150 kg/hm^2、氯化钾 45 kg/hm^2。选择水温较低的时间施肥，一般 1 次施硫酸铵 150 kg/hm^2 或尿素 75 kg/hm^2 左右。晚季，由于有鱼粪的累积，一般不施化肥。据试验，在 100 d 的饲养期内，稻田中每生产鲜鱼 50 kg，可提供氮素 2.64 ~3.18 kg、磷 0.05 ~0.06 kg、钾 0.15 ~0.24 kg，折合成尿素 5.74 ~6.93 kg 或碳酸氢铵 15.54 ~18.95 kg、过磷酸钙 0.33 ~0.42 kg、氯化钾 0.29 ~0.47 kg，由于稻—萍—鱼田有效养分增加，特别是肥田、冷浸田潜在养分高，应减少化学氮肥用量 15% ~20%，增施磷、钾肥。

• 投饵。到 7—8 月间，随着鱼体长大，食量猛增，此时正值高温季节，红萍生长减慢，供不应求，需采取人工投饵。可把早季晒干或沤制青贮的红萍，加鱼粉、豆粉、玉米粉、次粉、油脂、

矿物质和维生素添加剂，制成颗粒饵料，按鱼体重的3%～5%，分9：00—10：00、16：00—17：00，1日2次投喂。也可泼洒适量的人畜粪尿（施颂发，1998）。

（2）稻—鱼—菇立体种养技术。稻—鱼—菇立体种养生产，垄上种稻，沟中养鱼，稻行间培植香菇或木耳。垄沟式稻田的湿度、稻行间的光照强度适宜食用菌的生长，鱼沟又方便菌袋放置时和食用菌采摘时人的行走。稻—鱼—菇立体种养技术要点如下。

① 田间工程。4—5月期间，选好稻田，加高加固田埂，进出水口安装拦鱼栅。开沟起垄，采取宽垄式，垄宽1 m，沟宽50 cm，底宽30 cm，深30 cm，另设鱼凼。

② 水稻栽插。开沟起垄后，垄上栽秧5行，两侧边行行距15 cm，中间行距30 cm，穴距10 cm，每穴栽3～4株。

③ 鱼种放养。5月上旬栽秧前放养，鱼种以鲤鱼为主，占95%；草鱼占5%，尾重75 g以上。放养密度：每公顷产750 kg，放鱼种120 kg；每公顷产1 125 kg，放鱼种180 kg；每公顷产1 500 kg，放鱼种240 kg；每公顷产2 250 kg，放鱼种360 kg。

④ 放置食用菌袋。北方地区稻田培养的食用菌主要有木耳、平菇、榆黄菇、猴头菇、凤尾菇、佛罗里达菇、滑菇等；湖南培育紫木耳。7月上旬水稻有效分蘖结束，及时放置食用菌袋。菌袋用聚乙烯塑料薄膜制成，直径15 cm，长30 cm，每袋可装用糠麸、锯木屑或稻草粉、玉米秕粉配合制成的培养基1 kg，经高温灭菌后装袋接种，室内培育1个月左右，待菌丝长满后，放在沿鱼沟两侧便于放置和采摘的两行稻行间，袋距20 cm，立放，每公顷稻田放2.25万～3万袋。低洼地面用细绳把菌袋吊插在水中的木桩上，1根木桩可同时吊2～3个。菌袋离水面5～10 cm，水稻灌水时，不致淹没。菌袋周围需割“V”形出耳孔，孔高3 cm，深0.5～0.8 cm，每袋划3行，每行4个孔，即每袋有12个孔，袋底留6 cm不割孔。开孔完成后，用聚乙烯细绳扎住料袋口。

⑤ 日常管理。每天巡视，检查田埂和拦鱼栅有否坍塌损坏。同时观察水稻、鱼类生长情况，食用菌是否有杂菌感染，一旦发现，立即剔除。如感染绿霉菌，可用0.4%的多菌灵对污染处进行喷雾或用棉球涂抹。发现病害应及时防治。注意调节水深，食用菌袋放置后，垄面水深3 cm为宜。

⑥ 收获。食用菌整个生长期可采摘2茬，每茬15～20 d，食用菌长到一定程度，从个头和颜色上看已经成熟，要及时采摘。采摘过早，菌盖还未充分长大，影响产量；采收过迟，品质下降；当菌盖充分长大还未开伞以前，为采收的适宜时期。木耳采耳时间最好在雨过天晴或晴天早晨，采摘时，整朵木耳连根一起拧下。一般每个菌袋年产食用菌1～1.5 kg（施颂发，1998）。

（3）稻田养鳖技术。稻田养鳖是在种植水稻的同时养殖中华鳖的种养结合生态模式。水稻田湿地环境有利于鳖的隐蔽和生长，在不影响水稻产量的基础上可亩产商品鳖150kg左右；中华鳖能摄食水稻病虫害，能清除稻田里的杂草，鳖的残饵及排泄物又可作为水稻的肥料，从而达到稻鳖互利共生。鳖与青蛙可以混养。稻田养鳖种养技术要点如下。

①稻田选择与修整。最好是种单季稻的田块；选择水质清新无污染、水源充足的水田；水田土壤以不渗漏、保水力强、透气性好的沙壤土最好；交通方便，便于运输。稻田面积较大为好。鳖沟是稻田养鳖的重要设施之一，挖鳖沟是为了鳖能自由活动，能在农田施肥撒药时作躲避的场所，也是干田时躲避敌害的场所。鳖沟一般挖在稻田的中间，呈“十”字形，沟深40 cm，宽50 cm。饵料台设在沟两头的边上。饵料台可用石棉瓦，既作饲料台，也是晒背台，放时可顺沟坡斜放，底部最好用木桩固定。

②防护设备安装。在稻田四周田埂外侧加设防护设施如石棉瓦、防护网等，以防逃、防敌害。防护板应高出地面0.5～1.0 m，深埋入土30～50 cm，内壁光滑；若设防护网，还要在网的上端向稻田内出檐10～15 cm，成“Γ”形，下端入土30～50 cm以防成鳖上网或挖洞逃逸，同时也可防御敌害如蛇、猫、黄鼠狼等侵袭。稻田要设置进、排水口，设在对角线上，进排水口要用铁丝网固定

防护。

③稻种选择。选择生长期长、植株较高、抗倒伏的单季稻品种。秧龄大约 30～35 d。

④施肥。每年 3 月上旬，将发酵腐熟的人畜粪以每公顷 12 000～15 000 kg作基肥使用；插秧前根据土壤肥沃程度可适量施用发酵腐熟的鸡粪作为面肥使用。

⑤鳖选择。选择健康、体表光洁、无伤残、体型正常、活跃的鳖。鳖规格每只 150g～250g，按每亩投放 150～200 只。一般在插秧 20d 后投放鳖。鳖投放稻田前必须用 2.5%～3% 浓度的食盐浸泡 5min 消毒，然后捞起沥干盐水后投放。

⑥饲养管理。投饵：每天上午 9 点、下午 4 点两次投饵。饲料为成鳖料，有条件的地方，也可以小杂鱼、畜禽的新鲜内脏等作饲料喂鳖。防害：在稻田中养鳖，一般不会染病；但须防止鼠、蛇、野猫等侵害；在打药施肥前，应先把鳖赶到鳖沟里加以保护；平时注意田间巡查，防塌墙逃鳖。捕捞：诱捕可用倒须笼。可在室内阴凉处建小型暂养池，池中铺上 15 cm 厚的湿沙，每平方米养 20～25 只，可暂养 1～2 个月。

⑦诱虫灯设置。在稻田内空闲处有水的地方，如田埂四周、鳖沟处，每间隔 20m 放置一盏诱虫灯，自鳖投放稻田后，每天傍晚开灯诱虫，为鳖提供新鲜的昆虫活饵料。

（4）稻田养蛙模式与技术。首先加固田埂至 1 m 以上，迎水面安砌石料护坡，并建好进、排水口。在近田埂处挖沟作为牛蛙的保护沟。沟面宽 2 m，沟底宽 1 m，总面积为养蛙田面积的 15% 左右。在沟溜上搭遮阳棚，或在田埂四周内侧种植豆类等叶片较大的作物，供牛蛙上岸栖息。稻田四周用聚乙烯网围栏防逃。养蛙稻田一般采用半旱式栽培。中稻采用多蘖大苗，浅水移栽，以宽窄行的方式插足基本苗。水稻施肥以基肥为主、追肥为辅，有机肥为主、化肥为辅。栽后 10 d 放幼蛙，放前用高锰酸钾 20 ml 和 3% 食盐混合液浸洗 5～10 min。一般每公顷放养 40～50 g 规格的牛蛙幼蛙 22 500～30 000只，或每公顷放养美国青蛙 37 500～ 45 000只。牛蛙按常规方法管理，蛙前期采取浅水养殖，从中稻移栽到晒田前，稻田水层稳定在 10～15 cm，保护沟内水保持在 50 cm，保持水透明度在 35～40 cm（谢雪芳，2006）。

（5）稻田养鸭。这是近年来研究与推广较多的立体种养结合模式（参阅本书 6.6.3 节）。

6.2.5 庭院立体生产模式与技术

农村庭院是指农户住房院落和距离日常生活环境最近的那部分空坪隙地、山林及零星水域。据估算，农村庭院占地约相当于全国耕地总面积的 3.6%（云正明等，1998）。庭院经济是指农户以农村庭院的四大资源（零星闲置土地资源、农副产品资源、独特的环境资源、大量的剩余劳动力资源）为基础，以家庭为基本生产和经营单位，以商品生产为目的，从事种植业、养殖业、加工业等方面的经营。据湖北省宜城市测算，平原地区农村庭院户均占地 250 m^2 以上，丘陵地区户均占地在 300 m^2 以上。全国庭院土地面积约 794 万 hm^2，约占我国耕地总面积的 6%。自农村改革以来，农民在庭院这块土地上进行实践和探索，因地制宜地建立起多种多样的高效的小果园、小药园、小竹园、小养殖场及小加工厂等，创造了大量的物质和精神财富，活跃和繁荣了农村经济与文化；农民在庭院采用多种多样种、养、加相结合的立体生产形式，实现了农业资源的多次转换和再利用，并净化、绿化、美化了环境；同时吸纳了大量劳动力，缓解了农村劳动力过剩的压力（周晓钟，2007）。

以下介绍几例庭院立体生产的模式。

（1）以养殖业为主的庭院立体生产模式与技术。这是农村庭院生产中最具推广价值的模式与技术。一般而言，在 300 m^2 的农户庭院中可饲养蛋鸡 500 只，年产蛋 7 000～7 500 kg，产肉约 2 300 kg；利用鸡粪发酵配上等量的配合饲料养猪 20 头，产肉约 2 300 kg；建 10 m^3 沼气池 1 个

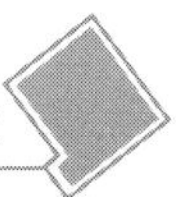

(参阅本书6.7.1节)，用猪粪尿、人粪尿入池产气，沼气可满足全年生活能源；用沼渣养蚯蚓（参看本书6.3.3节)，每平方米可产蚯蚓10 kg，用鲜蚯蚓，喂猪、喂鸡可节省大量配合饲料。每头猪按获利250元计，每只鸡按获利10元计，年养猪20头、养蛋鸡500只，两项年获利可达1万元。

(2) 以种植业为主的庭院立体生产模式与技术。主要是利用庭院四周空间，种植葡萄、枇杷、桃、李、柿等经济林果，以及草莓、瓜类、蔬菜、食用菌、花卉、药材、苗木等，充分利用空余的土地、空余的时间和作物生产的时间差，进行高矮搭配、季节交错、长短结合的多样性生产。也可在庭院周围建塑膜拱棚，进行蔬菜与花卉栽培；还可利用地窖生产韭黄、培养食用菌，利用池塘生产莲藕等。

(3) 种—养—加结合的大型庭院立体生产模式与技术。一户或多户联营，以一种或几种畜、禽、鱼、经济昆虫（蜜蜂、蝇蛆、黄粉虫等)、观赏动物等养殖和一种或几种经济作物种植为主，同时建设一个或多个沼气池，并设置精饲料与青饲料加工点和农畜产品加工点，逐步形成种—养—加体系，形成一业为主、多种经营的联合的大型庭院立体生产格局。

(4) 室内分层种—养生产模式与技术。随着农村养殖大户的涌现，室内生产用房的建设，已成为庭院经济的重要组成部分，出现了不少室内分层养殖，鸡、猪联养（上层养鸡，下层养猪)，以及多种特种经济动物的饲养专业户；有些农户在室内分层育菇；有些农户还设计建造多功能的农户生态住宅楼，采用太阳能热水器，开发屋顶葡萄园和苗圃等；人畜粪便则进入沼气池，生产沼气和沼肥。

(5) 雨水集流庭院立体生产模式与技术。在西北干旱地区，通过雨水集流技术措施（建集流场、修集水窖等，参阅本书5.7.1节）对有限的天然降水进行时空调控，将径流水集存保蓄起来，在解决人畜饮水的前提下，利用多余的集流水，结合节水灌溉和抗旱栽植等综合配套技术，在院内及房前屋后栽植果树、修建塑料大棚、节能日光温室和发展家庭养殖业。充分利用有限的天然降水，增加农民经济收入，是加快山区群众脱贫致富步伐的一种高效的农林牧复合经营模式；果园内可种植一些较耐阴的药材、蔬菜、土豆、南瓜、牧草等；利用果园树冠遮阴作用，在树下栽培食用菌，形成立体生产模式；家庭养殖业也是不可缺少的一部分，可利用果园内所种植的牧草、甜菜等发展家庭养殖业，选品种优良的牛、羊进行饲舍养殖，选品种优良的猪发展仔猪生产，既增加农民经济收入，同时牲畜粪便又是果园的有机肥料（魏强等，2003)。

(6) “果—畜—沼—窖—草”庭院生态果园。是在黄土高原半干旱区，以农户土地资源为基础，以太阳能为动力，以新型高效沼气池为纽带，形成以农促牧、以牧保沼、以沼促果、果牧结合的格局，建一个10 m^3 的沼气池，一座20 m^2 的太阳能猪圈，一眼40 m^3 水窖，再通过果园种草，起到保墒、抗旱、增草促畜、肥土改土的作用。沼气池是生态果园系统的核心，起连接养殖、种植、生活用能与生产用肥的纽带作用。沼气池上建太阳能猪圈，保温效果好，沼气池在冬季也能正常产气，同时温度的提高能促进猪的生长，缩短育肥时间；再加上沼液喂猪增重快，瘦肉率高，可提高饲料利用率。

6.3 动物蛋白饲料、饵料生产与加工技术

昆虫是动物界节肢动物门和昆虫纲种类的统称，全世界的昆虫种类有1 000多万种。昆虫是当今地球上种类最多和个体数量最多的动物类群，昆虫纲不但是节肢动物门中最大的一纲，也是动物界中最大的一纲，占动物总数的2/3以上。中国昆虫学家初步估计，我国昆虫种类约有150万种。昆虫不但种类多，而且同种个体数量十分惊人，一个蚂蚁群体可多达50万只个体。昆虫的食性异常广泛，并具有食物转化率高、繁殖速度快和蛋白质含量高的特点，被认为是目前最大

且最具开发潜力的动物蛋白质资源。

营养分析结果表明，大部分昆虫的蛋白质含量占干重的40%以上，并且各种营养成分及生物生长发育所必需的微量元素和维生素也比较全面。许多昆虫干体的蛋白质含量高达50%。例如，蝇蛆达61%、蚕蛹71%、蝴蝶75%、蝉72%、蚂蚁67%，有的甚至高达80%，如黄蜂达81%。更重要的是，昆虫蛋白质中氨基酸组分分布的比例与联合国粮农组织（FAO）制定的动物蛋白质中必需氨基酸的比例模式非常接近。因此，昆虫是一类高品质的动物蛋白质资源。大量研究证明，昆虫不仅蛋白质含量高，同时具有低脂肪、低胆固醇、肉质纤维少、易吸收、微量元素丰富等优点，是优于肉蛋类的最大的动物蛋白质资源，可以代替鱼粉的优质廉价的畜、禽、鱼的蛋白饲料。

昆虫具有繁殖快、生活周期短、产卵量大及饲养成本低等特点。大多数昆虫的生长周期都比较短，繁殖能力非常强，在一年之内能够繁殖几代甚至十几代，个别超过50代。以苍蝇为例，一对苍蝇4个月按理论计算能繁殖2 000亿个蛆，可积累纯蛋白质600多t。蝇蛆从卵到成虫周期之短，繁殖之快，产量之高，为其他许多生物难以比拟。蝇蛆初孵幼虫只有0.08 mg，在24 ~30℃条件下，经过4 ~5 d生长，蛆的体重即可达到20 ~25 mg，总生物量增加25 ~350倍。昆虫作为低等动物，在生态系统的能量转化中，虽然同化效率只有哺乳动物的一半左右，但它的生产效率却是哺乳动物的15 ~40倍，是用其他方法生产蛋白质所无法比拟的。又以白蚁为例，一只蚁后每天能生产480 ~900粒卵，一年产卵量就达几十万粒；而有些膜翅目的蜂后，一天可产2 000 ~3 000粒卵，每年产卵近百万粒卵。

我国禽畜养殖业正朝着规模化、产业化方向发展，目前大多数集中在城郊，养殖场规模越来越大，禽、畜粪便越来越多，污染日趋突出。腐食性昆虫占昆虫总数的17.3%，利用畜禽粪便做原料繁殖腐食性昆虫，既可实现废弃物循环产生大量昆虫蛋白饲料，同时又能通过分解畜禽排泄物来保持环境清洁，减少环境污染。

我国同世界各国一样，正面临动物性蛋白饲料严重短缺的局面，这种局面在今后一段时间仍将继续加重。大力开发利用昆虫蛋白资源，是解决动物性蛋白饲料的有效途径。

以下重点介绍无菌蝇蛆、黄粉虫以及蚯蚓养殖与加工技术。

6.3.1 无菌蝇蛆养殖与加工技术

（1）家蝇的种类。家蝇（*Musca domestica*）属昆虫纲双翅目环裂亚目家蝇科，是世界性分布的蝇种。最常见、常用的是红头苍蝇，就是厕所中常见的眼为红色、背为亮绿色的野生大苍蝇。红头苍蝇有许多优点：产卵量大；寿命长，雌蝇平均寿命45 d，在30 d时产卵量依然旺盛；对环境适应能力强，能很快适应人工养殖环境；蝇蛆个体大，蛆皮相对量少，可被畜、禽、鱼消化的成分多；生长速度快，在同等环境下，比一般家蝇蝇蛆成熟时间要快1 ~2 d；蛆、粪易分离，在养料充分、温度30℃的条件下，红头苍蝇蝇蛆在孵化后72 h就成熟并自动分离，设立自动分离收蛆桶，120 h基本分离干净。

（2）蝇蛆的营养价值。蝇蛆营养价值丰富，是畜、禽、鱼的优质动物蛋白质饲料、饵料资源，可以替代鱼粉。干蝇蛆粉含粗蛋白59% ~65%，粗脂肪12%，含畜禽生长必需的各种氨基酸，其必需氨基酸含量是鱼粉的2.3倍，蛋氨酸含量是鱼粉的2.7倍，赖氨酸含量是鱼粉的2.6倍，并含有动物所必需的铁、锌等多种微量元素。据试验，在饲料中添加适量鲜蛆喂鱼，可增产22%；添加10%蛆粉喂蛋鸡，产蛋率可提高17% ~25%；喂猪，生长速度可提高19.2% ~42%，且节省饲料20% ~25%；在规模化养殖条件下，还可以利用蝇蛆做原料，开发一系列医药产品、保健品、食品、化妆品、纺织品等产品。

（3）家蝇的生物学特性。

①对光、温、水的要求。生长发育适宜温度为 27～30℃，25℃以下，随着温度下降苍蝇就停止繁殖并逐渐进入冬眠状态，不食不动。到 -1～-2℃，蝇蛆完全停止活动，-5～-6℃死亡；当温度过高在45℃以上时，其生长速度比正常温度下生长速度减少一半。蝇蛆食料温度以 30～35℃为宜。成虫要求室内湿度 55%～60%，湿度过大时，蝇腿及身体易湿而妨碍活动。蝇蛆生长期需要的湿度为 65%～70%。苍蝇喜光，亮度越大其活动量越大。人工养殖苍蝇在房间中要有灯光装置，每天光照 10 h 以上。

②生长与繁殖习性。苍蝇生长发育分为卵、蛆（幼虫）、蛹、蝇 4 个阶段，每个世代需 12～15 d，一年可繁殖 24 世代。成蝇一生产卵 3～5 次，最多 10 次。卵经 12～24 h 即孵化成蛆；蛆经 4～6 d羽化成蛹；蛹期 3～5 d 羽化成蝇。雄性苍蝇的寿命一般只有 7 d，雌性苍蝇的寿命一般有 15～25 d。雄蝇交尾后即死去，但雌蝇可活 30～60 d，每次可产卵约 150 粒左右，如条件适宜，理论上当雌雄比为 1：1 时，100 只雌蝇经过 10 代，苍蝇数将达到 2 万亿只。苍蝇适应性强，易于人工控制，适于工厂化、规模化生产。

③食性。苍蝇食性杂而广，几乎能利用各种类型的有机腐殖物质。蝇蛆养殖的食料来源广泛，畜禽粪便、农副产品废弃物、酿造工业有机废渣（如酒糟、醋糟）、稍加处理后的有机垃圾等都是蝇蛆的优良饲料，因而生产成本很低。据统计，2003 年全国畜禽粪便年产生量已达到31.9 亿 t，远远超过当年工业固体废弃物 10 亿 t 的总量，畜禽粪便中的总氮量、总磷量分别达到了 1 394.60万 t 和 378.50万 t。

（4）蝇蛆的人工养殖技术。养殖蝇蛆，先要养殖成蝇。养殖成蝇有笼养和房间养殖两种方式。笼养用于养殖种蝇；房间养殖主要用于养殖生产用成蝇（图 6－7，引自 http：//image. baidu. com）。

图 6－7　无菌蝇蛆养殖房和利用蝇蛆网箱养殖黄鳝

蝇蛆养殖容易污染环境，在选择养殖地点时要注意远离住宅区，并将蝇蛆养殖场设在居住区下风侧；还要远离水源，以免污水渗入地下，造成水质恶化；还须设置鸡粪和蝇蛆养殖废弃物堆放场，以防造成环境污染。

① 种蝇来源及其驯化。首批无菌蝇可从示范基地引进，也可用野生红头苍蝇自行培育。获取和驯化野生红头苍蝇最简单的办法：用纱窗布做一捞斗，从厕所中捞取活蛆。在室外 27℃以上的晴天，先取 10 kg 新鲜猪粪、2 kg 麸皮、2 kg 猪血、0.3 kg EM 菌（用以降低或消除粪堆中的臭味并具有杀菌作用，EM 菌可自己制作）混合成蝇蛆养殖饲料，放进蝇蛆养殖房的育蛆池中。将捞取的活蛆清洗一下，倒在养殖饲料上，蝇蛆会马上钻进饲料中。2～3 d 后，蝇蛆会长大成熟，爬进收蛆桶中。然后把收集起来的成熟蝇蛆放在一个大塑料盆中，撒上少许麦麸，并搭盖编织袋，不要盖严。2～3 d 后，蝇蛆全部变成红色的蛹。筛去麦麸，将蛆育成蛹或将挖来的蛹经灭菌后，挑选个大饱满者（不要大头蝇），放入 0.7 g/kg 高锰酸钾溶液中消毒 10 min，捞出摊开晾干，再重新放回塑

料盆中，撒上少许麦麸，再搭上编织袋让蛹进行孵化。3 d 后，蛹孵化出大量的苍蝇。一发现有苍蝇开始孵化出来，就要给其喂食。苍蝇的饲料配方为：5 kg 温开水，加 1 kg 红糖，30 g 奶粉，1 g 三十烷醇，充分溶化。先在塑料盘里垫一片海绵，把饲料淋在海绵上即可；饲喂苍蝇的时间为每天 8：00～9：00，食料盘的海绵每 2 天清洗 1 次。另外，添加“催卵素”，以 150 m^2 养殖面积用淫羊藿 5 g、阳起石 5 g、当归 2 g、香附 2 g、益母草 3 g、菟丝子 3 g，混合煎汁。另在汁中加赖氨酸 3 g、蛋氨酸 2 g，喂 3 d，停 3 d。第 1 代养殖的苍蝇不太吃食，产卵极少或不产卵。不管苍蝇是否下来吃食和产卵，都要每天更换、添加食物和集卵物；操作人员进入养殖房中，走动要慢、要轻。当第 1 代苍蝇的卵孵化出来后，强化饲料营养，使蝇蛆的个体达到最大，并能使孵化出来的雌蝇增加。种蝇淘汰实行全进全出养殖法，当下一代蛹开始孵化时，要把在养殖房中原有种蝇全部赶出或处死。如此反复 4 代后，种蝇就驯化成功了。蛆化成蛹后用筛网进行蛹、料分离，然后挑选个大饱满者留种；暂不用之蛹可放入冰箱内存放 15 d；冬季应将种蛹移入室内保温越冬。

种蝇笼为用粗铁丝或竹木条和 18 目的纱网或白纱布笼做成的方形笼，体积以 0.1 m^3（长 0.5 m，宽 0.5 m，高 0.4 m）为宜，其中，一面留一个直径 20 cm 的操作圆孔，孔口缝接 30 cm 的布筒，平时扎紧。笼内放 4 种功能各异的盘或缸：水盘专供种蝇饮水，每天换水；食盘用无菌蛆浆、红糖、酵母、防腐剂、水调成的营养食料，每天换；产卵缸内装对水的麸皮和引诱剂混合物，以引诱雌蝇集中产卵，每天将料与卵移入幼虫培育盒内后更换新料；羽化缸专供苍蝇换代时放入即将羽化的种蛹。笼架上可放 3 层蝇笼。笼内温度保持在 24～30℃，相对湿度 50%～70%，每天光照 10 h 以上。

笼养种蝇的目的是让雌蝇集中产卵。a. 羽化：每只笼以放 6 000～8 000 只蛹为宜，在盛蛹的容器上覆盖一层 0.5 cm 厚湿麸皮，以保证羽化时所需要的湿度，温度低时加温至 25℃为好，经过 3～4 d 蛹羽化成蝇。b. 喂食、喂水：当蛹羽化出第 1 只成蝇后，就要开始喂食，笼养种蝇主要投喂奶粉和白糖，配比为 6∶4，少量多次给食，同时开始用垫上海绵的水盘喂清水。c. 接卵：蛹羽化后，约经 2 d，开始交尾，此时必须在纱笼里放入诱卵碟，诱卵物是臭鸡蛋对水调拌麸皮，湿度控制在 70% 左右，蝇会将卵产在诱卵物中，每天 10：00 和 15：00 各接卵 1 次，卵同麸皮一起倒入培养盆，进行蛆的养殖。

② 蝇蛆饲养。生产性养殖蝇蛆产品要有自销能力。目前，蝇蛆产品的收购部门不多，还没有多少蝇蛆、蛹壳的深加工单位，因此，进行蝇蛆生产性养殖必须自家是畜、禽、鱼养殖专业户，能做到自产自销，用来降低畜、禽、鱼的饲料成本，提高经济效益。

蝇蛆养殖必须有盆、桶、池或专用育蛆房等养殖设备。蝇蛆养殖必须达到一定的温度，气温 25℃以下不能养殖。塑料棚也只能是季节性养殖，深秋、严冬、初春温度达不到要求，如果没有加温控温设备，棚内也不能养殖。充足而廉价的废弃物（蝇蛆食料）也是不可缺少的条件，最好是用养鸡专业户自产的鸡粪。按 1.5 kg 鸡粪出 0.5 kg 蛆计算，生产性养殖所需饲料是很多的。如购买酱油渣、豆腐渣或其他废弃物，则成本太高，结果往往得不偿失。

Ⅰ. 育蛆房：在规模化养殖时采用。蛆房用 18 目的塑料网覆盖。一间 30 m^2 生产面积（可分 3 层，层距 80 cm 左右）的蛆房，要保证有 30 万只以上的种蝇，可日产 20～70 kg 鲜蛆。育蛆房温度保持在 26～35℃，湿度 65%～70%，室内备育蛆架、育蛆盆、温湿度计及加温等设施。幼虫怕光，不需光照。

育蛆房高 2 m，房内每 20 cm 拉一固定绳子，供苍蝇落脚。房四周每隔 1 m，安装 2 m^2 的大窗，每个窗用窗纱封好。有条件的养殖户，最好在房内安装自动控温仪，墙上平均每 20 m^2 安装一壁扇，由控温仪控制，每 40 m^2 装一换气扇。收蛆桶的边缘要高出蛆池地面 2～3 cm，并形成一个坡度，育蛆池壁高 20 cm。

Ⅱ. 食料准备：

- 苍蝇食料配方。以 150 m^2 的养殖面积计算，每天用量的经济配方：水 5 kg，红糖 0.5 kg，

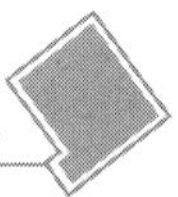

三十烷醇5 kg混合搅匀，倒入食料盘中；高产配方：水2 kg，红糖150 g，三十烷醇5 g，蛋氨酸5 g，赖氨酸5 g，鱼粉50 g，鸡蛋1个，蜂蜜15 g，玉米面1 kg，混成糊状，倒入食料盘中。

• 集卵物的配方。所谓集卵物，就是能够吸引苍蝇到指定的地方取食和产卵的物质。3种常用配方：动物血5%，麦麸95%；鲜猪粪或鸡粪30%～60%，米糠或麦麸40%～70%；麦麸50%，鲜羊粪35%，鱼内脏15%，用水调成，含水量80%。

• 蛆的几种食料配方。猪粪（3d内）70%，鸡粪（一星期内的）30%；100%猪粪或100%鸡粪；猪粪75%，豆渣25%；鸡粪50%，猪粪25%，豆渣25%；牛粪30%，猪粪或鸡粪60%，米糠10%。把粪、料混合，混合时每吨粪喷入1 kg EM菌，湿度以能把粪堆成20 cm高为准，用农膜盖严，24～48 h后使用。

Ⅲ. 饲养方法：蛆的养殖一般以盆养和水泥池养殖为主，盆养要求操作更加细致，管理更加严格，而水泥池养殖主要用于生产实际，便于操作管理。育蛆盆或池内先装入用无病菌禽、畜粪为主配成的混合培养料5～8 cm厚，培养料的湿度控制在65%～75%，当发现料堆干燥时，要及时加水，加水最好用猪圈水，加水至不见水流出料堆为止。然后投放种蝇和集卵物，诱使种蝇产卵，或按每千克食料放入1 g蝇卵的比例投卵，经8～12 h，卵即孵化成蛆。再经过4～5 d的培养，即可长成老熟的蛆，此时要将蛆、料分离。每3 d收取一次蝇蛆，每次留1 kg老蛆，放在一个专用孵化池或盆中任其变蛹和羽化，以保证蛆房中产卵苍蝇的数量。

③ 蛆、料分离。老熟的蛆，除留种须化成蛹外，用作饲料的蛆须从而使蛆、料分离。分离的方法有多种，例如，采用“强光筛网法”，利用蝇蛆怕光的特性，将蛆虫及培养料放进8～12目筛网，下面放一塑料盆或其他容器，在阳光照射下，蝇蛆向下钻，并通过筛孔落入木箱，达到收集蝇蛆的目的；也可采用“缺氧法”逼蛆逃离食料从而使蛆、料分离等。

④ 保种。如果冬天不想养殖，也不想来年再驯化野生种，就要保种。在9—10月，秋末时分，用好粪料养殖出一批健壮的蝇蛆，并让其变蛹，全部变蛹后，风干蛹外表的水分，将蛹用塑料盒装好，再用薄膜把塑饭盒包住，放进电冰箱的冷藏室，保持温度在5～10℃；来年室外温度上升到25℃以上时，取出放进蛆房中即可孵化（蒋爱国，2003）。

（5）蝇蛆的用途。鲜蛆经洗净烤干或微火炒干与晒干相结合并加工成蛆粉后，即可替代鱼粉配制混合饲料。禽类、鱼类也可以直接饲喂洗净的活蛆。饲喂试验证实：用添加蛆粉（5%～10%）的饲料喂鸡，产蛋率提高20.3%，饲料报酬提高15.8%；每头仔猪每天加喂蛆粉100g，体重较喂鱼粉的增加7.1%，成本下降13.2%；用蛆粉喂鱼，较用鱼粉增重20.8%，蛋白质利用效率提高16.4%。规模化蝇蛆养殖还可以开发医药、保健、生化、农药及化工产品。

家禽类投喂饲料总量的5%～10%，另需补充一些谷物。如果投喂量超过10%，由于蛋白质太多，会引起家禽消化不良而拉稀；肉食性水生动物类可全部投喂鲜蛆；哺乳动物一般采用在饲料中添加2%的干蛆粉饲喂。把收集到的干净蝇蛆用开水烫死，再晒干粉碎即成蛆粉（蒋爱国，2003）。

6.3.2 黄粉虫养殖与加工技术

黄粉虫（*Tenebrio molitor* Linn.），又名大黄粉虫、黄粉甲、面包虫（图6－8，引自http：//image.baidu.com），属昆虫纲鞘翅目拟步行虫科粉虫族，分布于世界各地，是粮食、药材仓库及各种农副产品仓库的重要害虫，由于其幼虫含有丰富的蛋白质和多种氨基酸，除用作牲畜、家禽、鱼类的蛋白饲料外，黄粉虫可以代替蚯蚓、蝇蛆作为黄鳝、对虾、河蟹、蝎子、蚂蚁、蜈蚣、蛙类、龟类及鸟类等经济动物的高蛋白质活饵料，而且还可以作为人类食品及保健品。因黄粉虫抗病力强、耐粗养、生长发育快、易繁殖，体内富含几丁质和不饱和脂肪酸，在人类食品、医药等方面的利用也日趋广泛，已成为当今世界上仅次于养蚕、养蜂业的发展较快的养虫业之一。2000 年山东农业大学刘玉升等成功地培育成了 3 个黄粉虫新品种 gh－1、gh－2、gh－3，并根据该品种的生物学特性及发育规律，创造了适宜的环境及设备条件，完成了工厂规模生产技术流程。

图 6－8　黄粉虫养殖及其幼虫

（1）营养价值。黄粉虫不同虫态营养成分有所不同，但蛋白质和脂肪含量都维持在较高的水平。幼虫、蛹和成虫中，蛋白质的含量分别为 50%、57% 和 64%；其中，含有动物生长发育必需的 16 种氨基酸，氨基酸总量分别为 44%、55% 和 54%。此外，还含有丰富的 P、K、Fe、Na、Ca、Zn、Se 等多种元素。黄粉虫含有丰富的不饱和脂肪酸。其高蛋白质营养液蛋白质含量相当于牛奶的 4～8 倍，其他有益元素及维生素含量均高于牛奶 3～10 倍。据试验，用 3%～6% 的黄粉虫鲜虫代替等量鱼粉喂养肉鸡，增重率提高 13.0%，饲料报酬提高 23.0%。

（2）饲养方法。饲养时间分短期饲养和长期饲养。短期饲养以饲养幼虫为主。长期饲养需要进行种虫饲养（包括成虫、幼虫和蛹不同时期的饲养）；按饲养量又可分为少量饲养和规模饲养，相对而言，短期的少量饲养要容易一些。

黄粉虫适应性强，对喂养设施要求不高，可用木箱、塑料盒、砖池等光滑的容器喂养。喂养规模较大时，可采用直径 150 cm 的竹匾，内铺薄膜，然后一层层放在立架上。黄粉虫为杂食性昆虫，食料以麦麸、米糠、饼屑、酱油渣等为主，配以蔬菜、西瓜皮或野菜以补充水分，保持 75%～90% 的相对湿度和 25～30℃的室内温度，室内光线略暗。每 1.25 kg 麸皮可生产 0.5 kg 黄粉虫。黄粉虫 70 多天就能繁殖一代，一只雌虫经交配后能繁殖幼虫超过 3 000条。

喂养密度对黄粉虫幼虫的发育、化蛹、羽化都有影响，要注意适时收取幼虫。黄粉虫的雌雄比与环境条件有很大关系，一般雌雄比 1∶1，但是在条件适宜（温度 25～33℃，空气相对湿度 65%～80%，饲料充足）时，雌雄比可达 3.5∶1，相反，如果生存环境不理想，雌雄比变为 1∶4，且成活率较低。

在黄粉虫生长过程中，有时会出现螨害或干枯病和软腐病，主要防治措施是改善饲养条件，在高温干燥时要注意及时添加新鲜饲料或喷水来预防干枯病，同时要对养殖器皿消毒，还要注意防治蚂蚁、壁虎等有害生物入侵（杨明禄，2005）。

6.3.3　蚯蚓养殖与加工技术

蚯蚓是陆地上生物量最大的一类动物，因而在陆地生态系统中具有十分重要的功能。达尔文认为，蚯蚓是地球上的“第一劳动者”。20 世纪 40 年代以来，许多国家，如美国、日本、加拿大、德国、法国、新西兰、印度、菲律宾以及我国等，相继开展了人工养殖蚯蚓的研究。目前，已发展到工厂化养殖和商品化生产，养殖蚯蚓成了前景广阔的新兴养殖事业（周世霞等，2007；王冲等，2005）。

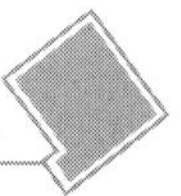

（1）蚯蚓的种类。蚯蚓属于环节动物门寡毛纲，可分为陆生及水生两种类型。大多数种类属于陆生蚯蚓，体型较大，主要分布于土壤表层；俗称“红虫”的水生丝蚯蚓，主要分布在各种淡水水域，一般体型较小。目前，世界上有记载的陆生蚯蚓有3 000多种，大体上分为生活在土壤表层的表层种、生活在有机腐殖质中的内层种和体型较大生活在土壤深层的深层种。我国（包括香港、澳门、台湾地区）2005年10月前记录的陆栖蚯蚓（寡毛纲后孔寡毛目）共有9科28属306种（含亚种）。其中，1990年后发现的新种（包括台湾地区）有59种（含亚种）（黄健等，2006）。

蚯蚓的品种很多，在我国分布最广的有赤子爱胜蚯蚓以及从日本引进的大平二号蚯蚓，它们的繁殖能力强，一年可繁殖200～300倍；其适应性也强，容易养殖。蚯蚓品种不同，其营养价值、培养方法、增殖速度及采收产量等方面都有差异。目前，我国用于养殖的蚯蚓主要有两类。

①威廉环毛蚓。这类蚯蚓适应性强，个体较大，但繁殖率相对较低。其体长可达15～25 cm，背面青黄、灰绿或灰青色，故俗称青蚓。常栖息于菜园、苗圃、果园、桑园等地。夏天暴雨后常见的蚯蚓一般多为青蚓。

②赤子爱胜蚓。这类蚯蚓食性广，繁殖率高，适应性强，生活周期短，是国内外目前重点推广养殖的种类。其代表品种有大平二号（图6－9，引自http：//image. baidu. com）、北星二号等。体重0. 4 g左右时，即可达到性成熟，在良好条件下全年可产卵茧。成蚓体长9～14 cm，背面及侧面橙红色，腹部略扁平，喜欢栖息于腐殖质丰富的土表层。其中，大平二号蚯蚓个体较小，繁殖快，肉质比例高，人工养殖一年内繁殖增重累计达万倍以上；成蚓每1～3 d产卵茧1次，每块卵茧可繁殖出3～7条幼蚓；1 m^3 的腐熟饲料年产蚯蚓40 kg左右，是目前人工养殖的首选种蚓之一。

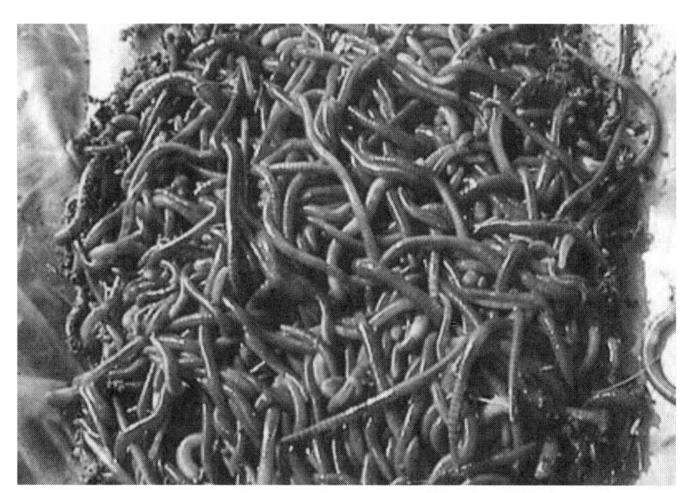

图6－9　大平二号蚯蚓

（2）蚯蚓的营养价值。蚯蚓的营养价值较高，蚯蚓干粉中蛋白质含量仅次于秘鲁鱼粉，为50%～67%；脂肪含量也较高，为4%～17%，仅次于玉米，而高于秘鲁鱼粉、饲用酵母和豆饼；碳水化合物含量为11%～17%；必需氨基酸中，除4种略低于秘鲁鱼粉外，其他各种氨基酸的含量都高于秘鲁鱼粉、饲用酵母、豆饼和蛆粉。蚯蚓所含脂肪中的不饱和脂肪酸含量较高。蚯蚓体内还含有丰富的维生素A和B族维生素复合体，其中，维生素 B_1 每100 g蚓体内含0. 25 mg，维生素 B_2 每100 g蚓体内含2. 3 mg；此外，蚓体内含Mn、Zn、Ca、Cu、Mg、Fe、Na、K、Se等多种微量元素。

（3）蚯蚓的生物学特性。

①对光、温、水的要求。蚯蚓无眼睛，畏光、喜温、喜湿、喜暗、喜空气、喜静、怕高温、怕震动，用皮肤呼吸。蚯蚓属于变温动物，昼伏夜出，其生长的适宜土壤温度为6～30℃，最适生长

温度为12～28℃，低于5℃时进入休眠状态，并且明显萎缩，甚至冻死。最高致死温度略低于其他无脊椎动物，赤子爱胜蚓为35℃，异唇蚓为36℃。繁殖的适宜土温是7～32℃，最适繁殖土温15～26℃，在18～23℃下繁殖力最强。如叶绿异唇蚓在10℃时需112 d，15℃时为49 d，20℃时为36 d，25～30℃时只需20 d左右，但孵化率有所下降。蚯蚓适宜湿度为50%～80%，分布范围很广。

②食性。蚯蚓是杂食性的，食料来源非常广泛，如稻草、麦秆、野草、糠类、糟粕类、畜禽粪等均可作为食料。在人工培育时，其原料可就地取材，主要原料包括粪料（猪、牛、羊、兔、鸡、鸭等粪便）和草料，也可利用食品加工的下脚料（如烂菜、瓜果）及造纸厂、制糖厂、酿酒厂的下脚料。一般养殖蚯蚓的食料是将60%～80%的畜、禽粪加20%～40%农作物秸秆及一些青草，进行堆制发酵腐熟而得。据研究，牛粪、食用菌渣（锯末）、果渣是蚯蚓的高产食料配料，用这几种食料搭配，最适宜蚯蚓生长、繁殖。用牛粪加蘑菇渣配方饲养的蚯蚓，干蚓氨基酸含量接近进口鱼粉，优于国产鱼粉；蚓粪氨基酸含量较麸皮低，但某些限制性氨基酸含量高于麸皮，完全可作为麸皮替代物在畜牧上应用。蚯蚓食料的几种较好的搭配方式：牛粪80%＋稻草20%；鸡粪70%＋木屑30%；鸡粪60%＋菜园土40%；蘑菇渣70%＋猪粪30%；草菇渣80%＋牛粪或猪粪20%；牛粪或猪粪80%＋杂草20%。

蚯蚓与土壤微生物有共生关系，蚯蚓的消化酶部分直接来源于与其共生的微生物，在有机质分解中发挥重要作用。

③生长与繁殖习性。蚯蚓是雌雄同体、异体受精的卵生动物，生殖系统很特殊，繁殖速度很快。受精卵在卵茧中直接发育，无幼虫期，40～65 d性成熟，100 d个体重达最大值，3个月繁殖一次，一年可产卵3～4次，寿命为1～3年。达性成熟和达个体最大重的时间与放养密度有关，随着密度增大，个体重降低，但群体生物量增加。蚯蚓增重曲线呈“S”形，在快速增长期与增重缓慢期的拐点处为蚯蚓最佳收获期。成蚓不喜欢与幼蚓同居，大小蚓一同养殖时，大蚓会逃走，因此，当蚯蚓大量繁殖、密度过大时，要适时分群。

蚯蚓再生能力很强，被切断后可迅速自行愈合并再生，形成新的完整个体，且再生时间短，一般再生前端约需7 d，后端仅需3～5 d。

（4）蚯蚓人工养殖技术。

① 养殖方法。蚯蚓的养殖方法有多种。

• 坑养。在背阳、阴凉处的庭院空地或禽、畜窝栏附近挖坑，也可用原有农家肥坑改建。坑长方形，面积2～4 m^2，深度为0.4 m，坑底与坑壁用三合土夯实，然后再用水泥浆封面。坑底向出水口倾斜，留通气孔。坑头挖一个低于坑底的渗水坑，排水、积肥两用。坑内加入生活垃圾、腐烂稻草、麦秆等物质，经充分发酵，直到温度不再升高为止，再在上面铺0.2 m左右细土。培养坑内的腐熟有机质和培养土准备好后，即可向土内投放蚓种或蚓茧。

• 室外堆肥养殖。取50%的田泥或菜园土和50%的已发酵好的培养料，两者混合均匀，堆成长、宽、高随意的长方体土堆，洒水，放入蚓种，再在土堆上加稻草等遮光覆盖物。此外，还可用盆、箱、缸等容器在室外饲养。

• 温床塑料大棚高产养殖。对于以生产增重为主要目的的蚯蚓养殖，其适宜条件是温度18℃、湿度65%。用温床塑料大棚养殖，可控制适宜的温度、湿度等条件，提高蚯蚓的产量。养殖蚯蚓的塑料大棚类似蔬菜大棚，棚宽一般5 m，长30～60 m，中间走道0.7～1 m。走道填高0.3 m左右，两边两条蚓床宽约2 m，蚓床上堆好腐熟有机质和培养土后，即可向土内投放蚓种或蚓茧。在两条蚓床的外侧开沟以利排水。

• 田间养殖。选用地势比较平坦、能灌能排的桑园、菜园、果园或饲料田，沿植物行间开沟槽，施入腐熟的有机肥料作蚓食，上面用土覆盖10 cm左右，再放入蚓种或蚓茧进行养殖。要经常

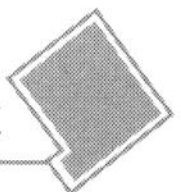

注意灌溉或排水，保持土壤和食料的含水量在60%左右。在培养过程中，每隔20 d左右加喂5～10 cm厚的食料1次。冬天可在地面覆盖塑料薄膜保温，促进蚯蚓的活动和繁殖能力。由于蚯蚓的大量活动，使土壤疏松多孔，通透性能好，可以实行免耕。

养殖蚯蚓的菜园，在整地时施入100～150 t/hm^2 的有机肥或经过腐熟的垃圾等。菜苗出土后，投放种蚓。如菜园中原有的蚯蚓数量较多，只要注意保护（如减少化肥、农药的施入等），可以不再另放种蚓。在养殖过程中对成蚓要分期采捕，威廉环毛蚓在菜园中养殖的密度控制在150～250条/m^2。在菜园中，影响蚯蚓数量的主要因素是含水量和pH值。

• 林下养殖。在林下设蚓床（图6－10，引自http：//image. baidu. com），宽2.5 m，床边沟宽30 cm，沟深10～15 cm，做到排灌方便。畜粪直接铺于养殖畦面，把粪料投在最下面，粪料上面投放蚯蚓并加盖3～5 cm厚蚓粪，使蚯蚓在蚓粪和畜粪界面上由上向下逐层取食，既无臭气，又无蝇蛆，并能保持蚯蚓生活层含水率在80%左右，不用经常浇水。夏季窄垄薄料，冬季宽畦厚料。

• 工厂化养殖。这种方法要求有一定的专门场地和设施，适用于大规模生产蚯蚓（图6－10）。

图6－10 蚯蚓林下养殖和工厂化养殖

② 食料准备。蚯蚓的食料是将60%～80%的畜、禽粪加入20%～40%农作物秸秆及一些青草，进行堆制发酵而成。堆沤前将秸秆和青草等切成3～4 cm长，并剔除杂物。消耗农作物秸秆2 t左右，可获蚯蚓1 t左右。10头猪1 d排出的粪便经完全腐熟后可供给2 400条澳洲蚯蚓或1 600条日本大平2号蚯蚓7 d的食料。

将按比例选择调配好的食料含水量调节至70%～80%，达到堆积后堆底边稍有水流出为宜，再加入5%的生石灰后充分混匀，堆成1 m高的料堆，堆外边用泥封好，或覆盖塑料薄膜密封，不必压实。当温度升高至50～70℃时进行翻堆，降温排出有毒气体后，继续堆沤发酵5 d再进行翻堆，一般翻堆3次即可。发酵腐熟的饲料要求无臭味、无酸味，质地松软不沾手，颜色为棕褐色，方可摊开放置。鉴别饲料发酵的好坏，可用小盆放养几十条蚯蚓，2d内无不良现象，则证明饲料合格，可用来饲养蚯蚓。

③ 饲养管理。养殖技术的关键是三群（母蚓产卵群、卵孵化群、蚓生长群）分养、鲜料直接投喂、高密度饲养、快速采收等。

• 三群分养。在三群分养中母蚓以产卵为主要目标，母蚓产卵要持续3～4个月。母蚓密度是影响产卵总量的一个重要因素，放养母蚓以每平方米（10 000±200）条繁殖性能最佳。母蚓3个月更新一次。蚯蚓产卵空间主要在6～20 cm深度范围内，在15 cm深度范围内，产卵数随着饵料深度增加而增加。种蚓池的饵料厚度以15～20 cm为宜。蚯蚓在土层中产卵很有规律，只要水平铲取一定厚度土层，就能把卵移到专门的孵化场地，在可控条件下卵的孵化率比较高，幼蚓的体质也好。每星期取卵一次，将卵移入孵化群，幼蚓1月龄时移入生长群。

• 密度控制。蚯蚓的正常生长繁殖需要一定的种蚓密度。一般情况下，青蚓放养密度以1 500

条/m^2 左右为宜，赤子爱胜蚓个体小，以 20 000～30 000条/m^2 甚至更多为佳。密度较低时，繁殖会受到影响，故收蚓时应注意保证留足一定的种蚓密度，不能一次收得太多。生长群蚯蚓放养密度可以增加到 5.5 万条/m^2，一般管理条件以 3 万～5 万条/m^2 为宜。

• 食料控制。蚯蚓的投食方式往往采用一次性大量投喂，必要时适时、适量添加新食料。如果以 8 000条/m^2 左右的密度投放，初始投饵厚度应为 20 cm，并且在 20 d 左右加喂 1 次。只要合理加料，蚯蚓便会在短期内从旧料进入新料中进行采食和活动。利用这一特性，还可很方便地进行蚯蚓采收。目前，生产上投料的常用方法为上投法、侧投法等。上投的方法是：当观察到料床表层已粪化时，即将新料撒在旧料上面，厚 10～15 cm，经 1～2 d 后，蚯蚓均可进入新料中。但如此重复数次，饵料床厚度不断增加，故需定期翻动料床，以免底部积水或蚓卵深埋。蚯蚓在食料中潜入的最大深度达 70 cm，99.2% 分布于 50 cm 深度范围内，因此，蚯蚓生长食料厚度可加大到 50 cm。侧投的方法是：先将陈旧料连同蚯蚓向一方堆拢，然后在空白位置上加料，1～2 d 后，蚯蚓就会自动进入新鲜料堆中，与留在旧料中的卵分开，此时，可将旧料堆连同蚓卵一同收集另行孵化。

• 培养环境控制。主要应注意以下 3 个方面：一是温度控制。料床温度经常保持在 15～25℃，pH 值为 6.5～7.5，蚓茧孵化时的温度以 20℃左右为佳。二是湿度控制。蚯蚓用皮肤呼吸，故环境需保持一定的湿度，但又不能积水。因此料床应定期浇水，一般每隔 3～5 d 浇水一次，使料床的相对湿度控制在 60%～70%。三是通气性。由于蚯蚓耗氧量大，需经常翻动料床使其疏松，或在料床中掺入一定量的杂草、木屑。当料床厚度较大时，可用木棍自上而下戳洞通气。夏季注意通风降温，晚秋和冬季注意防寒保温。

• 敌害防治。蚯蚓的敌害有田鼠、家鼠、鸟类、蛇、蟾蜍、蛙类、蝼蛄、粉螨、寄生蝇、蜈蚣、蚂蚁等。采取以防为主、防治结合的原则进行防治，例如，用 0.1% 三氯杀螨醇喷洒，可以有效地防止部分敌害侵入摄食和危害蚯蚓。

• 采集。当生长群蚯蚓 80% 刚出现生殖环时即为收获适期。5 万～5.5 万条/m^2 条件下，个体重为 0.38 g±0.02 g 时收获，经济效益最佳。适时收获，缩短养殖周期，可提高经济效益。合理采集，可大幅提高全年的蚯蚓产量。宜采用种蚓、生产蚓分开养殖，全进全出，连续作业的养殖工艺。采集的方法主要有以下几种：光照驱赶法，利用蚯蚓的趋黑避光特性，用强光照射养殖床，逐渐由上向下刮去蚓粪和饲料层，迫使蚯蚓逃往底层，然后集中进行采集。干燥逼趋法，利用蚯蚓用皮肤呼吸、需保持一定湿度的特点，在采集前停止对旧料加水，使之干燥，然后将其收集堆于培养面中央，并在周围放置几堆少量的、湿度适宜的、新鲜饵料。约经 2 d 后，蚯蚓便弃旧投新，进入小堆的新料中，此时可通过翻倒新料采集。用括土收集和食料诱集相结合的方法采收，快速高效。养殖密度为 4 000条/m^2 时，在晴天或强光下每工日收取蚯蚓可达 30～40 kg（王保辛，2005；刘孝华，2005）。

（5）蚯蚓的用途。蚯蚓有广泛的用途。

① 改良土壤。在每公顷肥沃的农田土壤中，一般约有 30 万条蚯蚓；在森林和沼泽土壤表面的枯枝落叶层中每公顷可多达 294 万条。在良好的土壤中，蚯蚓吞食和转化的有机质总量每年每公顷可达 0.1 t 以上，可以促进有机质的腐殖质化和复合体的形成，使土壤中的腐殖质提高 0.36～1.5 倍，促进土肥相融，加速土壤团粒结构的形成，改善土壤通透性和提高土壤蓄水、保肥能力，增加和改善植物营养。土壤的保肥能力可提高 25%～42%。

蚓粪是一种高级有机肥料，可改良土壤理化性质，提高土壤肥力，其中含氮、磷、钾的成分比一般土壤分别高 3 倍、5 倍、7 倍。团粒状结构的蚓粪比一般土壤团聚体稳固得多，大量的蚯蚓是土壤高度肥沃的标志。

② 用作饲料、饵料的原料和添加剂。蚯蚓粉含有丰富的蛋白质（占干重的 50%～67%）和多

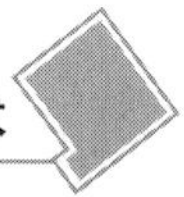

种氨基酸，其中，精氨酸含量比鱼粉高 2 ~3 倍，胡萝卜素丰富，是动物需要的高蛋白饲料；它的有效能量与鱼粉相当；而且适口性好、诱食性强；还可以提高畜、禽的免疫能力，具有保健功能；蚯蚓又易饲养、成本低廉。在当今动物蛋白饲料日趋紧张的情况下，蚯蚓粉作为一种畜、禽、鱼的优质蛋白质饲料和饵料，可以部分或全部用来替代鱼粉，越来越广泛地用于畜、禽及水产的养殖中。蚯蚓粉加工方法简单，将鲜蚯蚓风干或烘干后粉碎即成。一般鲜活蚯蚓产量为 30 ~45 t/hm^2，每 6 kg 鲜蚯蚓可加工成 1 kg 蚯蚓干粉。

在畜、禽养殖的饲料中用蚯蚓粉部分替代鱼粉，可提高饲料转化率，加快畜、禽生长速度，提高畜、禽肉质，增加禽类的产蛋率。据报道，用蚯蚓粉代替鱼粉饲喂肥育猪，日增重可以提高 13.1%，料重比降低 0.9；肉仔鸡日粮加入 7.5% 的蚯蚓粉，同日粮中加入 8% 的鱼粉相比较，5 ~6 d 增重提高 13%；在蛋鸡饲料中添加 4% 的蚯蚓粉，比不添加的产蛋量增加 20% 左右。在饲喂畜、禽时应注意，喂鲜蚯蚓比喂煮熟的或干的蚯蚓要好，可避免氨基酸和微量元素不必要的损失；但用野生鲜蚯蚓做饲料时，必须煮熟 3 min；小鸡、小鸭饲料全喂活蚯蚓效果很好；给畜、禽喂蚯蚓时不能时断时续；用蚯蚓喂猪时其用量在饲料中不能超过 8%，否则会影响生猪的食欲及生长；蚯蚓粪含氮 2.15%、磷 1.76%、钾 0.27%、有机质 32.4%，并含有 23 种氨基酸，不但是很好的有机复合肥，同时，也是水产、畜、禽最好的饲料、饵料添加剂，用蚯蚓粪做饲料时必须发酵。

在水产养殖中，蚯蚓一般用作诱食剂和蛋白质补充饲料。目前，利用蚯蚓喂鱼的几种主要方式有：在配合饲料中混入新鲜的蚯蚓；将蚯蚓粉和其他原料一起加工成颗粒饲料；在配合饲料中混入蚯蚓粪；将蚯蚓和蚯蚓粪混合共用等。据报道，在水产动物的饲料中添加 5% ~10% 的蚯蚓粉来喂养鱼苗时，成活率可提高 30%，增产 20%；喂鳖增产 20%；喂对虾产卵率提高 51%，成活率提高 30%；用蚯蚓喂鲤鱼，鲤鱼成活率达 99% ~100%，增长率达 38% ~59%；白线蚓、水蚯蚓和中华颤蚓是鱼类的良好饵料；蚯蚓粪也是鸡和鱼的饲料和饵料。

③ 加速农作物秸秆转化。蚯蚓食量大，生长快，繁殖率高，可大量吞食秸秆。在农作物秸秆中混入不同比例的牛粪或单独作为蚯蚓饵料，不仅可以充分利用农作物秸秆这一丰富的生物质资源，加快物质的循环，又可以减少因燃烧秸秆而造成的环境污染，其代谢产物蚯蚓粪富含蛋白质，还可用作配合饲料的原料，同时又是高效有机肥料。每 10 kg 蚯蚓种繁殖后每年可消耗 66.7 hm^2 作物地的秸秆，同时生产商品蚯蚓 1 000 ~1 200 kg和蚯蚓粪 4 ~5 t。饲养秸秆蚯蚓投资少、周期短、效益高，操作简便，不需机械粉碎，只要将秸秆堆垛起来，洒上水，保持一定湿度，即可放养蚯蚓。在冬季，只要将秸秆堆放在向阳避风处，适当遮盖，秸秆蚯蚓也可正常繁殖。放养秸秆蚯蚓，每公顷农田的秸秆约需购蚯蚓种苗费 1 800元，商品蚯蚓的产值可达 1.5 万元之多。另外，蚯蚓吃完秸秆后，排出的蚯蚓粪粒大小均匀，无臭无味，是上好的有机肥料。

④ 处理垃圾，净化环境。利用耐高温的蚯蚓品种处理垃圾，可以实现垃圾无害化、减量化、资源化。10 000条蚯蚓每天可处理 3 kg 畜粪，3 亿条蚯蚓每天可处理 100 t 造纸污泥，同时生产大量蚯蚓和蚯蚓粪。蚯蚓对硒和铜的富集能力很强，可以通过蚯蚓富硒作用生产高硒产品，作为人类食品；通过蚯蚓富铜作用可去除矿山土壤中有毒的铜。此外，还可以用蚯蚓作为土壤重金属的监测指示物。

⑤ 用作医药、化妆品原料。蚯蚓还具有一定药用、美容价值，可用作医药和化妆品原料。蚯蚓体内含有丰富的蛋白质、氨基酸及多种酶类，还含有解热碱、嘌呤、胆碱、亚油酸和多种维生素及微量元素，具有活血化瘀、溶栓降压、清热平肝、消炎止痛、平喘止咳、调节血糖、延缓衰老等作用。用蚯蚓配制的中药有 40 多种。蚯蚓也是人类的高蛋白健康食品（刘孝华，2005）。

6.4 农作物秸秆综合利用技术

农作物秸秆既是农业生态系统的重要产物，又是农业生态系统循环再生产的物质和能量基础之一，是我国农村产量最多、最重要的饲料、肥料、燃料资源，也是轻工业的重要原料。我国各地都有利用农作物秸秆制作农家肥或用于田间覆盖等用途的优良传统，但近40～50年来，随着化肥施用量和农膜用量的逐年增加，这种传统正在逐渐衰失。田间焚烧和丢弃农作物秸秆的现象随处可见，既浪费了大量宝贵的生物资源，又不利于农业生态系统的循环再生产，也对农村环境造成污染。

据调查统计，我国年产农作物秸秆总量6亿～7亿t，折合标准煤约为3亿t，其中一半可以作为生物质能加以利用。据统计，2010年稻草产量约为2.11亿t，占理论资源量的25.1%；麦秸为1.54亿t，占18.3%；玉米秸为2.73亿t，占32.5%，三大粮食作物秸秆占秸秆总产量的75%以上。稻草主要分布于我国南方和西南稻区；玉米秸秆主要分布于东北、华北各省及华东、中南玉米产区；小麦秸秆主要分布于华北、华东、中南小麦产区；豆类秸秆产量约占5.06%；薯秧产量约占3.47%；油料作物秸秆约占7.99%。随着农作物单产的提高，秸秆产量也将随之增加。随着种植业结构的调整，经济作物秸秆的产量占总秸秆产量的比例有所加大。

对农作物秸秆的利用是多方面的，方式是多种多样的。

6.4.1 秸秆传统利用方式

（1）作饲料和直接作燃料。牲畜饲料和生活燃料仍是农村秸秆利用的最主要方式，分别占到秸秆总产出量的31%和45%。1990—2000年，全国累计制作青贮饲料8.5亿t，年递增14.24%；全国累计氨化秸秆饲料2.8亿t，年递增35.69%。两项合计折算节约饲料谷物近2亿t，年均节约饲料谷物2 000万t，为缓解中国谷物供需矛盾做出了贡献。

秸秆中蛋白质含量不高，一般约为3%～5%，且品质不佳；几乎不含淀粉。秸秆的营养价值取决于对秸秆中有机物的消化程度。含量较高的粗纤维（约占秸秆干物质的20%～50%），限制了草食牲畜瘤胃中的微生物和消化酶对细胞壁内容物的消化作用，导致秸秆适口性和营养性差，无法被动物高效地吸收利用，因此，必须预先对秸秆进行加工调制，再用以饲养牲畜，才能提高其利用率和营养价值。利用化学、微生物学方法，可使秸秆降解转化为含有丰富蛋白、维生素等成分的生物蛋白饲料。

在山区，有限度地用秸秆直接作燃料不仅为农民缓解了生活用能问题，而且可减少薪柴樵采，有利于保护山地森林植被和减少水土流失。直接燃烧秸秆也可在秸秆主产区，为乡镇中小型企业、政府机关、学校和相对比较集中的乡镇居民提供一部分生产、生活能源。

（2）秸秆直接还田作有机肥料。在收割水稻时，随即将约1/3～1/2的鲜稻草均匀撒施翻压还田；玉米秆在田边地头先沤制堆肥，再均匀撒施翻压还田。稻草含氮0.51%、磷0.12%、钾2.7%。每公顷稻草腐烂后，相当于每公顷增施碳铵9 kg、过磷酸钙3 kg、氯化钾13.5 kg；玉米秆含氮0.6%、磷1.4%、钾0.9%。每公顷4 500 kg左右的玉米秸秆腐烂后，相当于每公顷土壤增施碳铵10.6 kg、过磷酸钙35 kg、氯化钾4.5 kg。据15省（市）调查统计，1999年和2000年秸秆还田总面积分别为917.8万hm^2和1 820.2万hm^2，分别占其种植面积的25.5%和37.3%，对提高耕地有机质起到了重要作用。

但秸秆直接还田技术不当时，也会带来不良后果。由于秸秆碳氮比高，在土壤中腐烂分解需要一定时间，如果翻压质量不好、氮肥施用量不足，就可能出现妨碍耕作、影响出苗、烧苗、病虫害

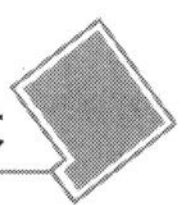

增加等现象，严重的还会造成减产。

（3）秸秆覆盖栽培。秸秆覆盖对土壤有夏季降温保湿、冬季保温保湿以及保肥和减少水土流失等作用；同时，秸秆腐烂后，能增加土壤有机质和养分，改善土壤理化性状，提高土壤肥力。因此，秸秆覆盖栽培可以显著增产。例如，据对重庆市典型地块对比调查表明，秸秆覆盖红苕，比对照（无覆盖）增产 33.7%；稻草覆盖四季豆，比对照增产 10.5%；稻草覆盖莴笋，比对照增产 17.5%。

（4）作编织业原料。在编织业中，最常见、用途最广的是用稻草编织草帘、草苫、草席、草垫等草编制品。草帘、草苫等可用于蔬菜温室大棚；草席、草垫既可保温防冻，又具有吸汗防湿的功效；而品种花色繁多的草编制品，如草帽、草篮、草毡、壁挂及其他多种工艺品和装饰品，由于工艺精巧，透气保暖性好，装饰性佳，深受国内外消费者的喜爱，已经成为一条效益很好的创汇渠道。

根据各类秸秆的特点，因地制宜，把其中几种利用方法有机地组合起来，形成一种多层次、多途径综合利用的方式，在农业生态系统循环生产中，不断提高秸秆的能量转化率和物质利用率，从而实现秸秆利用的资源化、高效化和产业化是生态农业发展的必然趋势。

6.4.2 秸秆综合利用新技术

（1）秸秆优质能源化利用技术。秸秆的能源密度为 13～15 MJ/kg，其热值约为标准煤的 50%，作为农村主要的生活燃料，其能源化用量占农村生活用能的 30%～35%。现行主要的秸秆能源化利用技术有秸秆直燃供热技术、秸秆气化集中供气技术、秸秆发酵制沼技术、秸秆压块成型及炭化技术等。秸秆沼气的发展，有利于打破农村沼气建设对畜禽饲养的依赖性。

① 秸秆气化。是高品位利用秸秆资源的一种生物能转化技术，其目标是建立农村生活用能集中供气系统。秸秆气化是一种生物质热解气化技术，将适当切碎后的秸秆在气化装置内不完全燃烧（热解），经氧化和还原反应即可获得理论热值为 5 724 kJ/m^3 的燃气，燃气的典型成分为：CO 20%，H_2 15%，CH_4 2%，CO_2 12%，O_2 1.5%，N_2 49.5%。1 kg 小麦、水稻、玉米秸秆的产气量分别为 0.45 m^3、0.14 m^3、0.50 m^3。将秸秆气化后使用总热效率可达 35%～45%，而直接燃烧秸秆的炉灶热效率最高的仅 12%～15%。燃气经降温、多级除尘和除焦油等净化和浓缩工艺后，由风机加压送至储气柜，然后直接用管道供用户使用。秸秆气化集中输供系统通常由秸秆原料处理装置、气化机组、燃气输配系统、燃气管网和用户燃气系统等五部分组成。1 套大型秸秆气化装置，供气半径一般在 1 km 之内，可供 200～250 户农民用气。“两人烧火，全村做饭”。秸秆气化集中供气技术为农村地区的秸秆能源利用，开辟了一条新的商业化途径（图 6－11，引自 http://image.baidu.com）。

我国已经开发出多种固定床和流化床气化炉，以秸秆、木屑、稻壳、树枝为原料生产燃气。2006 年村镇级秸秆气化集中供气系统已有 600 处，年生产生物质燃气 2 000 万 m^3。主要集中在山东、河南、江苏、河北、山西、北京、陕西。秸秆气化经济方便、干净卫生，在小康村、镇建设中广受欢迎。但大规模推行秸秆气化还需解决气化系统投资偏高、燃气热值偏低以及燃气中氮气与焦油含量偏高等问题。

② 秸秆压块成型和秸秆炭化技术。秸秆的基本组织是纤维素、半纤维素和木质素，它们通常在 200～300℃下软化，将其粉碎后，添加适量的黏结剂和水混合，施加一定的压力使其固化成型，即得到棒状或颗粒状“秸秆炭”。若再利用炭化炉可将其进一步加工处理，则可成为具有一定机械强度的“生物煤”。秸秆成型燃料容重为 1.2～1.4 g/cm^3，热值为 14～18 MJ/kg，具有近似中质烟煤的燃烧性能，且含硫量低，灰分少。其优点有：制作工艺简单，可加工成多种形状规格，体积小，

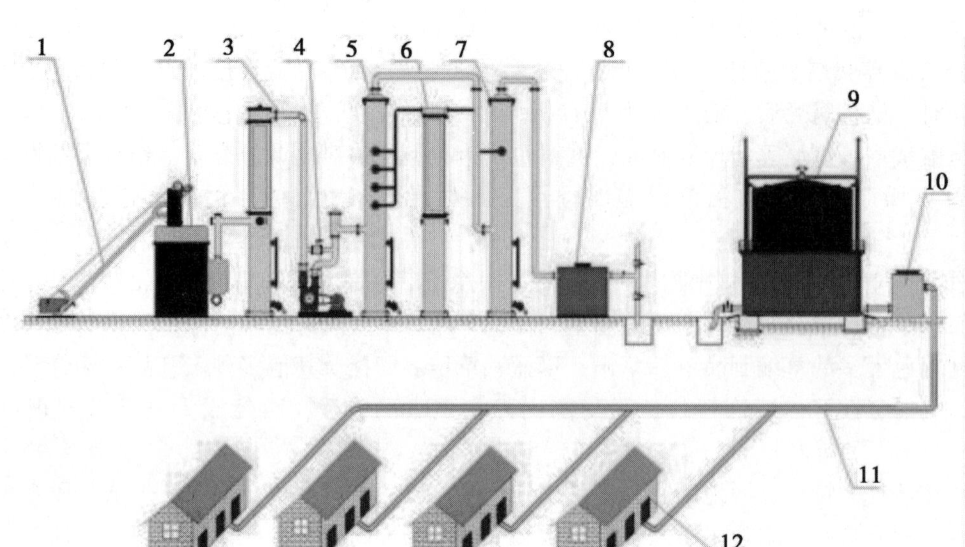

1.上料器（图中为斗式） 2.气化炉 3.冷凝塔 4.真空泵 5.吸收塔 6.分离塔 7.除雾塔 8.沉淀水封器 9.湿式贮气柜 10.阻火器 11.输气管网 12.用户

图 6－11 秸秆气化集中供气示意图

贮运方便；品位较高，利用率可提高到40%左右；使用方便，干净卫生，燃烧时污染极小；除民用和烧锅炉外，还可用于热解气化产生煤气、生产活性炭和各类“成型”炭。目前，秸秆压块成型集中于黑龙江、河南两省；秸秆炭化应用主要集中于安徽省。

（2）秸秆工业利用技术。作物秸秆工业用途广泛，它们不仅可作保温材料、纸浆原料、各类轻质板材和可降解包装材料的原料，还用于酿酒、制醋、生产人造棉、人造丝、饴糖等，或从中提取淀粉、木糖醇、糖醛等生化产品。

● 秸秆皮穰分离及其综合利用技术。秸秆不同部位的营养价值、理化特性不同。通过机械方法将秸秆的叶、皮与穰各部分进行分离，分离出来的叶子、穰具有较高的营养价值，无需进行氨化处理就能得到相当于优质牧草的饲料，可用来直接饲喂家畜；秸秆皮部分营养价值较低，但木质纤维素含量高，是造纸、板材等工业的优质原料，优于整株秸秆。

● 可降解型包装材料生产技术。用麦秸秆、稻草、玉米秸秆、苇秆、棉花秆等可生产出多种可降解型包装材料，如瓦楞纸芯、保鲜膜、果蔬内包装衬垫等。用可降解塑料代替非降解塑料，已是当今发展生态农业、促进农业可持续发展的重要途径，也是全社会环保的需求。国内已有许多科研单位研究开发秸秆降解膜技术，并且取得了一定的成果。例如，西安建筑科技大学应用麦秸秆、稻草等天然植物纤维素材料为主要材料，配以安全无毒物质，开发出可以完全降解的缓冲包装材料。该产品体积小、质量轻、压缩强度高、有一定柔韧性、无毒、无臭、通气性好，成本和泡沫塑料相当，低于纸和木材制品，在自然环境中一个月可以全部降解成有机肥。又如，吉林省银泰公司开发了一种以稻草为主要原料的新型无污染植物纤维发泡包装，使用后能够迅速腐解并成为饲料原料。

● 一次性可降解餐具生产技术。随着人们生活条件的改善，一次性餐具的用量越来越大。现在的一次性的餐具及制品多用发泡塑料制品制成，用过后变成大量的白色垃圾，造成严重的环境污染。近几年来，有不少单位在一次性可降解餐具方面进行研发工作，例如，江西环保宝餐具有限责任公司以稻壳为基本原料，研究开发出了一次性环保餐具及制品。其生产工艺流程为：粉碎分级→搅拌→热压成型→散热消毒→包装入库。该产品具有安全、卫生、无毒、美观和实用等特点，其防水性、防油性、耐热性、耐酸性、耐碱和耐酒等指标均符合一次性餐具的要求。可在 －20 ~ 150℃

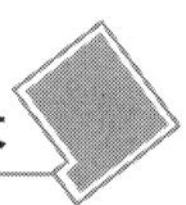

环境中使用。

• 轻型建材生产技术。将粉碎后的秸秆按一定比例加入黏合剂、阻燃剂和其他配料，进行机械搅拌、挤压成型、恒温固化，可制得高质量的轻质建材，如秸秆轻体板、轻型墙体隔板、黏土砖、蜂窝芯复合轻质板等。这些材料成本低、重量轻、美观大方，且生产过程中无污染，因此，广受用户欢迎。例如，麦秸板料、麦秸墙体、保温材料等人造板材，可替代大量木材。我国年产小麦1.3 亿 t，麦秸产量在 1.5 亿 t 以上。如果每年取麦秸总量的 0.5% 用于生产板材，即可替代 150 万 m^3 原木。建一条年产 1.5 万 m^3 的麦秸碎板材生产线，年需麦秸 2 万 t。麦秸碎板物理性能与木质中密度纤维和刨花板相似，可以用作内墙板和天花板等。麦秸墙体保温材料密度为 0.2 ~ 0.25 g/cm^2，导热系数与聚氨酯泡沫、岩棉相似，但成本仅为它们的 1/4 ~ 1/3。目前，秸秆在建筑材料领域内应用已相当广泛。秸秆消耗量大、产品附加值高，又能节约木材，很有发展前景。按胶凝剂分有水泥基、石膏基、氯氧镁基、树脂基等。按制品分有复合板、纤维板、定向板、模压板、空心板等。按用途分有阻燃型、耐水型、防腐型等。

• 生产多种食品和生化产品的工业技术。玉米秸秆、豆荚皮、稻草、麦秸秆、谷类秕壳等经过加工所制取的淀粉，不仅能制作多种食品与糕点，还能酿醋酿酒、制作饴糖等。如玉米秸秆含有12% ~15% 的糖分，其加工饴糖的工艺流程为：原料→碾碎→蒸料→糖化→过滤→浓缩→冷却→成品。用稻草、玉米秸代替棉花、棉短绒为原料，制成纤维素，然后经化学改性、提纯等工序制得羧甲基纤维素产品，成本降低了 20%（李莉等，2001）。将玉米秸秆经过预处理、水解、净化、催化氢化、浓缩和结晶等步骤所制取的木糖醇，其质量可达到食品级标准（张启峰等，1996）。以稻草和麦秆为原料，用复合添加法制取糠醛，出醛率达理论出醛率的 70% ~80%，废渣全部变为中性复合肥料（刘俊峰等，2001）。秸秆酸、碱水解发酵制乙醇的工艺条件苛刻，对设备有腐蚀，运行成本高，而秸秆酶解发酵生产乙醇选择性强，且较化学水解条件温和，目前国内外的研究已有一定进展。

（3）秸秆发酵生产沼气技术。将新鲜农作物秸秆切碎后投入沼气池进行厌氧发酵，产生沼气作清洁能源，同时用沼渣、沼液肥田，既可解决生活燃料短缺问题和增加农田优质有机肥，又可净化农居环境（详见本书 6.7.1 节）。

（4）作食用菌培养料。许多农作物的秸秆营养丰富、来源广泛、成本低廉，非常适用于多种食用菌的培养料，菌渣又可作有机肥料。据不完全统计，目前国内外用各类秸秆生产的食用菌品种已达 20 多种，不仅包括草菇、香菇、凤尾菇等一般品种，还能培育出黑木耳、银耳、猴头、毛木耳、金针菇等名贵品种。一般 100 kg 稻草可生产平菇 160 kg（湿菇）或黑木耳 60 kg；100 kg 玉米秸秆可生产银耳或猴头、金针菇等 50 ~100 kg，可产平菇或香菇等 100 ~150 kg。据上海交通大学农学院一项测定证明，秸秆栽培食用菌的氮素转化效率平均为 20.9%，远高于作饲料生产羊肉（6%）和牛肉（3.4%）的转化效率，是一条开发食用蛋白质资源、提高人民生活水平的重要途径。

以上秸秆利用技术，虽然目前应用还不很广泛，但却是发展方向，也是今后国家扶持发展的对象，对于保护生态环境和发展可持续生态农业十分有利，同时具有较大的市场开发潜力（韩鲁佳等，2002；石磊等，2005）。

（5）利用秸秆制作青贮饲料和氨化饲料（详见本书 6.5 节）。

6.5 青饲料青贮和作物秸秆氨化技术

6.5.1 青饲料青贮技术

制作青贮饲料是合理利用秸秆饲料资源最好的办法之一。利用青贮饲料养牛、养羊可以节约大量的粮食。饲料青贮能在冬、春季（寒冷地区）为家畜提供优质的饲料来源。

（1）原理。将切碎的青饲料置于紧压密封缺氧条件下，使料温逐渐达到25～35℃，厌氧乳酸菌大量繁殖，乳酸菌将饲料中的糖类转化成乳酸，随着乳酸浓度不断增加，pH值下降到4.0左右，达到一定浓度时就能抑制其他微生物（特别是腐生菌）的活动，从而能使青绿饲料得以长期保存。若料温超过50℃，丁酸菌就会大量繁殖，使青贮料的糖加速分解，维生素被破坏，蛋白质的消化率降低，造成养分大量流失。

秸秆青贮适用于刚收获籽粒并切碎的玉米、高粱秸秆，切碎的新鲜稻草、各种鲜藤、鲜牧草、鲜绿肥和多种水生青饲料（凤眼莲、水浮莲、空心莲子草等），采用青贮窖、青贮袋、青贮堆等方式，在用薄膜密封的条件下，通过厌氧发酵，达到软化秸秆、分解和保存养分的目的。

（2）方法。

①窖贮。在专用半地下式青贮窖中制作和存放青贮饲料。大型青贮窖，用汽车或拖拉机运送青料，用铡草机铡切喷射，将切碎的青料装窖，最后用履带式拖拉机压实并覆盖薄膜。

操作步骤：切碎，先用铡草机或铡草刀将青贮原料切成长3～4 cm的碎料，以便装填压实。装填，随切随装，装料要迅速，在每次装填15～20 cm时需压实一次，尤其是要将窖边和窖角压实；大型的青贮窖（青贮壕）也必须在2 d完成；青贮窖填装前，窖底部要垫10～15 cm厚的秸秆或软牧草，以吸收青贮汁液；窖的四壁衬上塑料薄膜，防止透水、透气。封窖，原料装到超过窖口30 cm时即可封窖，封窖时要用塑料薄膜或干草覆盖住原料，然后覆土50 cm以上，拍打严密，窖顶呈馒头形，以免下陷漏水，严密封窖，防止漏水漏气是青贮制作的一个关键点。管理，窖的四周约1 m左右挖沟，以便排水；封窖后要经常观察和检查，发现窖有裂缝或下陷的地方，应及时填土夯实，防止空气、雨水进入以及腐败细菌、霉菌等的侵入和繁殖（图6－12，引自 http://image.baidu.com）。

②袋贮。将收割好的新鲜牧草、玉米秸秆、稻草、甘薯尾叶、地瓜藤、芦苇等各种青绿饲料，用捆包机压紧成大捆，然后用青贮饲料拉伸膜裹起来，营造一个最佳的缺氧发酵环境。在厌氧条件下，经3～6个星期，完成乳酸发酵后，可在野外堆放保存1～2年。对已包裹好的料捆，存放和搬动时一定要小心，防止损坏拉伸膜（图6－13，引自 http://image.baidu.com）。

图6－12　窖贮

图6－13　袋贮

（3）注意事项。

① 青贮原料品质要达到饲用要求。首先，青贮原料必须有饲用价值，且对牲畜无毒害。收割的时间要适宜，过早影响产量，过迟营养价值降低，一般收割宁早勿迟，随收随贮。最佳收割期是：禾本科牧草在孕穗期至抽穗期；饲用玉米（带穗青贮）乳熟期至蜡熟期收割，如不带穗青贮，则在果熟期收割；豆科牧草及野草在现蕾期至开花初期。其次，必须洁净，在收割青料时，要选择晴天进行，堆放的场地要干净，加工制作时要防止污染。

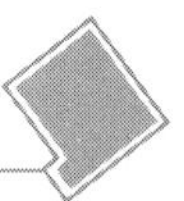

② 青贮原料要有一定的糖分。由于乳酸菌是以糖分为原料，制作时必须采用“正青贮糖差”的原料。正青贮糖差即饲料中实际含糖量要大于饲料青贮时最低需要含糖量。禾本科牧草、玉米含有较高的易溶性碳水化合物，为正青贮糖差，青贮较为容易；豆科牧草、苜蓿、大豆、豌豆、马铃薯茎叶、瓜蔓等，含碳水化合物少，为负青贮糖差，不应单独青贮，要根据其不同的含糖比例和其他饲料混贮。如青贮含蛋白质高的豆科作物，可加入10%～20%的米糠，以增加糖分含量，提高青贮质量。

③ 青贮原料含水量要适宜。青贮原料含水分60%～70%时，乳酸菌才能正常活动。若水分过多，则易结块，不利于乳酸菌的活动，因此，应在青贮前进行短时间的晾晒；若水分含量太低，青贮时不易压实，则应适当喷水，或与含水量多的饲料混贮。青贮时将原料在手中捏紧，水从指缝中渗出但不滴下为适宜含水量。

④ 要创造一个厌氧的环境。青贮时要装料一层，压实一层，保证装填紧实。封窖应严密，防止漏水、漏气及杂菌的侵入和繁殖，从而影响青贮的质量。

⑤ 合理使用青贮饲料添加剂。青贮饲料添加剂主要分3类：保护剂、促进剂和含氮等营养物。常用的保护剂如焦亚硫酸钠、有机酸（乙酸）、无机酸（硫酸、盐酸、磷酸等）。常用的促进剂有乳酸菌制剂、酶制剂（如纤维素酶、糊精酶等）。经常添加的营养物质有含氮物质（如尿素、氨水及各种氮肥）、淀粉或含糖类物质（如糖蜜、玉米粉、小麦粉）及食盐等。制作青贮饲料要根据原料特征及青贮料的使用对象选择相关的添加剂，添加的量也应适宜。如猪用青贮料，就不宜添加尿素。

(4) 开窖及饲用。青贮饲料制作后45 d即可开始饲用。开启的面积不要太大，从下向上取用，取后及时封口，防止暴晒、雨淋、冻结或生虫。切忌掏洞取料。优质青贮料为青绿或黄绿色，近于原色，茎叶、花保持原状，有光泽，湿润，紧密但易分离，气味芳香，有酒酸味。pH值在5.5以上。乳酸含量低而酪酸含量较多发臭时，说明青贮料品质低劣，不宜饲用。如取用时发现边缘部分有少量变质，应加剔除，不能饲用。

饲喂时要由少到多，逐步增加，牲畜适应后要定时、定量饲喂，不要忽多忽少。青贮料使用快结束时也应由多到少逐渐减少（韩风华等，2007）。

6.5.2 作物秸秆氨化技术

农作物秸秆是反刍动物的重要饲料资源，但由于受细胞壁成分木质化的限制，其消化率和营养价值很低。如能有效地处理和利用秸秆，对反刍动物生产具有极为重要的意义。

秸秆经氨化后，可以大量饲喂牛、羊等反刍动物，减少精料用量，节约大量粮食，缓解畜牧业与人争粮的矛盾；秸秆氨化后变得松软并带有香味，适口性有很大改善，可提高牲畜的采食量和消化率，一般采食量可提高20%～40%，消化率提高10%～20%；可显著提高秸秆的营养价值，一般可提高粗蛋白含量4%～6%；每千克未氨化处理的秸秆相当于0.2个饲料单位，氨化后可提高到0.4～0.5个饲料单位。用氨化秸秆饲喂奶牛，产奶量可提高10%。该技术简单易行、取材方便，可以大大降低饲养成本、提高经济效益。氨化秸秆只适用于饲喂断奶的反刍动物牛、羊等，不适宜饲喂单胃家畜，如马、骡、驴、猪等。

(1) 基本原理。秸秆氨化处理技术主要是通过碱化、氨化及中和三大作用对秸秆本身和反刍动物瘤胃内环境产生积极影响，从而达到提高秸秆饲喂效果的目的。

①碱化作用。利用碱类物质的氢氧根使饲料纤维内部的氢键结合变弱，纤维分子膨胀，溶解半纤维素和一部分木质素及硅酸盐，从而增强反刍动物瘤胃微生物的消化和降解作用。

②氨化作用。通过氨源游离、降解形成NH_3，然后与粗饲料中有机质进行氨化反应，可破坏木

质素与多糖间酯键，形成非蛋白氮化合物铵盐，从而促进合成优良的菌体蛋白、增强瘤胃微生物活性、提高秸秆的消化率。在氨水的作用下，每千克秸秆可形成 40 g 乙酸铵，在牛、羊瘤胃内，可以形成同等数量的菌体蛋白，经过氨化处理，低质粗饲料的含氮量能提高 1 倍或更高。

③中和作用。瘤胃内环境为微碱性，氨可以中和饲料中的潜在酸度并缓解由于大量饲喂精料、青贮料而造成的瘤胃 pH 值下降，为瘤胃微生物活动创造良好条件。

（2）秸秆氨化处理常用的方法。较常用的原料有玉米秸秆、小麦秸秆、稻草、谷草、高粱秸秆及一些藤蔓等。氨化处理前，先将秸秆铡成 2 cm 左右的碎料。秸秆氨化的常用方法有液氨处理法、尿素或碳铵处理法、氨化炉处理法和袋装处理法等。

①液氨处理法。液氨处理法又分垛处理法和窖处理法。垛处理法有两种形式，一是捆草垛法，二是散草垛法。a. 捆草垛法：垛高一般为 2 ~ 3 m，长宽以秸秆的数量和塑膜大小而定，垛顶为屋脊型；为通氨方便可在打洞时先放一木杠以便抽出木杠插入注氨钢管，通氨量以秸秆重量的 30% 计算；秸秆含水量应保持在 20% 左右，水可喷在每个草捆上；注重密封，上下塑料膜应对齐抗压，草垛下面四边用木棒压住并覆以泥土压实。b. 散草垛法：大体方法与捆草垛法相同，主要区别在于秸秆是切碎后放置并预埋一根塑料管通氨。用窖处理法氨化，把切碎的秸秆装料、加水搅拌和压实三步同时进行，待到高出窖口约 1 m 后用塑料膜覆盖，并在窖中心插入通氨管通氨，然后覆土盖实。

②尿素和碳铵处理法。先将尿素或碳铵溶于水，然后喷洒到秸秆上，可切碎亦可取整，边喷边拌边压，一直做到窖口，最后用塑料膜覆盖、压紧并覆土盖实。此法切忌过量使用尿素或碳铵，否则，容易引起牛羊中毒，其配方随温度而定。

③氨化炉法。该方法优点是处理快、效果好及受天气影响小；缺点是费用高、耗电、需大量工时。可分为土建式和集装箱式。土建式炉用砖砌墙，泡沫水泥板做顶盖，内部用水泥抹面。一侧装门，上面镶嵌岩棉毡，并包上铁皮。集装箱式按集装箱外形建造。

④袋装处理法。采用无毒聚乙烯薄膜制成塑料袋，袋装，双层最好。先将秸秆切短，再将尿素溶于温水，尿素用量为秸秆风干重的 4% ~5%，温水用量为秸秆重的 40% ~50%。然后喷洒尿素溶液、装袋封严并放于向阳的干燥处。

（3）秸秆氨化处理的技术要点与注意事项。

①开窖时间。氨化垛、窖、袋在 0 ~ 4℃ 时氨化 8 周，在 17 ~ 25℃ 时氨化 4 周，氨化炉只需 24 h。

②品质鉴定。品质优良的氨化秸秆，其颜色呈棕色或深黄色而且发亮（陈旧的秸秆则较暗），质地柔软，伴有糊香味。若颜色和普通秸秆一样，说明没有氨化好。开垛（窖、袋）后若发现有明显冒气和温度升高等现象，则秸秆有可能已经腐败发霉，取出可见秸秆颜色变白、变灰，甚至发黑，有腐烂味。变质的氨化秸秆不能饲喂家畜，只可作肥料使用。

③氨化秸秆的使用和保存。氨化容器开启后，需放除余氨 1 ~ 2 d，消除氨味后，饲料才可使用。放氨时，要把刚出容器的氨化秸秆放到远离畜舍的地方，以免氨气刺激人畜呼吸道和影响家畜的食欲。放氨时间长短由当时外界环境和秸秆湿度大小灵活决定。取喂时，要随用、随取、随放氨、随密封，以防含水量大的秸秆发霉变质。对含水量大的氨化秸秆，也可一次性全部取出晾干保存。

④饲喂方法。喂氨化秸秆第 1 天，将 1/3 的氨化秸秆和 2/3 的未氨化秸秆混合饲喂，以后逐渐增加，数日后家畜不再愿意采食未氨化的秸秆。氨化秸秆一般可占牛、羊日食的 70% ~80%，同时合理搭配其他饲料饲喂，以保证能量、蛋白质、矿物质和维生素等的需要，尤其是幼仔和产乳母畜更应保证全面营养。常用搭配饲料有：青贮料、干牧草、青绿料、精饲料、矿物质、维生素等。家畜饲喂氨化秸秆后 1 h 必须饮水，否则，氨化秸秆会在牛、羊瘤胃内产生氨，导致中毒 。饥饿的家

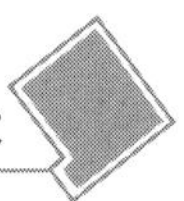

畜不宜大量饲喂氨化秸秆。有条件的地方，可适当搭配一些含碳水化合物较高的饲料，并配合一定数量的矿物质和青贮饲料，以便更好地发挥氨化秸秆的作用，提高其利用率。

⑤防治氨中毒。严格控制氨化剂的使用量，保证消除氨味后再饲喂。了解家畜氨中毒的症状：神情不安、腹部臌胀、肌肉震颤、运动失调、呼吸困难等。掌握治疗氨中毒的常用办法：立即停喂氨化饲料，同时灌服 0.5 kg 食醋、3 ~5 kg 10% ~15% 的糖水解毒（董贤文，2009）。

6.6 农业食物链及其调控技术

6.6.1 农业食物链的内涵和主要类型

（1）内涵。任何农业生态系统中的生物系统，都是通过生物种群之间的链网关系联成一体而共同发挥功能作用的，这种链网结构和功能，是生态农业和农村生态工程的基本结构和功能。对生态农业和农村生态工程结构与功能的调控，主要就是对其中农业生物种群之间的链网结构和功能的调控。

在农业生态系统中，不同生物种群之间通过食与被食或对同一食料取食先后秩序形成的物种链锁序列被称为农业食物链。一般而言，生态系统中的生产者植物—消费者动物—还原者微生物三大类生物就是依靠食物链来进行循环生产的。食物链关系的实质是生物种群之间的食物营养关系，是物质和能量多层次利用的关系。常见农业食物链有 3 ~4 个链节（物种），很少有包括 6 个以上链节（物种）的农业食物链，这是因为食物链传递的能量每经过一个链节（物种）就会大幅减少，不可能支持一个食物链无限延长。食物链上各生物种群的状态及种间关系经常处于变动之中，因而食物链的结构和功能也经常处于动态之中。食物链不限于由不同生物种群之间通过食与被食来形成，对同一食料取食先后秩序也构成食物链。例如，牧草—奶牛吃牧草—沼气池微生物利用奶牛粪便发酵—沼液喂鱼这条食物链，沼气池微生物与鱼和奶牛的关系就是对同一食料（牧草）取食先后秩序的关系，而不是食与被食的关系。在同一农业生态系统中，往往同时存在多条纵横交错的食物链，形成食物网。生物种类越多，食性越复杂，形成的食物链网就越复杂，系统的稳定性就越强。生态系统中不同生物种群之间的关系很复杂，不只限于基于竞争的食与被食的食物链网关系，也有共生、互助、化学感应等多种关系。

（2）主要类型。食物链的分类有多种方法。

①按食物链所处自然环境划分，有陆地食物链（山林食物链、草原食物链、农田食物链、土壤食物链、湿地食物链、高原食物链、荒漠食物链等）、水域食物链（湖泊食物链、河流食物链、海洋食物链等）和水陆复合食物链。以下可再划分出若干种食物链，如农田食物链就包括旱地食物链、水田食物链、果园食物链等。

②按链节的特性划分，有捕食或鲜食（全为捕食或鲜食链节）食物链、腐食（全为腐生、腐食、碎屑链节）食物链（又称碎屑食物链）、寄生食物链和混合（既有鲜食链节又有腐食链节）食物链。食用菌不是绿色自养植物，不能进行光合作用，而是靠分解绿色植物的残体营腐生生活，在许多食物链中，食用菌都是起重要分解还原生态功能作用的腐生环节物种。

③按产业划分，有林业食物链、种植业食物链、牧业食物链、种养结合食物链、渔业食物链、虫业食物链和综合食物链等。

（3）农业食物链与农业产业链。从宏观上看，农业产业链是建立在农业食物链的基础之上的，农业的系统生产往往是沿着农业食物链进行的，在它的各个链节上都会产生不同的农产品，对应这些链节要有不同的农业生产企业，而且这些企业之间也要建立起有序和有机的联系。例如，在我国南方综合农业区，基本农业食物链是：多种作物（水稻、玉米、大豆、青饲料、饵料等）→人与动物（畜、禽、鱼等）→微生物（土壤微生物、沼气池微生物、食用菌等）；相应的农业产业链则为：种植业（种业、肥料业、农机业、农作物加工业等）→养殖业（畜牧业、养禽业、渔业、饲料业、畜禽鱼产品加工业等）→微生物业（菌肥业、沼气开发业、食用菌业等），这些农业产业链节也像农业食物链节一样，环环相扣。农业食物链兴旺，则农业产业链兴旺；农业食物链发生变化，则农业产业链也会发生相应变化。农业食物链通过农业产业链受制于市场。

6.6.2 农业食物链网的调控技术

首先须对调控对象（食物链网）进行调查研究，了解各条食物链的种群结构（主要是种群间的量比关系、营养关系及时间衔接关系等）与功能（主要是生产能力、经济价值、环境效应等）的特点、现状及存在问题，找到需要改进的环节。

然后根据需要，选择合适的生物种或品种作为食物链新的环节，对调控对象（食物链）进行加环（增加新的环节）或接环（将两条或几条食物链连接起来）或替环（用新的生物种或品种代替原有生物种或品种）等手段进行改造提升，使之具有更高的功能或新的功能。在调控改善农业食物链时，必须考虑各类环节的功能整合，实现其结构与功能的最优配置。

作为食物链新的环节（新加入的生物种或品种），按其功能特点主要有以下几种，可根据需要进行选择。

（1）生产环。又可分为植物性生产环（生产植物性产品）、动物性生产环（生产动物性产品）和微生物性生产环（生产微生物性产品），生产环的有选择的更新，可以分别直接改进生产者、消费者和分解还原者的结构与功能，从而增强食物链和生态系统的功能。生产环的各种产品能满足市场对农产品的多种需求，因而是农业食物链中最基本、最重要的链环。对生产环的种或品种不但有产量的要求，同时也有品质、适应性、抗性、生育期、环境保护等多方面的要求。

（2）增益环。是指为提高生产环的效益而加入的环节。例如，蝇蛆、蚯蚓、黄粉虫等（参阅本书6.3节）虽不能直接食用，但用以作为动物蛋白饲料加入养殖业的多条食物链中，却可以获得很好的饲养效果，蝇蛆、蚯蚓、黄粉虫等即为增益环。

（3）减耗环。在自然界的食物链中，对人类而言，有的环节只是消耗者或破坏者，可称为“耗损环”。如农作物病虫害可视为“耗损环”。为抑制“耗损环”，除了施用农药外，还可通过加入“减耗环”生物种或品种来解决。如人工饲养赤眼蜂和七星瓢虫释放到棉田中，可有效地控制棉铃虫和蚜虫的危害。在生态农业中，常采用增加有害生物的天敌种类和数量的生物防治技术，以抑制病、虫、杂草的种群数量，减轻对农作物的危害。

（4）环保环。有些水生植物，如凤眼莲、水浮莲等，在有重金属污染的水体中，可以富集水中的重金属，并将重金属聚集在根系中，从而净化水体，起到环保的作用；同时，这些水生植物在切除根系后，茎叶仍可用作青饲料。

作为食物链新的环节加入的生物种或品种的功能往往是多方面的，例如，生产环中的植物性生产和微生物性生产，也有很好的环保功能；环保环中的水生植物，也有很好的生产功能；减耗环中的有益生物，也能产生良好的环保效益。

6.6.3 农业食物链案例

（1）种—养—沼食物链。这是我国各地农村运用最为广泛、效益最为显著、最富多样性的一类农业食物链（参阅本书5.5节）。

（2）农田自然生防食物链。各地农田中都普遍存在。例如，南方（长沙）稻田中自然存在着

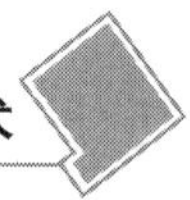

水稻—褐飞虱—拟水狼蛛食物链。褐飞虱危害最大的时期为孕穗期和抽穗期；拟水狼蛛对褐飞虱有很强的捕食能力，其捕食量最大时期为乳熟期。保护和利用拟水狼蛛，“以蛛治虫”对防治晚稻褐飞虱具有很好的效果。据测定，褐飞虱对不同生育时期水稻的取食量依次为抽穗期 > 孕穗期 > 乳熟期 > 黄熟期，分别为每克褐飞虱生物量在 24 h 内摄食水稻 17.591 g、17.451 g、13.8290 g、8.707 g；拟水狼蛛对褐飞虱的捕食量为乳熟期 > 孕穗期和抽穗期 > 黄熟期，每头拟水狼蛛在乳熟期、孕穗期、抽穗期和黄熟期捕食褐飞虱分别为 13 只、11 只、11 只、10 只，当稻田中的拟水狼蛛繁殖到足够数量时，褐飞虱即能被有效控制（贺一原等，2003）。

（3）农田人工生防食物链。例如，在稻田中人工添加多个捕食病虫的物种，形成人工生防食物链，对水稻病虫害的发生、发展有很好的控制效果。近年来，对稻田养鸭研究和推广较多，效益很好（参阅本书 6.8.1 节）。

（4）水陆复合种养结合食物链。这类食物链主要适应于湿地环境。例如，在珠江三角洲湿地地区（如顺德）的桑基（蔗基、果基等）鱼塘生态农业模式，其食物链是桑（蔗、果等）—蚕（畜）—鱼，是水陆联结、种养结合的食物链，塘基上桑与蚕（或蔗与畜等）和沼气池微生物形成食物链；鱼塘中 4 大家鱼与浮游植物和浮游动物也形成一个复杂的水体食物链，两条食物链通过蚕沙（或畜粪，或沼液、沼渣）下塘和塘泥上基而联结起来，相互依靠，相互促进。桑基鱼塘自 17 世纪明末清初兴起到 20 世纪初，一直在发展。随着市场的变化，1995 年以后，珠江三角洲桑基鱼塘已基本消失，部分向三角洲外围地区发展，部分桑基改为果基、花基、蔗基。又如，洞庭湖滨湖湿地平原（如沅江市）的麻—鱼—稻生态农业模式，将苎麻塘基、鱼塘和水稻田联成一体，塘基上形成苎麻（麻叶）—生猪—沼气池微生物食物链，鱼塘内 4 大家鱼与浮游植物和浮游动物形成一个水体食物链，稻田内也有一个稻—虫—鱼食物链，麻、鱼、稻三者通过麻叶喂鱼、塘泥上基入田以及鱼粪入田而联结起来，相互依靠，相互促进。这类湿地基塘体系，不但能增加生产，而且能较好地解决低洼地积水内涝问题。又如稻—萍—鱼种养模式，垄上栽稻，沟面养红萍，沟中养鱼，三者共生，构成一条良好的食物链。养萍固氮、肥田、饲鱼，水稻叶片遮阴，鱼食虫，粪肥田，既减少水稻病虫害，又提高了土壤有效肥力，具有明显增产、增收效益，同时减少了化肥和农药用量。

（5）草牧养殖食物链。在畜牧业生产中，畜、禽采食的饲料中约有 31% ~43% 的物质与能量随粪便排出，可见，畜、禽粪便含有相当多的可再次被利用的物质与能量。通过食物链接环可以把一种畜、禽粪便作为它种家畜的饲料，以充分利用其物质与能量。如鸡的消化道很短，每天吃进去的东西又多，鸡粪仍有丰富的营养物质。据分析，干鸡粪含粗蛋白达 28%，粗纤维 13.8%，钾 7.8%，磷 2.1%，亚油酸 1%，而且品质很好。每千克干鸡粪中还含有苏氨酸 5.3 g，胱氨酸 1.8 g，均超过玉米、高粱、大豆饼、棉籽饼的含量。此外，鸡粪中还含有维生素 B 和多种微量元素。因此，鸡粪是一种很好的蛋白质补充饲料和能量饲料。如果把经过无害化处理的鸡粪作为猪的配合饲料，通过这一接环就可以把鸡粪中相当一部分物质与能量转化到猪肉中。据各地利用鸡粪喂猪的实践，猪饲料中掺入一定比例的鸡粪可节省饲料粮 20% ~30%，而且猪的生长也快。据试验，在猪饲料中拌入 30% 的鸡粪，饲养 5 个月零 8 天，猪的体重就达 125 kg，相当于一般喂养 8 个月的体重。再把猪粪投入鱼塘养鱼，改变猪粪直接下田作肥料的做法，又可把很大一部分猪粪所含的物质与能量通过浮游生物转化到鲜鱼中。生产实践表明，40 ~50 kg 猪粪尿能养出 1 kg 肥水鱼，每养 1 头肉猪排泄的粪尿可养出 51.2 ~58.7 kg 鲜鱼。将鱼粪和塘泥用来肥田肥基，又可使饲料增产。但不能用未经无害化处理的粪便当饲料喂猪、喂鱼，以免猪、鱼因病增加死亡率。

通过食物链加环或接环还可以使单一的生产转变成一个无废弃物的循环生产体系。例如，一个养鸡场或养鸡专业户，通过食物链加环与接环，在养鸡的基础上配置一定的饲料作物生产和饲养一定数量的猪，并将鸡粪用来喂猪，猪粪用来作肥料增加饲料生产，就可以形成饲料作物—鸡—猪的链环式的有机循环体系，能使物质与能量得到充分利用，既增加多种产品的产出，又避免畜禽粪便流失污染环境。例如，上海南汇水产养殖场，原来单一经营渔业，每年需花6.5万元从城市购置大粪投塘来养鱼，塘泥的出路也成了问题。后来他们先后增设了奶牛场、养鸡场，并在鱼塘间隔地带种植牧草，形成牧草—奶牛—牛粪—鱼—塘泥—牧草的链环式循环生产，使产值成倍增长（王正周，1992）。

（6）森林食物链。森林里的物种之间，存在着复杂的食物链、网关系，这种关系，对维护森林生态系统的生态平衡有重要作用。例如，松毛虫是我国山区马尾松林最常见、最严重的虫害之一。目前，多采用化学农药进行防治，对环境有不利影响。据山东省日照市的经验，只要每公顷松林放养30~45只灰喜鹊（图6-14，引自http：//image. baidu. com），形成一条马尾松—松毛虫—灰喜鹊食物链，即可有效控制松毛虫的蔓延危害。灰喜鹊喜食松毛虫、避债蛾、黄刺蛾、地老虎等数十种农林害虫。据统计，一只灰喜鹊一年可消灭松毛虫15 000条左右。因此，在许多松林区盛行招引和繁殖灰喜鹊，以抑制林业松毛虫等害虫的发展，但放养密度不可过大，以免挤占其他益鸟生存空间。

图6-14　灰喜鹊

（7）土壤食物链网。土壤食物链网又称碎屑食物链网。土壤食物链网在有机质分解、碳存贮、污染物降解、土壤结构调节、病虫害控制、矿物质养分循环与存贮及时空上的再分配等方面起着重要作用。我国目前对土壤食物链网研究较少，基本上停留在单独研究土壤动物的水平上，还很少将土壤生物作为整体提高到群落和生态系统水平进行研究。国外研究者将土壤食物链网分为5个营养位：a. 碎屑和根系；b. 初级分解者和植食性者，包括细菌、腐生真菌、菌根真菌、植食性线虫；c. 食细菌者和食真菌者，包括弹尾目、食真菌线虫、食真菌螨类、鞭毛虫、肉足虫、食细菌螨类和线虫；d. 中间捕食者，包括原生动物、捕食性线虫和食线虫螨；e. 顶级捕食者，包括捕食性螨和弹尾目。这些土壤生物在不同的土壤中组成不同的土壤食物链网（陈云峰等，2008）。

6.7　山区农村主要可再生能源开发利用技术

我国农村能源建设还比较落后，从2008年我国农村用能结构来看，生活用能中，秸秆占26.02%，薪柴占14.53%，煤炭占27.27%，液化石油气占21.91%，电力占2.19%，沼气占1.23%，太阳能占1.18%，成品油、天然气和煤气共占5.67%；生产用能中，煤炭、焦炭、成品油共占85%，而电力仅占6.8%。总体来看，我国农村生产用能以不可再生能源煤炭为主，这种能源结构造成了严重的环境、运输等问题以及对日益枯竭的化石能源的依赖，因此，加快开发利用可再

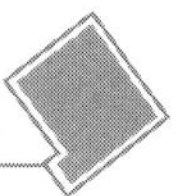

生能源，是应对环境问题、实现经济社会可持续发展的重要措施（刘晓英等，2011）。

我国当前依赖传统生物质能生活的人口还约有4.23亿人，主要分布在贫困山区农村。2011年西部地区仍有2.2%的自然村不能通电，2.1%的农户用不上电。特别是在西部边远山区，到2012年还有256个无电乡镇、3 817个无电村、93.6万户无电户、387万无电人口，无电人口中少数民族人口占84%，构成了我国能源贫困人群的主体。由于没有解决用电问题，这些地区的经济社会发展和人民生活水平的提高受到严重制约，解决能源问题已经成为促进这些地区经济协调发展、脱贫致富、全面建设小康社会的根本措施之一。

解决西部贫困山区农村能源贫困问题，一方面，可以通过新一轮农村电网改造和升级工程，扩大电网覆盖面；另一方面，在电网覆盖不到的地区，要因地制宜推广沼气等生物质能的应用，推进小水电站、微水电站、小型太阳能光伏电站、户用光伏系统等小型电源的应用，提高农村能源清洁利用程度和能源效率，建成以可再生能源为主的多能配套互补的能源体系（罗国亮等，2013）。

6.7.1 沼气能源开发利用技术

沼气开发利用技术，既是一项重要的生物质能开发利用技术，同时也是一项重要的农村环保技术，与种植业、养殖业关系也十分密切，是在农村生态建设中起纽带作用的关键技术。

近年来，中国的养殖业发展迅速，肉类总产量达到了世界第一。2009年，生猪规模化养殖比例已经达到了61%，蛋鸡规模化养殖比例达到了79%，奶牛规模化养殖比例达到了42%；但散养仍占生猪占总出栏数的52.78%，即生猪畜禽粪便的排放有一半以上来自散养。养殖业的快速发展带来了畜禽粪便排放造成污染的环境问题。根据目前我国养殖业情况和畜禽粪便排放情况，因地制宜、宜小则小、宜大则大，推广户用、小型、中型、大型乃至特大型沼气工程，是很好的粪便处理方法。

农村沼气主要用于炊事、热水、照明等生活用能。大、中型沼气工程也可用于发电，为塑料大棚和畜、禽舍增温和保温，贮粮、果蔬保鲜、孵鸡等，也可为蔬菜大棚提供CO_2气肥。沼液、沼渣的用途也很广泛，可用于喂猪、养鱼、栽培食用菌、养殖蚯蚓等。

在20世纪70年代之前，中国沼气发酵原料的来源以秸秆为主；进入20世纪80年代以后，则开始以畜、禽粪便为沼气发酵的主要原料。我国目前沼气生产的主要原料仍是畜、禽粪便，但大量畜禽粪便只有在有大型养殖场的地方才可获得，大、中型沼气工程因此而受限制较大。随着大、中型沼气工程的发展，原有的畜、禽粪便沼气发酵原料渐显不足，迫切需要开发新的原料来源。我国秸秆资源分布于广大农作物种植区域，来源广泛，数量巨大，是最便于利用的沼气生产原料。目前，中国沼气原料已进入了多元化时代，包括畜禽粪便、农作物秸秆、蔬菜废弃物等都可以作为沼气发酵的原料。中国每年畜禽粪便约有30亿t，理论上可以产生1.29万亿m^3的沼气；中国农作物秸秆可收集资源量6.87亿t，进一步开发沼气潜力巨大；全国各类蔬菜废弃物高达4亿多t，占总量的6.5%。这些废弃物也是很好的沼气发酵原料。

我国农村沼气建设成效显著，2013年农村户用小型沼气池累计已建成逾4 100万座，大多为水压式地埋混凝土沼气池。2011年已建成沼气工程72 731万处，其中，畜、禽养殖场建设了大型（单体装置容积300 m^3以上）沼气工程4 631处和中型（单体装置容积50～300 m^3）沼气工程2.28万处，农户建有小型（单体装置容积20～50 m^3）沼气工程4.53万处。形成的年节能能力相当于2 400多万t标准煤，减排$CO_2$5 000多万t，减少COD排放76万t，推进了农村能源清洁化、低碳化（郝先荣，2011）。各类沼气工程设计与技术日趋成熟，正在逐步实现标准化，工程建设能力日益壮大。

（1）沼气及其产生原理。沼气是有机物质在厌氧环境中，在一定的温度、湿度和酸碱度的条件下，通过微生物发酵作用产生的一种可燃气体。由于这种气体最初是在沼泽、湖泊或池塘中发现的，所以称为沼气。在沼气池中栖息着古老、种类繁多、数量巨大、功能不同、能将有机物发酵分解产生沼气的沼气细菌。沼气发酵属于厌氧发酵，是各种有机物在密闭的沼气池内，在绝对厌氧条件下，被沼气细菌分解转化，最终产生沼气、沼液和沼渣的过程。

沼气发酵是由多种产甲烷细菌和非产甲烷细菌混合共同发酵完成的。沼气发酵的第一阶段由厌氧和兼性厌氧的水解性细菌或发酵性细菌将纤维素、淀粉等水解成单糖，并进一步形成丙酮；将蛋白质水解成氨基酸，并进一步形成有机酸和氨；将脂类水解为甘油和脂肪酸，进一步形成丙酸、乙酸、丁酸、乙醇等。第二阶段由产氢、产乙酸细菌群利用第一阶段产生的有机酸，氧化分解成乙酸和分子氢；第三阶段由严格厌氧的产甲烷细菌群完成。在这个庞杂的混合发酵体系中，非产甲烷细菌为产甲烷细菌提供生长和产甲烷所需的基质，创造适宜的氧化还原条件，并清除有毒物质；产甲烷细菌为非产甲烷细菌的生化反应解除反馈抑制，创造热力学上的有利条件；并且两类菌共同维持环境中适宜的 pH 值。产甲烷细菌和非产甲烷细菌间通过互营联合实现甲烷的高效形成。可以通过添加某种菌群或混合菌，不断对发酵过程中的大量细菌、原生动物及真菌进行调控、改善和促进各个阶段的独特微生物类群的活性，使其在较短时间内大量繁殖，加快有机物稳定化的进度，最终达到缩短发酵时间，增加厌氧发酵产气率的目的（蒙杰等，2007）。

沼气发酵后主要产生 3 种生成物：一是沼气，以甲烷为主，是一种清洁能源；二是消化液（沼液），含可溶性氮、磷和钾，是优质肥料，也可用作饲料、饵料等；三是消化污泥（沼渣），主要成分是菌体、难分解的有机残渣和无机物，也是一种优良有机肥，可以培肥和改良土壤。

沼气是一种无色、易燃、有毒、略有臭味的混合气体。主要成分有甲烷（CH_4）、二氧化碳（CO_2），还有少量氢（H_2）、一氧化碳（CO）、硫化氢（H_2S）和氨（NH_3）等。沼气中甲烷占 50% ~70%，二氧化碳占 25% ~40%。沼气燃烧的主要成分是甲烷。甲烷是一种无色、无味、无臭的可燃气体，在常温下不能液化，只能以气体形式存在。甲烷与空气混合完全燃烧时的火焰呈蓝色，可生成二氧化碳和水并能释放能量。1 m^3 甲烷在标准状况下（1 个标准大气压，温度为 0℃时）可放出 3.96 万 kJ 的热量。根据甲烷的热值计算得 1 m^3 沼气完全燃烧时可放出 2.18 万 ~2.77 万 kJ 热量。沼气的容重为 1.22 kg/m^3；沼气对空气的相对密度是 0.85，比空气轻。

沼气中也有一些有毒气体，主要是硫化氢（H_2S）。硫化氢是一种无色、有臭鸡蛋味的气体，燃烧时火焰呈蓝色，易溶于水。沼气中硫化氢的浓度超过 0.02% 时可引起人头痛、乏力、失明、胃肠道病等症状。超过 0.1% 时，可很快致人死亡。

（2）沼液与沼渣。沼液是沼气厌氧发酵后的产物，是一种优质的有机液体肥料，不仅含有丰富的可溶性无机盐类，养分可利用率高，能迅速被作物吸收利用，还含有多种生化产物，具有营养、抑菌、刺激、抗逆等功效。沼液主要用于浸种、叶面喷施、果园滴灌、水培蔬菜和饲喂猪、鱼等方面。沼液中的生长素可以刺激种子提早发芽、提高发芽率，能加速农作物茎、叶生长，并能有效防止果树落花、落果；沼液中的某些核酸、单糖可增加农作物的抗旱能力，游离氨基酸、不饱和脂肪酸可使农作物在低温时免受冻害，某些维生素能增强农作物的抗病能力；沼液能杀死和抑制作物病虫，其对红蜘蛛和蚜虫的杀灭率分别为 95.25% 和 93.30%；沼液还对某些昆虫具有驱避作用，其释放的异味能驱除金龟子、盲蝽象等害虫，而且有降低硝酸盐在作物中积累的功能（王远远等，2007）。

沼液也是一种优质的猪饲料添加剂。从沼池中部提取中层沼液，除去浮沫，用窗纱过滤掉杂物，放置氧化 30 ~40 min 后待用。一般 20 ~30 kg 以下的仔猪每次添喂沼液 0.25 kg；25 ~50 kg 的猪每次添喂沼液 0.5 kg；50 ~75 kg 的猪每次添喂沼液 0.75 ~1 kg，75 kg 以上的大猪每次添喂 1.5 kg 左右，由少到多，将适量沼液均匀地拌加在饲料中喂食。有试验表明，喂沼液比喂清水猪每头日均多增重35~129 g，料肉比下降12.9%，缩短育肥期32 d，肉质正常，符合国家规定的食品卫生标准。密封不严格的沼气池不能取液喂猪，新建或刚换料的沼气池，必须在投料1个月正常产气后才能取液喂猪。

沼液也是养鱼的好饵料。鱼塘洒施沼液，除部分直接作饵料外，主要是通过促进浮游生物的繁殖养鱼。取出的沼液，要搁置10~15 min后才能入池。沼液养鱼适用于以花白鲢为主要品种的养殖塘，其混养优质鱼（底层鱼）的比例不要超过40%。当水体透明度大于30 cm时，说明水中浮游动物数量大而浮游植物数量少，施用沼液可迅速增加浮游植物的数量。做法是每两天施1次沼液，每公顷每次施1 500~2 250 kg，直到透明度回到25~30 cm后为止。

沼渣是一种迟、速兼备的优质有机肥料，含有腐殖酸10%~20%，有机质30%~50%，全氮1.0%~2.0%、磷0.4%~0.6%、全钾0.6%~1.2%。施用沼肥可使柑橘甜度提高0.5~1.0度，增产10%~30%。

沼渣可用于配制营养土和营养钵，营养土和营养钵主要用于蔬菜、花卉和特种作物的育苗。配制100 kg营养土，一般使用沼渣30 kg，掺入50 kg的黏土、5 kg的锯末、5 kg的沙土，再添加点微量的氮、磷、钾肥及微量元素、土壤菌虫统杀剂等，用量大约是：氮、磷、钾肥0.06 kg，微量元素0.03 kg，土壤菌虫统杀剂0.01 kg。

沼渣营养与食用菌栽培料的养分含量相近，且杂菌少，十分适合食用菌的生长，利用沼渣栽培食用菌具有取材广泛、技术简单、成本低、品质好、产量高等优点。沼渣要选择在正常产气的沼气池中停留3个月，并且出池后无粪臭味的沼渣。栽培料的碳氮比要求30：1左右，通常每100 m^3栽培料需要5 000 kg沼渣、1 500 kg麦秆或稻草、15 kg棉籽皮、60 kg石膏、25 kg石灰。制作培养料要先堆料后发酵。堆料时，先将麦草铡成30 cm长的小段，并用水浸透铺在地上，厚度为16 cm；然后将发酵3个月以上的沼渣，晒干打散并过筛后均匀铺撒在麦秆上，厚度约3 cm。照此方法，在第1层料堆上再继续铺放第2层、第3层。铺完第3层时，向堆料均匀泼洒沼液，每层160~200 kg，第4层至第7层要分别泼洒相同数量的沼液，使料堆充分吸湿浸透。然后堆料7 d天左右，当温度达到70℃时，进行翻料。在翻料时如果发现料堆变干，要适当泼洒石灰水，泼洒石灰水还能起到杀菌的作用。发酵结束后，即可种植蘑菇（陆梅等，2007）。

（3）沼气原料及其产气效率。秸秆是常用的量大面广的生产沼气的原料，秸秆沼气发酵能量利用效率是直接燃烧的1.2~1.9倍，利用农作物秸秆进行规模化厌氧发酵产沼气，是一条清洁高效的秸秆能源化利用途径。

人畜粪便及切碎的作物鲜秸秆、切碎的绿肥等，适用于户型沼气池，都可以入池作发酵原料。新鲜的人畜粪便可直接加入发酵池，各种农作物秸秆等则必须进行池外堆沤处理，在15℃左右气温下堆沤4 d。投料前要选择优质的新鲜人畜粪便做启动发酵原料，不能单独用鸡粪启动。发酵料液浓度，夏季控制在6%左右，冬季控制在10%左右。选择晴天，封好活动盖，放气试火，第一次池中放出的气体主要是二氧化碳和空气，甲烷含量很少，一般点不着；当压力表再次上升到20 cm以上水柱时，进行第二次放气试火，一般就能正常启动了。

凡生物降解性较好的工业废水，如乙醇蒸馏废水、淀粉生产废水、味精废水、屠宰废水等，经适当处理后，都适合作沼气池的原料。其中，浓度高于5 000 mg/L的废水，回收沼气多，成本又低，效益较好。

在畜禽养殖与沼气生产相结合的大、中型沼气工程中，畜禽粪中产气率最高的是鸡粪，每千克可产沼气0.38 m^3，每天生产1 000 m^3沼气，需要饲养13.2万只鸡，中温（28~38℃）发酵产气率约2.0 $m^3/(m^3 \cdot d)$，高温（48~55℃）约3.5 $m^3/(m^3 \cdot d)$；其次为猪粪，每千克可产沼气0.32 m^3，每天生产1 000 m^3沼气，需要50 kg存栏猪4 000头，中温发酵产气率约1.8 $m^3/(m^3 \cdot d)$；产气率较低的是牛粪，每千克可产沼气0.28 m^3，每天生产1 000 m^3沼气，需要饲养1 040头牛，中温发酵产气率约1.0 m^3/（m^3·d）。

（4）沼气池的种类和建造。沼气池是由人工建造用于制取沼气的密闭装置，种类较多。目前，国家农业部推荐的池型有常规水压型沼气池、旋流布料型沼气池、强回流型沼气池、分离贮气浮罩型沼气池。适合我国南方的户用沼气池池型目前主要有常规水压式和分离贮气浮罩水压式沼气池（图6－15、图6－16，引自 http：//image. baidu. com）。

常规水压式沼气池一般由进料口、出料（水压）间、贮气间、发酵间、活动盖、导气管等部分组成；分离贮气浮罩型水压式沼气池则增设有浮罩和水封池。发酵间、水压间的几何形状均为圆柱形。

沼气工程的规模，按照其厌氧发酵池的容积大小和配套系统的配置，可分大型、中型、小型、户用沼气4种。大型沼气工程的厌氧发酵池，单池的容积大于或等于300 m^3；中型沼气工程的厌氧发酵池，单池的容积大于或等于50～300 m^3；小型沼气工程的厌氧发酵池，单池的容积大于或等于10～50 m^3；户用沼气池的厌氧发酵池，一般为8～10 m^3。

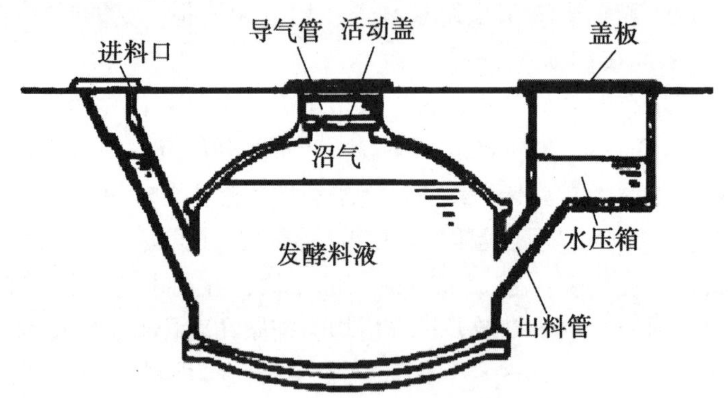

图6－15　水压式沼气池示意图

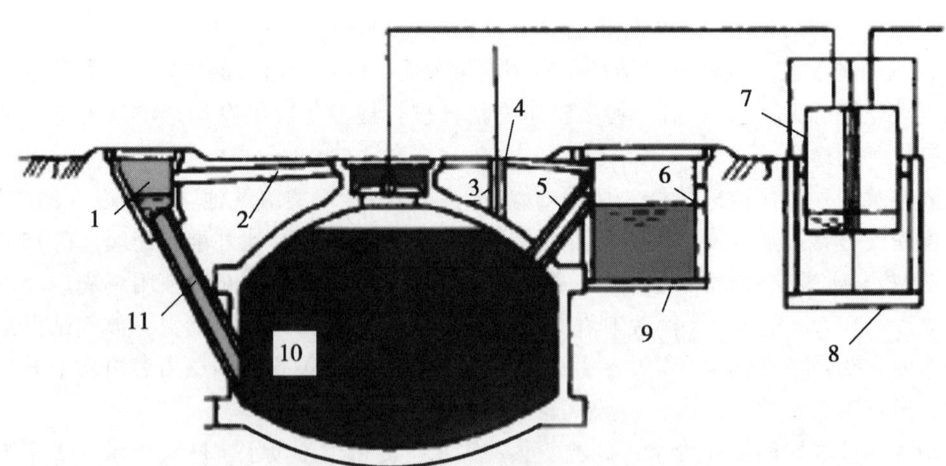

1.进料口；2.污泥回流沟；3.出料搅拌器；4.排渣沟；5.溢流管；
6.溢流口；7.浮罩；8.水封池；9.储粪池；10.厌氧池；11.进料管

图6－16　分离贮气浮罩型水压式沼气池示意图

户用沼气宜选择靠厨房、畜舍、厕所，远离公路、铁路、大树，背风向阳、土质坚实、水源好但又不渍水的地点建造。

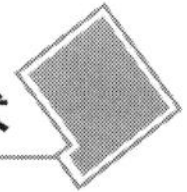

一般农村4~5口之家，按每人1.5~2 m^3，建一个8~10 m^3的沼气池，经常有5~7头50 kg以上的存栏猪，只要管理得当，每天可产气1.6~2.0 m^3，可以满足全年全家每天烧3顿饭菜和烧水以及使一盏相当于60 W的沼气灯照明6 h用能；还能年产沼渣5~7 m^3、沼液约25 t。建一个8 m^3的沼气池，每年节柴2 000 kg以上，约相当于0.23 hm^2薪炭林的年林木蓄积量。

沼气池的建造必须由持有国家“沼气生产工”职业资格证书的技工按规程施工。沼气池的质量，关键要做到不漏水、不漏气。按《户用沼气池质量检查验收规范》（GB/T 4751—2002）进行检查验收。

在建造沼气池的同时，宜同步建设或改建畜禽舍、卫生厕所、厨房，并与供水系统、庭院道路、大棚、日光温室等建设配套。

（5）户用沼气池的日常管理。

①混合投料，勤换料。用人畜粪与切碎的青料混合投料，不要单一投料。一般在产气量高峰没有下降以前，即启动后20 d，最迟不超过30 d，就要加新料，每天进新鲜人畜粪便约20 kg。进料时，先出料后进料，出多少进多少。

②经常搅拌发酵原料。如果不搅拌发酵原料，发酵原料会结分为浮渣层、清液层、活性层、沉渣层等4层，影响沼气池的正常产气。因此，要用长柄的粪勺或其他器具伸入进料管搅拌，或从出料间舀出部分沼液冲入进料口等办法，打破分层现象，保持池料正常发酵。

③控制发酵浓度。沼气池内的发酵原料必须含有适量水分才能正常产气，水分过多、过少都会影响产气，原料浓度宜控制在6%~10%。

④经常检查，及时修理和调节。经常检查，发现漏气、漏水要及时堵漏；发现池内压力过大时，要及时用气、放气；脱硫器使用半年后要更换脱硫剂；池中发酵料液的酸碱度，即pH值以6.8~7.5为宜，若发现发酵料液有酸化现象，应及时调节，一个正常启动的沼气池靠其自身调节就可达到酸碱度平衡。当pH值小于6.5以下时，可采取向池内增投接种物和取出部分发酵液，使其恢复正常。

⑤加强越冬管理。建在温室大棚内的沼气池，冬季也能正常管理使用；建在大棚外的沼气池，入冬前11月，要彻底换料一次，多加进一些牛粪、马粪等热性粪料，还要用塑膜覆盖，上边堆码柴草或覆土或堆沤发酵原料。在北方，覆盖的厚度要大于30 cm。我国北方有条件的地方，可以采用日光温室内“四位一体”沼气模式（参阅本书5.5.2节）。

⑥防止有害物质入池，做好安全发酵。有害物质农药、化学药剂、金属化合物、工业废水、盐类、洗衣粉等如果进入池内，沼气细菌就会中毒，沼气发酵就会受阻，轻者细菌停止繁殖，重者死亡，会造成沼气池停止产气。如发现有害物质进入池内，应取出一半发酵料液，再投入一半新料，就能正常产气。

（6）秸秆原料预处理。木质纤维质秸秆原料的细胞壁结构，主要由纤维素（约占40%）、半纤维素（占20%~30%）和木质素（占20%~30%）三者相互交织组成。纤维素是被木质素和半纤维素包裹着的，木质素最初的裂解需要分子氧的存在，未经过好氧处理的木质素几乎不能在沼气池厌氧环境下被微生物降解，秸秆不经好氧处理会造成厌氧发酵时易出现漂浮和结壳、发酵效果差、搅拌阻力大、进出料困难等一系列问题，严重制约秸秆沼气的发展，因此，木质素的降解预处理，是生物转化木质纤维素秸秆原料的首要步骤，也是提高其后续沼气发酵效率的重要步骤。我国目前秸秆沼气中研究较多的预处理方法有以下几种。

①物理预处理。主要有机械加工法和蒸汽爆破法。机械加工是通过机械切碎或者研磨等方法使原料粒径减小，以增加原料与微生物接触面积，并破坏原料坚硬的细胞壁与木质素、半纤维素和纤维素的晶体结构，使原料更易于微生物的侵入和分解。由于机械切碎预处理较为直接和简便，它是

目前秸秆沼气工程中应用最为广泛的预处理方式，有单独使用的，也有作为其他处理的前处理的，切碎程度各工程之间差别较大，从几厘米到几十厘米都有。蒸汽爆破法是在一定的蒸汽、温度、压力的作用下，使纤维原料在压力突然释放的瞬间，细胞内的蒸汽突然膨胀，从而使纤维得以离析、分散，部分剥离木质素，并将原料撕裂为小纤维。

②化学预处理。常用的秸秆化学预处理有臭氧预处理、酸（稀硫酸、稀盐酸）处理、碱（稀 NaOH、氨水、$Ca(OH)_2$处理、氧化法处理及有机溶剂处理。但目前在沼气研究和生产中，运用较多的仅有酸处理和碱处理。稀碱法预处理用量少、成本低，预处理效果明显，可以显著提高秸秆的产气率，对环境的压力也较小于其他化学预处理，因此，目前应用也较为广泛。

③生物预处理。通过具有生物质降解能力的好氧微生物菌群，将秸秆类物质中的木质素分解，从而使得秸秆更利于厌氧发酵菌群的利用和分解。生物法具有反应温和、能耗较小、设备简单、不会带来环境污染等诸多优点，因此，也成为近年来研究的热点。秸秆的堆腐预处理是目前最被认可并且普遍应用的生物预处理方式。经青贮乳酸菌发酵预处理过的秸秆产气性也能明显提高（焦翔翔等，2011）。

④接种活性污泥。在沼气池新池启动和旧池大换料时，向沼气池加入的富含沼气细菌、悬浮物质和胶体物质组成的厌氧活性污泥作接种物，可以加快沼气发酵的速度，提高沼气池的产气量，是促进沼气池快速启动的主要措施之一。接种物要达到发酵料液总量的10%～30%。旧沼气池里的沼渣、沼液、粪坑底黑色污泥、池塘底部污泥都是良好的接种物。

（7）秸秆厌氧干发酵。根据发酵底物状态的不同，生物质厌氧发酵技术分为厌氧湿发酵技术和厌氧干发酵技术。厌氧湿发酵反应体系中的总固体（TS）含量一般在10%以内。厌氧湿发酵具有启动快、建造管理技术成熟、进出料方便等优点，是当前处理有机污染物生产沼气的主流技术，但是该技术也有明显的缺点，如处理单位质量的有机物所需的反应器容积大，沼液和沼渣分离困难等。厌氧干发酵又称为固体厌氧发酵，反应体系中的 TS 含量达到20%～30%。干发酵用水量少，产气量相对较高，可长时间产气，能避免湿发酵需经常进出料的麻烦。目前，该技术已经广泛应用于处理城市垃圾、禽畜粪便、农作物秸秆，具有节约用水、管理方便、产气率高、处理成本低等优点，已经成为厌氧发酵技术的研究热点。随着沼气干法发酵技术研究的成熟，规模化的沼气干法发酵工程应用技术的研发将成为发展的主流。目前，欧洲的干法沼气发酵技术主要有：车库型、气袋型、渗出液存储桶型、干湿联合型和立式罐型等。我国在21世纪初开始了大型干法厌氧发酵反应器研究，目前还处于研究阶段。

①机理与工艺要求。与常规沼气发酵的机制相同，厌氧干发酵的过程同样包括水解阶段、酸化阶段、产甲烷反应阶段。厌氧干发酵要求底物的 C/N 为 20～30，C/N 过高或过低均会影响产气量或产气率，TS 含量为20%～30%，底物一般是动植物残体、微生物；对发酵底物要进行一定的预处理。接种微生物以厌氧污泥的接种效果最佳，其次是猪粪以及猪粪和厌氧污泥的混合物，当接种率为30%时，厌氧干发酵的启动特性明显好于20%的接种率；发酵温度以中温（30～38℃）发酵产气比较稳定，产气率比较高，产气速率快，中温条件相对容易实现，其投入产出比较高，因此成为重点发展的一种发酵方式；发酵过程中底物的 pH 值始终保持在中性附近；由于高固体含量的搅拌较困难，酸中毒是厌氧干发酵的最常见原因，对于秸秆厌氧干发酵，循环发酵液相当于有效的搅拌，能有效避免酸中毒并提高产气率和产甲烷率。

②添加复合菌剂和促进剂。复合菌剂（由细菌、放线菌、真菌组成，其中，有纤维素分解菌和木质素分解菌）预处理秸秆和添加沼气发酵促进剂能有效促进秸秆厌氧干发酵产沼气。秸秆经菌剂预处理后，入池发酵启动快，启动时间只需 2～7 d，产气量可比不加菌剂预处理提高 29.54%，TOC（总有机碳含量）降解率增加 136.32%，纤维素降解率可提高 47.68%。而在经菌剂预处理的

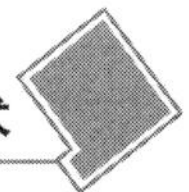

秸秆中再加入促进剂，产气量可比不加菌剂预处理提高35.28%，TOC降解率增加169.58%，纤维素降解率提高49.62%。并且，菌剂预处理和添加促进剂还能稳定发酵系统的pH值，有利于厌氧发酵的正常进行，亦可提高沼气中甲烷含量（何荣玉等，2007；李强等，2010）。

（8）规模化养殖场大、中型沼气工程。到2010年年底，全国规模化养殖场大、中型沼气工程总数已达到4 700处。我国养殖场的规模化程度在生猪3 000头以下的比较多，大、中型沼气工程适宜发展的规模为300～1 000 m^3，规模在500 m^3左右的沼气工程生命力较强。养殖业的精、青饲料由饲料种植基地或购买商品精、青饲料。随着农村规模化养殖、种植产业的发展，农村集中供气将是具有中国特色的沼气高效利用有效方式之一；我国沼气发电的市场潜力也非常大，预计到十二五末期，大型沼气工程数量将达到8 000处，如果按每处年产沼气18万 m^3 计算，则全国大型沼气工程将形成年产沼气近15亿 m^3 的能力，可以年发电30亿kW·h（图6－17，引自http：//image.baidu.com）。

大型沼气工程典型：

①北京德青源1万 m^3 大型鸡粪沼气发酵工程。采用了国际上最先进的沼气技术，同时，进行了很多技术创新。一期工程年处理鸡粪7.74万t，污水10万t，建成4座3 000 m^3 主发酵罐，2 150 m^3 干式储气柜等，安装了2台1 063 kW沼气发电机组。同时，还建了1座5 000 m^3 二级发酵/沼液储存罐，年可回收尾气2 000 m^3，已为周边500户农民供气。二期1万 m^3 沼气工程计划以秸秆为主要发酵原料，产生的沼气经提纯净化后可为延庆县39个村庄的农户提供生活燃气。

图6－17 养殖场大型沼气工程

②山东民和牧业2万 m^3 沼气发电工程。处理能力为鸡粪500 t/d，污水500 t/d；沼气产量达1 000万 m^3/年；沼气发电装机容量为3 MW；沼气发电量为2 000万kW·h/年；每年减排温室气体8.5万t二氧化碳当量。是目前国内最大的农业沼气发电工程。

③海南省因地制宜开展户用沼气和大、中型沼气工程建设。沼气工程发展较好，沼气普及率较高，运行情况良好。海南省大、中型沼气工程建设始于20世纪80年代，以治理开发利用橡胶污水为主，逐渐发展到利用畜禽养殖场、淀粉厂、糖厂、屠宰加工厂及农副产品加工厂的污水。海南省累计建设大、中型沼气工程1 085处，总容积4 752.3万 m^3；累计集中供气农户达4.85万户；累计建设沼气发电工程98处，年发电量1 679万kW·h。

④山西省太谷县水秀乡小王堡村沼气工程。全村有192户，614人，耕地面积76.7 hm^2。农民收入的主要来源是畜牧业，2008年5月动工兴建，建设了大型沼气工程，总投资210万元，年处理粪便5 000 t，年产沼气16万 m^3，生产沼渣1 200 t，沼液3 000 t，供全村居民全年做饭、取暖使用，节省燃料费用30万元。随着大型沼气工程的建成，小王堡村初步形成了规模养殖—集中沼气—绿色瓜菜基地的良性农业循环经济园区。

6.7.2 山区农村小水电和微水电开发利用技术

我国小水电资源丰富，据初步调查，理论蕴藏量有15亿kW，可开发的资源为7 000万kW。作为水能资源的重要组成部分，到2010年止，我国已建成小水电站4 500座，总装机容量5 900多万kW，年发电量2 044亿kW·h。农村小水电开发利用，是我国特别是富有小水电资源的南方山区农村可再生能源开发的主体。在全国2 300多个县中，有1 104个县的可开发资源超过1万kW，其中，471个县的可开发资源为1万~3万kW，499个县为3万~10万kW，134个县超过10万kW。1991年全国建有小水电的县共1 628个，占县级行政区划总数的68%。全国主要由小水电供电的乡镇有2万个，占乡镇总数的36%。小水电遍布全国1/2的地域、1/3的县市，累计解决了3亿多无电人口的用电问题，小水电地区的户通电率从1980年的不足40%提高到2009年的99.6%，供电质量和可靠性大大提高。小水电不仅在增加能源供应、改善能源结构、保护生态环境、减少温室气体排放等方面做出了重要贡献，还在电力应急保障中发挥了独特作用。经过多年发展，小水电已成为我国农村经济社会发展的重要基础设施、山区生态建设和环境保护的重要手段。但是，小水电建设在促进经济、社会发展的同时，不少地方也直接引发了河道脱减水、干旱期与农田争水等环境问题，我国亟需建立健全小水电建设环境保护管理体系，引入环境影响评价制度，防止和消除小水电建设对生态环境的负面影响。

我国大多数地区均已为国家电网和南方电网所覆盖供电，目前未能通电的少数地区大都是远离电网且经济相对落后、居住分散的自然村。这些地区如按传统的大电网覆盖方式解决用电问题，有时是很不经济也不现实的。在这些不适宜大电网长距离输送供电又有溪流、细水沟、小瀑布等微小水源的山区农村，可以推广利用微型水电。微型水轮发电机组一般指装机容量在30 kW以下（国际标准是100 kW以下）。适合具有微小水力资源的农村安装使用的简易水力发电机组。微型水力发电站的发电原理与大型水力发电站相同。均是由水工建筑及水轮机带动发电机而发电。农村微型水力发电是当前全国农村能源建设的一个热点，也是实现国家规划通电到户的好方法。微型水电的主要特点是：容量小，适于分散建造和使用，尤其适合有水力资源的山区和半山区的农户使用；投资省，一次性投入总额不大，便于群众自筹资金，自建自管和自用；建设周期短，它可以在较短的时间内建成投资；技术简单适用，易修易建，便于普及。例如，广西在21世纪初已建有微型水力发电站38 307台（处）。

有条件的山区可以采用风力发电、太阳能发电。

6.7.3 能源植物的开发利用前景

据估计，绿色植物每年固定的能量，相当于600亿~800亿t石油，即相当于全世界每年石油总产量的20~27倍，约相当于世界主要燃料消耗的10倍。而目前绿色植物每年固定的能量作为能源的利用率，还不到其总量的1%。能源植物是指直接用于提供能源为目的的植物，其生物化学能来源于太阳能，碳氢化合物含量较高，含硫量低，作为能源消费的绿色植物重新吸收 CO_2，实现 CO_2 的零排放。

依据化学成分组成及其用途可将能源植物分为糖料植物、淀粉植物、油料植物、含油微藻植物

和木质纤维素植物5类。目前，由能源植物的生物质转化的液体燃料主要包括乙醇、生物柴油和生物质裂解油，由生物质转化的气体燃料包括生物质燃气、沼气和氢气，生物质经压缩成型或炭化工艺可生产生物质颗粒，生物质以热电联产技术经直燃可大规模发电和供暖。

能源植物能通过光合作用把二氧化碳和水合成为泌出的乳汁或提取液的化学成分与石油相似的不含氧的碳氢化合物，故又称为“石油植物”。可作为能源植物的种类很多，如海南的油楠树（豆科）、巴西橡胶树（大戟科）、桉树（桃金娘科）、桤木（桦木科）、续随子（大戟科）、绿玉树（大戟科）、麻风树（又名小桐子，大戟科）、油桐（大戟科）、西谷椰子（棕榈科）、西蒙得木（西蒙得木科唯一种）、古巴香胶树（苏木科）、油棕（棕榈科）、银合欢（豆科）、文冠果（无患子科）、黄连木（漆树科）等，都能生产石油。油楠树的树干含有一种类似煤油的淡棕色可燃性油质液体，在树干上钻个洞，就会流出这种液体，可以直接用作燃料油，一棵高10～15 m、胸径40～50 cm的油楠，能流出几十千克“柴油”。巴西橡胶树分泌的乳汁与石油成分极其相似，不需提炼就可以直接作为柴油使用，每一株树年产量高达40 L。蓖麻种子含油量高达50%左右，也是优良能源植物，作为能源植物开发蓖麻油，不会与人争食油。象草（紫狼尾草）不但是高产优质的青饲料、青饵料，还能替代煤炭、石油发电，种植1 hm^2 的象草燃料产生的能量可替代36桶石油，每公顷至少能收获60 t象草。

富含碳水化合物的能源植物又可分为糖类能源植物、淀粉类能源植物和纤维素类等能源植物，它们通常直接或间接用于燃料乙醇的生产。这类植物种类多、分布广，其中，糖类能源植物包括甘蔗、甜高粱、甜菜等，可直接用发酵法生产燃料乙醇；淀粉类能源植物包括如木薯、马铃薯、菊芋、玉米、甘薯等，它们须水解后才能用于生产燃料乙醇；而纤维素类等能源植物包括桉树、芒草等，可采用其他技术获得乙醇等燃料，也可以通过直接燃烧发电。中国科学院成都生物研究所分离培养的热纤梭菌，其厌氧分解率在一周内达50%左右，开创了乙醇生产的新途径。绿色能源工程就是以玉米为主要原料生产燃料乙醇，再将燃料乙醇与汽油以一定比例混配成汽油醇，作为机动车的动力燃料。巴西车辆普遍使用60%乙醇+33%甲醇+7%汽油的混合燃料；美国“汽油醇”（将10%的乙醇添加在90%的汽油中）用量占全国汽油总量的70%，乙醇的年消费量500万t。

对富含油脂的能源植物进行加工是制备生物柴油的有效途径。世界上富含油脂的植物达万种以上，我国已发现含油量在20%以上的植物390多种，并且木本植物明显多于草本植物，两者的比例为3∶1。有的含油率很高，如桂北木姜子种子含油率达64.4%，樟科植物黄脉钓樟种子含油率高达67.2%。这类植物中有些种类的现存量很大，如种子含油率达15%～25%的苍耳子广布华北、东北、西北等地，资源丰富，仅陕西省的年产量就达1.35万t。集中分布于内蒙古、陕西、甘肃和宁夏的白沙蒿、黑沙蒿，种子含油率16%～23%，蕴藏量高达50万t。水花生、水浮莲、水葫芦等一些高等淡水植物也有很大的产油潜力。用于生产生物柴油的主要原料还有小桐子、油菜籽、大豆、黄连木、油楠等。小桐子含油率40%～60%，是生物柴油的理想原料。

主要提供薪柴和木炭的植物有杨柳科、桃金娘科桉属、银合欢属等。世界上较好的薪用槐、沙枣、旱柳、泡桐等，有的地方种植薪炭林3～5年就见效，平均每公顷薪炭林可产干柴15 t左右。

目前，大多数能源植物尚处于野生或半野生状态，人类正在研究应用遗传改良、人工栽培或先进的生物质能转换技术等，以提高利用生物能源的效率，生产出各种清洁燃料，从而部分替代煤炭、石油和天然气等石化燃料，减少对矿物能源的依赖，保护国家能源资源，减轻能源消费给环境造成的污染。

目前，我国已经基本形成云南、四川、福建、湖南、内蒙古等规模化发展生物柴油原料林基地的格局。例如，云南神宁在云南双柏建成年产6万t小桐子原料油的加工厂，建成年产3 000 t小桐子油、3 000 t生物柴油和3 000余t脱毒饲料蛋白的生产线，产业化加工已初步形成规模；内蒙古金骄已建成每年 10 万 t 生物柴油联产生物基产品生产线，以文冠果油脂（及其他油脂）为原料，2012 年生产生物柴油 2.2 万 t，合成润滑油脂 1.8 万 t。

生物能源将成为未来可再生、可持续能源的重要部分，到 2015 年，全球总能耗将有 40% 来自生物能源。因此，能源植物具有广阔的开发利用前景（谢光辉，2011；李勇进等，2013）。

6.8 对农林业有害生物的综合防治及森林防火林带

6.8.1 对农林业有害生物的生物防治技术

对农林业病虫兽害的生物防治，是利用农林业生态系统中生物种群间相生相克关系，通过食物链网来控制农林业病虫兽害的一类防治方法。目前，生物防治方法包括以虫治害、以微生物及其代谢产物治害、以其他有益生物治害以及以抗害转基因生物治害等。生物防治因具有保护天敌、控制病虫兽害、对人畜危害小、对产品和环境污染小，而且对病虫兽害的控制作用具有持久性，又易于与其他植物保护措施相协调，并能节约成本等优点，这些优点是单一的化学农药防治所无法达到的，因而一直被公认为是农林业病虫兽害综合治理的关键措施。

（1）机制。农业生物多样性具有重要的生态作用，是持续控制有害生物的基础。这是由于农林业生态系统在长期的进化过程中，系统内各生物种群间彼此形成了相生相克、和谐统一的关系，使系统保持着相对稳定和平衡。当系统中某一因素如害虫增加时，抑制它的因素如害虫的多种天敌也会随之增加，接着害虫因天敌增加而减少，最后天敌又会因食源害虫限制而减少，使系统达到新的平衡状态。一旦有害生物的天敌在田间和山林建立了自己的种群，它就可能长期持续地对有害生物发挥控制作用。

在当今农林业生产中，由于大量使用化学农药，不但针对性地杀死了主要有害生物，同时也杀伤或杀死了大量无辜的天敌及中性生物，使得次要和具抗性的有害生物大发生时，由于没有相应的天敌去自然抑制，往往出现有害生物药后再爆发，迫使人们使用更高毒力或更大用量的农药去压制，导致有害生物越治越多、越多越治、农药用量越来越大或毒力越来越高、环境污染越来越严重的恶性循环。

只有采取生物防治结合其他无害综合防治措施，持续控制农林业有害生物，将有害生物持续地控制在经济允许的损害水平之下，才可能摆脱恶性循环。利用生物多样性持续控制农林业有害生物是一项系统工程，最基本的方法是效仿自然生态系统，在农田与山林中创造 3 个层次的多样性，即生态系统多样性、物种多样性和种内遗传多样性。

（2）进展。国内外对于利用生物多样性控制农林业病虫兽害的生物防治的研究和应用，已有 100 多年的历史，已取得了许多重要成果。例如，我国在利用天敌寄生蜂防治农林害虫方面，从 20 世纪 70 年代开始，开展了全国主要农林作物害虫的天敌资源调查及天敌的保护利用研究，我国应用较多的寄生性天敌昆虫有赤眼蜂、肿腿蜂、姬小蜂、蚜小蜂和天牛蛀姬蜂等；捕食性天敌昆虫有蒙古光瓢虫、异色瓢虫等。利用蒙古光瓢虫防治松干蚧，利用寄生性天敌蒲螨控制隐蔽性害虫，利用肿腿蜂防治粗鞘双条杉天牛、青杨天牛，利用周氏啮小蜂防治美国白蛾，利用花角蚜小蜂防治松突圆蚧，利用天牛蛀姬蜂防治青杨天牛等都有明显效果。广东、广西、云南、湖南、吉林等地，人工大量繁殖赤眼蜂、金小蜂，用于防治水稻纵卷叶螟、玉米螟、甘蔗二点螟。20 世纪 80 年代以后，又研制出利用柞蚕卵、米蛾卵、人造卵繁殖赤眼蜂的技术与工艺流程，并成功地建立了半机械化生产线，为寄生蜂等天敌昆虫工厂化、商品化生产和应用奠定了良好的基础。除人工饲养外，当前，我国大多数地区还采取保护自然天敌的办法进行防治。微生物杀虫剂主要有白僵菌、苏云金杆菌、

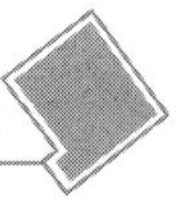

昆虫病毒等。我国每年应用白僵菌防治松毛虫的面积较大。我国应用白杨透翅蛾性信息素、舞毒蛾性信息素制作的诱捕器，捕杀杨透翅蛾和舞毒蛾均取得了良好效果。

我国引进国外天敌昆虫的扩繁与利用也取得了显著成效。如从国外引进的防治苹果绵蚜的日光蜂、防治吹绵蚧的澳洲瓢虫、防治天牛的管氏肿腿蜂和川硬皮肿腿蜂等。目前，我国已与世界上10多个国家建立天敌引进业务联系，到2012年，已引进天敌昆虫共182种次，输出天敌昆虫104种(次)。例如，广东一防护林带，有一年吹棉蚧危害严重，花了几万元的化学农药防治费，并没有解决问题，后来引进了澳洲瓢虫，一年后，这片长20多km、宽100 m的木麻黄林带的吹棉蚧基本被消灭，迄今未见再成灾。

(3) 生物防治案例。

① 利用寄生性天敌。寄生性天敌是寄生于害虫体内，以害虫体液或内部器官为食的昆虫。常见的昆虫寄生性天敌包括各种寄生蜂、寄生蝇、寄生菌等。赤眼蜂和缨小蜂是常见的两类卵寄生蜂，全世界已知赤眼蜂科种类96属、950多种。目前，我国已知赤眼蜂科42属、160多种。赤眼蜂是目前农林业生产上应用面积最大、应用范围最广的一类寄生性天敌昆虫。

到目前为止，全世界大量繁殖和释放的赤眼蜂已达20多种，其中，规模较大的有松毛虫赤眼蜂、广赤眼蜂、螟黄赤眼蜂、稻螟赤眼蜂、短管赤眼蜂、玉米螟赤眼蜂等6种。中国是世界上放蜂治虫面积最大的国家之一，每年放蜂治虫面积达3 000万 hm^2 以上。对玉米、水稻、甘蔗、棉花、蔬菜等农作物及某些林木和果树的主要虫害，利用赤眼蜂防治的主要对象是棉铃虫、稻纵卷叶螟、稻苞虫、亚洲玉米螟、甘蔗条螟、玉米螟、豆荚螟、豆天蛾、大豆食心虫、烟夜蛾、桃蛀螟、双尾舟蛾、灰白蚕蛾、蓖麻夜蛾、枣尺蠖、松毛虫、松梢螟、黄刺蛾、竹箩舟蛾等20多种害虫。其中，玉米螟是中国北方地区玉米进行生物防治的主要害虫之一，每年造成的减产损失达10%左右。在“九五”期间，中国北方地区应用赤眼蜂防治农作物及某些林木和果树的害虫面积达193.3万 hm^2，其中，用于防治玉米螟的面积达66.6万 hm^2。

马尾松毛虫是我国森林害虫中发生范围最广、危害面积最大、经常猖獗成灾的森林大害虫。马尾松毛虫的寄生性天敌主要包括寄生蜂和寄生蝇两大类。在一个稳定的森林生态系统中，马尾松毛虫寄生性天敌种类资源丰富。我国有99种松毛虫寄生蜂，其中，寄生马尾松毛虫的有75种；有36种松毛虫寄生蝇，其中，寄生马尾松毛虫的有10种（侯陶谦，1987）。松毛虫赤眼蜂是马尾松毛虫卵期的一种重要的寄生蜂，由于它具有容易人工繁殖释放、能大量消灭害虫于卵期、不污染环境、害虫难以产生抗性等优点，多年来被广泛地加以利用。

松毛虫赤眼蜂在人工释放的时候，放蜂次数和放蜂量应根据害虫、林相、赤眼蜂种类，以及害虫发生密度、自然寄生率高低、蜂体生活力强弱和放蜂期间气候变化等具体情况分析而定。在放蜂技术中，最重要的是要抓住放蜂时机，要求在害虫整个落卵期内不间断地有赤眼蜂成虫存在，使之能够在害虫卵上寄生，两者的吻合程度越高越好。放蜂虫态以蛹后期为宜，把将要羽化出蜂的卵卡，按计划布点数，撕成小块反钉在树干迎风方向。在松林中人为释放该蜂以后，对松毛虫卵的最高寄生率可达89.8%。松毛虫赤眼蜂在自然界寄主范围很广，可寄生枯叶蛾科、天蛾科、天蚕蛾科、夜蛾科、卷叶蛾科、螟蛾科、刺蛾科、舟蛾科、尺蛾科等多种害虫。松毛虫黑卵蜂、白跗平腹小蜂也是马尾松毛虫卵期主要的寄生蜂；黑足凹眼姬蜂、松毛虫脊茧蜂是马尾松毛虫1~4龄幼虫的主要寄生蜂（吴家明等，2011）。

保护利用寄生蜂的技术要点：

- 合理使用农药。当山林、果园寄生蜂多时，不使用杀虫剂或错开打药时间，尽量不在天敌成虫活动产卵时打药。避免使用广谱或残效期长的杀虫剂，或改变施药方法。
- 采集保存及释放寄生蜂。及时采集有寄生蜂寄生害虫的虫叶、虫果等，移入果园或装入纱笼中，使蜂自然羽化飞出，到山林和田间去寄生害虫。

• 创造有利于寄生蜂繁殖的生物群落。生物群落主要包括害虫和天敌，还有森林、果树、间作物、杂草等，植物种类多，害虫发生就多，寄生蜂的食料也丰富。例如，蚜茧蜂靠寄生多种蚜虫而生存，在果园内种植绿肥、豆类，并在寄生蜂羽化前保留果园周围的杂草，蚜虫发生就多，蚜茧蜂在这些植物上的蚜虫尸体内过冬，即可繁衍出大量蚜茧蜂，寄生果树上的蚜虫。

• 人工饲养释放寄生蜂。赤眼蜂的人工繁蜂，首先要制作木制蜂箱（长、宽、高为 30 cm × 10 cm × 20 cm）。繁蜂用的卵为柞蚕卵、蓖麻蚕卵或米蛾卵。赤眼蜂种是从山林、果园采集被寄生的虫卵，经少量繁殖后待用。将柞蚕卵用桃胶粘在纸上，将卵纸放在箱盖一边，向光放置，然后将蜂种放入箱中，24 h 后取下蜂卡，再换新纸。卵卡如暂时不用，可放入 0 ~ 5℃ 冰箱内保存。田间放蜂应作好虫情调查，在害虫卵期适时释放。如防治苹小卷叶蛾，在其每代卵初期开始，每 3 ~ 5 d 放蜂 1 次，每代放 4 次，每株放 1 000 ~ 2 000只蜂（每个柞蚕卵内约有 60 ~ 100 只蜂）。放蜂方法是将蜂卡撕成小块用大头针别在叶片上即可（黎彦，2008）。

寄生蝇也是天敌昆虫中寄生能力强、活动能力大、寄主种类繁杂、分布广泛的类群，是影响多种害虫发生数量的重要生物因子之一，在很多情况下能抑制害虫的大量发生，使之不造成灾害。寄生马尾松毛虫的寄生蝇以蚕饰腹寄蝇和伞裙追寄蝇分布较广、数量较多、寄生率较高。

② 利用捕食性天敌。捕食性天敌种类很多，最常见的有蜻蜓、螳螂、猎蝽、刺蝽、花蝽、草蛉、瓢虫、蓟马、步行虫、食虫虻、食蚜蝇、胡蜂、泥蜂、蜘蛛以及捕食螨类等。这些天敌一般捕食虫量都大。

草蛉是一种分布很广的捕食性昆虫，成虫和幼虫都是捕食性的，主要以蚜虫、红蜘蛛、介壳虫、粉虱以及多种鳞翅目害虫为食，在自然界对害虫种群数量的消长起着重要的控制作用。我国草蛉种类很多，用于防治农业害虫的主要有中华草蛉和大草蛉，在防治棉蚜、棉铃虫、果树红蜘蛛和温室粉虱等害虫上都取得了很好的效果。

瓢虫中的绝大多数种类都是益虫，也是自然界中控制害虫大发生的有效天敌。

③ 施用微生物农药。微生物农药是生物农药中最重要的部分，占全世界生物农药产品的近 90%，包括微生物杀虫剂、微生物杀菌剂、微生物除草剂等，是生物防治的物质基础和重要手段。微生物农药防治病虫效果好，特异性强，选择性高，对人畜、天敌和有益生物安全，有多种因素和成分发挥作用，使病虫难以产生抗药性，又易于进行大规模工业化生产，生产原料和有效成分属天然产物，在环境中容易降解，不会污染生态环境。但是，微生物农药较化学农药见效慢、药效较低，某些微生物农药在自然环境中稳定性也相对较差。

苏云金芽孢杆菌（简称 Bt）是一种杀虫细菌，是研究最多、最成功的微生物杀虫剂，占微生物杀虫剂总量的 95% 以上，已有 60 多个国家登记了 120 多个品种。苏云金芽孢杆菌能产生多种内外毒素，其中主要的杀虫活性成分是 δ - 内毒素，又叫晶体蛋白或伴孢晶体，晶体蛋白在昆虫肠内碱性条件下经蛋白酶水解后具有毒性并破坏肠道内膜，使细菌易于侵袭和穿透肠道进入血淋巴，最后昆虫因饥饿和败血症而死亡。它的杀虫谱广，对 20 多种蔬菜、茶、果、烟等植物的鳞翅目害虫防治效果为 80% ~90%，主要防治对象有松毛虫、玉米螟、棉铃虫、黏虫、稻纵卷叶螟、稻苞虫、菜青虫、茶毛虫等。

我国已将 Bt 抗虫基因转入多种农作物培育成抗虫品种。例如，继 Bt 抗虫棉广泛推广应用之后，以华中农业大学为主的研究团队研制的抗虫转基因水稻华恢 1 号和 Bt 汕优 63 具有高抗鳞翅目水稻害虫（稻纵卷叶螟、二化螟、三化螟和大螟等）特性，2009 年获得安全证书。华恢 1 号的受体品种是三系杂交水稻恢复系明恢 63，外源基因是人工改造合成的苏云金芽孢杆菌（Bt）杀虫蛋白基因。对转抗虫基因水稻的安全性，目前有争议。

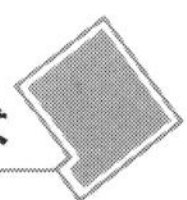

白僵菌是一种广谱性的昆虫病原真菌，对700多种有害昆虫都能寄生，是继转基因抗虫棉Bt毒蛋白生物农药之后有可能实现产业化的新型绿色生物农药。球孢白僵菌的致病性和适应性强，被大面积用于防治松毛虫、玉米螟和水稻黑尾叶蝉等害虫，在多种农林害虫的生物防治中都取得了明显成效。我国每年在南方地区防治林区松毛虫和东北地区防治玉米螟等应用白僵菌的面积达700万hm^2以上。白僵菌也是防治地下害虫有潜力的生物农药。

④ 利用益鸟和青蛙。森林是鸟类的重要生活场所，鸟类和害虫都是森林生态系统的成员，在长期进化和自然选择进程中，形成了复杂的捕食者—猎物系统，鸟类是捕食者—猎物系统平衡中的重要成员。食虫鸟类的主要作用是阻滞或防止害虫大暴发，对于已达顶峰的暴发害虫，可加速其衰落。

我国林区食虫益鸟种类因地域而异，主要有大山雀、杜鹃、白脸山雀、黑枕黄鹂、画眉、灰喜鹊、沼泽山雀、燕子、啄木鸟等。

在严格禁猎禁捕保护益鸟的同时，还须招引益鸟。招引益鸟是防治森林害虫的生物防治的重要措施之一。常见的招引益鸟的方法有以下几种：在人工林内挂设招引木段及人工巢箱等，招引以树洞营巢的鸟类进驻；在林缘栽植蜜源植物或灌木，便于露天营巢的鸟类寻取筑巢材料；冬季大雪封山，有些留鸟在林内越冬，可能因找不到食物而冻饿致死。所以严冬季节要在林内为这些鸟类施放一些食料；鸟类的生活离不开水，喜在河、溪、池边及其周围的森林中栖息，因此在干旱地区招引益鸟，还要增设小型水源，供鸟类饮浴；在林间空地，采伐迹地或农田附近，应设置猛禽栖息杆，以利其栖息时巡视四野、捕捉食物。

挂鸟巢是招引益鸟的基本措施。挂巢时间宜在鸟类繁殖活动开始前，每公顷挂4个巢箱，混交林可适当减少密度。不同的鸟类需要不同的鸟巢。巢间间距为50 m，高度为4～6 m，用铁钉将巢箱钉在树干上，巢口朝山下坡，平坦地区鸟巢口应向南方。黑龙江省海林林区2003—2008年在5个经营林场共挂鸟巢4 580只，控制落叶松林面积1 213 hm^2。在长白山落叶松人工林中，人工招引大山雀、沼泽山雀、戴胜等食虫鸟类，招引率36.15%，降低了落叶松松毛虫虫口密度，防治效果70.85%。

稻田是蛙类、鱼类的天然栖息场所。稻田养蛙不多占农田，蛙既能为水稻治虫，又能以蛙粪养鱼，鱼粪又是稻田的有机肥，从而达到稻、蛙、鱼三丰收。目前，我国的蛙类养殖以美国青蛙、虎纹蛙两种最为常见。美国青蛙性情温驯、食性广、产卵多、生长快、不冬眠，特别适合稻田生态养殖。技术要点：选择水源充足、排灌方便、田埂结实的稻田；在稻田四周设置用塑料窗纱、竹排、石棉瓦等或砖块砌成的防逃墙，进排水口用纱网罩住，以防止蛙及蝌蚪逃跑；在稻田四周或中央设保护沟、池，在短期缺水时为蛙、鱼提供庇护所和饲料投喂场所；在插秧后半月左右，每公顷放养幼蛙4.5万～7.5万只，还可少量套养鲫鱼、鲤鱼、草鱼、鲢鱼等；大小蛙分池饲养；幼蛙需喂少量活食，如小鱼、小虾、昆虫、蝇蛆、黄粉虫等，在经过半个月的喂饲后，可加喂一些猪肺、蚕蛹、家禽内脏等，剁碎后掺在活食中，定时、定量、定位，撒在饵料台上饲喂，还可安装黑光灯诱虫喂蛙；水深保持在5～15 cm；每天巡查围栏，防止蛙、鱼逃跑及敌害进入；稻田栽插前施足基肥，因蛙能捕食大量害虫，一般不需施用农药。

⑤ 稻田养鸭。稻鸭共生，鸭在稻田可直接捕食稻田害虫，不施农药即可有效控制多种害虫的数量。据调查，稻、鸭共存对稻飞虱、叶蝉、稻纵卷叶螟和稻螟蛉都有较好的控制作用。据调查，鸭子在水稻生长的不同时期对水稻三化螟、稻飞虱和稻纵卷叶螟发生的控制率分别为82.93%～91.50%、64.85%～94.97%和72.15%～86.60%。稻田养鸭对这些害虫的控制，主要是通过食物链及生态位竞争、驱赶和捕杀等实现的；鸭子还可以啄食部分纹枯病菌核，减少菌源，在水稻分蘖高峰期和齐穗期，稻鸭试验区的纹枯病发病率比不养鸭区分别降低67.1%和52.5%；稻田养鸭还

显著地增加了害虫天敌的数量；稻田养鸭对稻田杂草也有很好的控制效果，鸭对杂草的控制效果为98.5%～99.3%；稻田养鸭还可以节省养鸭饲料成本；水稻产量比对照区增产10%左右；稻米的农药残留量降低66.7%；还能明显改善稻田土壤氧化—还原状况，减少产甲烷菌数量和甲烷的产生量（杨治平等，2004；王寒等，2007）。

技术要点：鸭选用体型小、适应性广、抗逆性强、生活力强、田间活动时间长、活动量大、嗜食野生生物等功能较强的品种，如江苏高邮鸭、江西红毛鸭、四川建昌鸭和浙江、湖南、江西、福建的麻鸭等，而体型较大的鸭品种如北京鸭则不宜选用；水稻品种选株型紧凑、分蘖力强、抗性强、品质优、成穗率高、熟期适中的大穗型品种。在插秧后5～7 d，稻苗扎根缓苗后每公顷及时放入刚孵化5～7 d的雏鸭225只左右，稻田四周用细眼尼龙网围成防逃圈，鸭棚建在田边。雏鸭放入大田后，早晚各喂1次，白天不需饲喂，促使鸭到田中寻食。随着鸭长大，逐渐增加早晚喂的饲料量。在水稻即将抽穗时收回鸭子。稻鸭共生技术与频振诱控技术相结合，对稻田有害生物的控制效果更明显。诱虫灯的安装应以4～5 hm^2 安装1盏为宜（图6－18，引自 http://image.baidu.com）。稻田养鸭对稻田害虫的主要天敌蜘蛛有轻微的负面影响。

图6－18　稻田养鸭与安放诱虫灯相结合

⑥ 防治鼠害。鼠类是一个适应能力极强的物种，鼠害是农田、山林、草原的常见灾害，随着人工纯林和退耕还林还草面积的扩大和鼠类天敌的日益减少，鼠害有逐渐加重趋势。对新植林和幼龄林造成危害的主要是啃食树皮的害鼠。青藏高原上青海省的0.316亿 hm^2 草场中，鼠害（以高原鼠兔为主）面积达0.169亿 hm^2，占天然草地的46.9%，严重危害0.075亿 hm^2，占天然草地的20.8%。东北山区主要害鼠的优势种类有棕背䶄、林姬鼠、红背䶄、东方鼠等，其中，棕背䶄、林姬鼠占45%左右，其他鼠种占55%。

森林鼠害的防治要以营林措施为基础，重在预防，通过对营林、生物、物理及化学防治措施的综合应用，特别是植物杀鼠技术、林木保护技术及抗生育技术等的应用，达到防治目的。

营造混交林有利于防鼠害，造林地的鼠害防治应在造林前的7～10 d进行。造林时须对树苗采取一系列保护措施。对林木稀疏、下木较多的成片林地进行封山育林，逐步改变林分结构，保护冠下植被。在进行人工林抚育时，将嫩枝条堆放在空地上，诱使害鼠啃食，可以避免或减少对林木的危害。

防治时间分别在春、秋两季进行。春季防治一般在害鼠觅食及孕产期进行，以易受危害的新植林、幼林作为重点防治地块。秋季防治在降雪前进行。

防治技术方法很多，除投放杀鼠药丸、安放鼠夹等化学与物理方法之外，要着重推广生物防治。生物防治的主要措施是保护黄鼠狼、蛇、狐、猫头鹰（鸮）、鹰、野猫等是野生鼠类的天敌，要为这些天敌创造安全栖息的条件，严格禁猎、禁捕。一只成年猫头鹰，在一个夏季可以捕食1 000多只田鼠和家鼠。生物药剂防治，如施用C－型肉毒素、保护林木的防啃剂、拒避剂、性诱剂等，要与其他防治方法相配套，并需长期大面积施用。

⑦ 利用生物防治植物。在现代生态农业的害虫防治系统中，除发挥天敌的关键作用外，一些植物本身也发挥了重要的作用。这些植物包括抗虫植物、诱集植物、拒避植物、杀虫植物、载体植物、养虫植物以及显花（虫媒）植物等，它们是害虫生物防治的重要组成部分，并在害虫生物防治中起着越来越重要的作用（肖英方等，2013）。

国内外育种专家研究并育成大量对病虫抗性强的农作物品种或品系，如国际水稻研究所选育的IR系列水稻抗虫品种；中国育种专家选育的抗稻飞虱水稻品种、抗稻瘟病品种等；长雄蕊野生稻的*Xa*21、普通野生稻的*Xa*23抗白叶枯病基因以及尼瓦拉野生稻的抗草丛矮缩病基因*Gs*的发现和克隆，为相关水稻病害的有效防治提供了较好遗传材料。

诱集植物主要用于引诱一种或几种害虫，减少和保护主栽作物免受危害。1970年以后，诱集植物在我国棉花、大豆、花菜、马铃薯、玉米等作物上得到广泛应用，并取得较好效益。

将拒避植物直接与农作物或林木间种，可起到驱避害虫的作用。例如，种植桉树、苦楝、山苍子等可防治萧氏松茎象；结球甘蓝地间种番茄可减轻小菜蛾的危害。

杀虫植物是植物源农药（如印楝素、除虫菊酯、鱼藤酮、烟碱等）主要资源，也是主要的生物防治植物。

农田增加特定显花植物多样性可以吸引多种天敌，显花植物种类越多，天敌的多样性越丰富。如水稻田周边增加多种显花植物，可以有效保护农田中的天敌。

6.8.2　外来生物种入侵现状、危害及防控措施

国内外和国内不同区域之间相互引用生物良种和品种，是农林牧业改善生物种群结构、改良品种、提高产量和品质的最便捷的途径。例如，目前，我国栽培的600多种各类农作物中，有一半是从国外引进的；又如，近60年来，我国从世界各国和国际农业组织引进水稻品种（系）及遗传材料达到23 890份，许多国外优异稻种资源被直接和间接利用，有效扩大了我国水稻品种的遗传基础，增加了水稻的遗传多样性，提高了水稻产量，产生了巨大的社会效益和经济效益。玉米、甘薯、马铃薯、番茄、胡萝卜等重要作物，都是引进的外来生物种，从国外引进的畜禽良种和林木等良种也不在少数。国内不同区域之间的品种引用交流更为普遍。可以说，良种引种工作是我国农林牧产业持续发展和实现现代化的重要动力之一。我国是全世界最富生物多样性的国家之一，也有许多优良的生物种和品种被外国引用。

但是，在生物引种工作广泛开展的同时，也发生了许多触目惊心的生物入侵事件。

生物入侵又称外来物种入侵，是指外来物种从外地原生地自然传入或人为有意无意引种后，在新栖息地（传入地）定居、繁殖和扩散并建立野生种群，进而占据新栖息地原生物种的生态位，使之失去生存空间，以致改变或威胁新栖息地的生物多样性，并对新栖息地生态系统造成一定危害，破坏其生态环境、威胁其居民健康、危害其经济的发展。

生物入侵正成为威胁我国各地山区农村生物多样性与生态环境的重要因素之一。随着我国对外开放向深广发展及国际旅游与贸易量的不断增加，无意或有意引进的入侵种对我国山区农林牧生产和生态安全所构成的威胁进一步加大。例如，我国海关1999年7月从日、美等国进口的机电、家电等使用的木质包装上查获号称“松树癌症”的松材线虫59次；2000年又多次从美、日等国进口的木质包装材料中发现大量松材线虫；多次从入境人员携带的水果中查获地中海实蝇、桔小实蝇等；毒麦传入我国也是随小麦引种带入的。

（1）现状。丁晖等（2011）对中国境内森林、湿地、草原、荒漠、内陆水域和海洋等生态系统的外来入侵物种进行调查研究，共查明488种外来入侵物种。其中，植物265种，包括单子叶植

物纲 38 种、双子叶植物纲 221 种、褐藻纲 4 种、真蕨纲和红藻纲各 1 种，隶属 56 个科，菊科种数最多，达 59 种，禾本科 36 种，豆科 35 种，苋科 15 种，柳叶菜科 12 种，茄科 11 种。动物 171 种，包括昆虫纲 93 种，鱼纲 31 种，腹足纲 9 种，线虫纲 8 种，爬行纲 5 种，哺乳纲 5 种，甲壳纲 5 种，双壳纲 4 种，两栖纲 3 种，蛛形纲、鸟纲和瓣鳃纲各 2 种，海鞘纲和海胆纲各 1 种。昆虫以鞘翅目的种最多，达 39 种，半翅目、双翅目、鳞翅目也较多，分别为 18 种、12 种和 11 种。菌物 26 种，病毒 12 种，原核生物 11 种，原生生物 3 种。

1850 年以前，我国仅出现 31 种外来入侵物种；自 1850 年起，新的外来入侵物种种数总体呈逐步上升趋势，特别是 1950 年后的 60 年里，新出现 209 种。

外来入侵物种首次发现的地点集中在沿海地区及云南和新疆等边疆地区，但首次发现地点有逐步北移的趋势。辽宁 、北京 、天津 、河北 、山东、江苏、上海、浙江、福建、广东、广西和海南等 12 省（自治区、直辖市）的土地面积只占全国的 15.6%，而入侵物种首发地所占比例却高达 74.6%。目前，广东的外来植物至少有 150 种，严重危害广东省农林业的外来动物约有 40 种，外来微生物或病害有 11 种。外来入侵物种种数的分布由沿海向内陆逐步减少。

来自美洲的外来入侵物种最多（占总种数的 51.07%），来自欧洲和亚洲的外来入侵物种分别占 18.25% 和 17.28%，来自其他洲的较少。

有 26 种中国外来入侵物种列入了 100 种世界恶性外来入侵物种名录，其中，有 11 种植物，即仙人掌（*Opuntia stricta*）、飞机草（*Eupatorium odoratum*）、薇甘菊（*Mikaniamicrantha*）、三裂蟛蜞菊（*Wedelia trilo-bata*）、大米草（*Spartina anglica*）、银合欢（*Leucaenaleucocephala*）、含羞草（*Mimosa pudica*）、荆豆（*Ulexeuropaeus*）、裙带菜（*Undaria pinnatifida*）、凤眼莲（*Eichhornia crassipes*）、马缨丹（*Lantana camara*）；15 种动物，即福寿螺（*Pomacea canaliculata*）、烟粉虱（*Bemisia tabaci*）、谷斑皮蠹（*Trogoderma granari-um*）、红火蚁（*Solenopsis invicta*）、牛蛙（*Rana catesbiana*）、红耳彩龟（*Trachemys scripta elegans*）、蟾胡子鲇（*Clarias batrachus*）、大口黑鲈（*Micropterussalmoides*）、食蚊鱼（*Gambusia affinis*）、小家鼠（*Musmusculus*）、屋顶鼠（*Rattus rattus rattus*）、獭狸（*Myo-castor coypus*）、沙筛贝（*Mytilopsis sallei*）、虹鳟（*Oncorhynchus mykiss*）、褐云玛瑙螺（*Achatina fulica*）；微生物仅有大豆疫病菌（*Phytophthora sojae*）。这些物种中，有些已在中国造成了巨大的危害或其危险性，已得到充分重视，如凤眼莲、薇甘菊和红火蚁等；还有一些物种，其危害并没有被充分认识。

黄顶成等（2011）对我国 234 种无意引进的外来入侵种的类型进行研究，发现这些物种分别属于 7 界 16 门 27 纲 65 目 122 科，其中，昆虫纲占总数的 28.2%。1969—2008 年，昆虫纲的入侵种每 10 年的增加数量及其在每 10 年新增的所有入侵种中所占的比例均呈明显的上升趋势，分别从 1969—1978 年的 2 种和 12.5% 增加到 1999—2008 年的 17 种和 77.3%。最近 30 年入侵我国的主要昆虫类群有鞘翅目叶甲科和象甲科，半翅目粉虱科、粉蚧科和珠蚧科，双翅目潜蝇科、瘿蚊科和实蝇科，以及膜翅目蚁科。这些昆虫类群的繁殖力通常较大、抗逆性强、寄主范围和适生范围广、危害程度高，由于主要传播虫态的体型小，隐蔽性高，极易通过贸易和旅游等途径远距离扩散和入侵。1959—2008 年，每 10 年新增的原产于美洲的入侵种中，昆虫所占的比例明显增加，从 1959—1969 年的 0 增加到 1999—2008 年的 81.8%。这表明昆虫已成为我国外来入侵种中最主要的类群之一，美洲仍是其最主要的原产地之一。

2003 年，我国公布了首批外来入侵物种名单，其中，危害大的有 16 种：紫茎泽兰、薇甘菊、空心莲子草、豚草、毒麦、互花米草、飞机草、凤眼莲（水葫芦）、假高粱、蔗扁蛾、湿地松粉蚧、强大小蠹、美国白蛾、非洲大蜗牛、福寿螺、牛蛙。这些外来入侵物种都已造成了不同程度的经济损失。

(2) 危害。在中国，几乎所有的生态系统，包括海洋、森林、湖泊、草原、淡水、河流等，都因外来入侵物种的危害，造成当地生物物种的减少，导致生态系统功能的损失，损害农、林、牧、渔业生产，并直接危害到食品安全和人类健康。例如，近年来松材线虫、湿地松粉蚧、美国白蛾等森林入侵害虫严重发生与危害的面积，每年达 150 万 hm^2；水稻象甲、非洲大蜗牛、美洲斑潜蝇等农业入侵害虫每年危害面积超过 140 万 hm^2。2003 年，原国家环保总局的调查显示，外来入侵物种当年给我国造成的经济损失高达 1 198.76亿元，占国内生产总值的 1.36%（黄顶成等，2011）。

外来入侵物种会严重破坏传入地生态系统的结构和功能。大部分有害生物入侵后扩张速度往往远快于本土同类生物。它们通过迅速占据传入地原生物种的生态位，与传入地原生物种竞争食物，进而排挤传入地原生物种的生存空间，并迅速形成外来入侵物种的单优势种群，从而导致传入地原生物种种群数量的不断下降，损害传入地的物种多样性，对其生态系统的结构和功能造成长期的、持久的、有时甚至是不可逆转的破坏。据研究，目前濒危物种中有 1/3 是由外来物种入侵造成。例如，云南高原湖泊洱海、抚仙湖，生存着包括滇池银白鱼、洱海大眼鲤等许多特有珍稀鱼类。20 世纪 60 年代从我国东部地区引入四大家鱼后，由于其适应能力强、食性广，因此，很快便成为湖内优势种群，使得许多本土鱼类遭受威胁；1979 年引进以浮游动物为食的太湖新银鱼后，与洱海大眼鲤等也以浮游动物为食的本土鱼类之间产生强烈的食物竞争，并吞食一些本土鱼种的卵和幼苗，使得当地鱼的产量迅速降低。又如，原产于华东地区的楠竹，由于经济价值较高，被引入四川省西坝桫椤峡谷后，也造成入侵危害，对峡谷中的野生桫椤种群产生了严重干扰。

外来入侵物种危害巨大，传播开来后很难防除。有如下典型案例。

1982 年，中国大陆首次在南京中山陵发现松材线虫病，目前发生面积已近 10 万 hm^2，累计造成松树枯死 3 500余万株，直接损失 25 亿元，间接损失 250 亿元。近几年来，松材线虫病新疫点不断增加，发生面积逐年扩大，危害程度日趋严重，直接威胁全国 3 000多万 hm^2 松科植物的安全，包括危及黄山、张家界等风景名胜区松林的生态安全。山区林业领域发生的外来入侵物种，不仅种类较多、分布范围广，而且数量较大，很难防治和根除。

薇甘菊是原产于中、南美洲的菊科草质藤本植物，生长期短，种子量大且散播能力强，而且产生蔓生茎，繁衍速度很快。在广东，入侵种薇甘菊往往大片覆盖香蕉、荔枝、龙眼及一些灌木和乔木，致使这些植物难以进行正常的光合作用而死亡；同时，薇甘菊还会分泌一种“他感”物质，对其他植物产生抑制作用，可使成片树木枯萎死亡，薇甘菊所到之处，会使原有植物群落迅速衰退甚至消失。

在上海郊区，作为观赏性庭院花卉从北美引进的“北美一枝黄花”，往往迅速形成单一优势群落，致使其他植物难以生长，已使上海市多种本地物种消亡，还通过争光、争肥等方式排挤棉花、玉米等旱地农作物。

肆虐上海崇明岛的入侵生物互米花草，因其具有对滩涂固沙促淤作用，20 多年前从美国引进。由于缺少天敌，互米花草已成为整个崇明海滩的霸主，导致鱼类、贝类因缺乏食物大量死亡，水产养殖业遭受巨额损失，而生物链断裂又直接影响了以小鱼为食的岛上鸟类的生存，如果不加以控制，崇明岛原有的生物链就会断裂。如今互花米草又在福建沿海等地大肆蔓延，已造成沿海滩涂大片红树林的死亡，对我国海滩生物多样性和生态环境造成了严重的危害和威胁。

紫茎泽兰（*Eupatorium Adenophorum* Sprengel）是菊科泽兰属多年生丛生型半灌木状植物（图 6－19，引自 http：//image. baidu. com），原产于中美洲，是全世界四大恶性杂草之一，被世界各国列为重要的检疫性杂草。20 世纪 30 年代中叶，紫茎泽兰在我国云南和海南被首次发现，约在 20 世纪四五十年代从中缅、中越边境自然传入云南南部，现该杂草正在中国西南迅速扩散，四川发生面积有 100 万 hm^2，其中有 49 万 hm^2 牧场、耕地受到严重危害，且呈进一步扩散趋势。2005 年贵州省紫茎泽兰面积已达687万 hm^2。现在还在贵州、云南、四川、广西、重庆等地扩散蔓延，发生面积已达1 400多万 hm^2。紫茎泽兰是具有极强的抗逆力、繁殖力和扩散侵占力的恶性杂草，入侵后能在一个区域抢占农作物、牧草及其他草本植物的生长空间，抑制其他植物生长，迅速形成单一的紫茎泽兰植被。在2010年的西南大旱中，大量牧草和植被枯死，但紫茎泽兰却活了下来，并于大旱后趁机攻占荒坡、农田和沟渠，继续在西南地区扩散蔓延。紫茎泽兰的枝叶有毒，且有特殊的气味。紫茎泽兰的次生代谢物质还能影响土壤中细菌、真菌的生长，破坏土壤微环境。紫茎泽兰的蔓延，对局部地区的生物多样性和生态环境、人畜健康和农业生产都产生不利影响（桂丽梅等，2012）。

图6－19　紫茎泽兰的茎叶和花

原产南美的凤眼莲（水葫芦），是雨久花科、凤眼蓝属浮水植物。其根系呈羽毛状，能吸收水中的氮、磷和重金属等有害污染物，有净化水质的作用。1901年作为花卉引入我国，20世纪50年代又作为高产猪饲料在我国被广为传播，现已遍布华东、华中、华南的许多河、湖、水塘，水体的富营养化更促成了水葫芦的疯长，使水体生物所需的氧被耗、光被遮，严重破坏了其他水生生物的生存环境，严重破坏了当地水域的生物多样性。水葫芦引入昆明滇池以后，使大多数本地水生植物如海菜花等失去生存空间而死亡，20世纪90年代，滇池草海原有的16种高等植物只剩下3种，68种原生鱼种中有38濒危。

目前，从国外和国内不同区域引进的外来水生物种约有140种，伴随而来的疫病达19种。伴随而来的微生物和病毒有白斑病毒、托拉病毒、鲤春病毒、虹彩病毒、传染性造血器官坏死症病毒、病毒性出血性败血症病毒、流行性造血器官坏死病毒等，可诱发多种疫病。三裂叶豚草现已分布在我国东北、华北、华东和华中的15个省、市，它的花粉是引起人类花粉过敏的主要病原物。

我国由外来入侵微生物引发的作物病虫害主要有：玉米霜霉病、马铃薯癌肿病、大豆疫病、棉花黄萎病、柑橘黄龙病、柑橘溃疡病、木薯细菌性枯萎病、烟草环斑病毒病、番茄溃疡病等。

近年蔗扁蛾在我国多地被发现，它是一种多食性的害虫，已确定的寄主植物多达25科62种。自1987年开始，蔗扁蛾随进口的巴西木进入我国广州，后随各种观赏的寄主植物而传播到北京、海南、福建、河南、山东、江苏、四川、辽宁等地，仅山东省发生面积就达5万多 hm^2，成为观赏植物一大害虫。

美国白蛾是一种世界性检疫害虫，繁殖力强、适应性强、传播途径广、扩散快。1979年传入我国辽宁丹东一带，1984年在陕西发现，现分布于辽宁、河北、山东、陕西、天津等省（自治区、直辖市）。它是目前可能对我国农林业造成毁灭性灾害的最为严重的入侵性害虫，可危害200多种农林植物。

2005年，原产南美洲的红火蚁“入侵”我国香港、台湾、广东等地，给这些地区造成了不小

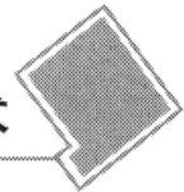

影响。红火蚁种群会以几何级数迅速增长，不仅危害作物，还蜇刺人畜，对其毒液有过敏反应者一旦被叮咬后，会出现发热现象，严重的可导致休克。

福寿螺原产南美洲亚马逊河流域，20 世纪 70—80 年代引入我国台湾、广东等地。福寿螺已成为河道、水沟、池塘的野生生物。福寿螺食性杂、繁殖力强、发育速度快，以水稻等水生植物茎叶为食，严重影响作物生长，很快便成为福建、广东、广西、浙江、上海等地的有害动物。福寿螺在稻田的密度可高达每平方米17 个，水稻受害株率一般为7% ~15%，最高达64%。福寿螺的幼螺从叶底啃食浮贴水面的莲叶，严重时莲藕的叶片难以抽离水面。

（3）防控措施。

① 建立和完善防止外来物种入侵的法规和管理体系。由政府统一对外来物种的引进、预警、风险评估、生态恢复和赔偿责任等做出明确规定。对引入的生物种和品种加强观测和跟踪，确定不会引发生态灾害后，再进行应用和推广，严禁不顾生态后果的引进。

② 加强动植物检疫工作。动植物检验检疫是有效阻断生物入侵的主要措施，检验检疫部门要对出入境的各类交通工具、人员、货物和包装运输设备进行严格检疫管理和加强有害生物风险评估建设。

③ 加强国际间 、部门间合作。建立疫情交流制度，定期通报疫情信息，相互配合，共同做好防范工作。

④ 从外来入侵物种的原产地引入其天敌生物进行防治。例如，泽兰实蝇是许多国家最常用的防治紫茎泽兰的一种天敌，对寄主具有极强的专一性；还有泽兰尾孢菌和链格孢菌也是紫茎泽兰的自然致病真菌，有潜力开发成防除紫茎泽兰的真菌除草剂。除了使用泽兰实蝇以外，还要使用使其得叶斑病而脱叶的泽兰尾孢菌和专门蛀食根茎的澳洲锦天牛，在三者的共同作用下，紫茎泽兰能得以有效控制。又如，我国曾引进日光蜂防治苹绵蚜，引进花角蚜小蜂防治松突圆蚧，都取得了较好的防治效果。实验室研究表明，大米草对叶蝉的吸食极为敏感，如果存在着高密度的叶蝉，超过 90% 的大米草就会死亡（陈学新等，2013）。

⑤ 采用人工和物理化学技术措施进行防治。包括刈割杂草、捕杀有害动物、填埋滋生地，以及高温处理、紫外线照射等物理技术。这些措施适用于防治那些侵入初期还没大面积扩散的入侵物种。对薇甘菊、美国白蛾等林业入侵物种，运用这些技术进行防治就很成功。对紫茎泽兰，采取在开花前人工挖除晒干烧毁后，再利用一些生长快、竞争性强的树种（如直干桉、蓝桉、台湾相思、新银合欢等）或优质牧草（如皇竹草、非洲狗尾草、鸭茅、白三叶、雀稗等）覆盖受侵地表，从而阻止紫茎泽兰滋生、繁殖，是紫茎泽兰严重危害地区草地畜牧业恢复和发展的有效途径。利用农达、草甘膦等农药防治薇甘菊、紫茎泽兰等有害杂草，利用巴丹、灭扫利等农药防治美洲斑潜蝇、红脂大小蠹等有害森林昆虫，均有较好的防治效果。

6.8.3 森林火灾与营造防火林带

（1）我国森林火灾概况。许多山林都曾遭受过或轻或重的火灾。严重的森林火灾是一种突发性强、破坏性大、危险性高、处置困难的灾害，它会给森林带来毁灭性的后果。

我国是个少林国家，森林资源极其可贵，但我国森林火灾受害率却远远高于世界平均水平。据初步统计，1950—2000 年，我国森林火灾次数累计达 693 966次，累计火灾面积达 3 864万 hm^2，平均每年发生森林火灾 13 607次，平均每年发生火灾面积 75. 76 万 hm^2，占森林总面积的 5. 6‰，平均每次火灾面积 55. 7 hm^2；因森林火灾受伤人数累计达 29 420人，死亡 4 882人，平均每年伤 577 人，死亡 96 人。在我国东北、内蒙古林区，森林火灾分布面积大，损失严重，尤以大兴安岭和小兴安岭北部表现更为严重。1987 年春大兴安岭北部的特大森林火灾，烧掉 3 个林业局址、4 个贮木场、9 个林场，5 万多人无家可归，经济损失达 5 亿 ~6 亿元。

森林火灾受害面积最大的省（自治区）是黑龙江省、内蒙古、云南和广西。以上四省（自治区）过火森林面积占全国过火森林面积的74%；其次是贵州、四川、广东、福建，受害森林面积占全国过火森林面积的 20% 左右。可见，中国森林火灾受害森林面积多集中在东北和西南林区，且东北林区大于西南林区。我国森林火灾多为小面积林火，占火灾总数的 90% 以上；而次数不到 10% 的大面积森林火灾占全国总过火面积的 90% 以上。低强度的地表火不是火灾，不仅对森林无害，而且有利于森林的生长发育，是营林的主要手段之一。

在针叶树种分布较多、一年中雨季和干季显明的地区，森林火灾比较严重。集中连片的人工针叶纯林给森林防火带来很大的困难。人工林面积大幅度增加，特别是人工纯林增加，使森林阻火能力变得十分脆弱，森林防火任务更加繁重。

一般来说，东北林区火灾主要发生在秋、春季，南方林区主要发生在冬、春季，而新疆的火灾主要发生在夏季。每年春天森林火灾发生时间从南到北依次推移，秋季森林火灾则从北向南依次推移。冬季较为寒冷、降雪积雪多的地区，例如东北、华北、西北地区，也不易发生森林火灾；但是华东、中南和西南地区，即使是冬天，也容易发生森林火灾。近年来，在气候变暖背景下，我国南方地区连续干旱、北方地区暖冬现象明显，森林火灾呈现多发态势，森林防火形势非常严峻。森林火灾具有 5 ~6 年和 10 年的准周期（舒立福等，1999；王春芳等，2011）。

（2）营造阔叶树防火林带。建设森林防火阻隔网络是阻隔、阻止森林火灾火情蔓延的主要措施，森林防火阻隔网络建设能提高森林自身综合防火效能。目前，森林防火阻隔网络主要有生物防火林带、自然阻隔带和工程阻隔带等。

营造阔叶树防火林带是森林防火的一项战略工程，是预防森林大火蔓延的最佳手段之一，是“绿色防火工程”的主要内容之一。防火林带主要是利用森林植物（乔木和灌木）之间的抗火性的差异，以难燃的树种组成的林带来阻隔林火的蔓延，防止易燃森林植物的燃烧。由于防火林带内温度低、湿度大，各种可燃物不易着火，不易引起森林火灾，可起到阻隔火灾蔓延的作用。有阔叶树防火林带的森林，在阻止林冠火的发展上，有时比人工建立的防火线还有效，因此，在针叶林内营造阔叶树防火林带是非常必要的。营造防火林带，在森林边缘建立阻隔带，或将大面积集中连片森林的分隔成若干小区，一旦发生火情，可将火源阻隔在林缘之外，即使在林内着火，也可将山火有效控制在隔离带内，防火林带可起到阻火、隔火和断火作用。

目前，我国的生物防火林带建设仍处于较低水平，全国每公顷有林地只有防火林带 2. 94 m，且发展极不平衡，有的省区甚至还是空白。生物防火线与传统的生土带、防火线相比，不仅能发挥良好的防火功能，还有涵养水源、水土保持、防治风沙、净化空气、调节气候、美化环境等生态功能，也是保护物种多样性和发展林区多种经营的需要。

营造防火林带或混交造林，防火时效可达一个轮伐期，若选用木荷、火力楠、储栲类等抗火性和萌芽力强的树种，还可利用萌芽更新，则时效更长。

（3）林带布局。根据林带的地位和作用可分为主干、支干和副林带，以控制面积 200 ~300 hm^2 的标准，按行政区界、山脊线设置主林带，道路两侧、田林分界处、山脚线设置副林带的原则进行总体规划设计，形成防火网络；一级网络区沿主山脊布设主林带，宽度 20 ~30 m，用以防止重大森林火灾；二级分区沿山脊或林班、地类界设置支干林带，宽度 15 ~20 m；三级小区沿岭界、林权界设置副林带，宽度 10 ~15 m；四级林带沿小班界或林道、林内布设，宽度一般为 6 ~10 m。主要位置应设置在山脊线上，林带宽度以满足阻隔林火蔓延为原则。

本着“因害设防”的原则，在林带建设中，在营造山脊林带的同时，也要在人为活动频繁的地段及火险大的地方设防。在建设时序上，要将生物防火林带建设与造林绿化、迹地更新、专项资金

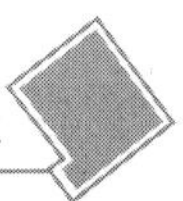

造林等林业重点工程建设实行同步规划、同步设计、同步施工、同步验收，将其纳入总体规划中。生物防火林带建设还要与病虫害防治、防风治沙、水土流失治理及造林绿化等相结合，做到协调发展，避免重复建设，使生物防火林带真正做到功能多样化和建设一体化。从而在设防和布局上建成由一条条结构合理、密度均匀、网格化的防火林带闭合组成的系统化的绿色防火网络，实现有效预防森林火灾。

(4) 林带树种选择。防火混交林带的树种必须是抗火、阻火性能强（叶片含水量高，可燃物燃性成分较少)、适应性强、耐干旱贫瘠、郁闭快、抗病虫害、经济价值高的树种。北方林区可供选择的乔木树种有水曲柳、黄波罗、柳树、榆树、落叶松等，灌木树种有忍冬、接骨木、红瑞木、白丁香等；南方林区可供选择的乔木树种有木荷、冬青、山白果、火力楠、大叶相思、枫香、檫树、楮类、交让木、油茶、茶叶、杨梅、柑橘、板栗、桃树、梨树等。用材林主要种植在林缘、山脊处，果木林主要种植在村边、路边。

木荷等生物防火林带的主要树种，不仅易于栽植，生长较快，而且材质优良，是制作家具和地板的上等原料。据调查，18 年生木荷林带，平均活立木蓄积为 126 m^3/hm^2，平均每公顷木荷林带年收入可达数千元。选择耐阴的灌木、草本植物（如黎茶、羽扁豆、砂仁等）进行林带内间种，既可防止林地杂草滋生，又可增加收入。

(5) 林带种植方式。有行列状、梅花型和混合型等几种种植方式，采用梅花形有利于形成紧密结构。株行距视树种特性和立地条件而异。在林带内采用块状整地，挖穴并施复合肥或磷肥于穴底做基肥，回填细碎表土，以备栽植。为促进幼林尽快郁闭，尽早发挥林带的防火作用，造林密度要适当加大，一般要求每公顷栽 4 500株，株行距 1.5 m×1.5 m。

栽植时间宜在春季的雨天或雨后进行。选用 40 cm 以上的良种壮苗造林，有条件时尽量选用营养袋苗进行造林。裸根苗上山前用混有生根剂的黄泥浆根，栽植深度要合适，栽时要将植株旁边的土压实，上面要覆松土。栽后要加强管护，及时进行松土、除草、补植、整形等管护抚育工作。林带郁闭后，可采用伐后萌芽更新的方法更替生物防火林带。

6.9 山区农村面源污染综合防治技术

山区农村面源污染是指在山区农村、城镇与工矿业生产、生活中，氮素和磷素等营养物质、农药、重金属、养殖污水、生活污水以及其他有机、无机污染物质，通过地表径流和农田排灌与渗漏等渠道形成的大面积土壤、水体（湖泊、水库、塘、溪、河等)、大气及农牧渔产品污染，主要包括化肥污染、农药污染、养殖业污染、农用地膜污染、秸秆焚烧造成的大气污染以及工矿冶炼中的重金属污染等，主要污染物是硝酸盐、NH_3、有机磷农药、病毒、病原微生物、寄生虫、重金属和塑膜残余等。点源污染和面源污染是相对的，众多点源污染通过水流汇集和扩散后，就成为了面源污染。

中国的农村面源污染问题很大，对水环境的污染尤其严重。我国农村面源污染对河流和湖泊富营养化的贡献达 60% ~80%。2007 年全国农业源排放的化学需氧量（COD)、总氮、总磷分别为 1 320万 t、270 万 t 和 28 万 t；2010 年全国农业源排放的化学需氧量（COD)、总氮、总磷已分别增加到 1 760万 t、285 万 t 和 32 万 t，呈增加态势。农村面源污染是各种水体污染物质的主要来源之一，其中很大部分来自山区水源地区。例如，太湖和淮河流域，农田排水中的 氮、磷已成为该地区水体富营养化的主要原因。太湖流域总氮的 60% 和总磷的 30% 来自于面源污染。1995 年，进入巢湖的污染负荷中，69.54% 的总氮和 51.71% 的总磷来自于面源污染，特别是农村面源污染。又如，在进入滇池外海的总氮和总磷负荷中，农村面源污染分别占 53% 和 42%。与点源污染相比，农村

面源污染由于具有分散、广泛、隐蔽、排污随机、不易监测等特点而更难治理（饶静，等，2011；仇保兴，2014）。

6.9.1 山区农村面源污染的来源及危害

农村面源污染主要来源有以下几个方面。

（1）过量使用化肥、农药造成污染。2002 年我国化肥总产量为 4 339.5万 t，约占世界总产量的30%，居世界首位。全国有 20% ~30% 的耕地氮施用过量。农业生产中氮肥的利用率约为 30%，氮肥的地下渗漏损失约为 10%，农田排水和暴雨径流损失约为 15%；磷肥和钾肥的利用率分别为10% ~20% 和 35% ~50%。在每年进入长江和黄河的氮素中，分别有 92% 和 88% 来自于农业，特别是来自化肥氮的约占 50%。这些氮素促使地表水的富营养化、地下水的硝酸盐富集以及大气污染等。

我国是世界上农药生产和使用大国。目前，我国农药年施用量近 23 万 t（有效成分），均居世界第一。据 1998—2000 年统计，我国平均农药使用水平为 12.7 kg/hm^2（有效成分），蔬菜、果树和粮食作物（水稻、小麦）是使用量最多的作物。我国约 40% 的水稻生产和大于 50% 的棉花生产中存在农药的过量施用现象，在蔬菜、瓜果的生产中更为明显。据调查，喷施的粉剂农药，仅有约 10% 左右的药剂附着在植物体上；液体农药，也仅有约 20% 左右附着在植物体上；只有 1% ~4% 接触到目标害虫，其余 40% ~60% 降落到地面，5% ~30% 的药剂飘游于空中，成为污染源。农田喷洒农药可直接或间接通过农田灌溉、雨水冲刷、土壤淋溶等途径污染地下水，或流入江、河、湖、海造成水体污染。一些广谱性农药在田间大面积、高浓度使用，可直接杀伤有益生物，破坏生态平衡，同时引起害虫产生抗药性，引发害虫再猖獗。

化学农药在环境中活动的最终归宿是土壤和水体。其中，80% 以上残留在 0 ~20 cm 的表土层。农药对土壤的污染程度除与农药的使用次数和用药量有关外，还取决于农药的毒性及其化学性质的稳定性。如有机磷农药在土壤中残留期只有 7 ~15 d，而性质稳定的有机氯农药施用 1 年后，土壤中残留仍高达 26% ~80%。

（2）养殖业废弃物污染。据推算，目前，我国畜禽粪便年生产量接近 20 亿 t，畜禽粪便利用率仅为 49%，一些地方的畜禽粪便污染负荷已占到农村面源污染负荷的 35%，并且成为地表水域污染的重要来源，其中，很大部分产自养殖场。流失的畜禽粪便废弃物是造成水体有害物质超标，形成水体富营养化的重要原因之一。

（3）农村生活污水污染。随着农村城镇化发展，村镇生活污水排放量和污染物种类都有大幅度增加的趋势，2010 年，中国村镇污水排放量约 270 亿 m^3；特别是由于大量未经处理的污水直接用于农田灌溉，已经造成土壤、作物及地下水的严重污染，污水灌溉已经成为我国农村水环境恶化的主要原因之一。据调查，在我国约 140 万 hm^2 的污水灌区中，64.8% 遭受重金属污染，其中，8.4% 为严重污染，每年因重金属污染造成的经济损失至少 200 亿元。

（4）农膜等固体废弃物污染。农用地膜污染正在不断加剧，1999 年全国农膜使用量比 1991 年翻了一番多，达到 125.9 万 t。北京市 2003 年使用农膜 12 456 t，是全国单位面积平均用量的 4 倍多。农用地膜属高分子有机化学聚合物，在土壤中不易降解，即使降解，也会产生有害物质并逐年积累，恶化土壤理化性状，导致作物减产和产品污染。

2001 年全国秸秆产生量 7 亿多 t，利用率不足 15%，由于综合利用水平低下，剩余秸秆被大量焚烧，不但浪费了宝贵的生物资源，还造成了大气污染。

（5）重金属污染。我国耕地受污染严重，受污染的耕地总面积约为 2 000万 hm^2，其中，被重金属（主要是 Cd、Pb、Zn）所污染的约占 35% 左右。土壤重金属污染有人为原因，也有自然原

因，人类活动是土壤重金属污染的主要成因。人为来源主要为矿产开采、金属冶炼、化工、煤燃烧、汽车尾气排放、生活废水排放、污泥使用、污水灌溉、农药和化肥施用、大气沉降等。例如，据刘春早等（2012）对湖南湘江流域 72 个土壤样品研究，该流域土壤 As、Cd、Cu、Zn、Ni、Pb 总含量分别为 4.25 ~549.67、0.13 ~76.84、11.49 ~281.69、7.75 ~7 234.81、5.50 ~56.65、8.60 ~2 084.81 mg/kg，湘江流域土壤 As、Cd、Cu、Zn、Ni、Pb 的超标率分别为 22.22%、83.34%、22.21%、22.23%、9.70%、25.01%，Cd 和 Pb 污染较其他元素严重。土壤样品中属安全水平、警戒水平、轻污染水平、中污染水平和重污染水平所占的比率分别为 60.52%、11.33%、5.65%、4.22%、18.38%，说明湘江流域由于土壤重金属污染而存在着比较严重的生态环境风险。土壤重金属污染的自然来源主要是岩石风化和火山喷发等自然地质活动。重金属污染具有隐蔽性强、形态多变、无法被生物降解、容易在生物体内累积等特点。

（6）危害。我国山区农村的面源污染已对江、河、湖、库的水质造成严重影响。例如，据对北京市密云水库周边地区地表水的监测分析，地表水汛期污染占全年污染的 70% ~96%，化肥的面源污染占地表水污染的 50% ~70%，农田富含氮、磷的地表径流导致水质严重下降，不利于北京市安全供水。据 2000 年对全国 131 个湖泊营养化程度的调查评价表明，61 个湖泊已富营养化，占被调查湖泊数的 51.2%，面积占 42.3%；54 个湖泊中度营养化，占被调查湖泊数的 41.2%，面积占 43.1%。据国家环保局 2005 年的统计，国家环境监测网七大水系的 411 个地表水监测断面中，Ⅰ~Ⅲ类、Ⅳ~Ⅴ类和劣Ⅴ类水质的断面比例分别为 41%、32% 和 27%，其中，珠江、长江水质较好，辽河、淮河、黄河、松花江水质较差，海河污染严重；调查的 139 座主要水库中，水污染极为严重的劣Ⅴ类水质水库有 8 座；对 93 座水库进行评价，处于富营养化的有 14 座；地下水污染存在加重趋势的城市有 21 个（主要分布在西北、东北和东南地区），污染趋势减轻的城市 14 个（主要分布在华北和西北地区），地下水水质基本稳定的城市 123 个。据 2006 年《中国环境状况公报》，全国地表水总体水质属中度污染，在监测的 745 个地表水监测断面中（其中，河流断面 593 个，湖库点位 152 个），Ⅰ~Ⅲ类、Ⅳ~Ⅴ类和劣Ⅴ类水质的断面比例分别为 40%、32% 和 28%。

山区农村的面源污染，不仅造成山区水体富营养化和农牧渔产品污染，而且作为水源地，通过库、湖、溪、河对供水的下游地区造成危害。同时，农药使用不当还会造成对自然界农业有益动物和植物（飞禽类、昆虫类、土壤动物类、野生植物、野生动物、野生水生生物等）的危害，破坏农业食物链和生物多样性，甚至造成人和家禽、家畜中毒死亡。

6.9.2 土壤污染修复技术

在有效控制各种污染源的基础上，采用生物修复技术，具有效率高、安全性能好、费用低、易于管理与操作、不会产生二次污染等优点。生物修复技术在修复重金属污染土壤中的作用越来越重要，同时也要配合采用其他生态修复技术。

（1）植物修复技术。修复主要机制：一是利用植物根系的吸附作用或通过根系的分泌活动，使土壤中的重金属移动性和生物毒性降低；二是利用重金属超积累植物从土壤中吸取重金属污染物，随后对富集重金属部分（例如凤眼莲的根系）进行集中处理，连续进行多年，达到降低或去除土壤重金属污染的目的。目前，已发现有 400 多种重金属超积累植物，积累 Cr、Co、Ni、Cu、Pb 的量一般在 0.1% 以上，积累 Mn、Zn 可达到 1% 以上。例如，莫福孝等（2013）对三峡库区消落带 3 种植物对土壤中 Cu 和 Cd 的去除效果的研究结果表明，鸭跖草对 Cu 的去除效果最好，狗牙根对 Cd 的去除效果最好。狗牙根和鸭跖草在移栽 10 ~30 d 后对 Cu 的去除效果最好，去除量分别占去除总量的 50.8% 和 57.7%；百喜草在移栽后 30 ~50 d 对 Cu 的去除效果最好，去除量占去除总量的 74.3%；狗牙根和百喜草在移栽后 30 ~50 d 对 Cd 的去除效果最好，去除量分别占去除总量的

43.2%和68%。中国科学院华南植物园张杏峰等（2010）开展牧草对重金属污染土壤修复潜力的研究，发现杂交狼尾草和热研11号黑籽雀稗可作为植物提取重金属技术的优良草种，前者可修复Cd和Zn污染土壤，后者可修复Cd污染土壤。紫花苜蓿能够固氮肥田、改良土壤、保持水土，同时由于紫花苜蓿对石油污染土壤的修复具有较大潜力，近年来有用于修复石油污染土壤的趋势（张松林等，2008）。

（2）微生物修复技术。微生物修复技术是指利用土壤中天然存在的土著微生物或培养的功能微生物群，在适宜环境条件下，促进或强化微生物代谢功能，从而达到降低土壤中有毒污染物活性或将其降解成无毒物质的生物修复技术。环境中农药的清除主要靠细菌、放线菌、真菌等微生物的作用。如DDT可被芽孢杆菌属、棒杆菌属、诺卡氏菌属等降解；五氯硝基苯可被链霉菌属、诺卡氏菌属等降解；敌百虫可被曲霉、青霉等降解。微生物修复重金属污染土壤的原理主要包括生物富集、生物吸着以及生物转化3个方面。许多微生物，包括细菌、真菌和藻类可以通过生物积累和生物吸着固定环境中的多种重金属。一些微生物，如动胶菌、蓝细菌、硫酸盐还原菌以及某些藻类，能够产生胞外聚合物如多糖、糖蛋白等具有大量的阴离子基团，与重金属离子形成络合物。根际中菌根真菌对于提高植物对重金属的抗性和提高修复效率具有重要作用，菌根真菌可通过分泌根系分泌物改变重金属在根际中的存在形态，进而降低重金属的植物毒性和生物有效性。

（3）物理修复技术。包括采用客土、换土、去表土、深耕翻土及土壤淋洗等方法去除或控制重金属危害。

（4）农艺修复技术。包括改变耕作制度，调整作物品种，选择能降低土壤重金属污染的化肥，或增施能固定重金属的有机肥等措施，以降低土壤重金属污染。在污染土壤中种植对重金属具有抗性且不进入食物链的植物种，可以明显地降低重金属的环境风险和健康风险。

（5）生态因子修复技术。通过调节土壤水分、养分、pH值、氧化还原等状况及气温、湿度等生态因子，实现对污染物所处环境介质的调控。土壤水分是控制土壤氧化还原状态的一个主要因子，通过控制土壤水分可以起到降低重金属危害的作用。还原状态下土壤中的大部分重金属容易形成硫化物沉淀，从而降低重金属的移动性和生物有效性。该类技术修复污染土壤周期较长。

6.9.3 水体污染修复技术

污染水体的生态修复是一项长期而复杂的系统工程。在有效控制各种污染源的基础上，用水生植物和微生物治理水体污染是净化污水的最佳途径。

（1）水生植物修复技术。在污染水体水面放养凤眼莲、满江红、伊乐藻，在浅水湾、河道两旁、水库周边湿地栽种芦、荻、菖蒲等水生植物，可以迅速有效地去除溶解在水中的N、P、K、Na和重金属等化学污染物。据方云英等（2008）研究，在试验围隔系统中，夏季利用凤眼莲、冬季利用耐寒型沉水植物伊乐藻等恢复水生生态系统，研究水生植物对水体氮、磷营养盐、透明度等理化性质的影响，结果表明，由于凤眼莲的大量繁殖降低了水体无机氮浓度，氮浓度的降低刺激了凤眼莲根系生长，以通过增加根表面积来获取更多的营养物质。凤眼莲发达的根系与水接触面积较大形成一道密集的过滤层，不溶性胶体特别是一些有机碎屑可以被根系黏附或吸附，使水体悬浮物含量降低、透明度提高。研究表明，水生植物处理围区营养盐水平均显著低于围区对照和大湖水体。最初15 d，凤眼莲生长速度快，覆盖面积从100 m^2 迅速增加到470 m^2；44 d后，覆盖面积达到65%，处理围区的水质最佳，总氮（TN）、铵态氮（NH_4^+-N）、亚硝态氮（NO_2^--N）、高锰酸钾盐指数（COD_{Mn}）和叶绿素a浓度最低，透明度达到117～118 m（水底）。10月后，处理围区水体总磷（TP）维持在0.11 mg/L左右。凤眼莲等大型水生植物还能通过与藻类竞争光照和营养来抑制藻类生长，同时凤眼莲根系分泌物对多种藻类生长有不同程度的抑制作用，如可使栅藻细胞中的叶绿体

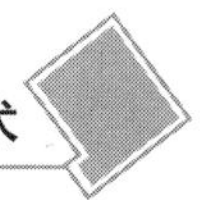

片层肿胀甚至解体，线粒体嵴消失，质膜、核膜破坏，光合放氧速度明显下降，可溶性蛋白质含量下降。处理围区透明度提高后，伊乐藻逐渐成为优势种（覆盖面积达到总水域的1/3），在净化水质、维持水质理化性质稳定和提高透明度方面作用显著。表明水生植被恢复可以有效降低水体营养盐，控制浮游植物增长，是改善富营养化湖泊水质的重要措施，但同时须防止某些水生植物（如凤眼莲）的过度繁殖。

（2）微生物修复技术。通过微生物技术控制富营养化水体磷水平以及降解有机污染，在实践中被证明是十分有效的。微生物的作用机制主要有两个方面：一方面是通过投加生物促进剂，提高可有效降解有机污染物的土著微生物的活性，促使其在污染水体中得到大量生长繁殖，从而达到去除污染物的目的。例如，上海市在上澳塘黑臭水体投加生物促进剂 Bio-Energizer，3 个月后水体的有机污染降解 50% 以上。另一方面是通过向水体中或水中的载体投加适合于净化各不同污染水体的高效复合菌种，如硝化菌、光合细菌和其他菌种，去除水体中的污染物。例如，将美国微生物药剂 WT-FG 应用于上海的槽滨河，治理后河道的黑臭消除，河床的有机污泥也得到有效消除，主要指标达到地表水Ⅳ～Ⅴ类标准，2～3 个月内河流的生态系统逐渐恢复，河水中的溶解氧达到 3～5 mg/L。采用水生植物结合微生物技术，可降低水体总磷浓度达到 GB 3838—2002 中Ⅲ类水（0.05 mg/L）标准。

（3）农艺修复技术。包括采用抗病虫品种、生物防治、化肥深施、施用高效低毒低残留农药、测土配方合理施肥、健身栽培等农业技术。

化肥深施（包括基肥全层施、种肥侧施、追肥沟施或穴施）是从源头上有效减少化肥流失、挥发和对土壤与水体造成污染，并显著提高肥效增加产量的农业技术措施，值得大力提倡。化肥也正在向着复合化、液体化、浓缩化、长效化以及专一化方向发展。中国农业科学院土壤肥料研究所试验表明，碳酸氢铵表施 5 d 后，氮素损失 13.8%；深施入土 7 cm，5 d 后氮素仅损 0.88%；碳酸氢铵、尿素深施到地表以下 6～10 cm 土层中，比表面撒施氮肥当季利用率由 27% 和 37% 分别提高到 58% 和 50%，深施比表施利用率相对提高 115% 和 35%。水稻化肥面施的肥效一般为 20 d，而深施可长达60 d 以上。据试验，化肥深施可使许多种作物明显增产。例如，水稻运用机械深施法，在施肥量与撒施等量时，可增产 998.7 kg/hm^2，在施肥量比撒施减少 20% 的情况下，仍可增产 527.7 kg/hm^2，增幅达到 6.80%～12.86%；小麦深施比浅施增产 337.1～1 183.5 kg/hm^2，增幅 7.6%～26.6%；玉米机械深施比浅施可使玉米增产 600～750 kg/hm^2，增幅 5%～23%。

施用高效低毒低残留新农药，也是从源头上控制面源污染的有效措施。新农药替代主推产品有虫酰肼（杀虫剂）、溴虫腈（杀螨剂）、噻虫腈（杀虫剂）、甲氨基阿维菌素苯甲酸盐（抗生素类杀虫杀螨剂）、灭蝇胺（内吸传导杀虫剂）、啶虫脒（杀虫剂）、多杀菌素（生物源杀虫剂）等。还可积极推广应用生物制剂和物理防治技术。目前，已投入使用的生物制剂主要有苏云金杆菌、井冈霉素、杀螟杆菌、爱比菌素、农抗 120、农用链霉素、新植霉素、内疗素等数十种，这些生物制剂既不污染环境，又不杀伤有益生物，可大力推广施用；利用灯光诱杀、气味诱杀，利用害虫对某种颜色的趋性进行诱杀，以及利用防虫网、特种膜防虫等生物、物理防治技术防治病虫，都具有良好的效果，有些技术可取代化学农药的施用。

（4）植被过滤带与人工湿地技术。人工湿地处理系统能耗低、基建投资少、效果显著，被认为是控制农业面源水体污染的一个重要的技术手段。我国从“八五”首次引进人工湿地工程技术来处理农田径流废水开始，已在滇池、太湖、官厅水库等水域的面源污染控制及畜禽养殖废水处理中采用，取得了较为显著的去污效果，为我国农业面源水体污染治理提供了一条有效的技术途径和技术模式。但人工湿地属于末端防治，还必须和源头控制相结合才能收到更为理想的效果。

参考文献

蔡建勤，张长印，陈法杨 . 2004. 全国水土保持生态修复分区研究［J］. 中国水利，(4)：46 – 48.

蔡述明，殷鸿福，杜耘，等 . 2005. 南水北调中线工程与汉江中下游地区可持续发展［J］. 长江流域资源与环境，14 (4)：409 – 412.

蔡雄飞，王玉宽，徐佩，等 . 2012. 我国南方山区坡耕地水土保持措施研究进展［J］. 贵州农业科学，48 (9)：97 – 100.

柴春山 . 2006. 半干旱黄土丘陵沟壑区小流域水土流失治理模式筛选［J］. 防护林科技，(9)：38 – 40.

柴宗新 . 1988. 论长江上游水土流失特征及防治对策［J］. 大自然探索，7 (26)：89 – 96.

常欣，程序，刘国彬，等 . 2005. 黄土高原农业可持续发展方略初探［J］. 科技导报，23 (3)：52 – 56.

陈昌笃，等 . 1998. 中国生物多样性国情研究报告［M］. 北京：中国环境科学出版社 .

陈成斌，梁世春，彭宏祥 . 2004. 喀斯特石山区高效特色生态农业模式探讨——以广西壮族自治区凤山县为例［J］. 中国生态农业学报，12 (2)：167 – 168.

陈存及 . 1994. 南方林区生物防火的应用研究［J］. 福建林学院学报，14 (2)：146 – 151.

陈国阶 . 2002. 对建设长江上游生态屏障的探讨［J］. 山地学报，20 (5)：536 – 541.

陈海云，李勇杰，宁德鲁，等 . 2013. 油橄榄丰产栽培技术措施［J］. 陕西林业科技，(1)：92 – 94，97.

陈杰，欧阳志云，郑华，等 . 2010. 淮河流域脆弱生态区生态系统特征及区划［J］. 中国人口・资源与环境，20 (10)：169 – 174.

陈进红，王兆骞，张贤林 . 1999. 浙江省红壤小流域生态系统的分类研究［J］. 浙江大学学报（农业与生命科学版），(5)：479 – 483.

陈俊华，龚固堂，朱志芳，等 . 2013. 川中丘陵区柏木林下养鸡的生态经济效益分析［J］. 生态与农村环境学报，29 (2)：214 – 219.

陈利利，温海英 . 2014. 板栗高产栽培技术［J］. 现代农业科技，(6)：112 – 113.

陈奇伯，陈宝昆，董映成，等 . 2004. 水土流失区小流域生态修复的理论与实践［J］. 水土保持研究，11 (1)：168 – 170.

陈秋华 . 2013. 构建绿色屏障护卫珠江［J］. 生态国土绿化，(7)：10 – 11.

陈述文，邓炜，邱金根 . 2008. 不同坡改梯方式的生态环境效应研究［J］. 安徽农业科学，36 (19)：8 251 – 8 254.

陈秀庭，李春，杨小兰 . 2011. 广西珠江防护林体系建设现状与发展［J］. 林业调查规划，36 (4)：90 – 92，95.

陈旭，雍克岚 . 2003. 肉桂研究进展［J］. 食品研究与开发，24 (5)：21 – 23.

陈学新，任顺祥，张帆，等 . 2013. 天敌昆虫控害机制与可持续利用［J］. 应用昆虫学报，50 (1)：9 – 18.

陈亚宇，黄凤球，王翠红，等 . 2013. 化肥深施技术的研究进展［J］. 湖南农业科学，(21)：29 – 33.

陈幼妹 . 2007. 宁化江溪小流域紫色土水土流失综合治理［J］. 亚热带水土保持，19 (4)：45 – 47.

陈云峰，曹志平 . 2008. 土壤食物网：结构、能流及稳定性［J］. 生态学报，28 (10)：5 055 – 5 064.

陈志彪，朱鹤健，刘强，等 . 2006. 根溪河小流域的崩岗特征及其治理措施［J］. 自然灾害学报，15 (5)：83 – 88.

程冬兵，蔡崇法，孙艳艳 . 2006. 植被恢复研究综述［J］. 亚热带水土保持，18 (2)：24 – 26，31.

程冬兵，李朝霞，蔡崇法 . 2008. 三峡库区等高绿篱技术对土壤物理性质的影响［J］. 中国水土保持科学，6 (2)：83 – 89.

程回洲 . 2001. 我国小水电发展战略研究［J］. 中国水利，(8)：49 – 50.

程乾斗，王有科，李捷 . 2013. 枸杞丰产栽培技术的特点及应用［J］. 中国园艺文摘，(5)：219 – 220.

程彤，李家永 . 1998. 红壤丘陵生态系统恢复与农业持续发展研究——纪念千烟洲试验站建站十周年［J］. 资源科学，20（增）：1 – 9.

程序 . 2007. 中国生态农业与生物质工程对循环经济的作用［J］. 中国生态农业学报，15 (2)：1 – 4.

崔长河，张玉良．1992. 喀喇沁旗山地丘陵区的草业开发利用［J］. 中国草地学报，(2)：61－64.
崔键，马友华，赵艳萍，等．2006. 农业面源污染的特性及防治对策［J］. 中国农学通报，22（1）：335－340.
崔文文，梁军锋，杜连柱，等．2013. 中国规模化秸秆沼气工程现状及存在问题［J］. 中国农学通报，29（11）：121－125.
代玉波．2011. 四川长江防护林体系建设发展战略初探［J］. 四川林业科技，32（2）：70－74.
戴波，吕汇慧，周鸿．2006. 阿着底村生态建设工程与效益研究［J］. 中国生态农业学报，14（4）：249－252.
戴全厚，翟连宁，薛萐，等．2008. 侵蚀环境小流域生态恢复过程中自然与社会生态的协同效应［J］. 中国农业科学，41（4）：1 108－1 118.
戴晟懋，郑巍，董纯．2000. 关于生态经济型防护林工程建设的思考［J］. 防护林科技，(3)：52－53.
党宏忠，赵雨森．2003. 集水、保水和供水技术在干旱、半干旱地区造林中的应用［J］. 东北林业大学学报，31（3）：8－10.
党维勤．2007. 黄土高原小流域可持续综合治理探讨［J］. 中国水土保持科学，5（4）：85－89.
邓白罗．2004. 紫色土的特性、改良措施及经济林栽培技术［J］. 经济林研究，22（4）：23－27.
邓成方．2015. “稻鳖共生”种养结合技术［J］. 中国水产，(1)：57－58.
邓修宇．2006. 关于黔西南建设珠江上游生态屏障的探索与思考［J］. 西部论坛，(11)：17－18.
丁长琴．2012. 我国有机农业发展模式及理论探讨［J］. 农业技术经济，(2)：122－128.
丁德明．2014. 四大家鱼池塘健康养殖技术（上）［J］. 湖南农业，(2)：31.
丁德明．2014. 四大家鱼池塘健康养殖技术（下）［J］. 湖南农业，(3)：32.
丁光敏．2001. 福建省崩岗侵蚀成因及治理模式研究［J］. 水土保持通报，21（5）：10－15.
丁晖，徐海根，强胜，等．2011. 中国生物入侵的现状与趋势［J］. 生态与农村环境学报，27（3）：35－41.
丁立仲，卢剑波，徐高福，等．2004. 千岛湖生态保护与建设对景观格局的影响研究［J］. 生物多样性，12（5）：473－480.
董得红．1997. 长江江源防护林体系的现状与发展［J］. 中南林业调查规划，(2)：31－34.
董静洲，杨俊军，王瑛．2008. 我国枸杞属物种资源及国内外研究进展［J］. 中国中药杂志，33（18）：2 020－2 027.
董锁成，周长进，王海英．2002. “三江源”地区主要生态环境问题与对策［J］. 自然资源学报，17（6）：713－719.
董增川，梁忠民，李大勇，等．2012. 三峡工程对鄱阳湖水资源生态效应的影响［J］. 河海大学学报（自然科学版），40（1）：13－18.
杜红岩．2014. 我国杜仲工程技术研究与产业发展的思考［J］. 经济林研究，32（1）：1－5.
杜谋涛，袁晓东，郭和军．2008. 我国生物质秸秆资源利用现状及展望［J］. 能源与环境，(2)：76－77，79.
杜英，杨改河，刘志超．2008. 黄土丘陵沟壑区退耕还林还草工程生态服务价值评估——以安塞县为例［J］. 西北农林科技大学学报（自然科学版），36（6）：132－139.
范明．1992. 试论立体农业［J］. 自然资源学报，7（2）：180－187.
范瑞瑜．2004. 黄土高原坝系生态工程［M］. 郑州：黄河水利出版社.
方精云，朴世龙，贺金生，等．2003. 近20年来中国植被活动在增强［J］. 中国科学（C辑），33（6）：554－565.
方精云，沈泽昊，崔海亭．2004. 试论山地的生态特征及山地生态学的研究内容［J］. 生物多样性，12（1）：10－19.
方精云．2004. 探索中国山地植物多样性的分布规律［J］. 生物多样性，12（1）：1－4.
方洛云，郝晓平，刘凤华，等．2009. 昆虫蛋白饲料资源开发及对策研究［J］. 饲料研究，(6)：71－74.
方燕鸿．2005. 谈武夷山自然保护区生态旅游资源的可持续发展［J］. 北京林业管理干部学院学报，(3)：56－58，12.
方云英，杨肖娥，常会庆，等．2008. 利用水生植物原位修复污染水体［J］. 应用生态学报，19（2）：407－412.
风笑天，王小璐．2004. 我国三峡移民研究的现状与趋势［J］. 社会科学研究，(1)：107－111.
封昌明．2001. 洪雅县生态农业建设成就与展望［M］//全国生态农业示范县建设专家组．发展中的中国生态农业．北京：中国农业科学技术出版社.
封建民，王涛，谢昌卫，等．2004. 黄河源区生态环境退化研究［J］. 地理科学进展，23（6）：56－62.
冯纪福．2010. 我国油茶产业发展的主要模式及模式选择要素研究［J］. 林产工业，37（1）：58－61.
冯薇．2008. 新农村以沼气为纽带开发利用生物质资源［J］. 农机化研究，(2)：204－206.

冯岩，杨晓玲 . 2002. 珠江流域生态建设方略初探［J］. 林业资源管理，(3)：27 - 34.
傅伯杰，刘国华，陈利顶，等 . 2001. 中国生态区划方案［J］. 生态学报，21（1）：1 - 6.
傅伯杰，吕一河，高光耀 . 中国主要陆地生态系统服务与生态安全研究的重要进展［J］. 自然杂志，34（5)：261 - 272.
傅源，黄玉林，李宏志 . 1999. 慈利岩溶山区雨养旱作生态农业模式［J］. 农业环境与发展，(1)：23 - 25，30.
甘师俊，王如松 . 1998. 中小城镇可持续发展先进适用技术指南——工程卷［M］. 北京：中国科学技术出版社 .
甘淑，何大明 . 2006. 云南高原山地生态环境现状初步评价［J］. 云南大学学报（自然科学版)，(2)：161 - 165.
高春雨 . 2005. 西北地区生态家园模式研究［D］. 中国农业科学院硕士论文 .
高东，何霞红，朱书生 . 2011. 利用农业生物多样性持续控制有害生物［J］. 生态学报，31（24)：7 617 - 7 624.
高璟，陈建卓，高青 . 2004. 河北省太行山区重点小流域综合治理技术体系与效益［J］. 河北林果研究，19（2)：134 - 137，148.
葛羚，吴国栋，2007. 华东地区农业生态模式述评［J］. 农技服务，24（5)：57 - 64.
谷树忠，胡咏君，周洪 . 2013. 生态文明建设的科学内涵与基本路径［J］. 资源科学，35（1)：2 - 13.
谷新辉 . 2005. 比较优势战略与“恭城模式”——对一个典型山区农业发展模式的研究［J］. 安徽农业科学，33（2)：344 - 345.
固原县人民政府 . 1997. 走生态农业之路提高旱作农业生产水平［J］. 中国水土保持，(10)：31 - 34.
桂丽梅，苏梅，丁艳芬，等 . 2012. 紫茎泽兰的特征特性与综合开发利用研究进展［J］. 现代农业科技，（19)：108 - 110，112.
郭绍礼，张天曾 . 1986. 中国山地分区及其开发方向的初步意见［J］. 自然资源学报，1（1)：28 - 40.
郭书田，等 . 1993. 中国生态农业的崛起［M］. 北京：改革出版社 .
郭书田 . 2001. 中国生态农业的希望——黑龙江省拜泉县生态农业建设的启示［J］. 中国生态农业学报，（3)：105 - 106.
韩凤，尚明瑞，李元寿 . 2010. 黄河源区的生态建设战略［J］. 贵州农业科学，38（1)：64 - 67.
韩鲁佳，闫巧娟，刘向阳，等 . 2002. 中国农作物秸秆资源及其利用现状［J］. 农业工程学报，18（3)：87 - 91.
郝桂玉，黄民生，徐亚同 . 2003. 蚯蚓及其在生态环境保护中的应用［J］. 环境科学研究，17（3)：75 - 77.
郝明德，李军超，党廷辉 . 2003. 长武试验示范区高效农业生态经济系统研究［J］. 水土保持学报，10（1)：1 - 5.
郝先荣 . 2011. 中国沼气工程发展现状与展望［J］. 中国牧业通讯，(12)：28 - 31.
何方，吴楠，董召荣，等 . 2005. 淮河流域上游山丘区水土流失状况分析及对策［C］//王如松 . 循环·整合·和谐——第二届全国复合生态与循环经济学术讨论会论文集［C］. 北京：中国科学技术出版社，124 - 128.
何方 . 2011. 中国现代经济林产业体系建设布局研究——木本食用油料篇［J］. 中南林业科技大学学报，31（3)：1 - 7.
何荣玉，闫志英 . 2007. 秸秆干发酵沼气增产研究［J］. 应用与环境生物学报，13（4)：583 - 585.
何永彬 . 2011. 云南省山区移民与发展研究［J］. 资源开发与市场，27（9)：838 - 841.
和沁 . 2012. 乡村生态文明在云南的实践与创新［J］. 轻工科技，(11)：124 - 125.
贺一原，文斗斗，胡良雄，等 . 2003. 水稻—褐飞虱—拟水狼蛛食物链的定量研究［J］. 昆虫学报，46（6)：727 - 731.
洪庆余 . 1992. 宏伟的工程［M］. 北京：水利电力出版社 .
侯成成，赵雪雁，张丽，等 . 2012. 生态补偿对区域发展的影响——以甘南黄河水源补给区为例［J］. 自然资源学报，27（1)：50 - 61.
侯庆春，韩蕊莲 . 2000. 黄土高原植被建设中的有关问题［J］. 水土保持通报，20（2)：53 - 56.
胡建民，胡欣，左长清 . 2005. 红壤坡地坡改梯水土保持效应分析［J］. 水土保持研究，12（4)：271 - 273.
胡建忠，朱金兆 . 2005. 黄土高原退化生态系统的恢复重建方略［J］. 北京林业大学学报（社会科学版)，4（1)：13 - 19.
胡向阳，张细兵，黄悦 . 2010. 三峡工程蓄水后长江中下游来水来沙变化规律研究［J］. 长江科学院院报，27（6)：4 - 9.
胡勇，张晟，郑坚，等 . 2008. 三峡库区水土流失状况及防治对策［J］. 安徽农业科学，36（3)：1 147 - 1 149.

胡云岩，张瑞英，王军．2014. 中国太阳能光伏发电的发展现状及前景．河北科技大学学报，35（1）：69－72.
胡忠诚．1999. 生态农业再造了一个京山县［J］. 农村工作通讯，（2）：8－10.
环境保护部规划财务司．2011. 稳步推进着力构建国家生态安全屏障——青藏高原区域生态建设与环境保护规划（2011—2030年）解读［J］. 环境保护，（17）：8－11.
黄邦星．2006. 山塘水库鱼禽立体高产高效养殖技术［J］. 渔业致富指南，（22）：15－16.
黄秉维．1993. 华南坡地利用和改良：重要性与可行性［M］//黄秉维．黄秉维文集．北京：科学出版社，413－424.
黄道友，唐昆，盛良学，等．2003. 不同生态经济类型区生态农业模式与技术研究［J］. 长江流域资源与环境，12（4）：358－362.
黄顶成，张润志．2011. 中国外来入侵种的类群、原产地及变化趋势［J］. 生物安全学报，20（2）：113－118.
黄健，徐芹，孙振钧，等．2006. 中国蚯蚓资源研究：Ⅰ. 名录及分布［J］. 中国农业大学学报，11（3）：9－20.
黄晶晶，林超文，陈一兵，等．2006. 中国农业面源污染的现状及对策［J］. 安徽农学通报，12（12）：47－48.
黄可．2007. 中南地区农业生态模式述评［J］. 农技服务，24（5）：74－83.
黄燕敏，李若华．2000. 昆虫替代鱼粉作为动物蛋白饲料综述［J］. 广西师院学报（自然科学版），17（3）：12－14.
黄益宗，郝晓伟，雷鸣，等．2013. 重金属污染土壤修复技术及其修复实践［J］. 农业环境科学学报，32（3）：409－417.
黄勇，齐实，李学明，等．2007. 宁夏南部山区流域分类及其综合治理模式［J］. 水土保持研究，14（3）：312－314，317.
霍天祥．2001. 喀喇沁旗生态农业旗建设技术研究［M］//全国生态农业示范县建设专家组．发展中的中国生态农业. 北京：中国农业科学技术出版社．
霍晓娜，于潇萌．2013. 中国有机奶市场现状及发展趋势［J］. 中国奶牛，（16）：1－4.
贾海娟，马俊杰，王俊，等．2005. 农业生态环境恢复重建的模式与对策——以陕北吴旗县为例［J］. 水土保持通报，25（4）：38－41，47.
姜国清．2012. 安徽省林下经济发展现状及对策——以青阳县为例［J］. 安徽农业科学，40（21）：11 108－11 110.
蒋爱国．2003. 蝇蛆立体四季高产养殖技术（一）［J］. 特种养殖，2003，（5）：20.
蒋佩华，谢世友，熊平生．2006. 长江三峡库区生态环境退化及其恢复与重建［J］. 国土与自然资源研究，（2）：54－55.
蒋文志，曹文志，冯砚艳，等．2010. 我国区域间生物入侵的现状及防治［J］. 生态学杂志，29（7）：1 451－1 457.
蒋艳萍，章家恩，朱可峰．2007. 稻田养鱼的生态效应研究进展［J］. 仲恺农业技术学院学报，20（4）：71－75.
蒋忠诚，曹建华，杨德生，等．2008. 西南岩溶石漠化区水土流失现状与综合防治对策［J］. 中国水土保持科学，6（1）：37－42.
蒋忠诚，袁道先．2003. 西南岩溶区的石漠化及其综合治理综述［G］//中国岩溶地下水与石漠化研究．南宁：广西科学技术出版社，13－19.
焦居仁．2003. 生态修复的要点与思考［J］. 中国水土保持，2：1－2.
焦翔翔，靳红燕，王明明．2011. 我国秸秆沼气预处理技术的研究及应用进展［J］. 中国沼气，29（1）：29－33，39.
金莲，王永平，黄海燕，等．2013. 贵州省生态移民可持续发展的动力机制［J］. 农业现代化研究，34（4）：403－407.
靳芳，鲁绍伟，余新晓，等．2005. 中国森林生态系统服务功能及其价值评价［J］. 应用生态学报，16（8）：1 531－1 536.
靳薇．2014. 青海三江源生态移民现状调查报告［J］. 科学社会主义，（1）：112－115.
赖力，黄贤金，刘伟良．2008. 生态补偿理论、方法研究进展［J］. 生态学报，28（6）：2 870－2 877.
黎昌科．1999. 重庆市大足县生态农业工程建设成效显著［J］. 生态农业研究，7（3）：88.
黎霆．2012. 生态农业的困局与出路［J］. 绿色中国，（4）：73－75.
李长安，殷鸿福，俞立中，等．2000. 山河湖海互动及对全球变化的敏感响应［J］. 长江流域资源与环境，9（3）：359－363.
李典友，潘根兴，向昌国，等．2005. 土壤中蚯蚓资源的开发应用研究及展望［J］. 中国农学通报，21（10）：340－

347.
李芳东，杜红岩. 2001. 杜仲［M］. 北京：中国中医药出版社.
李凤民，徐进章，孙国钧. 2003. 半干旱黄土高原退化生态系统的修复与生态农业发展［J］. 生态学报，23（9）：1 901－1 909.
李海红. 2008. 云雾湖水库小流域生态茶业建设模式与经验［J］. 中国水土保持，（3）：60－61.
李京田，阿地里·巴斯提，王一新，等. 2001. 沙湾县生态农业发展与农业可持续发展［M］//全国生态农业示范县建设专家组. 发展中的中国生态农业. 北京：中国农业科学技术出版社.
李景保，谢炳庚，朱付元. 1999. 湖南省慈利县水土保持型生态农业模式配套工程建设［J］. 生态农业研究，7（4）：71－73.
李景保，谢炳庚. 1998. 论流域水土保持型生态农业模式设计与建设——以澧水流域慈利县为例［J］. 土壤侵蚀与水土保持学报，4（4）：66－71.
李景文. 1996. 森林生态学（第2版）［M］. 北京：中国林业出版灶.
李克敌，黎华寿，林学军，等. 2008. 广西"猪＋沼＋果＋灯＋鱼"生态农业模式关键技术及其效益分析［J］. 中国农学通报，24（3）：328－332.
李丽霞. 2007. 东北地区农业生态模式述评［J］. 农技服务，24（5）：50－51，73.
李勉，杨剑锋，侯建才. 2006. 王茂沟淤地坝坝系建设的生态环境效益分析［J］. 水土保持研究，13（5）：145－147.
李普，张琚乾. 2012. 安顺市水土保持生态建设模式及发展方向研究［J］. 中国水土保持，（6）：20－22.
李其林，魏朝富，王显军. 2006. 丘陵山区生态农业模式与技术初探［J］. 中国农学通报，22（10）：352－359.
李强，曲浩丽，承磊，等. 2010. 沼气干发酵技术研究进展［J］. 中国沼气，28（5）：10－14.
李秋艳，蔡强国，方海燕，等. 2009. 长江上游紫色土地区不同坡度坡耕地水保措施的适宜性分析［J］. 资源科学，31（12）：2 157－2 163.
李全胜，叶旭君，王兆骞. 1999. 我国中南地区生态农业工程类型及其区域分布特点研究［J］. 农业工程学报，15（1）：27－32.
李锐. 1985. 论三峡工程［M］. 长沙：湖南科学技术出版社.
李锐. 2014. 我知道的三峡工程上马经过［J］. 炎黄春秋，（9）：22－27.
李绍元，穆长恩. 2007. 易门县农业综合开发回顾与展望［J］. 农业开发研究，（4）：10－14.
李胜克，牛建彪. 2011. 旱作玉米双垄全膜覆盖集雨沟播技术的创新与应用实践［J］. 甘肃农业，（1）：94－96.
李世东，陈应发. 1999. 论长江中上游防护林体系建设（1）［J］. 防护林科技，（3）：25－27，34.
李世东，张丽霞. 2004. 黄土高原沟壑区退耕还林典型优化模式机理分析［J］. 应用生态学报，15（9）：1 541－1 546.
李世荣，李德刚. 2015. 南水北调中线水源工程移民安置［J］. 水电与新能源，（2）：73－75.
李文华，闵庆文，张壬午. 2005. 生态农业的技术与模式［M］. 北京：化学工业出版社.
李文华. 2003. 生态农业——中国可持续农业的理论与实践［M］. 北京：化学工业出版社.
李文哲，张波. 2006. 生物质能源现状与发展［J］. 现代化农业，（11）：1－5.
李兴燕. 2008. 川口小流域坝系建设效益评价［J］. 山西水土保持科技，（2）：34－36.
李秀芬，朱金兆，顾晓君. 2010. 农业面源污染现状与防治进展［J］. 中国人口·资源与环境，20（4）：81－84.
李阳兵，侯建筠，谢德体. 2002. 中国西南岩溶生态研究进展［J］. 地理科学，22（3）：365－370.
李勇进，侯昊，王学华，等. 2013. 能源植物研究现状及展望［J］. 安徽农业科学，41（4）：1 682－1 683.
李元红. 2004. 甘肃中东部雨水高效富集利用模式［J］. 中国农村水利水电，（7）：15－16.
李忠佩，张桃林，杨艳生. 2001. 红壤丘陵区水土流失过程及综合治理技术［J］. 水土保持通报，21（2）：12－17.
梁伟，白翠霞，孙保平，等. 2006. 黄土丘陵区退耕地土壤水分有效性及蓄水性能——以陕西省吴旗县柴沟流域为例［J］. 水土保持通报，26（4）：38－40.
梁音，宁堆虎，周昌涵. 2007. 兴国县实施国家水保重点工程的成效分析［J］. 中国水土保持，（12）：6－7，62.
梁音，潘贤章，孙波. 2006. 42年来兴国县土壤侵蚀时空变化规律研究［J］. 水土保持通报，26（6）：24－27，71.
梁音，张斌，潘贤章，等. 2008. 南方红壤丘陵区水土流失现状与综合治理对策［J］. 中国水土保持科学，6（1）：22－27.

梁玉斯，蒋菊生，曹建华 . 2007. 农林复合生态系统研究综述［J］. 安徽农业科学，35（2）：567－569.
廖荣华，魏美才 . 2007. 南山牧场生态奶业可持续发展研究［J］. 经济地理，27（6）：990－994.
廖晓勇，罗承德，陈治谏，等 . 2008. 三峡库区坡地果园间植草篱的水土保持效应［J］. 长江流域资源与环境，17（1）：152－156.
林敬兰，朱颂茜 . 2008. 福建省水土保持生态修复探讨［J］. 亚热带水土保持，20（1）：65－70.
林祥金 . 2002. 我国南方草山草坡开发利用的研究［J］. 四川草原，（4）：1－16.
林轩 . 2007. 退耕还林赢来江河安澜——长江流域及南方地区退耕还林综述［J］. 中国林业，（18）：12－13.
林以彬 . 2008. 黔西南州“珠治”试点工程治理模式［J］. 中国水土保持，（3）：30，58.
林振山，Li Larry. 2003. 水生态食物链多平衡态问题的理论研究［J］. 生态学报，23（10）：2 066－2 072.
林之光 . 1981. 我国山区气候的研究［J］. 气象杂志，（11）：27－28.
刘丙华，靳文明 . 2007. 西北地区农业生态模式述评［J］. 农技服务，24（5）：65－69.
刘长海，骆有庆，廉振民，等 . 2006. 陕北黄土高原生态农业可持续发展探讨［J］. 安徽农业科学，34（17）：4 463－4 464，4 473.
刘春早，黄益宗，雷鸣，等 . 2012. 湘江流域土壤重金属污染及其生态环境风险评价［J］. 环境科学，33（1）：260－265.
刘广运 . 1998. 以沼气为纽带，农林牧结合发展高效生态农业——以广西壮族自治区恭城瑶族自治县为例［J］. 生态农业研究，6（3）：11－12.
刘国彬，李敏，上官周平，等 . 2008. 西北黄土区水土流失现状与综合治理对策［J］. 中国水土保持科学，6（1）：16－21.
刘国彬，杨勤科，陈云明，等 . 2006. 试论水土保持生态修复的若干科学问题［J］. 中国水利，（12）：22－24.
刘国华，傅伯杰，陈利顶，等 . 2000. 中国生态退化的主要类型、特征及分布［J］. 生态学报，20（1）：13－19.
刘汉喜，程益民，田永宏 . 1995. 绥德王茂沟流域淤地坝调查及坝系相对稳定规划［J］. 中国水土保持，（12）：16－19，24.
刘会宇 . 2013. 玉米全覆膜双垄沟播技术创新与应用［J］. 内蒙古农业科技，（1）：109－111.
刘康，马乃喜，胥艳玲，等 . 2004. 秦岭山地生态环境保护与建设［J］. 生态学杂志，23（3）：157－160.
刘敏超，李迪强，温琰茂 . 2006. 三江源区湿地生态系统功能分析及保育［J］. 生态科学，25（1）：64－68.
刘朋虎，郑祥州，张伟利，等 . 2015. 现代生态农业产业体系构建与发展对策思考［J］. 福建农业学报，30（1）：85－89.
刘晓凯，秦如培 . 2008. 加快水土保持综合治理，全面推进毕节试验区生态建设［J］. 中国水土保持，（3）：1－4，17.
刘晓清，张振文，沈炳岗，等 . 2012. 秦岭生态功能区森林水源涵养功能的经济价值估算［J］. 水土保持通报，32（1）：177－180.
刘晓英，张伟豪，肖潇 . 2011. 中国农村可再生能源的发展现状分析［J］. 中国人口・资源与环境，21（3）：1601－1664.
刘孝华 . 2005. 蚯蚓养殖的探讨［J］. 安徽农业科学，33（11）：2 087－2 088，2 103.
刘彦随 . 2000. 山地农业资源分异规律与优化利用模式研究——以陕西秦巴山地为例［J］. 资源科学，22（5）：27－30.
刘毅强 . 2000. 湖北京山县生态农业建设的调查［J］. 中国人口・资源与环境，10（3）：97－98.
刘玉凤，樊鸿章，杜生明 . 2005. 渭北旱塬生态农业建设模式浅析［J］. 中国生态农业学报，13（4）：214－216.
刘照光，潘开文 . 2001. 长江上游陡坡耕地退耕的难点与对策［J］. 长江流域资源与环境，10（5）：426－430.
刘震 . 2003. 中国水土保持生态建设模式［M］. 北京：科学出版社 .
刘中奇，朱清科，秦伟，等 . 2010. 半干旱黄土区自然恢复与人工造林恢复植被群落对比研究［J］. 生态环境学报，19（4）：857－863.
刘子峰 . 2007. 黄土高原小流域坝系建设有关问题探讨［J］. 山西水土保持科技，（2）：1－3.
龙健，李娟，黄昌勇 . 2002. 我国西南地区的喀斯特环境与土壤退化及其恢复［J］. 水土保持学报，16（5）：55－8.
卢彪，刘应江 . 2005. 石板桥小流域综合治理效果好［J］. 中国水土保持，（3）：27，37.

鲁家果 . 2008. 解决三峡工程遗留问题还任重道远 [J]. 炎黄春秋，(5)：54 - 57.
陆梅，毛玉荣，杨康林，等 . 2007. 沼液沼渣的利用 [J]. 农技服务，24 (5)：37 - 39.
路明 . 1998. 全面开创生态农业建设新局面 [J]. 生态农业研究，6 (2)：1 - 5.
路志芳，张光杰 . 2014. 药用植物杜仲的研究进展 [J]. 甘肃农业，(13)：61 - 62.
罗国亮，刘涛 . 2013. 中国西部农村地区的能源贫困与可再生能源资源利用 [J]. 华北电力大学学报（社会科学版），6：6 - 12.
罗海波，钱晓刚，刘方，等 . 2003. 喀斯特山区退耕还林（草）保持水土生态效益研究 [J]. 水土保持学报，17 (4)：31 - 34，41.
罗怀良，朱波，刘德绍，等 . 2006. 重庆市生态功能区的划分 [J]. 生态学报，26 (9)：3 144 - 3 151.
骆世明，陈聿华，严斧 . 1987. 农业生态学 [M]. 长沙：湖南科学技术出版社 .
骆世明 . 2006. 发展生态农业提高循环效率 [J]. 中国农学通报，(22)：222 - 223.
骆世明 . 2007. 传统农业精华与现代生态 [J]. 农业地理研究，26 (3)：608 - 615.
骆世明 . 2009. 生态农业的模式与技术 [M]. 北京：化学工业出版社 .
骆世明 . 2010. 农业生物多样性利用的原理与技术 [M]. 北京：化学工业出版社 .
马定渭，邹冬生，戴思慧，等 . 2006. 中国生态问题与退耕还林还草 [J]. 湖南农业大学学报（社会科学版），(1)：6 - 9.
马琨，王兆骞，陈欣 . 2008. 不同农业模式下水土流失的生态学特征研究 [J]. 中国生态农业学报，16 (1)：187 - 191.
马世俊 . 1983. 生态工程—生态系统原理的应用 [J]. 生态学杂志，2 (3)：177 - 309.
马世骏，李松华 . 1987. 中国的农业生态工程 [M]. 北京：科学出版社 .
马世骏，王如松 . 1995. 社会—经济—自然复合生态系统 [M] //马世骏 . 马世骏文集 . 北京：中国环境科学出版社，250 - 257.
马世骏 . 1995. 生态工程的原理及应用 [M] //马世骏 . 马世骏文集 . 北京：中国环境科学出版社，280 - 289.
蒙杰，王敦球 . 2007. 沼气发酵微生物菌群的研究现状 [J]. 广西农学报，22 (4)：46 - 49.
孟凡胜，陈金兰 . 浅析长白山区生态环境存在的问题及保护对策 [J]. 吉林林业科技，33 (6)：32 - 34.
闵庆文，李文华 . 2001. 丘陵山区农业持续发展的生态工程对策——以山东省五莲县为例 [J]. 山地学报，19 (4)：349 - 354.
莫凤鸾，廖波，林武 . 2009. 农业面源污染现状及防治对策 [J]. 环境科学导刊，28 (4)：51 - 54.
莫福孝，秦宇，杨白露 . 2013. 3 种植物对三峡库区消落带土壤重金属铜和镉的去除效果 [J]. 贵州农业科学，4 (18)：284 - 286.
慕长龙，龚固堂 . 2001. 长江中上游防护林体系综合效益的计量与评价 [J]. 四川林业科技，22 (1)：15 - 23.
聂学敏，李志强 . 2013. 三江源区生态移民实施现状及绩效分析 [J]. 江西农业学报，25 (8)：120 - 122.
聂忆黄，龚斌，李忠 . 2010. 青藏高原水源涵养能力时空变化规律 [J]. 地学前缘，17 (1)：373 - 377.
农业部科技教育司 . 2001. 生态农业与可持续发展——2001 年生态农业与可持续发展国际研讨会论文集 [C]. 北京：中国农业出版社 .
欧阳志云，王如松，赵景柱 . 1999. 生态系统服务功能及其生态经济价值评价 [J]. 应用生态学报，10 (5)：635 - 640.
潘家铮 . 2000. 我国北方地区水资源合理配置与南水北调 [J]. 中国工程科学，2 (10)：26 - 32.
潘开文，吴宁，潘开忠，等 . 2004. 关于建设长江上游生态屏障的若干问题的讨论 [J]. 生态学报，24 (3)：617 - 629.
庞爱权 . 1997. 红壤丘陵区农业资源开发模式研究 [J]. 自然资源，(4)：15 - 20.
裴习君，杨仁斌，郭正元 . 2004. 中国山区县域生态农业研究进展 [J]. 湖南农业大学学报（社会科学版），5 (3)：5 - 7.
彭德纯 . 1994. 拟生造林 [M]. 长沙：湖南科学技术出版社 .
彭少麟，陆宏芳 . 2003. 恢复生态学焦点问题 [J]. 生态学报，23 (7)：1 249 - 1 255.
彭少麟 . 1998. 热带亚热带退化生态系统的恢复与复合农林业 [J]. 应用生态学报，9 (6) ：587 - 591.

彭少麟.2003. 热带亚热带恢复生态学研究与实践［M］.北京：科学出版社.
蒲思川，冯启明.2008. 我国水体污染的现状及防治对策［J］.中国资源综合利用，26（5）：31－34.
蒲勇平.2002. 长江流域生态修复工程的意义及对策［J］.水土保持通报，22（5）：9－11.
朴世龙，方精云，郭庆华.2001. 1982—1999 年我国植被净第一性生产力及其时空变化. 北京大学学报（自然科学版），37（4）：563－569.
戚兰.2008. 中阳溪水土保持综合治理模式与实践［J］.湖南水利水电，（3）：69－70.
戚英，虞依娜，彭少麟.2007. 广东鹤山林—果—草—鱼复合生态系统生态服务功能价值评估［J］.生态环境，16（2）：584－591.
齐建国.2006. 循环经济理论与实践综述［N］.人民日报，2006－6－9.
钦佩，安树青，颜京松.2002. 生态工程学［M］.南京：南京大学出版社.
秦大河，张坤民，牛文元.2002. 中国人口资源环境与可持续发展［M］.北京：新华出版社.
秦伟，朱清科，刘中奇，等.2008. 黄土丘陵沟壑区退耕地植被自然演替系列及其植物物种多样性特征［J］.干旱区研究，25（4）：507－513.
秦钟，章家恩，张锦，等.2012. 稻鸭共作系统中主要捕食性天敌的生态位［J］.中国农业科学，45（1）：67－76.
邱江平.2000. 蚯蚓与环境保护［J］.贵州科学，18（1－2）：116－133.
邱中建，赵文智，胡素云，等.2011. 我国天然气资源潜力及其在未来低碳经济发展中的重要地位［J］.中国工程科学，13（6）：81－87.
全国生态农业示范县建设专家组.2001. 发展中的中国生态农业［M］.北京：中国农业科学技术出版社.
全海.2006. 山区小流域生态恢复研究进展［J］.中国水土保持科学，4（4）：103－108.
饶静，许翔宇，纪晓婷.2011. 我国农业面源污染现状、发生机制和对策研究［J］.农业经济问题，（8）：81－87.
任海，彭少麟.2001. 恢复生态学导论［M］.北京：中国科学技术出版社.
任美锷，包浩生.1992. 中国自然区域及开发整治［M］.北京：科学出版社.
任美锷，杨纫章，包浩生.1979. 中国自然地理纲要［M］.北京：商务印书馆.
山仑.2012. 水土保持与可持续发展［J］.中国科学院院刊，27（3）：346－351.
尚孟坤.2006. 农村能源建设的多能互补模式与多极推进思路［J］.农业工程学报，22（增刊1）：41－44.
尚勋武，杨祁峰，刘广才，等.2007. 甘肃发展旱作农业的思路和技术体系［J］.农业科技与信息，（8）：3－5.
申元村，杨勤业，景可，等.2003. 加快黄土高原水土流失防治与生态环境建设的战略思考与建议［J］.科技导报，（4）：55－59.
沈国舫.2010. 三峡工程对生态和环境的影响［J］.科学中国人，（8）48－53.
沈泽昊，张新时.2000. 中国亚热带地区植物区系地理成分及其空间格局的数量分析［J］.植物分类学报，38（4）：366－380.
盛利娴.2001. 一例农村能源生态村建设的调查与分析［J］.能源工程，（2）：30－31.
施颂发.1998. 稻田养殖技术第五讲——稻田立体种养技术［J］.贵州农业科学，26（6）：59－61.
石磊，赵由才，柴晓利.2005. 我国农作物秸秆的综合利用技术进展［J］.中国沼气，23（2）：11－14，19.
史加达，顾继光，柴夏，等.2008. 生态工程在水库富营养化治理中的应用研究［J］.污染防治技术，21（1）：41－43.
史立人.1999. 长江流域的坡耕地治理［J］.人民长江，30（7）：25－28.
史念海.2001. 黄土高原历史地理研究［M］.郑州：黄河水利出版社.
舒若杰，高建恩，赵建民，等.2006. 黄土高原生态分区探讨［J］.干旱地区农业研究，24（3）：143－148.
宋朝枢，张清华.1992. 试论太行山防护林分类系统［J］.河北林学院学报，7（4）：297－301.
宋晓丰，叶桂峰.2008. 我国外来生物入侵的现状、危害及防治研究［J］.生物学通报，43（7）：24－26.
宋永昌.2011. 对中国植被分类系统的认知和建议［J］.植物生态学报，35（8）：882－892.
苏维词，滕建珍，陈祖权.2003. 长江三峡库区生态农业发展模式探讨［J］.地理与地理信息科学，19（1）：83－86.
苏维词，朱文考.2000. 贵州喀斯特地区生态农业发展模式与对策［J］.农业系统科学与综合研究，16（1）：40－44.
苏维词.2002. 中国西南岩溶山区石漠化的现状成因及治理的优化模式［J］.水土保持学报，16（2）：29－32，79.
苏维词.2002. 中国西南岩溶山区石漠化治理的优化模式及对策［J］.水土保持学报，16（5）：24－27，110.

孙博源 . 2000. 黄土高原生态农业建设与小流域治理 [J]. 中国水土保持，(1)：42 - 44.

孙凤莉，墨锋涛，李英，等 . 2012. 标准化养殖场有机奶生产概述 [J]. 北方牧业，(12)：15.

孙鸿良 . 1997. 从 15 年变迁看西北黄土高原农业可持续发展之路——以延安市生态农业建设为例 [J]. 生态农业研究，5 (2)：7 - 10.

孙辉，唐亚，陈克明，等 . 1999. 固氮植物篱改善退化坡耕地土壤养分状况的效果 [J]. 应用与环境生物学报，5 (5)：473 - 477.

孙辉，唐亚，谢嘉穗 . 2004. 植物篱种植模式及其在我国的研究和应用 [J]. 水土保持学报，18 (2)：114 - 117.

孙治仁，邓抒豪 . 2005. 珠江上游南北盘江喀斯特地区土地石漠化的成因及生态恢复模式 [J]. 人民珠江，(6)：1 - 4.

覃龙华，王会肖 . 2006. 生态农业原理与典型模式 [J]. 安徽农业科学，34 (1)：2 484 - 2 486.

谭廷甫，郑元红 . 2004. 毕节地区旱作节水农业探讨 [J]. 贵州农业科学，32 (6)：87 - 88.

谭勇，王长如，梁宗锁，等 . 2006. 黄土高原半干旱区林草植被建设措施 [J]. 草业学报，15 (4)：4 - 11.

檀学文 . 2010. 现代农业、后现代农业与生态农业——“‘两型农村’与生态农业发展国际学术研讨会暨第五届中国农业现代化比较国际研讨会”综述 [J]. 中国农村经济，(2)：92 - 95.

唐健生，夏日元 . 2001. 南方岩溶石山区资源环境特征与生态环境治理对策探讨 [J]. 中国岩溶，20 (2)：140 - 143，148.

唐明榜，安帮佑，卢文静 . 2004. 楠竹的栽培技术 [J]. 恩施职业技术学院学报（综合版），(3)：50 - 52.

藤伟新 . 2000. 实现可持续发展的必由之路——江西省婺源县建设生态农业纪实 [J]. 农村发展论丛，(12)：40 - 41.

田兴云，冯德华 . 2011. 减少农药污染保护生态环境 [J]. 农村经济与科技，22 (6)：245 - 246.

田亚平，张慧颖 . 2004. 湘中紫色土丘岗区农业生态工程优化模式的效益分析——以衡南县谭子山镇工联村为例 [J]. 衡阳师范学院学报，25 (6)：84 - 88.

田贞德 . 2007. 中国肉桂 [J]. 中外食品，(3)：42 - 45.

田宗轩，黄昀，周红兵 . 2012. 山区特色农业发展鲜活绿色农产品技术 [J]. 农产品质量与安全，(2)：65 - 67.

佟汉林 . 2014. 山杏的经济价值及良种造林关键技术 [J]. 现代园艺，(2)：31.

屠敏仪，郑明高 . 1993. 南方山地草地发展草食动物综合技术 [M]. 北京：农业出版社 .

汪辉，周禾，高凤芹，等 . 2003. 能源草的研究与应用进展 [J]. 草业与畜牧，(1)：50 - 52.

汪敏，颜京松，吴琼，等 . 2004. 生态工程研究进展 . 中国人口 [J]. 资源与环境，14 (5)：120 - 124.

汪晓波 . 2008. 中国山地范围界定的初步意见 [J]. 山地学报，26 (2)：129 - 136.

王宝山，周景宇 . 2009. 对农作物秸秆综合利用发展方向的探索 [J]. 农业机械，(18)：75 - 76.

王保辛 . 2005. 蚯蚓低成本规模化养殖技术研究 [J]. 江苏农业科学，(3)：112 - 114.

王兵，魏江生，胡文 . 2011. 中国灌木林—经济林—竹林的生态系统服务功能评估 [J]. 生态学报，31 (7)：1 936 - 1 945.

王成章，陈强，罗建军，等 . 2013. 中国油橄榄发展历程与产业展望 [J]. 生物质化学工程，47 (2)：41 - 46.

王冲，郑冬梅，孙振钧 . 2005. 蚯蚓在畜牧生态系统中的应用 [J]. 家畜生态学报，26 (2) .

王春芳，郭风平 . 2011. 当代森林火灾防控对策研究 [J]. 中国安全生产科学技术，7 (7)：168 - 173.

王春玉 . 2008. 我国农村能源发展的问题及对策 [J]. 中国林业经济，(4)：26 - 29.

王峰，石辉，黄林，等 . 2005. 红壤丘陵区生物措施治理水土流失的技术体系——以江西省信丰县崇墩沟流域为例 [J]. 水土保持研究，12 (5)：248 - 251.

王海宁 . 2007. 青海省黄河水保生态工程建设的成效及经验 [J]. 中国水土保持，(11)：17 - 18.

王海英，郭祀远，李琳 . 2002. 蚯蚓的研究与应用 [J]. 氨基酸和生物资源，24 (4)：17 - 19.

王海英，刘桂环，董锁成 . 2004. 黄土高原丘陵沟壑区小流域生态环境综合治理开发模式研究——以甘肃省定西地区九华沟流域为例 [J]. 自然资源学报，19 (2)：207 - 216.

王寒，唐建军，谢坚，等 . 2007. 稻田生态系统多个物种共存对病虫草害的控制 [J]. 应用生态学报，18 (5)：1 132 - 1 136.

王鹤茹，刘燕舞 . 2010. 污染土壤生物修复的研究进展 [J]. 安徽农业科学，38 (20)：11 013 - 11 014，11 017.

王凯，谢小来，王长平 . 2011. 秸秆加工处理技术的研究进展 [J]. 中国畜牧兽医，38 (18)：17 - 22.

王莉 . 2009. 生物能源的发展现状及发展前景［J］. 化工文摘，(2)：48 – 50.
王礼先 . 2006. 我国水土保持的理论与方法［J］. 中国水利，(12)：16 – 18，24.
王明春，邱微，韩崇选 . 2005. 陕西吴旗县林业生态工程实施方法和对策［J］. 西北林学院学报，20 (4)：14 – 17.
王明珠，尹瑞龄 . 1998. 红壤丘陵区生态农业模式研究［J］. 生态学报，18 (6)：595 – 600.
王启基，来德珍，景增春，等 . 2005. 三江源区资源与生态环境现状及可持续发展［J］. 兰州大学学报（自然科学版)，41 (4)：31 – 37.
王启泉 . 2000. 京山县发展生态农业的实践与实效［J］. 湖北社会科学，(2)：30 – 31.
王如松 . 2013. 生态整合与文明发展［J］. 生态学报，33 (1)：1 – 11.
王如松 . 2015. 生态文明建设的八大误区［J］. 环境与生活，(6)：58 – 59.
王儒述 . 2010. 防洪是三峡工程最大的生态环境效益［J］. 三峡论坛，(1)：3 – 9.
王瑞文 . 2007. 西南地区农业生态模式述评［J］. 农技服务，24 (5)：70 – 73.
王瑞元 . 2011. 发展油茶产业是提高中国食用油自给率的重要举措［J］. 粮食科技与经济，36 (4)：5 – 6，39.
王树清 . 1995. 拜泉县生态农业发展战略与实践［J］. 生态农业研究，3 (4)：77 – 78，76.
王涛，赵哈林，肖洪浪 . 1999. 中国沙漠化研究的进展［J］. 中国沙漠，19 (4)：299 – 311.
王文浩 . 2011. 甘南黄河重要水源补给生态功能区生态效益分析［J］. 草业与畜牧，(11)：29 – 31，34.
王小丹，钟祥浩，刘淑珍，等 . 2009. 西藏高原生态功能区划研究［J］. 地理科学，29 (5)：715 – 720.
王新利，李世武 . 2008. 新农村建设中农业区域规划问题的思考——以拜泉县为例［J］. 中国农村小康科技，(1)：5 – 9.
王艳红 . 2008. 吉县小流域坝系工程的综合效益［J］. 山西水土保持科技，(2)：6 – 7.
王应政，戴斌武 . 2004. 民族地区生态移民社会适应性研究——以贵州扶贫生态移民工程为例［J］. 贵阳学院学报（社会科学版)，(1)：31 – 34.
王缨，雷慰慈 . 2000. 稻田种养模式生态效益研究［J］. 生态学报，20 (2)：311 – 316.
王永平，吴晓秋，黄海燕，等 . 2014. 土地资源稀缺地区生态移民安置模式探讨——以贵州省为例［J］. 生态经济，30 (1)：66 – 69，82.
王宇，延军平 . 2011. 秦岭生态演变及其影响因素［J］. 西北大学学报（自然科学版)，41 (1)：163 – 169.
王玉宽，孙雪峰，邓玉林，等 . 2005. 对生态屏障概念内涵与价值的认识［J］. 山地学报，23 (5)：431 – 436.
王远远，刘荣厚 . 2007. 沼液综合利用研究进展［J］. 安徽农业科学，35 (4)：1 089 – 1 091.
王兆骞 . 2001. 中国生态农业与农业可持续发展［M］. 北京：北京出版社 .
王兆骞 . 2008. 试论中国生态农业的发展［J］. 中国生态农业学报，16 (1)：1 – 3.
王正周 . 1992. 食物链原理在畜牧业上的应用［J］. 家畜生态，13 (2)：36 – 40.
王卓 . 2006. 西北黄土高原区雨水高效利用模式［J］. 发展，(11)：148 – 149.
王祖桥，谢世学，解松峰 . 2012. 陕南秦巴山区河谷川道玉米生姜立体高效种植技术［J］. 陕西农业科学，(6)：247 – 248.
韦朝阳，程同斌 . 2001. 重金属超富集植物及植物修复技术研究进展［J］. 生态学报，21 (7)：1 196 – 1 204.
魏强，彭鸿嘉，蔡国军，等 . 2003. 定西雨水集流庭院经济复合经营模式初探［J］. 防护林科技，(3)：62 – 69.
吴必虎 . 2001. 区域旅游规划原理［M］. 北京：中国旅游出版社 .
吴伯志，刘立光，Fullen M A，等 . 1996. 不同耕种措施对坡地红壤侵蚀率的影响［J］. 耕作与栽培，(5)：17 – 20.
吴国钧 . 1997. 贵州岩溶山区以牧为主的生态农业工程［J］. 农业工程学报，13 (2)：7 – 11.
吴豪，虞孝感 . 2001. 长江源自然保护区生态环境状况及功能区划分［J］. 长江流域资源与环境，10 (3)：252 – 257.
吴会平 . 2011. 湖南省生态功能区划的研究［J］. 中南林业科技大学学报，31 (8)：91 – 95.
吴家明，朱丽得孜 · 艾山，张振宇，等 . 2011. 害虫重要寄生性天敌昆虫——赤眼蜂和缨小蜂研究进展［J］. 新疆大学学报（自然科学版)，28 (3)：267 – 277.
吴普特，高建恩 . 2008. 黄土高原水土保持与雨水资源化［J］. 中国水土保持科学，6 (1)：107 – 111.
吴婷婷，邹峥嵘，黄兆祥 . 2000. 兴国县生态工程建设的考察与建议［J］. 南昌大学学报（理科版)，24 (1)：20 – 25.
吴文良 . 2000. 我国不同类型区生态农业县建设的基本途径与典型模式［J］. 生态农业研究，8 (2)：5 – 9.

吴文良. 2003. 中国生态农业建设成就与展望［J］. 产业与环境，(Z1)：103－107.
吴文卫，杨逢乐，赵祥华. 2008. 污染水体生态修复的理论研究［J］. 江西农业学报，20（9）：138－140.
吴希宁，杨绪旺，罗康友. 2007. 建设生态家园——新农村建设的积极实践［J］. 红旗文稿，(24)：30－31，20.
吴晓松，王心同，宋常青，等. 2013. 加强生态保护促进生态文明建设［J］. 宏观经济管理，(6)：45－47，50.
吴玉虎. 2000. 长江源区植物区系研究［J］. 西北植物学报，20（6）：1 086－1 101.
湘西土家族苗族自治州人民政府. 1987. 湘西土家族苗族自治州国土规划报告集（1986—2000）［C］.
肖波，王慧芳，王庆海，等. 2012. 坡耕地上等高草篱的功能与效益综合分析［J］. 中国农业科学，45（7）：1 318－1 329.
肖东军，孙亚茹. 2007. 拜泉县发展旱作农业的思考［J］. 黑龙江水利科技，(3)：131－132.
肖笃宁. 1994. "三北" 防护林工程的生态环境评估［J］. 科技导报，(8)：38－41.
肖国举，王静. 2003. 黄土高原集水农业研究进展［J］. 生态学报，23（5）：1 003－1 011.
肖敏. 2007. 我国区域概况与生态农业模式［J］. 农技服务，24（5）：47－49，100.
肖英方，毛润乾，万方浩. 2013. 害虫生物防治新概念——生物防治植物及创新研究［J］. 中国生物防治学报，29（1）：1－10.
谢光辉. 2011. 能源植物分类及其转化利用［J］. 中国农业大学学报，16（2）：1－7.
谢坚，刘领，陈欣，等. 2009. 传统稻鱼系统病虫草害控制［J］. 科技通报，25（6）：801－805.
谢锦升，杨玉盛，解明曙. 2004. 亚热带花岗岩侵蚀红壤的生态退化与恢复技术［J］. 水土保持研究，11（3）：154－156.
谢颂华，曾建玲，杨洁，等. 2010. 南方红壤坡地不同耕作措施的水土保持效应［J］. 农业工程学报，26（9）：81－86.
谢雪芳. 2006. 稻田立体种养的五种模式［J］. 农村·农业·农民，(3)：38.
辛树帜，蒋德麒. 1982. 中国水土保持概论［M］. 北京：农业出版社.
邢迁铣. 1997. 食物链与农牧结合生态工程［M］. 北京：气象出版社.
徐常青，刘赛，徐荣，等. 2014. 我国枸杞主产区生产现状调研及建议［J］. 中国中药杂志，39（11）：1 979－1 984.
徐东翔，于华忠，乌志颜，等. 2010. 文冠果生物学［M］. 北京：科学出版社.
徐娥，夏先林. 2006. 蚯蚓的养殖及其作为饲料资源加工利用现状概述［J］. 贵州畜牧兽医，30（5）：14－15.
徐伟. 2005. 箱式整装小水电站研究［J］. 中国农村水利水电，(3)：93－94.
徐显芬. 2003. 浅议毕节地区生态环境建设［J］. 贵州林业科技，31（2）：61－64.
徐衍忠，王迎春. 1997. 山东省五莲县生态农业建设的实践与主要技术特点［J］. 农村生态环境，(3)：55－57.
许淑桂，王凌云. 2013. 绿色食品葡萄生产基地建设成效分析［J］. 安徽农学通报，19（7）：104－105.
薛兰兰，王龙昌，胡小东，等. 2007. 三峡库区农业资源持续高效利用模式研究［J］. 中国农学通报，23（10）：197－203.
学军，乔志刚，聂国兴. 2001. 稻—鱼—蛙立体农业生态效益的研究［J］. 生态学杂志，20（2）：37－40.
亚库甫江·吐尔逊. 2004. 新疆沙湾县生态农业建设与绿洲农业可持续发展探讨［J］. 新疆环境保护，26（Z1）：14－17.
严斧，李宏志，覃正国，等. 1996. 长江中游岩溶山区干旱的时空布和持续高效雨养农作的基本经验［J］. 农业现代化研究，17（增）：11－14.
严斧，张文绪，刘建中，等. 1994. 武陵山区杂交水稻的生态适应性和栽培技术体系［J］. 湖南农业科学，(3)：12－15.
严斧. 1979. 湘西北季节特点与稻田耕作改制探讨［J］. 湖南农业科学，(6)：14－19.
严斧. 1993. 湘西武陵山区干旱时空分布及减灾对策［C］//红黄壤地区农业持续发展（第一集）. 北京：中国农业科技出版社，114－123.
严斧. 1998. 肥料、饲料、燃料配套发展生态工程［M］//甘师俊，王如松. 中小城镇可持续发展先进适用技术指南——工程卷. 北京：中国科学技术出版社，16－20.
严斧. 1998. 山区小流域综合治理开发生态工程［M］//甘师俊，王如松. 中小城镇可持续发展先进适用技术指南——工程卷. 北京：中国科学技术出版社，301－306.

严斧. 2000. 长江流域防洪抗洪生态工程体系建设初探 [J]. 长江流域资源与环境，9 (3)：384 - 391.

严斧. 2002. 长江中游根治洪灾策略与措施的探讨 [J]. 经济地理，22 (增)：183 - 187.

严斧. 2003. 武陵源景区景观生态多样性及其保育（英文）[J]. 环境科学学报（英文版），15 (2)：284 - 288.

严斧. 2005. 农村 PAMCP 生态工程可持续发展机理探讨 [C] //王如松. 循环·整合·和谐——第二届全国复合生态与循环经济学术讨论会论文集. 中国科学技术出版社，169 - 172.

严斧. 2004. 旅游生态学 [M]. 长沙：湖南科学技术出版社，189 - 249.

颜京松，杨丙亮，卢兵友. 1998. 玉米资源综合利用生态工程 [M] //甘师俊，王如松. 中小城镇可持续发展先进适用技术指南——工程卷. 北京：中国科学技术出版社.

颜廷武，张俊飚. 2001. 喀斯特贫困地区生态经济林业开发构想——以贵州省为例 [J]. 林业经济问题，21 (6)：329 - 332.

燕乃玲，虞孝感. 2003. 中国生态功能区划的目标、原则与体系 [J]. 长江流域资源与环境，12 (6)：579 - 585.

杨程. 2008. 华北石质山区植被恢复途径的探讨 [J]. 长春大学学报，18 (3)：95 - 99.

杨德伟，陈治谏，廖晓勇. 2005. 三峡库区庭院生态模式及其效益分析 [J]. 水土保持研究，12 (6)：61 - 64，70.

杨德伟，陈治谏，廖晓勇. 2006. 三峡库区小流域生态农业发展模式探讨——以杨家沟、戴家沟为例 [J]. 山地学报，24 (3)：366 - 372.

杨冬生. 2002. 论建设长江上游生态屏障 [J]. 四川林业科技，23 (1)：1 - 6.

杨封科. 2006. 半干旱黄土丘陵区梯田集水增产效应研究 [J]. 水土保持学报，20 (5)：130 - 132，161.

杨桂华. 2004. 生态旅游景区开发 [M]. 北京：科学出版社.

杨明禄. 2005. 新型的动物蛋白饲料资源 [J]. 广东饲料，14 (3)：27 - 28.

杨胜天，朱启疆. 2000. 贵州典型喀斯特环境退化与自然恢复速率 [J]. 地理学报，55 (4)：459 - 465.

杨涛，王得祥，周金星，等. 2009. 陕北黄土丘陵沟壑区退耕地植物群落演替规律及物种多样性动态研究 [J]. 西北林学院学报，24 (5)：10 - 15.

杨晓锋. 2015. 我国生态农业发展面临的困境与出路——基于社会化小农的调查分析 [J]. 财经理论研究，(1)：50 - 56.

杨艳生. 1999. 我国南方红壤流失区水土保持技术措施 [J]. 水土保持研究，6 (2)：117 - 120.

杨溢. 1992. 论证始末 [M]. 北京：水利电力出版社.

杨治平，刘小燕，黄璜，等. 2004. 稻田养鸭对稻鸭复合系统中病、虫、草害及蜘蛛的影响 [J]. 生态学报，24 (12)：2 756 - 2 760.

姚檀栋，朱立平. 2006. 青藏高原环境变化对全球变化的响应及其适应对策 [J]. 地球科学进展，21 (5)：459 - 464.

叶博，金丹，张雪峰. 2012. 我国有机食品发展现状与改进措施 [J]. 农业科技与装备，(1)：78 - 80.

叶其炎，夏幽泉，杨树华，等. 2004. 云南省易门县生态农业发展探讨 [J]. 云南大学学报（自然科学版），26 (增)：228 - 233.

叶谦吉. 1998. 生态农业——农业的未来 [M]. 重庆：重庆出版社.

尹昌斌，周颖，刘利花. 2013. 我国循环农业发展理论与实践 [J]. 中国生态农业学报，21 (1)：47 - 53

尹华光. 2005. 旅游文化学 [M]. 长沙：湖南大学出版社，226 - 260.

应宝根. 2006. 浙江省沿海防护林体系建设工程布局规划思路 [J]. 浙江林业科技，26 (2)：49 - 52.

应俊生. 2001. 中国种子植物物种多样性及其分布格局 [J]. 生物多样性，9 (4)：393 - 398.

尤民生，刘雨芳，侯有明. 2004. 农田生物多样性与害虫综合治理 [J]. 生态学报，24 (1)：117 - 122.

余国庆，叶丰波. 2007. 浅谈鸠坑溪小流域水土流失综合治理 [J]. 亚热带水土保持，19 (4)：43 - 44.

余新晓，牛健植，徐军亮. 2004. 山区小流域生态修复研究 [J]. 中国水土保持科学，2 (1) ：4 - 10.

虞孝感. 2002. 长江流域生态安全问题及建议 [J]. 自然资源学报，17 (3)：294 - 298.

袁炳富，黄胜. 2007. 华北地区农业生态模式述评 [J]. 农技服务，24 (5)：52 - 56.

袁春，周常萍，童立强. 2003. 贵州土地石漠化的形成原因及其治理对策 [J]. 现代地质，17 (2)：181 - 185.

云正明，刘金桐. 1998. 太行山丘陵区生态恢复与林业生态工程建设 [M] //甘师俊，王如松. 中小城镇可持续发展先进适用技术指南——工程卷. 北京：中国科学技术出版社，307 - 313.

云正明，刘金桐，等. 1998. 生态工程 [M]. 北京：气象出版社.

云正明. 1998. 农村庭院生态工程［M］//甘师俊, 王如松. 中小城镇可持续发展先进适用技术指南——工程卷. 北京: 中国科学技术出版社, 49-53.
曾希柏, 刘国栋. 1999. 湘南红壤地区水土流失及其防治对策［J］. 中国水土保持, (7): 22-23.
曾永年, 冯兆东. 2007. 黄河源区土地沙漠化时空变化遥感分析［J］. 地理学报, 6 (25): 529-536.
翟英. 2005. 长白山森林生态系统主要功能的经济价值及恢复措施［J］. 东北林业大学学报, 33 (5): 95-96, 105.
张春英, 张春玲, 郑少峰. 2012. 生态旅游开发对世界双遗产地植被景观的影响［J］. 中山大学学报（自然科学版）, 51 (1): 96-101.
张富, 余新晓, 陈丽华. 2008. 小流域水土保持植物措施对位配置研究［J］. 水土保持通报, 28 (2): 195-198, 210.
张光斗, 潘家铮. 1994. 长江三峡工程重大科技问题研究［J］. 中国科学院院刊, (3): 231-238.
张桂林, 汤耀国. 2009. 未竟的三峡［J］. 瞭望, (49): 14.
张和平, 张司达. 2007. 北方农村能源生态模式类型分析及重点发展领域探讨［J］. 现代农业科技, (24): 212-213, 215.
张厚华, 黄占斌. 2001. 黄土高原生物气候分区与该区生态系统的恢复［J］. 干旱区资源与环境, 15 (1): 64-70.
张基尧, 庞清辉, 张基尧, 等. 2014. 南水北调决策始末［J］. 报刊荟萃, (7): 52-54.
张基尧. 2015. 南水北调工程的一些深层次思考［J］. 百年潮, (2): 4-14.
张建立, 张建鑫, 王德成, 等. 2007. 典型户用沼气池［J］. 农技服务, 24 (5): 7-10.
张据乾. 2008. 安顺市水土保持生态建设成效与对策［J］. 中国水土保持, (3): 26-28.
张乐平. 2012. 多能互补——促进可再生能源发展的有效途径［J］. 西北水电, (1): 7-12.
张莉, 何丙辉, 郑钦玉. 2003. 三峡库区生态农业模式探讨［J］. 农业环境与发展, (3): 19-20.
张林, 王礼茂, 王睿博. 2009. 长江中上游防护林体系森林植被碳贮量及固碳潜力估算［J］. 长江流域资源与环境, 18 (2): 111-115.
张萍, 查轩. 2007. 崩岗侵蚀研究进展［J］. 水土保持研究, 14 (1): 170-172, 176.
张壬午, 计文瑛, 徐静. 1997. 论生态农业模式设计［J］. 生态农业研究, 5 (3): 1-5.
张壬午. 1998. 山区综合开发型生态农业工程［M］//甘师俊, 王如松. 中小城镇可持续发展先进适用技术指南——工程卷. 北京: 中国科学技术出版社, 42-49.
张壬午. 1998. 种植业、养殖业、太阳能及沼气利用四位一体能源生态工程［M］//甘师俊, 王如松. 中小城镇可持续发展先进适用技术指南——工程卷. 北京: 中国科学技术出版社, 11-15.
张淑光, 姚少雄, 梁坚大. 1999. 崩岗和人工土质陡壁快速绿化的研究［J］. 土壤侵蚀与水土保持学报, 5 (5): 67-70.
张淑光. 2011. 论我国南方水土保持策略［J］. 广东水利水电, (10): 4-8.
张淑光. 2012. 再论我国南方水土保持策略［J］. 广东水利水电, (9): 47-50.
张淑兰. 1998. 谈谈食物链在生态农业中的应用［J］. 潍坊教育学院学报, (1-2): 84-86.
张苏林. 1999. 旱作农业+节水农业——21世纪干旱地区农业发展的出路［J］. 中国水土保持, (6): 25-27.
张文辉, 刘国彬. 2009. 黄土高原地区植被生态修复策略与对策［J］. 中国水土保持科学, 7 (3): 114-118.
张文庆. 2000. 我国生态农业建设已结硕果［J］. 生态农业研究, 8 (4): 99-101.
张艳飞, 王艺. 2011. 三峡工程对长江中下游环境的主要影响［J］. 中国水运, 11 (11): 158-159.
张云, 周跃华, 常恩福. 2010. 云南省石漠化问题初探［J］. 林业经济, (5): 72-74.
张正栋. 2000. 中国农业高效节水技术体系及其展望［J］. 农业现代化研究, 21 (1): 41-44.
张志国, 张晓萍, 张芹, 等. 2007. 我国水土保持生态修复及其存在的问题［J］. 中国水土保持, (11): 38-39, 42.
章家恩, 徐琪. 1999. 恢复生态学研究的一些基本问题探讨［J］. 应用生态学报, 10 (1): 109-113.
章家恩. 2010. 农业循环经济［M］. 北京: 化学工业出版社.
赵金荣, 孙淑玲, 赵丽华. 2002. 拜泉县水保型生态农业建设模式配置及效益分析［J］. 东北水利水电, (7): 41-42.
赵克荣, 陈丽华, 肖洋. 2008. 黄土区径流调控技术体系［J］. 中国水土保持科学, 6 (4): 94-99.

赵蒙蒙，姜曼，周祚万．2011. 几种农作物秸秆的成分分析［J］. 材料导报，25（8）：122－125.
赵世荣，谢朝柱．2010. 中国现代竹业概论［M］. 长沙：湖南人民出版社．
赵同谦，欧阳志云，郑华，等．2004. 中国森林生态系统服务功能及其价值评价［J］. 自然资源学报，19（4）：480－491.
赵新全，周华坤．2005. 三江源区生态环境退化、恢复治理及其可持续发展［J］. 科技与社会，20（6）：471－476.
赵毅，黎娟，贺红周．2010. 生物农药应用现状及发展建议［J］. 现代农业科技，（3）：217－218.
郑度，姚檀栋．2006. 青藏高原隆升及其环境效应［J］. 地球科学进展，21（5）：452－457.
郑文杰，郑毅．2005. 云南省水土流失概况及水土保持措施［J］. 湖北农业科学，（6）：4－7.
郑宇，马驰．2009. 谈建设生物防火林带的基本原则与必要性［J］. 甘肃科技，25（7）：151－153.
中国科普创作研究所．1986. 农村能源开发利用技术［M］. 北京：中国林业出版社．
中国科学院成都分院土壤研究室．1994. 中国紫色土（上篇）［M］. 北京：科学出版社．
中国科学院地理研究所经济地理研究室．1980. 中国农业地理总论［M］. 北京：科学出版社．
钟厚彬．2008. 通过小流域综合治理抓好雨水集蓄利用［J］. 现代农业科学，15（8）：96－98.
钟祥浩，刘淑珍，王小丹，等．2006. 西藏高原国家生态安全屏障保护与建设［J］. 山地学报，24（2）：129－136.
钟祥浩，刘淑珍，王小丹，等．2010. 西藏高原生态安全研究［J］. 山地学报，28（1）：1－10.
钟祥浩．2000. 干热河谷区生态系统退化及恢复与重建途径［J］. 长江流域资源与环境，9（3）：376－383.
钟祥浩．2008. 中国山地生态安全屏障保护与建设［J］. 山地学报，26（1）：2－11.
周继霞．2007. 重庆三峡库区农村可持续发展导向模式研究［J］. 广东农业科学，（3）：89－92.
周洁敏，寇文正．2009. 中国生态屏障格局分析与评价［J］. 南京林业大学学报（自然科学版），33（5）：1－6.
周立江．2011. 长江防护林体系工程建设可持续性评价［J］. 四川林业科技，32（5）：8－13.
周生贤．2005. 构筑我国万里海疆的绿色屏障［J］. 求是，（15）：50－52.
周世霞，梅春升．2007. 蚯蚓在现代化畜牧养殖业中的开发与应用前景［J］. 江西饲料，（4）：5－7.
周万亩，李佩成，李莉，等．2007. 黄土丘陵沟壑区退耕还林工程现状研究——以陕西吴起县为例［J］. 地下水，29（3）：117－121.
周晓钟．2007. 浅议我国农村庭院经济［J］. 安徽农业科学，35（14）：4 360－4 361.
周游游，方德满，周书祥，等．2006. 岩溶丘陵区的生态农业模式、建设途径与效益分析——以广西恭城县为例［J］. 中国岩溶，25（3）：228－232.
周跃龙，汪怀建，罗运阔，等．2004. 婺源县生态农业建设现状分析与可持续发展［J］. 江西农业大学学报，26（3）：451－454.
朱春波，李世锋．2011. 经济林套种防治水土流失模式［J］. 水土保持应用技术，（1）：18－20.
朱尔明．1996. 南水北调工程概况［J］. 水利水电技术，（11）：1－5.
朱积余，蒋炏，梁杰森，等．2010. 苍梧珠江生态经济型防护林体系布局与结构配置研究［J］. 广西林业科学，39（4）：173－178.
朱金兆，吴斌，毕华兴．1994. 地理信息系统在黄土高原小流域分类中的应用［J］. 北京林业大学学报，16（3）：17－23.
朱金兆，周心澄，胡建忠．2003. 黄土高原植被建设中几个方向性问题的探讨［J］. 北京林业大学学报（社会科学版），2（3）：1－4.
朱金兆，周心澄，胡建忠．2004. 对三北防护林体系工程的思考与展望［J］. 水土保持研究，11（1）：189－192.
朱圣权，张衍林，张文倩，等．2009. 厌氧干发酵技术研进展［J］. 可再生能源，27（2）：46－51.
朱西．2011. 努力建设好珠江防护林体系［J］. 中国林业，（13）：22－23.
朱益川，吴万波．2005. 我国油橄榄适生区划与立地条件选择［J］. 四川农业科技，（2）：27.
祝熙林，程立新．2008. 溱溪河小流域烟坡支毛沟综合治理成效显著［J］. 中国水土保持，（3）：59－60.
祝志辉，黄国勤．2008. 江西省生态功能区划的分区过程及结果［J］. 生态科学，27（2）：114－118.
庄大昌，唐晓春．2006. 张家界市退耕还林的生态经济效益分析［J］. 山地学报，（24）3：373－77.
庄大春．2006. 湘西喀斯特地区小流域水土流失现状及其对策——以湘西洽比小流域为例［J］. 吉首大学学报（自然科学版），27（4）：80－83.

宗臻铃，欧名豪，董元华，等. 2001. 长江上游地区生态重建的经济补偿机制探析［J］. 长江流域资源与环境，10（1）：22－27.

邹长新，燕守广，方芳. 2010. 湖北省生态功能区划研究［J］. 环境科学与管理，35（6）：139－143.

左长清，胡根华，张华明. 2003. 红壤坡地水土流失规律研究［J］. 水土保持学报，17（6）：89－91.

左大康. 1990. 现代地理学辞典［M］. 北京：商务印书馆.

Xie J，Hu L L，Tang J J，et al. 2011. Ecological mechanisms underlying the sustainability of the agricultural heritage rice-fish co-culture system［J］. *Proceedings of the National Academy of Sciences of the United States of America*，108（50）：1 381－1 387.

Xie J，Wu X，Tang J J，et al. 2010. Chemical fertilizer reduction and soil fertility maintenance in rice － fish coculture system［J］. Frontiers of Agriculture in China，（4）422－429.

Xie J，Wu X，Tang J J，et al. 2011. Conservation of traditional rice varieties in a Globally Important Agricultural Heritage Systems（GIAHS）［J］. rice-fish co-culture. Agricultural Sciences in China，（10）：101－105.

后　记

1955 年我从长沙市一中毕业后，以第一志愿考入湖南农学院农学专业。1959 年大学毕业后，即被分配到湘西武陵山区基层从事农业科研和农技推广工作。到目前为止的 56 年里，除 3 年在华南农学院读研、6 年在湖南农学院任教之外，有 47 年我是在湘西度过的。我常以自己终生爱农、学农、务农和长期在湘西贫困山区基层工作而自豪。特别是其中有 11 年在湘西农村蹲点，与土家族、苗族和汉族的农民兄弟一年四季朝夕相处、同锅造食的经历终生难忘。20 世纪 50—70 年代，湘西的交通还很不便，下乡主要靠走路，我曾经翻山越岭累计徒步 2 500余公里，走遍了湘西土家族苗族自治州大部分乡镇。长期贴近湘西的山山水水和黎民百姓，使我对湘西有了真实的感悟。47 年所闻、所见、所历，湘西的美丽与贫困，深深地留在我的记忆里。我是湘中邵东人，但湘西山区的土地和人民养育了我 47 年，使我成为一个爱山、知山、离不开山的山里人。武陵山区是我的第二故乡，这里还有许多农业部门的老朋友和我认识的农民朋友。我也曾走马观花，去过我国西南、西北、华东、华南的一些山区。我退休后，有了充裕的自由支配的时间，就萌生了一个心愿：要以我的专业知识和经验，写一本关于山区生态建设的书，为山区摆脱贫困和实现可持续发展尽一点力，感恩回报山区的土地和人民。经过 4 年多（2011—2015 年）的努力，最终写成了这本书，了却了这个心愿。

为本书作序的王如松院士已于2014 年11 月28 日英年早逝，中国生态学的发展，失去了一位优秀的领军人，我也失去了一位志同道合、重情重义的挚友，深感痛惜。

2012 年 8 月下旬，王如松和夫人薛元立应邀到张家界市，他为全市领导干部以“生态建设与产业生态转型”为题做了一次专题辅导报告。期间我们进行了交谈，我还向他们提出了组织编写出版生态工程建设丛书的建议。这是我与他最后一次见面。本书的出版，也是对他的纪念。

严　斧

2015 年 8 月